普通高等教育"十二五"系列教材

水工钢筋混凝土结构学

主　编　宋玉普

编　写　大连理工大学　贡金鑫　车　轶

　　　　　　　　　　　王立成　张秀芳

　　　　武　汉　大　学　侯建国　安旭文

　　　　河　海　大　学　汪基伟

　　　　天　津　大　学　王铁成　戚　蓝

　　　　郑　州　大　学　李平先　韩菊红

主　审　丁一宁

中国电力出版社

CHINA ELECTRIC POWER PRESS

内 容 提 要

本书是普通高等教育"十二五"系列教材。全书共十二章，主要内容为钢筋混凝土结构的材料、设计方法、受弯、受压和受拉构件的正截面和斜截面承载力计算，受扭构件的承载力计算，正常使用极限状态验算，预应力混凝土结构，抗震设计，肋形结构及刚架结构等，还介绍了水工非杆件体系混凝土结构的配筋设计。全书由大连理工大学、武汉大学、河海大学、天津大学和郑州大学五校合编，参加编写的老师均为资深专家和相关规范的编写者。书中以最新的电力方向《水工混凝土结构设计规范》(DL/T 5057—2009)为主线，同时也介绍了水利方向《水工混凝土结构设计规范》(SL 191—2008)和建筑工程方向《混凝土结构设计规范》(GB 50010—2010)的相应内容，反映了近年国内外钢筋混凝土结构在材料、计算理论和构造方面的新发展，有利于学生掌握最新知识、应用最新技术。全书内容紧密结合实际、注重应用、操作性强，具有一定的权威性。

本书可作为普通高等院校大土木专业的电力、水利、农田水利、管理、建筑工程等方向的教材，也可作为自学教材，还可供从事水利水电和土木工程专业的工程技术人员参考。

图书在版编目 (CIP) 数据

水工钢筋混凝土结构学/宋玉普主编. —北京：中国电力出版社，2012.3 (2022.6重印)

普通高等教育"十二五"规划教材

ISBN 978 - 7 - 5123 - 2738 - 2

Ⅰ.①水… Ⅱ.①宋… Ⅲ.①水工结构－钢筋混凝土结构－高等学校－教材 Ⅳ.①TV332

中国版本图书馆 CIP 数据核字 (2012) 第 027508 号

中国电力出版社出版、发行

（北京市东城区北京站西街 19 号　100005　http://www.cepp.sgcc.com.cn）

北京九州迅驰传媒文化有限公司印刷

各地新华书店经售

*

2012 年 8 月第一版　　2022 年 6 月北京第四次印刷

787 毫米×1092 毫米　16 开本　28.25 印张　689 千字

定价 **75.00** 元

版 权 专 有　侵 权 必 究

本书如有印装质量问题，我社营销中心负责退换

序

　　水工钢筋混凝土结构学是电力工程和水利工程专业最重要的技术基础课。

　　该书以电力规范为主线，同时介绍了水利和建筑工程专业规范的相应内容，这一特点有利于学生全面掌握钢筋混凝土结构，适应各种不同专业的工作需要。

　　该书的编写汇集了五所高校从事钢筋混凝土结构的教学和科研的老师，吸收了各校的教学经验，这有利于各校应用本教材。

　　该书总结了三本规范的内容，所以反映了近年来国内外钢筋混凝土结构在材料、计算理论和构造方面的新发展，这有利于学生掌握新知识、应用新技术。

　　该书给出了很多例题，这有利于学生理解计算理论和实际应用。

　　该书适用的专业面很宽，既可用于电力和水利专业，也可用于施工、管理、农田水利，以及建筑工程专业，因为目前建筑工程专业的教材仅介绍建筑工程规范，对水工规范根本不提，但建筑工程专业的学生也有到水利水电设计院和施工现场工作的情况。所以综合掌握各专业钢筋混凝土结构设计规范，对学生是非常重要的。

大连理工大学　赵国藩

2012 年 1 月 16 日

前　　言

　　考虑到目前钢筋混凝土市场广阔，学生毕业后不一定从事本专业的工程项目，如水工专业毕业的学生可能从事建筑工程专业的项目，而建筑工程专业毕业的学生，也可能从事水工专业的项目，即使分配到水利水电单位的学生，也可能从事建筑工程专业的工程项目，所以本书虽然以电力方向《水工混凝土结构设计规范》（DL/T 5057—2009）为主线编写，同时介绍了水利方向《水工混凝土结构设计规范》（SL 191—2008）和建筑工程方向《混凝土结构设计规范》（GB 50010—2010）的相应内容，以便学生全面掌握钢筋混凝土结构的基本理论。

　　本书内容主要为钢筋混凝土结构与预应力混凝土结构的基本理论及其应用。为加深对基本理论的理解和联系实际，本书编写了一定数量的例题和思考题，供学生练习和应用。

　　本书由大连理工大学、武汉大学、河海大学、天津大学和郑州大学五校合编。其中绪论、第五章和第六章由大连理工大学宋玉普编写，第一章由武汉大学侯建国编写，第二章由大连理工大学贡金鑫和张秀芳编写，第三章和附录一～四由武汉大学侯建国和安旭文编写，第四章由天津大学王铁成编写，第七章由郑州大学李平先编写，第八章和附录五、六由郑州大学韩菊红编写，第九章由大连理工大学王立成编写，第十章由大连理工大学车轶编写，第十一章由天津大学戚蓝编写，第十二章由河海大学汪基伟编写，附录七～十二由大连理工大学宋玉普、天津大学戚蓝整理和编写。全书由大连理工大学宋玉普主编并负责统稿，大连理工大学丁一宁教授审阅了全书，并提出诸多宝贵意见，在此表示感谢！

　　由于编者水平有限，书中难免有缺点，敬请读者批评指正。

编　者
2012 年 5 月

目　　录

序

前言

绪论 ……………………………………………………………………………… 1

　　思考题 ………………………………………………………………………… 6

第一章　钢筋混凝土结构的材料 ……………………………………………… 7

　　第一节　钢筋的品种和力学性能 …………………………………………… 7

　　第二节　混凝土的物理力学性能 …………………………………………… 18

　　第三节　钢筋与混凝土的粘结 ……………………………………………… 34

　　第四节　关于混凝土抗剪强度的讨论 ……………………………………… 38

　　思考题 ………………………………………………………………………… 41

第二章　钢筋混凝土结构的设计方法 ………………………………………… 43

　　第一节　钢筋混凝土结构设计理论发展简史 ……………………………… 43

　　第二节　极限状态设计法的基本概念 ……………………………………… 45

　　第三节　结构上的作用、作用效应和结构抗力 …………………………… 47

　　第四节　概率极限状态设计法 ……………………………………………… 48

　　第五节　荷载代表值和材料强度标准值 …………………………………… 52

　　第六节　实用设计表达式 …………………………………………………… 53

　　思考题 ………………………………………………………………………… 64

第三章　钢筋混凝土受弯构件正截面承载力计算 …………………………… 65

　　第一节　受弯构件的截面形式和构造要求 ………………………………… 65

　　第二节　受弯构件正截面受力全过程分析及破坏特征 …………………… 68

　　第三节　正截面受弯承载力的计算原则 …………………………………… 72

　　第四节　单筋矩形截面受弯构件正截面受弯承载力计算 ………………… 75

　　第五节　双筋矩形截面受弯构件正截面受弯承载力计算 ………………… 85

　　第六节　T形截面受弯构件正截面受弯承载力计算 ……………………… 91

　　思考题 ………………………………………………………………………… 98

第四章　钢筋混凝土受弯构件斜截面承载力计算 …………………………… 100

　　第一节　概述 ………………………………………………………………… 100

　　第二节　无腹筋梁的受剪性能 ……………………………………………… 100

　　第三节　有腹筋梁的受剪性能 ……………………………………………… 105

　　第四节　有腹筋连续梁的抗剪性能和斜截面承载力计算 ………………… 112

　　第五节　斜截面受剪承载力设计 …………………………………………… 114

　　第六节　构造措施 …………………………………………………………… 128

　　思考题 ………………………………………………………………………… 134

第五章　钢筋混凝土受压构件承载力计算 ···················· 135

　第一节　概述 ·· 135

　第二节　受压构件的构造要求 ······································ 136

　第三节　轴心受压构件正截面承载力计算 ····················· 138

　第四节　偏心受压构件正截面承载力计算 ····················· 144

　第五节　偏心受压构件斜截面受剪承载力计算 ················ 172

　第六节　双向偏心受压构件正截面承载力计算 ················ 174

　思考题 ·· 176

第六章　钢筋混凝土受拉构件承载力计算 ···················· 177

　第一节　概述 ·· 177

　第二节　轴心受拉构件承载力计算 ································· 177

　第三节　大偏心受拉构件正截面承载力计算 ··················· 178

　第四节　小偏心受拉构件正截面承载力计算 ··················· 179

　第五节　偏心受拉构件斜截面受剪承载力计算 ················ 182

　思考题 ·· 185

第七章　钢筋混凝土受扭构件承载力计算 ···················· 186

　第一节　钢筋混凝土受扭构件的破坏形态 ····················· 187

　第二节　钢筋混凝土受扭构件的开裂扭矩计算 ················ 190

　第三节　钢筋混凝土纯扭构件的承载力计算 ··················· 193

　第四节　钢筋混凝土构件在弯、剪、扭共同作用下的承载力计算 ··· 198

　思考题 ·· 209

第八章　钢筋混凝土构件正常使用极限状态验算 ············ 210

　第一节　抗裂验算 ·· 211

　第二节　裂缝开展宽度验算 ·· 218

　第三节　受弯构件变形验算 ·· 232

　第四节　混凝土结构的耐久性 ······································ 237

　思考题 ·· 246

第九章　预应力混凝土结构 ······································· 247

　第一节　预应力混凝土的基本概念 ································· 247

　第二节　施加预应力的方法、预应力混凝土的材料与张拉机具 ··· 249

　第三节　预应力钢筋张拉控制应力及预应力损失 ············· 257

　第四节　预应力混凝土轴心受拉构件的应力分析 ············· 267

　第五节　预应力混凝土轴心受拉构件的计算 ··················· 277

　第六节　预应力混凝土受弯构件的应力分析 ··················· 285

　第七节　预应力混凝土受弯构件的承载力计算 ················ 290

　第八节　正常使用极限状态验算 ··································· 296

　第九节　施工阶段验算 ·· 302

　第十节　一般构造要求 ·· 304

　思考题 ·· 315

第十章　钢筋混凝土构件的抗震设计 ·· 317

　　第一节　抗震设计的一般概念 ·· 317

　　第二节　概念设计 ·· 319

　　第三节　地震作用效应计算 ·· 321

　　第四节　钢筋混凝土构件抗震设计的一般规定 ································ 328

　　第五节　钢筋混凝土框架的抗震设计 ·· 329

　　第六节　铰接排架柱的抗震设计 ·· 336

　　第七节　桥跨结构的抗震设计 ·· 337

　　思考题 ·· 340

第十一章　钢筋混凝土肋形结构及刚架结构 ·· 341

　　第一节　概述 ·· 341

　　第二节　单向板肋形结构的结构布置和计算简图 ······························ 343

　　第三节　单向板肋形结构按弹性理论的计算 ·································· 347

　　第四节　单向板肋形结构考虑塑性内力重分布的计算 ·························· 351

　　第五节　单向板肋形结构的截面设计和构造要求 ······························ 355

　　第六节　三跨连续梁设计例题 ·· 360

　　第七节　双向板肋形结构的设计 ·· 370

　　第八节　钢筋混凝土刚架结构的设计 ·· 373

　　第九节　钢筋混凝土牛腿的设计 ·· 377

　　第十节　钢筋混凝土柱下基础的设计 ·· 381

　　思考题 ·· 386

第十二章　水工非杆件体系混凝土结构的配筋设计 ·································· 387

　　第一节　概述 ·· 387

　　第二节　按弹性应力图形面积配筋 ·· 389

　　第三节　按钢筋混凝土有限单元法配筋 ······································ 391

　　第四节　按钢筋混凝土有限单元法配筋实例 ·································· 399

　　思考题 ·· 403

附录一　混凝土结构环境类别 ·· 405

附录二　材料强度的标准值、设计值和弹性模量 ···································· 407

附录三　钢筋的计算截面面积及理论质量 ·· 411

附录四　一般构造规定 ·· 414

附录五　截面抵抗矩的塑性系数 γ_m 值 ·· 416

附录六　正常使用极限状态的限值 ·· 417

附录七　均布荷载作用下等跨连续板梁的跨中弯矩、支座弯矩及支座截面剪力的
　　　　计算系数表 ·· 418

附录八　端弯矩作用下等跨连续板梁各截面的弯矩及剪力计算系数表 ················ 422

附录九　移动的集中荷载作用下等跨连续梁各截面的弯矩系数及支座截面剪力
　　　　系数表 ·· 424

附录十　承受均布荷载的等跨连续梁各截面最大及最小弯矩（弯矩包络图）

　　的计算系数表……………………………………………………………………… 432

附录十一　按弹性理论计算在均布荷载作用下矩形双向板的弯矩系数表………… 434

附录十二　各种荷载化成具有相同支座弯矩的等效均布荷载表…………………… 437

参考文献…………………………………………………………………………… 438

绪　　论

一、钢筋混凝土结构的特点及分类

1. 钢筋混凝土结构的特点

钢筋混凝土结构是由钢筋和混凝土两种材料组成的共同受力的结构。

混凝土是一种抗压能力较强而抗拉能力很弱的建筑材料。这就使得素混凝土结构的应用受到很大限制。例如，一根截面为 200mm×300mm，跨长为 2.5m，混凝土立方体强度为 22.5N/mm² 的素混凝土简支梁，跨中承受约 14kN 集中力，就会因混凝土受拉而断裂，如图 0-1 （a）所示。但是，如果在这根梁的受拉区配置 2 根直径 20mm、屈服强度为 318N/mm² 的钢筋，如图 0-1 （b）所示，用钢筋来代替开裂的混凝土承受拉力，则梁能承受的集中力可增加到 72kN。由此说明，同样截面形状、尺寸及混凝土强度的钢筋混凝土梁比素混凝土梁可承受大得多的外荷载。

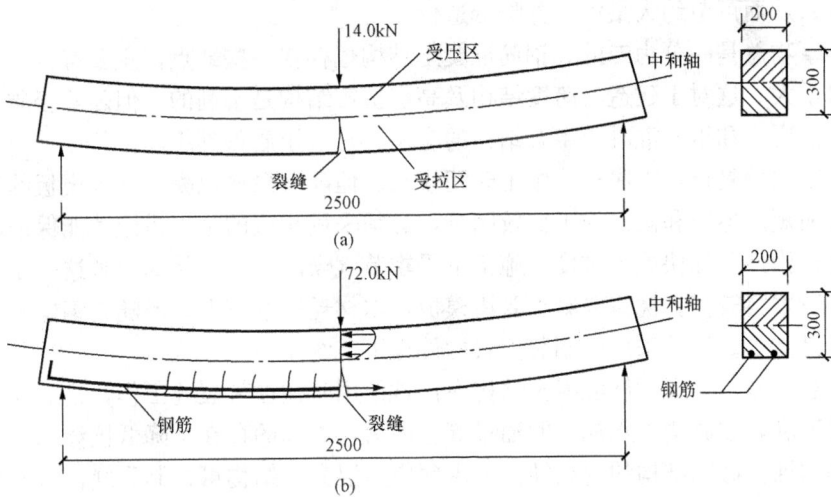

图 0-1　混凝土及钢筋混凝土简支梁的承载力

一般在钢筋混凝土结构中，混凝土主要承担压力，钢筋主要承担拉力，必要时钢筋也可承担压力。因此在钢筋混凝土结构中，两种材料的力学性能都能得到充分利用。

钢筋和混凝土这两种材料的物理力学性能很不相同，但能结合在一起共同工作，其主要原因是：①钢筋和混凝土之间有良好的粘结力，能牢固地粘结成整体。当构件承受外荷载时，钢筋和相邻混凝土能协调变形而共同工作，两者不致产生相对滑动。②钢筋与混凝土的温度线膨胀系数接近相等，钢为 $1.2×10^{-5}$，混凝土为 $(1.0～1.5)×10^{-5}$。温度不是很高的情况下，温度变化时，这两种材料不致产生相对的温度变形而破坏它们之间的结合。

钢筋混凝土除了较合理地利用钢筋和混凝土两种材料的力学性能外，还有下列优点：

（1）耐久性好。在钢筋混凝土结构中，钢筋因受到混凝土保护而不易锈蚀，且混凝土的强度随时间有所增长，因此钢筋混凝土结构在一般环境下是经久耐用的，不像钢、木结构那样需要经常的保养和维修。

（2）强度较高。与砖、木结构相比，其强度较高，特别是高强混凝土的应用，如在某些钢管混凝土结构中，混凝土达到 C100。在某些情况下高强混凝土可以代替钢结构，因而能节约钢材。

（3）整体性好。目前广泛采用的现浇整体式钢筋混凝土结构，整体性好，有利于抗震及抗爆。

（4）可模性好。钢筋混凝土可根据设计需要浇制成各种形状和尺寸的结构，尤其适合于建造外形复杂的大体积结构及空间薄壁结构和空心楼板等。这一特点是砖石、木等结构所不能代替的。

（5）耐火性好。混凝土是不良导热体，遭火灾时，由传热性较差的混凝土作为钢筋的保护层，在普通的火灾下不致使钢筋达到变态点温度而导致结构的整体破坏。因此，其耐火性比钢、木结构好。

（6）就地取材。钢筋混凝土结构中所用的砂、石材料一般可就地或就近取材，因而材料运输费用少，可以显著降低工程造价。

（7）节约钢材。钢筋混凝土结构合理地发挥了材料各自的优良性能，在一定范围内可以代替钢结构，从而可节约大量钢材并降低造价。

但是，事物总是一分为二的，钢筋混凝土结构也存在一些缺点，主要有：

（1）自重大。这对于建造大跨度结构及高层抗震结构是不利的，但随着轻质、高强混凝土、预应力混凝土和钢—混凝土组合结构的应用，这一矛盾得到缓解。

（2）施工比较复杂，工序多，施工时间较长。但随着泵送混凝土和大模板的应用，施工时间已大大缩短。冬季和雨天施工比较困难，必须采用相应的施工措施才能保证质量。但采用预制装配式构件可加快施工进度，施工不受季节气候的影响，从而缓解这一矛盾。

（3）耗费木料较多。浇筑混凝土要用模板，木材耗费量较大，但随着钢模板的应用，木材的耗费量已减少。另外采用预制装配式构件也可节约模板。

（4）抗裂性差。普通钢筋混凝土结构在正常使用时往往带裂缝工作，这对要求不出现裂缝的结构很不利，如渡槽、水池、贮油罐等。因为，裂缝的存在会降低抗渗和抗冻能力，并会导致钢筋锈蚀，影响结构的耐久性。采用预应力混凝土结构可控制裂缝，从而克服或改善裂缝状况。

（5）修补和加固工作比较困难。但随着碳纤维加固、钢板加固等技术的发展和环氧树脂堵缝剂的应用，这一困难已减少。

由于钢筋混凝土结构具有很多优点，因而在水工、港口、海工、房屋建筑、地下结构、桥梁、道路和特种结构等工程中得到了广泛的应用。

2. 钢筋混凝土结构的分类

钢筋混凝土结构可按如下分类：

（1）按结构的构造外形可分为：杆件系统和非杆件系统。杆件系统如梁、板、柱、墙等，非杆件系统如空间薄壁结构、厚基础和大体积混凝土结构等。

（2）按结构的受力状态可分为：受弯构件、受压构件、受拉构件、受扭构件等。

（3）按结构的制造方法可分为：整体式、装配式以及装配整体式三种。整体式结构是在现场先架立模板、绑扎钢筋，然后浇筑混凝土而成的结构。它的整体性好，刚度也较大，目前应用较多，特别像水工隧洞、闸底板等结构，必须采用整体式。但整体式受天气的影响，如冬季施工造价将提高。装配式结构则是在工厂（或预制场）预先制成各种构件（图 0-2），然后运往工地装配而成。采用装配式结构有利于实现建筑工业化（设计标准化、制造工业化、安装机械化）；制造不受季节限制，能加速施工进度；并可利用工厂较好条件，提高构件质量；有利于模板重复使用，还可免去脚手架，节约木料或钢材。但装配式结构的接头构造较为复杂，整体性较差，对抗渗及抗震不利，装配时还必须有一定的起重安装设备，所以目前应用有所减少。装配整体式结构是在结构内有一部分为预制的装配式构件，另一部分为现浇的混凝土。预制装配式部分常可作为现浇部分的模板和支架。它比整体式结构有较高的工业化程度，又比装配式结构有较好的整体性。

（4）按结构的初始应力状态可分为：普通钢筋混凝土结构和预应力混凝土结构。预应力混凝土结构是在结构承受荷载以前，预先对混凝土施加压力，造成人为的压应力状态。使产生的压应力可全部或部分地抵消荷载引起的拉应力。预应力混凝土结构的主要优点是控制裂缝性能好，能充分利用高强度材料，可以用来建造大跨度的承重结构。但施工较复杂，对于后张法有粘结预应力，当灌浆不密实，易引起钢筋锈蚀，这是应十分注意的。目前正在研究和开发的横向张拉和缓凝预应力混凝土可克服这一缺点。另外无粘结预应力混凝土结构不需要灌浆，也可克服灌浆不密实这一缺点，但无粘结预应力筋破坏时，其强度达不到屈服强度，并需配一定数量的非预应力钢筋。

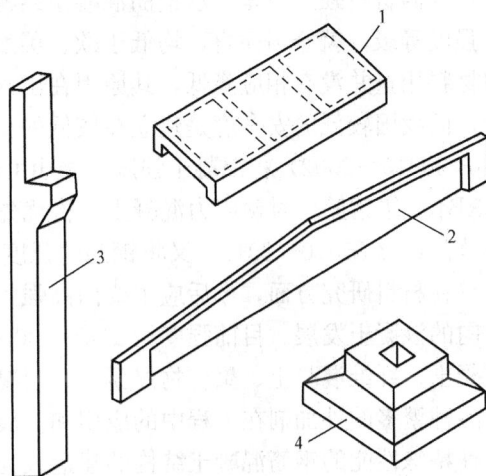

图 0-2　装配式构件
1—屋面板；2—梁；3—柱；4—基础

二、钢筋混凝土结构的发展简史

钢筋混凝土从 19 世纪中叶开始采用以来，至今仅有一百多年的历史，其发展极为迅速。1850 年法国人朗波（Lambot）制造了第一艘钢筋混凝土小船。1854 年英国人威尔金生（W. B. Wilkinson）获得了一种钢筋混凝土楼板的专利权。但是通常认为钢筋混凝土是 1861 年法国巴黎花匠蒙列（Joseph Monier）发明的。1861 年蒙列用水泥制作花盆，盆中配置钢筋网以提高其强度。1867 年蒙氏获得制作这种花盆的专利权，而后又获得制作其他钢筋混凝土构件——梁、板及管等的专利权。至 19 世纪末 20 世纪初，仅 50 多年时间，由于工业的发展，促使水泥和钢材的质量不断改进，为钢筋混凝土结构应用范围的逐渐扩大创造了条件，如 1872 年，美国的沃德（W. E. Ward）在纽约建造了第一所钢筋混凝土房屋，1877 年哈特（T. Haytt）发表了各种钢筋混凝土梁的试验结果。1906 年特奈（C. A. P. Turner）发明了无梁楼板。在俄国，1886 年就采用了钢筋混凝土结构。1925 年，德国用钢筋混凝土建造了薄壳结构。1928 年法国工程师弗列西涅利用高强钢丝和混凝土制成了预应力混凝土构件，开创了预应力混凝土的应用时代。随着材料强度的不断提高和混凝土性能的改善，钢筋混凝土和预应力混凝土的应用范围也不断拓宽，并向大跨和高层建筑等领域发展。德国法兰克福市用预应力轻骨料混凝土建造的飞机库屋盖结构跨度达 90m。目前世界上最高的钢筋混凝土高层建筑为迪拜塔，高 828m，共 160 层。加拿大采用预应力混凝土建造的电视塔，高达 549m。此外，在桥梁、高压容器（如核电站安全壳等）、海上采油平台及地下贮油罐等方面，预应力混凝土也得到了广泛应用。

1876 年我国开始生产水泥，逐渐有了钢筋混凝土建筑物。目前我国混凝土的年产量据 2002 年统计约为 15 亿 m³，建筑用钢材达 3000 万 t，用于水利、交通、工业与民用建筑等行业。我国最高的钢筋混凝土高层建筑是上海金茂大厦，88 层，高 382m。采用预应力混凝土结构的上海电视塔，高度为 415m，被称为亚洲第一塔。外形美观的上海杨浦大桥，是我国已建成的最大的预应力混凝土组合斜拉桥，全长 3430m，主跨度为 602m。巫峡长江大桥为钢管混凝土拱桥，最大跨度为 492m。

提高材料强度，是发展钢筋混凝土结构的重要途径。我国钢筋平均强度等级和混凝土平均强度等级，就全国而言，均低于欧、美发达国家。我国建筑结构安全度总体上比国际低，但材料用量并没有相应降低，其原因在于国际上较高的安全度是建立在较高材料强度的基础上，而我国较低的安全度是建立在较低的材料强度的基础上。为此，《混凝土结构设计规范》（GB 50010—2002）将混凝土强度等级由 C60 提高到 C80；对普通钢筋混凝土结构优先推广 HRB400 级钢筋，对预应力混凝土结构优先推广高强钢丝和钢绞线。最新《混凝土结构设计规范》（GB 50010—2010）又将钢筋的强度提高到 HRB500 级。

在材料研究方面，今后应主要向高强、高流动性、自密实、轻质、耐久及具备特异性能方向的混凝土发展。目前强度为 100～200N/mm² 的高强混凝土已在工程上应用。各种轻质混凝土、纤维混凝土、聚合物混凝土、耐腐蚀混凝土、微膨胀混凝土，水下不分散混凝土以及品种繁多的外加剂在工程中的应用和发展，已使大跨度结构、高层建筑、高耸结构和具备某种特殊性能的钢筋混凝土结构的建造成为现实。近年来，轻骨料混凝土其自重可仅为 14～18kN/m³，强度可达 50N/mm²。用轻骨料混凝土建造的房屋比普通混凝土建造的自重减轻约 20%～30%，同时也降低了基础工程的费用，具有显著的经济效益。另外，美国专家预计，到本世纪末，应用纤维混凝土可将混凝土的抗拉与抗压强度比由目前的约 1/10 提高到 1/2，并具有早强、体积稳定（收缩、徐变小）等特点，使混凝土的性能得到极大地改善。

在计算理论方面，钢筋混凝土结构经历了把材料作为弹性体的容许应力设计方法，到考虑材料塑性的破损阶段设计方法，后来又提出了极限状态设计方法，并迅速发展成以概率理论为基础的极限状态设计方法，它以可靠指标度量结构构件的可靠度，采用分项系数的设计表达式进行设计，使极限状态计算体系向更完善、更科学的方向发展。但由于水利水电工程中，大多数荷载还无法得出可靠的统计参数，因而要采取更完善、更科学的极限状态计算理论尚需做很多工作。

混凝土的损伤和断裂、混凝土的强度理论、混凝土非线性有限元和极限分析的计算理论等方面也有很大进展。电子计算机、有限元方法和现代的测试技术的应用，使得钢筋混凝土结构的计算理论和设计方法正在向更高的阶段发展。

在结构和施工方面，随着预拌混凝土（或称商品混凝土）、泵送混凝土及滑模施工新技术的应用，已显示出在保证混凝土质量、节约原材料和能源、实现文明施工等方面的优越性，所以我国目前不仅在水工钢筋混凝土结构中由于整体性要求和大体积的特点而采用现浇混凝土施工，而且在工业与民用建筑中也广泛采用现浇整体式结构。目前大型水利工程的工地都建有拌和楼（站）集中搅拌混凝土，并可将混凝土运至浇筑地点，这给机械化现浇混凝土带来很大方便。采用预先在模板内填实粗骨料，再将水泥浆用压力灌入粗骨料空隙中形成的压浆混凝土，以及用于大体积混凝土结构（如水工大坝、大型基础）、公路路面与厂房地面的碾压混凝土，它们的浇筑过程都采用机械化施工，浇筑工期可大为缩短，并能节约大量材料，从而获得经济效益。值得注意的是近年来由钢与混凝土组成的组合结构、外包钢混凝土结构及钢管混凝土结构已在工程中逐步推广应用。这些组合结构具有充分利用材料强度、较好的适应变形能力（延性）、施工较简单等特点。在预应力混凝土结构中，近年来，采用横向张拉技术，既不需要锚具，也不需要灌浆，是一种值得推广的施工方法。另外，缓粘结预应力的应用也是今后的发展方向，因为后张法预应力混凝土结构灌浆不密实问题很难克服，而缓粘结预应力混凝土不需要后续灌浆，可保证质量。

三、本课程和本教材的特点

1. 本课程的特点

水工钢筋混凝土结构学是水利水电类专业中最为重要的技术基础课程，它是利用基础知识进行专业设计的桥梁。它利用材料的物理关系、几何关系和平衡关系建立计算式，由力学的平衡条件或力与变形的关系建立承载能力（抗力）或裂缝和变形的计算式；利用极限状态方程建立抗力和作用（荷载）效应的关系或裂缝、变形等和允许值的关系。学习本课程应注意处理好如下几个关系：

（1）计算与试验的关系。水工钢筋混凝土结构学依靠的基础是试验，因为钢筋混凝土材料是混凝土和钢筋组成的复合材料，再加上它的离散性、非线性和带裂缝工作，所以任何一种力学应用于钢筋混凝土结构，均需依靠试验结果，通过数理统计分析，进行参数的调整。

（2）计算与基本假定的关系。由于钢筋混凝土结构的复杂性，所以计算中必须首先建立各种计算的基本假定，抓住主要矛盾忽略次要矛盾，然后建立相应的计算公式。

（3）计算与适用范围的关系。由于每个计算公式都是在试验的基础上得出的，这些试验都有一定的适用范围和条件，因此相应的公式也均有相应的适用范围和条件。学习中应注意，应用这些公式时，不要超出相应的适用范围和条件。

（4）计算与构造的关系。由于在试验基础上建立的计算公式，还不能全面的保证结构的安全，还需要利用在长期的科学试验和工程经验中总结出的构造规定，特别是配筋构造规定。构造与计算是同等重要的，应注意掌握构造规定的目的和原理。

（5）计算与设计的关系。本课程是一门有很强的实践性的课程。计算仅是运用基础理论计算出用筋量，而这些用筋量是否合适、如何配置等还需综合考虑材料、施工、经济、构造等各方面的因素，按相应的设计规范执行。此外，设计能力还包括计算机的应用、设计书的编写、施工图的绘制等基本技能。所以计算不是设计，而要做好设计必须综合运用所学的知识，从计算、构造等各方面全面考虑。

2. 本教材的特点

《水工钢筋混凝土结构学》已有一本由中国水利水电出版社出版的教材。本教材与已出版的教材相比，其特点是：

（1）本教材以电力口规范《水工混凝土结构设计规范》（DL/T 5057—2009）为主线介绍《水工钢筋混凝土结构学》，而上一本教材是以水利口规范《水工混凝土结构设计规范》（SL 191—2008）为主线介绍。

（2）以前的《水工钢筋混凝土结构学》教材仅介绍水利口规范和电力口规范。考虑到目前钢筋混凝土结构的市场非常广阔，学水工的同学毕业后，不一定从事水工的项目，而很可能从事工民建的项目，所以本教材不仅以电力规范为主，同时介绍水工规范和工民建规范的相关内容。教师可根据同学的基础和水平，仅介绍与电力规范有关的内容，也可同时介绍电力和水利规范有关的内容，也可全部介绍电力、水利和工民建规范的内容。教师不讲的内容，同学可自学或工作中查阅。

（3）本教材反映了我国在钢筋混凝土结构方面的新的发展水平。由于新的水工混凝土结构设计规范均在新的混凝土结构设计规范前出版，没能包含我国有些新的研究成果。本教材包含了工民建规范的内容，介绍了相关的新内容。教材中给出了电力《水工混凝土结构设计规范》（DL/T 5057—2009）、水利《水工混凝土结构设计规范》（SL 191—2008）和工民建《混凝土结构设计规范》（GB 50010—2010）三本规范的相同点和不同点；在大部分例题中，同时给出了三本规范的计算结果，并进行了比较，从而可看出各规范的经济性。

思 考 题

1. 钢筋和混凝土这两种材料能结合在一起共同工作的主要原因是什么？
2. 钢筋混凝土的优点和缺点是什么？
3. 钢筋混凝土结构可分为几类？各类包含哪些构件和结构？
4. 本课程的特点是什么？
5. 本书的特点是什么？

第一章　钢筋混凝土结构的材料

钢筋与混凝土材料的物理力学性能及其共同工作的特性直接影响混凝土结构构件的受力性能，也是混凝土结构计算理论和设计方法的基础。本章讲述钢筋与混凝土材料的物理力学性能以及钢筋与混凝土之间的粘结性能。

第一节　钢筋的品种和力学性能

一、钢筋的品种

我国混凝土结构中所用的钢筋有热轧钢筋和钢丝、钢绞线、螺纹钢筋及钢棒。

按钢筋在结构中所起作用的不同，可分为普通钢筋和预应力钢筋两类。普通钢筋是指用于钢筋混凝土结构中的钢筋以及用于预应力混凝土结构中的非预应力钢筋；预应力钢筋是指用于预应力混凝土结构中预先施加预应力的钢筋。热轧钢筋主要用作普通钢筋，而钢丝、钢绞线、螺纹钢筋及钢棒主要用作预应力钢筋。

按钢筋化学成分的不同，可分为碳素钢和普通低合金钢两大类。碳素钢的力学性能与含碳量的多少有关。含碳量增加，能使钢材强度提高，性质变硬，但也将使钢材的塑性和韧性降低，焊接性能也会变差。碳素钢按其碳的含量分为低碳钢（含碳量<0.25%）、中碳钢（含碳量0.25%~0.60%）和高碳钢（含碳量0.60%~1.4%）。用作钢筋的碳素钢主要是低碳钢和中碳钢。如果炼钢时在碳素钢的基础上加入少量（一般不超过3.5%）合金元素，就成为普通低合金钢。合金元素锰、硅、钒、钛等可使钢材的强度、塑性等综合性能提高。磷、硫则是有害杂质，其含量超过约0.045%后会使钢材变脆，塑性显著降低，不利于焊接。普通低合金钢钢筋具有强度高、塑性及可焊性好的特点，因而应用较为广泛。

热轧钢筋按其外形分为热轧光圆钢筋（hot rolled plain bars）和热轧带肋钢筋（hot rolled ribbed bars）两类，带肋钢筋也称为变形钢筋。光圆钢筋的表面是光面的［图1-1(a)］；常用的热轧带肋钢筋，其表面有两条纵向凸缘（纵肋），在纵向凸缘两侧有许多等距离和等高度的斜向凸缘（斜肋），凸缘斜向相同的表面形成螺旋纹如图1-1(b)所示，凸缘斜向不同的表面形成人字纹如图1-1(c)所示。螺旋纹和人字纹钢筋以往习惯统称为螺纹钢筋，也称为等高肋钢筋；斜向凸缘和纵向凸缘不相交，剖面几何形状呈月牙形的钢筋，过去称为月牙纹钢筋，如图1-1(d)所示，我国现行钢筋国家标准《钢筋混凝土用钢　第2部分：热轧带肋钢筋》(GB 1499.2—2007)[1]中称为月牙肋钢筋。螺纹钢筋由于基圆面积率小，锚固延性差，疲劳性能差，因而我国现行《混凝土结构设计规范》(GB 50010—2010)[2]和《水工混凝土结构设计规范》(DL/T 5057—2009)[3]及《水工混凝土结构设计规范》(SL 191—2008)[4]均已淘汰了等高肋钢筋，推荐采用月牙肋钢筋。月牙肋钢筋与同样公称直径的等高肋钢筋相比，强度稍有提高，凸缘处应力集中现象也得到改善；它与混凝土之间的粘结强度虽略低于等高肋钢筋，但仍具有良好的粘结性能。

热轧钢筋是由低碳钢、普通低合金钢在高温状态下轧制而成。热轧钢筋为软钢，其应

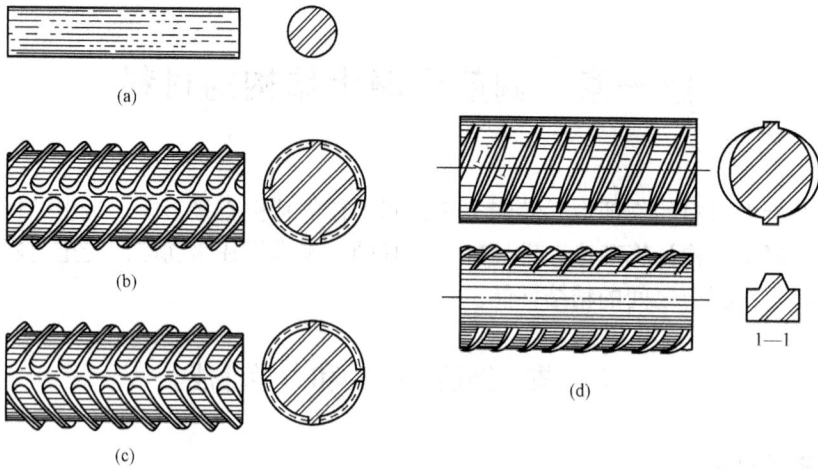

图 1-1　钢筋表面及截面形状

力—应变曲线有明显的屈服点和流幅，断裂时有"颈缩"现象，伸长率比较大。在我国现行钢筋国家标准《钢筋混凝土用钢　第 1 部分：热轧光圆钢筋》（GB 1499.1—2008）[5]中，热轧光圆钢筋的牌号由 HPB（热轧光圆钢筋的英文 Hot Rolled Plain Bars 缩写）＋屈服强度特征值（单位为 N/mm²）构成，按照屈服强度特征值的高低，分为 HPB235 和 HPB300 两个级别；在我国现行钢筋国家标准《钢筋混凝土用钢　第 2 部分：热轧带肋钢筋》（GB 1499.2—2007）中，热轧带肋钢筋分为普通热轧带肋钢筋和细晶粒热轧带肋钢筋两种，其牌号分别由 HRB（热轧带肋钢筋的英文 Hot Rolled Ribbed Bars 缩写）＋屈服强度特征值（单位为 N/mm²）及 HRBF（在热轧带肋钢筋的英文缩写后加"细"的英文 Fine 首位字母）＋屈服强度特征值（单位为 N/mm²）表示，按照屈服强度特征值的高低，分为 HRB335、HRB400、HRB500 及 HRBF335、HRBF400、HRBF500 三个级别。细晶粒热轧带肋钢筋是在热轧过程中，通过控轧和控冷工艺形成的细晶粒钢筋。HRBF 钢筋通过控轧和控冷工艺提高强度、减少合金元素，降低钢筋成本，为高强普通钢筋的应用提供了一个新品种。在《钢筋混凝土用钢　第 1 部分：热轧光圆钢筋》（GB 1499.1—2008）和《钢筋混凝土用钢　第 2 部分：热轧带肋钢筋》（GB 1499.2—2007）中规定屈服强度采用下屈服强度，用符号 R_{eL} 表示，抗拉强度则用 R_m 表示。《钢筋混凝土用钢　第 2 部分：热轧带肋钢筋》（GB 1499.2—2007）还规定，有较高要求的抗震结构适用牌号带"E"的钢筋，即在已有牌号后加"E"（例如：HRB400E、HRBF400E）的钢筋。该类钢筋除应满足下列要求外，其他要求与相对应的已有牌号钢筋的要求相同：钢筋的抗拉强度实测值 R_m^0 与屈服强度实测值 R_{eL}^0 的比值（简称"强屈比"）R_m^0/R_{eL}^0 不应小于 1.25；钢筋的屈服强度实测值 R_{eL}^0 与屈服强度特征值 R_{eL} 的比值（简称"屈强比"）R_{eL}^0/R_{eL} 不应大于 1.30；钢筋最大力下的总伸长率 A_{gt} 不应小于 9%。

RRB400 级钢筋是指我国现行钢筋国家标准《钢筋混凝土用余热处理钢筋》（GB 13014—1991）[6]中的 KL 400 余热处理钢筋。余热处理钢筋是由轧制钢筋经高温淬水、余热处理后提高强度，其延性、可焊性、机械连接性能和施工适应性降低，焊接受热回火可能会降低钢筋的疲劳强度和冷弯性能。因此，RRB400 级钢筋的应用受到一定限制，一般可用于对变形性能及加工性能要求不高的构件中，如基础、大体积混凝土、楼板、墙体以及次要的结构构件中。

光圆钢筋强度较低，强度价格比稍差，延性虽好但与热轧带肋钢筋（HRB400 及 HRB335）的延性相差不大，加上锚固粘结性能较差，作为受力钢筋末端还要加弯钩，设计、施工不便。因此，我国现行《水工混凝土结构设计规范》（DL/T 5057—2009）虽然列入了光面的 HPB235 级、HPB300 级钢筋［《混凝土结构设计规范》（GB 50010—2010）只列入了 HPB300 级钢筋；《水工混凝土结构设计规范》（SL 191—2008）只列入了 HPB235 级钢筋］，但并不主张推广应用。《水工混凝土结构设计规范》（DL/T 5057—2009）建议，普通钢筋宜采用 HRB400 级和 HRB335 级钢筋，也可采用 HPB235 级、HPB300 级、RRB400 级和 HRB500 级钢筋。《水工混凝土结构设计规范》（SL 191—2008）建议，普通钢筋宜采用 HRB400 级和 HRB335 级钢筋，也可采用 HPB235 级、RRB400 级钢筋。《混凝土结构设计规范》（GB 50010—2010）建议：

（1）纵向受力普通钢筋宜采用 HRB400、HRB500、HRBF400、HRBF500 钢筋，也可采用 HPB300、HRB335、HRBF335、RRB400 钢筋。

（2）梁、柱纵向受力普通钢筋应采用 HRB400、HRB500、HRBF400、HRBF500 钢筋。

（3）箍筋宜采用 HRB400、HRBF400、HPB300、HRB500、HRBF500 钢筋，也可采用 HRB335、HRBF335 钢筋。

《混凝土结构设计规范》（GB 50010—2010）主张推广 400N/mm²、500N/mm² 级高强热轧带肋钢筋作为纵向受力的主导钢筋，限制并准备逐步淘汰 335N/mm² 级热轧带肋钢筋的应用；用 300N/mm² 级光圆钢筋取代 235N/mm² 级光圆钢筋。

我国现行《水工混凝土结构设计规范》（DL/T 5057—2009）和《水工混凝土结构设计规范》（SL 191—2008）建议，预应力钢筋宜采用钢绞线、钢丝，也可采用螺纹钢筋及钢棒。预应力钢丝是指国家标准《预应力混凝土用钢丝》（GB/T 5223—2002）[7]中消除应力的光圆钢丝、螺旋肋钢丝及三面刻痕钢丝；预应力钢绞线是指《预应力混凝土用钢绞线》（GB/T 5224—2003）[8]中的 2 股（1×2）钢绞线、3 股［1×3 或（1×3I）］钢绞线及 7 股［1×7 或（1×7）C］钢绞线；预应力螺纹钢筋是指现行国家标准《预应力混凝土用螺纹钢筋》（GB/T 20065—2006）[9]中的 PSB785、PSB830、PSB930 和 PSB1080 级钢筋；预应力钢棒是指现行国家标准《预应力混凝土用钢棒》（GB/T 5223.3—2005）[10]中的螺旋槽和螺旋肋钢棒。我国现行《混凝土结构设计规范》（GB 50010—2010）关于预应力混凝土用钢筋，相对于原规范《混凝土结构设计规范》（GB 50010—2002）而言，增补了 1960N/mm² 和直径为 21.6mm 的钢绞线；列入了大直径预应力螺纹钢筋；列入了冶金行业标准《中强度预应力混凝土用钢丝》（YB/T 156—1999）[11]中直径为 5、7、9mm 的光面和螺旋肋钢丝，以补充中等强度预应力筋的空缺，用于中、小跨度的预应力构件；淘汰了锚固性能很差的刻痕钢丝。

混凝土结构用钢筋要求具有一定的强度（屈服强度 R_e 或规定非比例延伸强度 $R_{p0.2}$ 和抗拉强度 R_m）、足够的塑性（伸长率和冷弯性能）以及良好的焊接性能，对于预应力混凝土用钢筋还应具有较低的应力松弛性能。钢筋的屈服强度是指钢筋呈屈服现象时，在试验期间发生塑性变形而力不增加时的应力，有下屈服强度 R_{eL} 与上屈服强度 R_{eH} 之分（下屈服强度 R_{eL} 是指钢筋试样在屈服期间不计初始瞬时效应时的最低应力，上屈服强度 R_{eH} 是指钢筋试样发生屈服而力首次下降前的最高应力），我国现行钢筋标准规定采用下屈服强度 R_{eL}；对于没有明显屈服强度的钢筋，我国现行钢筋标准规定，屈服强度特征值 R_{eL} 应采用规定非比例延伸强度 $R_{p0.2}$，规定非比例延伸强度是指非比例延伸率等于规定的引伸计标距百分率时的应力，例如 $R_{p0.2}$ 表示规定非比例延伸率为 0.2％时的应力，也就是经过加载及卸载后尚存有 0.2％永久残余应变时的应力。钢筋的抗拉强度（又称极限强度）是指钢筋拉伸试验中所能承受的最大拉力所对应的应力。

钢筋的伸长率越大，表明钢筋的塑性性能就越好。钢筋伸长率的检验指标分为断后伸长率 A 和最大力总伸长率 A_{gt}，断后伸长率 A 是指断后标距的残余伸长 $L_u - L_0$ 与原始标距 L_0 之比的百分率；最大力总伸长率 A_{gt} 是指最大力时原始标距的伸长与原始标距 L_0 之比的百分率，这里标距是指测量伸长用的钢筋试样的长度，原始标距 L_0 是指施力前的试样标距，断后标距 L_u 是指试样断裂后的标距，最大力是指试样在试验中承受的最大的力值。

钢筋塑性除用伸长率表示外，还用冷弯试验来检验。冷弯就是在常温下，将钢筋绕着直径为 D 的钢辊弯转，达到规定的弯转角度 α 而钢筋外侧不出现裂纹或钢筋不发生断裂。冷弯性能利用弯芯直径 D 和弯转角度 α 来衡量，它是检验钢筋韧性和内部质量的一种非常有效的方法。我国现行钢筋标准规定，按规定的弯芯直径 D 弯曲 180°后，钢筋受弯曲部位表面不得产生裂纹；我国现行钢筋标准《钢筋混凝土用钢　第 2 部分：热轧带肋钢筋》（GB 1499.2—2007）还规定，根据需方要求，钢筋还可进行反向弯曲试验，弯芯直径比弯曲试验相应增加一个钢筋公称直径，反向弯曲试验时先正向弯曲 90°后再反向弯曲 20°，经过反向弯曲试验后，钢筋受弯曲部位表面不得产生裂纹。

钢筋的应力松弛性能是指在规定温度及初始变形或位移恒定的条件下，钢筋的应力随时间的延长而减小的现象，对于预应力混凝土用钢筋，为了减小预应力松弛损失，要求预应力混凝土用钢筋应具有较低的应力松弛性能。下面分别就各种钢筋的基本性能要求作一简要介绍。

1. 热轧光圆钢筋（HPB235 级、HPB300 级）

HPB235 级、HPB300 级热轧光圆钢筋的公称直径范围为 6～22mm，现行钢筋国家标准《钢筋混凝土用钢　第 1 部分：热轧光圆钢筋》（GB 1499.1—2008）推荐的公称直径为 6mm、8mm、10mm、12mm、16mm、20mm。《钢筋混凝土用钢　第 1 部分：热轧光圆钢筋》（GB 1499.1—2008）规定，光圆钢筋的力学性能应保证的项目有屈服强度 R_{eL}、抗拉强度 R_m、伸长率（包括断后伸长率 A 和最大力总伸长率 A_{gt}）和冷弯性能。根据供需双方协议，伸长率类型可从 A 或 A_{gt} 中选定。如伸长率类型未经协议确定，则伸长率采用 A，仲裁检验时采用 A_{gt}；冷弯试验 180°，弯芯直径为钢筋的公称直径 d，按规定的弯芯直径弯曲 180°后，钢筋受弯曲部位表面不得产生裂纹。

HPB235 级、HPB300 级热轧光圆钢筋属于低碳钢，质量稳定，塑性及焊接性能良好，但强度稍低，而且与混凝土的粘结锚固性能较差。HPB235 级钢筋以往在厚度不大的板和梁的箍筋中应用较多，HPB300 级钢筋是《水工混凝土结构设计规范》（DL/T 5057—2009）和《混凝土结构设计规范》（GB 50010—2010）新列入的钢筋，在国内工程中应用不多，有待进一步积累经验。

我国现行《水工混凝土结构设计规范》（DL/T 5057—2009）列入了《钢筋混凝土用钢　第 1 部分：热轧光圆钢筋》（GB 1499.1—2008）中的 HPB235、HPB300 级钢筋的材料性能设计指标，供设计时选用，见本教材附录二中的附表 2-6。我国现行《水工混凝土结构设计规范》（SL 191—2008）仅列入了《钢筋混凝土用钢　第 1 部分：热轧光圆钢筋》（GB 1499.1—2008）中的 HPB235 级钢筋的材料性能设计指标；我国现行《混凝土结构设计规范》（GB 50010—2010）仅列入了《钢筋混凝土用钢　第 1 部分：热轧光圆钢筋》（GB 1499.1—2008）中的 HPB300 级钢筋的材料性能设计指标。

2. 热轧带肋钢筋［HRB335、HRB400、HRB500、HRBF335、HRBF400、HRBF500 和上述牌号后加 E（例如 HRB400E、HRBF400E）的钢筋］

热轧带肋钢筋包括普通热轧带肋钢筋 HRB335、HRB400、HRB500（质量较好）和细晶粒热轧带肋钢筋 HRBF335、HRBF400、HRBF500（质量稍差），还有在上述牌号后加 E（例如 HRB400E、HRBF400E）适用于抗震结构的钢筋（质量最好），公称直径的范围为 6～50mm。现行钢筋国家标准《钢筋混凝土用钢　第 2 部分：热轧带肋钢筋》（GB 1499.2—2007）推荐的公称直径为 6mm、8mm、10mm、12mm、16mm、20mm、25mm、32mm、40mm、50mm。《钢筋混凝土用钢　第 2 部分：热轧带肋钢筋》（GB 1499.2—2007）规定，热轧带肋钢筋的力学性能应保证的项目有屈服强度 R_{eL}（对于没有明显屈服强度的钢筋，屈服强度特征值 R_{eL} 应采用规定非比例延伸强度 $R_{p0.2}$）、抗拉强度 R_m、伸长率（包括断后伸长率 A 和最大力总伸长率 A_{gt}）和冷弯性能等。根据供需双方协议，伸长率类型可从 A 或 A_{gt} 中选定。如伸长率类型未经协议确定，则伸长率采用 A，仲裁检验时采用 A_{gt}；冷弯试验 180°，弯芯直径根据钢筋公称直径 d 的不同为 $3d$～$8d$，按规定的弯芯直径弯曲 180°后，钢筋受弯曲部位表面不得产生裂纹；根据需方要求，钢筋可进行反向弯曲试验，弯芯直径比弯曲试验相应增加一个钢筋公称直径，反向弯曲试验时先正向弯曲 90°后再反向弯曲 20°，两个弯曲角度均应在去载之前测量，经过反向弯曲试验后，钢筋受弯曲部位表面不得产生裂纹。

热轧带肋钢筋的强度、塑性及可焊性都较好。HRB335、HRB400 级钢筋在我国混凝土结构中的应用十分广泛。我国现行《水工混凝土结构设计规范》（DL/T 5057—2009）和《水工混凝土结构设计规范》（SL 191—2008）建议，用 HRB400、HRB335 级钢筋作为我国水工混凝土结构的主导钢筋，从而将我国水工混凝土结构用钢筋的水准提高一个等级，跟上国际潮流。这样不仅可以提高混凝土结构的安全度水平，降低工程造价，而且还可降低配筋率，缓解钢筋密集带来的施工困难。HRB500 级钢筋是《水工混凝土结构设计规范》（DL/T 5057—2009）和《混凝土结构设计规范》（GB 50010—2010）新列入的钢筋，其中《混凝土结构设计规范》（GB 50010—2010）还列入了 HRBF335～HRBF500 级细晶粒热轧带肋钢筋和所列牌号后加 E 的热轧带肋钢筋。《混凝土结构设计规范》（GB 50010—2010）建议将 400N/mm²、500N/mm² 的热轧带肋钢筋作为纵向受力的主导钢筋。鉴于 HRBF 钢筋的工艺稳定性、可焊性、时效性等问题还需开展必要的研究工作，且国内尚缺乏这种钢筋工程应用的试验数据和实践经验，《水工混凝土结构设计规范》（DL/T 5057—2009）和《水工混凝土结构设计规范》（SL 191—2008）暂未列入 HRBF 钢筋。《水工混凝土结构设计规范》（SL 191—2008）对于 HRB500 级钢筋，基于上述同样的理由，也暂未列入。这两本规范也未列入 HRB-E 级钢筋。

《水工混凝土结构设计规范》（DL/T 5057—2009）给出的热轧带肋钢筋 HRB335、HRB400、HRB500 的材料性能设计指标，见本教材附录二中的附表 2-6。

3. 预应力混凝土用钢丝

我国预应力混凝土结构常用的钢丝有消除应力的光圆钢丝、螺旋肋钢丝和刻痕钢丝。消除应力钢丝是将钢筋拉拔后，经中温回火消除应力并稳定化处理的钢丝。按照消除应力时所采用的处理方式的不同，消除应力钢丝又可分为低松弛和普通松弛两种。由于普通松弛级钢丝用作预应力钢筋时应力松弛损失较大，因此，现行钢筋国家标准《预应力混凝土用钢丝》(GB/T 5223—2002)不推荐采用普通松弛级钢丝。光圆钢丝的公称直径分为 3mm、4mm、5mm、6mm、6.25mm、7mm、8mm、9mm、10mm、12mm 共十种。螺旋肋钢丝是以普通低碳钢或普通低合金钢热轧的圆盘条为母材，经冷轧减径后在其表面冷轧成二面或三面有月牙肋的钢丝。螺旋肋钢丝的公称直径分为 4mm、4.8mm、5mm、6mm、6.25mm、7mm、8mm、9mm、10mm 共九种。刻痕钢丝是在光面钢丝的表面上进行机械刻痕处理，以增加与混凝土的粘结能力，其公称直径分为≤5mm 和>5mm 两种。

《预应力混凝土用钢丝》(GB/T 5223—2002)规定，预应力混凝土用钢丝的力学性能应保证的项目有抗拉强度 R_m、规定非比例延伸强度 $R_{p0.2}$、最大力总伸长率 A_{gt}、弯曲次数和应力松弛性能等。对于低松弛钢丝，规定非比例延伸强度 $R_{p0.2}$ 不应小于公称抗拉强度的 88%；为了便于日常检验，最大力总伸长率可采用 $L_0=200mm$ 的断后伸长率代替，但其数值不应小于 3.0%，仲裁试验应以最大力总伸长率为准。

我国现行水工混凝土结构设计规范《水工混凝土结构设计规范》(DL/T 5057—2009)和《水工混凝土结构设计规范》(SL 191—2008)列入了《预应力混凝土用钢丝》(GB/T 5223—2002)中消除应力的光圆钢丝、螺旋肋钢丝及刻痕钢丝的材料性能设计指标，供设计时选用，见本教材附录二中的附表 2-7。

我国现行《混凝土结构设计规范》(GB 50010—2010)增列了《中强度预应力混凝土用钢丝》(YB/T 156—1999)中的中等强度的预应力光面钢丝和螺旋肋钢丝，用于中、小跨度的预应力构件，其公称直径分别为 5mm、7mm 和 9mm 三种。应指出的是，《中强度预应力混凝土用钢丝》(YB/T 156—1999)规定中强度预应力钢丝最大力下的总伸长率限值 A_{gt} 不应小于 2.5%，但《混凝土结构设计规范》(GB 50010—2010)规定，中强度预应力钢丝用作预应力钢筋时，最大力下的总伸长率限值 A_{gt} 不应小于 3.5%。《混凝土结构设计规范》(GB 50010—2010)在消除应力钢丝中，仅保留了公称直径为 5mm、7mm 和 9mm 的光圆钢丝和螺旋肋钢丝，取消了锚固性能较差的刻痕钢丝。

4. 预应力混凝土用钢绞线

钢绞线是由多根高强钢丝捻制在一起经过低温回火处理清除内应力后而制成，分为 2 股、3 股和 7 股三种。钢绞线按结构分为五类，其代号为：

用两根钢丝捻制的钢绞线	1×2
用三根钢丝捻制的钢绞线	1×3
用三根刻痕钢丝捻制的钢绞线	1×3I
用七根钢丝捻制的标准型钢绞线	1×7
用七根钢丝捻制又经模拔的钢绞线	(1×7)C

现行钢筋国家标准《预应力混凝土用钢绞线》(GB/T 5224—2003)规定，钢绞线的公称直径为钢绞线外接圆直径的名义尺寸。1×2 钢绞线的公称直径分为 5mm、5.8mm、8mm、10mm、12mm 共五种；1×3 钢绞线的公称直径分为 6.2mm、6.5mm、8.6mm、

8.74mm、10.8mm、12.9 mm 共六种；1×3I 钢绞线的公称直径为 8.74mm 一种；1×7 钢绞线的公称直径分为 9.5mm、11.1mm、12.7mm、15.2mm、15.7mm、17.8mm、21.6 mm 共七种；(1×7) C 钢绞线的公称直径分为 12.7mm、15.2mm、18.0mm 共三种。

《预应力混凝土用钢绞线》(GB/T 5224—2003)规定，预应力混凝土用钢绞线的力学性能应保证的项目有抗拉强度 R_m、整根钢绞线的最大力 F_m、规定非比例延伸力 $F_{p0.2}$、最大力下的总伸长率限值 A_{gt} 和应力松弛性能等，且要求规定非比例延伸力 $F_{p0.2}$ 值不应小于整根钢绞线公称最大力 F_m 的 90%。

我国现行《水工混凝土结构设计规范》(DL/T 5057—2009)和《水工混凝土结构设计规范》(SL 191—2008)均列入了《预应力混凝土用钢绞线》(GB/T 5224—2003)中各种规格的钢绞线材料性能设计指标，供设计时选用，见本教材附录二中的附表 2-7。我国现行《混凝土结构设计规范》(GB 50010—2010)仅列入了《预应力混凝土用钢绞线》(GB/T 5224—2003)中 1×3 和 1×7 钢绞线的材料性能设计指标。

5. 预应力混凝土用螺纹钢筋

预应力混凝土用螺纹钢筋在我国的桥梁工程及水电站地下厂房的预应力岩壁吊车梁中已有大量应用[12,13]。国内过去习惯上将这种钢筋称"高强精轧螺纹钢筋"。2006 年，这种钢筋的国家标准《预应力混凝土用螺纹钢筋》(GB/T 20065—2006)已正式颁布施行，并将这种钢筋称为"预应力混凝土用螺纹钢筋"。

预应力混凝土用螺纹钢筋的公称直径围为 18～50mm，《预应力混凝土用螺纹钢筋》(GB/T 20065—2006)推荐的钢筋公称直径为 25mm、32mm，可根据用户要求提供其他规格的钢筋。

预应力混凝土用螺纹钢筋以屈服强度划分级别（无明显屈服时，用规定非比例延伸强度 $R_{p0.2}$ 代替），其代号为"PSB"加上规定屈服强度的最小值表示。P、S、B 分别为 Prestressing、Screw、Bars 的英文首位字母。例如 PSB 830 表示屈服强度最小值为 830N/mm^2 的钢筋。《预应力混凝土用螺纹钢筋》(GB/T 20065—2006)规定，预应力混凝土用螺纹钢筋的力学性能应保证的项目有屈服强度 R_{eL}（无明显屈服时，用规定非比例延伸强度 $R_{p0.2}$ 代替）、抗拉强度 R_m、伸长率（包括断后伸长率 A 和最大力总伸长率 A_{gt}）、应力松弛性能等；伸长率通常选用 A，经供需双方协商，也可选用 A_{gt}。

我国现行《混凝土结构设计规范》(GB 50010—2010)和《水工混凝土结构设计规范》(DL/T 5057—2009)及《水工混凝土结构设计规范》(SL 191—2008)均列入了《预应力混凝土用螺纹钢筋》(GB/T 20065—2006)中的大直径预应力螺纹钢筋的材料性能设计指标[《混凝土结构设计规范》(GB 50010—2010)未列 PSB 830]，供设计时选用，见本教材附录二中的附表 2-7。

6. 预应力混凝土用钢棒

根据《预应力混凝土用钢棒》(GB/T 5223.3—2005)的规定，预应力混凝土用钢棒按钢棒表面形状分为光圆钢棒、螺旋槽钢棒、螺旋肋钢棒、带肋钢棒四种。由于光圆钢棒和带肋钢棒的粘结锚固性能较差，故我国现行《水工混凝土结构设计规范》(DL/T 5057—2009)和《水工混凝土结构设计规范》(SL 191—2008)仅列入了《预应力混凝土用钢棒》(GB/T 5223.3—2005)中的螺旋槽钢棒和螺旋肋钢棒的材料性能设计指标，见本教材附录二中的附表 2-7。螺旋槽钢棒的公称直径分为 7.1mm、9mm、10.7mm、12.6mm 共四种；螺旋肋钢棒的公称直径分为 6mm、7mm、8mm、10mm、12mm、14mm 共六种。《预应力混凝土用钢棒》（GB/T 5223.3—2005）规定，钢棒的力学性能应保证的项目有抗拉强度 R_m、规定非比例延伸强度 $R_{p0.2}$、伸长率（包括断后伸长率 A 和最大力总伸长率 A_{gt}）、应力松弛性能等，对于螺旋肋钢棒还应满足冷弯性能要求。

预应力混凝土用钢棒的主要优点为强度高、延性好，具有可焊性，镦锻性，可盘卷。国外广泛应用于预应力混凝土离心管桩、电杆、铁路轨枕、桥梁、码头基础、地下工程、污水处理工程及其他建筑预制构件中，是预制预应力混凝土构件中的主要受力钢筋品种之一。预应力混凝土用钢棒在我国现阶段仅用于预应力管桩的生产，并已取得良好的效果。

二、钢筋的力学性能

前述各种钢筋和钢丝、钢绞线等，按其力学性能的不同，可分为软钢和硬钢两大类。软钢是指钢筋拉伸试验的应力—应变曲线有明显的屈服点和流幅，力学性质相对较软，如热轧钢筋；硬钢是指钢筋拉伸试验的应力—应变曲线没有明显的屈服点和流幅，其力学性质强度高且相对较硬，如预应力混凝土用钢丝、钢绞线、螺纹钢筋及钢棒。

1. 软钢受拉的应力—应变曲线

软钢从开始加载到拉断，其应力—应变曲线可分为四个阶段，即弹性阶段、屈服阶段、强化阶段与破坏阶段。下面以 HRB335 级钢筋的受拉应力—应变曲线为例来说明软钢的力学特性，如图 1-2 所示。

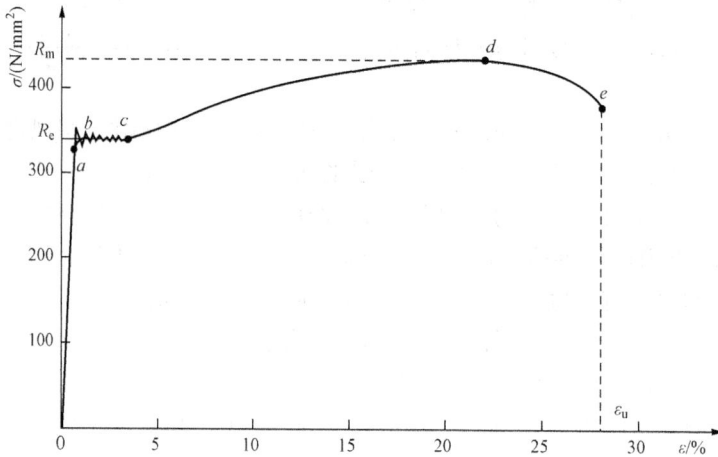

图 1-2　HRB335 级钢筋的应力—应变曲线

由图 1-2 可知，自开始加载至应力达到 a 点以前，应力与应变按比例变化，a 点称为比例极限，oa 段属于线弹性阶段。应力达到 b 点后，钢筋会在应力不变的情况下，产生很大的塑性变形，这种现象称为钢筋的"屈服"，对应于 b 点的应力称为屈服强度（流限），应区分上屈服强度 R_{eH} 和下屈服强度 R_{eL}，bc 段为屈服阶段。超过 c 点后，应力—应变关系重新表现为上升的曲线，达到曲线最高点 d 点，cd 段为强化阶段，钢筋的塑性变形明显，对应于 d 点的应力称为钢筋的抗拉强度。此后钢筋试件产生颈缩现象，应力—应变关系成为下降曲线，应变继续增大，到 e 点钢筋试件被拉断，de 段为破坏阶段。e 点所对应的横坐标称为伸长率（断后伸长率），它是标志钢筋塑性的指标之一。伸长率越大，塑性越好。钢筋塑性除用伸长率标志外，还用冷弯试验来检验。

软钢的强度指标有屈服强度和抗拉强度，屈服强度是软钢的主要强度指标。混凝土结构构件中的钢筋，当应力达到屈服强度后，荷载不增加，应变会继续增大，使得混凝土裂缝开展过宽，构件变形过大，结构构件不能正常使用。所以设计中关于软钢是以屈服强度作为强度标准值的取值依据，钢筋的强化阶段只作为一种安全储备考虑。

钢材中含碳量越高，屈服强度和抗拉强度就越高，伸长率就越小，流幅也相应缩短。图 1-3 表示了不同级别的软钢的应力—应变曲线的差异。

2. 硬钢受拉的应力—应变曲线

硬钢强度高，但塑性差，脆性大。从加载到拉断，其应力—应变曲线没有明显的阶段划分，基本上不存在屈服阶段。图 1-4 为硬钢的应力—应变曲线。

由于硬钢没有明显的屈服台阶，所以设计中一般以"条件屈服强度"（也称"协定流限"）作为硬钢强度指标的取值标准，大体上相当于"非比例延伸强度 $R_{p0.2}$"，即

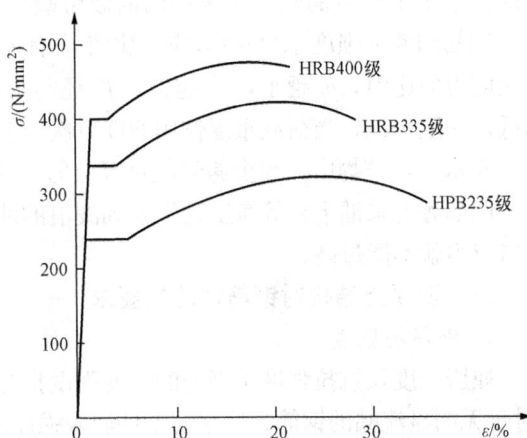

图 1-3　不同级别钢筋的应力—应变曲线

设计中一般取经过加载及卸载后尚存有 0.2% 永久残余应变时的应力作为设计上取用的条件屈服强度。$R_{p0.2}$ 一般相当于极限抗拉强度的 70%～90%。我国现行《混凝土结构设计规范》（GB 50010—2010）和《水工混凝土结构设计规范》（DL/T 5057—2009）及《水工混凝土结构设计规范》（SL 191—2008）关于预应力混凝土用钢丝、钢绞线及钢棒取极限抗拉强度的 85% 作为设计上取用的条件屈服强度；关于预应力混凝土用螺纹钢筋，由于《预应力混凝土用螺纹钢筋》（GB/T 20065—2006）中 PSB 785、PSB 830 的 $R_{p0.2}/R_m=0.8$，而 PSB 930、PSB 1080 的 $R_{p0.2}/R_m$ 分别为 0.86 及 0.88，故《水工混凝土结构设计规范》（DL/T 5057—2009）及《水工混凝土结构设计规范》（SL 191—2008）对于螺纹钢筋统一取极限抗拉强度的 80% 作为设计上取用的条件屈服强度；《混凝土结构设计规范》（GB 50010—2010）对于 PSB785 ［《混凝土结构设计规范》（GB 50010—2010）未列 PSB 830］，取极限抗拉强度的 80% 作为设计上取用的条件屈服强度，对于 PSB 930、PSB 1080，取极限抗拉强度的 85% 作为设计上取用的条件屈服强度。

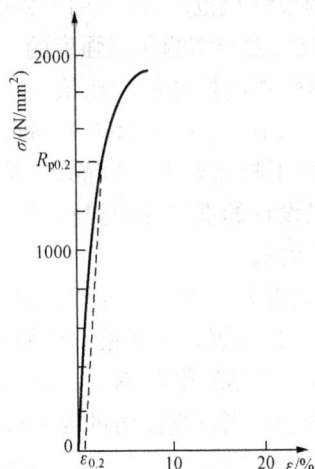

图 1-4　硬钢的应力—应变曲线

硬钢塑性差，伸长率小。因此，用硬钢配筋的钢筋混凝土构件，受拉破坏时往往突然断裂，不像用软钢配筋的构件那样，在破坏前有明显的预兆。

3. 钢筋的弹性模量

钢筋在弹性阶段的应力—应变的比值，称为弹性模量，用符号 E_s 表示。其数值见本教材附录二附表 2-8。

4. 钢筋的疲劳强度

钢筋在多次重复加载时，会呈现疲劳的特性。这是由于钢材内部存在杂质和气孔，外表面有斑痕缺陷，以及表面形状突变引起的应力集中，应力集中过大时，使钢材发生微裂纹，在重复应力作用下，裂纹会不断扩展而发生突然断裂。这种在多次重复荷载作用下，钢筋在低应力水平下产生的断裂称为钢筋的疲劳破坏。

钢筋的疲劳强度 f_y^f 与疲劳应力比值 ρ_s^f 有关。ρ_s^f 为重复荷载作用时钢筋受到的最小应力与最大应力的比值，ρ_s^f 越小，f_y^f 越低。f_y^f 还与荷载的重复次数有关，重复次数越多，疲劳强度越低，一般来说，当荷载重复作用 200 万次以上时，f_y^f 约为静力拉伸强度的44%～55%。

在水工建筑物中，很少遇到数百万次的周期性重复荷载，所以一般可不验算材料的疲劳强度。但如海上采油平台等海工建筑受到波浪的冲击，就应考虑这一问题，在使用荷载作用下的材料应力就不能过高。

三、混凝土结构对钢筋性能的要求

1. 钢筋的强度

屈服强度及抗拉强度是钢筋的主要强度指标，其中屈服强度是设计计算时的主要取值依据（对于无明显流幅的钢筋，取它的条件屈服强度）。采用高强度钢筋可以节约钢材，取得较好的经济效果。但由于钢筋的弹性模量并不因其强度的提高而增大，要使混凝土结构中的高强钢筋充分发挥其强度，则与高应力相应的大变形将会引起混凝土结构过大的变形和裂缝宽度。因此，对于普通水工混凝土结构而言，钢筋的设计强度限值宜在 400N/mm² 左右。预应力混凝土结构较好地解决了这个矛盾，但又带来钢筋与混凝土之间的锚固与协调受力的问题，过高的强度仍然难以充分发挥作用，故目前预应力钢筋的最高强度限值约为 2000N/mm² 左右。

有抗震设防要求时，我国现行《混凝土结构设计规范》（GB 50010—2010）和《水工混凝土结构设计规范》（DL/T 5057—2009）及《水工混凝土结构设计规范》（SL 191—2008）对纵向受力钢筋均提出了补充要求，即纵向受力钢筋的实测抗拉强度与实测屈服强度的比值（简称"强屈比"）不应小于 1.25；屈服强度实测值与规定的屈服强度标准值的比值（简称"屈强比"）不应大于 1.3。此外，《混凝土结构设计规范》（GB 50010—2010）还对有抗震设防要求时纵向受力普通钢筋的最大拉力下的总伸长率实测值提出了补充要求，《混凝土结构设计规范》（GB 50010—2010）规定，按一、二、三级抗震等级设计的框架和斜撑构件，其纵向受力普通钢筋的最大拉力下的总伸长率实测值 A_{gt} 不应小于 9%。

结构构件中纵向受力钢筋的变形性能直接影响结构构件在地震力作用下的延性。因此，当有抗震设防要求时，《混凝土结构设计规范》（GB 50010—2010）建议，框架梁、框架柱、剪力墙等结构构件的纵向受力钢筋宜选用 HRB400 级、HRB500 级热轧带肋钢筋；箍筋宜选用 HRB400 级、HRB335 级、HRB500 级、HPB300 级热轧钢筋；当抗震设防的要求较高时，尚可采用《钢筋混凝土用钢　第 2 部分：热轧带肋钢筋》（GB 1499.2—2007）中牌号为 HRB400E、HRB500E、HRB335E、HRBF400E、HRBF500E、HRBF335E 的钢筋。这些带"E"的钢筋牌号的强屈比、屈强比和最大力下的总伸长率已如前述，其抗拉强度、屈服强度、强度设计值以及弹性模量的取值与不带"E"的同牌号热轧带肋钢筋的取值相同。

2. 钢筋的塑性

要求钢筋具有一定的塑性性能是为了使钢筋在断裂前有足够的变形，能给出构件将要破坏的预警信号。钢筋的伸长率（包括断后伸长率 A 和最大力下的总伸长率 A_{gt}）和冷弯性能是衡量钢筋塑性的主要指标。

前已述及，钢筋试样的断后伸长率 A 可按下列公式确定

$$A = \frac{L_u - L_0}{L_0} \times 100\% \tag{1-1}$$

式中　A——钢筋试样的断后伸长率；

　　　L_0——钢筋试样的原始标距；

　　　L_u——钢筋试样的断后标距。

钢筋试样的最大力下的总伸长率 A_{gt} 可按下列公式确定

$$A_{gt} = \frac{\Delta L_m}{L_e} \times 100\% \tag{1-2}$$

式中　A_{gt}——钢筋试样的最大力下的总伸长率；

　　　ΔL_m——由引伸计得到的力—延伸曲线图上达到最大力时的总延伸；

　　　L_e——引伸计标距。

上述钢筋试样最大力下的总伸长率 A_{gt} 的测定方法为我国现行钢筋标准《钢筋混凝土用钢　第1部分：热轧光圆钢筋》（GB 1499.1—2008）、《钢筋混凝土用钢　第2部分：热轧带肋钢筋》（GB 1499.2—2007）推荐的现行国家标准《金属材料 室温拉伸试验方法》（GB/T 228—2002）[14]给出的方法，《钢筋混凝土用钢　第1部分：热轧光圆钢筋》（GB 1499.1—2008）、《钢筋混凝土用钢　第2部分：热轧带肋钢筋》（GB 1499.2—2007）在附录A中还给出了测定钢筋试样最大力下的总伸长率 A_{gt} 的另一简化方法，可供选用。

总结汶川地震钢筋混凝土结构房屋倒塌的经验，我国现行《混凝土结构设计规范》（GB 50010—2010）认为，传统的断后伸长率只反映颈缩区域的残余伸长，不是钢筋塑性性能和变形能力（延性）的真正标志，只有钢筋断裂前达到的最大力下的总伸长率 A_{gt} 才是钢筋延性的真正标志。最大力下的总伸长率 A_{gt} 不受断口—颈缩区域局部变形的影响，反映了钢筋拉断前达到最大力（极限强度）时的均匀应变，故又称为均匀伸长率。因此，《混凝土结构设计规范》（GB 50010—2010）将最大力下的总伸长率 A_{gt} 作为控制钢筋延性的指标，明确提出了普通钢筋及预应力筋最大力下的总伸长率 A_{gt} 的限值要求。《混凝土结构设计规范》（GB 50010—2010）规定，普通钢筋及预应力筋最大拉力下的总伸长率限值 A_{gt} 不应小于表1-1的规定；有抗震设防要求时，按一、二、三级抗震等级设计的框架和斜撑构件，其纵向受力普通钢筋最大拉力下的总伸长率实测值 A_{gt} 不应小于9%。

表 1-1　　　　　　普通钢筋及预应力筋最大力下的总伸长率 A_{gt} 限值

钢筋品种	普通钢筋			预应力筋
	HPB300	HRB335、HRBF335、HRB400、HRBF400、HRB500、HRBF500	RRB400	
$A_{gt}/\%$	10.0	7.5	5.0	3.5

3. 钢筋的可焊性

可焊性是评定钢筋焊接接头性能的指标。可焊性好，即要求在一定的工艺条件下钢筋焊接后不产生裂纹及过大的变形。

4. 钢筋与混凝土之间的粘结力

钢筋与混凝土之间应有足够的粘结力，以保证钢筋与混凝土共同工作。钢筋的表面形状

是影响粘结力的重要因素，带肋钢筋与混凝土之间的粘结性能明显优于光圆钢筋与混凝土之间的粘结性能。因此，构件中的纵向受力钢筋应优先选用带肋钢筋。

第二节　混凝土的物理力学性能

混凝土是由水泥、水及骨料按一定配合比组成，经凝固硬化后的人造石材。由于混凝土组成材料的多样性以及各组成材料之间又存在着复杂的物理、化学反应，致使混凝土的力学性能与许多因素有关。水泥和水在凝结硬化过程中形成水泥胶块把骨料粘结在一起，内部存在微裂缝和孔隙，水泥胶块中的结晶体和骨料组成混凝土的弹性受力骨架，使混凝土具有弹性变形的特点，同时水泥胶块中的凝胶体和内部存在的微裂缝与孔隙又使混凝土具有塑性变形的性质。由于混凝土内部结构十分复杂，因此，它的力学性能也极为复杂。

一、混凝土的强度

1. 混凝土的立方体抗压强度和强度等级

混凝土立方体试件的抗压强度比较稳定，我国规范把混凝土立方体试件的抗压强度作为混凝土各种力学指标的基本代表值，并把立方体抗压强度标准值作为评定混凝土强度等级的依据。

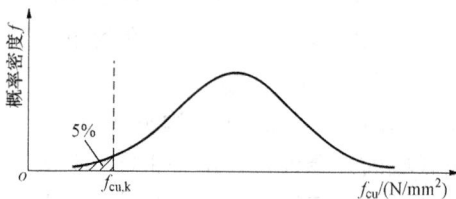

图 1-5　混凝土立方体抗压强度概率分布曲线

在国际上，确定混凝土强度等级的试件有圆柱体和立方体两种，我国规范[2-4]规定，混凝土强度等级应按立方体抗压强度标准值确定，立方体抗压强度标准值系指按标准方法制作、养护的边长为 150mm 的立方体试件，在 28d 或设计规定龄期以标准试验方法测得的具有 95% 保证率的抗压强度值（参见图 1-5），用符号 $f_{cu,k}$ 表示。

混凝土强度标准值的保证率为 95%，即混凝土强度标准值应取为其强度总体分布的平均值减去 1.645 倍标准差。例如，混凝土立方体抗压强度标准值 $f_{cu,k}$ 用公式表示，即

$$f_{cu,k} = \mu_{f_{cu,15}} - 1.645\sigma_{f_{cu}} = \mu_{f_{cu,15}}(1 - 1.645\delta_{f_{cu}}) \tag{1-3}$$

式中　　$\mu_{f_{cu,15}}$——150mm 边长的混凝土立方体抗压强度的平均值；

$\sigma_{f_{cu}}$、$\delta_{f_{cu}}$——分别为 150mm 边长的混凝土立方体抗压强度的标准差与变异系数。

混凝土强度等级用符号 C 和立方体抗压强度标准值（以 N/mm² 计）表示，例如 C25 混凝土表示混凝土立方体抗压强度标准值为 25N/mm²。水利水电工程中常用的混凝土强度等级为 C20、C25、C30、C35、C40、C50、C60 等。

混凝土立方体抗压强度与水泥强度等级、水泥用量、水灰比、配合比、龄期、施工方法及养护条件等因素有关，试验方法及试件尺寸也会影响所测得的强度数值。

试验方法对立方体抗压强度有较大的影响。试块在压力机上受压，纵向产生压缩变形而横向产生膨胀变形。当试块与压力机垫板直接接触，试块上下表面与垫板之间必然有摩擦力存在，使试块的横向变形受到约束（称为"套箍作用"），就会提高混凝土的抗压强度。靠近试块上下表面的区域内，受到摩擦力的影响较大，产生的膨胀变形较小，试块中部受到摩擦力的影响较小，产生较大的膨胀变形。随着压力的增加，试块在纵向压力和横向摩擦力的作用下，首先在中部出现纵向裂缝，然后斜向发展到试块角隅形成斜向裂缝。破坏时，中部向

外鼓胀的混凝土向四周剥落，使试块只剩下如图 1-6（a）所示的角锥体。

当试块上下表面涂有润滑剂或加垫塑料薄片时，则摩擦力减少，试块的横向膨胀变形受到的约束作用显著降低，所测得的抗压强度较不涂润滑剂者为小。破坏时，试块出现垂直裂缝，如图 1-6（b）所示。

为了统一标准，我国规范规定在试验中均采用不涂润滑剂的加载方法。

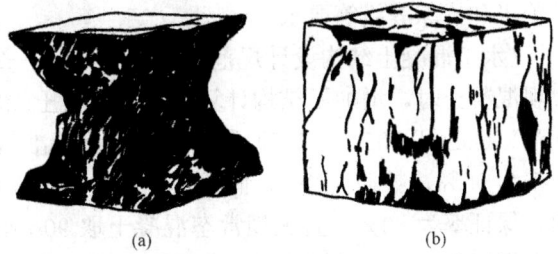

(a)　　　　(b)

图 1-6　混凝土立方体试块的破坏情况

当采用不涂润滑剂的方法进行加载时，对于同样配合比的混凝土，立方体试件尺寸越小，试件中部受到摩擦力的影响就越大，测得的抗压强度也就越高。相反，立方体试件尺寸越大，测得的抗压强度就越低。因此，用非标准尺寸的试件进行试验时，应将所测得的立方体抗压强度乘以换算系数，换算成标准试件的立方体抗压强度。根据对试验资料的统计分析，边长为 200mm 的立方体试件，换算系数取 1.05；边长为 100mm 的立方体试件，换算系数取 0.95。

试验时加载速度对强度也有影响，加载速度越快，测得的强度越高。通常的加载速度是 0.2～0.5MPa/s，强度等级高于或等于 C30 时，加载速度取为 0.5～0.8MPa/s。

由于混凝土中水泥胶块的硬化过程需要若干年才能完成，故混凝土的强度随龄期的增长而逐渐提高，开始增长得较快，以后逐渐变慢。由试验观察可知，混凝土强度增长可延续到 15 年以上，保持在潮湿环境中的混凝土，强度的增长会延续得更久。水工建筑中常因工程量巨大，混凝土浇筑后经过较长时期后才承受设计荷载。所以在设计时也可以根据开始承受荷载和投入正常运行的时间，采用 60d 或 90d 甚至 180d 龄期的后期抗压强度。但对于混凝土不同龄期的抗拉强度，由于影响因素较多，且离散性较大，一般不予利用。

混凝土不同龄期的抗压强度取值应通过试验确定。当无试验资料时，在一般情况下，混凝土不同龄期的抗压强度比值可参考表 1-2 选用[3,4]。

表 1-2　　　　　　　　　混凝土不同龄期的抗压强度比值

水泥品种	混凝土龄期/d				
	7	28	60	90	180
普通硅酸盐水泥	0.55～0.65	1.0	1.10	1.20	1.30
矿碴硅酸盐水泥	0.45～0.55	1.0	1.20	1.30	1.40
火山灰质硅酸盐水泥	0.45～0.55	1.0	1.15	1.25	1.30

注　1. 对于蒸汽养护的构件，不考虑抗压强度随龄期的增长；

　　2. 表中数值未计入掺合料及外加剂的影响；

　　3. 表中数值适用于 C30 及其以下的混凝土；

　　4. 粉煤灰硅酸盐水泥混凝土不同龄期的抗压强度比值，可按火山灰质硅酸盐水泥混凝土采用。

水利水电工程中，素混凝土结构受力部位的混凝土强度等级不宜低于 C15；钢筋混凝土结构构件的混凝土强度等级不应低于 C15；当采用 HRB335 级钢筋时，混凝土强度等级不宜低于 C20；当采用 HRB400 级、HRB500 级和 RRB400 级钢筋或承受重复荷载时，混凝土强度等级不应低于 C20。预应力混凝土结构构件的混凝土强度等级不应低于 C30；当采用钢绞线、钢丝作预应力筋时，混凝土强度等级不宜低于 C40。当建筑物还有耐久性要求，例如抗渗、抗冻、抗磨、抗腐蚀时，混凝土的强度等级尚需根据具体技术条件分别提出混凝土的抗渗等级和抗冻等级等要求。

《水工混凝土结构设计规范》（DL/T 5057—2009）对大坝混凝土中的局部构件，若采用大坝混凝土时，增加了结构计算应进行混凝土强度等级换算的规定。《水工混凝土结构设计规范》（DL/T 5057—2009）中混凝土强度标准值是按其概率分布的 0.05 分位值确定的，保证率为 95%，龄期为 28d；而大坝混凝土抗压强度标准值是按其概率分布的 0.2 分位值确定的，保证率为 80%，且大坝常态混凝土取 90d 龄期的抗压强度标准值进行设计。因此，对于大坝混凝土中的局部构件，若混凝土的配合比与大坝混凝土的配合比相同，采用大坝混凝土 90d 龄期的抗压强度进行局部构件的承载力计算时，局部构件的安全度设置水平将偏低。为了保证大坝混凝土中局部构件承载能力极限状态下的安全度设置水平能够满足《水工混凝土结构设计规范》（DL/T 5057—2009）安全度设置水平的要求，应将大坝混凝土中局部构件的混凝土强度等级乘以一个换算系数。

根据《水利水电工程结构可靠度设计同一标准专题文集》[15]中张学易等人的调查统计结果，大体积混凝土抗压强度的变异系数 $\delta_{f_{cu}}$ 见表 1-3。由表 1-2 可知，对于 C30 及以下的混凝土，当采用普通硅酸盐水泥、矿渣硅酸盐水泥和火山灰质硅酸盐水泥时，90d 龄期与 28d 龄期混凝土抗压强度的比值 K_{yr} 分别为 1.20、1.30 和 1.25。

表 1-3　　　　　　　　　　　大坝混凝土抗压强度的变异系数

混凝土强度等级	C10	C15	C20	C25	C30
大坝混凝土抗压强度的变异系数 $\delta_{f_{cu}}$	0.24	0.22	0.20	0.18	0.16

利用表 1-3 所列变异系数 $\delta_{f_{cu}}$ 和 90d 龄期混凝土抗压强度的增长系数 K_{yr}，按下列公式可求得大坝混凝土中局部构件混凝土强度等级的换算系数

$$\chi = \frac{1 - 1.645\delta_{f_{cu}}}{(1 - 0.842\delta_{f_{cu}})K_{yr}} \tag{1-4}$$

式中　　χ——大坝混凝土中局部构件混凝土强度等级的换算系数；

$\delta_{f_{cu}}$——大坝混凝土中局部构件混凝土立方体抗压强度的变异系数；

K_{yr}——90d 龄期与 28d 龄期混凝土抗压强度的比值。

若大坝混凝土的抗压强度为 90d 龄期，保证率为 80%，当局部构件混凝土仍为 90d 龄期，保证率采用 95% 时，混凝土强度等级换算系数的计算结果见表 1-4，近似可取 0.8；当局部构件混凝土采用 28d 龄期，保证率为 95% 时，混凝土强度等级换算系数的计算结果见表 1-5，近似可取 0.65。

表 1-4　　　　　大坝混凝土中局部构件混凝土强度等级的换算系数 χ（90d）

水泥品种	C10	C15	C20	C25	C30	不同强度等级下强度等级的换算系数 χ 的平均值
普通硅酸盐水泥	0.758	0.784	0.806	0.829	0.852	0.806
矿渣硅酸盐水泥	0.758	0.783	0.807	0.829	0.852	0.806
火山灰质硅酸盐水泥	0.759	0.784	0.806	0.830	0.851	0.806
不同水泥品种下强度等级的换算系数的平均值	0.758	0.783	0.807	0.830	0.852	0.806

表 1 - 5 大坝混凝土中局部构件混凝土强度等级的换算系数 χ （28d）

水泥品种	C10	C15	C20	C25	C30	不同强度等级下强度等级的换算系数 χ 的平均值
普通硅酸盐水泥	0.632	0.653	0.672	0.691	0.710	0.672
矿渣硅酸盐水泥	0.583	0.602	0.621	0.638	0.655	0.620
火山灰质硅酸盐水泥	0.607	0.627	0.645	0.664	0.681	0.645
不同水泥品种下强度等级的换算系数的平均值	0.607	0.627	0.646	0.664	0.682	0.645

美国、日本、加拿大等国家的混凝土结构设计规范和欧洲混凝土结构设计规范[16,17]，采用圆柱体试件（直径 150mm，高 300mm）测定的抗压强度来划分强度等级，用符号 f_c' 表示。对于 C60 以下的混凝土，圆柱体抗压强度 f_c' 与立方体抗压强度 $f_{cu,k}$ 之间的换算关系可按下列公式计算

$$f_c' = (0.79 \sim 0.81) f_{cu,k} \tag{1-5}$$

2. 混凝土轴心抗压强度标准值 f_{ck} 与设计值 f_c

钢筋混凝土受压构件的实际长度往往远大于其截面尺寸。因此，采用混凝土棱柱体试件比采用立方体试件能更好地反映混凝土的实际受力状态。用混凝土棱柱体试件测得的平均抗压强度称为轴心抗压强度平均值。

混凝土棱柱体试件除尺寸与立方体试件的不同外，其制作、养护和加载试验方法均与立方体试件的相同。混凝土棱柱体试件的高宽比 h/b 较大时，两端接触面摩擦力对试件中部混凝土变形的约束作用减弱，而当 h/b 达到某一定值后，混凝土棱柱体试件的抗压强度趋于稳定。混凝土棱柱体试件高宽比一般可取为 $h/b = 2 \sim 3$，我国规范规定混凝土棱柱体标准试件的尺寸为 150mm×150mm×300mm。

根据国内 120 组混凝土棱柱体抗压强度与边长 200mm 立方体抗压强度的对比试验[18]，并考虑试件尺寸效应的影响，两者平均值的关系为

$$\mu_{f_{pri}} = 0.8 \mu_{f_{cu,20}} = 0.8 \times 0.95 \mu_{f_{cu,15}} = 0.76 \mu_{f_{cu,15}} \tag{1-6}$$

式中 $\mu_{f_{pri}}$ ——混凝土棱柱体试件抗压强度的平均值；

$\mu_{f_{cu,20}}$ ——200mm 边长的混凝土立方体抗压强度的平均值。

考虑到实际工程中结构构件的制作、养护条件及受力情况与试件有较大差别[19-21]，根据以往经验，并结合试验数据的统计分析，对实际结构构件的混凝土强度还应乘以修正系数 0.88，则结构构件中混凝土轴心抗压强度与立方体抗压强度的关系为

$$\mu_{f_c} = 0.88 \mu_{f_{pri}} = 0.88 \times 0.76 \mu_{f_{cu,15}} = 0.67 \mu_{f_{cu,15}} \tag{1-7}$$

式中 μ_{f_c} ——结构构件中混凝土轴心抗压强度的平均值。

根据混凝土强度标准值的取值原则，并假定 $\delta_{f_c} = \delta_{f_{cu}}$（$\delta_{f_c}$ 为混凝土轴心抗压强度的变异系数），同时引入考虑高强混凝土脆性的折减系数 α_c，则得结构构件中混凝土轴心抗压强度标准值 f_{ck} 为

$$f_{ck} = \alpha_c \mu_{f_c} (1 - 1.645 \delta_{f_c}) = 0.67 \alpha_c \mu_{f_{cu,15}} (1 - 1.645 \delta_{f_{cu}}) = 0.67 \alpha_c f_{cu,k} \tag{1-8}$$

式中，α_c 的取值：对于 C45 以下均取 $\alpha_c = 1.0$；对于 C45 取 $\alpha_c = 0.98$；对于 C60 取 $\alpha_c =$

0.96；在 C45 与 C60 之间，α_c 按线性规律变化。

对于 C45 以下混凝土，由于 $\alpha_c = 1.0$，故混凝土轴心抗压强度标准值 f_{ck} 的计算式（1-7）简化为 $f_{ck} = 0.67 f_{cu,k}$，与《水工混凝土结构设计规范》（DL/T 5057—1996）[22] 及 "Structural Use of Concrete：Part 1，Code of Practice for Design and Construction"（BS 8110：1997）[23] 等规范混凝土轴心抗压强度标准值的计算公式完全相同，便于国内外同类规范之间的相互交流和引用，同时也符合传统习惯，便于实际应用和记忆。

《混凝土结构设计规范》（GB 50010—2010）考虑到结构中混凝土强度与试件混凝土强度的差异，取修正系数为 0.88，混凝土轴心抗压强度标准值 f_{ck} 的计算公式为

$$f_{ck} = 0.88 \alpha_{c1} \alpha_{c2} f_{cu,k} \tag{1-9}$$

式中　　α_{c1}——混凝土棱柱体抗压强度与立方体抗压强度的比值，对于 C50 及以下，取 $\alpha_{c1} = 0.76$，对于 C80 取 $\alpha_{c1} = 0.82$，中间按线性规律变化；

α_{c2}——考虑高强混凝土脆性的折减系数，对于 C40 取 $\alpha_{c2} = 1.0$，对于 C80 取 $\alpha_{c2} = 0.87$，中间按线性规律变化。

混凝土轴心抗压强度设计值 f_c 取为混凝土轴心抗压强度标准值 f_{ck} 除以混凝土材料性能分项系数 γ_c，我国现行规范取混凝土材料性能分项系数 $\gamma_c = 1.4$。混凝土轴心抗压强度标准值和设计值见本教材附录二附表 2-1 和附表 2-2。

3. 混凝土轴心抗拉强度标准值 f_{tk} 与设计值 f_t

混凝土轴心抗拉强度远低于轴心抗压强度，两者的比值大约为 1/13～1/8，混凝土的强度等级越高，比值越低。影响混凝土抗拉强度的因素与影响抗压强度的因素基本一致，但影响程度却有所不同。例如水泥用量增加，可使抗压强度增加较多，而抗拉强度则增加较少；用砾石拌制的混凝土，其抗拉强度高于用卵石拌制的混凝土，而骨料形状对抗压强度的影响则相对较小。

各国测定混凝土抗拉强度的试验方法主要有直接受拉法和劈裂法。我国近年来采用的直接受拉法，其试件为 150mm×150mm×550mm 的棱柱体试件，两端设置埋深为 125mm 的带肋钢筋（直径 16mm），钢筋外露 40mm，钢筋轴线应与试件轴线重合，如图 1-7（a）所示。

试验机夹紧两端外露钢筋，张拉试件，破坏时在试件中部产生断裂。试件破坏时的平均应力即为混凝土的轴心抗拉强度试验值 f_{t0}，即

$$f_{t0} = \frac{P}{A} \tag{1-10}$$

式中　　P——试件破坏时的轴向拉力；

A——试件的横截面面积。

直接受拉法由于不易将拉力对中，形成偏心影响；而且因带肋钢筋端部的应力集中，会使断裂出现在埋入钢筋末端的截面处。这些因素都对 f_{t0} 的量测结果有较大影响。

国内外也常用劈裂法测定混凝土的抗拉强度。劈裂试验是将边长为 150mm 的立方体试件（或平放的圆柱体试件）通过垫条施加线荷载 P，在试件中间的垂直截面上除垫条附近的极小部分外，都将产生均匀的拉应力 [图 1-7（b）]。当拉应力达到混凝土的劈裂抗拉强度 f_{ts} 时，试件对半劈裂。根据弹性力学可计算出混凝土的劈裂抗拉强度为

$$f_{ts} = \frac{2P}{\pi d^2} \tag{1-11}$$

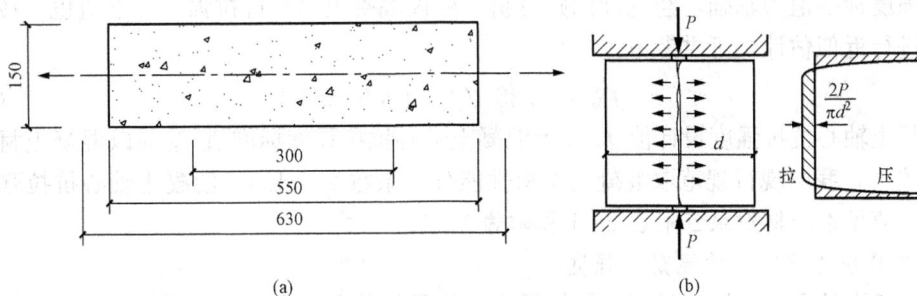

图 1-7　混凝土轴心抗拉强度试验方法

(a) 直接受拉法；(b) 劈裂法

式中　　P——破坏荷载；

　　　　d——立方体试件的边长。

由劈裂法测定的 f_{ts} 值，一般比直接受拉法测得的 f_{t0} 低，但也有相反的情况。这主要是由于试件与垫条接触处有应力集中，如果垫条太细，应力集中影响就很大，所测得的劈裂抗拉强度 f_{ts} 就比直接受拉法测得的 f_{t0} 低[1]。

根据国内 72 组轴心抗拉强度与边长 200mm 立方体抗压强度的对比试验[18]，并考虑尺寸效应影响，两者平均值的关系为

$$\mu_{f_t, sp} = 0.58\mu_{f_{cu,20}}^{2/3} = 0.58(0.95\mu_{f_{cu,15}})^{2/3} = 0.56\mu_{f_{cu,15}}^{2/3} \ (\text{kgf/cm}^2) \qquad (1-12)$$

式中　　$\mu_{f_t, sp}$——直接受拉法混凝土轴心抗拉试件的抗拉强度平均值。

同样，考虑实际结构构件中混凝土强度与试件混凝土强度的差异，取修正系数为 0.88，同时将计量单位由 kgf/cm² 改为 N/mm²，则实际结构构件中混凝土轴心抗拉强度与标准立方体抗压强度的关系为

$$\mu_{f_t} = 0.88\mu_{f_t, sp} = 0.88 \times 0.56\mu_{f_{cu,15}}^{2/3} \times 0.1^{1/3} = 0.23\mu_{f_{cu,15}}^{2/3} \ (\text{N/mm}^2) \qquad (1-13)$$

在假定轴心抗拉强度的变异系数 $\delta_{f_t} = \delta_{f_{cu}}$ 的条件下，则结构构件中混凝土轴心抗拉强度标准值 f_{tk} 为

$$f_{tk} = \mu_{f_t}(1 - 1.645\delta_{f_t}) = 0.23\mu_{f_{cu,15}}^{2/3}(1 - 1.645\delta_{f_t}) = 0.23f_{cu,k}^{2/3}(1 - 1.645\delta_{f_{cu}})^{1/3}$$

$$(1-14)$$

《混凝土结构设计规范》(GB 50010—2010) 根据原《混凝土结构设计规范》(GB J 10—1989) 确定抗拉强度的试验数据，再加上我国近年来高强混凝土强度研究的试验数据，统一进行分析后提出了下列公式计算混凝土轴心抗拉强度的标准值

$$f_{tk} = 0.88 \times 0.395f_{cu,k}^{0.55}(1 - 1.645\delta_{f_{cu}})^{0.45} \times \alpha_{c2} \qquad (1-15)$$

式中　　α_{c2}——考虑高强混凝土脆性的折减系数，对于 C40 取 $\alpha_{c2} = 1.0$，对于 C80 取 $\alpha_{c2} = 0.87$，中间按线性规律变化。

按式 (1-14)～式 (1-15) 确定的混凝土轴心抗拉强度标准值虽与试验结果符合较好，但应用上不够方便。参考国外规范的有关规定，文献 [21] 以式 (1-14) 确定的混凝土轴

---

❶　过去常用 5mm×5mm 方钢垫条；所测得的抗拉强度一般均小于直接受拉法测得的强度。有的研究单位建议垫条改用 18mm 的扁铁。国际材料与结构试验研究协会 (RILEM) 建议垫条采用胶合板或硬纸板，宽 15mm 厚 4mm。当采用立方体试块时，垫条与试验机上下压板之间再安放有曲面的钢块，曲面直径为 75mm。

心抗拉强度标准值为基础，经统计回归分析，建议混凝土轴心抗拉强度标准值也可按下列简化公式进行近似估计，可供参考

$$f_{tk} = 0.35 \sqrt{f_{cu,k}} (\text{N/mm}^2) \tag{1-16}$$

混凝土轴心抗拉强度设计值 f_t 取为混凝土轴心抗拉强度标准值 f_{tk} 除以混凝土材料性能分项系数 γ_c，我国现行规范取混凝土材料性能分项系数 $\gamma_c = 1.4$。混凝土轴心抗拉强度标准值和设计值见本教材附录二附表 2-1 和附表 2-2。

4. 复合应力状态下的混凝土强度

以上所讲的混凝土抗压强度和抗拉强度，均是指单向受力状态下混凝土的强度指标。实际上，结构构件很少处于单向受压或单向受拉状态，而是处于双向或三向受力的复合应力状态。因此，研究混凝土在复合应力状态下的强度，对于混凝土结构的合理设计是极为重要的。但由于影响因素多且比较复杂，目前还未能建立起比较完善的强度理论。

复合应力状态下强度试验的试件形状大体可分为空心圆柱体、实心圆柱体、正方形板、立方体等几种，如图 1-8 所示。在空心圆柱体试件的两端施加纵向压力或拉力，并在其内部或外部施加液压，即可形成双向受压、双向受拉或一向受压一向受拉状态；如在两端施加一对扭转力矩，就可形成剪压或剪拉状态；实心圆柱体试件及立方体试件则可形成三向受力状态。

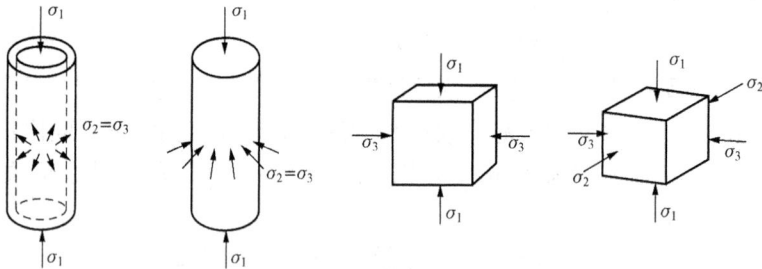

图 1-8　复合应力状态下强度试验的试件形状及圆柱体受液压作用示意图

根据现有的试验结果，可以得出以下几点结论：

（1）双向受压时，混凝土的抗压强度大于单向受压时的强度，即一个方向的抗压强度随另一方向压应力的增加而提高。

（2）双向受拉时，混凝土的抗拉强度一般低于单轴抗拉强度，但相差较少，一般取与单向抗拉强度一样，即假定混凝土一个方向的抗拉强度基本与另一方向拉应力的大小无关。

（3）一向受拉一向受压时，混凝土的抗压强度随另一向拉应力的增加而降低；或者说，混凝土的抗拉强度随另一向压应力的增加而降低，其强度既低于单轴抗拉强度也低于单轴抗压强度，为设计的控制状态。

双向受力状态下，混凝土典型的破坏强度曲线如图 1-9 所示。图中分为三个区域：Ⅰ区为双向受压，Ⅱ区为双向受拉，Ⅲ区为一向受压、一向受拉。图中 σ_1、σ_2 为主应力，f_c 为单向受压时的抗压强度。

（4）在单向正应力 σ 及剪应力 τ 共同作用下，混凝土的破坏强度曲线如图 1-10 所示。当有压应力存在，且压应力较小（$\sigma \leqslant 0.6 f_c$）时，混凝土的抗剪强度随压应力的增大而有所提高，但当压应力过大（$\sigma > 0.6 f_c$）时，混凝土的抗剪强度随压应力的增大而迅速降低；当

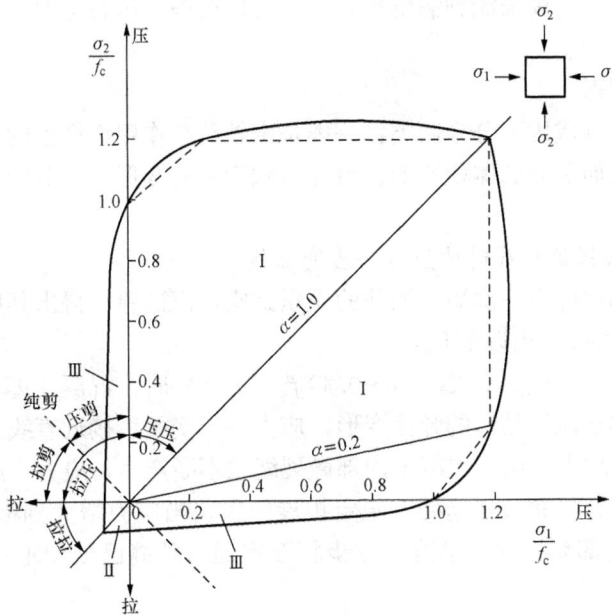

图 1 - 9　混凝土双向应力下的强度曲线

有拉应力存在时，混凝土的抗剪强度随拉应力的增大而降低。在剪应力作用下，混凝土的抗压强度或抗拉强度均低于单向抗压强度或抗拉强度。

（5）三向受压时，由于混凝土的横向变形受到约束，混凝土一个方向的抗压强度随另外二个方向压应力的增加而增加，且其极限压应变也有较大幅度的提高，图 1 - 11 为一组三向受压的试验曲线。

根据混凝土圆柱体试件在侧向压应力 σ_r 作用下的常规三轴试验（即 $\sigma_2 = \sigma_3 = \sigma_r$）结果，可得出三向受压状态下混凝土的抗压强度为

$$f_c^* = f_c + 4.0\sigma_r \qquad (1-17)$$

式中　f_c^*，f_c——三向受压状态和单向轴压状态下混凝土的抗压强度；

σ_r——试件周围的侧向压应力。

复合受力状态下混凝土的强度理论是一个难

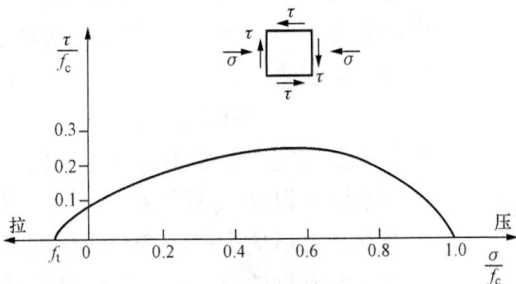

图 1 - 10　混凝土的复合受力强度曲线

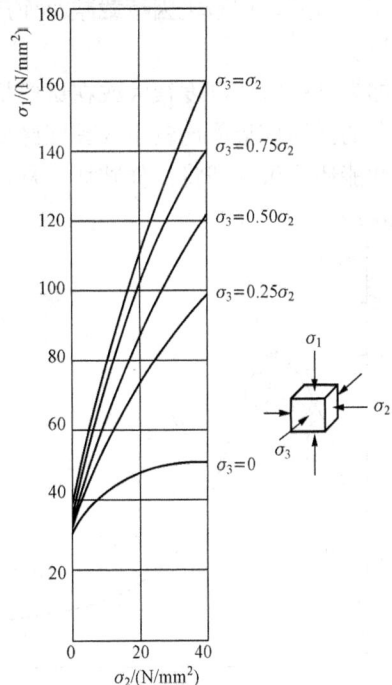

图 1 - 11　混凝土三向受压的试验曲线

度较大的理论问题，目前尚未能圆满解决，一旦有所突破，则将会对钢筋混凝土结构的计算方法带来根本性的改变。

二、混凝土的变形

混凝土的变形按其成因可分为两类：一类是由外荷载作用而产生的受力变形；一类是由环境温度和湿度变化而引起的体积变形。由外荷载产生的变形与加载的方式及荷载作用的持续时间有关。

1. 混凝土在一次短期加载时的应力—应变曲线

对混凝土棱柱体试件作一次短期加载的受压试验，由试验可得出其应力—应变曲线如图1-12所示。从试验可以看出以下几点：

（1）当试件截面上的应力 $\sigma < (0.3 \sim 0.4) f_c$（$a$ 点）时，混凝土基本上处于弹性阶段，其变形主要是骨料和水泥结晶体的弹性变形，应力—应变关系接近直线。

（2）当应力继续增大，由于混凝土内部微裂缝的不断产生，应力—应变曲线逐渐向下弯曲，呈现出塑性性质，但此时裂缝处于稳定扩展阶段。当应力增大到极限强度的80%左右（b 点）时，混凝土内部裂缝发展迅速并逐步相互贯通，裂缝已处于不稳定扩展阶段，应变增长得更快。

（3）当应力达到混凝土轴心抗压强度 f_c（c 点）时，试件表面出现与加压方向平行的裂缝，试件开始破坏。相应的应变称为峰值应变 ε_0。试验表明，ε_0 基本与混凝土强度等级无关，一般为0.002左右。

（4）试件在普通试验机上进行抗压试验时，试件达到最大应力后就立即崩碎，呈脆性破坏特征，所得应力—应变曲线如图1-12中的 $oabcd'$。这种突然性破坏是由于试验机的刚度不足所造成的。因为试验机在加载过程中发生变形，储存了大量的弹性变形能，当试件达到最大应力以后，试验机因荷载减小而产生回弹变形，释放能量，试件受到试验机的冲击而急速破坏。

如果试验机的刚度很大或在试验机上增设了弹簧、液压千斤顶等吸能装置，使得试验机所储存的弹性变形能比较小或其回弹变形得以控制，当试件达到最大应力后，试验机所释放的弹性能还不致立即将试件破坏，从而测出混凝土的应力—应变全过程曲线，如图1-12中的 $oabcdef$。

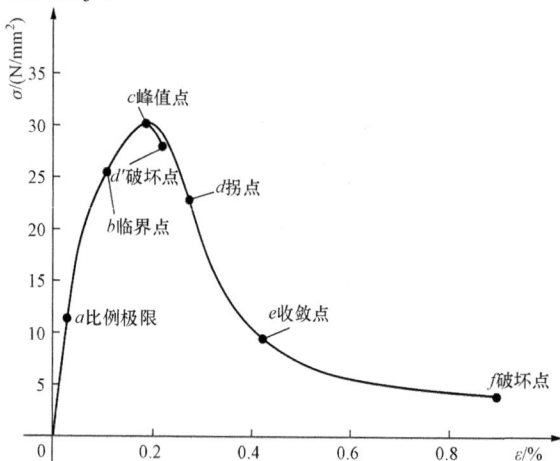

图1-12　混凝土棱柱体受压应力—应变曲线

曲线中的 oc 段称为上升段；$cdef$ 段称为下降段。试件达到峰值应力以后，裂缝继续扩展、贯通，内部结构受到越来越严重的破坏，随着缓慢的卸载，应力逐渐减小，而应变持续增长，应力—应变曲线向下弯曲，当曲线下降到拐点 d 后，曲线凸向应变轴，此时试件所承受的应力主要由骨料之间的咬合力、摩擦力以及残留的承压面来承担。在拐点 d 之后应力—应变曲线中曲率最大点 e 称为收敛点。e 点之后试件的主裂缝已很宽，内聚力几乎耗尽，对于无侧向约束的混凝土已失去了结构的意义。相应于 e 点的应变称为混凝土的极限压应变 ε_{cu}。ε_{cu} 越大，表示混凝土的塑性变形能力越大，也就是延性（指构件最终破坏之前经受非弹性变形的能力）越好。

在过去，人们习惯于从强度的观点来考虑问题，对混凝土力学性能的研究主要集中在混凝土的最大应力及弹性模量方面，也就是应力—应变曲线的上升段范围内。目前，随着结构抗震理论的发展，有必要深入了解材料达到极限强度后的变形性能。因此，研究的范围就扩展到应力—应变曲线的全过程。

影响混凝土应力—应变曲线形状的因素很多。随着混凝土强度的提高，尽管上升段和峰值应变的变化不很显著，但下降段的形状差异较大，混凝土强度比较低时，下降段较平坦；混凝土强度越高，下降段就越陡，ε_{cu} 也越小，材料的延性也就越差，如图 1-13 所示。

试验表明，混凝土受压应力—应变曲线的形状与加载速度也有着密切的关系。加载速度较快时，峰值应力有所提高，曲线上升段和下降段的坡度较陡；加载速度缓慢时，则曲线较为平缓，ε_{cu} 增大，如图 1-14 所示。从图中也可看出，加载速度对上升段的影响比较小，对下降段形状的影响就很显著。

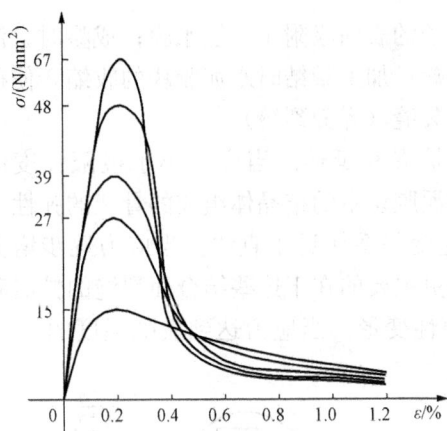

图 1-13　不同强度混凝土的应力—应变曲线

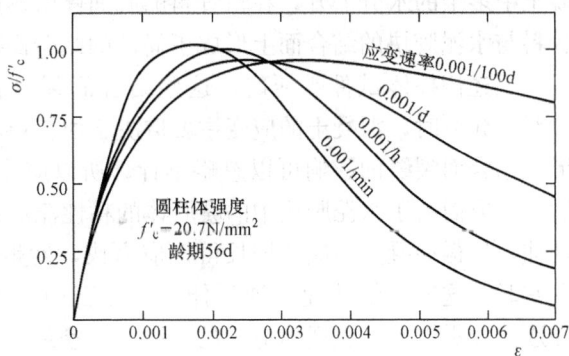

图 1-14　不同加载速度的混凝土应力—应变曲线

如果混凝土试件侧向受到约束，使混凝土在横向不能自由变形，则混凝土的应力—应变曲线的下降段还可有较大的延伸，ε_{cu} 增大很多。工程上可以通过在混凝土周围设置密排螺旋筋或箍筋约束混凝土，改善钢筋混凝土结构的受力性能。

混凝土的应力—应变关系的数学模型是钢筋混凝土结构设计和理论研究的基础内容之一，但由于影响因素比较复杂，不同的研究者提出了各种各样的数学模型。一般来说，曲线的上升段比较接近，均采用二次抛物线，大体上可用下式表示

$$\sigma = \sigma_0 \left[2\frac{\varepsilon}{\varepsilon_0} - \left(\frac{\varepsilon}{\varepsilon_0} \right)^2 \right] \tag{1-18}$$

式中　σ_0——峰值应力；

ε_0——峰值应变，一般可取为 0.002。

曲线的下降段则相差很大，有的假定为一斜直线，有的假定为一水平直线，有的假定为曲线或折线，有的还考虑配筋的影响。对于这些众多的表达式可参阅参考文献 [24，25]。

混凝土受拉时的应力—应变曲线形状与受压时的相似，也可分为上升段和下降段，如图 1-15 所示。但受拉时的极限拉应变和最大拉应力值远小于受压时的极限压应变和最大压应力值。在受拉极限强度的 50% 范围内，应力—应变关系可近似认为是一条直线。曲线下降段的坡度随混凝土强度的提高而增大。混凝土受拉应力—应变曲线与受压应力—应变曲线在原点处的切线斜率是基本相同的。

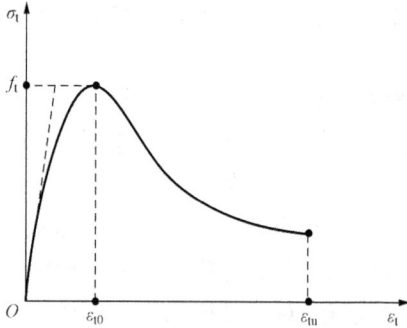

图 1-15 混凝土受拉应力—应变曲线

从混凝土的应力—应变关系，可以得知混凝土是一种弹塑性材料。但为什么混凝土有这种非弹性性质呢？就混凝土的基本成分而言，石子的应力—应变关系直到破坏都是直线；硬化了的水泥浆其应力—应变关系也近似直线；砂浆的应力—应变关系虽为曲线，但弯曲的程度仍比同样水灰比的混凝土的应力—应变曲线为小。从这一事实可以得知，混凝土的非弹性性质并非其组成材料本身性质所致，而是它们之间的结合状态造成的，也就是说在骨料与水泥胶块的结合面上存在着薄弱环节。

近代试验研究已表明：在混凝土拌和过程中，石子的表面吸附了一层水膜；成型时，混凝土中多余的水分上升，在粗骨料的底面停留形成水囊；加上凝结时水泥胶块的收缩，使得骨料与水泥胶块的结合面上形成了局部的结合面微细裂缝（界面裂缝）。

上述棱柱体试件受压时，这些结合面裂缝就会扩展和延伸。当应力小于极限强度的 30%～40% 时，混凝土的应变主要取决于由骨料和水泥胶块中的结晶体组成的骨架的弹性变形，结合面裂缝的影响可以忽略不计，所以应力—应变关系接近于直线。当应力逐步增大后，一方面由于水泥胶块中的凝胶体的粘性流动，而更主要的在于这些结合面裂缝的扩展和延伸，使得混凝土的应变增长得比应力快，发生了塑性变形。当应力达到极限强度的 80% 左右时，这些裂缝快速扩展延伸入水泥石中，并逐步连贯起来，表现为应变的剧增。当裂缝全部连贯形成平行于受力方向的纵向裂缝并在试件表面呈现时，试件也就达到了它的最大承载力（图 1-16）。

混凝土的这种内部裂缝逐步扩展而导致破坏的机理说明，即使在轴向受压的情况下，混凝土的破坏也是因为开裂而引起的，破坏的过程本质上是由连续材料逐步变成不连续材料的过程。混凝土这种内部裂缝的存在和扩展的机理也可以用试件的体积变化来加以证实。在加载初期试件的体积因受到纵向压缩而减少，其

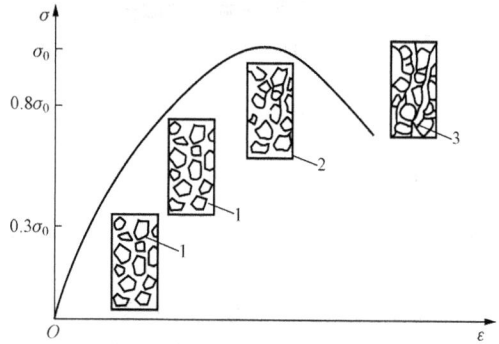

图 1-16 混凝土的 σ-ε 曲线与内部裂缝扩展过程
1—结合面裂缝；2—裂缝扩展入水泥石；
3—形成连贯裂缝

压缩量大致与所加荷载成比例。但当荷载增大到极限荷载的 80% 左右后，试件的表观体积反随荷载的增加而增大，这说明内部裂缝的扩展使体积增大的影响已超过了纵向压缩使体积减少的影响。

2. 混凝土在重复荷载下的应力—应变曲线

混凝土在多次重复荷载作用下，其应力—应变的性质与短期一次加载有显著不同。由于混凝土是弹塑性材料，当加载至某一超过 $(0.3\sim0.4)f_c$ 的应力值后再卸载至应力为零时，混凝土的部分应变可以马上恢复（瞬时弹性应变 ε_e'）或经过一段时间后才能恢复（弹性后效 ε_{ae}），可恢复的这一部分应变称为弹性应变 $\varepsilon_{ce}(\varepsilon_{ce}=\varepsilon_e'+\varepsilon_{ae})$；而另一部分应变则不能恢复，称为残余应变 ε_p，如图 1-17 所示。在一次加载、卸载过程中，混凝土的应力—应变曲线形成一个环状。

在多次重复荷载作用下，当应力小于某一限值，随着加载、卸载循环次数的增加，残余应变会逐渐减小，加载、卸载的应力—应变曲线会越来越闭合成一条直线，此时混凝土如同弹性体一样工作（图 1-18）。试验表明，这条直线与一次短期加载时的曲线在原点的切线基本平行。当应力超过某一限值，则经过多次循环加载、卸载，应力—应变关系也会成为一条直线，但再经过数次重复加载、卸载后，其应力—应变曲线又会变弯且应变越来越大，最终混凝土试件因裂缝过宽或变形过大而破坏（图 1-18）。这种在荷载小于极限荷载的情况下，因荷载重复作用而引起的破坏称为混凝土的疲劳破坏。相应于该荷载的混凝土应力也就是混凝土能够抵抗周期重复荷载的疲劳强度 f_c^f。

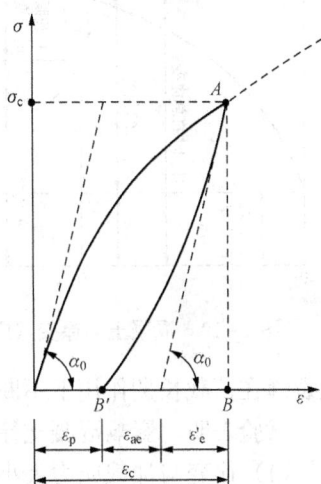

图 1-17　混凝土在一次短期加载、卸载时的 σ-ε 曲线

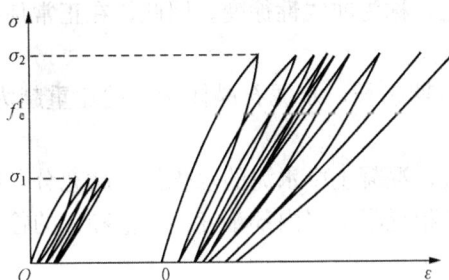

图 1-18　混凝土在重复荷载下的 σ-ε 曲线

混凝土的疲劳强度 f_c^f 与疲劳应力比值 ρ_c^f 有关，ρ_c^f 为混凝土受到的最小应力与最大应力的比值。ρ_c^f 越小，f_c^f 越低。f_c^f 还与荷载的重复次数有关，重复次数越多，f_c^f 越低。例如当 $\rho_c^f=0.15$，荷载重复次数为 200 万次时，受压疲劳强度约为 $(0.55\sim0.74)f_c$，当荷载重复次数增至 700 万次时，疲劳强度则降为 $(0.5\sim0.6)f_c$。一般定义混凝土的疲劳强度为 200 万次荷载循环时的疲劳强度。

3. 混凝土在荷载长期作用下的变形——徐变

混凝土在荷载长期持续作用下，应力不变，其变形随时间而增长的现象，称为混凝土的徐变。图 1-19 是混凝土试件在持续荷载作用下，应变与时间的典型关系曲线。对混凝土试件加载（$\sigma<0.5f_c$），在加载的瞬间，试件产生的应变为混凝土的初始瞬时应变 ε_0。当荷载保持不变并持续作用，应变将会随时间的延长而增长，这部分变形就是混凝土的徐变 ε_{cr}。试验指出，混凝土的徐变早期增长较快，后期则逐渐减慢，经过相当长的时间才趋于稳定。混凝土的最终徐变值 $\varepsilon_{cr,\infty}$ 约为初始瞬时应变的 2～3 倍。

如果在徐变产生后某一时刻 t_1 卸去荷载，有一部分变形瞬间即可恢复，称为卸载瞬时应变，它属于弹性变形；在卸载之后一段时间内，应变还可以逐渐恢复一部分，称为徐回（亦称为弹性后效）；剩下的应变不再恢复，为永久变形，如图 1-19 中的虚线所示。如果在以后又重新加载，则又会产生瞬时应变和徐变。

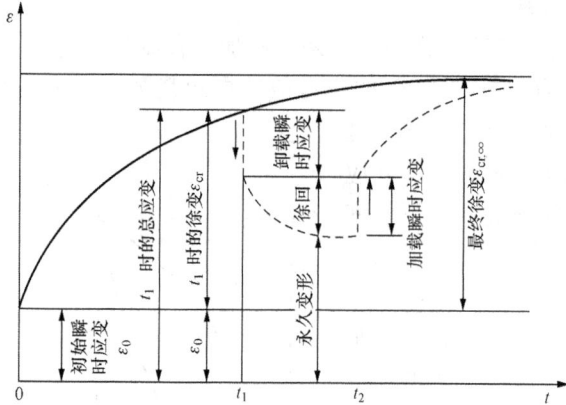

图 1-19　混凝土的徐变（应变与时间增长关系）

徐变与塑性变形不同。塑性变形主要是混凝土中结合面裂缝的扩展引起的，只有当应力超过了材料的弹性极限后才发生，而且是不可恢复的。徐变不仅可恢复一部分，而且在较小的应力时就会发生。

混凝土产生徐变的原因主要有两个方面：一是由于混凝土受力后，水泥石中的凝胶体产生的粘性流动（颗粒间的相对滑动）要延续一个很长的时间，因而沿混凝土的受力方向会继续发生随时间而增长的变形。二是由于混凝土内部微裂缝在荷载长期作用下不断扩展和发展，导致混凝土变形的增加。

试验表明，影响混凝土徐变的因素很多，主要有下列三个：

（1）徐变与加载应力大小的关系。加载应力越大，混凝土的徐变也越大。一般认为，当混凝土应力低于 $0.5f_c$ 时，徐变与应力为线性关系，这种徐变称为线性徐变。它的早期徐变较大，在半年中已完成了全部徐变的 $70\%\sim80\%$，一年后徐变即趋于稳定，二年以后徐变就基本完成。图 1-19 所表示的就是线性徐变。当应力超过 $0.5f_c$ 时，除了混凝土中的水泥凝胶体发生随时间而增长的粘性流动外，结合面裂缝也逐步扩展，表现为徐变与应力不成线性关系，徐变随时间增长而不断增加，不能趋于稳定，称为非线性徐变。因此，在正常使用阶段，混凝土应避免经常处于高应力状态。

（2）徐变与加载龄期的关系。加载时混凝土的龄期越长，水泥石晶体所占的比重越大，凝胶体的粘性流动就越少，徐变也就越小。

（3）周围环境湿度对徐变的影响。环境湿度越大，混凝土中水泥的水化作用越充分，凝胶体含量就越低，混凝土的徐变也就越小。例如大体积混凝土（内部湿度接近饱和）的徐变比小构件的徐变要小。

此外，水泥用量、水灰比、水泥品种、养护条件等也对徐变有影响。水泥用量多会增加水泥凝胶体的含量，徐变也就大些。水灰比大，使水泥凝胶体的粘滞度降低，徐变就增大。水泥的活性物质低，导致水泥水化作用不充分，混凝土中凝胶体的数量就会增多，徐变也就越大。

混凝土的徐变会显著影响结构物的应力状态。如果结构受外界约束而无法自由变形，则结构的应力将会随时间的增长而降低。这种长度保持不变，应力随时间而降低的现象称为应力松弛。应力松弛与徐变是一个事物的两种表现方式。

混凝土徐变引起的应力变化，对于水工结构来说在很多情况下是有利的。例如局部的应力集中会因混凝土的徐变而得到缓和；支座沉陷引起的应力以及温度、湿度应力也会因混凝土的徐变而得到松弛；混凝土的徐变还能调整钢筋混凝土结构中钢筋与混凝土的应力分布状况。以钢筋混凝土柱为例，在任何时刻，柱所承受的总荷载等于混凝土承担的力与钢筋承担的力之和。在开始加载时，混凝土与钢筋的应力大体与它们的弹性模量成比例，当荷载长期作用后，混凝土发生徐变，好像变"软"了一样，就导致混凝土应力降低而钢筋应力增大，引起混凝土应力与钢筋应力的重新分布。

混凝土的徐变也有不利的一面。徐变会增大结构构件的变形；在预应力混凝土结构中，徐变还会造成较大的预应力损失，降低预应力效果。

4. 混凝土的温度变形和干湿变形

混凝土因温度或湿度的变化而引起的体积变化，称为温度变形和干湿变形。

温度变形对混凝土结构的受力性能影响较大。外界温度变化或混凝土在凝结硬化过程中产生的水化热都会引起混凝土的温度变形，当这种变形受到约束时，就会在混凝土结构中产生温度应力。大体积混凝土常因水化热产生相当大的温度应力，甚至超过混凝土的抗拉强度，引起混凝土开裂，进而导致渗漏、钢筋锈蚀、结构整体性能下降，使结构承载力和混凝土的耐久性显著降低。

混凝土结构的温度应力与温差及混凝土的温度线膨胀系数有关。混凝土的温度线膨胀系数 α_c 约在 $(0.7 \sim 1.1) \times 10^{-5} / °C$ 之间。它与骨料性质有关，骨料为石英岩时，α_c 最大；其次为砂岩、花岗岩、玄武岩以及石灰岩。一般计算时，可取 $\alpha_c = 1.0 \times 10^{-5} / °C$。大体积混凝土结构内的温度变化取决于混凝土的浇筑温度、水泥结硬过程中产生的水化热引起的温升以及外界介质的温度变化。

混凝土失水干燥时会产生体积收缩，称为混凝土的干缩变形。混凝土在潮湿环境中因体内水分得以补充而导致混凝土体积膨胀，称为混凝土的湿胀变形。混凝土的湿胀变形远小于干缩变形，而且湿胀变形常产生对结构有利的影响，所以在设计中一般不考虑湿胀变形的影响。如果构件的变形不受任何约束，则混凝土的干缩只是使构件缩短而不会引起干缩裂缝。但在实际工程中不少结构构件都不同程度地受到边界的约束作用，例如板受到四边梁的约束；梁受到支座的约束；大体积混凝土的表面混凝土受到内部混凝土的约束等。当混凝土的干缩变形受到约束时，就会在混凝土结构中产生有害的干缩应力，导致干缩裂缝的产生，则必须加以注意。

对于厚度较大的结构构件，干燥实际上只限于很浅的表面，干缩裂缝多出现在表层范围内，仅对其外观和耐久性产生不利的影响；对于薄壁结构构件来说，干缩裂缝多为贯穿性裂缝，对结构的正常使用和耐久性将产生严重的有害影响。

外界相对湿度是影响干缩变形的主要因素。此外，水泥强度等级越高，水泥用量越多，水灰比越大，干缩变形也越大。应尽可能增加混凝土密实度，加强养护不使其干燥过快，减小水泥用量及水灰比。混凝土的干缩应变一般在 $(2 \sim 6) \times 10^{-4}$ 之间。美国规范 ACI 318 及欧洲规范 EN 1992 都提出了具体计算混凝土干缩应变的经验公式，可参阅文献 [16，17]。

为减少温度变形及干缩变形的不利影响，应从结构形式、施工工艺及施工程序等方面加以研究。例如选择合适的骨料颗粒级配，降低水灰比以减小干缩变形；浇筑混凝土时在混凝土中添加冰块或布置循环水管道以减小温度变形；加强混凝土的振捣和养护以减小混凝土的干缩变形；间隔一定距离设置伸缩缝以降低温度变形和干缩变形对结构的不利影响。

在大体积混凝土结构中，通过配置钢筋来防止温度裂缝或干缩裂缝的"出现"是不可能的。但在素混凝土结构中，一旦出现裂缝，裂缝数目虽不多但开展宽度往往较大。适当布置钢筋后，能有效地限制裂缝的开展宽度，减轻危害。所以在水利工程中，对于遭受温度或湿度剧烈变化作用的混凝土结构表面，常配置一定数量的钢筋网以减小裂缝开展宽度。

5. 混凝土的弹性模量

在计算超静定结构的内力、温度应力以及构件在使用阶段的挠度变形时，常用到组成结构材料的弹性模量。对于线弹性材料，应力—应变关系为线性关系，弹性模量为一常量。但对于混凝土来说，由于其弹塑性性质，应力—应变关系为一曲线，因此，就产生了怎样恰当地规定混凝土的这项"弹性"指标的问题。为了方便计算常近似将混凝土看作线弹性材料进行分析。

（1）混凝土的初始弹性模量。

当混凝土所受应力很小时，应力—应变关系为一直线，如图 1-20 所示。所以通过原点 o 处的切线的斜率即为混凝土的初始弹性模量，习惯上称为混凝土的弹性模量。

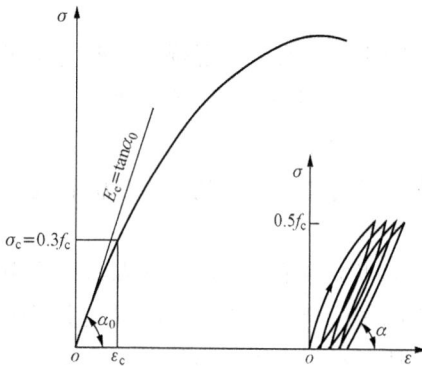

图 1-20　混凝土 σ-ε 曲线与弹性模量的确定方法

混凝土弹性模量的确定方法有两种：一是认为当应力不大时，应力—应变关系近似于直线，弹性模量可以用测得的应力 σ_c（$\sigma_c \leqslant 0.3f_c$）除以其相应的应变 ε_c 来表示，即混凝土弹性模量 $E_c = \sigma_c / \varepsilon_c$（图 1-20）。二是利用多次重复加载、卸载后的应力—应变关系趋于直线的性质来确定（图 1-20），即加载至 $0.5f_c$，然后卸载至零，重复加载、卸载 5~10 次，应力—应变曲线逐渐趋于稳定并接近于一条直线，该直线的斜率即为混凝土的弹性模量。

中国建筑科学研究院等单位曾对混凝土的弹性模量进行了大量的试验，经回归统计分析，求得混凝土弹性模量 E_c 与 $f_{cu,k}$ 之间的关系为

$$E_c = \frac{10^5}{2.2 + \dfrac{34.7}{f_{cu,k}}}(\text{N/mm}^2) \tag{1-19}$$

按上式计算的混凝土的弹性模量 E_c 值列于本教材附录二附表 2-3。我国现行《混凝土结构设计规范》（GB 50010—2010）和《水工混凝土结构设计规范》（DL/T 5057—2009）及《水工混凝土结构设计规范》（SL 191—2008）均采用上述公式确定混凝土的弹性模量。

混凝土的弹性模量与强度一样，随龄期的增长而增长。这对大体积混凝土的温度应力计算会有显著的影响。同时，快速加载时，混凝土的弹性模量和强度均会提高。

当应力较大时，混凝土的塑性变形比较显著，此时再用式（1-19）计算就不合适了，特别是需要把应力转换为应变或把应变转换为应力时，就不能再用常值 E_c，此时应该由应力—应变曲线 [参阅式（1-18）] 直接来求。

根据我国水利水电科学研究院的试验，混凝土的受拉弹性模量与受压弹性模量大体相等，其比值为 0.82~1.12，平均值为 0.995，计算中，受拉弹性模量与受压弹性模量可取为同一值。

为了方便设计应用，参考国外相关规范的规定，文献 [21] 以上述公式确定的混凝土弹性模量为基础，经统计回归分析，混凝土的弹性模量 E_c 也可按下列简化公式确定，供参考

$$E_c = 5550\alpha_{CE}\sqrt{f_{cu,k}}(\text{N/mm}^2) \tag{1-20}$$

式中 α_{CE}——不同强度等级混凝土弹性模量的修正系数。对于 C35 以下均取 $\alpha_{CE}=1.0$；对于 C35 取 $\alpha_{CE}=0.95$；对于 C60 取 $\alpha_{CE}=0.76$；在 C35 与 C60 之间，α_{CE} 按线性规律变化。

式（1-20）与式（1-19）确定的混凝土弹性模量值相比较，两者的差别很小，最大偏差不超过 3%，但式（1-20）的形式较为简单，应用比较方便。

（2）混凝土的变形模量。

当混凝土所受应力较大时，混凝土的塑性变形比较显著，初始弹性模量 E_c 已不能反映此时的应力—应变性质，混凝土的模量随应力或应变的增长而变化，此时的模量称为混凝土的变形模量。它可用割线模量或切线模量表示。

1）混凝土的割线模量。应力 σ_c 较大时，混凝土应力—应变曲线上任意一点（应力为 σ_c）与原点 o 的割线的斜率，称为混凝土的割线模量（图 1-21），常用 E'_c 表示，$E'_c=\tan\alpha_1=\sigma_c/\varepsilon_c$。混凝土的受压割线模量是个变量，它随应力的大小而变化。E'_c 与弹性模量 E_c 的关系可用弹性系数 ν 来表示

$$E'_c = \nu E_c \qquad (1-21)$$

式中 ν——混凝土受压时的弹性系数，$\nu \leqslant 1.0$，随着应力增大，ν 值逐渐减小。

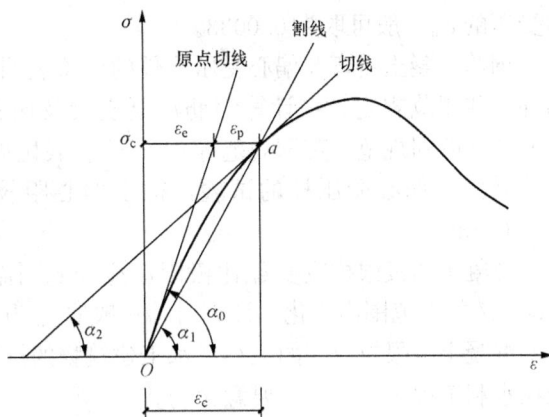

图 1-21 混凝土的割线模量和切线模量

同样，混凝土拉应力较大时，混凝土的受拉变形模量也可用类似的割线模量方法表示，即 $E'_{ct}=\nu_t E_c$。ν_t 为混凝土受拉时的弹性系数。当混凝土受拉即将出现裂缝时，ν_t 可取为 0.5。

2）混凝土的切线模量。混凝土应力—应变关系曲线上任意一点（应力为 σ_c）切线的斜率称为混凝土的切线模量，常用 E''_c 表示，即

$$E''_c = \tan\alpha_2 = \frac{d\sigma}{d\varepsilon} \qquad (1-22)$$

混凝土的切线模量 E''_c 也是一个变量，随着混凝土应力的增大，E''_c 逐渐减小。对混凝土结构作非线性全过程分析时，需要采用混凝土的切线模量或割线模量，后者便于处理下降段，但计算速度较慢。

6. 混凝土的泊松比

混凝土受压后，在产生纵向压缩应变 ε_1 的同时，还产生横向膨胀应变 ε_2。ε_2 与 ε_1 的比值称为泊松比 ν_c。混凝土的泊松比 ν_c 随应力大小而变化，并非常值。当混凝土的应力不大于 $0.5f_c$ 时，可以认为 ν_c 为一定值，一般取为 1/6。当混凝土的应力大于 $0.5f_c$ 时，则内部结合面裂缝剧增，ν_c 值就迅速增大。

7. 混凝土的剪切模量

目前关于混凝土的剪切模量 G_c，因试验困难，资料也比较少，一般按弹性理论，由弹性模量 E_c 和泊松比 ν_c 求得

$$G_c = \frac{E_c}{2(1+\nu_c)} \tag{1-23}$$

当泊松比 $\nu_c = 1/6$ 时，$G_c = 0.429E_c$。

8. 混凝土的极限变形

混凝土的极限压应变 ε_{cu} 除与混凝土本身性质有关外，还与试验方法（加载速度、量测标距等）有关。加载速度较快时，ε_{cu} 将减小；反之，ε_{cu} 将增大。

混凝土均匀受压时，其 ε_{cu} 一般约在 $0.001 \sim 0.003$ 之间变化。计算时，均匀受压的 ε_{cu} 一般可取为 0.002。

混凝土非均匀受压时，试件截面最大受压边缘的 ε_{cu} 还随外荷载偏心距的增加而增大。最大受压边缘的 ε_{cu} 可为 $0.0025 \sim 0.005$，而大多在 $0.003 \sim 0.004$ 的范围内。计算时，非均匀受压的 ε_{cu} 一般可取为 0.0033。

钢筋混凝土受弯及偏心受压构件的试验表明，混凝土的极限压应变还与配筋数量有关。国外一些规范规定，在计算钢筋混凝土梁及偏心受压柱时，ε_{cu} 取为 0.003（美国规范）或 0.0035（欧洲规范、英国规范等）[16,17,23]。我国四川省建筑科学研究所等单位进行了 299 个钢筋混凝土偏心受压柱的试验，得出偏心距较小时，ε_{cu} 为 0.00312；偏心距较大时，ε_{cu} 为 0.00335。

混凝土的极限拉应变 ε_{tu} 比极限压应变 ε_{cu} 小得多，实测值也极为分散，约在 $0.00005 \sim 0.00027$ 的大范围内变化。计算时，一般取 ε_{tu} 为 0.0001。

混凝土极限拉应变的大小对水工建筑物的抗裂性能有很大影响，提高混凝土的极限拉应变在水利工程中是有其重要意义的。

极限拉应变随着抗拉强度的增加而增加。除抗拉强度以外，影响极限拉应变的因素还有很多，如经潮湿养护的混凝土的 ε_{tu} 可比干燥存放的大 $20\% \sim 50\%$；采用强度等级高的水泥可以提高极限拉应变；用低弹性模量骨料拌制的混凝土或碎石及粗砂拌制的混凝土，ε_{tu} 值也较大；水泥用量不变时，增大水灰比，会减小 ε_{tu} 值。

应注意，混凝土的抗裂性能并非只取决于极限拉应变一种性能，还与混凝土的收缩、徐变等其他因素有关。因此，如何获得抗裂性能最好的混凝土，需从各方面综合考虑。

9. 混凝土的重力密度（或重度）

混凝土的重力密度与所用的骨料及混凝土的密实程度有关。对于一般的骨料，在缺乏实际试验资料时，可按如下数值采用：

以石灰岩或砂岩为粗骨料的混凝土，经人工振捣时取为 $23kN/m^3$；机械振捣时取为 $24kN/m^3$；以花岗岩、玄武岩等为粗骨料的混凝土，按上列标准再加 $1.0kN/m^3$。一般钢筋混凝土结构的重力密度可近似地采用为 $25kN/m^3$。

设计水工建筑物时，如其稳定性需由混凝土自重来保证时，则混凝土的重力密度应由试验确定。设计一般钢筋混凝土结构或预应力混凝土结构时，其重力密度可近似地取为 $25kN/m^3$。

第三节　钢筋与混凝土的粘结

一、钢筋与混凝土之间的粘结力

钢筋混凝土结构构件受力后，就会在钢筋与混凝土的接触面上产生相互作用力，这种力称为钢筋与混凝土的粘结力。钢筋与混凝土之间的粘结力是保证这两种材料共同受力的基本前提。一般来说，外力很少直接作用在钢筋上，钢筋所受到的力通常都要通过周围的混凝土来传递，这就要依靠钢筋与混凝土之间的粘结力来实现。钢筋与混凝土之间的粘结力如果遭到破坏，就会使构件变形增加、裂缝急剧开展甚至提前破坏。在重复荷载特别是强烈地震作用下，很多结构的毁坏都是由于粘结破坏及锚固失效引起的。

试验研究表明，钢筋与混凝土之间的粘结力由三部分组成：

（1）化学胶结力。水泥凝胶体与钢筋接触面上产生的化学吸附作用力，这种力一般很小，当接触面发生相对滑移时，这种力即消失。

（2）混凝土凝结硬化时体积收缩，将钢筋紧紧握裹而产生摩擦力。

（3）钢筋表面凹凸不平与混凝土之间产生的机械咬合力。对于光圆钢筋这种咬合力主要来自钢筋表面的粗糙不平。

光圆钢筋的粘结力主要由胶结力和摩擦力组成；对于带肋钢筋，虽然也存在胶结力和摩擦力，但带肋钢筋的粘结力更主要的是由于钢筋肋间嵌入混凝土将阻止钢筋的滑移而产生的机械咬合作用（图 1-22）。

钢筋与混凝土之间的粘结应力可通过拔出试验来测定，即在混凝土试件的中心埋置钢筋（图 1-23），在加荷端张拉钢筋，量测钢筋沿长度方向各点的应变 ε_s，再由 $\sigma_s = E_s \varepsilon_s$ 计算应力，则沿钢筋长度上的粘结应力 τ_b 可由钢筋的静力平衡条件求得，即

$$\tau_b u \times 1 = \sigma_s A_s - (\sigma_s - \Delta\sigma_s)A_s = \Delta\sigma_s A_s$$

$$\tau_b = \frac{\Delta\sigma_s A_s}{u \times 1} = \frac{d}{4}\Delta\sigma_s \tag{1-24}$$

式中　$\Delta\sigma_s$——单位长度上钢筋应力变化值；

　　　A_s——钢筋截面面积；

　　　u——钢筋周长；

　　　d——钢筋直径。

由此可得到沿长度方向钢筋的应力 σ_s 图和粘结应力 τ_b 图，图 1-24 为一拔出试验的实测结果。

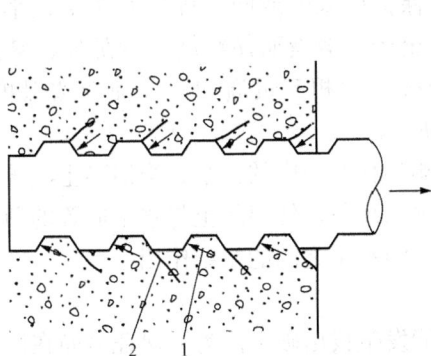

图 1-22　钢筋凸肋对混凝土的挤压力
1—钢筋凸肋上的挤压力；2—内部裂缝

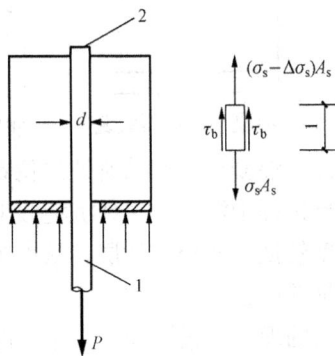

图 1-23　钢筋拉拔试验
1—加荷端；2—自由端

从试验结果可以看出，光圆钢筋与带肋钢筋的粘结应力分布是不同的。对于光圆钢筋，

随着拉拔力的增加，粘结应力 τ_b 图形的峰值位置由加荷端向内移动，临近破坏时，移至自由端附近，且 τ_b 图形的长度（有效埋长）也达到了自由端。对于带肋钢筋，τ_b 图形的峰值位置始终在加荷端附近，有效埋长增加得也很缓慢，这说明带肋钢筋的粘结强度大得多，钢筋中的应力能够很快地向四周混凝土传递。正应力 σ_s 均为加荷端最大，然后逐渐减小到自由端为零。但光圆钢筋的 σ_s 曲线为上凸，而带肋钢筋的曲线为下凸。

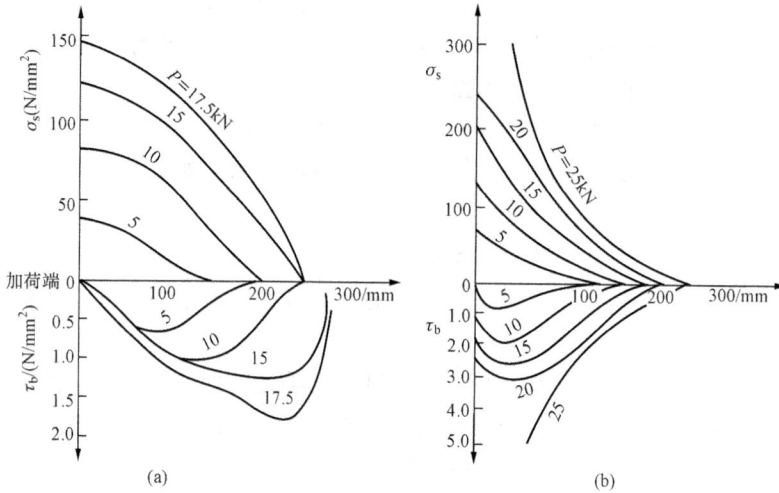

图 1-24　钢筋应力及粘结应力图
（a）光圆钢筋；（b）带肋钢筋

影响钢筋与混凝土粘结强度的因素除了钢筋的表面形状以外，还有混凝土的强度等级、保护层厚度和钢筋净间距以及浇筑混凝土时钢筋的位置等。

（1）光圆钢筋和带肋钢筋的粘结强度都随混凝土强度等级的提高而提高，大体上与混凝土的抗拉强度成正比关系。

（2）带肋钢筋的粘结强度大于光圆钢筋，但带肋钢筋受力时，在钢筋凸肋的角端上，容易使混凝土产生内部劈裂裂缝（图 1-22），如果钢筋周围的混凝土保护层太薄或同一排钢筋净距较小，可能会使外围混凝土产生劈裂而使粘结强度降低，甚至会由于混凝土劈裂裂缝的相互贯通和延伸而导致保护层剥落，如图 1-25 所示。

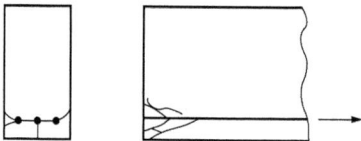

图 1-25　混凝土的撕裂裂缝

（3）浇筑混凝土时钢筋所处的位置也会影响到粘结强度的大小。当混凝土浇筑层厚度较大时，振捣过程中混凝土出现沉淀收缩和离析泌水现象，使混凝土与水平放置的顶层钢筋之间产生强度较低的疏松空隙层，从而削弱钢筋与混凝土之间的粘结作用。

二、钢筋的锚固

当钢筋的埋长（锚固长度）不足时，有可能发生拔出破坏。为了保证钢筋在混凝土中锚固可靠，设计时应该使钢筋在混凝土中有足够的锚固长度 l_a。锚固长度 l_a 是根据埋置在混凝土中的钢筋应力达到屈服强度 f_y 时，钢筋与混凝土之间的粘结应力也达到粘结强度的条件确定，即

$$f_y A_s = l_a \bar{\tau}_b u$$

$$l_a = \frac{f_y A_s}{\tau_b u} = \frac{f_y d}{4\tau_b} \tag{1-25}$$

式中　$\bar{\tau}_b$——锚固长度范围内的平均粘结强度，与混凝土强度及钢筋表面形状有关。

其余符号意义同前。

由式（1-25）可知，钢筋的锚固长度与钢筋强度、钢筋直径以及钢筋与混凝土之间的粘结强度有关。钢筋强度越高，直径越大，混凝土的强度等级越低，则钢筋的锚固长度就越长。在相同条件下，带肋钢筋的粘结强度大于光圆钢筋的粘结强度，故带肋钢筋的锚固长度小于光圆钢筋的锚固长度。

在计算中若截面上钢筋的强度被充分利用，则钢筋从该截面算起的最小锚固长度 l_a 不应小于规范规定的限值，见本教材附录四附表 4-2。对于受压钢筋，由于钢筋受压时会产生侧向膨胀，对混凝土产生挤压，增加了钢筋与混凝土之间的粘结强度，所以受压钢筋的锚固长度可以短一些，但不应小于本教材附录四附表 4-2 中规定数值的 0.7 倍。

光圆钢筋与混凝土的粘结性能较差，为了保证光圆钢筋的锚固可靠，绑扎骨架中的受力光圆钢筋应在末端做成 180°弯钩。带肋钢筋及焊接骨架中的光圆钢筋由于其粘结性能较好，可不做弯钩。轴心受压构件中的光圆钢筋也可不做弯钩。

三、钢筋的接头

出厂的钢筋，为了便于运输和施工，除小直径（$d \leqslant 12mm$）的盘条（成盘的圆钢筋）外，一般钢筋的长度多在 9～12m 左右。因此，在实际工程中，往往需要把钢筋接长。接长钢筋有三种办法：绑扎搭接、焊接和机械连接。

绑扎搭接接头是在钢筋搭接处用细铁丝绑扎而成（图1-26）。绑扎搭接是利用混凝土与钢筋之间的粘结力来实现钢筋与混凝土之间力的传递。因此，钢筋应有足够的搭接长度 l_l。搭接长度是在锚固长度的基础上，根据钢筋受力状态的不同，作了适当的调整。我国现行规范规定，受拉钢筋的搭接长度不应小于 $1.2l_a$，且不应小于 300mm；受压钢筋的搭接长度不应小于 $0.85l_a$，且不应小于 200mm。l_a 为受拉钢筋的最小锚固长度，可按本教材附录四附表 4-2 取用。

轴心受拉或小偏心受拉以及承受振动的构件中的钢筋接头，不得采用绑扎搭接接头。受拉钢筋直径 $d > 22mm$，或受压钢筋直径 $d > 32mm$ 时，不宜采用绑扎搭接接头。

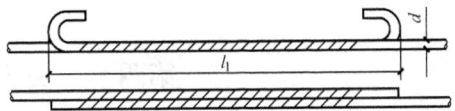

图 1-26　钢筋绑扎搭接接头

焊接接头是在两根钢筋接头处焊接而成。钢筋直径 $d \leqslant 28mm$ 的焊接接头，宜采用闪光对头焊（用对焊机将两根钢筋直接对头接触焊接）[图1-27（a）]或搭接焊 [图1-27（b）]。$d > 28mm$ 且直径相同的钢筋，可采用帮条焊（将两根钢筋对头，外加钢筋帮条的焊接方式）[图1-27（c）]。搭接焊和帮条焊宜采用双面焊缝。焊接接头的长度及帮条截面面积应符合混凝土结构设计规范的规定。

机械连接接头可分为挤压套筒连接接头和螺纹套筒连接接头。挤压套筒连接接头是在两根待连接的钢筋端头套上钢套管，然后用便携式钢筋挤压机挤压钢套管，使钢套管发生塑性变形与带肋钢筋紧密咬合在一起，形成牢固接头 [图1-28（a）]。适用于直径为 18～40mm 各种类型的带肋钢筋。螺纹连接接头是用套丝机在两根待连接的钢筋端头套成螺纹，然后与相应直径的内螺纹套筒用扳手拧紧，形成接头。螺纹套筒连接接头可分为锥螺纹连接接头、镦粗直螺纹连接接头和滚压直螺纹连接接头。适用于直径为 16～40mm 的 HPB235、HPB300、HRB335、HRB400、HRB500 级钢筋，连接钢筋的直径可以相同，也可以不同。图 1-28（b）为一锥螺纹套筒接头。

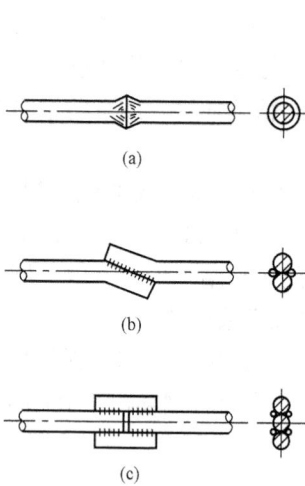

图 1-27　钢筋焊接接头

（a）闪光对头焊；（b）搭接焊；（c）帮条焊

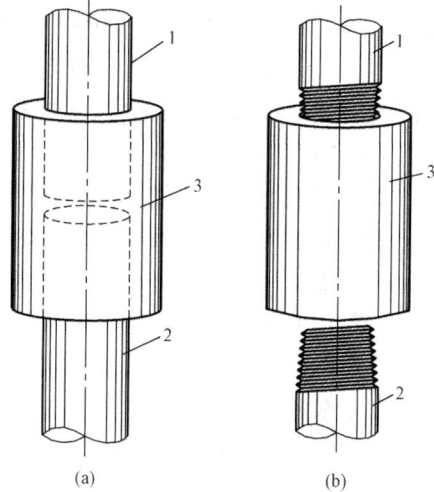

图 1-28　机械连接接头

（a）挤压套筒接头；（b）锥螺纹套筒接头

1—上钢筋；2—下钢筋；3—套筒

机械连接接头具有工艺操作简单、连接速度快、接头性能可靠、节省钢材和能源、无污染、施工安全等特点。用于大型水工混凝土结构中的过缝钢筋连接，不会像焊接接头那样在钢筋中产生残余应力。机械连接接头目前已在实际工程中得到了较多的应用。

机械连接接头按力学性能可分为Ⅰ级、Ⅱ级和Ⅲ级，其选用及布置应符合专用技术规范的规定。

钢筋的接头宜优先采用焊接或机械连接接头。接头位置宜设置在构件受力较小处，且宜相互错开。

第四节　关于混凝土抗剪强度的讨论

测定混凝土的抗压和抗拉强度都有标准的试验方法，混凝土抗压、抗拉强度与混凝土强度等级的定量关系，在国内外已形成共识。但是，作为基本力学性能指标之一的混凝土抗剪（纯剪）强度，目前仍无统一的标准试验方法，抗剪强度与混凝土强度等级的定量关系也没有定论。从目前已收集到的国内外混凝土结构设计规范来看，除《铁路桥涵钢筋混凝土和预应力混凝土结构设计规范》（TB 10002.3—2005）[26]有混凝土容许剪应力（纯剪）的规定外，目前国内外其他混凝土结构设计规范均未给出混凝土的抗剪强度设计指标。在混凝土结构设计规范中是否单独给出混凝土的抗剪强度设计指标，国内外尚未形成共识[27~30]。

混凝土抗剪强度难以确定的主要原因在于难以在试验中模拟混凝土的纯剪应力状态。国内外有关学者先后提出了多种混凝土抗剪强度试验方法，其中常用的具有代表性的剪切试验方法有：矩形梁直接剪切法、Z 形柱单剪面试验法。其他试验方法，如缺口梁四点受力剪切法、薄壁圆筒受扭试验法、二轴拉/压应力试验法、等高变宽梁四点受力剪切法等[27~29]，实际上均是测的轴拉强度，并不是混凝土的纯剪强度。因为这时混凝土的剪应力等于混凝土的主拉应力，当主拉应力达到混凝土的抗拉强度时，混凝土破坏，而剪应力并没有达到抗剪强度。这也是为什么后面的试验方法得出的抗剪强度等于抗拉强度的原因，实际上这不是抗剪强度，而是抗拉强度。下面仅介绍真正的混凝土抗剪强度的各种常用试验方法及其相关研究成果，供参考。

1. 矩形短梁直接剪切法

（1）试件形式和加载方法。

Morsch 提出的矩形短梁直接剪切法，因简单、直观，成为至今最常用的试验方法[27]。试验中，在两端支承试件，通过传压板向跨中施加荷载，直至试件破坏，如图 1-29 所示。

（2）抗剪强度的量测方法。

混凝土的抗剪强度取为最大剪力 V_{max} 在剪切面 A 上的平均剪应力，混凝土抗剪强度为

$$\tau_p = \frac{V_{max}}{A} = (0.17 \sim 0.25) f_{pr}$$

$$= (1.5 \sim 2.5) f_t \qquad (1-26)$$

式中　　f_{pr}——混凝土的棱柱体抗压强度，N/mm^2；

　　　　f_t——混凝土的轴心抗拉强度，N/mm^2。

（3）抗剪强度的取值。

根据试验结果，Morsch 提出了混凝土纯剪强度的计算公式

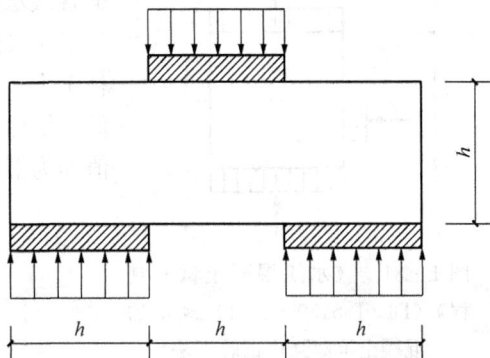

图 1-29　矩形短梁直接剪切试验方法示意

$$\tau_p = k \sqrt{f_{pr} f_t} \qquad (1-27)$$

式中　k——修正系数，可取为 0.75，即上式可修正为

$$\tau_p = 0.75 \sqrt{f_{pr} f_t} \qquad (1-28)$$

2. Z 形柱单剪面试验法

（1）试件形式和加载方法。

Mattock 提出的 Z 形柱单剪面试验，是在 Z 形试件的两端施加集中荷载，在两个缺口之间形成单个剪切面，如图 1-30 所示[30]。

（2）抗剪强度的量测方法。

试件的抗剪强度按剪切破坏面的平均剪应力取值：

$$\tau_p = \frac{V_{max}}{A} \qquad (1-29)$$

式中　A——两缺口之间的面积，mm^2。

（3）抗剪强度的取值。

Mattock 根据试验结果给出的混凝土抗剪强度计算公式为

$$\tau_p = 0.12 f_c' \qquad (1-30)$$

式中　f_c'——混凝土的圆柱体抗压强度，N/mm^2。

因为 $0.12 f_c' = 1.5 f_t$（f_t 为混凝土轴心抗拉强度，N/mm^2），即混凝土抗剪（纯剪）强度与其轴心抗拉强

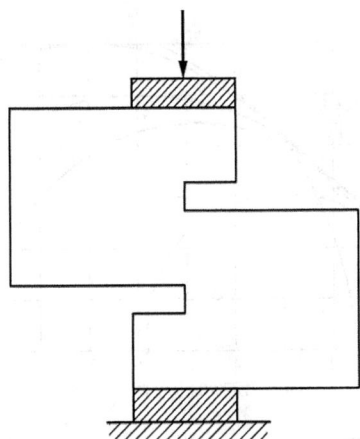

图 1-30　Z 形柱单剪面试验方法示意

度的关系式可表达为

$$\tau_p = 1.5 f_t \tag{1-31}$$

3. 水工混凝土试验规程的试验方法

我国《水工混凝土试验规程》（DL/T 5150—2001）[31] 建议采用直接剪切试验方法测定混凝土的抗剪强度，其试件为 150mm×150mm×150mm 的立方体试件，放置在直剪仪上施加法向荷载 P 和剪切荷载 V，P 和 V 的合力应通过剪切面的中心点，如图 1-31 所示。该方法在试件剪切过程中，用恒定装置使法向应力保持恒定。

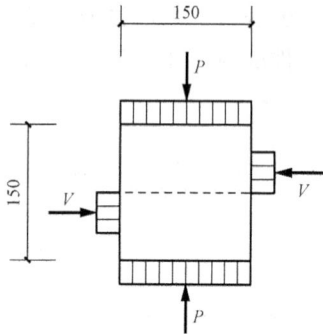

在各级法向荷载作用下，试件被剪断时的法向应力 σ_i 和剪应力 τ_i 可分别按式（1-32）和式（1-33）计算，然后根据各级法向荷载下的 σ_i 和 τ_i，在坐标图上作 σ—τ 直线，并用最小二乘法或作图法求得式（1-34）中的摩擦系数 f' 和粘聚力 c'，由此确定在相应正应力 σ 下，混凝土内剪切滑移面上抗剪强度的变化，σ—τ 直线与纵坐标轴交点处的剪应力值即为混凝土的纯剪强度 τ_p。

图 1-31　《水工混凝土试验规程》（DL/T 5150—2001）规定的混凝土抗剪强度试验方法

$$\sigma_i = \frac{P}{A} \tag{1-32}$$

$$\tau_i = \frac{V}{A} \tag{1-33}$$

$$\tau = \sigma f' + c' \tag{1-34}$$

式中　P——总法向荷载；

V——剪切荷载；

A——剪切面面积；

σ——法向应力，N/mm^2；

τ——混凝土的极限抗剪强度，N/mm^2。

4. Mohr 强度理论法

一个可靠的表示混凝土纯剪强度的方法，只能从复杂应力状态下的试验结果获得。这类试验的方法虽多，但最广泛地被采用的复杂应力试验方法是三轴受压试验，并按莫尔（Mohr）理论来分析其试验结果。图 1-32 是根据莫尔理论分析混凝土三轴受压试验资料所得的破坏包络线结果[27]。

按莫尔强度理论，各个主应力圆的包络线所代表的剪应力与正应力关系，就是混凝土内剪切滑移面上相应正应力下抗剪强度的变化。包络线与纵轴相交点处的剪应力值为混凝土的纯剪强度，或受纯剪力时的抗剪强度 τ_0。在具体试验情况下，混凝土的纯剪强度约为其圆柱体抗压强度的 20% 左右。在常用混凝土等级情况下，混凝土的纯剪强度约为其圆柱体抗压强度的 1/6～1/4，其平均值为轴拉强度的 2.0 倍

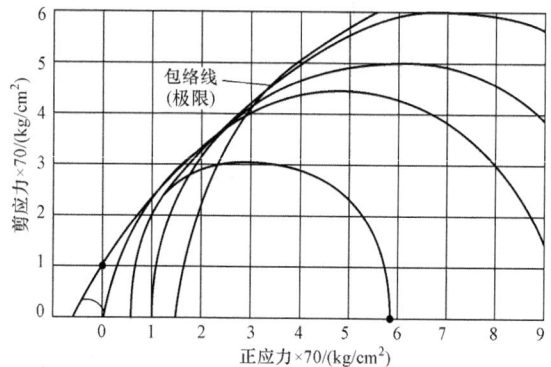

图 1-32　普通混凝土的典型莫尔（Mohr）破裂图

左右。也有人建议采用下面的经验关系式来表示纯剪强度

$$\tau_p = 0.5 \sqrt{f'_c f_t}$$

(1 - 35)

式中 f'_c——混凝土的圆柱体抗压强度，N/mm^2；

f_t——混凝土的轴心抗拉强度，N/mm^2。

5. 铁路桥涵混凝土结构设计规范建议的方法

我国现行《铁路桥涵钢筋混凝土和预应力混凝土结构设计规范》（TB 10002.3—2005）及其原《铁路桥涵钢筋混凝土和预应力混凝土结构设计规范》（TB 10002.3—99）[32]，给出了混凝土各强度等级下的纯剪容许应力 $[\tau_c]$。其中，混凝土的纯剪容许应力是以混凝土的抗剪强度极限值除以相应的安全系数而得出的指标。该规范中，纯剪应力的安全系数取为 2.0，则混凝土抗剪强度极限值 τ 与容许应力 $[\tau_c]$ 的关系式为

$$\tau = 2[\tau_c]$$

(1 - 36)

已知混凝土各强度等级下的纯剪容许应力，则根据式（1 - 36）可得出抗剪强度极限值 τ。

文献 [33] 参考上述铁路桥涵规范的规定，建立了混凝土抗剪强度与立方体抗压强度的关系

$$\tau = 0.25 f_{cu}^{0.64}$$

(1 - 37)

建议式（1 - 37）计算值与按我国铁路桥涵规范确定的 τ 值（$\tau = 2[\tau_c]$）的比值的平均值为 1.007，变异系数为 0.9998。

思 考 题

1. 我国混凝土结构中所用的钢筋有哪些？按钢筋在结构中所起作用的不同，可分为哪两类？其中热轧钢筋主要用作什么钢筋？钢丝、钢绞线、螺纹钢筋及钢棒主要用作什么钢筋？

2. 热轧钢筋按其外形可分为哪两类？我国现行钢筋标准关于热轧光圆钢筋和热轧带肋钢筋分别推荐了哪几种强度级别的钢筋？各用什么符号表示？

3. 试比较我国现行《水工混凝土结构设计规范》（DL/T 5057—2009）、《水工混凝土结构设计规范》（SL 191—2008）和《混凝土结构设计规范》（GB 50010—2010）关于普通钢筋的应用规定的异同。

4. 混凝土结构用钢筋的基本要求有哪些？衡量钢筋塑性性能的指标有哪些？何为断后伸长率？何为最大力下的总伸长率？用最大力下的总伸长率衡量钢筋的塑性性能有何优点？

5. 简述热轧钢筋（包括热轧光圆钢筋和热轧带肋钢筋）和预应力钢筋（包括钢丝、钢绞线、螺纹钢筋及钢棒）的力学性能应保证的项目分别有哪些。

6. 有抗震设防要求时，我国现行《混凝土结构设计规范》（GB 50010—2010）和《水工混凝土结构设计规范》（DL/T 5057—2009）及《水工混凝土结构设计规范》（SL 191—2008）对纵向受力钢筋有哪些补充要求？

7. 何谓硬钢的条件屈服强度？

8. 简述我国现行规范混凝土强度等级的确定原则和方法。

9. 简述我国现行规范混凝土强度标准值与设计值的确定原则和方法，并写出混凝土轴心抗压强度标准值 f_{ck} 和混凝土轴心抗拉强度标准值 f_{tk} 的计算公式。

10. 简述复合应力状态下的混凝土强度的主要特点。

11. 简述混凝土在一次短期加载时的应力—应变曲线的主要特点。

12. 何谓混凝土的徐变？徐变对混凝土构件的受力性能有何影响？影响混凝土徐变的主要因素有哪些？

13. 何谓混凝土的收缩？收缩对混凝土构件的受力性能有何影响？影响混凝土收缩的主要因素有哪些？

14. 简述混凝土弹性模量的确定方法。混凝土常用的模量有哪几种？简述混凝土受压割线模量和受拉割线模量与弹性模量的关系及受压（或受拉）时的弹性系数的特点。

15. 简述混凝土的极限压应变 ε_{cu} 和极限拉应变 ε_{tu} 的计算取值。

16. 钢筋与混凝土之间的粘结力由哪几部分所组成？

17. 简述钢筋的锚固长度的确定原则。

18. 简述钢筋接头常用的方法。

19. 简述混凝土抗剪强度常用的试验方法。

第二章　钢筋混凝土结构的设计方法

第一节　钢筋混凝土结构设计理论发展简史

　　水工结构的设计，应保证其在规定的设计使用年限内安全可靠、适用耐久而又经济合理。随着科学技术的进步和实践经验的积累，钢筋混凝土结构设计理论不断发展，经历了从弹性理论到极限状态的转变，在设计方法上也由单一的安全系数法发展到概率法，用以考虑钢筋混凝土结构在设计、施工、使用过程中可能存在的各种不确定性因素（如结构上的荷载作用、材料强度、结构尺寸等）。总体来说，可分为以下三个阶段。

一、容许应力设计法

　　以弹性理论为基础的容许应力设计法是最早的钢筋混凝土结构设计方法。这一方法已在材料力学中陈述。它要求构件在给定的外界荷载作用下，按弹性理论计算的某一截面的最大应力 σ 不超过规定的材料容许应力 $[\sigma]$，否则，构件即宣告破坏。可写为

$$\sigma \leqslant [\sigma] = \frac{f}{K} \tag{2-1}$$

式中　f——材料的强度，由材料的强度破坏试验获得；

　　　K——安全系数，是一个大于 1.0 的数值，根据工程经验获得。

　　由于钢筋混凝土结构是由混凝土和钢筋两种材料组合而成，因此就分别要求有

$$\sigma_c \leqslant [\sigma_c] = \frac{\overline{f_c}}{K_c} \tag{2-2}$$

$$\sigma_s \leqslant [\sigma_s] = \frac{\overline{f_y}}{K_s} \tag{2-3}$$

式中　σ_c，σ_s——使用荷载作用下构件截面上的混凝土最大压应力和受拉钢筋的最大拉应力；

　　　$[\sigma_c]$，$[\sigma_s]$——混凝土的容许压应力和钢筋的容许拉应力，它们分别由混凝土的平均抗压强度 $\overline{f_c}$、钢筋的平均抗拉屈服强度 $\overline{f_y}$ 除以相应的安全系数 K_c、K_s 确定。

　　容许应力计算方法以弹性理论为基础，概念比较简单，曾在相当长的时间内为工程师所沿用，一些国家的设计规范至今仍在采用。但这一方法应用于钢筋混凝土结构构件存在一些不足：

　　（1）没有反映材料的塑性性质。钢筋和混凝土材料并不是理想的均质弹性材料，而是有着明显的塑性性能，因而钢筋混凝土并非弹性材料，按容许应力设计法设计的钢筋混凝土结构构件，往往不能如实地反映构件截面的弹塑性应力状态，不能正确地估算结构构件的截面承载力。

　　（2）计算中规定的"安全系数"是凭经验取值，缺乏明确的结构可靠度概念。若安全系数选取的较大，结构安全度就会增大，势必导致材料用量的增加，所以如何同时保证结构构件的安全性和经济性的统一是一个复杂问题。

　　（3）缺乏试验验证。由于设计方法依据弹性理论，采用它所设计的结构构件截面承载力是凭经验，而不是凭试验确定[33]。

二、破坏阶段设计法

破坏阶段设计方法的理论基础是由苏联学者于 20 世纪 30 年代提出的。这种设计方法考虑了钢筋和混凝土的塑性变形性能，判定结构构件安全与否的着眼点由容许应力设计方法中的"某一截面最大应力状态"转变为"整个截面达到最终破坏的极限状态"，进而采用极限平衡理论来计算出构件截面在最终破坏时承载力。为了使结构构件在使用状态具有必要的安全储备，这一方法采用了单一的安全系数 K，这一点与容许应力设计方法相同。并认为使用荷载在结构构件中产生的内力不应大于极限承载力除以安全系数。以受弯构件为例，其计算表达式为

$$M \leqslant \frac{M_u}{K} \qquad (2-4)$$

式中　M——使用荷载作用下构件截面的内力（弯矩）；

　　　M_u——构件截面所能承担的极限内力（弯矩）；

　　　K——安全系数，其取值仍由工程实践经验主观确定。

破坏阶段设计法的概念清晰简明，计算假定中考虑了材料的塑性性能，比较符合钢筋混凝土的力学特性，计算思路也甚为简便。由于构件安全与否的判定状态是以极限状态为原则，因而计算获得的极限荷载也可较容易通过破坏试验来验证。其不足之处在于：

（1）安全系数的取值仍然依赖经验确定，且是一个定值，并不能度量多种不确定因素对结构安全性的影响，没有明确的结构可靠度概念。

（2）极限内力的确定依据极限平衡理论，因而无法获得构件在正常使用期间的应力分布、变形、裂缝开展等变化情况，也就无法满足包含正常使用条件在内的结构功能多样性的要求。

三、极限状态设计法

在 20 世纪 50 年代，苏联提出了极限状态设计法。所谓的极限状态设计法是指整个结构或结构的一部分超过某一特定状态就不能满足设计规定的某一功能要求，这个特定的状态称为该功能的极限状态。也就是说，若结构或构件在使用期间的反应能满足预定的各种功能极限，结构处于可靠状态；反之，就认为结构失效。区分结构可靠状态和失效状态的临界状态称为极限状态。比如某一钢筋混凝土受弯梁，为了确保其安全和适用，一方面需要限制内力不超过其极限抗弯承载力，另一方面也需要控制其正常使用阶段的裂缝宽度和变形在要求的限度之内。因此可以说，极限状态设计法发展了破坏阶段设计法，兼顾了结构的承载力、变形与裂缝宽度，包含了安全性、适用性和耐久性的一些概念，更能全面地反映钢筋混凝土结构的工作性能。

极限状态设计法的另一优点是：在验算承载能力极限状态时，不再像容许应力法和破坏阶段法一样采用单一的安全系数，而是改为多个系数，即荷载系数、材料系数和工作条件系数，采用多系数设计表达式。目的是为了反映不同荷载类型、不同材料强度，以及不同工作条件对结构构件安全性的影响。1966 年我国颁布的《钢筋混凝土结构设计规范》（GB 21—1966）就是以该"三系数极限状态法"为设计原则而制定的。

20 世纪 70 年代，国际上开始把概率理论应用于工程设计来研究和解决结构的可靠度问题。随着以概率论为基础的结构可靠度理论的发展，形成了以概率论为基础的"概率极限状态设计方法"。

目前，国际上将概率方法按应用的范围和深度不同大致分为三个水准[34,35]：

（1）水准 I——半概率法。该水准采用数理统计的方法对影响结构可靠度的某些参数，如材料强度等，进行统计分析，并结合工程实际经验，引入某些经验系数。该方法无法对结构的可靠度进行定量的描述，因此也称为半经验半概率的极限状态设计法。如 20 世纪 70 年代的美国规范（ACI318）、苏联规范（СНИП II-21—1975）及欧洲混凝土委员会和国际预应力协会的模式规范（CEB-FIP MC78）等均采用了水准 I 的设计方法。我国《水工钢筋混凝土结构设计规范》（SDJ 20—1978）、《港工混凝土和钢筋混凝土结构设计规范》（JTJ 220—1982）及（JTJ 220—1987）、《钢筋混凝土结构设计规范》（TJ 10—1974）等也均采用了水准 I 的设计方法。

（2）水准 II——近似概率法。将结构抗力和荷载效应作为两个随机变量，按给定的概率分布来估算结构的失效概率或可靠指标，称为近似概率法。为方便应用，在具体设计时采用以分项系数表达的极限状态设计表达式，各分项系数根据可靠指标分析确定。英国混凝土结构规范（BS8110）、美国混凝土结构规范（ACI 318）、欧洲混凝土建筑结构规范（Euro code）、日本土木学会混凝土标准（1986 年）及我国《水工混凝土结构设计规范》（SL/T 191—1996）、（DL/T 5057—2009）、（SL 191—2008）、《混凝土结构设计规范》（GBJ 10—1989）、（GB 50010—2002）、（GB 50010—2010）等均采用了水准 II 的设计方法。

（3）水准 III——全概率法。该方法是完全基于概率理论的设计方法。对结构各种基本变量分别采用随机变量和随机过程来描述，要求对整个结构采用精确的概率分析。求得结构最优的失效概率作为可靠度的直接度量。该方法目前还处于研究探索阶段。

第二节　极限状态设计法的基本概念

一、设计基准期和设计使用年限

设计基准期是为了确定可变荷载（其最大值与时间相关）及材料性能（材料的某些性能会随时间而变化）的取值而选定的一个时间参数，可按《工程结构可靠性设计统一标准》（GB 50153—2008）来确定。

设计使用年限定义为：设计规定的结构或结构构件不需进行大修即可按其预定目的使用的时期。一般建筑结构的设计使用年限为 50 年。但根据建筑物的功能要求也可为 100 年或 25 年等。另外各类工程结构的设计使用年限也不统一。如桥梁应比房屋的设计使用年限长，大坝的设计使用年限更长。需特别说明的是：结构的使用年限与结构使用寿命有联系，但并不等同。当结构的使用年限达到或超过设计使用年限后，结构并不意味着必须拆除，不能使用，而仅仅意味着结构的可靠度降低了，需进行必要的检查或小修。

设计使用年限就是在正常设计、正常施工、正常使用和正常维护条件下结构所应达到的使用年限，如达不到这一年限，则意味着在设计、施工、使用和维护的某一环节上出现了非正常情况，应查找原因。

二、结构的功能要求

结构的功能包括安全性、适用性和耐久性。结构的功能要求可简单地定义为工程结构在设计年限内，在正常设计、正常施工、正常使用和正常维护条件下，所应满足的各项要求。

结构的功能要求包括以下三个方面：

（1）安全性。安全性是指结构在正常设计、正常施工和正常使用条件下，能够承受可能出现的施加在结构上的各种荷载、变形（支座不均匀沉降、温度与收缩引起的变形）等的"直接作用"和"间接作用"，以及在设计规定的使用期限内可能遇到的偶然事件（如校核洪水位、地震、爆炸等）发生时和发生后，仍能保持必要的整体稳定性的能力，即要求结构仅发生局部损坏而不致发生整体连续倒塌。

（2）适用性。适用性是指结构在正常使用期间具有良好的工作性能，如不发生影响正常使用的过大变形或振动，不发生让使用者感到不安全或不舒适的过宽裂缝等。

（3）耐久性。耐久性是指结构在正常使用和维护条件下应具有抵抗材料内部或外界环境作用的能力，即要求结构在设计使用年限内，在各种环境因素的影响下，材料性能的劣化（如混凝土的碳化、腐蚀、脱落、钢筋腐蚀、渗水等）不致导致结构的正常使用失效。

安全性、适用性和耐久性这三个方面是结构可靠的标志，统称为结构的可靠性，也称为结构的基本功能要求。结构的可靠性和结构的经济性一般是相互矛盾的。正确的设计应在结构的可靠性和经济性之间寻求一种最佳方案，使结构既有必要的可靠性又有合理的经济指标，这是结构设计的基本原则。

三、结构的极限状态

结构的极限状态定义为：整个结构或结构的一部分超过某一特定状态就不能满足设计规定的某一功能要求，这个特定的状态称为该功能的极限状态。

根据结构的功能要求，钢筋混凝土结构的极限状态可分为两类，即承载能力极限状态和正常使用极限状态。

1. 承载能力极限状态

该极限状态对应于结构或结构构件达到最大承载力、出现疲劳破坏、发生不适于继续承载的变形或因结构局部破坏而引发的连续倒塌。具体来说，当结构或构件出现下列情况之一时，就可认为超过了承载能力极限状态：

（1）整个结构或结构的一部分作为刚体失去平衡（如倾覆、滑移、漂浮等）；

（2）结构构件或连接因超过材料强度而破坏；

（3）结构或构件达到最大承载力；

（4）结构或构件因受动力荷载作用而发生疲劳破坏；

（5）结构塑性变形过大不适于继续承载；

（6）由于某些截面或构件破坏而使结构形成几何可变体系（如超静定结构出现过多的塑性铰）；

（7）结构或构件丧失稳定（如细长受压构件的屈曲破坏，土、石结构或地基、围岩产生渗透失稳）；

（8）结构局部破坏而引发的连续倒塌。

超过了承载能力极限状态，结构或构件就不能满足安全性要求。

《水工混凝土结构设计规范》（DL/T 5057—2009）规定，设计时应根据承载能力极限状态的要求，对结构构件的承载力及稳定进行计算和验算，主要包括：所有结构构件均应进行承载力计算；必要时尚应进行结构的抗倾、抗滑及抗浮稳定验算；需要抗震设计的结构，尚应进行结构构件的抗震承载力验算或采取抗震构造设防措施。

2. 正常使用极限状态

该极限状态对应于结构或结构构件达到正常使用的某项规定限值或耐久性能的某种规定状态。当结构或结构构件出现下列情况之一，就可认为超过了正常使用极限状态：

(1) 过大的变形，影响正常使用或外观；

(2) 过宽的裂缝，影响正常使用或耐久性（如漏水、不安全等）；

(3) 在振动载荷作用下有过大的振动（如不舒适、影响精密仪器工作等）；

(4) 不宜有的损失（如严重腐蚀等）。

为了满足正常使用极限状态，设计人员在按承载能力极限状态计算后，还需要根据设计状况按正常使用极限状态的要求，对结构构件的变形、裂缝宽度或抗裂度进行验算。

第三节　结构上的作用、作用效应和结构抗力

一、结构上的作用

结构上的作用是指使结构产生内力或变形的因素的总称，按其作用形式可分为直接作用和间接作用两种。施加在结构上的集中荷载和分布荷载（如自重、楼面活荷载、雪荷载、水压力、土压力、风荷载等）归为直接作用。混凝土的收缩和徐变、温度变化、基础的不均匀沉降、地震等引起结构外加变形或约束变形，统称为间接作用。需要说明的是[36]，对间接作用，由于其大小不仅与外界因素有关，还与结构本身的特性有关，例如地震现象。这种作用并不直接以力的形式出现，所以严格意义上把地震作用称为"地震荷载"并不妥当。但在工程结构中，由于常见的作用，多数可归结为直接作用在结构上的荷载，因而工程习惯上将结构上的各种作用统称为荷载。在本教材中，两者不作区分，一律称为荷载。

荷载的分类。

1. 按荷载随时间的变化

按荷载随时间的变化可分为：

(1) 永久荷载。永久荷载是指在结构设计基准期内，其量值不随时间而变化，或其变化值与平均值相比可以忽略不计，或其变化是单调的并能趋于限值的荷载，又称为恒荷载，常用符号 G、g 表示。例如，结构的自重、土压力、围岩压力、预应力等。

(2) 可变荷载。可变荷载是指在结构设计基准期内，其量值随时间变化，且其变化值与平均值相比不可忽略的荷载，又称活荷载，常用符号 Q、q 表示。如楼面人群、吊车荷载、风荷载、雪荷载、水压力、波浪冲击力、车辆荷载、泥沙压力等。其中，G、Q 表示集中荷载，g、q 表示分布荷载。

(3) 偶然荷载。偶然荷载是指在结构设计基准期内不一定出现，而一旦出现，其量值很大，且持续时间很短的荷载，常用符号 A 表示。如地震、爆炸、撞击，水利工程中的校核洪水等。

2. 按荷载随空间位置的变化

按荷载随空间位置的变化可分为：

(1) 固定荷载。固定荷载是指在结构上具有固定分布的荷载，如结构自重、固定设备重等。

（2）移动荷载。移动荷载是指荷载的作用位置在结构上一定范围内可以任意移动的荷载，如吊车荷载、车辆轮压、楼面人群荷载、书库荷载等。设计时应考虑它的最不利分布。

3. 按结构的反应特点

按结构的反应特点可分为：

（1）静态荷载。静态荷载是指不使结构产生加速度，或产生的加速度可以忽略不计的荷载，如结构自重、屋面雪荷载等。

（2）动态荷载。动态荷载是指使结构产生的加速度不可以忽略不计的荷载，如地震、机械设备振动、吊车荷载、列车荷载等。由于这类荷载引起的荷载效应不仅与加速度有关，还与结构自身的动力特性有关，设计时应考虑它的动力效应。

上述的各种荷载中，对永久荷载，其统计参数与时间无关，故可采用随机变量概率模型来描述，大量的统计分析后发现，永久荷载服从正态分布；多数荷载随时间而变化，在结构设计基准期限内，属于与时间有关的随机变量，可采用随机过程概率模型来描述[35,37]。在实际使用上，经常可将随机过程概率模型转化为随机变量概率模型来处理。

二、作用（荷载）效应

结构上的作用使结构产生的内力（如弯矩 M、剪力 V、轴向力 N、扭矩 T 等）、变形 f、裂缝宽度 w 等统称为作用效应或荷载效应，常用 S 来表示。例如，某一钢筋混凝土简支梁在均布荷载作用下，构件的截面上会有弯矩和剪力，这些弯矩和剪力就是均布荷载在梁上产生的荷载效应。荷载与荷载效应之间可能是线性关系，也可能是非线性关系。通常，假定荷载与荷载效应之间有简单的线性关系。

（荷载）效应 S 不仅与结构上作用（荷载）的分布情况和大小、结构的尺寸大小以及结构边界的支承约束条件相关，而且还与荷载效应的计算模式相关。这些影响因素均具有不确定性，均可用随机变量模型描述。比如楼面人群、墙面上的风荷载、屋面上的雪荷载、吊车荷载等，它们可能出现，也可能不出现，且数值可能大也可能小，具有随机特点；即便是对结构自重，由于所用材料的不同以及施工过程中可能出现的尺寸制作误差等，其重量也不可能与设计值完全相等。既然影响荷载效应的因素是随机的，荷载效应也应具有随机性质，可按随机变量进行统计分析。

三、结构抗力

结构抗力为结构抵抗作用（荷载）效应 S 的能力，如构件截面的承载力（受弯承载力 M_u、抗剪承载力 V_u 等），构件的抗变形能力（挠度限值 $[f]$），构件截面的抗裂和限裂（容许应力和裂缝宽度限值 $[w]$）等，常用符号 R 表示。例如，一根钢筋混凝土简支梁，在截面尺寸和钢筋用量确定后，这根梁就具有一定的抵抗弯矩和剪力的能力。

影响结构抗力的因素很多，如结构构件的几何尺寸、钢筋的设计数量、材料的性能以及抗力采用的计算模式等。由于材料性能的不定性，结构制作和安装误差，结构抗力计算所采用的假设和计算公式的不精确性等，会使结构的计算结果具有不定性，因而结构抗力也是一个随机变量，可按随机变量进行统计分析。

第四节　概率极限状态设计法

概率极限状态设计法定义为：以影响结构可靠度的基本变量（包括附加变量）作为随机

变量，根据极限状态方程计算结构的失效概率或可靠指标的设计方法。下面就极限状态方程、结构可靠度、失效概率、可靠指标等有关概念做一介绍。

一、极限状态方程

设影响结构工作状态的参数有多个，如结构上作用的荷载、混凝土和钢筋的强度、构件截面尺寸、配筋数量等。这些参数都具有不定性，称为基本随机变量 X_i（$i=1$，2，$\cdots$，n），表示为向量形式如 $X=(X_1$，X_2，$\cdots$，$X_n)$。它们相互独立，具有不同的概率分布。

如果用 $Z=g(X)$ 来描述结构工作状态的函数（也称为结构功能函数）。则结构的工作状态可表示为

$$Z = g(X) = \begin{cases} <0 & \text{失效状态} \\ =0 & \text{极限状态} \\ >0 & \text{可靠状态} \end{cases} \qquad (2-5)$$

图 2-1 显示了 Z 值可能出现的三种情况，其中 $Z=0$ 称为极限状态方程。

若用荷载效应 S 和结构抗力 R 两个变量来代表影响结构工作状态的各种因素，则结构的工作状态可表示为

$$Z = R - S \qquad (2-6)$$

根据概率统计理论，S、R 都是随机变量，则 $Z=R-S$ 也是随机变量。根据式（2-5），当 $Z=R-S>0$ 时，结构处于可靠状态；当 $Z=R-S=0$ 时，结构达到极限状态；当 $Z=R-S<0$ 时，结构处于失效（破坏）状态。$Z=R-S=0$ 成立时，结构处于可靠状态的分界限（即图 2-1 中的 45°直线），超过这一界限，认为结构因不能满足设计规定的某一功能要求而失效。

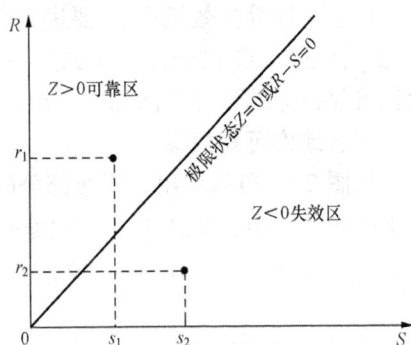

图 2-1　结构的工作状态

二、结构可靠度

结构的可靠性可以用可靠度来度量。可靠度定义为：在规定的时间内和规定的条件下结构完成预定功能的概率，称为可靠概率，用 p_s 表示；反之，如果结构不能完成预定的功能，相应的概率称为结构的失效概率，用 p_f 表示。该定义中，"规定的时间"是指"设计使用年限"，可根据《工程结构可靠性设计统一标准》（GB 50153—2008）来确定；"规定的条件"是指"正常设计、正常施工和正常使用"的条件[38]。由于可靠概率与失效概率两者之间存在互补关系，结构的可靠度既可以用可靠概率来度量，也可以用失效概率来度量。我国《工程结构可靠性设计统一标准》（GB 50153—2008）采用失效概率来度量结构的可靠性。

下面以荷载效应 S 和结构抗力 R 之间的关系来说明失效概率 p_f 的计算方法。

假定结构功能函数 Z 中仅包含 R 和 S 两个随机变量，且假定它们均服从正态分布，其平均值和标准差分别为 μ_R、μ_S 和 σ_R、σ_S。由概率论可知，功能函数 $Z=R-S$ 也服从正态分布，其平均值和标准差分别为 μ_Z 和 σ_Z。图 2-2 所示随机变量 Z 的概率密度分布曲线。从图 2-2 可以看出，在大多数情况下，R 值大于 S 值，即 $Z>0$；但是仍可能存在一小部分区域（如概率密度曲线与坐标轴所围的阴影部分），R 值小于 S 值，即 $Z<0$。这种可能性用概率表示就是失效概率 p_f。图中阴影部分所围面积的大小，反映了失效概率 p_f 的高低，面积愈

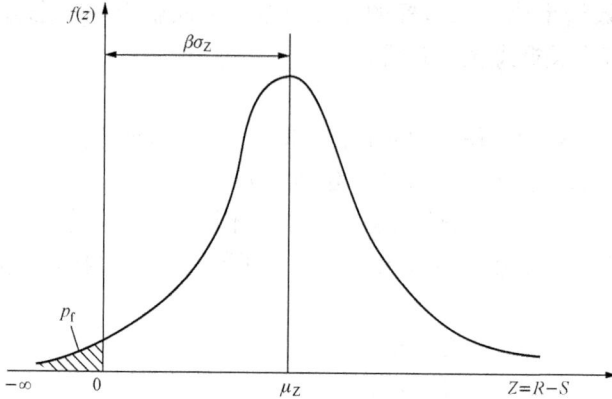

图 2-2　Z 的概率密度分布曲线

小，失效概率愈低。

由概率论可知，Z 的正态分布概率密度函数可表示为

$$f(z) = \frac{1}{\sqrt{2\pi}\sigma_Z}\exp\left[-\frac{(z-\mu_Z)^2}{2\sigma_Z^2}\right]$$

$$(2-7)$$

则由图 2-2 可知，失效概率 p_f 为

$$p_f = P(Z<0) = \int_{-\infty}^{0} f(z)\mathrm{d}z$$

$$= \int_{-\infty}^{0} \frac{1}{\sqrt{2\pi}\sigma_Z}\exp\left[-\frac{(z-\mu_Z)^2}{2\sigma_Z^2}\right]\mathrm{d}z$$

$$(2-8)$$

按上式计算失效概率 p_f 要进行数学积分，比较复杂，因而我国的《工程结构可靠性设计统一标准》（GB 50153—2008）采用可靠指标代替失效概率来具体度量结构的可靠性。下面就可靠指标的计算方法加以介绍。

三、结构可靠指标

从图 2-2 可以看出，阴影部分的面积与 μ_Z 和 σ_Z 的大小有关。若增大 μ_Z，则曲线右移，阴影面积将减小；若减小 σ_Z，则曲线变得高而窄，阴影面积也将减小。如果将随机变量 Z 的平均值 μ_Z 用它的标准差 σ_Z 来度量，即

$$\mu_Z = \beta\sigma_Z \tag{2-9}$$

由图 2-2 也可以看出，β 越小，p_f 越大；β 越大，p_f 越小，β 与 p_f 之间具有一一对应的关系 $p_f = \Phi(-\beta)$，其中 $\Phi^{-1}(\cdot)$ 为标准正态分布函数的反函数，因此，β 也可以作为衡量结构可靠度的一个指标，称 β 为可靠指标。

由概率论可知，随机变量 $Z=R-S$ 的平均值 μ_Z 和标准差 σ_Z 可表示为

$$\mu_Z = \mu_R - \mu_S \tag{2-10}$$

$$\sigma_Z = \sqrt{\sigma_R^2 + \sigma_S^2} \tag{2-11}$$

将式（2-10）和式（2-11）代入式（2-9），可求得可靠指标

$$\beta = \frac{\mu_R - \mu_S}{\sqrt{\sigma_R^2 + \sigma_S^2}} \tag{2-12}$$

由式（2-12）可见，只要知道随机变量 R、S 服从正态分布时的平均值和标准差 μ_R、μ_S、σ_R 和 σ_S，就可以求出可靠指标 β 的值。与按式（2-8）直接计算失效概率 p_f 相比，显然由式（2-12）计算可靠指标 β 要简便很多，并且几何意义也很直观、明确。

由式（2-12）可见，结构抗力 R 和荷载效应 S 的平均值 μ_R 和 μ_S 相差愈大，β 也愈大，结构就愈可靠，这一点与传统概念上的安全系数 K 相一致。若保持 R 和 S 的平均值 μ_R 和 μ_S 不变，使得它们的标准差 σ_R 和 σ_S 愈小，也就是说它们的变异性（离散程度）愈小时，β 就愈大，结构就愈可靠。可见，β 能反映影响结构可靠度的各主要因素的变异性，这一点是传统概念上的安全系数 K 无法体现的。

由于结构的安全与否是用概率的大小来反映，这就表示绝对可靠的结构在实际中并不存在，只是当结构的失效概率很小且小到人们可以接受的程度时，就认为该结构的可靠度满足

要求。

当结构抗力 R 和荷载效应 S 均服从正态分布时，表 2-1 列出了可靠指标 β 与失效概率 p_f 之间的对应关系。

表 2-1   **β 与 p_f 的对应关系**

β	p_f	β	p_f	β	p_f
1.0	1.59×10^{-1}	2.7	3.47×10^{-3}	3.7	1.08×10^{-5}
1.5	6.68×10^{-2}	3.0	1.35×10^{-3}	4.0	3.17×10^{-5}
2.0	2.28×10^{-2}	3.2	6.87×10^{-4}	4.2	1.33×10^{-6}
2.5	6.21×10^{-3}	3.5	2.33×10^{-4}	4.5	3.40×10^{-6}

需要注意的是[35]：式 (2-12) 给出的 β 计算方法是在结构抗力和荷载效应两随机变量均服从正态分布，且极限状态方程为线性时得出的。然而在实际工程设计中，影响结构可靠度的因素（变量）很多，它们有的服从标准正态分布，但大部分并非正态分布，对于这些情况，国际《结构安全度联合委员会（JCSS）》推荐了"验算点法"来计算 β。这一方法可以考虑变量的实际概率分布，除正态分布外，对其他非正态分布可化为当量的正态分布后再进行 β 值计算。

四、目标可靠指标与结构的安全等级

为了使所设计的结构安全、可靠且经济，就应对不同情况下的目标可靠指标值 $[\beta]$ 作出规定，使结构在设计基准期内，结构的可靠指标 β 不小于规定的目标可靠指标 $[\beta]$，可表示为

$$\beta \geqslant [\beta] \tag{2-13}$$

目标可靠指标 $[\beta]$ 的设置应根据结构构件的安全等级、失效模式和经济因素等条件，以优化方法综合分析获得。《工程结构可靠性设计统一标准》（GB 50153—2008）根据结构破坏后可能产生的后果（危及人的生命、造成经济损失、对社会或环境产生影响等）的严重性，对结构采用了不同的安全等级划分，如表 2-2 所列。显然，结构破坏后造成的后果愈严重，也就是结构的安全等级愈高，目标可靠指标就应该愈大。结构和结构构件的破坏类型分为延性破坏和脆性破坏两类。延性破坏有明显的预兆，可及时采取补救措施，所以目标可靠指标可定得稍微低些[39]。脆性破坏常常是突发性破坏，破坏前没有明显的预兆，所以目标可靠指标就应该定得高一些。

《工程结构可靠性设计统一标准》（GB 50153—2008）[40] 根据结构的安全等级和破坏类型，在对代表性的构件进行可靠度分析的基础上，规定了按承载能力极限状态设计时的目标可靠指标值 $[\beta]$，见表 2-2。

表 2-2   **建筑结构的安全级别和承载能力极限状态的目标可靠指标**

建筑结构的安全级别	破坏后果	建筑物类型	承载能力极限状态的目标可靠指标	
			延性破坏	脆性破坏
Ⅰ	很严重	重要建筑	3.7	4.2
Ⅱ	严重	一般建筑	3.2	3.7
Ⅲ	不严重	次要建筑	2.7	3.2

需要说明的是[33]，在水利水电工程中，《水利水电工程结构可靠度设计统一标准》（GB 50199—1994）规定水工建筑物的安全级别也分为Ⅰ、Ⅱ、Ⅲ三个级别，并规定对不同安全级别的水工建筑物采用与表2-2相同的目标可靠指标。但水工中Ⅰ级安全级别对应的水工建筑物级别是1级；Ⅱ级安全级别对应的水工建筑物级别是2、3级；Ⅲ级安全级别对应的水工建筑物级别是4、5级，详细见《水利水电工程等级划分及洪水标准》（SL 252—2000）或《水电枢纽工程等级划分及设计安全标准》（DL 5180—2003）。

以上给出的是按承载能力极限状态设计时的目标可靠指标。对于正常使用极限状态，其目标可靠指标要比承载能力极限状态低一些。这主要是因为：结构或构件的承载能力极限状态关系到结构的安全性问题，而当结构或构件不满足正常使用极限状态时，虽然会影响正常使用的功能及耐久性，但通常不会对生命财产造成重大的损失。我国《工程结构可靠性设计统一标准》（GB 50153—2008）规定，结构构件正常使用极限状态的可靠指标，宜根据其可逆程度取0～1.5。

第五节　荷载代表值和材料强度标准值

前面介绍了以概率论为基础的极限状态设计法的基本概念和原理，以及采用可靠指标 β 衡量结构可靠度的计算方法。从理论上讲，只要获得有关结构抗力和荷载效应的统计参数，就可根据式（2-13）进行结构设计。但如前所述，由于影响结构可靠度的随机变量往往不止两个且不一定服从正态分布，从而不仅需要大量的统计信息去计算统计参数如平均值和标准差，而且计算过程也较为复杂。所以在实际工程中，若直接由式（2-13）来进行结构设计，是比较繁琐的甚至是不现实的。

目前，我国的设计规范采用以概率理论为基础的极限状态设计方法，以可靠指标度量结构构件的可靠度，采用分项系数的设计表达式进行设计。

分项系数有荷载分项系数、材料分项系数、结构重要性系数、设计状况系数和结构系数等。需要注意：不同设计规范所取用的分项系数的个数及取值并不完全相同。例如，房屋建筑《混凝土结构设计规范》（GB 50010—2010）仅仅用了3个分项系数（荷载分项系数、材料分项系数和结构重要性系数），《水工混凝土结构设计规范》（DL 5057—2009）则用了5个分项系数，且它们的取值也不尽相同，所以使用时一定不要将不同规范的系数相混淆[33]。

使用实用设计表达式进行结构设计时，首先要确定出荷载的代表值和材料强度的标准值。下面将对它们加以叙述。

一、荷载代表值

水工结构设计时，对不同荷载应采用不同的代表值。荷载代表值主要有荷载标准值、荷载组合值、荷载频遇值和荷载准永久值。对永久荷载应采用标准值作为代表值；对可变荷载根据设计要求采用标准值、组合值、频遇值和准永久值作为代表值；对偶然荷载应按水工结构使用的特点确定其代表值。

1. 荷载标准值

荷载标准值是荷载的基本代表值，定义为荷载在设计基准期内最大荷载统计分布的特征值（例如均值、中值、众值或概率分布的某一分位值）。通常，按一定的保证率来确定。然而由于大多数水利水电工程中的荷载，如渗透压力、土压力、围岩压力、水锤压力、浪压力、冰压力等，均未能取得充分的统计资料，因此其标准值完全按统计方法确定还有困难，主要还是根据历史经验或由理论公式推算得到[33]。

荷载的其他代表值都是以荷载标准值为基本量再乘以相应的系数获得的。

2. 荷载组合值

结构构件承受两种或两种以上的可变荷载作用时，考虑到这些可变荷载往往不可能同时以其最大值（标准值）出现，因此选取一个主要的可变荷载为标准值，其余的可变荷载都可以取为组合值。荷载组合值定义为：对可变荷载，使结构构件在两种或两种以上可变荷载组合后的荷载效应在设计基准期内的超越概率，能与该可变荷载单独出现时的相应概率趋于一致的荷载值，或使组合后的结构具有统一规定的可靠指标的荷载值。它可由可变荷载标准值 Q_k 乘以组合值系数 Ψ_c 得出。

由于目前尚无足够的资料信息来确切得出不同荷载时的组合值系数 Ψ_c，因此 Ψ_c 值的确定还是由专家凭工程经验获得。《建筑结构荷载规范》（GB 50009—2001）对一般的楼面活载，规定 $\Psi_c=0.7$；对书库、档案室、储藏室的楼面活载，规定 $\Psi_c=0.9$。在水工结构设计中，习惯上均不考虑可变荷载组合时组合值系数的折减，均取 $\Psi_c=1.0$。因此，"荷载组合值"这一术语在水工设计规范中并不存在[33]。

3. 荷载频遇值

对可变荷载，其量值随时间而变化，有时出现的几率大些，有时出现的几率小些，有时甚至不出现。所谓的荷载频遇值定义为：对可变荷载，在设计基准期内，其超越的总时间为规定的较小比率或超越频率为规定频率的荷载值。也可简单描述为在设计基准期内经常出现的那一部分可变荷载。荷载频遇值可由可变荷载标准值 Q_k 乘以频遇值系数 Ψ_f 得出。

4. 荷载准永久值

荷载准永久值定义为：对可变荷载，在设计基准期内，其超越的总时间约为设计基准期一半的荷载值。它对结构的影响类似永久荷载，可由可变荷载标准值 Q_k 乘以准永久值系数 Ψ_q 得出。

二、材料强度标准值

所谓材料强度标准值是指结构或构件设计时，采用的材料强度的基本代表值。按符合规定质量的材料强度的概率分布的某一分位值确定。

1. 混凝土强度标准值

混凝土强度标准值包括混凝土立方体抗压强度标准值、混凝土轴心抗压强度标准值、混凝土轴心抗拉强度标准值等，具体定义和数值见第一章。

2. 钢筋强度标准值

钢筋的强度标准值应具有不小于 95％ 的保证率。对有明显屈服点的热轧钢筋，规定其强度标准值系根据屈服强度确定；对于无明显屈服点的钢筋，如预应力钢丝、钢绞线、螺纹钢筋和钢棒等，其强度的标准值是根据极限抗拉强度确定。具体分类和数值见第一章。

第六节　实用设计表达式

现行的电力《水工混凝土结构设计规范》（DL/T 5057—2009）和水利《水工混凝土结构设计规范》（SL 191—2008）的大部分条文内容基本相同或仅稍有差异，但在实用设计表达式的表达方式上却有着较大的不同。电力《水工混凝土结构设计规范》（DL/T 5057—2009）采用概率极限状态设计原则，以分项系数设计表达式进行设计。与原标准《水工混凝土结构设计规范》（DL/T 5057—1996）相比，在承载能力极限状态计算规定中，采用 5 个分项系数的设计表达式进行设计，在正常使用极限状态验算规定中，将术语"短期组合"改为"标准组合"，并取消"长期组合"的验算要求。水利《水工混凝土结构设计规范》（SL 191—2008）则在规定的材料强度和荷载取值条件下，采用在多系数分析基础上，将 γ_0、ψ 和 γ_d 合并为一个安全系数 K 表达的方式进行设计[33]。

下面主要介绍两本《水工混凝土结构设计规范》的实用设计表达式。同时介绍了《混凝土结构设计规范》（GB 50010—2010）的实用设计表达式，主要目的是了解其异同点。

一、《水工混凝土结构设计规范》（DL/T 5057—2009）实用设计表达式[3]

1. 承载能力极限状态设计时采用的分项系数

《水工混凝土结构设计规范》（DL/T 5057—2009）在承载能力极限状态实用设计表达式中，采用了 5 个分项系数，它们是结构重要性系数 γ_0、设计状况系数 ψ、结构系数 γ_d、荷载分项系数 γ_G 和 γ_Q、混凝土和钢筋材料分项系数 γ_c 和 γ_s。《水工混凝土结构设计规范》（DL/T 5057—2009）用这 5 个分项系数来反映极限状态方程中各基本变量（包括附加变量）的不定性和变异性，并一起来构成并保证结构的可靠度。该规范适用于水电水利工程中的素混凝土、钢筋混凝土及预应力混凝土结构的设计，但不适用于混凝土坝（不含坝内孔洞、闸门门槽等）、轻骨料混凝土及其他特种混凝土结构的设计。

(1) 结构重要性系数 γ_0。

水工混凝土结构设计时，首先按照《防洪标准》（GB 50201）和《水电枢纽工程等级划分及设计安全标准》（DL 5180—2003）的规定，按水工建筑物的级别采用不同的结构安全级别。对不同安全级别的水工建筑物结构构件，目标可靠指标的要求也不同。为了考虑这一要求，规范规定在计算出的荷载效应值上应乘以结构重要性系数 γ_0。《水工混凝土结构设计规范》（DL/T 5057—2009）规定，不同结构安全级别的结构重要性系数 γ_0 不应小于表2-3所列的相应数值。

表 2 - 3　　　　　　　水工建筑物结构安全级别及结构重要性系数 γ_0

水工建筑物级别	水工建筑物结构安全级别	结构重要性系数 γ_0
1	Ⅰ	1.1
2、3	Ⅱ	1.0
4、5	Ⅲ	0.9

对于一些有特殊安全要求的水工建筑物，其结构安全级别应经专门研究确定。结构构件的结构安全级别，应根据其在水工建筑物中的部位、本身破坏对水工建筑物安全性的影响程度大小，采用与水工建筑物的结构安全级别相同或降低一级，但不能低于Ⅲ级。

(2) 设计状况系数 ψ。

结构在施工、安装、运行、检修等不同阶段可能出现不同的结构体系、不同的荷载及不同的环境条件，所以在设计时应分别考虑不同的设计状况：

1) 持久状况——结构在正常使用过程中，一定出现且持续时间很长，一般与结构设计使用年限为同一量级的设计状况。

2）短暂状况——结构在施工、安装、检修期或使用过程中，短暂出现的设计状况。

3）偶然状况——结构在使用过程中，出现的概率很小且持续时间极短的设计状况，如遭遇地震或校核洪水位。

不同的设计状况，由于可靠度水平的要求不同，设计状况系数 ψ 的取值也不同。对持久状况、短暂状况、偶然状况，设计状况系数 ψ 应分别取为 1.0、0.95 及 0.85。

（3）荷载分项系数 γ_G 和 γ_Q。

在承载能力极限状态设计中，规定对荷载标准值还应乘以相应的荷载分项系数，用以考虑实际作用在结构构件上的荷载在其运行使用期间可能出现的超载。显然，对变异性较小的永久荷载，荷载分项系数 γ_G 就可小一些；对变异性较大的可变荷载，荷载分项系数 γ_Q 就应大一些。按承载能力极限状态设计时，《水工混凝土结构设计规范》（DL/T 5057—2009）规定荷载分项系数不应小于表 2-4 所列值。

表 2-4　　　　　　　　　　　　荷　载　分　项　系　数

荷载类型	永久荷载	一般可变荷载	可控制的可变荷载	偶然荷载
荷载分项系数	γ_G	γ_{Q1}	γ_{Q2}	γ_A
	1.05 (0.95)	1.2	1.1	1.0

注　1. 当永久荷载效应对结构有利时，γ_G 应按括号内数值取用。

　　2. 可控制的可变荷载是指可以严格控制使其不超出规定限值，如在水电站厂房设计中，由制造厂家提供的吊车最大轮压值，设备重量按实际铭牌确定、堆放位置有严格规定并加设垫木的安装间楼面堆放设备荷载等。

荷载标准值乘以相应的荷载分项系数后，称为荷载的设计值。

（4）材料分项系数 γ_c 和 γ_s。

为了充分考虑材料强度的离散性及不可避免的施工误差等因素带来的使材料强度低于材料强度标准值的可能，在承载能力极限状态计算时，规定对混凝土与钢筋的强度标准值应分别除以混凝土材料分项系数 γ_c 与钢筋材料分项系数 γ_s。规范规定混凝土强度的分项系数 γ_c 为 1.4；钢筋强度的分项系数 γ_s 根据钢筋种类不同，取值范围在 1.1～1.39，见表 2-5。

上述钢筋和混凝土强度的分项系数是根据轴心受拉构件和轴心受压构件按照目标可靠指标经过可靠度分析而确定的。当缺乏统计资料时，也可按工程经验确定。分项系数确定之后，即可确定强度设计值。材料强度标准值除以材料的分项系数，即可得到材料的强度设计值。《水工混凝土结构设计规范》（DL/T 5057—2009）中同时给出了钢筋和混凝土强度的设计值。例如，混凝土轴心抗压强度标准值 f_{ck} 除以混凝土的材料分项系数 1.4 后就得到混凝土的抗压强度设计值 f_c。

表 2-5　　　　　　　　　　各类钢筋的材料分项系数 γ_s 值

项次	种　类		γ_s
1	HPB300，HRB335，HRB400，RRB400		1.1
2	HRB500	纵筋	1.19
		箍筋	1.39
3	消除应力钢丝，刻痕钢丝，钢绞线，热处理钢筋		1.2

　　普通热轧钢筋的强度标准值除以钢筋的材料分项系数后就得到热轧钢筋的抗拉强度设计值 f_y；对预应力钢丝、钢绞线和热处理钢筋的设计值 f_{py} 系根据其条件屈服点（取极限抗拉强度 σ_b 的 85% 作为条件屈服点）除以钢筋的材料分项系数 1.2 后得到的。例如，$f_{ptk}=1860\text{N/mm}^2$ 的预应力钢丝，其强度设计值 $f_{py}=\dfrac{1860\times0.85}{1.2}=1317.5\text{N/mm}^2$，取整为 1320N/mm^2。

　　钢筋的抗压强度设计值 f'_y 采用以钢筋压应变 ε'_s（$\varepsilon'_s=0.002$）与钢筋的弹性模量 E_s 的乘积来确定，同时规定钢筋的抗压强度设计值 f'_y 不应大于钢筋的抗拉强度设计值 f_y。受压冷拉钢筋强度设计值则按未经冷拉的热轧钢筋取用。

　　（5）结构系数 γ_d。

　　在承载能力极限状态计算时，《水工混凝土结构设计规范》（DL/T 5057—2009）还引入了一个结构系数 γ_d。结构系数用来反映荷载效应计算模式的不定性和抗力计算模式的不定性，并考虑上述荷载分项系数和材料强度分项系数未能反映的其他不定性。

　　结构系数 γ_d 是采用可靠度分析方法，利用事先设定的荷载分项系数、材料分项系数等 4 个分项系数，采用前面介绍的概率极限状态理论，利用最小二乘法使可靠指标 β 尽可能逼近目标可靠指标 $[\beta]$ 得到。承载能力极限状态计算时，结构系数 γ_d 见表 2 - 6。

表 2 - 6　　　　　　　　　承载能力极限状态计算时的结构系数 γ_d

素 混 凝 土 结 构		钢筋混凝土及预应力混凝土结构
受拉破坏	受压破坏	
2.0	1.30	1.20

　　注　1. 承受永久荷载为主的构件，结构系数 γ_d 应按表中数值增加 0.05。

　　　　2. 对于新型结构或荷载不能准确估计，结构系数 γ_d 应适当提高。

　　2. 承载能力极限状态设计表达式

　　进行承载能力极限状态的计算时，应按荷载效应的基本组合和偶然组合分别进行。

　　（1）基本组合。

　　基本组合是指在按承载能力极限状态设计时，持久设计状况和短暂设计状况计算时，作用在结构上的永久荷载和可变荷载产生的荷载效应的组合。

　　对于基本组合，其承载能力极限状态设计表达式为

$$\gamma_0\psi S\leqslant\frac{R}{\gamma_d} \tag{2-14}$$

$$S=\gamma_G S_{Gk}+\gamma_{Q1}S_{Q1k}+\gamma_{Q2}S_{Q2k} \tag{2-15}$$

$$R=R(f_y,f_c,a_k) \tag{2-16}$$

式中　　　γ_0——结构重要性系数，《水工混凝土结构设计规范》（DL/T 5057—2009）规定，γ_0 应不小于表 2 - 3 所列数值；

　　　　　ψ——设计状况系数，《水工混凝土结构设计规范》（DL/T 5057—2009）规定，对应持久状况和短暂状况分别取 1.0 和 0.95；

　　　　　S——荷载效应组合设计值，如 M_d，按式（2 - 15）计算；

　　　　S_{Gk}——永久荷载标准值产生的效应；

　　　　S_{Q1k}——一般可变荷载标准值产生的效应；

S_{Q2k}——可控制的可变荷载标准值产生的效应；

γ_G、γ_{Q1}、γ_{Q2}——永久荷载、一般可变荷载、可控制的可变荷载的荷载分项系数，《水工混凝土结构设计规范》（DL/T 5057—2009）规定荷载分项系数应按《水工建筑物荷载设计规范》（DL 5077—1997）的规定取值，但应不小于表 2-4 所列数值，为便于查用，表 2-7、表 2-8 列出了《水工建筑物荷载设计规范》（DL 5077—1997）规定的部分荷载的分项系数；

R——结构构件抗力设计值，如 M_u，按各类结构构件的承载力公式计算；

$R(\cdot)$——结构构件的抗力函数；

f_y、f_c——钢筋、混凝土的强度设计值，按本教材附录二查用；

a_k——结构构件几何参数的标准值；

γ_d——结构系数，应按表 2-6 采用。

表 2-7　**《水工建筑物荷载设计规范》（DL 5077—1997）**
规定的建筑物（结构）自重分项系数

建筑物（结构）类型	荷载分项系数
大体积混凝土结构、土石坝	1.0
普通水工混凝土结构、金属结构	1.05（0.95）
地下工程混凝土衬砌	1.1（0.9）

注　1. 括号内的数值在自重荷载效应对结构有利时采用；
　　2. 大体积混凝土结构系指依靠其重量抵抗倾覆、滑移的结构，如混凝土重力坝、厂房下部结构、重力式挡土墙等；
　　3. 除大体积混凝土结构以外的其他混凝土结构（如厂房上部结构、进水口的构架等）均作为普通水工混凝土结构。

表 2-8　**《水工建筑物荷载设计规范》（DL 5077—1997）规定的主要荷载分项系数**

荷载	荷载分项系数	荷载	荷载分项系数
静水压力、浮托力	1.0	静止土压力、主动土压力	1.20
浪压力	1.20	地应力、围岩压力	1.0
灌浆压力	1.30	水锤压力	1.10
雪荷载	1.30	静冰压力、动冰压力、冻胀力	1.10
桥机与门机荷载	1.10	风荷载	1.30
楼面活荷载	1.20	温度作用	1.10

（2）偶然组合。

偶然组合是按承载能力极限状态设计时，永久荷载、可变荷载与一种偶然荷载产生的荷载效应的组合，其承载能力极限状态设计表达式与基本组合相同。

偶然组合属于偶然设计状况，规范规定其设计表达式中的设计状况系数 $\psi=0.85$。

同时其荷载效应组合设计值 S 应按下式计算

$$S = \gamma_G S_{Gk} + \gamma_{Q1} S_{Q1k} + \gamma_{Q2} S_{Q2k} + \gamma_A S_{Ak} \qquad (2-17)$$

式中　S_{Ak}——偶然荷载代表值产生的荷载效应，偶然荷载代表值按《水工建筑物抗震设计规范》（DL 5073—2000）或《水工建筑物荷载设计规范》（DL/T 5077—

1997）确定，在偶然组合中每次只考虑一种偶然荷载；

　　γ_A——偶然作用分项系数，应按表 2 - 4 采用。

　　规范规定在偶然组合的荷载效应 S 的计算中，其中与偶然荷载同时出现的某些可变荷载，可对其标准值进行适当折减。

　　3. 正常使用极限状态设计表达式

　　对正常使用极限状态，应采用标准组合（用于抗裂验算）或标准组合并考虑长期作用的影响（用于裂缝宽度和挠度验算）。相应的极限状态设计表达式为

$$\gamma_0 S_k \leqslant c \tag{2 - 18}$$

$$S_k = S_k(G_k, Q_k, f_k, a_k) \tag{2 - 19}$$

式中　S_k——正常使用极限状态的荷载效应组合值，按标准组合（用于抗裂验算）或标准组合并考虑长期作用的影响（用于裂缝宽度和挠度验算）进行计算；

　　$S_k(\cdot)$——正常使用极限状态的荷载效应标准组合值函数；

　　c——结构构件达到正常使用要求所规定的变形、裂缝宽度或应力等的限值；

　　G_k、Q_k——永久荷载、可变荷载标准值；

　　f_k——材料强度标准值。

　　在正常使用极限状态验算时，分项系数 γ_d、ψ、γ_G、γ_Q 等都取为 1.0，荷载和材料强度均取为标准值。其原因是正常使用极限状态验算时，它的可靠度水平要求低于承载能力极限状态。但在《水工混凝土结构设计规范》（DL/T 5057—2009）中，还保留了一个结构重要性系数 γ_0。

　　规范还规定：对于持久设计状况，应进行正常使用极限状态设计；对于短暂设计状况，可根据需要进行正常使用极限状态设计；对于偶然设计状况，可不进行正常使用极限状态设计。

二、《水工混凝土结构设计规范》（SL 191—2008）实用设计表达式[4]

　　《水工混凝土结构设计规范》（SL 191—2008）适用于水利水电工程中的素混凝土、钢筋混凝土及预应力混凝土结构的设计，不适用于混凝土坝的设计。该规范采用极限状态设计法，在规定的材料强度和荷载取值条件下，采用在多系数分析基础上，将 γ_0、ψ 和 γ_d 合并为一个安全系数 K 表达的方式进行设计。在《水工混凝土结构设计规范》（SL 191—2008）中，由于采用了一个安全系数，因此不像《水工混凝土结构设计规范》（DL/T 5057—2009）那样突出"概率"两字。实际上，在水利水电工程中，除了材料强度及少数几种荷载能得到实测的统计资料外，大多数荷载还无法得出准确的统计参数，不少荷载还只能用理论公式推算得出，特别是可变荷载的组合值，百年一遇或千年一遇洪水的荷载系数等主要问题还没有很好解决，因此失效概率和可靠指标也就失去了它的真实意义。

　　1. 承载能力极限状态设计表达式

　　《水工混凝土结构设计规范》（SL 191—2008）采用的承载能力极限状态设计表达式为

$$KS \leqslant R \tag{2 - 20}$$

式中　K——承载力安全系数，应不小于表 2 - 9 所列数值；

　　S——荷载效应组合设计值；

　　R——结构抗力即结构构件的截面承载力，由材料强度设计值及截面尺寸等因素计算得出。

表 2-9　　　　　　　　钢筋混凝土或预应力混凝土结构构件的承载力安全系数 K

水工建筑物级别	1		2、3		4、5	
水工建筑物结构安全级别	Ⅰ		Ⅱ		Ⅲ	
荷载效应组合	基本组合	偶然组合	基本组合	偶然组合	基本组合	偶然组合
K	1.35	1.15	1.20	1.00	1.15	1.00

注 1. 水工建筑物的级别应根据《水利水电工程等级划分及洪水标准》(SL 252—2000) 确定。

2. 结构在使用、施工、检修期的承载力计算，安全系数 K 应按表中基本组合取值；对地震及校核洪水位的结构承载力计算，安全系数 K 应按表中偶然组合取值。

3. 当荷载效应组合由永久荷载控制时，承载力安全系数 K 应增加 0.05。

4. 当结构的受力情况较为复杂、施工特别困难、荷载不能准确计算、缺乏成熟的设计方法或结构有特殊要求时，承载力安全系数 K 宜适当提高。

承载能力极限状态计算时，结构构件截面上的荷载效应设计值 S 可表示为

$$S = \gamma_{G1} S_{G1k} + \gamma_{G2} S_{G2k} + \gamma_{Q1} S_{Q1k} + \gamma_{Q2} S_{Q2k} \qquad (2-21)$$

从上式可以看到，与《水工混凝土结构设计规范》(DL/T 5057—2009) 中使用的式(2-15) 相比，在《水工混凝土结构设计规范》(SL 191—2008) 中，根据变异性的差异，将永久荷载分成两类：一类是自重、设备等永久荷载 G_{1k}，它们的变异性最小，相应的分项系数 γ_{G1} 也最小；另一类是土压力、淤沙压力及围岩压力等，它们的标准值 G_{2k} 是由公式推算而得，与实际情况存在较大的误差，相应的分项系数 γ_{G2} 也就应大一些。

对可变荷载，《水工混凝土结构设计规范》(SL 191—2008) 与《水工混凝土结构设计规范》(DL/T 5057—2009) 相同，也分为两类：一类是一般可变荷载 Q_{1k}，它的分项系数为 γ_{Q1}；另一类是可控制其不超出规定限值的可变荷载 Q_{2k}，相应的分项系数为 γ_{Q2}。

式 (2-21) 右侧的 4 个 S_k 是 4 种不同性质的荷载的标准值产生的荷载效应。

《水工混凝土结构设计规范》(SL 191—2008) 规定荷载的标准值可按《水工建筑物荷载设计规范》(DL 5077—1997) 及《水工建筑物抗震设计规范》(SL 203—1997) 的规定取用。

式 (2-21) 按承载能力极限状态设计的两种荷载效应组合，即基本组合和偶然组合，可具体写成下列表达式。

(1) 基本组合

1) 当永久荷载对结构起不利作用时

$$S = 1.05 S_{G1k} + 1.20 S_{G2k} + 1.20 S_{Q1k} + 1.10 S_{Q2k} \qquad (2-22)$$

2) 当永久荷载对结构起有利作用时

$$S = 0.95 S_{G1k} + 0.95 S_{G2k} + 1.20 S_{Q1k} + 1.10 S_{Q2k} \qquad (2-23)$$

(2) 偶然组合

$$S = 1.05 S_{G1k} + 1.20 S_{G2k} + 1.20 S_{Q1k} + 1.10 S_{Q2k} + 1.0 S_{Ak} \qquad (2-24)$$

式 (2-24) 中，某些可变荷载的标准值可作适当的折减。

对某些荷载，《水工混凝土结构设计规范》(SL 191—2008) 与《水工混凝土结构设计规范》(DL/T 5057—2009) 采用的荷载分项系数会有差别。如雪荷载和风荷载，《水工混凝土结构设计规范》(SL 191—2008) 将其归纳于一般可变荷载，$\gamma_{Q1} = 1.20$；而《水工混凝土结

构设计规范》（DL/T 5057—2009）是按《水工建筑物荷载设计规范》（DL 5077—1997）取用，$\gamma_Q=1.30$。但对大多数荷载，两本规范荷载分项系数的取值是相同的。

《水工混凝土结构设计规范》（SL 191—2008）中式（2-20）出现的结构抗力 R 表达式与《水工混凝土结构设计规范》（DL/T 5057—2009）中式（2-16）相同。

对比《水工混凝土结构设计规范》（SL 191—2008）与《水工混凝土结构设计规范》（DL/T 5057—2009），由于两本规范对分项系数的取值不完全一致，加上安全系数列表取整的影响，两者之间在某些情况下计算结果将会存在一定的差异。

2. 正常使用极限状态的设计表达式

正常使用极限状态验算时，应按荷载效应的标准组合进行，并采用下列设计表达式

$$S_k(G_k, Q_k, f_k, a_k) \leqslant c \tag{2-25}$$

式中符号同式（2-18）、式（2-19）。

上面给出的《水工混凝土结构设计规范》（SL 191—2008）的正常使用极限状态设计表达式与《水工混凝土结构设计规范》（DL/T 5057—2009）的式（2-18）、式（2-19）相比较，不同之处仅在于它不再出现结构重要性系数 γ_0。正常使用极限状态验算时是否列入结构重要性系数 γ_0，工程界有不同的看法。大多认为：正常使用极限状态的抗裂或裂缝宽度验算主要与所处的环境条件有关，而与结构安全级别基本无关，挠度变形则往往与人的感觉和机器使用要求有关，与结构的安全级别就更无关了。

三、《混凝土结构设计规范》（GB 50010—2010）实用设计表达式[2]

《混凝土结构设计规范》（GB 50010—2010）适用于房屋和一般构筑物的钢筋混凝土、预应力混凝土及素混凝土结构的设计，但不适用于轻骨料混凝土及特种混凝土结构的设计。

《混凝土结构设计规范》（GB 50010—2010）同《水工混凝土结构设计规范》（DL/T 5057—2009）一样，采用以概率理论为基础的极限状态设计方法，以可靠指标度量结构构件的可靠度，采用分项系数的设计表达式进行设计。

1. 承载能力极限状态设计表达式

《混凝土结构设计规范》（GB 50010—2010）对持久设计状况、短暂设计状况和地震设计状况，结构构件应采用的承载能力极限状态设计表达式为

$$\gamma_0 S \leqslant R \tag{2-26}$$

$$R = \frac{R(f_c, f_s, a_k \cdots)}{\gamma_{Rd}} \tag{2-27}$$

式中　γ_0——结构重要性系数，在持久设计状况和短暂设计状况下，对安全等级为一级的结构构件不应小于 1.1，对安全等级为二级的结构构件不应小于 1.0，对安全等级为三级的结构构件不应小于 0.9；对地震设计状况下应取 1.0。建筑结构构件的安全等级按表 2-2 采用。

　　　　S——作用组合的效应设计值。

　　　　R——结构抗力即结构构件的截面承载力设计值，由材料强度设计值及截面尺寸等因素计算得出。

　　$R(\cdot)$——结构构件的抗力函数。

　　　γ_{Rd}——结构构件的抗力模型不定性系数；静力设计取 1.0；对不确定性较大的结构构件根据具体情况取大于 1.0 的数值；抗震设计应用承载力抗震调整系数 γ_{RE} 代

替 γ_{Rd}。

f_c、f_s——混凝土、钢筋的强度设计值，应根据《混凝土结构设计规范》（GB 50010—2010）规定取用。

a_k——几何参数的标准值，当几何参数的变异性对结构性能有明显的不利影响时，应增减一个附加值。

式（2-26）按承载能力极限状态设计的两种荷载效应组合，即基本组合和偶然组合，可具体写成下列表达式。

（1）对于基本组合，荷载效应组合的设计值 S 应从下列组合值中取最不利值确定：

1）由可变荷载效应控制的组合

$$S = \gamma_G S_{Gk} + \gamma_{Q1} S_{Q1k} + \sum_{i=2}^{n} \gamma_{Qi} \psi_{ci} S_{Qik} \qquad (2-28)$$

式中　γ_G——永久荷载的分项系数。与《水工混凝土结构设计规范》（DL/T 5057—2009）相对比，《混凝土结构设计规范》（GB 50010—2010）规定的永久荷载分项系数不尽相同。具体为：①当永久荷载产生的荷载效应对结构不利时，若由可变荷载效应控制的组合应取 1.2，若由永久荷载效应控制的组合应取 1.35；②当永久荷载产生的荷载效应对结构有利时，若一般情况下应取 1.0，若对结构的倾覆、滑移或漂浮验算应取 0.9。

γ_{Qi}——第 i 个可变荷载的分项系数，其中 γ_{Q1} 为可变荷载 Q_1 的分项系数，一般情况下应取 1.4，对标准值大于 $4kN/m^2$ 的工业房屋楼面结构的活荷载应取 1.3；它们均高于《水工混凝土结构设计规范》（DL/T 5057—2009）和《水工混凝土结构设计规范》（SL 191—2008）中的取值。

S_{Gk}——按永久荷载标准值 G_k 计算的荷载效应值。

S_{Qik}——按可变荷载标准值 Q_{ik} 计算的荷载效应值，其中 S_{Q1k} 为诸可变荷载效应中起控制作用者。

ψ_{ci}——可变荷载标准值 Q_{ik} 的组合值系数。

n——参与组合的可变荷载数。

2）由永久荷载效应控制的组合

$$S = \gamma_G S_{Gk} + \sum_{i=1}^{n} \gamma_{Qi} \psi_{ci} S_{Qik} \qquad (2-29)$$

式中符号同式（2-28）。注意：这里为由永久荷载效应控制的组合，γ_G 应取 1.35。

（2）对于偶然组合，《混凝土结构设计规范》（GB 50010—2010）规定荷载效应组合的设计值 S 宜按下列原则确定：偶然荷载的代表值不乘以分项系数；与偶然荷载同时出现的其他荷载可根据观察资料和工程经验采用适当的代表值。

对于偶然组合，结构重要性系数 γ_0 取不小于 1.0 的数值，材料强度取标准值。

2. 正常使用极限状态设计表达式

对于正常使用极限状态，钢筋混凝土构件、预应力混凝土构件应分别按荷载的准永久组合并考虑长期作用的影响或标准组合并考虑长期作用的影响，采用下列极限状态设计表达式进行验算

$$S \leqslant C \qquad (2-30)$$

　　《混凝土结构设计规范》（GB 50010—2010）规定：对于正常使用极限状态，应根据不同的设计要求，采用荷载的标准组合、频遇组合或准永久组合进行设计。在水工混凝土结构设计规范中，正常使用极限状态的设计只验算荷载效应的标准组合，并不进行频遇组合或准永久组合的验算。因此，在水工混凝土结构设计规范中，并不存在"荷载频遇值"、"荷载准永久值"、"荷载效应频遇组合"、"荷载效应准永久组合"这些术语。

　　在《混凝土结构设计规范》（GB 50010—2010）中，式（2-30）中的荷载效应组合设计值 S 应分别按下列公式计算。

　　（1）对于标准组合，荷载效应组合设计值 S 应按下式采用

$$S = S_{Gk} + S_{Q1k} + \sum_{i=2}^{n} \psi_{ci} S_{Qik} \qquad (2\text{-}31)$$

　　（2）对于频遇组合，荷载效应组合设计值 S 应按下式采用

$$S = S_{Gk} + \psi_{f1} S_{Q1k} + \sum_{i=2}^{n} \psi_{qi} S_{Qik} \qquad (2\text{-}32)$$

式中　　ψ_{f1}——可变荷载 Q_1 的频遇值系数；

　　　　ψ_{qi}——可变荷载 Q_i 的准永久值系数。

　　（3）对于准永久组合，荷载效应组合的设计值 S 可按下式采用

$$S = S_{Gk} + \sum_{i=1}^{n} \psi_{qi} S_{Qik} \qquad (2\text{-}33)$$

　　【例 2-1】　某一 4 级水工建筑物，有一钢筋混凝土屋面简支梁，截面尺寸为：梁宽 $b=200mm$；梁高 $h=550mm$。计算跨度 $l_0=6.00m$。承受屋面传来的屋面自重标准值 9.32kN/m 及屋面传来的雪荷载标准值 2.00kN/m。试用《水工混凝土结构设计规范》（DL/T 5057—2009）、《水工混凝土结构设计规范》（SL 191—2008）和《混凝土结构设计规范》（GB 50010—2010）分别计算该梁跨中截面的弯矩设计值。

　　解　（1）按《水工混凝土结构设计规范》（DL/T 5057—2009）计算。

　　1）荷载标准值。

　　永久荷载标准值：

　　　　梁自重　　　　　　　　$0.2 \times 0.55 \times 25 = 2.75kN/m$

　　　　屋面传来的自重　　　　　　　　9.32kN/m

　　　　　　　　　　　　　　$g_k = 12.07kN/m$

　　可变标准值：

　　　　雪荷载　　　　　　　　$q_k = 2.00kN/m$

　　2）跨中截面的弯矩设计值。

　　查表 2-7 得自重（永久荷载）的分项系数 $\gamma_G = 1.05$，查表 2-8 得雪荷载（一般可变荷载）的分项系数 $\gamma_{Q1} = 1.30$，均不小于表 2-4 所列的相应系数值，则跨中截面的弯矩设计值为

$$M^D = \frac{1}{8}(\gamma_G g_k + \gamma_{Q1} q_k) l_0^2$$

$$= \frac{1}{8} \times (1.05 \times 12.07 + 1.30 \times 2.00) \times 6.00^2 = 68.73kN \cdot m$$

　　（2）按《水工混凝土结构设计规范》（SL 191—2008）计算。

永久荷载为 $g_k = 12.07 \text{kN/m}$；一般可变荷载为 $q_k = 2.00 \text{kN/m}$。

由式（2-22），可求得跨中截面的弯矩设计值

$$M^S = \frac{1}{8}(1.05g_k + 1.20q_k)l_0^2$$

$$= \frac{1}{8} \times (1.05 \times 12.07 + 1.20 \times 2.00) \times 6.00^2 = 67.83 \text{kN} \cdot \text{m}$$

（3）按《混凝土结构设计规范》（GB 50010—2010）计算。

近似认为其他条件都一致，按可变荷载效应控制的组合计算，由式（2-28）得

$$M = \frac{1}{8}(1.2 \times 12.07 + 1.4 \times 2.0) \times 6.00^2 = 77.78 \text{kN/m}$$

从上面可见，由于三本规范对某些荷载的分项系数的取值不同，计算出的内力设计值也有些差异。其中《混凝土结构设计规范》（GB 50010—2010）的计算值最大。

【例 2-2】　某一 4 级水工建筑物，有一钢筋混凝土屋面简支梁，计算跨度 $l_0 = 5.40 \text{m}$，承受的永久荷载（自重）的标准值同上题，承受的可变荷载为楼板传来的人群均布荷载，其标准值为 6.00kN/m。试用《水工混凝土结构设计规范》（DL/T 5057—2009）规范和《水工混凝土结构设计规范》（SL 191—2008）规范分别算出该梁跨中截面的弯矩设计值及乘以系数后的承载力计算的弯矩值。

解　（1）按《水工混凝土结构设计规范》（DL/T 5057—2009）计算。

1）荷载标准值。

永久荷载标准值　　　　　　　　$g_k = 12.07 \text{kN/m}$

可变人群荷载标准值　　　　　　$q_k = 6.00 \text{kN/m}$

2）弯矩设计值及承载力计算的弯矩值。

①分项系数。

查表 2-7 得结构自重的分项系数 $\gamma_G = 1.05$，查表 2-8 得楼面活荷载的分项系数 $\gamma_{Q1} = 1.20$，均不小于表 2-4 所列的相应数值。

查表 2-6，得结构系数 $\gamma_d = 1.20$。

持久设计状况的设计状况系数 $\psi = 1.0$。

查表 2-3，对 4 级水工建筑物，结构安全级别为 Ⅲ 级，结构重要性系数 $\gamma_0 = 0.9$。

②跨中截面的弯矩设计值。

$$M^D = \frac{1}{8}(\gamma_G g_k + \gamma_{Q1} q_k)l_0^2$$

$$= \frac{1}{8} \times (1.05 \times 12.07 + 1.20 \times 6.00) \times 5.40^2 = 72.44 \text{kN} \cdot \text{m}$$

③用于承载力计算的弯矩值。

$$M = \gamma_d \gamma_0 \psi M^D$$

$$= 1.20 \times 0.9 \times 1.0 \times 72.44 = 78.24 \text{kN} \cdot \text{m}$$

（2）按《水工混凝土结构设计规范》（SL 191—2008）计算。

由式（2-22），跨中截面的弯矩设计值：

$$M^S = \frac{1}{8}(1.05g_k + 1.20q_k)l_0^2$$

$$= \frac{1}{8} \times (1.05 \times 12.07 + 1.20 \times 6.00) \times 5.40^2 = 72.44 \text{kN} \cdot \text{m}$$

由表 2-12，查得 4 级水工建筑物（属 Ⅲ 级安全级别），基本组合时的安全系数 $K = 1.15$，则用于承载力计算的弯矩 M 为

$$M = 1.15 \times 72.44 = 83.31 \text{kN} \cdot \text{m}$$

由此可见：

（1）对于一般的自重及人群荷载，两本规范的荷载分项系数取值相同，所得出的弯矩设计值也相同。

（2）对于 4、5 级建筑物（Ⅲ 级安全级别），按《水工混凝土结构设计规范》（DL/T 5057—2009）计算的承载力要低于按《水工混凝土结构设计规范》（SL 191—2008）计算的结果。

思 考 题

1. 试说明结构可靠度的定义。它包含哪些功能要求？
2. 什么是结构的极限状态？它如何分类？各代表什么含义？
3. 结构上的"荷载"与"作用"有什么区别？
4. 什么是失效概率？什么是可靠指标？二者之间有何联系？
5. 试说明为什么绝对安全的结构并不存在。
6. 什么是概率极限状态设计法？与容许应力设计法和破损阶段设计法相比，主要的特点是什么？
7. 目标可靠指标的大小是如何确定的？
8. 材料强度标准值与其设计值有何关系？它们如何确定？
9. 试对比说明两本《水工混凝土结构设计规范》（DL/T 5057—2009）与（SL 191—2008）在承载能力极限状态和正常使用极限状态设计表达式的异同。
10. 简述我国钢筋混凝土结构设计理论的发展过程。

第三章 钢筋混凝土受弯构件正截面承载力计算

实际工程中，典型的受弯构件有梁和板，这一类构件的特点是，在荷载作用下，截面上将承受弯矩 M 和剪力 V 的作用。在弯矩 M 的作用下，构件将沿着某一正截面（垂直于构件纵向轴线的截面）发生受弯破坏，故需对受弯构件的正截面受弯承载力进行计算；在弯矩与剪力的共同作用下，构件还可能会沿某一斜截面发生受剪破坏，故需对受弯构件的斜截面受剪承载力进行计算。本章介绍受弯构件的正截面受弯承载力计算和有关构造规定，斜截面受剪承载力计算及其构造规定将在第四章中介绍。

图 3-1 为水电站厂房屋面板和屋面梁以及供桥式吊车行驶的吊车梁，图 3-2 为闸坝工作桥的面板和纵梁，都属于受弯构件。水闸的底板和胸墙、公路桥的面板及其纵、横梁和悬臂式挡土墙的立板与底板等，也都属于受弯构件。

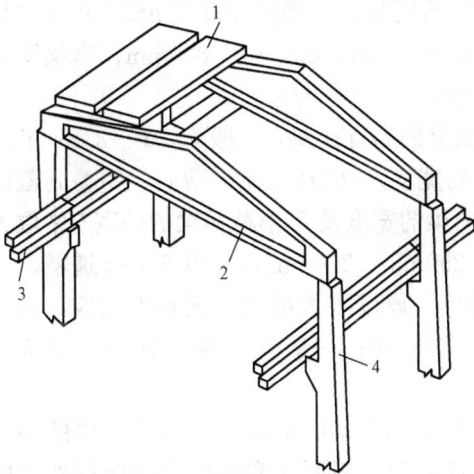

图 3-1 水电站厂房上部结构
1—屋面板；2—屋面梁；3—吊车梁；4—柱

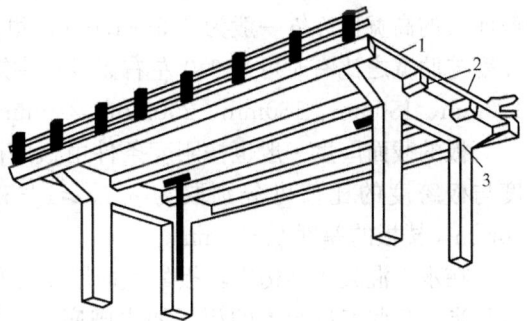

图 3-2 闸坝工作桥
1—面板；2—纵梁；3—排架

第一节 受弯构件的截面形式和构造要求

钢筋混凝土构件的截面尺寸与受力钢筋的数量是由计算决定的。但在钢筋混凝土构件的计算中，往往还有许多不能详细考虑或很难定量计算而忽略了其影响的因素，例如，混凝土的收缩、徐变、温度作用等。为保证构件的安全性、适用性和耐久性以及施工的便利，构件还必须满足一系列构造上的要求。

一、截面形式

梁的截面最常用的是矩形和 T 形。为了减轻结构自重及增大截面惯性矩，梁的截面也常采用 I 形、Ⅱ形、箱形及倒 L 形等对称截面和不对称截面（图 3-3）。板的截面一般是实心矩形，也有采用槽形和空心的，如厂房及住宅的空心楼板、码头的空心大板等。

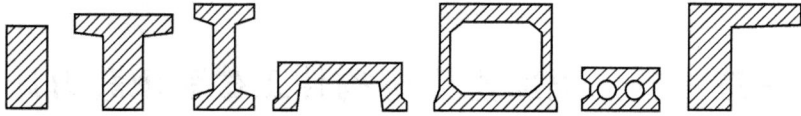

图 3-3　梁的截面形式

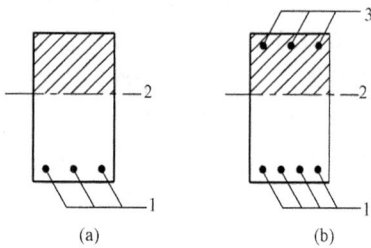

图 3-4　梁的单筋截面和双筋截面
1—受拉钢筋；2—中和轴；3—受压钢筋

受弯构件中，仅在受拉区配置纵向受力钢筋的截面称为单筋截面，如图 3-4 （a）所示；在受拉区和受压区同时配置纵向受力钢筋的截面称为双筋截面，如图 3-4 （b）所示。

二、截面尺寸

梁的截面高度 h 通常可按刚度条件（即不需作挠度验算的最小高跨比 h/l_0，这里 l_0 为梁的计算跨度）确定。简支梁的高跨比 h/l_0 一般为 $1/12\sim1/8$，连续梁的高跨比 h/l_0 一般为 $1/18\sim1/10$[41]。为了能重复利用模板并便于施工，设计中应使构件的截面尺寸符合一定的模数，当梁截面高度 $h\leqslant800$mm 时，h 一般以 50mm 递增，常取为 250mm、300mm、350mm、400mm、…、800mm；当梁截面高度 $h>800$mm 时，h 则可按 100mm 递增。

梁的截面宽度通常由高宽比 h/b 确定。矩形截面梁的高宽比 h/b 一般为 $2.0\sim3.5$；T 形截面梁的高宽比 h/b 一般为 $2.5\sim4.0$（这里 b 为梁肋宽度）。但在预制的薄腹梁中，其截面高度与肋宽之比有时可达 6.0 左右。设计中矩形截面梁的宽度及 T 形截面梁的肋宽 b 常取为 120mm、150mm、180mm、200mm、220mm、…、250mm，250mm 以上以 50mm 递增。

板的截面厚度一般也按刚度条件由板跨度 l_0 确定。厚度不大的简支板和连续板，其厚度与板跨度的比值可分别取为 $h/l_0\geqslant1/35$ 和 $h/l_0\geqslant1/40$；一般现浇屋面板的厚度 $h\geqslant$ 60mm，楼板的厚度 $h\geqslant70$mm。

在水工混凝土结构中，板的截面厚度变化范围很大，薄的可为 100mm 左右，厚的则可达几米。某些厚度较大的板，如水闸底板、尾水管底板等，板厚通常由稳定或运行条件确定。板的厚度一般以 10mm 递增，板厚在 250mm 以上时可取 50mm 为模数递增。

现浇板的截面宽度一般较大，设计时可取单位宽度（$b=1000$mm）计算。

三、混凝土强度等级的选择

现浇梁、板常用的混凝土强度等级为 C20～C35，预制梁、板可采用更高强度等级的混凝土。在选择混凝土强度等级时应注意与钢筋强度的匹配。《混凝土结构设计规范》(GB 50010—2010) 规定：钢筋混凝土结构的混凝土强度等级不应低于 C20；当采用 HRB400 及以上的钢筋时，混凝土强度等级不应低于 C25；预应力混凝土结构的混凝土强度等级不宜低于 C40，且不应低于 C30；《水工混凝土结构设计规范》(SL 191—2008) 规定：钢筋混凝土结构构件的混凝土强度等级不应低于 C15；当采用 HRB335 级钢筋时，混凝土强度等级不宜低于 C20；当采用 HRB400 级及 RRB400 级钢筋或承受重复荷载时，混凝土强度等级不应低于 C20；预应力混凝土结构构件的混凝土强度等级不应低于 C30；当采用钢绞线、钢丝时，不宜低于 C40。

四、混凝土保护层厚度

为防止钢筋锈蚀，并保证钢筋与混凝土牢固地粘结在一起实现力的传递，钢筋混凝土构件中，钢筋外表面必须有足够的混凝土保护层厚度，且钢筋之间必须有足够的净距，参见图3-5。混凝土保护层厚度，《混凝土结构设计规范》（GB 50010—2010）[2]规定为最外层钢筋（包括箍筋、构造筋、分布筋等）的外边缘到最近混凝土表面的距离；《水工混凝土结构设计规范》（DL/T 5057—2009）[3]和《水工混凝土结构设计规范》（SL 191—2008）[4]规定为纵向受力钢筋的外边缘到最近混凝土表面的距离。混凝土保护层厚度主要与钢筋混凝土结构构件的类别、所处环境条件等因素有关。《水工混凝土结构设计规范》（DL/T 5057—2009）规定，纵向受力钢筋的保护层厚度不应小于钢筋直径及最小厚度要求（参见本教材附录四附表4-1所列的数值），同时也不宜小于粗骨料最大粒径的1.25倍。

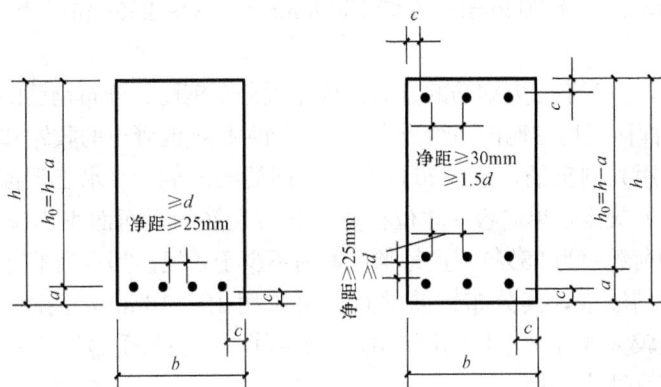

图3-5　梁内钢筋的保护层及钢筋净距

五、梁内纵向受力钢筋的强度及直径和净距

《水工混凝土结构设计规范》（DL/T 5057—2009）规定，梁中纵向受力钢筋宜采用HRB335级和HRB400级钢筋，也可采用RRB400级和HRB500级钢筋。为保证钢筋骨架有较好的刚度并便于施工，纵向受力钢筋的直径不应太细；同时为了避免受拉区混凝土产生过宽的裂缝，钢筋直径也不宜太粗，通常可选用12mm、14mm、16mm、18mm、20mm、22mm、25mm和28mm的钢筋。同一梁中，截面上受力钢筋的直径最好相同，为了选配钢筋方便和节约钢材起见，也可选用两种直径的钢筋。且为了便于识别，最好使两种直径相差在2mm以上，但也不宜超过4～6mm。

梁跨中截面受力钢筋的根数一般不少于3～4根。截面尺寸特别小的梁，受力钢筋也可采用2根。

为了便于浇捣混凝土以保证钢筋周围混凝土的密实性，使混凝土与钢筋之间有可靠的粘结力，梁内下部纵向钢筋的净距不应小于25mm和d（d为纵向钢筋的最大直径）；上部纵向钢筋的净距不应小于30mm和$1.5d$；同时钢筋的净距均不应小于最大骨料粒径的1.25倍（图3-5）。

纵向受力钢筋宜尽可能排成一排，当根数较多时，也可布置成两排或多排，但因钢筋重心向上移，内力臂减小，截面有效高度也减小，所以梁内下部纵向受力钢筋不宜多于两排，当两排布置不开时，允许钢筋成束布置，但每束钢筋以2根为宜；受力钢筋多于两排时，第三排及以上各排钢筋的水平间距应比下面两排钢筋的水平间距增大一倍。钢筋排成两排或两排以上时，为保证梁内混凝土的浇灌，应避免上下排钢筋错位布置。

六、板内钢筋的直径和间距

板内钢筋常采用 HPB235、HPB300、HRB335 和 HRB400 级钢筋。一般厚度的板，其受力钢筋的直径常用 6mm、8mm、10mm、12mm；厚板（如水闸、船闸的底板）的受力钢筋直径常用 $12\sim25mm$，也有用到 32mm、36mm 的。同一板中受力钢筋可以采用两种不同的直径，但两种直径相差宜在 2mm 以上。

为了便于浇捣混凝土，保证钢筋周围混凝土的密实性，板中受力钢筋的间距不宜太密，最小间距（中距）为 70mm。为了传力均匀和避免混凝土局部破坏，板中受力钢筋的间距也不宜太稀。《水工混凝土结构设计规范》（DL/T 5057—2009）规定，当板厚 $h\leqslant200mm$ 时，钢筋间距 $s\leqslant200mm$；当 $200mm<h\leqslant1500mm$ 时，$s\leqslant250mm$；当 $h>1500mm$ 时，$s\leqslant300mm$。

单向受力板中，垂直于受力钢筋的方向还要布置分布钢筋。分布钢筋的作用是在施工中固定受力钢筋，将板面荷载均匀地传递给受力钢筋，同时抵抗混凝土的收缩和温度变化引起的作用。分布钢筋可采用光圆钢筋，且应布置在受力钢筋的内侧。《水工混凝土结构设计规范》（DL/T 5057—2009）规定，单向板中单位板宽内分布钢筋的截面面积不应小于受力钢筋截面面积的 15%（集中荷载时为 25%），且每米板宽内不少于 4 根，其直径不宜小于 6mm。

承受分布荷载的厚板，其分布钢筋的直径可采用 $10\sim16mm$，间距可为 $200\sim400mm$。当板处于温度变幅较大或处于不均匀沉降的复杂条件，且在与受力钢筋垂直的方向所受约束很大时，分布钢筋宜适当增加。

第二节　受弯构件正截面受力全过程分析及破坏特征

一、适筋梁的正截面受力全过程分析

为了研究受弯构件正截面受力全过程的应力—应变变化规律，钢筋混凝土梁的受弯试验常采用两点对称加载，使梁的中间区段处于纯弯状态（忽略构件自重时），试验梁的布置如图 3-6 所示。试验时按预计的破坏荷载分级加载。采用仪表量测"纯弯段"内沿梁高两侧布置的各测点的应变；同时在梁的跨中和支座处布置位移计（百分表）测定梁的跨中挠度；并利用放大镜和读数显微镜观察裂缝的出现与开展。

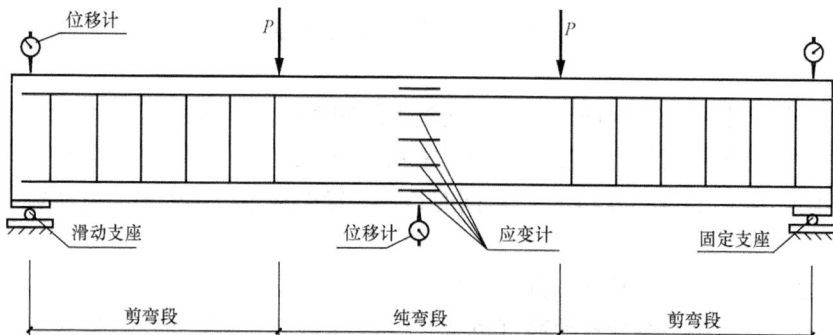

图 3-6　钢筋混凝土梁的正截面受弯试验

试验研究表明，配筋量合适的梁从开始加载直到构件破坏，其受力全过程可分为三个阶段（图 3-7）。

1. 第 I 阶段——未裂阶段

在第 I 阶段，压区应力由混凝土承担，拉区应力因混凝土未开裂，由钢筋和混凝土共同承担。梁的截面在弯曲变形后仍保持为平面。

当荷载很小时，截面上钢筋和混凝土的应力与应变之间保持线弹性关系，混凝土受拉区和受压区的应力均为三角形分布，如图 3-7（a）所示。图中 A_s 为纵向受拉钢筋的截面面积。

随着荷载的增加，截面上的应变逐渐增大，受拉区混凝土逐渐表现出很大的塑性性能，应力图形呈曲线分布，直到受拉区边缘混凝土的应变达到混凝土的极限拉应变 ε_{tu}，拉区混凝土处于将裂未裂的状态。但在受压区，由于混凝土的压应力还远小于其抗压强度，基本上处于线弹性范围，应力图形仍接近三角形分布，如图 3-7（b）所示。这一受力状态称为第 I 阶段末（即将开裂的状态），用 I_a 表示，此时，截面所能承受的弯矩为受弯构件的开裂弯矩 M_{cr}，相应的截面应力状态是受弯构件进行抗裂验算的依据。

在 I_a 状态下，拉力是由受拉混凝土与钢筋共同承担，两者应变相同，所以此时钢筋应力还很低，一般只达到 $20\sim30\text{N/mm}^2$。

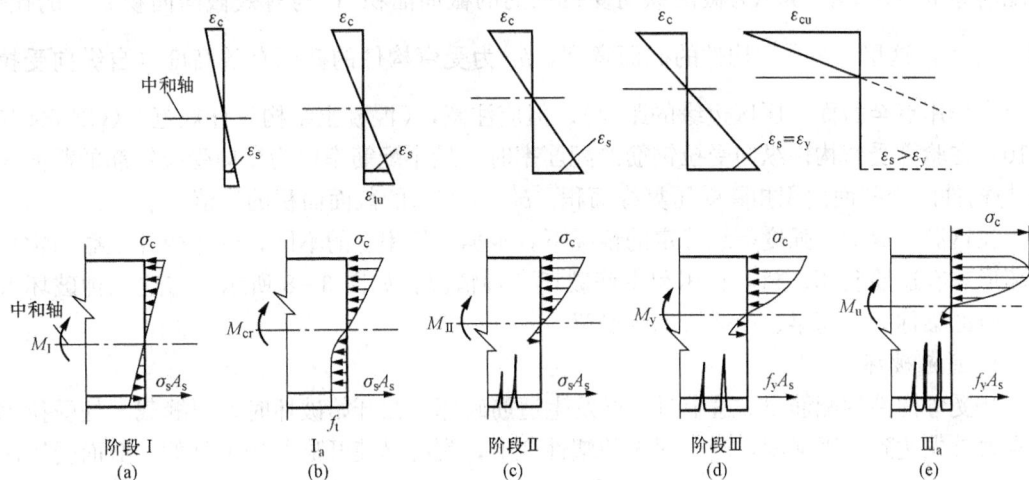

图 3-7 钢筋混凝土梁的应力—应变阶段

2. 第 II 阶段——带裂缝工作阶段

当荷载继续增加，混凝土受拉边缘的应变超过混凝土的极限拉应变，受拉区混凝土首先在某一薄弱截面处出现裂缝，截面的受力状态进入第 II 阶段，即"带裂缝工作阶段"。

裂缝产生后，裂缝截面处的大部分混凝土因开裂而退出工作，其拉力转由钢筋承担，致使裂缝截面处钢筋的应力和应变突然增大。随着荷载的增加，裂缝开展宽度进一步增大，中和轴也随之向上移动，受压区高度逐渐减小，受压区混凝土的压应力逐渐增大，并表现出一定的塑性性质，压应力图形呈平缓的曲线分布，如图 3-7（c）所示。

截面应力状态进入第 II 阶段后，由于裂缝两侧混凝土的弹性回缩，截面应变已不符合平截面假定。但大量试验结果表明，一定长度内（一般取 200mm）的平均应变仍基本符合平截面假定。

第Ⅱ阶段相当于允许出现裂缝的构件在正常使用阶段的工作情况，因此，第Ⅱ阶段的应力状态是受弯构件正常使用极限状态下挠度和裂缝宽度验算的依据。

3. 第Ⅲ阶段——破坏阶段

随着荷载的增加，钢筋应力不断增大，最终达到相应的屈服强度 f_y。此时，即认为梁的受力状态已进入"破坏阶段"。

钢筋屈服后，其应力不增加，应变持续增长，产生明显的塑性伸长，促使裂缝急剧开展并向上延伸，中和轴随之快速上移，受压区高度进一步减小，混凝土的压应力增大，表现出明显的塑性性质，受压区混凝土的压应力图形呈明显的曲线形，如图 3-7（d）所示。

当受压区边缘混凝土的压应变达到其极限压应变 ε_{cu} 时，受压混凝土产生纵向水平裂缝，混凝土被压碎，梁随之破坏，如图 3-7（e）所示。这一受力状态称为第三阶段末，用Ⅲ$_a$ 表示。此时，截面所能承受的弯矩为受弯构件的极限承载力 M_u，相应的截面应力状态是受弯构件进行正截面受弯承载力计算的依据。

二、正截面的破坏特征

试验研究表明，同一截面尺寸的受弯构件在钢筋和混凝土强度等级确定的条件下，其正截面的破坏特征主要与纵向受力钢筋的数量有关。受弯构件中配置的纵向受力钢筋的数量可用配筋率 ρ 表示。配筋率为截面纵向受拉钢筋的截面面积 A_s 与有效截面面积 bh_0 的比值，即 $\rho = \dfrac{A_s}{bh_0}$。这里 b 为受弯构件的截面宽度，h_0 为受弯构件的截面有效高度（自纵向受拉钢筋合力作用点至截面受压区边缘的距离）。但应注意，《混凝土结构设计规范》（GB 50010—2010）在验算受弯构件纵向受拉钢筋的配筋率时，最小配筋率取为纵向受拉钢筋的截面面积 A_s 与构件的全截面面积扣除受压翼缘面积 $(b_f' - b)h_f'$ 后的截面面积的比值。

在钢筋和混凝土强度等级确定的情况下，根据配筋率 ρ 的不同，受弯构件正截面常见的破坏形态有适筋破坏、超筋破坏和少筋破坏三种情况，如图 3-8 所示。与这三种破坏形态相对应的梁称为适筋梁、超筋梁和少筋梁。

1. 适筋破坏

当受弯构件的配筋率 ρ 适中时，梁发生适筋破坏。在开始破坏时，裂缝截面处受拉钢筋的应力首先达到屈服强度，产生很大的塑性变形，裂缝迅速开展并向上延伸，截面受压区面积随之减小，随后受压边缘混凝土的压应变达到其极限压应变 ε_{cu}，混凝土被压碎，构件即告破坏，如图 3-8（a）所示。

适筋梁在破坏前，受拉钢筋要经历较大的塑性变形，引起构件裂缝宽度和挠度的显著增加，有明显的破坏预兆，这种破坏属于延性破坏。在破坏过程中，虽然构件破坏时所能承受的弯矩 M_u 仅稍大于钢筋刚好屈服时所承受的弯矩 M_y，但挠度的增长却

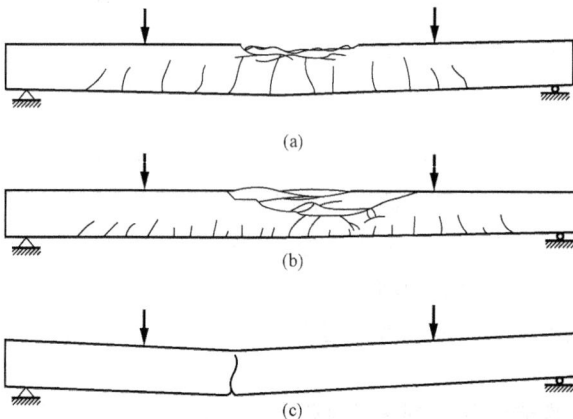

图 3-8　受弯构件正截面的破坏情况

很大（图 3-9）。这意味着构件在截面承载力无显著变化的情况下，具有较大的变形能力，即这种梁具有较好的延性。

2. 超筋破坏

当受弯构件的配筋率 ρ 过大时，梁发生超筋破坏。由于受拉钢筋用量过多，加载后受拉钢筋的应力尚未达到屈服强度之前，截面受压区混凝土的压应变已先达到其极限压应变而被压坏，致使整个构件发生突然破坏，如图 3-8（b）所示。

超筋梁破坏时，受拉钢筋仍处于弹性阶段，因而梁的裂缝开展宽度不大，延伸不长，梁的挠度也较小（图 3-9），即梁破坏前无明显预兆，属于脆性破坏。

超筋梁的承载力取决于受压区混凝土，虽然梁中配置了过多的受拉钢筋，但梁破坏时受拉钢筋的应力低于其屈服强度，未能发挥其应有的作用，造成钢材的浪费，且破坏前没有明显预兆。因此，在设计中应避免采用。

3. 少筋破坏

当受弯构件的配筋率 ρ 过小时，梁发生少筋破坏。由于钢筋用量过少，受拉区混凝土一旦出现裂缝，裂缝截面处纵向钢筋的拉应力很快达到屈服强度，甚至经过流幅段而进入强化阶段被拉断，而截面受压区混凝土的压应力较小，一般不会出现压碎现象。

少筋梁破坏时往往只出现一条裂缝，虽然裂缝开展较宽，挠度变形也较大，但其破坏在裂缝出现后很快完成，基本上属于脆性破坏。

少筋梁的承载力取决于混凝土的抗拉强度，可以认为少筋梁的开裂弯矩就是它的破坏弯矩。少筋梁的承载力很低，且其破坏形态基本上属于脆性破坏，所以在设计中也应避免采用。

图 3-9 为适筋、超筋及少筋梁的弯矩—挠度关系曲线。由图可见，对于适筋梁，在裂缝出现前（第Ⅰ阶段），构件基本处在线弹性范围内工作，其弯矩—挠度关系基本上呈直线；在出现裂缝后（第Ⅱ阶段），由于截面受拉区混凝土退出工作，截面抗弯刚度降低，弯矩—挠度关系出现明显的转折，此后随着弯矩的增加，裂缝不断地扩展，构件的抗弯刚度也随之不断降低，其挠度的增长速率加快，弯矩—挠度关系呈明显的曲线形状；当受拉钢筋达到屈服后（进入第Ⅲ阶段），截面抗弯刚度急剧降低，挠度大幅度增加，弯矩—挠度曲线出现第二个转折点；随后在弯矩变动不大的情况下，挠度持续增加，表现出良好的延性性质。

对于超筋梁，由于直到破坏时受拉钢筋应力还未达到屈服强度，因此弯矩—挠度曲线没有第二个转折点，呈现出突然的脆性破坏性质，延性极差。

对于少筋梁，在达到开裂弯矩后，由钢筋承担拉力，但此时截面能承受的弯矩不及开裂前由混凝土和钢筋承担的弯矩大，因而曲线有一下降段，此后挠度剧增。

综上所述，受弯构件的截面尺寸、钢筋和混

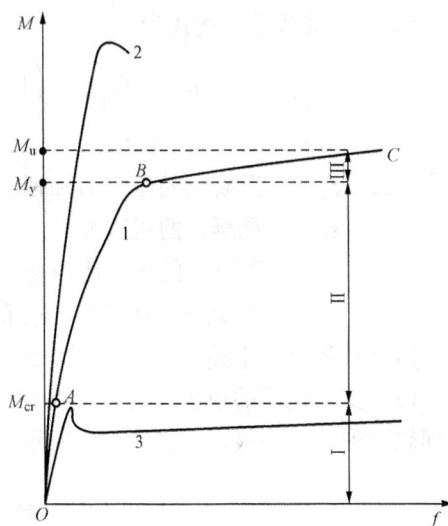

图 3-9　钢筋混凝土梁弯矩—挠度关系曲线
1—适筋梁；2—超筋梁；3—少筋梁

凝土强度等级相同时，其正截面的破坏特征主要与纵向受拉钢筋的配筋率有关。当配筋率过小时，梁的破坏弯矩接近于开裂弯矩，其大小取决于混凝土的抗拉强度及截面尺寸，破坏基本上呈脆性，设计中一般通过限制梁的最小配筋率 ρ_{min} 来避免发生少筋破坏；当配筋率过大时，纵向受拉钢筋不能充分发挥作用，梁的破坏弯矩取决于混凝土的抗压强度及截面尺寸，破坏呈脆性，设计中一般通过限制梁的最大配筋率 ρ_{max} 或限制梁的受压区高度来避免发生超筋破坏；当配筋率适中时，梁的破坏弯矩取决于配筋率、钢筋和混凝土的强度及截面尺寸，破坏呈延性，设计中一般通过正截面承载力计算来避免发生适筋破坏。因此，下面所建立的正截面受弯承载力计算公式均是以适筋梁的破坏特征为依据的。

第三节　正截面受弯承载力的计算原则

一、基本假定

（1）平截面假定。假定构件从开始加载直至破坏，截面上任意点的应变与该点到中和轴的距离成正比，即构件截面上的正应变为线性分布。该假定提供了截面变形协调的几何关系。

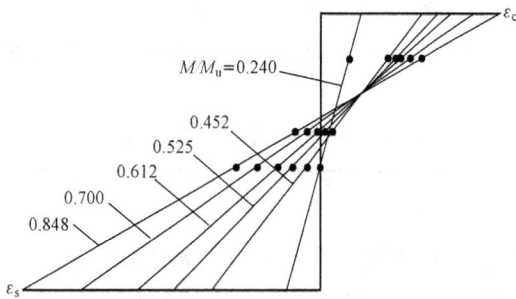

图 3-10　梁的截面应变实测结果

对于混凝土受弯构件，由于材料的非均匀性和可能存在的裂缝，截面未开裂前基本上符合平截面假定；截面开裂后，严格来说平截面假定已不成立，但大量试验结果表明，沿构件一定长度范围内量测的平均应变（如量测应变的标距大于裂缝间距，一般取 200mm）仍然基本符合平截面假定，如图 3-10 所示。

（2）受压区混凝土的应力—应变关系已知。我国现行规范 [2～4] 对于强度等级不大于 C50 的混凝土采用的应力—应变曲线如图 3-11 所示，其数学表达式为

$$\begin{cases} \sigma_c = f_c\left[1-\left(1-\dfrac{\varepsilon_c}{0.002}\right)^2\right] & \varepsilon_c \leqslant 0.002 \\ \sigma_c = f_c & 0.002 < \varepsilon_c \leqslant \varepsilon_{cu} \end{cases} \tag{3-1}$$

式中　σ_c、f_c——混凝土的压应力和轴心抗压强度设计值；

　　　　ε_c——混凝土的压应变；

　　　　ε_{cu}——混凝土的极限压应变，对于非均匀受压的混凝土，ε_{cu} 取为 0.0033；对于均匀受压的混凝土，ε_{cu} 取为 0.002。

需注意的是，上述混凝土受压应力—应变曲线只能用于正截面承载力计算。

（3）受拉钢筋的应力—应变关系已知。有明显屈服点的钢筋，其应力—应变关系可简化为理想的弹塑性曲线，如图 3-12 所示，其数学表达式为

$$\sigma_s = \begin{cases} E_s\varepsilon_s & (\varepsilon_s \leqslant \varepsilon_y) \\ f_y & (\varepsilon_s > \varepsilon_y) \end{cases} \tag{3-2}$$

式中　σ_s、f_y——钢筋的拉应力和抗拉强度设计值；

　　　　ε_s——钢筋的拉应变；

ε_y——钢筋屈服时的拉应变。

（4）不考虑受拉区混凝土的作用。结构构件达到承载能力极限状态时，裂缝截面中和轴附近仍有部分混凝土受拉，但其作用相对很小，完全可以忽略不计。

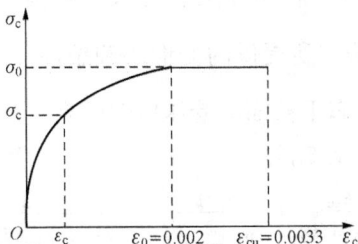

图 3-11　混凝土的 σ_c-ε_c 关系曲线　　　　图 3-12　有明显屈服点钢筋的 σ_s-ε_s 曲线

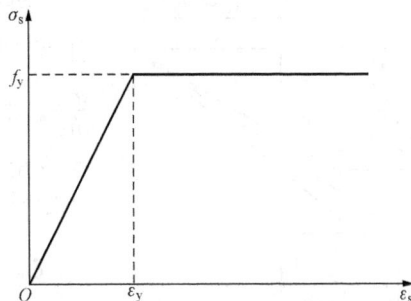

二、等效矩形应力图形

根据适筋梁的破坏特征和前述基本假定，可以得到受弯构件破坏时的应力分布图，如图 3-13（c）所示。根据该应力分布图形即可进行截面设计，但这样的曲线应力图形计算比较复杂，为了简化计算，便于应用，在进行正截面受弯承载力计算时，可采用等效矩形应力图形代替曲线应力图形，如图 3-13（d）所示。

设等效矩形应力图形的受压区计算高度为 $x = \beta x_n$（x_n 为截面中和轴至截面受压边缘的距离，即截面的受压区实际高度），混凝土压应力的大小为 γf_c。根据曲线应力图形与等效矩形应力图形的合力相等及合力作用点位置不变的原则，可以求得等效矩形应力图形的受压区高度 $x = 0.823 x_n$，混凝土压应力的大小为 $0.969 f_c$，即 $\beta = 0.823$，$\gamma = 0.969$，为计算方便，《水工混凝土结构设计规范》（DL/T 5057—2009）近似取 $\beta = 0.8$，$\gamma = 1.0$。

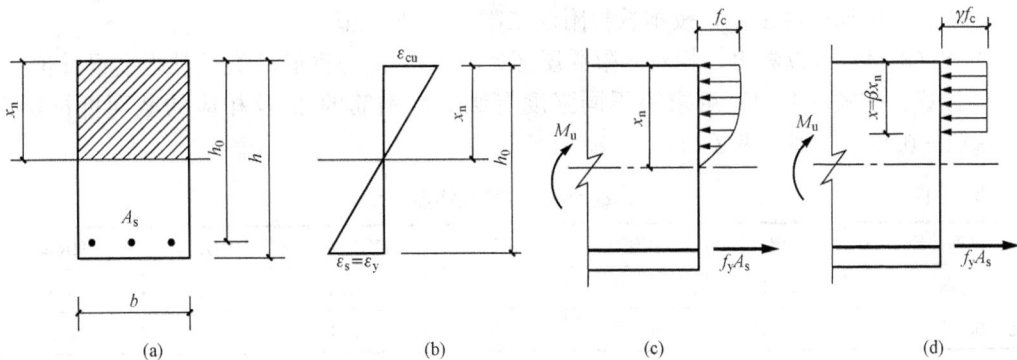

图 3-13　受弯构件的等效矩形应力图形

三、适筋破坏与超筋破坏的界限条件

如前所述，适筋破坏的特点是：受拉钢筋的应力首先达到屈服强度 f_y（$\varepsilon_s = \varepsilon_y$），经过一段塑性变形后，$\varepsilon_s > \varepsilon_y = f_y / E_s$，受压区混凝土边缘的压应变达到其非均匀受压的极限压应变 $\varepsilon_{cu} = 0.0033$，构件破坏。超筋破坏的特点是：在受拉钢筋的应力尚未达到屈服强度 f_y（$\varepsilon_s < \varepsilon_y$）时，受压区混凝土边缘的压应变已达到其极限压应变 ε_{cu}，构件破坏。因此，在适筋破坏

与超筋破坏之间必然存在一种界限状态，其受力特征是在受拉钢筋的应力达到屈服强度的同时，受压区混凝土边缘的压应变刚好达到其极限压应变而破坏，即 $\varepsilon_s = \varepsilon_y = f_y/E_s$，同时，$\varepsilon_c = \varepsilon_{cu} = 0.0033$（图 3 - 14）。

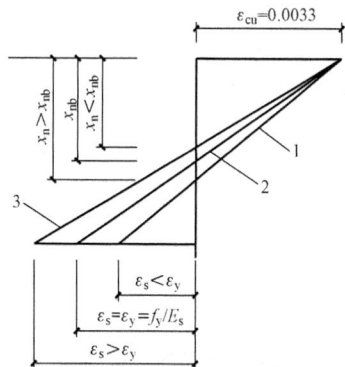

图 3 - 14　适筋、超筋、界限破坏时的
截面应变分布图

1—超筋破坏；2—界限破坏；3—适筋破坏

设矩形截面有效高度为 h_0。界限破坏时，截面的受压区实际高度为 x_{nb}，相对界限受压区实际高度为 $\xi_{nb} = \dfrac{x_{nb}}{h_0}$。根据平截面假定所提供的变形协调条件，由比例关系求出界限破坏状态下截面的受压区实际高度 x_{nb} 或相对界限受压区实际高度 ξ_{nb} 为

$$\xi_{nb} = \frac{x_{nb}}{h_0} = \frac{\varepsilon_{cu}}{\varepsilon_{cu} + \varepsilon_y} = \frac{1}{1 + \dfrac{f_y}{\varepsilon_{cu} E_s}} = \frac{1}{1 + \dfrac{f_y}{0.0033 E_s}}$$

(3 - 3)

非界限破坏时，截面受压区实际高度为 x_n，相对受压区实际高度为 ξ_n。由图 3 - 14 可以看出，当 $x_n \leqslant x_{nb}$，即 $\xi_n \leqslant \xi_{nb}$ 时，$\varepsilon_s \geqslant \varepsilon_y$，钢筋应力可以达到其屈服强度，为适筋破坏；当 $x_n > x_{nb}$，即 $\xi_n > \xi_{nb}$ 时，$\varepsilon_s < \varepsilon_y$，钢筋应力达不到屈服强度，为超筋破坏。

采用等效矩形应力图形进行计算时，设受压区计算高度为 x，相对受压区计算高度为 ξ，由于 $x = 0.8 x_n$，$\xi = 0.8 \xi_n$，故对于界限破坏，有 $x_b = 0.8 x_{nb}$，$\xi_b = 0.8 \xi_{nb}$，由此可得相对界限受压区计算高度 ξ_b

$$\xi_b = \frac{x_b}{h_0} = 0.8 \frac{x_{nb}}{h_0} = \frac{0.8}{1 + \dfrac{f_y}{0.0033 E_s}}$$

(3 - 4)

式中　f_y——钢筋抗拉强度设计值，按本教材附录二附表 2 - 6 取用；

　　　E_s——钢筋弹性模量，按本教材附录二附表 2 - 8 取值。

由式（3 - 4）可以看出，相对界限受压区计算高度 ξ_b 与钢筋种类及其强度设计值有关。为方便计算，按式（3 - 4）可求得不同强度等级热轧钢筋的 ξ_b 及相应的截面抵抗矩系数 $\alpha_{sb} = \xi_b(1 - 0.5\xi_b)$，列于表 3 - 1。

表 3 - 1　　　　　　　　　　　　　　ξ_b 和 α_{sb}（热轧钢筋）

钢筋等级	HPB235	HPB300	HRB335	HRB400	RRB400	HRB500
ξ_b	0.614	0.576	0.550	0.518	0.518	0.489
$\alpha_{sb} = \xi_b(1 - 0.5\xi_b)$	0.425	0.410	0.399	0.384	0.384	0.369

由相对界限受压区计算高度还可推得截面的界限配筋率（即截面的最大配筋率）ρ_b：

$$\rho_b = \rho_{max} = \xi_b f_c / f_y$$

在进行截面设计或承载力复核时，若计算出的截面相对受压区计算高度 $\xi \leqslant \xi_b$ 或截面受压区计算高度 $x \leqslant x_b$（或 $\alpha_s \leqslant \alpha_{sb}$）或截面配筋率 $\rho \leqslant \rho_b$，则为适筋破坏；若 $\xi > \xi_b$ 或 $x > x_b$（或 $\alpha_s > \alpha_{sb}$）或 $\rho > \rho_b$，则为超筋破坏。

四、适筋破坏与少筋破坏的界限条件

为避免因受拉钢筋过少而产生少筋破坏，同时考虑温度、收缩应力以及构造方面的要

求,《水工混凝土结构设计规范》(DL/T 5057—2009)规定了受弯构件的最小配筋率 $\rho_{\min}$。受弯构件的配筋率 ρ 不应小于其最小配筋率 $\rho_{\min}$,即

$$\rho \geqslant \rho_{\min} \tag{3-5}$$

式中　ρ——受拉区纵向受拉钢筋的配筋率,$\rho = \dfrac{A_s}{bh_0}$;

　　　$\rho_{\min}$——受弯构件纵向受拉钢筋的最小配筋率,按本教材附录四附表 4-3 取用。

当配筋率大于或等于 $\rho_{\min}$ 时,受弯构件一般发生适筋破坏,而当配筋率小于 $\rho_{\min}$ 时,构件将发生少筋破坏,此时钢筋混凝土构件的正截面受弯承载力基本上与相同截面、相同材料的素混凝土构件的正截面受弯承载力相同,设计时应避免采用。

第四节　单筋矩形截面受弯构件正截面受弯承载力计算

一、计算简图

根据受弯构件适筋破坏的破坏特征和前述基本假定,在进行单筋矩形截面受弯构件正截面受弯承载力计算时,忽略受拉区混凝土的作用;受拉钢筋应力达到其抗拉强度设计值 f_y;受压区混凝土的应力图形采用等效矩形应力图形,应力值达到混凝土的轴心抗压强度设计值 f_c。计算简图如图 3-15 所示。

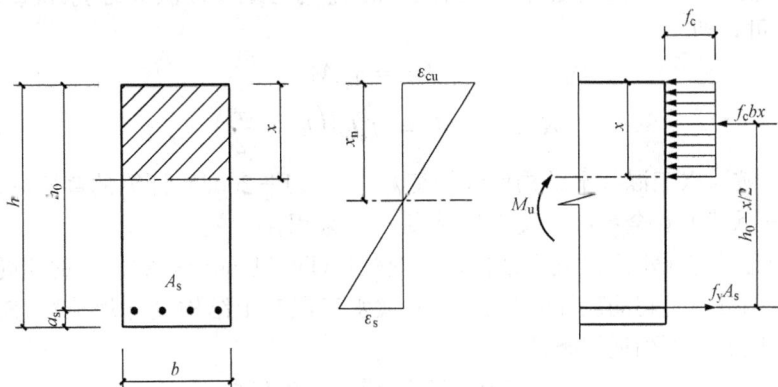

图 3-15　单筋矩形截面受弯构件正截面受弯承载力计算图

二、基本公式

根据图 3-15 所示计算简图,由截面的静力平衡条件,并满足承载能力极限状态的计算要求,可得单筋矩形截面受弯构件正截面受弯承载力的两个基本公式。

$$f_c bx = f_y A_s \tag{3-6}$$

$$M \leqslant \frac{1}{\gamma_d} M_u = \frac{1}{\gamma_d} \left[f_c bx \left(h_0 - \frac{x}{2} \right) \right] \tag{3-7}$$

式中　M——按《水工混凝土结构设计规范》(DL/T 5057—2009)计算的弯矩设计值;

　　　M_u——截面极限弯矩值;

　　　γ_d——钢筋混凝土结构的结构系数,见表 2-6;

　　　f_c——混凝土轴心抗压强度设计值;

　　　b——矩形截面的宽度;

　　x——混凝土受压区的计算高度；

　　h_0——截面的有效高度，$h_0 = h - a_s$；

　　h——截面高度；

　　a_s——纵向受拉钢筋合力点至截面受拉边缘的距离；

　　f_y——纵向受拉钢筋的抗拉强度设计值；

　　A_s——纵向受拉钢筋的截面面积。

　　基本公式（3-6）和式（3-7）是根据适筋梁的破坏特征推导的，故基本公式只适用于适筋破坏，而不适用于超筋破坏和少筋破坏。

　　为了避免构件发生超筋破坏和少筋破坏，《水工混凝土结构设计规范》（DL/T 5057—2009）规定基本公式应满足下列适用条件

$$x \leqslant \xi_b h_0 \text{ 或 } \xi \leqslant \xi_b \tag{3-8}$$

$$\rho \geqslant \rho_{\min} \tag{3-9}$$

式中　　ξ_b——相对界限受压区计算高度，对于热轧钢筋，按式（3-4）计算或按表 3-1 取用；

　　　　ρ——受拉区纵向受拉钢筋的配筋率；

　　　$\rho_{\min}$——受弯构件纵向受拉钢筋的最小配筋率，按附录四附表 4-3 取用。

　　水利规范《水工混凝土结构设计规范》（SL 191—2008）给出的单筋矩形截面受弯构件正截面受弯承载力的基本公式是将上述公式中的 γ_d 与弯矩设计值中的 γ_0 和 ψ 合并为 K，在 M^s 前乘 K 即可，即

$$f_c bx = f_y A_s \tag{3-10}$$

$$K M^s \leqslant M_u = f_c bx \left(h_0 - \frac{x}{2} \right) \tag{3-11}$$

式中　　M^s——按《水工混凝土结构设计规范》（SL 191—2008）计算的弯矩设计值；

　　　　K——承载力安全系数，按本教材表 2-9 采用。

　　其余符号意义与《水工混凝土结构设计规范》（DL/T 5057—2009）的相同。

　　为了避免构件发生超筋破坏和少筋破坏，《水工混凝土结构设计规范》（SL 191—2008）规定基本公式应满足下列适用条件

$$x \leqslant 0.85 \xi_b h_0 \text{ 或 } \xi \leqslant 0.85 \xi_b$$

$$\rho \geqslant \rho_{\min}$$

　　《混凝土结构设计规范》（GB 50010—2010）给出的单筋矩形截面受弯构件正截面受弯承载力的基本公式为

$$\alpha_1 f_c bx = f_y A_s \tag{3-12}$$

$$M \leqslant M_u = \alpha_1 f_c bx \left(h_0 - \frac{x}{2} \right) \tag{3-13}$$

式中　　α_1——系数，当混凝土强度等级≤C50 时，$\alpha_1 = 1.0$；混凝土强度等级为 C80 时，$\alpha_1 = 0.94$，其间按线性内插法确定。

　　为了避免构件发生超筋破坏和少筋破坏，《混凝土结构设计规范》（GB 50010—2010）规定基本公式应满足下列适用条件

$$\xi \leqslant \xi_b = \frac{\beta_1}{1 + \dfrac{f_y}{\varepsilon_{cu} E_s}} \text{ 或 } x \leqslant \xi_b h_0$$

$$\rho \geqslant \rho_{\min} \frac{h}{h_0}$$

式中　β_1——系数，当混凝土强度等级≤C50时，$\beta_1=0.8$；混凝土强度等级为C80时，$\beta_1=$
　　　　0.74，其间按线性内插法确定。

　　由于电力规范《水工混凝土结构设计规范》（DL/T 5057—2009）和水利规范《水工混凝土结构设计规范》（SL 191—2008）关于材料强度设计指标的取值相同，因而式（3-10）与式（3-6）是完全相同的。式（3-11）是将式（3-7）中的结构系数 γ_d、结构重要性系数 γ_0 和设计状况系数 ψ 合并为一个承载力安全系数 K。《水工混凝土结构设计规范》（SL 191—2008）基本公式的适用条件也有所不同，它考虑了更多的延性储备。

　　需要注意的是，《混凝土结构设计规范》（GB 50010—2010）中的荷载分项系数与《水工混凝土结构设计规范》（DL/T 5057—2009）及《水工混凝土结构设计规范》（SL 191—2008）中的荷载分项系数完全不同，故在截面设计或承载力复核时，其弯矩设计值不能混淆使用，参见［例 3-1］。

　　在确定截面有效高度 h_0 时，a_s 值可由混凝土保护层最小厚度 c 和钢筋直径 d 计算得出，钢筋单排布置时，$a_s=c+d/2$；钢筋双排布置时，$a_s=c+d+e/2$，其中 e 为两排钢筋的净距。一般情况下，a_s 值也可按下列公式近似确定。

　　梁：一层钢筋 $a_s=c+10\text{mm}$；二层钢筋 $a_s=c+35\text{mm}$。

　　板：薄板 $a_s=c+5\text{mm}$；厚板 $a_s=c+10\text{mm}$。

　　混凝土保护层厚度 c 可根据构件类别和构件所处的环境类别，按本教材附录四附表 4-1 确定。

三、截面设计

1. 截面尺寸的拟定

　　在设计中，往往有多种不同截面尺寸可供选择。一般可借鉴相关设计经验或参考类似结构构件或根据刚度条件初步确定构件的截面高度 h，再根据梁截面高宽比的常用范围确定截面宽度 b。现浇板的宽度一般都比较大，板的计算宽度 b 可取单位宽度 1m 计算。

　　此外，构件截面尺寸与纵向受拉钢筋的配筋率 ρ 密切相关，截面尺寸大则配筋率 ρ 就小一些；截面尺寸小则 ρ 就会大一些。截面尺寸的选择应使计算得出的配筋率 ρ 处在常用配筋率范围之内。对一般的梁和板，其常用配筋率的范围是：

　　矩形截面梁 0.6%～1.5%；

　　T形截面梁 0.9%～1.8%（相对于梁肋而言）；

　　板 0.4%～0.8%。

2. 梁或板的计算简图

计算简图中应表示梁或板的支座和荷载情况、计算跨度等。

简支梁、板（图 3-16）的计算跨度 l_0 可取按下列方法计算的各 l_0 值中的较小值：

简支梁和空心板

$$l_0=\min\{l_n+a, \ l_0=1.05l_n\}$$

实心板

$$l_0=\min\{l_n+a, \ l_n+h, \ 1.1l_n\}$$

式中　l_n——梁或板的净跨度；

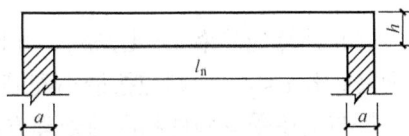

图 3-16　简支梁（板）

a——梁或板的支承长度；

h——板厚。

3. 内力计算

根据作用在梁或板上的荷载（包括永久荷载及可变荷载），求出梁、板构件控制截面的弯矩设计值（跨中最大弯矩设计值或支座最大负弯矩设计值）。

按《水工混凝土结构设计规范》（DL/T 5057—2009）设计时，弯矩设计值为构件上各种荷载标准值乘以相应的荷载分项系数后所产生的弯矩效应总和，再乘以结构重要性系数 γ_0 和设计状况系数 ψ。按《水工混凝土结构设计规范》（SL 191—2008）设计时，弯矩设计值为构件上各种荷载标准值乘以相应的荷载分项系数后所产生的弯矩效应总和。

4. 配筋计算

在已知材料强度、截面尺寸的条件下，按《水工混凝土结构设计规范》（DL/T 5057—2009）设计时，可联立基本公式（3-6）和式（3-7）解出受压区高度 x 及纵向受拉钢筋截面面积 A_s 值，且应满足 $x \leqslant \xi_b h_0$ 和 $\rho = \dfrac{A_s}{bh_0} \geqslant \rho_{min}$；按《水工混凝土结构设计规范》（SL 191—2008）设计时，可联立基本公式（3-10）和式（3-11）解出受压区高度 x 及纵向受拉钢筋截面面积 A_s 值，且应满足 $x \leqslant 0.85\xi_b h_0$ 和 $\rho = \dfrac{A_s}{bh_0} \geqslant \rho_{min}$。具体计算步骤详见本章［例3-1］。

利用基本公式（3-6）~式（3-7）或式（3-10）~式（3-11）求解时，必须求解一元二次方程，比较繁琐。为了计算方便，可将基本公式做如下变换。

将 $x = \xi h_0$ 代入基本公式（3-7），并令

$$\alpha_s = \xi(1 - 0.5\xi) \tag{3-14}$$

则有

$$M \leqslant \frac{1}{\gamma_d} M_u = \frac{1}{\gamma_d} \alpha_s f_c b h_0^2 \tag{3-15}$$

式中　α_s——截面抵抗矩系数。

具体设计时，可按下述步骤进行。

（1）由式（3-15）求 α_s

$$\alpha_s = \frac{\gamma_d M}{f_c b h_0^2} \tag{3-16}$$

（2）根据 α_s 值，由式（3-17）求相对受压区高度 ξ

$$\xi = 1 - \sqrt{1 - 2\alpha_s} \tag{3-17}$$

并检查 ξ 值是否满足适用条件 $\xi \leqslant \xi_b$。若不满足，则应加大截面尺寸、提高混凝土强度等级或采用双筋截面重新设计。

（3）若 $\xi \leqslant \xi_b$，则将 $x = \xi h_0$ 代入式（3-6）计算钢筋的截面面积 A_s

$$A_s = \frac{f_c \xi b h_0}{f_y} \tag{3-18}$$

（4）计算配筋率 $\rho = A_s/bh_0$，并检查是否满足适用条件（3-9）。若 $\rho \geqslant \rho_{min}$，则按计算结果配筋；若 $\rho < \rho_{min}$，则应按最小配筋率 ρ_{min} 配筋，即取 $A_s = \rho_{min} bh_0$。

按与上述受弯构件相同的处理方法，即可得到《水工混凝土结构设计规范》（SL 191—2008）和《混凝土结构设计规范》（GB 50010—2010）的相应计算公式。

5. 选配钢筋并绘制截面配筋图

根据所求出的纵向受拉钢筋截面面积 A_s，对于梁，可利用本教材附录三附表 3-1 选择合适的钢筋直径及根数；对于现浇板，可由本教材附录三附表 3-2 选择合适的钢筋直径和间距。实际配置的钢筋截面面积一般应等于或略大于计算所得的 A_s 值，若小于计算所得的 A_s，则两者相差不应超过 5%。钢筋的直径和间距等应符合我国现行规范的有关构造规定。

四、承载力复核

已知构件截面尺寸、纵向受拉钢筋截面面积、混凝土和钢筋的强度等级，复核构件的正截面受弯承载力是否满足要求，可按下列步骤进行。

（1）由式（3-18）计算 ξ，并检查是否满足适用条件 $\xi \leqslant \xi_b$，若不满足，表示截面配筋属于超筋，其承载力取决于混凝土强度，可近似取 $\xi = \xi_b$ 计算；

（2）根据 ξ 值由式（3-14）计算 α_s；

（3）由式（3-15）计算构件的正截面受弯承载力 $M_u = \alpha_s f_c b h_0^2$；

（4）当已知构件截面承受的弯矩设计值 M 时，按承载能力极限状态计算，应满足 $M \leqslant M_u/\gamma_d$［按《水工混凝土结构设计规范》（SL 191—2008）复核时应满足 $KM^S \leqslant M_u$，按《混凝土结构设计规范》（GB 50010—2010）复核时应满足 $M \leqslant M_u$］。

【例 3-1】 某灌渠控制闸（3 级水工建筑物）的闸门用螺杆启闭机启闭，如图 3-17（a）所示，启闭机支承在两根矩形截面梁上，试计算其中一根梁跨中截面所需的纵向受拉钢筋截面面积。

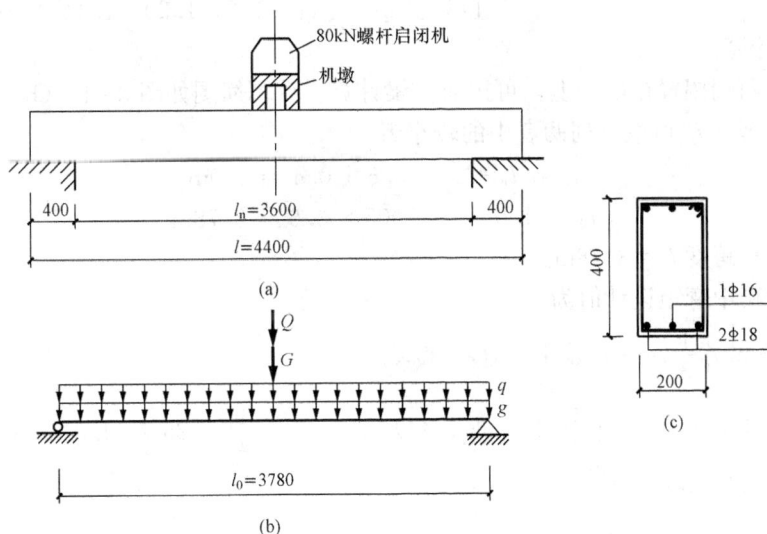

图 3-17　启闭机支承梁计算简图和截面配筋图

资料：闸门提升时启门力 80.0kN，启闭机及机墩重 10kN，由两根梁承受，则每根梁承受作用于跨中的集中荷载为 $Q_k = 40.0$kN（启门力）和 $G_k = 5.0$kN（启闭机及机墩重）。对单孔小闸，启闭机梁承受的人群荷载主要为启闭机操作人员和管理人员，估计为 $q_k = 1.20$kN/m。

采用 C25 级混凝土和 HRB335 级钢筋。由附录二相应表格查得材料强度设计值 $f_c = 11.9$N/mm²，$f_y = 300$N/mm²；混凝土重度 $\gamma = 25$kN/m³。

解 根据简支梁高跨比 h/l_0 的常用取值范围，梁高可在 $h=(1/12\sim1/8)\,l_0=(1/12\sim1/8)\times3780=472\sim315\text{mm}$ 之间选择，取 $h=400\text{mm}$。矩形截面梁的高宽比 h/b 一般为 $2.0\sim3.5$，取梁宽 $b=200\text{mm}$。

（1）按《水工混凝土结构设计规范》（DL/T 5057—2009）计算。

1）分项系数取值。

3 级水工建筑物的结构安全级别为 Ⅱ 级，结构重要性系数 $\gamma_0=1.0$，正常运行期为持久状况，设计状况系数 $\psi=1.0$。

该梁承受的荷载中，梁自重、启闭机及机墩重为永久荷载，荷载分项系数 $\gamma_G=1.05$；人群荷载为一般可变荷载，荷载分项系数 $\gamma_{Q1}=1.20$；启门力属于可控制的可变荷载，荷载分项系数 $\gamma_{Q2}=1.10$。结构系数 $\gamma_d=1.20$。

2）荷载计算。

梁自重   标准值 $g_k=bh\gamma=0.2\times0.4\times25=2.0\text{kN/m}$

         设计值 $g=\gamma_G g_k=1.05\times2.0=2.10\text{kN/m}$

启闭机及机墩重   标准值 $G_k=5.0\text{kN}$

         设计值 $G=\gamma_G G_k=1.05\times5.0=5.25\text{kN}$

启门力   标准值 $Q_k=40.0\text{kN}$

         设计值 $Q=\gamma_{Q2}Q_k=1.10\times40.0=44.0\text{kN}$

人群荷载   标准值 $q_k=1.20\text{kN/m}$

         设计值 $q=\gamma_{Q1}q_k=1.2\times1.20=1.44\text{kN/m}$

3）内力计算。

启闭机梁两端搁置在墩子上，可按简支梁计算。计算简图如图 3-17（b）所示。

梁的计算跨度 l_0 可取下列两者中的较小者

$$l_0=l_n+a=3.6+0.4=4.0\text{m}$$

$$l_0=1.05l_n=1.05\times3.6=3.78\text{m}$$

取梁的计算跨度 $l_0=3.78\text{m}$。

简支梁的跨中弯矩设计值为

$$M=\gamma_0\psi\left[\frac{1}{8}(g+q)l_0^2+\frac{1}{4}(G+Q)l_0\right]$$

$$=1.0\times1.0\times\left[\frac{1}{8}(2.10+1.44)\times3.78^2+\frac{1}{4}(5.25+44.0)\times3.78\right]$$

$$=52.86\text{kN}\cdot\text{m}$$

4）配筋计算。

该启闭机梁处于露天环境（二类环境条件），查得混凝土保护层厚度 $c=35\text{mm}$，估计钢筋直径 $d=20\text{mm}$，布置一排，$a_s=c+d/2=35+20/2=45\text{mm}$，则截面有效高度 $h_0=h-a_s=400-45=355\text{mm}$。

将各已知数值代入基本公式（3-6）和式（3-7），可得

$$52.86\times10^6=\frac{1}{1.2}\left[11.9\times200\times x\times\left(355-\frac{x}{2}\right)\right]$$

$$11.9\times200\times x=300\times A_s$$

求解一元二次方程得

$$x = 85.3\text{mm} < \xi_b h_0 = 0.550 \times 355 = 195\text{mm}$$

故 $A_s = 677\text{mm}^2 > \rho_{\min} b h_0 = 0.2\% \times 200 \times 355 = 142\text{mm}^2$,满足最小配筋率的要求。

上述计算中需求解一元二次方程,比较繁琐,下面利用系数 α_s 进行计算。

由式(3-16)求 α_s

$$\alpha_s = \frac{\gamma_d M}{f_c b h_0^2} = \frac{1.20 \times 52.86 \times 10^6}{11.9 \times 200 \times 355^2} = 0.211$$

按式(3-17)求 ξ

$$\xi = 1 - \sqrt{1 - 2\alpha_s} = 1 - \sqrt{1 - 2 \times 0.211} = 0.240 < \xi_b = 0.550\ (\text{由表 3-1 查得})$$

由式(3-18)求 A_s

$$A_s = \frac{f_c \xi b h_0}{f_y} = \frac{11.9 \times 0.240 \times 200 \times 355}{300} = 676\text{mm}^2$$

与求解一元二次方程的计算结果大致相同。

$$\rho = \frac{A_s}{b h_0} = \frac{677}{200 \times 355} = 0.954\% > \rho_{\min} = 0.20\%,\text{满足最小配筋率的要求。}$$

5)选配钢筋。

根据计算的钢筋截面面积,由本教材附录二附表 2-1 查得,受拉钢筋可选用 2Φ18+1Φ16($A_s = 710\text{mm}^2$),钢筋配置如图 3-17(c)所示。

(2)按《水工混凝土结构设计规范》(SL 191—2008)计算。

1)内力计算。

荷载标准值与按《水工混凝土结构设计规范》(DL/T 5057—2009)计算的相同,根据荷载基本组合的计算公式求得跨中弯矩设计值为

$$M^s = \frac{1}{8} \times (1.05 g_k + 1.20 q_k) l_0^2 + \frac{1}{4} \times (1.05 G_k + 1.10 Q_k) l_0$$

$$= \frac{1}{8} \times (2.10 + 1.44) \times 3.78^2 + \frac{1}{4} \times (5.25 + 44.0) \times 3.78$$

$$= 52.86\text{kN} \cdot \text{m}$$

2)配筋计算。

查得 3 级水工建筑物基本组合时的安全系数 $K = 1.20$。则由式(3-16)(式中 $\gamma_d M$ 用 KM^s 代替)求 α_s

$$\alpha_s = \frac{KM^s}{f_c b h_0^2} = \frac{1.20 \times 52.86 \times 10^6}{11.9 \times 200 \times 355^2} = 0.211$$

由式(3-17)求 ξ

$$\xi = 1 - \sqrt{1 - 2\alpha_s} = 1 - \sqrt{1 - 2 \times 0.211} = 0.240 < 0.85\xi_b = 0.468$$

由式(3-18)求 A_s

$$A_s = \frac{f_c \xi b h_0}{f_y} = \frac{11.9 \times 0.240 \times 200 \times 355}{300} = 676\text{mm}^2$$

(3)按《混凝土结构设计规范》(GB 50010—2010)计算。

1)内力计算。

荷载标准值与按《水工混凝土结构设计规范》(DL/T 5057—2009)计算的相同,根据《混凝土结构设计规范》(GB 50010—2010)的规定,$\gamma_0 = 1.0$、$\gamma_G = 1.2$、$\gamma_Q = 1.4$,则跨中

弯矩设计值为

$$M = \gamma_0 \left[\frac{1}{8} \times (\gamma_G g_k + \gamma_Q q_k) l_0^2 + \frac{1}{4} \times (\gamma_G G_k + \gamma_Q Q_k) l_0 \right]$$

$$= 1.0 \times \left[\frac{1}{8} \times (1.2 \times 2.0 + 1.4 \times 1.2) \times 3.78^2 + \frac{1}{4} \times (1.2 \times 5.0 + 1.4 \times 40.0) \times 3.78 \right]$$

$$= 65.88 \text{kN} \cdot \text{m}$$

2）配筋计算。

则由式（3-16）（式中 γ_d 取消，用 $\alpha_1 f_c$ 代替 f_c，且对于 C25 级混凝土，取 $\alpha_1 = 1.0$）求 α_s

$$\alpha_s = \frac{M}{\alpha_1 f_c b h_0^2} = \frac{65.88 \times 10^6}{1.0 \times 11.9 \times 200 \times 355^2} = 0.220$$

梁采用 C25 级混凝土和 HRB335 级钢筋，取 $\beta_1 = 0.8$，则 $\xi_b = 0.550$，由式（3-17）求 ξ

$$\xi = 1 - \sqrt{1 - 2\alpha_s} = 1 - \sqrt{1 - 2 \times 0.220} = 0.252 \leqslant \xi_b = 0.550$$

由式（3-18）（式中，用 $\alpha_1 f_c$ 代替 f_c）求 A_s

$$A_s = \frac{\alpha_1 f_c \xi b h_0}{f_y} = \frac{1.0 \times 11.9 \times 0.252 \times 200 \times 355}{300} = 710 \text{mm}^2$$

$$\rho = \frac{A_s}{b h_0} = \frac{710}{200 \times 355} = 1.0\% > \rho_{min} = \frac{h}{h_0} = 0.2\% \times \frac{400}{355} = 0.23\%$$

可见，《水工混凝土结构设计规范》（DL/T 5057—2009）与《水工混凝土结构设计规范》（SL 191—2008）的计算结果相同，略小于《混凝土结构设计规范》（GB 50010—2010）的计算结果，这主要是由于按《水工混凝土结构设计规范》（DL/T 5057—2009）与《水工混凝土结构设计规范》（SL 191—2008）的规定，启闭力属于可控制的可变荷载，荷载分项系数 $\gamma_{Q2} = 1.10$。当 γ_{Q2} 取 1.20 时，按《水工混凝土结构设计规范》（DL/T 5057—2009）与《水工混凝土结构设计规范》（SL 191—2008）计算的钢筋截面面积 $A_s = 735 \text{mm}^2$，略大于《混凝土结构设计规范》（GB 50010—2010）的计算结果。

【例 3-2】 某渡槽为 3 级水工建筑物，渡槽的截面尺寸及受力条件如图 3-18（a）所示，渡槽所处的环境条件为二类。试按《水工混凝土结构设计规范》（DL/T 5057—2009）配置该渡槽侧板在槽内水压作用下的钢筋（忽略侧板自重）。

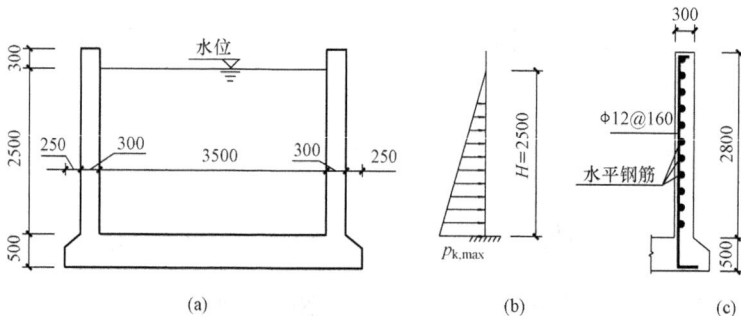

图 3-18 渡槽截面尺寸、计算简图和配筋

（a）渡槽结构截面尺寸；（b）渡槽侧板计算简图；（c）渡槽侧板配筋

资料：渡槽侧板与底板整体浇筑而成，且底板厚度较大，故渡槽侧板可视为固定在底板上的悬臂板，其嵌固端在底板顶面处［图 3-18（b）］，渡槽侧板在横向仅承受静水压力，沿竖向为三角形分布，水的重度 $\gamma=10\text{kN/m}^3$。因渡槽槽身长度很大，设计中沿槽身方向取单位长度（1m 宽度）的侧板计算。

渡槽采用 C25 级混凝土和 HPB235 级钢筋。由附录二相应表格查得材料强度设计值 $f_c=11.9\text{N/mm}^2$，$f_y=210\text{N/mm}^2$。

解　（1）分项系数取值。

3 级水工建筑物的结构安全级别为 II 级，结构重要性系数 $\gamma_0=1.0$；正常运行状况为持久状况，设计状况系数 $\psi=1.0$；钢筋混凝土结构的结构系数 $\gamma_d=1.2$；槽内静水压力属于一般可变荷载，分项系数 $\gamma_{Q1}=1.2$。

（2）荷载计算。

槽内最大静水压力　　　　标准值 $p_{k,max}=bH\gamma=1.0\times2.5\times10.0=25.0\text{kN/m}$

　　　　　　　　　　　　设计值 $p_{max}=\gamma_{Q1}p_{k,max}=1.2\times25.0=30.0\text{kN/m}$

（3）内力计算。

根据渡槽侧板的内力计算简图 3-18（b），求得侧板底端的最大弯矩为

$$M=\gamma_0\psi\left[\frac{1}{2}p_{max}bH\left(\frac{H}{3}\right)\right]=1.0\times1.0\times\left(\frac{1}{2}\times30.0\times1.0\times2.5\times\frac{2.5}{3}\right)=31.25\text{kN}\cdot\text{m}$$

（4）配筋计算。

渡槽结构所处环境类别为二类，由附录四附表 4-1 查得保护层厚度 $c=25\text{mm}$，估计钢筋直径 $d=12\text{mm}$，则

$$a_s=c+\frac{d}{2}=25+\frac{12}{2}=31\text{mm}$$

截面的有效高度 $h_0=h-a_s=300-31=269\text{mm}$

由式（3-16）求 α_s

$$\alpha_s=\frac{\gamma_d M}{f_c bh_0^2}=\frac{1.2\times31.25\times10^6}{11.9\times1000\times269^2}=0.0435$$

由式（3-17）求 ξ

$$\xi=1-\sqrt{1-2\alpha_s}=1-\sqrt{1-2\times0.0435}=0.0445<\xi_b=0.614（由表 3-1 查得）$$

由式（3-18）求 A_s

$$A_s=\frac{f_c\xi bh_0}{f_y}=\frac{11.9\times0.0445\times1000\times269}{210}=678\text{mm}^2$$

$$\rho=\frac{A_s}{bh_0}=\frac{678}{1000\times269}=0.25\%>\rho_{min}=0.2\%$$

故满足最小配筋率的要求。

（5）选配钢筋。

根据计算的钢筋截面面积，由附录三表 3-2 查得，渡槽侧板中可采用 $\phi12@160$（$A_s=707\text{mm}^2$）竖向受力钢筋，即采用直径为 12mm 的钢筋，钢筋间距为 160mm，钢筋配置如图 3-18（c）所示。

在渡槽侧板中，垂直于竖向受力钢筋的方向还应布置水平钢筋。

【例 3-3】　某矩形截面简支梁（结构安全级别为 II 级），截面尺寸为 250mm×500mm；

混凝土强度等级选用 C20，采用 HRB335 级钢筋。按《水工混凝土结构设计规范》（DL/T 5057—2009）计算的跨中截面弯矩设计值 $M=158\text{kN}\cdot\text{m}$，试按《水工混凝土结构设计规范》（DL/T 5057—2009）计算该梁所需的钢筋截面面积。

解　该梁采用 C20 级混凝土和 HRB335 级钢筋。由附录二相应表格查得材料强度设计值 $f_c=9.6\text{N/mm}^2$，$f_y=300\text{N/mm}^2$。结构系数 $\gamma_d=1.2$。

一类环境条件，保护层厚度 $c=30\text{mm}$，估计需配置双排钢筋，取 $a_s=65\text{mm}$，则 $h_0=h-a_s=500-65=435\text{mm}$。

$$\alpha_s=\frac{\gamma_d M}{f_c b h_0^2}=\frac{1.20\times158\times10^6}{9.6\times250\times435^2}=0.417$$

$$\xi=1-\sqrt{1-2\alpha_s}=1-\sqrt{1-2\times0.417}=0.592>\xi_b=0.550$$

属于超筋破坏情况，说明构件截面尺寸偏小或混凝土强度等级偏低，此时可增大截面尺寸或提高混凝土强度等级。

若将构件的截面高度由 500mm 增大到 550mm 设计，$h_0=h-a_s=550-65=485\text{mm}$。

$$\alpha_s=\frac{\gamma_d M}{f_c b h_0^2}=\frac{1.20\times158\times10^6}{9.6\times250\times485^2}=0.336$$

$$\xi=1-\sqrt{1-2\alpha_s}=1-\sqrt{1-2\times0.336}=0.427<\xi_b=0.550$$

$$A_s=\frac{f_c\xi b h_0}{f_y}=\frac{9.6\times0.427\times250\times485}{300}=1657\text{mm}^2$$

$$\rho=\frac{A_s}{bh_0}=\frac{1657}{250\times485}=1.37\%>\rho_{\min}=0.2\%$$

查表选 3 Φ 20+3 Φ 18（$A_s=1705\text{mm}^2$），钢筋布置如图 3-19 所示。

这里也可不增大构件的截面尺寸，而将混凝土的强度等级改为 C25 进行设计，读者可自行计算。

【例 3 - 4】　某矩形截面简支梁，截面尺寸 $b\times h=250\text{mm}\times500\text{mm}$，计算跨度 $l_0=5.4\text{m}$，采用 C20 混凝土和 HRB335 级纵向受拉钢筋，数量为 4 Φ 20，如图 3-20 所示。此梁所处的环境条件为二类，结构安全级别为 Ⅱ 级。正常使用期间，该梁承受的永久荷载标准值为 12.5kN/m^2（含自重），可变荷载标准值为 15.0kN/m^2，试按《水工混凝土结构设计规范》（DL/T 5057—2009）复核该梁是否安全？

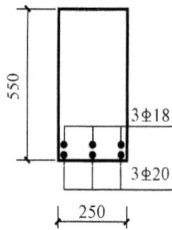

图 3 - 19　[例 3 - 3] 梁截面配筋图　　　　图 3 - 20　[例 3 - 4] 梁截面配筋图

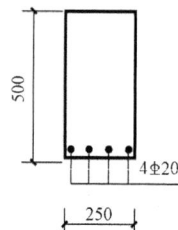

解　结构安全级别为 Ⅱ 级，结构重要性系数 $\gamma_0=1.0$；正常使用期间，设计状况系数 $\psi=1.0$；钢筋混凝土结构的结构系数 $\gamma_d=1.2$。永久荷载分项系数 $\gamma_G=1.05$；一般可变荷载分项系数 $\gamma_{Q1}=1.20$。

该梁采用 C20 混凝土和 HRB335 级钢筋，由附录二相应表格查得 $f_c=9.6\text{N/mm}^2$，$f_y=$

$300\text{N}/\text{mm}^2$。

（1）计算梁的极限弯矩值。

二类环境条件，保护层厚度 $c=35\text{mm}$，钢筋单排布置，$a_s=c+\dfrac{d}{2}=35+\dfrac{20}{2}=45\text{mm}$，

则 $h_0=h-a_s=500-45=455\text{mm}$。

受拉钢筋的截面面积 $A_s=1256\text{mm}^2$，由式（3-6）求得截面受压区高度

$$x=\frac{f_y A_s}{f_c b}=\frac{300\times1256}{9.6\times250}=157\text{mm}<\xi_b h_0=0.550\times455=250\text{mm}，满足要求$$

且 $\rho=\dfrac{A_s}{bh_0}=\dfrac{1256}{250\times455}=1.10\%>\rho_{\min}=0.2\%$

由式（3-7）计算截面的极限弯矩值

$$M_u=f_c bx\left(h_0-\frac{x}{2}\right)=9.6\times250\times157\times\left(455-\frac{157}{2}\right)=141.9\text{kN}\cdot\text{m}$$

（2）计算荷载产生的跨中弯矩设计值。

永久荷载设计值：$g=\gamma_G g_k=1.05\times12.5=13.1\text{kN/m}$

可变荷载设计值：$q=\gamma_{Q1} q_k=1.2\times15.0=18.0\text{kN/m}$

$$M=\gamma_0\psi\left[\frac{1}{8}\times(g+q)l_0^2\right]=1.0\times1.0\times\left[\frac{1}{8}\times(13.1+18.0)\times5.4^2\right]$$

$$=113.4\text{kN}\cdot\text{m}<\frac{M_u}{\gamma_d}=\frac{141.9}{1.2}=118.3\text{kN}\cdot\text{m}$$

故该梁的正截面受弯承载力满足要求。

第五节　双筋矩形截面受弯构件正截面受弯承载力计算

双筋截面就是在受拉区和受压区均配置纵向受力钢筋的受弯构件。在正截面受弯承载力计算中，采用纵向钢筋协助混凝土承担压力是不经济的，因而双筋截面受弯构件常用于以下特殊情况。

（1）如果截面承受的弯矩很大，按单筋矩形截面设计无法满足适筋破坏的适用条件 $\xi\leqslant\xi_b$，而梁截面尺寸受到限制不能增大，混凝土强度等级也不宜提高，可在受压区配置受压钢筋协助混凝土受压，从而形成双筋截面。

（2）在不同荷载组合下，梁同一截面承受异号弯矩，截面上下均应配置纵向受拉钢筋时，宜按双筋截面计算。

双筋截面梁不仅可提高梁的正截面受弯承载力，而且还可提高截面的延性。因此，有抗震设防要求时，梁中一般宜配置受压钢筋。

一、计算简图

双筋矩形截面梁破坏时截面的应力图形与单筋矩形截面梁的相似，不同之处仅在于受压区增加了受压钢筋承受压力（图3-21）。试验研究表明，只要受压钢筋的数量合适，使得 $\xi\leqslant\xi_b$，则双筋截面仍为适筋破坏。

受压钢筋应力的大小则取决于受压区的高度。由于钢筋与混凝土之间的粘结力，因而受压区钢筋与混凝土共同工作时，钢筋与其周围的混凝土具有相同的变形，即 $\varepsilon_s'=\varepsilon_c$。根据平

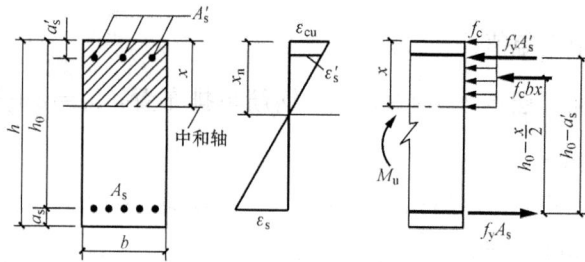

图 3-21　双筋矩形截面受弯构件正截面受弯承载力计算图

截面假定，按照比例关系可求得受压钢筋的压应变 ε'_s，同时取 $0.8x_n = x$，则有

$$\varepsilon'_s = \frac{x_n - a'_s}{x_n}\varepsilon_{cu} = \left(1 - \frac{a'_s}{x_n}\right)\varepsilon_{cu} = \left(1 - \frac{0.8a'_s}{x}\right)\varepsilon_{cu} \tag{3-19}$$

式中　a'_s——受压钢筋重心至截面受压边缘的距离。

当取 $\varepsilon_{cu} = 0.0033$，由式 (3-19) 可以看出，受压钢筋应变值 ε'_s 的大小主要取决于受压区的计算高度 x 和受压钢筋重心至截面受压边的距离 a'_s。若取 $x = 2a'_s$，则由式 (3-19) 可求得受压钢筋的应变 $\varepsilon'_s = 0.00198 \approx 0.002$，相应的钢筋应力能够达到钢筋的抗压强度设计值 f'_y。因此，受压钢筋的应力达到抗压强度设计值 f'_y 的前提条件是

$$x \geqslant 2a'_s \tag{3-20}$$

二、基本计算公式

根据双筋矩形截面受弯构件正截面受弯承载力的计算简图（图 3-21），由内力平衡条件可列出其基本设计公式

$$f_c bx = f_y A_s - f'_y A'_s \tag{3-21}$$

$$M \leqslant \frac{1}{\gamma_d}M_u = \frac{1}{\gamma_d}\left[f_c bx\left(h_0 - \frac{x}{2}\right) + f'_y A'_s(h_0 - a'_s)\right] \tag{3-22}$$

为了方便计算，将 $x = \xi h_0$ 代入式 (3-21)、式 (3-22) 可得

$$f_c bh_0 \xi = f_y A_s - f'_y A'_s \tag{3-23}$$

$$M \leqslant \frac{1}{\gamma_d}M_u = \frac{1}{\gamma_d}\left[\alpha_s f_c bh_0^2 + f'_y A'_s(h_0 - a'_s)\right] \tag{3-24}$$

式中　A_s、A'_s——纵向受拉及受压钢筋的截面面积；

　　　f'_y——受压钢筋的强度设计值；

　　　a'_s——受压区钢筋合力点至受压区边缘的距离。

基本公式的适用条件：

（1）与单筋矩形截面一样，为保证截面破坏时受拉钢筋先达到其屈服强度 f_y，要求

$$x \leqslant \xi_b h_0 \quad \text{或} \quad \xi \leqslant \xi_b \tag{3-25}$$

（2）为保证截面破坏时，受压钢筋的应力能够达到其抗压强度设计值 f'_y，要求

$$x \geqslant 2a'_s \tag{3-26}$$

当不满足式 (3-26) 的规定时，则受压钢筋的应力将达不到抗压强度设计值 f'_y。只有当受压钢筋布置在混凝土压应力合力点之上，才认为受压钢筋的应力能够达到抗压强度设计值 f'_y。

对于 $x < 2a'_s$ 的情况，截面的破坏是由于受拉钢筋的应力达到 f_y 所引起，在计算中可近

似地假定受压钢筋的合力作用点与受压区混凝土的合力作用点重合（图 3-22），即取 $x \approx 2a'_s$，对受压钢筋合力点取矩，可得

$$M \leqslant \frac{1}{\gamma_d} M_u = \frac{1}{\gamma_d} f_y A_s (h_0 - a'_s) \tag{3-27}$$

双筋矩形截面承受的弯矩较大，相应的受拉钢筋配置较多，一般均能满足最小配筋率的要求，通常可不对 ρ_{min} 进行验算。

三、截面设计

按双筋矩形截面设计时，将会遇到下面两种情况。

1. 第一种情况

已知弯矩设计值、截面尺寸、混凝土和钢筋的强度等级，求受压钢筋的截面面积 A'_s 和受拉钢筋的截面面积 A_s。此时，可按下列步骤进行计算

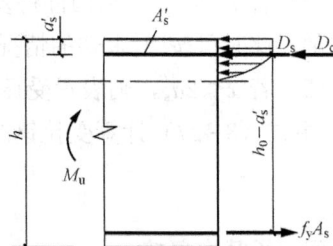

图 3-22　$x < 2a'_s$ 时的双筋截面计算简图

（1）假设 $A'_s = 0$，先由式（3-16）计算 α_s，即 $\alpha_s = \frac{\gamma_d M}{f_c b h_0^2}$。

（2）根据 α_s 值由 $\xi = 1 - \sqrt{1 - 2\alpha_s}$ 计算相对受压区高度 ξ。当 $\xi \leqslant \xi_b$，则可按单筋矩形截面进行配筋计算，而不必配置受压钢筋或根据情况按构造配置适量受压钢筋；当 $\xi > \xi_b$，则按双筋截面设计。

（3）按双筋截面设计时，根据充分利用受压区混凝土受压而使总的钢筋用量（$A'_s + A_s$）为最小的原则，取 $\xi = \xi_b$，并由 $\alpha_s = \xi(1 - 0.5\xi)$ 计算 α_s（此时的 α_s 为对应于界限破坏时的截面抵抗矩系数，称为 α_{sb}）。

（4）将 α_{sb} 代入式（3-24）计算受压钢筋截面面积 A'_s，则

$$A'_s = \frac{\gamma_d M - \alpha_{sb} f_c b h_0^2}{f'_y (h_0 - a'_s)} \tag{3-28}$$

（5）验算 A'_s 是否满足最小配筋率的要求。当 $A'_s \geqslant \rho'_{min} b h_0$ 时，则将 ξ_b 及求得的 A'_s 代入式（3-23）计算受拉钢筋截面面积 A_s。

$$A_s = \frac{f_c \xi_b b h_0 + f'_y A'_s}{f_y} \tag{3-29}$$

当 $A'_s < \rho'_{min} b h_0$ 时，则取 $A'_s = \rho'_{min} b h_0$。按 A'_s 已知的情况重新计算 x 和 A_s，具体计算过程详见第二种情况。

由于《水工混凝土结构设计规范》（DL/T 5057—2009）未给出受弯构件中受压钢筋的最小配筋率 ρ'_{min}，因此实际设计中，可参照偏心受压构件中受压钢筋的最小配筋率采用。

2. 第二种情况

已知弯矩设计值、截面尺寸、混凝土和钢筋的强度等级、受压钢筋截面面积 A'_s，求受拉钢筋截面面积 A_s。

由于 A'_s 已知，此时不能再用 $x = \xi_b h_0$ 公式，需按下列步骤计算：

（1）由式（3-24）计算 α_s。

$$\alpha_s = \frac{\gamma_d M - f'_y A'_s (h_0 - a'_s)}{f_c b h_0^2} \tag{3-30}$$

（2）根据 α_s 值由 $\xi = 1 - \sqrt{1 - 2\alpha_s}$ 计算相对受压区高度 ξ，并根据 $x = \xi h_0$ 检查是否满足

适用条件 $x \leqslant \xi_b h_0$ 和 $x \geqslant 2a'_s$。

（3）若 $2a'_s \leqslant x \leqslant \xi_b h_0$，则由式（3-23）计算受拉钢筋截面面积 A_s。

$$A_s = \frac{f_c \xi b h_0 + f'_y A'_s}{f_y} \tag{3-31}$$

（4）若 $x > \xi_b h_0$，则构件将发生超筋破坏，表示已配置的受压钢筋 A'_s 数量不足，应增加其数量，此时可按 A'_s 未知的情况（即前述第一种情况）重新计算 A'_s 和 A_s。

（5）若 $x < 2a'_s$，则表示受压钢筋的应力 σ'_s 达不到抗压强度设计值，此时可近似取 $x = 2a'_s$，由式（3-27）计算受拉钢筋截面面积 A_s。

$$A_s = \frac{\gamma_d M}{f_y (h_0 - a'_s)} \tag{3-32}$$

四、承载力复核

已知构件截面尺寸、混凝土和钢筋的强度等级、受压钢筋和受拉钢筋截面面积，复核构件的正截面受弯承载力，可按下列步骤进行：

（1）由式（3-21）计算受压区高度 x。

$$x = \frac{f_y A_s - f'_y A'_s}{f_c b} \tag{3-33}$$

并检查是否满足适用条件 $x \leqslant \xi_b h_0$ 和 $x \geqslant 2a'_s$。

（2）若满足上述条件，则由式（3-22）计算正截面受弯承载力 M_u。

（3）若 $x > \xi_b h_0$，则取 $x = \xi_b h_0$，代入式（3-22）计算 M_u。

（4）若 $x < 2a'_s$，则近似取 $x = 2a'_s$，由式（3-27）计算 M_u。

（5）当已知截面承受的弯矩设计值 M 时，按承载能力极限状态计算要求，应满足 $M \leqslant \dfrac{M_u}{\gamma_d}$。

当按《水工混凝土结构设计规范》（SL 191—2008）进行截面设计和承载力复核时，计算步骤与上述步骤相同，但在计算中将基本公式中的 $\gamma_d M$ 替换为 KM^s。注意：M 含有 γ_0 和 ψ，M^s 不含这些值，它们含在 K 中。适用条件 $x \leqslant \xi_b h_0$（或 $\xi \leqslant \xi_b$）替换为 $x \leqslant 0.85\xi_b h_0$（或 $\xi \leqslant 0.85\xi_b$），若 $x > 0.85\xi_b h_0$（或 $\xi > 0.85\xi_b$），则取 $x = 0.85\xi_b h_0$（或 $\xi = 0.85\xi_b$）计算。

当按《混凝土结构设计规范》（GB 50010—2010）进行截面设计和承载力复核时，将《水工混凝土结构设计规范》（DL/T 5057—2009）基本公式中的 γ_d 取消即可，但弯矩设计值中的分项系数 γ_G 和 γ_Q 与《水工混凝土结构设计规范》（DL/T 5057—2009）的不同。

【例 3-5】 已知一矩形截面简支梁，结构安全级别为 Ⅱ 级，所处的环境条件为二类。其截面尺寸为 200mm×500mm，计算跨度 $l_0 = 6.0$m，正常使用期间，该梁承受的均布荷载设计值 $g + q = 39.0$kN/m，采用 C25 混凝土及 HRB335 级钢筋，试按《水工混凝土结构设计规范》（DL/T 5057—2009）配置钢筋。

解　结构安全级别为 Ⅱ 级，$\gamma_0 = 1.0$；正常使用期间，设计状况系数 $\psi = 1.0$；钢筋混凝土结构的结构系数 $\gamma_d = 1.2$。

该梁采用 C25 混凝土和 HRB335 级钢筋，由附录二相应表格查得 $f_c = 11.9$N/mm^2，$f_y = 300$N/mm^2。二类环境条件，由附录四附表 4-1 查得 $c = 35$mm。

（1）计算跨中最大弯矩设计值。

$$M = \gamma_0 \psi \left[\frac{1}{8}(g+q)l_0^2 \right] = 1.0 \times 1.0 \times \left(\frac{1}{8} \times 39.0 \times 6.0^2 \right) = 175.5 \text{kN} \cdot \text{m}$$

（2）计算 α_s。

因弯矩较大，估计布置两排受拉钢筋，取 $a_s = 70\text{mm}$，则截面有效高度 $h_0 = h - a_s = 500 - 70 = 430\text{mm}$。

$$\alpha_s = \frac{\gamma_d M}{f_c b h_0^2} = \frac{1.20 \times 175.5 \times 10^6}{11.9 \times 200 \times 430^2} = 0.479$$

$$\xi = 1 - \sqrt{1-2\alpha_s} = 1 - \sqrt{1-2 \times 0.479} = 0.795 > \xi_b = 0.550$$

故应按双筋截面设计。

（3）计算受压钢筋截面面积 A_s'。

布置单排受压钢筋，故取 $a_s' = 45\text{mm}$。为使截面总的用钢量 $A_s' + A_s$ 最小，补充条件 $\xi = \xi_b = 0.550$，$\alpha_{sb} = \xi_b (1-0.5\xi_b) = 0.550 \times (1-0.5 \times 0.550) = 0.399$，则

$$A_s' = \frac{\gamma_d M - \alpha_{sb} f_c b h_0^2}{f_y'(h_0 - a_s')} = \frac{1.2 \times 175.5 \times 10^6 - 0.399 \times 11.9 \times 200 \times 430^2}{300 \times (430-45)}$$

$$= 303\text{mm}^2 > \rho'_{min} b h_0 = 0.2\% \times 200 \times 430 = 172\text{mm}^2$$

受压钢筋选 2 Φ 14（$A_s' = 308\text{mm}^2$）。

（4）计算受拉钢筋截面面积 A_s。

$$A_s = \frac{f_c \xi_b b h_0 + f_y' A_s'}{f_y} = \frac{11.9 \times 0.550 \times 200 \times 430 + 300 \times 308}{300} = 2184\text{mm}^2$$

受拉钢筋选 3 Φ 25+2 Φ 22（$A_s = 2233\text{mm}^2$）；截面配筋如图 3-23 所示。

【**例 3-6**】 已知一矩形截面梁，结构安全级别为Ⅱ级，所处的环境条件为一类。截面尺寸为 $250\text{mm} \times 500\text{mm}$，采用 C20 混凝土及 HRB335 级钢筋，已配有 2 Φ 20 受压钢筋，在持久状况下梁所承受的弯矩设计值 $M = 155\text{kN} \cdot \text{m}$。试按《水工混凝土结构设计规范》（DL/T 5057—2009）计算受拉钢筋截面面积。

解 结构安全级别为Ⅱ级，$\gamma_0 = 1.0$；持久状况下设计状况系数 $\psi = 1.0$；钢筋混凝土结构的结构系数 $\gamma_d = 1.2$。

采用 C20 混凝土和 HRB335 级钢筋，由附录二相关表格查得 $f_c = 9.6\text{N/mm}^2$，$f_y = 300\text{N/mm}^2$。已配有 2 Φ 20 受压钢筋，$A_s' = 628\text{mm}^2$。

图 3-23 ［例 3-5］截面配筋图

（1）计算 α_s。

一类环境条件，由附录四附表 4-1 查得 $c = 30\text{mm}$，估计为单排受拉钢筋，取 $a_s = a_s' = 40\text{mm}$。则截面有效高度 $h_0 = h - a_s = 500 - 40 = 460\text{mm}$。

$$\alpha_s = \frac{\gamma_d M - f_y' A_s'(h_0 - a_s')}{f_c b h_0^2} = \frac{1.2 \times 155 \times 10^6 - 300 \times 628 \times (460-40)}{9.6 \times 250 \times 460^2} = 0.210$$

（2）计算 ξ 及 x。

$$\xi = 1 - \sqrt{1-2\alpha_s} = 1 - \sqrt{1-2 \times 0.210} = 0.238 < \xi_b = 0.550$$

满足受拉钢筋屈服的条件。

$$x = \xi h_0 = 0.238 \times 460 = 109\text{mm} > 2a_s' = 80\text{mm}$$

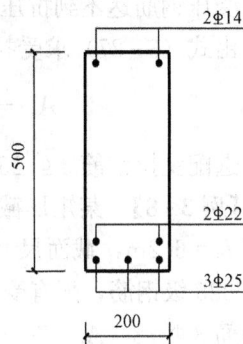

受压钢筋可达到抗压强度设计值。

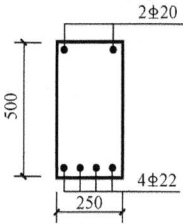

图 3-24　［例 3-6］
截面配筋图

（3）计算受拉钢筋的截面面积 A_s。

$$A_s = \frac{f_c bx + f'_y A'_s}{f_y}$$

$$= \frac{9.6 \times 250 \times 109 + 300 \times 628}{300} = 1500 \text{mm}^2$$

选配受拉钢筋 4 Φ 22（$A_s = 1520\text{mm}^2$），截面配筋如图 3-24 所示。

【例 3-7】　上例简支矩形截面梁，若受压区已配置受压钢筋为 3 Φ 20（$A'_s = 942\text{mm}^2$），其余条件与［例 3-6］相同，试按《水工混凝土结构设计规范》（DL/T 5057—2009）计算受拉钢筋截面面积。

解　（1）计算 α_s。

$$\alpha_s = \frac{\gamma_d M - f'_y A'_s (h_0 - a'_s)}{f_c b h_0^2}$$

$$= \frac{1.2 \times 155 \times 10^6 - 300 \times 942 \times (460 - 40)}{9.6 \times 250 \times 460^2}$$

$$= 0.133$$

（2）计算 ξ 及 x。

$$\xi = 1 - \sqrt{1 - 2\alpha_s} = 1 - \sqrt{1 - 2 \times 0.133} = 0.143 < \xi_b = 0.550$$

满足受拉钢筋屈服的条件。

$$x = \xi h_0 = 0.143 \times 460 = 66\text{mm} < 2a'_s = 80\text{mm}$$

受压钢筋达不到抗压强度设计值。

由式（3-27）求受拉钢筋截面面积 A_s

$$A_s = \frac{\gamma_d M}{f_y (h_0 - a'_s)} = \frac{1.2 \times 155 \times 10^6}{300 \times (460 - 40)} = 1476\text{mm}^2$$

选配受拉钢筋 3 Φ 25（$A_s = 1473\text{mm}^2$），截面配筋如图 3-25 所示。

【例 3-8】　某矩形截面简支梁，其结构安全级别为Ⅰ级，计算跨度 $l_0 = 6.2\text{m}$，截面尺寸为 $250\text{mm} \times 650\text{mm}$，采用 C25 混凝土及 HRB335 级钢筋，配有受拉钢筋 5 Φ 22（双排 $A_s = 1900\text{mm}^2$）及受压钢筋 3 Φ 18（$A'_s = 763\text{mm}^2$），所处环境条件为二类。现因设备检修，需在跨中承受一可变荷载集中力，其标准值为 $Q_k = 65\text{kN}$，同时承受梁及楼板传来的自重标准值为 $g_k = 15\text{kN/m}$，试按《水工混凝土结构设计规范》（DL/T 5057—2009）校核该梁是否安全。

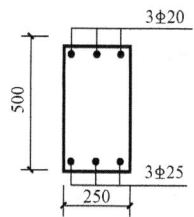

图 3-25　［例 3-7］
截面配筋图

解　采用 C25 混凝土及 HRB335 级钢筋，由附表二查得：$f_c = 11.9\text{N/mm}^2$，$f_y = f'_y = 300\text{N/mm}^2$。二类环境条件，由附录四附表 4-1 查得 $c = 35\text{mm}$，受拉钢筋布置两排，取 $a_s = 70\text{mm}$，则截面有效高度 $h_0 = h - a_s = 650 - 70 = 580\text{mm}$；受压钢筋布置一排，取 $a'_s = 45\text{mm}$。

结构安全级别为Ⅰ级，$\gamma_0 = 1.10$；检修阶段为短暂设计状况，设计状况系数 $\psi = 0.95$；荷载分项系数 $\gamma_G = 1.05$，$\gamma_Q = 1.20$；结构系数 $\gamma_d = 1.20$。

（1）计算 ξ 及 x。

$$x = \frac{f_y A_s - f'_y A'_s}{f_c b} = \frac{300 \times 1900 - 300 \times 763}{11.9 \times 250} = 115 \text{mm}$$

$x = 115\text{mm} < \xi_b h_0 = 0.550 \times 580 = 319\text{mm}$，故满足受拉钢筋的屈服条件。且 $x = 115\text{mm}$ $> 2a'_s = 2 \times 45 = 90\text{mm}$，故受压钢筋可达到抗压强度设计值。

（2）求 M_u。

$$
\begin{aligned}
M_u &= f_c b x (h_0 - 0.5x) + f'_y A'_s (h_0 - a'_s) \\
&= 11.9 \times 250 \times 115 \times (580 - 0.5 \times 115) + 300 \times 763 \times (580 - 45) \\
&= 301 \text{kN} \cdot \text{m}
\end{aligned}
$$

（3）求检修时的跨中弯矩设计值 M。

$$
\begin{aligned}
M &= \gamma_0 \psi \left(\frac{1}{8} \gamma_G g_k l_0^2 + \frac{1}{4} \gamma_Q Q_k l_0 \right) \\
&= 1.1 \times 0.95 \times \left(\frac{1}{8} \times 1.05 \times 15 \times 6.2^2 + \frac{1}{4} \times 1.20 \times 65 \times 6.2 \right) \\
&= 205.4 \text{kN} \cdot \text{m} < \frac{M_u}{\gamma_d} \\
&= \frac{301}{1.2} = 250.8 \text{kN} \cdot \text{m}
\end{aligned}
$$

故该梁在检修荷载作用下是安全的。

第六节　T形截面受弯构件正截面受弯承载力计算

一、概述

矩形截面梁具有构造简单，施工方便的特点。但矩形截面梁破坏时，受拉区绝大部分混凝土开裂退出工作，且在承载力计算中也不计受拉区未裂混凝土的作用。因此，若将受拉区混凝土去掉一部分，将钢筋集中放置，就成为 T 形截面（图 3-26），这样并不降低梁的正截面受弯承载力，却能节省混凝土并减轻自重，显然较矩形截面更为经济、合理。实际工程中的整体式肋形结构，梁与板整浇在一起，板就成为梁的翼缘，在纵向共同受力。如渡槽槽身、闸门启闭机的工作平台、桥梁与码头的上部结构以及厂房整体式楼盖等的主梁和次梁，均为 T 形截面受弯构件。独立的 T 形截面受弯构件也常采用，例如吊车梁。

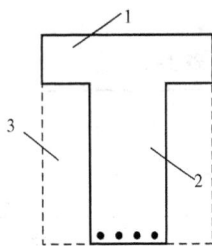

图 3-26　T 形截面
1—翼缘；2—梁肋；
3—去掉的混凝土

T 形截面梁由梁肋和位于受压区的翼缘所组成。受弯构件是否属于 T 形截面，取决于混凝土的受压区形状。如图 3-27 所示的整体式梁板结构，跨中截面 1—1 承受正弯矩，截面下部受拉，上部受压，翼缘位于受压区，故应按 T 形截面计算；支座截面 2—2 承受负弯矩，截面上部受拉，下部受压，翼缘位于受拉区，承载力计算中由于翼缘受拉开裂不计其作用，所以仍按矩形截面计算。

I 形、Π 形、空心形等截面（图 3-28），它们的受压区与 T 形截面相同，不考虑受拉翼缘的作用，因而均可按 T 形截面计算。

试验和理论分析表明，T 形截面梁受力时，沿翼缘宽度上的压应力分布是不均匀的，靠

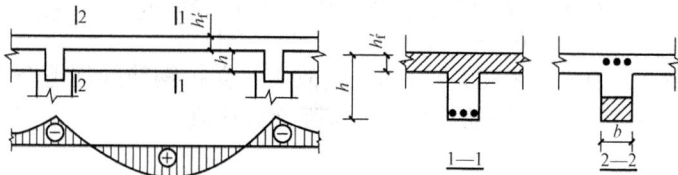

图 3-27　整体式梁板结构跨中截面和支座截面

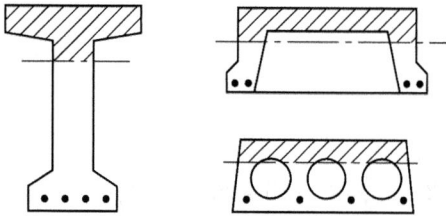

图 3-28　I 形、∏ 形、空心形截面

近梁肋中部翼缘的压应力较大，向两边逐渐减小，如图 3-29（a）所示。当翼缘宽度很大时，远离梁肋的一部分翼缘几乎不承受压力。为了简化计算，将 T 形截面的翼缘宽度限制在一定范围内，称为翼缘计算宽度 b_f'。假定在 b_f' 范围以内，翼缘上的压应力是均匀分布的，而在 b_f' 范围以外，认为翼缘不起作用，如图 3-29（b）所示。

根据试验及理论分析可知，翼缘的计算宽度 b_f' 主要与梁的构成方式（整体式肋形梁或独立 T 形梁）、梁的计算跨度 l_0 以及受压翼缘高度 h_f' 与截面有效高度 h_0 之比（h_f'/h_0）有关。根据上述因素，《水工混凝土结构设计规范》（DL/T 5057—2009）规定了翼缘计算宽度 b_f' 的计算方法，见表 3-2，表中各符号含义如图 3-30 所示。计算时，取各项中的最小值。

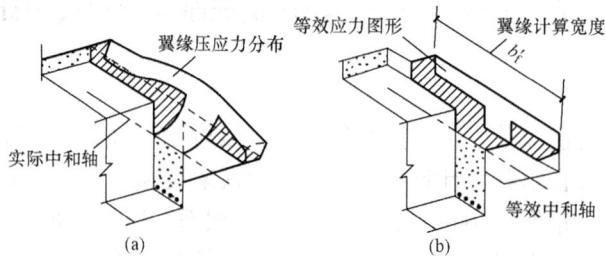

图 3-29　T 形截面梁受压区实际应力和等效应力图

表 3-2　　　　　　　　T 形、I 形及倒 L 形截面受弯构件翼缘计算宽度 b_f'

项次	情　况		T 形、I 形截面		倒 L 形截面
			肋形梁（板）	独立梁	肋形梁（板）
1	按计算跨度 l_0 考虑		$l_0/3$	$l_0/3$	$l_0/6$
2	按梁（肋）净距 s_n 考虑		$b+s_n$	—	$b+\dfrac{s_n}{2}$
3	按翼缘高度 h_f' 考虑	当 $h_f'/h_0 \geqslant 0.1$	—	$b+12h_f'$	—
		当 $0.1 > h_f'/h_0 \geqslant 0.05$	$b+12h_f'$	$b+6h_f'$	$b+5h_f'$
		当 $h_f'/h_0 < 0.05$	$b+12h_f'$	b	$b+5h_f'$

注　1. 表中 b 为梁的腹板宽度。

2. 如肋形梁在梁跨内设有间距小于纵肋间距的横肋时，则可不遵守表列项次 3 的规定。

3. 对加腋的 T 形、I 形和倒 L 形截面，当受压区加腋的高度 $h_h \geqslant h_f'$ 且加腋的宽度 $b_h \leqslant 3h_f'$ 时，其翼缘计算宽度可按表中项次 3 的规定分别增加 $2b_h$（T 形、I 形截面）和 b_h（倒 L 形截面）。

4. 独立梁受压区的翼缘板在荷载作用下如可能产生沿纵肋方向的裂缝时，则计算宽度应取用腹板宽度 b。

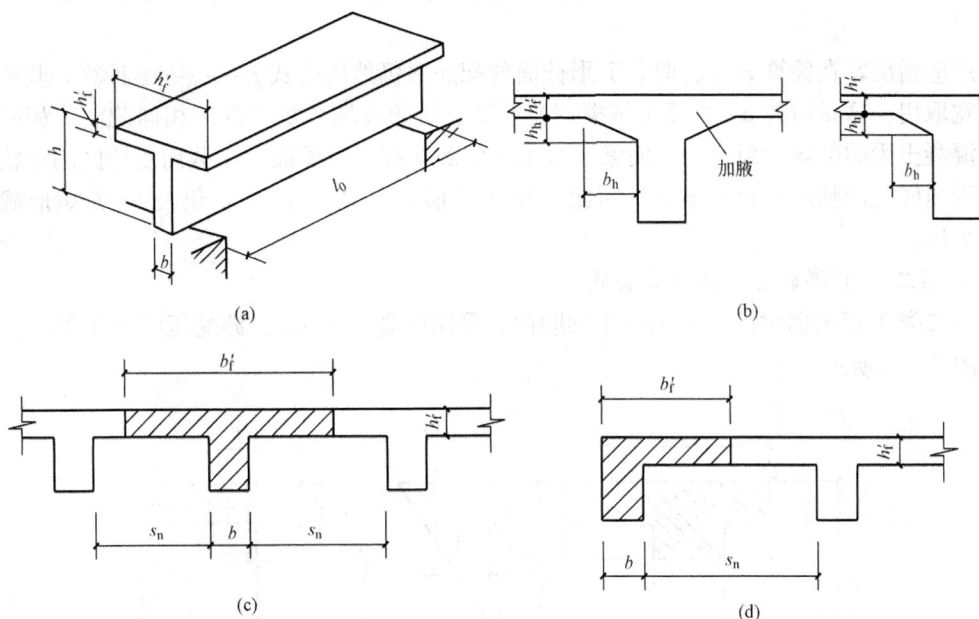

图 3-30　T 形、倒 L 形截面梁翼缘计算宽度 b_f'

二、计算简图和基本公式

根据中和轴位置的不同，T 形截面梁可以分为两类：当中和轴位于翼缘内，$x \leqslant h_f'$，为第一类 T 形截面；当中和轴位于腹板内，$x > h_f'$，为第二类 T 形截面。

1. 第一类 T 形截面梁的计算公式

第一类 T 形截面梁的中和轴位于翼缘内，受压区高度 $x \leqslant h_f'$，即受压区为矩形，可按宽度为 b_f' 的矩形截面计算，计算简图如图 3-31 所示。

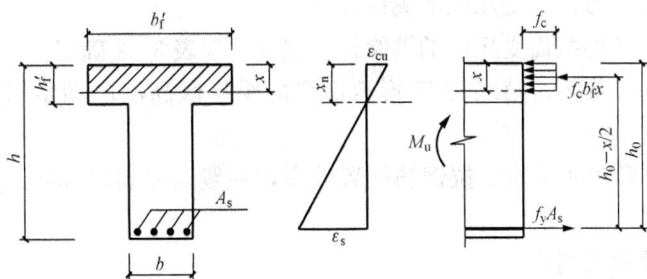

图 3-31　第一类 T 形截面梁正截面承载力计算简图

因中和轴以下的受拉混凝土不起作用，所以第一类 T 形截面梁的正截面受弯承载力与宽度为 b_f' 的单筋矩形截面梁的正截面受弯承载力完全一样。但应注意截面的计算宽度为翼缘计算宽度 b_f'，而不是梁肋宽度 b。第一类 T 形截面梁的基本计算公式为

$$f_y A_s = f_c b_f' x \tag{3-34}$$

$$M \leqslant \frac{1}{\gamma_d} M_u = \frac{1}{\gamma_d} f_c b_f' x \left(h_0 - \frac{x}{2} \right) \tag{3-35}$$

应当指出，第一类 T 形截面梁的配筋一般在适筋范围，所以一般可不必验算 $\xi \leqslant \xi_b$ 的条件。

还应指出，在验算 $\rho \geqslant \rho_{\min}$ 时，T 形截面的配筋率仍然用公式 $\rho = A_s/bh_0$ 计算，其中 b 按梁肋宽取用。这是因为 $\rho_{\min}$ 主要是根据钢筋混凝土梁的破坏弯矩不低于相同截面、相同材料的素混凝土梁的破坏弯矩确定，而素混凝土梁的破坏弯矩主要取决于截面受拉区的形状和尺寸，受压区的形状对其影响很小。因此，验算 T 形截面梁的 $\rho_{\min}$ 时，仍按 $b \times h$ 矩形截面的数值采用。

2. 第二类 T 形截面梁的计算公式

第二类 T 形截面梁的中和轴位于梁肋内，受压区高度 $x > h'_f$，即受压区为 T 形，计算简图如图 3-32 所示。

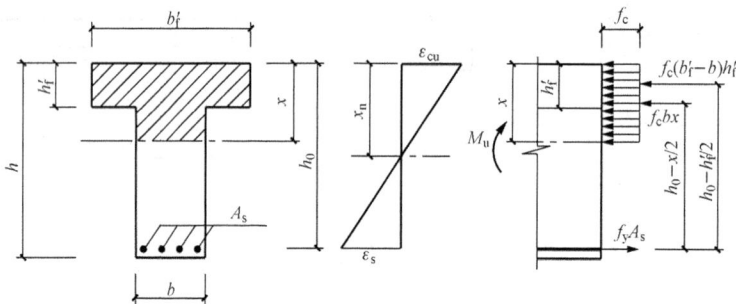

图 3-32　第二类 T 形截面梁正截面承载力计算简图

根据计算简图和内力平衡条件，可列出第二类 T 形截面的两个基本计算公式为

$$f_y A_s = f_c bx + f_c (b'_f - b) h'_f \tag{3-36}$$

$$M \leqslant \frac{1}{\gamma_d} M_u = \frac{1}{\gamma_d} \left[f_c bx \left(h_0 - \frac{x}{2} \right) + f_c (b'_f - b) h'_f \left(h_0 - \frac{h'_f}{2} \right) \right] \tag{3-37}$$

式中　h'_f——T 形、I 形截面受压区的翼缘高度；

b'_f——T 形、I 形截面受压区的翼缘计算宽度，按表 3-2 确定。

为防止发生超筋破坏，第二类 T 形截面梁的受压区高度应满足适用条件 $x \leqslant \xi_b h_0$ 或 $\xi \leqslant \xi_b$。

由于第二类 T 形截面梁的受拉钢筋配置较多，一般均能满足 $\rho \geqslant \rho_{\min}$ 的要求，所以设计中可不验算。

3. 两类 T 形截面的判别

两类 T 形截面的界限条件是 $x = h'_f$（图 3-33），根据平衡条件可以得到

$$f_c b'_f h'_f = f_y A_s$$

$$M_u = f_c b'_f h'_f \left(h_0 - \frac{h'_f}{2} \right)$$

截面设计和承载力复核时，可按下列方法判别 T 形截面梁的类别：

截面设计时可按下式判别

$$M \leqslant \frac{1}{\gamma_d} M_u = \frac{1}{\gamma_d} f_c b'_f h'_f \left(h_0 - \frac{h'_f}{2} \right) \tag{3-38}$$

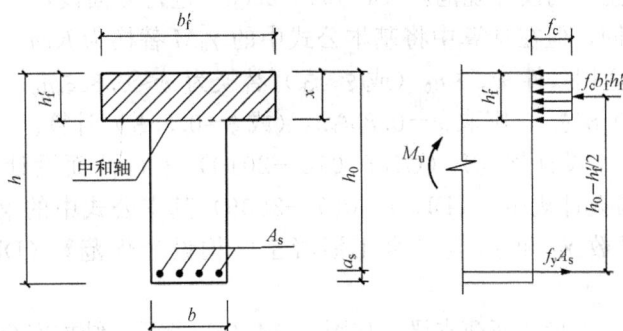

图 3-33　两类 T 形截面的界限条件

承载力复核时可按下式判别

$$f_y A_s \leqslant f_c b_f' h_f' \tag{3-39}$$

满足上述条件时，则 $x \leqslant h_f'$，即为第一类 T 形截面，否则为第二类 T 形截面。

三、截面设计

T 形梁的截面尺寸一般可预先假定或参考类似结构和相关构造规定选用，求受拉钢筋截面面积 A_s。其设计步骤为：

（1）截面尺寸确定后，应先判断 T 形截面梁的类别，即判断中和轴是位于翼缘中还是梁肋内。由于 M 已知，故由式（3-38）来判别。

（2）若满足式（3-38），表明中和轴位于翼缘内，属于第一类 T 形截面，故应按梁宽为 b_f' 的单筋矩形截面梁计算（验算配筋率时按 $\rho = A_s/bh_0$ 计算）。

（3）若不满足式（3-38），表明中和轴通过梁肋，则为第二类 T 形截面梁。此时将 $x = \xi h_0$ 代入式（3-37）求出 α_s，即

$$\alpha_s = \frac{\gamma_d M - f_c(b_f' - b)h_f'(h_0 - h_f'/2)}{f_c b h_0^2} \tag{3-40}$$

然后根据 α_s 由式 $\xi = 1 - \sqrt{1 - 2\alpha_s}$ 求得相对受压区高度 ξ，并与 ξ_b 比较。

若 $\xi \leqslant \xi_b$，则由式（3-36）可求得受拉钢筋截面面积 A_s；若 $\xi > \xi_b$，则 T 形截面梁将发生超筋破坏，故应加大截面尺寸或提高混凝土强度等级。T 形截面梁的受压区较大，混凝土足够承担压力，不必再加受压钢筋，一般都是单筋截面。

四、承载力复核

T 形截面梁的承载力复核可按下列步骤进行：

（1）由于 A_s 已知，故用式（3-39）判别 T 形截面的类别。

（2）若满足式（3-39），则为第一类 T 形截面梁，故按宽度为 b_f' 的单筋矩形截面复核。

（3）若不满足式（3-39），则为第二类 T 形截面梁，故由式（3-36）计算受压区高度 x。当 $x \leqslant \xi_b h_0$ 时，则由式（3-37）计算正截面受弯承载力 M_u；当 $x > \xi_b h_0$，则取 $x = \xi_b h_0$，然后由式（3-37）计算正截面受弯承载力 M_u。

（4）当已知截面承受的弯矩设计值 M 时，按承载能力极限状态计算要求，应满足 $M \leqslant \dfrac{M_u}{\gamma_d}$。

当按《水工混凝土结构设计规范》（SL 191—2008）进行截面设计和承载力复核时，计算步骤与上述步骤相同，但在计算中将基本公式中的 $\gamma_d M$ 替换为 KM^s。注意：如前所述，M 与 M^s 是不同的。适用条件 $x \leqslant \xi_b h_0$（或 $\xi \leqslant \xi_b$）替换为 $x \leqslant 0.85\xi_b h_0$（或 $\xi \leqslant 0.85\xi_b$），若 $x > 0.85\xi_b h_0$（或 $\xi > 0.85\xi_b$），则取 $x = 0.85\xi_b h_0$（或 $\xi = 0.85\xi_b$）计算。

当按《混凝土结构设计规范》（GB 50010—2010）进行截面设计和承载力复核时，将《水工混凝土结构设计规范》（DL/T 5057—2009）基本公式中的 γ_d 取消即可，但弯矩设计值中的分项系数 γ_G 和 γ_Q 与《水工混凝土结构设计规范》（DL/T 5057—2009）的不同。

【例3-9】 某独立 T 形截面简支梁，如图 3-34（a）所示，结构安全级别为 Ⅱ 级，所处的环境条件为一类，截面尺寸如图 3-34（b）所示，梁上承受的人群荷载标准值为 $q_k = 3.5 \text{kN/m}$，可控制的集中可变荷载标准值 $Q_k = 55.0 \text{kN}$，集中永久荷载标准值 $G_k = 12.0 \text{kN}$，采用 C25 混凝土及 HRB335 级钢筋，设计中应考虑梁自重。试按《水工混凝土结构设计规范》（DL/T 5057—2009）计算该 T 形截面梁跨中截面所需的钢筋截面面积。

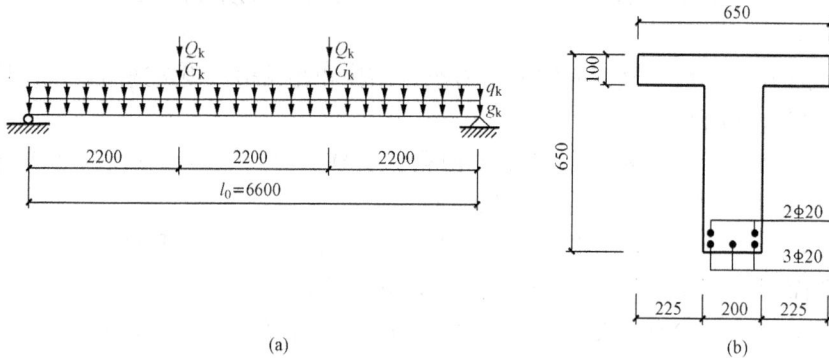

图 3-34　梁的计算简图及截面配筋图

解 结构安全级别为 Ⅱ 级，$\gamma_0 = 1.0$；持久状况的设计状况系数 $\psi = 1.0$；结构系数 $\gamma_d = 1.20$；永久荷载分项系数 $\gamma_G = 1.05$，人群荷载为一般可变荷载 $\gamma_{Q1} = 1.20$，可控制的可变荷载 $\gamma_{Q2} = 1.10$。

采用 C25 混凝土及 HRB335 级钢筋，$f_c = 11.9 \text{N/mm}^2$，$f_y = 300 \text{N/mm}^2$。一类环境条件，由附录四附表 4-1 查得 $c = 30 \text{mm}$，受拉钢筋估计为双排，取 $a_s = 65 \text{mm}$，$h_0 = h - a_s = 650 - 65 = 585 \text{mm}$。

（1）荷载计算。

梁自重　　　　标准值 $g_k = [0.20 \times 0.65 + (0.65 - 0.20) \times 0.10] \times 25 = 4.38 \text{kN/m}$

　　　　　　　设计值 $g = \gamma_G g_k = 1.05 \times 4.38 = 4.6 \text{kN/m}$

集中永久荷载　设计值 $G = \gamma_G G_k = 1.05 \times 12 = 12.6 \text{kN}$

集中可变荷载　设计值 $Q = \gamma_{Q2} Q_k = 1.10 \times 55 = 60.5 \text{kN}$

人群荷载　　　设计值 $q = \gamma_{Q1} q_k = 1.2 \times 3.5 = 4.2 \text{kN/m}$

（2）内力计算。

根据 T 形截面梁的计算简图，求得梁跨中弯矩设计值为

$$M = \gamma_0 \psi \left[\frac{1}{8}(g+q)l_0^2 + (G+Q)a \right]$$

$$= 1.0 \times 1.0 \times \left[\frac{1}{8} \times (4.6+4.2) \times 6.6^2 + (12.6+60.5) \times 2.2 \right]$$

$$= 208.7 \text{kN} \cdot \text{m}$$

（3）配筋计算。

1）确定翼缘计算宽度。

按翼缘高度考虑，$h_f' = 100\text{mm}$，$h_f'/h_0 = 100/585 = 0.171 > 0.1$，独立 T 形截面梁，所以 $b_f' = b + 12h_f' = 200 + 12 \times 100 = 1400\text{mm}$。

按计算跨度考虑，$l_0 = 6600\text{mm}$，$b_f' = l_0/3 = 6600/3 = 2200\text{mm}$。

以上翼缘计算宽度均大于梁的实际翼缘宽度 650mm，故取 $b_f' = 650\text{mm}$。

2）判断 T 形截面类别。

截面设计时按式（3-38）判别 T 形梁的类别。

$$\gamma_d M = 1.2 \times 208.7 = 250.5 \text{kN} \cdot \text{m}$$

$$f_c b_f' h_f' \left(h_0 - \frac{h_f'}{2} \right) = 11.9 \times 650 \times 100 \times \left(585 - \frac{100}{2} \right) = 413.8 \text{kN} \cdot \text{m} > \gamma_d M$$

故属于第一类 T 形截面梁，应按宽度为 b_f' 的矩形截面梁设计。

$$\alpha_s = \frac{\gamma_d M}{f_c b_f' h_0^2} = \frac{1.20 \times 208.7 \times 10^6}{11.9 \times 650 \times 585^2} = 0.095$$

$$\xi = 1 - \sqrt{1 - 2\alpha_s} = 1 - \sqrt{1 - 2 \times 0.095} = 0.100 < \xi_b = 0.550$$

$$A_s = \frac{f_c b_f' \xi h_0}{f_y} = \frac{11.9 \times 650 \times 0.10 \times 585}{300} = 1508 \text{mm}^2$$

$$\rho = \frac{A_s}{b h_0} = \frac{1508}{200 \times 585} = 1.29\% > \rho_{\min} = 0.20\%$$

选用 5 Φ 20（$A_s = 1570\text{mm}^2$），截面钢筋配置如图 3-34（b）所示。

【例 3-10】　已知某独立 T 形截面吊车梁结构安全级别为 Ⅱ 级，所处环境条件为一类，计算跨度 $l_0 = 6.0\text{m}$，在使用阶段跨中截面承受的弯矩设计值 $M = 420\text{kN} \cdot \text{m}$（包含 $\gamma_0 = 1.0$，$\psi = 1.0$），梁的截面尺寸如图 3-35 所示，采用 C25 混凝土及 HRB335 级钢筋，试按《水工混凝土结构设计规范》（DL/T 5057—2009）求该梁跨中截面所需的钢筋截面面积。

解　采用 C25 混凝土及 HRB335 级钢筋，查得 $f_c = 11.9\text{N}/\text{mm}^2$，$f_y = 300\text{N}/\text{mm}^2$。

（1）确定翼缘计算宽度。

一类环境条件，由附录四附表 4-1 查得 $c = 30\text{mm}$，因弯矩较大考虑布置两排受拉钢筋，取 $a_s = 65\text{mm}$，$h_0 = h - a_s = 700 - 65 = 635\text{mm}$。

图 3-35　截面配筋图

按翼缘高度考虑，$h_f' = 100\text{mm}$，$h_f'/h_0 = 100/635 = 0.158 > 0.1$，吊车梁为独立 T 形梁，所以 $b_f' = b + 12h_f' = 250 + 12 \times 100 = 1450\text{mm}$。

按计算跨度考虑，$l_0 = 6000\text{mm}$，$b_f' = l_0/3 = 6000/3 = 2000\text{mm}$。

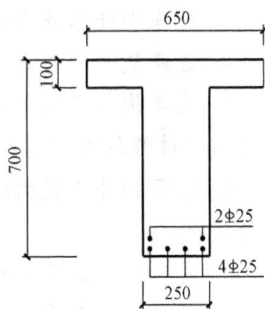

以上翼缘计算宽度均大于翼缘实际宽度 650mm，故取 $b_f'=650$mm。

（2）判断 T 形截面类别。

截面设计时按式（3-38）判别 T 形梁的类别。

$$\gamma_d M = 1.2 \times 420.0 = 504.0 \text{kN} \cdot \text{m}$$

$$f_c b_f' h_f' \left(h_0 - \frac{h_f'}{2}\right) = 11.9 \times 650 \times 100 \times \left(635 - \frac{100}{2}\right) = 452.5 \text{kN} \cdot \text{m}$$

$$\gamma_d M > f_c b_f' h_f' \left(h_0 - \frac{h_f'}{2}\right)$$

故属于第二类 T 形截面梁。

（3）配筋计算。

由式（3-40）计算 α_s。

$$\alpha_s = \frac{\gamma_d M - f_c(b_f' - b)h_f'\left(h_0 - \frac{h_f'}{2}\right)}{f_c b h_0^2}$$

$$= \frac{1.2 \times 420 \times 10^6 - 11.9 \times (650 - 250) \times 100 \times \left(635 - \frac{100}{2}\right)}{11.9 \times 250 \times 635^2} = 0.188$$

$$\xi = 1 - \sqrt{1 - 2\alpha_s} = 1 - \sqrt{1 - 2 \times 0.188} = 0.210 < \xi_b = 0.550$$

$$A_s = \frac{f_c b \xi h_0 + f_c(b_f' - b)h_f'}{f_y} = \frac{11.9 \times 250 \times 0.21 \times 635 + 11.9 \times (650 - 250) \times 100}{300}$$

$$= 2909 \text{mm}^2$$

选用 6 Φ 25（$A_s = 2945$mm^2），截面配筋图如图 3-35 所示。

思 考 题

1. 受弯构件承载力计算中，一般应分别满足哪两方面的要求？

2. 适筋截面的受力全过程可分为几个阶段？各阶段的主要特点是什么？

3. 受弯构件在正常使用极限状态和承载能力极限状态的计算内容有哪些？各以受弯构件受力全过程的哪个阶段的受力状态为计算依据？

4. 受弯构件正截面破坏形态有几种？其特点是什么？在实际设计中如何防止这些破坏的发生？

5. 受弯构件正截面承载力计算中引入了哪些基本假定？

6. 单筋矩形截面受弯构件正截面受弯承载力的基本计算公式是如何建立的？

7. 影响单筋矩形截面梁受弯承载力的因素有哪些？

8. 如何确定单筋矩形截面梁正截面受弯承载力的最大值？过多配置受拉钢筋，能否提高梁的最大承载力？

9. 什么是双筋截面？在什么情况下可采用双筋截面梁？

10. 如何计算双筋矩形截面受弯构件的正截面承载力？

11. 在双筋截面梁的设计中限制 $\xi \leqslant \xi_b$ 和 $x \geqslant 2a_s'$ 的目的是什么？

12. 在受弯构件设计中，梁的截面类型（T形、I形、倒 L 形）是依据什么条件确定的？它与受拉区还是受压区有关？

13. T 形截面梁的翼缘计算宽度如何确定？

14. T 形截面如何分类？截面设计和承载力复核中如何判别第一类 T 形截面与第二类 T 形截面？

15. 怎样计算第一类 T 形截面和第二类 T 形截面的正截面受弯承载力？

第四章　钢筋混凝土受弯构件斜截面承载力计算

第一节　概　　述

钢筋混凝土受弯构件除受到弯矩作用发生正截面破坏外，还有剪力作用，有可能沿斜裂缝发生斜截面破坏。荷载作用下的梁会发生正截面破坏还是斜截面破坏，主要取决于荷载的大小、作用位置以及结构的构造和强度。实际工程中，剪力很少单独作用于结构构件上，大多数情况是剪力与弯矩，或者剪力、弯矩、轴向力或扭矩共同作用于结构构件，构件因剪力发生斜裂缝破坏时必然受到弯矩作用的影响。

受弯构件的抗剪能力很大程度取决于混凝土的强度，构件剪切破坏时延性小，通常是脆性的，并且斜裂缝产生后构件中的应力状态复杂，传统匀质弹性体中的剪应力的平截面假定不再适用。

为了防止受弯构件沿斜裂缝发生破坏，除了要求构件有合理的截面尺寸外，如图 4-1 所示，通常配置一定的箍筋与纵筋和架立钢筋组成骨架，箍筋的作用是承受主拉应力，阻止斜裂缝开展。当构件承受的剪力较大时，通过计算，可以在弯矩较小的区段把纵筋弯起（称为弯起钢筋），或者采用单独斜向放置的钢筋防止斜截面破坏，箍筋和弯起钢筋统称为腹筋。

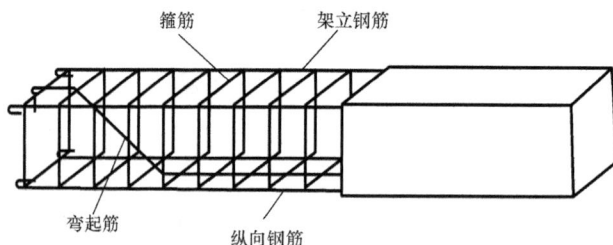

图 4-1　箍筋和弯起钢筋

第二节　无腹筋梁的受剪性能

一、斜裂缝的形成

无腹筋梁的斜截面破坏发生在剪力和弯矩共同作用的区段。图 4-2（a）表示梁体内的主应力轨迹线的分布。图 4-2（b）、（c）为只配置受拉主筋的混凝土简支梁在集中荷载作用下的弯矩图和剪力图。取其微元体，其主压应力和主拉应力如图 4-2（d）所示。当荷载较小，裂缝出现以前，可以把钢筋混凝土梁视作匀质弹性体，按材料力学的方法进行分析。随着荷载增加，当主拉应力值超过复合受力下混凝土抗拉极限强度时，首先在梁的剪拉区底部出现垂直裂缝，而后在垂直裂缝的顶部沿着与主拉应力垂直的方向向集中荷载作用点发展。当荷载增加到一定程度时，在几根斜裂缝中形成一条主要斜裂缝。此后，随荷载继续增加，剪压区高度不断减小，剪压区的混凝土在剪应力和压应力共同作用下，达到复合应力状态下的极限强度，导致梁失去承载能力而破坏。显然，梁出现裂缝后，其内力分布开始变化，材料力学的匀质弹性体受力分析方法已不适用。

在梁的剪拉区底部出现裂缝后，与斜裂缝相交处的纵筋会产生销栓力阻止斜裂缝扩展。另外，在斜裂缝开展过程中形成的各块体发生剪切移动，由于沿斜裂缝两侧交互面凹凸不平，会产生骨料咬合力，这两种力对梁的斜截面抗剪强度有一定的提高作用，但是影响比较小。

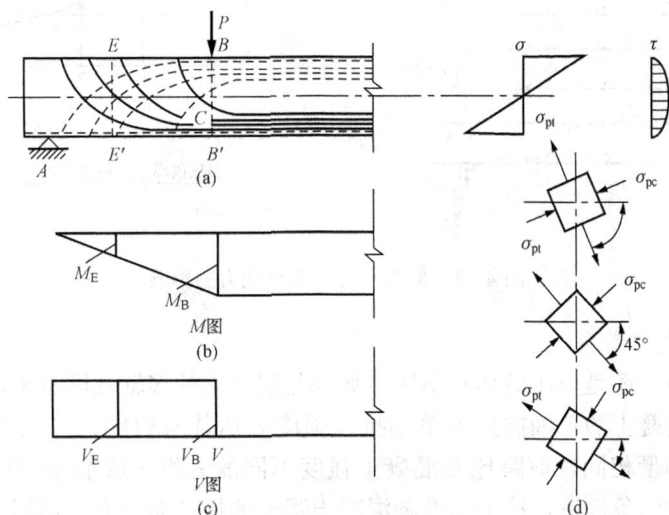

图 4-2　梁的内力及主应力分布

二、影响无腹筋简支梁斜截面受剪承载力的主要因素

影响无腹筋简支梁斜截面承载力的主要因素有剪跨比、混凝土强度和纵筋配筋率。

1. 剪跨比的影响

如图 4-2（d）所示，无腹筋梁的斜截面破坏与截面的主压应力和主拉应力有很大关系，也就是说，与截面正应力 σ 和剪应力 τ 的比值有关，截面正应力和剪应力分别与弯矩 M 和剪力 V 成正比，可以用参数——剪跨比 λ 反映这一关系。对集中荷载作用下的梁，如图 4-3 所示，剪跨比与几何尺寸"剪跨" a（从支座到第一个集中荷载的距离）和截面有效高度 h_0 有关，可以用 a 和 h_0 表示，其实质也反映了正应力 σ 和剪应力 τ 的关系。

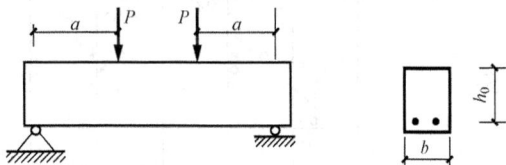

图 4-3　梁的剪跨关系

剪跨比既可以表示为截面的弯矩与剪力的比值，对集中荷载作用下的梁，又可以表示为"剪跨"与截面有效高度的比值。剪跨比 λ 定义为

$$\lambda = \frac{M}{Vh_0} = \frac{V \cdot a}{V \cdot h_0} = \frac{a}{h_0} \tag{4-1}$$

剪跨比是影响梁的斜截面承载力的主要因素之一。如前所述，它可以决定斜截面破坏的形态。剪跨比由小到大变化时，破坏形态从斜压型向剪压型，到斜拉型过渡。图 4-4 表示不同剪跨比的无腹筋梁的破坏形态和名义剪应力 $V/(f_t b h_0)$ 的关系。随着剪跨比增大，破坏时的名义剪应力值减小。由图不难看出，当剪跨比较小时，对抗剪承载力的影响较大，随着剪跨比增大，对抗剪承载力的影响减弱，名义剪应力与剪跨比大致呈双曲线关系[42]。

(a)

(b)

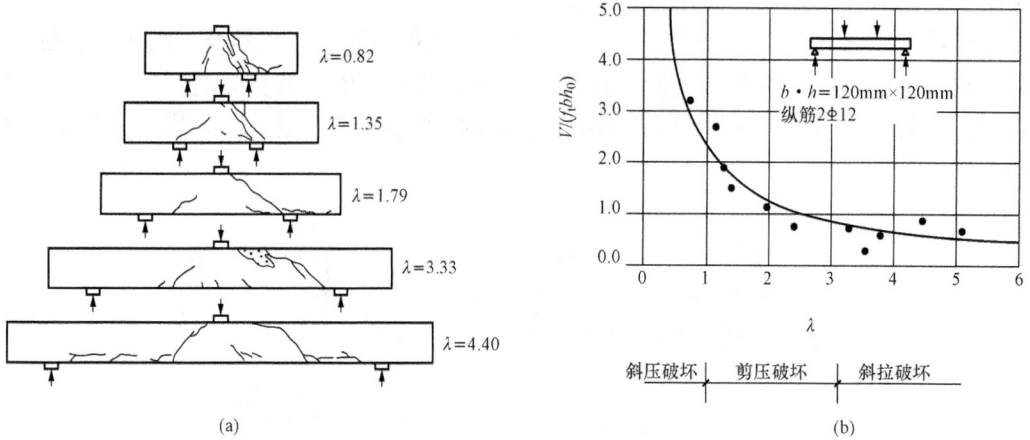

图 4-4　剪跨比对受剪承载力的影响

2. 混凝土强度的影响

无论是斜拉破坏还是剪压破坏和斜压破坏都与混凝土的多轴强度有密切的关系，但为了简化一般均采用混凝土的单轴抗拉或单轴抗压强度表达其与构件抗剪强度的关系。图 4-5 为截面尺寸及纵筋量相同，剪跨比及混凝土强度不同的五组无腹筋梁的试验结果。试验表明，在同一剪跨比的条件下，抗剪强度随混凝土强度的提高而增大。不同剪跨比的梁，其破坏形态不同，抗剪强度不仅取决于混凝土的抗压或抗拉强度，而且与剪跨比有很大关系，对于不同的剪跨比，随着混凝土强度的提高，抗剪强度的提高幅度有较大差别，且大剪跨比的情况下，抗剪强度随混凝土强度的提高而增加的速率低于小剪跨比的情况。需要说明的是，

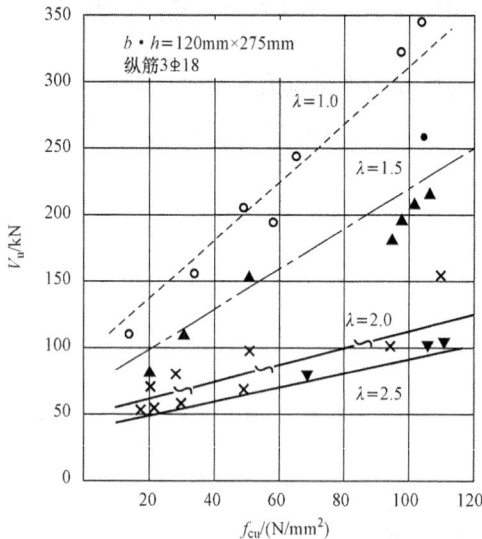

图 4-5　混凝土强度对受剪承载力的影响

图 4-5 中，抗剪强度和混凝土抗压强度只是大致呈线性关系。研究分析表明，对于高强混凝土，抗剪强度和混凝土抗压强度并不是严格的线性关系，并且混凝土抗压强度越高，二者的线性关系越不明显。如果用混凝土抗压强度作为指标反映对抗剪强度的影响，对高强混凝土有可能会过高地估计抗剪强度。高强混凝土由于抗拉强度的提高不像抗压强度的提高那么明显，所以抗剪强度与抗拉强度之间有较好的线性关系。不同国家的设计规范在反映混凝土强度对抗剪能力的影响时，有采用混凝土抗压强度的，也有采用混凝土抗拉强度的，我国新规范采用的是混凝土抗拉强度。当采用混凝土抗压强度时，特别对高强混凝土，通常应进行修正[43]。

3. 纵筋配筋率的影响

纵筋对抗剪强度的影响主要是直接在横截面承受一定剪力，起"销栓"作用。同时，纵筋能抑制斜裂缝的发展，增大斜裂缝间交互面的剪力传递，增加纵筋量能加大混凝土剪压区

高度，从而间接提高梁的抗剪能力。图 4-6 表示纵筋配筋率 ρ 对斜截面承载力（名义剪应力）的影响。从图中可以看出，纵筋配筋率对斜截面承载力的影响程度随剪跨比而不同，纵筋配筋率和名义剪应力大体呈线性关系。大剪跨比（$\lambda > 3$）时，由于容易产生撕裂裂缝，使纵筋的"销栓"作用减弱，纵筋对抗剪强度的影响较小。纵筋配筋率较低时抗剪承载力提高较快，纵筋配筋率较高时提高速度减慢。我国《混凝土结构设计规范》（GB 50010—2010）的计算公式没有考虑纵筋配筋率对抗剪强度的影响。

4. 截面尺寸和形状的影响

对无腹筋混凝土受弯构件，随着高度增加，斜截面上出现的裂缝宽度加大，裂缝内表面骨料之间的机械咬合作用被削弱，使得接近开裂端部的开裂区拉应力弱化，传递剪应力的能力下降，构件破坏时，斜截面受剪承载力随着构件高度的增加而降低。所以，截面尺寸是影响受剪承载力的主要因素之一。Kani 在 1967 年最早提出了截面高度对无腹筋混凝土构件的影响问题。此后，1989 年 Shioya 等人分析了截面高度对受剪承载力的影响，通过一系列高度（最大高度 3000mm）的试验再次证实了这个尺寸效应。同时指出，梁高从 300mm 变化到 3000mm 时，平均抗剪强度降低大约 1/3。图 4-7 为 Kani 的试验结果，图中 d 为截面有效高度，f_c' 为混凝土圆柱体抗压强度。由图可以看出，梁的其他条件相同，随着截面高度增大受剪承载力降低。与梁高 300mm 的受剪承载力比较，梁高 600mm 时受剪承载力降低 45% 左右，梁高 1000mm 时受剪承载力降低 56% 左右，截面高度对受剪承载力的影响显著。还有，Collins 等人在 1993 年证实，当无腹筋梁配有较多分布钢筋时，尺寸效应会减弱，说明受拉分布钢筋在一定程度上控制了裂缝的发展。

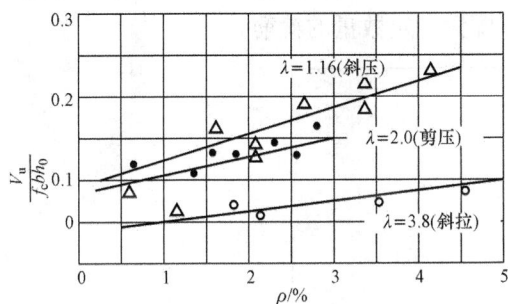

图 4-6　纵筋配筋率对受剪承载力的影响　　图 4-7　截面高度对受剪承载力的影响（n 为试验梁数）

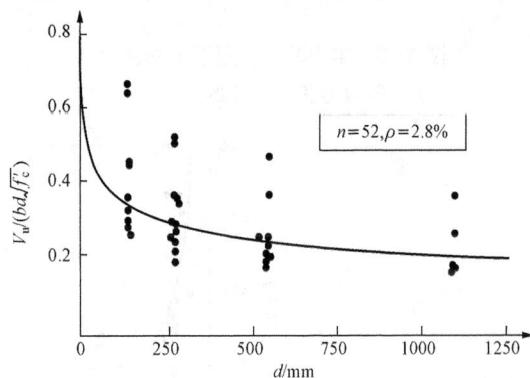

实际工程中构件的截面尺寸比试验研究中采用的试件截面尺寸一般要大，设计高度大的梁时，由于截面高度的影响，可能会高估承载能力，并且梁越高，高估得越多。目前，国内外一些设计规范在考虑截面高度对斜截面受剪承载力的影响时，大致分为两种情况：在截面高度比较小的情况下（如 $h < 600$mm），考虑尺寸效应对斜截面受剪承载力的有利作用，对承载能力作增大修正；在截面高度比较大的情况下，则要考虑尺寸效应对斜截面受剪承载力的不利影响，对承载能力作折减修正。我国《混凝土结构设计规范》（GB 50010—2010）规定，对一般板类构件，在截面高度比较大时，应对受剪承载力作折减修正。当配置腹筋后，由于腹筋对开裂的抑制作用，截面高度的影响会减小。

截面形状对受剪承载力也有一定的影响，对 T 形、I 形截面梁，翼缘有利于提高受剪承载力，所以它们的抗剪能力略高于矩形截面梁。

当有轴向压力作用［轴压比 $N/(f_cbh) < 0.5$］时，轴压力使垂直裂缝出现推迟，斜裂缝倾角变小，混凝土剪压区增大，受剪承载力提高。

此外，支座约束条件、加载方式（间接加载、重复加载）等因素对受剪承载力也有不同程度的影响。

三、无腹筋梁斜截面受剪承载力

上述影响因素都直接或间接地影响无腹筋梁斜截面的承载力。近几十年来，国内外学者也对无腹筋梁的破坏机理进行了大量的研究，但是影响斜截面承载力的因素多而复杂，各因素之间相互制约，目前抗剪试验只能给出总体影响效应，还很难准确给出各因素的影响量值，并且试验值的离散性大，所以无腹筋梁斜截面承载力计算公式是建立在抗剪机理和试验统计的基础上，考虑简便、通用和偏安全，采用的是试验数据的偏下限。

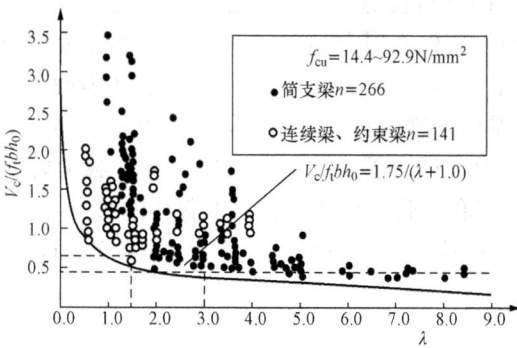

图 4-8　集中荷载作用下无腹筋梁
剪应力和剪跨比的关系

图 4-8 表示集中荷载作用下无腹筋梁名义剪应力和剪跨比的关系。图 4-9 表示均布荷载作用下无腹筋梁名义剪应力和跨高比的关系。

分析无腹筋梁的斜截面承载力是为了进一步研究有腹筋梁的抗剪性能。需要注意的是，斜截面破坏的特点是一旦出现裂缝后，就会很快发展，呈明显的脆性破坏，有较大的危险性。所以，虽然设计梁时可以不用公式计算无腹筋梁斜截面承载力，但并不表示设计时梁可以不配置箍筋，一般也应按构造要求配置一定数量的箍筋。

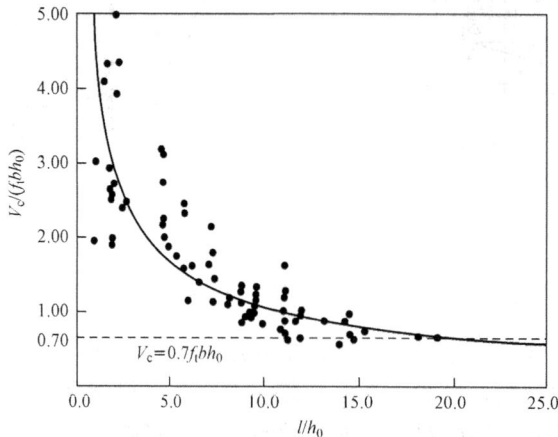

图 4-9　均布荷载作用下无腹筋梁名义剪应力和跨高比的关系

对无腹筋的一般板类构件，考虑到截面高度对承载力的影响显著，各规范均考虑了截面高度影响系数，并采用下列公式计算斜截面受剪承载力。

《水工混凝土结构设计规范》（DL/T 5057　2009）[3]

$$V \leqslant \frac{1}{\gamma_d}(0.7\beta_h f_t bh_0) \tag{4-2}$$

《水工混凝土结构设计规范》（SL 191—2008）[4]

$$KV \leqslant 0.7\beta_h f_t bh_0 \qquad (4-3)$$

《混凝土结构设计规范》（GB 50010—2010）[2]

$$V_c \leqslant 0.7\beta_h f_t bh_0 \qquad (4-4)$$

$$\beta_h = \left(\frac{800}{h_0}\right)^{\frac{1}{4}} \qquad (4-5)$$

β_h 为截面高度影响系数，当 h_0 小于 800mm 时，取 $h_0=800$mm；当 h_0 不小于 2000mm 时，取 $h_0=2000$mm。

第三节 有腹筋梁的受剪性能

一、剪力传递机理

箍筋和弯起钢筋是腹筋的主要形式。有腹筋梁的剪力传递与无腹筋梁不同，可用桁架—拱模型描述其受力特征。在斜裂缝尚未形成时，剪力主要由混凝土来传递，而这时箍筋中的应力一般很小。一旦斜裂缝出现，混凝土传递剪力的能力会突然降低，这时与斜裂缝相交的箍筋中的应力迅速增大，随着荷载进一步增大，斜裂缝数量增加，宽度逐渐加大，此时剪弯区段的受力状态如图 4-10 所示。一部分剪力由混凝土弧形拱直接传递到支座，而另一部分剪力则由混凝土斜压杆以压力形式借助骨料间的咬合力，以及箍筋的连接作用向支座方向传递。斜裂缝出现后被斜裂缝分割成的混凝土块体可以看做一个承受压力的斜压杆，箍筋将混凝土块体连接在一起，共同把剪力传递到支座上。这样就形成了桁架式的受力模型。如图 4-11 所示，箍筋和混凝土斜压杆分别相当于桁架模型中的腹拉杆和腹压杆，纵向受拉钢筋和在剪压区的受压混凝土分别充当桁架的弦拉杆和弦压杆。

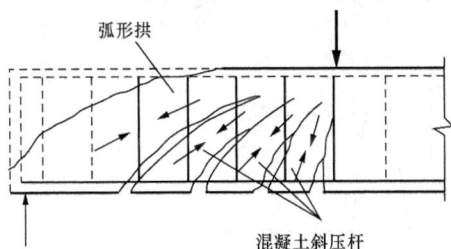

图 4-10 剪力传递

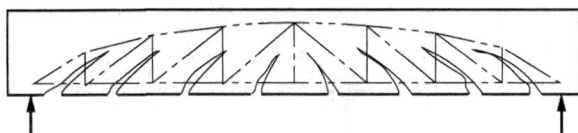

图 4-11 桁架—拱模式

二、腹筋的作用

作为腹筋的箍筋可以增强和改善梁的抗剪能力。梁内斜向主拉应力的作用是混凝土沿斜向开裂的主要原因。所以，为了有效地限制斜裂缝的扩展，箍筋应布置成与斜裂缝正交，方向应与主拉应力的方向相同。但是，为了施工方便，一般都采用垂直箍筋，箍筋应在剪弯区段内均匀布置。从受力情况看，由于荷载形式、支承条件以及由此产生的斜裂缝的分布及其发展的影响，每根箍筋的受力是不相同的。

配置弯起钢筋也是提高梁的斜截面承载力的常用方法。弯起钢筋通常是由纵筋直接弯起，用以限制斜裂缝的扩展。但是弯起钢筋在弯起处传力较集中，容易引起弯起处混凝土发生劈裂破坏，如图 4-12 所示。因此在实际设计中宜首先选用箍筋，当需要的箍筋较多时，再考虑使用弯起钢筋。选用的弯起钢筋不应放在梁的边缘处，其直径也不宜过粗。

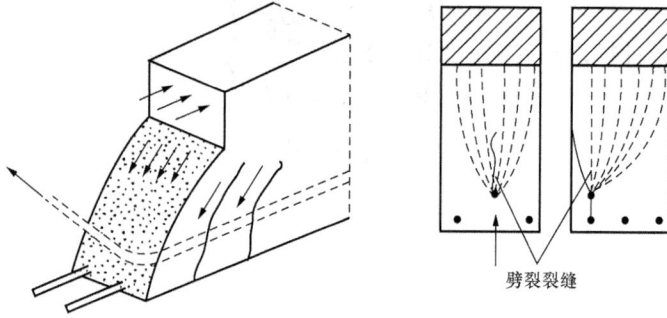

图 4-12　弯起钢筋的劈裂裂缝

三、斜截面受剪破坏的主要形态

梁沿斜截面的破坏形态可以分为三种。

1. 斜压破坏

如图 4-13 所示，这种破坏多发生在集中荷载距支座较近，且剪力大而弯矩小的区段，即剪跨比较小（$\lambda<1$）时，或者剪跨比适中，但腹筋配置量过多，以及腹板宽度较窄的 T 形或 I 形梁。由于剪应力起主要作用，破坏过程中，先是在梁腹部出现多条密集而大体平行的斜裂缝（称为腹剪裂缝）。随着荷载增加，梁腹部被这些斜裂缝分割成若干个斜向短柱。当混凝土中的压应力超过其抗压强度时，发生类似受压短柱的破坏，此时箍筋应力一般达不到屈服强度。

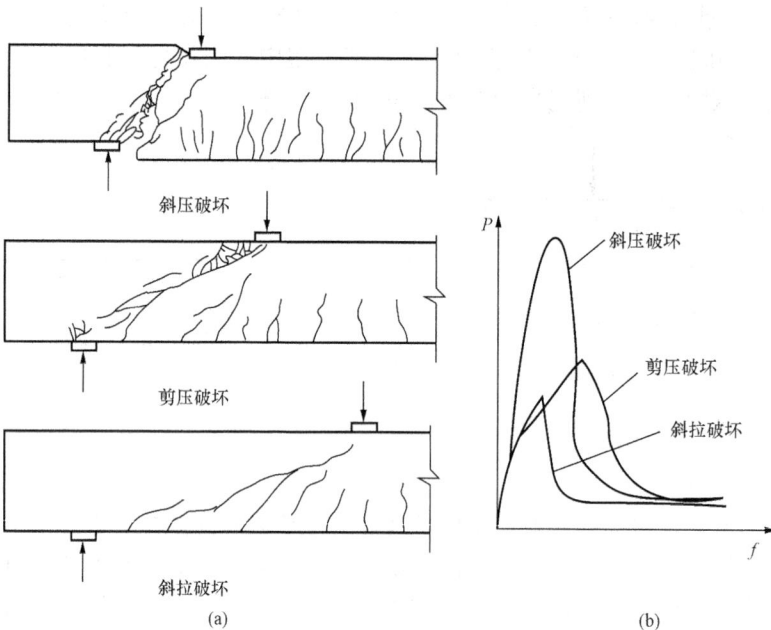

图 4-13　梁的斜截面破坏

（a）破坏形态；（b）荷载—挠度曲线

2. 剪压破坏

如图 4-13 所示，这种破坏常发生在剪跨比适中（$1<\lambda<3$），且腹筋配置量适当时，这

是最典型的斜截面破坏形态，也是设计中依据的破坏形态。这种破坏过程是，首先在剪弯区出现弯曲垂直裂缝，然后斜向延伸，形成较宽的主裂缝——临界斜裂缝，随着荷载的增大，斜裂缝向荷载作用点缓慢发展，剪压区高度不断减小，斜裂缝的宽度逐渐加宽，与斜裂缝相交的箍筋应力也随之增大。破坏时，受压区混凝土在正应力和剪应力的共同作用下被压碎，且受压区混凝土有明显的压坏现象，此时箍筋的应力到达屈服强度。

3. 斜拉破坏

如图 4-13 所示，这种破坏发生在剪跨比较大（$\lambda > 3$），且箍筋配置量过少的情况。其破坏特点是，破坏过程急速且突然，斜裂缝一旦在梁腹部出现，很快就向上下延伸，形成临界斜裂缝，将梁劈裂为两部分而破坏，且往往伴随产生沿纵筋的撕裂裂缝。破坏荷载与开裂荷载很接近。

与适筋梁正截面破坏相比较，斜压破坏、剪压破坏和斜拉破坏时梁的变形要小，且具有脆性破坏的特征，尤其是斜拉破坏，破坏前梁的变形很小，有较明显的脆性。

四、有腹筋梁受剪承载力计算

试验表明，无论简支梁还是连续梁或约束梁均有斜拉破坏、剪压破坏和斜压破坏三种受剪破坏形态。由于剪切破坏是混凝土在复杂应力状态下的强度问题，影响梁的斜截面受剪承载力的因素很多，并且目前复杂应力条件下的混凝土强度理论还不十分成熟，所以目前各国的设计规范尚未建立统一的理论计算模式。我国现行规范所给出的受剪承载力计算公式均是以剪压破坏形态为依据，建立在试验和理论分析基础上的经验公式。

在设计时，对斜拉破坏和斜压破坏应采取可靠的构造措施予以避免。

为防止斜拉破坏发生，要求配置一定数量的、间距不太大的箍筋，且满足最小配箍率的要求，因试验表明，若箍筋配筋率过小，或箍筋间距过大，一旦出现斜裂缝，箍筋可能迅速达到屈服，斜裂缝急剧开展，导致斜拉破坏。

为了防止斜压破坏和限制使用阶段的斜裂缝宽度，构件的截面尺寸不应过小，配置的腹筋也不应过多，因当配箍特征值过大时，箍筋的抗拉强度不能发挥，梁的斜截面破坏将由剪压破坏转为斜压破坏，此时，梁沿斜截面的抗剪能力主要由混凝土的截面尺寸及混凝土的强度等级决定，而与配筋率无关。因此需对斜截面尺寸进行限制。

对于常见的剪压破坏，由于随着剪跨比、混凝土强度等级、纵筋配筋率等因素的变化，受剪承载能力的变化范围较大，因此设计时需要由计算配置足够的腹筋来保证斜截面受剪承载力。

1. 《水工混凝土结构设计规范》（DL/T 5057—2009）的计算方法

（1）对于矩形、T 形和工形截面的受弯构件，其斜截面受剪承载力应符合下列规定

$$V \leqslant \frac{1}{\gamma_d}(V_c + V_{sv} + V_{sb}) \tag{4-6}$$

$$V_c = 0.7 f_t b h_0 \tag{4-7}$$

$$V_{sv} = f_{yv} \frac{A_{sv}}{s} h_0 \tag{4-8}$$

$$V_{sb} = f_y A_{sb} \sin\alpha_s \tag{4-9}$$

式中　　V——构件斜截面上的剪力设计值，按《水工混凝土结构设计规范》（DL/T 5057—2009）的 5.2.2 条或 5.2.3 条计算；

γ_d——钢筋混凝土结构的结构系数，按《水工混凝土结构设计规范》（DL/T 5057—2009）的表 5.2.1 条或本教材表 2-6 采用；

V_c——混凝土的受剪承载力设计值；

V_{sv}——箍筋项的受剪承载力设计值，包括箍筋起着直接承受部分剪力的作用和间接限制斜裂缝宽度增强混凝土骨料咬合力等作用；

A_{sv}——配置在同一截面内箍筋各肢的全部截面面积，$A_{sv}=nA_{sv1}$；

n——在同一截面内箍筋的肢数；

A_{sv1}——单肢箍筋的截面面积；

V_{sb}——与斜裂缝相交的弯起钢筋的受剪承载力设计值；

f_t——混凝土轴心抗拉强度设计值，按《水工混凝土结构设计规范》（DL/T 5057—2009）的表 6.1.4 条或本教材附录二附表 2-2 采用；

f_{yv}——箍筋的抗拉强度设计值，按《水工混凝土结构设计规范》（DL/T 5057—2009）的表 6.2.3-1 条或本教材附录二附表 2-6 采用；

f_y——弯起钢筋抗拉强度设计值，按《水工混凝土结构设计规范》（DL/T 5057—2009）的表 6.2.3-1 条或本教材附录二附表 2-6 采用；

A_{sb}——同一截面弯起钢筋的截面面积；

s——沿构件长度方向的箍筋间距；

b——矩形截面的宽度，T 形截面或工形截面的腹板宽度；

h_0——截面的有效高度；

α_s——斜截面上弯起钢筋的切线与构件纵向轴线的夹角，一般取 45°，当梁较高时，可取 60°。

对集中荷载作用下的矩形截面独立梁（包括作用有多种荷载，且其中集中荷载对支座截面或节点边缘所产生的剪力值占总剪力值的 75% 以上的情况），式（4-7）中的系数 0.7 应改为 0.5。

（2）不需进行斜截面受剪承载力计算的条件。

如能符合下列规定

$$V \leqslant \frac{1}{\gamma_d}V_c \qquad (4-10)$$

则不需进行斜截面受剪承载力计算，而仅需根据构造要求配置箍筋。

（3）截面限制条件。

矩形、T 形和工形截面的受弯构件，其受剪截面应符合下列规定：

当 $\frac{h_w}{b}\leqslant 4$ 时，属于一般梁，应满足

$$V \leqslant \frac{1}{\gamma_d}0.25f_cbh_0 \qquad (4-11)$$

当 $\frac{h_w}{b}\geqslant 6$ 时，属于薄腹梁，应满足

$$V \leqslant \frac{1}{\gamma_d}0.20f_cbh_0 \qquad (4-12)$$

当 $4<\frac{h_w}{b}<6$ 时，按线性内插法确定。

式中　f_c——混凝土轴心抗压强度设计值，按《水工混凝土结构设计规范》（DL/T 5057—2009）的表 6.1.4 条或本教材附录二附表 2-2 采用；

h_w——截面的腹板高度，矩形截面取有效高度，即 $h_w = h_0$；对 T 形截面取有效高度减去翼缘高度，即 $h_w = h_0 - h'_f$；对工形截面取腹板净高，即 $h_w = h - h'_f - h_f$。

对 T 形或 I 形截面的简支受弯构件，当有实践经验时，式（4-11）中的系数 0.25 可改为 0.3；对截面高度较大、控制裂缝开展宽度要求较严的结构构件，其截面应符合式（4-12）的要求。

设计中如果不满足式（4-11）或式（4-12）的要求时，应加大截面尺寸或提高混凝土强度等级。

（4）最小箍筋配筋率。

当 $V > V_c / \gamma_d$ 时，箍筋的配筋率 ρ_{sv} 不应小于 0.15%（HPB235）、0.12%（HPB300 级钢筋）、0.10%（HRB335 级钢筋），此处 $\rho_{sv} = \dfrac{A_{sv}}{bs}$。

（5）板类受弯构件斜截面受剪承载力计算。

1）不配置抗剪钢筋的实心板，其斜截面的受剪承载力应符合下列规定

$$V \leqslant \frac{1}{\gamma_d}(0.7\beta_h f_t b h_0) \tag{4-13}$$

$$\beta_h = \left(\frac{800}{h_0}\right)^{\frac{1}{4}} \tag{4-14}$$

式中　β_h——截面高度影响系数，当 $h_0 < 800\text{mm}$ 时，取 $h_0 = 800\text{mm}$；当 $h_0 > 2000\text{mm}$ 时，取 $h_0 = 2000\text{mm}$。

2）配置弯起钢筋的实心板，其斜截面受剪承载力应符合下列规定

$$V \leqslant \frac{1}{\gamma_d}(V_c + V_{sb}) \tag{4-15}$$

式中　V_c，V_{sb}——分别按式（4-7）、式（4-9）计算，并要求 $V_{sb} \leqslant 0.8 f_t b h_0$。

2.《水工混凝土结构设计规范》（SL 191—2008）的计算方法

（1）矩形、T 形和工形截面的受弯构件，其斜截面受剪承载力应符合下列规定

$$KV \leqslant V_c + V_{sv} + V_{sb} \tag{4-16}$$

$$V_c = 0.7 f_t b h_0 \tag{4-17}$$

$$V_{sv} = 1.25 f_{yv} \frac{A_{sv}}{s} h_0 \tag{4-18}$$

$$V_{sb} = f_y A_{sb} \sin\alpha_s \tag{4-19}$$

式中　K——承载力安全系数，按《水工混凝土结构设计规范》（SL191—2008）表 3.2.4 的规定或本教材表 2-9 取值。

对承受集中荷载为主的重要的独立梁（如水电站厂房中的吊车梁、大坝的门机轨道梁等），式（4-17）中的系数 0.7 应改为 0.5，式（4-18）中的系数 1.25 应改为 1.0。

（2）不需进行斜截面受剪承载力计算的条件。

如能符合下列规定

$$KV \leqslant V_c \tag{4-20}$$

则不需进行斜截面受剪承载力计算，而仅需根据构造要求配置箍筋。

（3）截面限制条件。

矩形、T 形和工形截面的受弯构件，截面尺寸应符合下列条件：

当 $\frac{h_w}{b} \leqslant 4$ 时，属于一般梁，应满足

$$KV \leqslant 0.25 f_c b h_0 \tag{4-21}$$

当 $\frac{h_w}{b} \geqslant 6$ 时，属于薄腹梁，应满足

$$KV \leqslant 0.2 f_c b h_0 \tag{4-22}$$

当 $4 < \frac{h_w}{b} < 6$ 时，按线性内插法确定。

对 T 形或工形截面的简支受弯构件，当有实践经验时，式（4-21）中的系数 0.25 可改为 0.3；对截面高度较大、控制裂缝开展宽度要求较严的结构构件，其截面应符合式（4-22）的要求。

设计中如果不满足式（4-21）或式（4-22）的要求时，应加大截面尺寸或提高混凝土强度等级。

（4）最小箍筋配筋率。

当 $KV > V_c$ 时，箍筋的配筋率 ρ_{sv} 不应小于 0.15%（HPB235）、0.10%（HRB335 级钢筋）。

（5）板类受弯构件斜截面受剪承载力计算。

1）不配置抗剪钢筋的实心板，其斜截面的受剪承载力应符合下列规定

$$KV \leqslant 0.7 \beta_h f_t b h_0 \tag{4-23}$$

式中　β_h——按式（4-14）计算。

2）配置弯起钢筋的实心板，其斜截面受剪承载力应符合下列规定

$$KV \leqslant V_c + V_{sb} \tag{4-24}$$

式中　V_c、V_{sb}——分别按式（4-17）、式（4-19）计算，并要求 $V_{sb} \leqslant 0.8 f_t b h_0$。

3.《混凝土结构设计规范》（GB 50010—2010）的计算方法

（1）我国《混凝土结构设计规范》（GB 50010—2010）的基本计算公式是根据剪压破坏并考虑到使用高强混凝土时的受力特征，以试验点的偏下线作为受剪承载力计算的取值标准而建立的。对矩形、T 形和工形截面的受弯构件斜截面受剪承载力计算采用下列基本形式

$$V \leqslant V_c + V_{sv} + V_{sb} \tag{4-25}$$

$$V_c = \alpha_{cv} f_t b h_0 \tag{4-26}$$

$$V_{sv} = f_{yv} \frac{A_{sv}}{s} h_0 \tag{4-27}$$

$$V_{sb} = 0.8 f_{yv} A_{sb} \sin\alpha_s \tag{4-28}$$

式中　α_{cv}——斜截面混凝土受剪承载力系数，对一般受弯构件取 0.7；对集中荷载作用下（包括作用多种荷载，且其中集中荷载对支座截面或节点边缘所产生的剪力值占总剪力值的 75% 以上的情况）的独立梁，取 $\alpha_{cv} = \frac{1.75}{\lambda + 1.0}$，$\lambda$ 为计算剪跨比，可取 $\lambda = a/h_0$（a 为集中荷载作用点至支座截面或节点边缘的距离），当 λ 小于 1.5 时，取 $\lambda = 1.5$；当 λ 大于 3.0 时，取 $\lambda = 3.0$。

图 4-14 和图 4-15 分别表示均布荷载、集中荷载作用下配箍筋梁的受剪承载力试验值与计算值的比较。

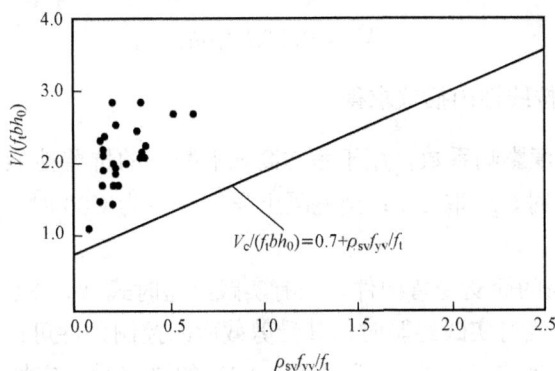

图中：$V/(f_t bh_0)$ 纵轴，$\rho_{sv} f_{yv}/f_t$ 横轴

$V_c/(f_t bh_0)=0.7+\rho_{sv}f_{yv}/f_t$

图 4-14　均布荷载作用下配箍筋梁的试验值与计算值的比较

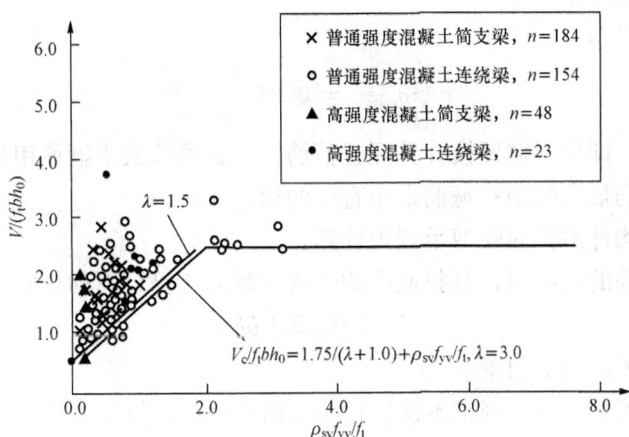

$\times$ 普通强度混凝土简支梁，$n=184$
$\circ$ 普通强度混凝土连续梁，$n=154$
$\blacktriangle$ 高强度混凝土简支梁，$n=48$
$\bullet$ 高强度混凝土连续梁，$n=23$

$\lambda=1.5$

$V_c/f_t bh_0=1.75/(\lambda+1.0)+\rho_{sv}f_{yv}/f_t,\ \lambda=3.0$

图 4-15　集中荷载作用下配箍筋梁的试验值与计算值的比较

梁发生剪压破坏时，与斜裂缝相交的箍筋和弯起钢筋的拉应力一般都能达到屈服强度，但是考虑到拉应力可能不均匀，特别是靠近剪压区的腹筋有可能达不到屈服强度。所以在弯起钢筋中考虑了应力不均匀系数，取 0.8。

（2）不需进行斜截面受剪承载力计算的条件。

如能符合下列规定

$$V \leqslant 0.7 f_t bh_0 \qquad (4-29)$$

或

$$V \leqslant \frac{1.75}{\lambda+1.0} f_t bh_0 \qquad (4-30)$$

说明混凝土的受剪承载力就可以抵抗斜截面的破坏，可不进行斜截面承载力计算，仅需按构造要求配置箍筋。

（3）截面限制条件。

矩形、T 形和工形截面的受弯构件，其受剪截面应符合下列规定：

当 $\dfrac{h_w}{b} \leqslant 4$ 时，属于一般梁，应满足

$$V \leqslant 0.25\beta_{c}f_{c}bh_{0} \tag{4-31}$$

当 $\dfrac{h_{w}}{b} \geqslant 6$ 时，属于薄腹梁，应满足

$$V \leqslant 0.20\beta_{c}f_{c}bh_{0} \tag{4-32}$$

当 $4 < \dfrac{h_{w}}{b} < 6$ 时，按线性内插法求得。

式中　β_{c}——混凝土强度影响系数，用于考虑高强混凝土的抗剪性能，当混凝土强度等级不大于 C50 时，β_{c} 取 1.0；当混凝土强度等级为 C80 时，β_{c} 取 0.8，其间按线性内插法确定。

对 T 形和工形截面的简支受弯构件，当有实践经验时式（4-31）中的系数可改用 0.3。对受拉边倾斜的构件，当有实践经验时，其受剪截面的控制条件可适当放宽。

设计中，如果不满足式（4-31）或式（4-32）的要求时，应加大截面尺寸或提高混凝土强度等级。

（4）最小箍筋配筋率。

最小箍筋配筋率为

$$\rho_{sv,min} = 0.24\frac{f_{t}}{f_{yv}} \tag{4-33}$$

需要注意的是，即使不需要按计算配置箍筋，也必须按最小箍筋用量的要求来配置构造箍筋，即应满足箍筋最大间距和箍筋最小直径的构造要求。

（5）板类受弯构件斜截面受剪承载力计算。

不配置抗剪钢筋的实心板，其斜截面的受剪承载力应符合下列规定

$$V \leqslant 0.7\beta_{h}f_{t}bh_{0} \tag{4-34}$$

式中　β_{h}——按式（4-14）计算。

由上面的分析可见，三本规范本次修订均对斜截面的计算公式进行了调整，特别是《水工混凝土结构设计规范》（DL/T 5057—2009）和《混凝土结构设计规范》（GB 50010—2010）取消了箍筋前的系数 1.25，提高了可靠指标，这对抗剪指标偏低的钢筋混凝土结构是应该的。

第四节　有腹筋连续梁的抗剪性能和斜截面承载力计算

一、有腹筋连续梁的破坏特点

集中荷载以及均布荷载作用下的连续梁在支座端有负弯矩，在剪弯区段有正负弯矩及存在反弯点（理论弯矩零点），如图 4-16 所示，由于存在反弯点和负弯矩，破坏时的斜裂缝模型及破坏特征与简支梁有所不同。

试验结果表明，影响连续梁的斜截面承载力的因素，除混凝土强度等级、纵筋配筋率、剪跨比、截面尺寸等与简支梁相同外，弯矩比 φ（负弯矩 M^{-} 与正弯矩 M^{+} 之比的绝对值）对连续梁的斜截面承载力也有很大的影响。连续梁和简支梁的剪跨比略有区别。对简支梁而言，如前所述，由于 $\dfrac{M}{Vh_{0}} = \dfrac{a}{h_{0}}$，所以剪跨比 λ 既可表示为 $\dfrac{a}{h_{0}}$，又可表示为 $\dfrac{M}{Vh_{0}}$。但是对连续

梁的剪跨比，由于存在弯矩比，$\dfrac{M}{Vh_0}$ $=\dfrac{a}{h_0}\dfrac{1}{1+\varphi}$。把$\dfrac{M}{Vh_0}$称为广义剪跨比，把$\dfrac{a}{h_0}$称为计算剪跨比，显然，计算剪跨比大于广义剪跨比。

由于正、负两种弯矩的存在，连续梁的破坏特点发生显著的变化：当斜裂缝出现后，随着荷载增加，按弹性分析，在发生压应变的区域发生了拉应变。梁在反弯点处的上下纵筋的应变也不等于零，而是拉应变。如图

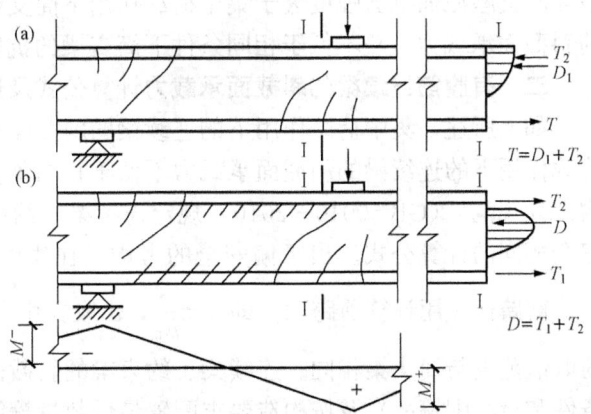

图 4 - 16　集中荷载作用下连续梁的受力和破坏形态

4 - 16 所示，梁在破坏前，在正弯矩区和负弯矩区可能分别出现一条临界斜裂缝，分别向支座及荷载作用点发展，由这两条临界斜裂缝所包围的梁体形成了混凝土斜压支柱。破坏时，一种可能是在两条主要斜裂缝中的任一条斜裂缝的顶端处的剪压区，发生剪压破坏，混凝土被压碎；另一种可能是在梁体的混凝土斜压支柱内混凝土被压碎，即发生所谓的斜压破坏。在腹筋较少或无腹筋的情况下，也会发生斜拉破坏或劈裂破坏，只出现一条主要斜裂缝。此外，在整个区段内，纵筋应变多处于拉应变状态，在沿纵筋的较长范围内会产生针脚状斜裂缝，由于这些斜裂缝的发展，使包围纵筋的外部混凝土保护层脱落，形成粘结开裂，这种裂缝扩展到剪压区，使混凝土受压区高度减小，混凝土的压应力和剪应力相应增大，这些变化使连续梁的抗剪强度要比简支梁的抗剪强度低。

集中荷载作用下的连续梁，当支座负弯矩大于跨中正弯矩，即弯矩比 φ 大于 1 时，破坏常发生在负弯矩区段；反之，当跨中正弯矩大于支座负弯矩，弯矩比 φ 由 0 到 1 变化时，梁的抗剪强度随之提高，这时剪切破坏常发生在正弯矩区段。

试验结果表明，梁截面尺寸、配筋及材料相同时，集中荷载作用下连续梁的斜截面承载力要比相同剪跨比的简支梁低，且剪跨比越小，其差别越大。

均布荷载作用下的连续梁，其破坏特征与简支梁也不相同。如图 4 - 17 所示，当弯矩比 φ 小于 1 时，临界斜裂缝出现在跨中正弯矩区段，且其抗剪强度随弯矩比增大而提高。当弯矩比 φ 大于 1 时，剪切破坏常发生在负弯矩区段，这时梁的斜截面承载力随着弯矩比的加大而降低。与集中荷载作用不同，作用在梁顶的均布荷载，对混凝土保护层有侧压作用，加强了钢筋和混凝土之间的粘结。因此，在负弯矩区段，受拉纵筋尚未屈服时很少出现沿受拉纵筋方向的粘结裂缝。在跨中正弯矩区段，受拉纵筋位置上的粘结裂缝也不严重。

由试验得知，均布荷载作用下的连续梁，在工程中常见的跨高比和弯矩比的范围内，支座截面的广义剪跨比很小，其抗剪强度很高，加之斜裂缝之间梁顶的荷载又直接传递到支座上，所以在负弯矩区段发生剪切

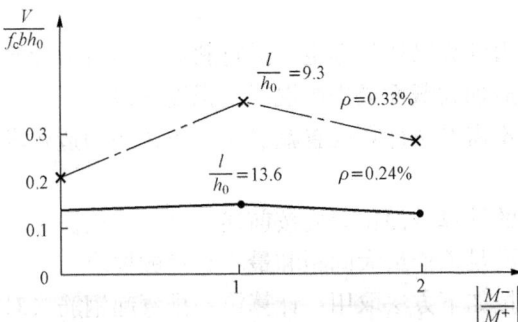

图 4 - 17　均布荷载作用下连续梁弯矩比的影响

破坏时支座截面抗剪强度大于集中荷载作用下简支梁的抗剪强度。均布荷载作用下的连续梁的斜截面承载力一般不低于相同条件下简支梁的抗剪承载力。

二、有腹筋连续梁的斜截面承载力计算公式及适用范围

如上所述，集中荷载作用下的连续梁的斜截面承载力低于相同条件下的简支梁，而均布荷载作用下的连续梁的斜截面承载力不低于相同条件下的简支梁。为方便起见，《混凝土结构设计规范》（GB 50010—2010）规定连续梁、约束梁的斜截面承载力计算仍采用与简支梁完全相同的计算公式。出于偏安全的考虑，在集中荷载作用下连续梁的斜截面承载力计算中，剪跨比 λ 用计算剪跨比，即 $\lambda = \dfrac{a}{h_0}$，a 取集中荷载作用点到支座截面的距离，剪跨比 λ 的取值范围与简支梁相同。连续梁、约束梁的斜截面承载力计算公式的适用范围（截面限制条件和最小配箍率）及按构造要求配置最低数量箍筋的规定也与简支梁有关规定相同。

第五节　斜截面受剪承载力设计

一、计算截面位置与剪力设计值的取值

在进行斜截面受剪承载力设计时，计算截面位置应为斜截面受剪承载力较薄弱的截面。计算截面位置按下列规定采用（图 4-18）：

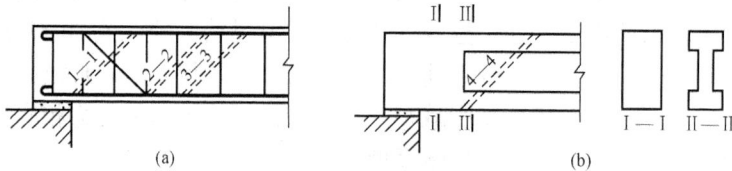

图 4-18　斜截面受剪承载力的计算截面位置

（1）支座边缘处的截面（1—1）；

（2）受拉区弯起钢筋弯起点处的截面（2—2）；

（3）箍筋截面面积或间距改变处的截面（3—3）；

（4）截面尺寸改变处的截面，如腹板宽度改变处的截面（4—4）。

同时，箍筋的间距以及弯起钢筋前一排（对支座而言）的弯起点至后一排的弯终点的距离应符合箍筋最大间距的要求。

按规范规定，计算截面的剪力设计值应取其相应截面上的最大剪力值。

二、设计步骤

梁的斜截面承载力设计步骤可归纳如下：

（1）构件的截面尺寸和纵筋由正截面承载力计算已初步选定。进行斜截面承载力计算时应首先复核是否满足截面限制条件，如不满足应加大截面或提高混凝土强度等级。

（2）计算是否需要按照计算配置箍筋，当不需要按计算配置箍筋时，应按照构造要求配置箍筋。

（3）需要按计算配置箍筋时，剪力设计值的计算截面位置应按前述的规定采用。

（4）计算所需要的箍筋，且选用的箍筋应满足箍筋最大间距和最小直径的要求。

（5）当需要配置弯起钢筋时，剪力设计值按如下方法取用：计算第一排弯起钢筋（对支座而言）时，取支座边剪力；计算以后每排弯起钢筋时，取前一排弯起钢筋弯起点处的剪力。第一排弯起钢筋距支座边的间距以及两排弯起钢筋的间距均不应大于箍筋的最大间距，如图 4-19 所示。

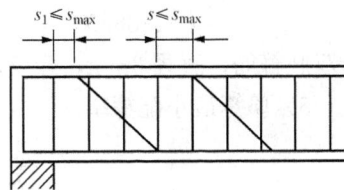

图 4-19　弯起钢筋的间距

三、设计计算实例

【例 4-1】 已知：钢筋混凝土矩形截面简支梁，截面尺寸、搁置情况及纵筋数量如图 4-20 所示，该梁承受均布荷载设计值 106kN/m（包括自重），混凝土强度等级为 C30（$f_c=14.3\text{N/mm}^2$、$f_t=1.43\text{N/mm}^2$），箍筋采用 HRB335 级钢筋（$f_{yv}=300\text{N/mm}^2$），纵筋采用 HRB400 级钢筋（$f_y=360\text{N/mm}^2$）。环境类别为一类，从箍筋外边缘计算的保护层厚度 $c=22\text{mm}$，$\gamma_d=K=1.2$。求：箍筋和弯起钢筋的数量。

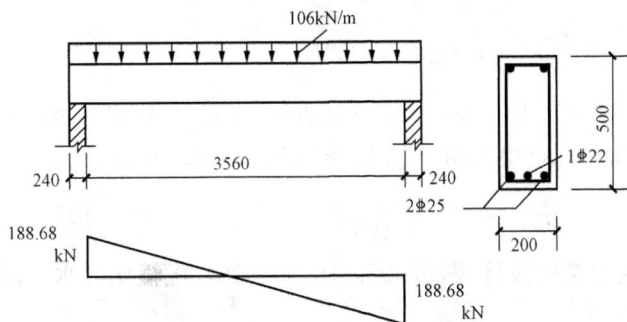

图 4-20　钢筋混凝土矩形截面简支梁截面尺寸及配筋

解　（1）按《水工混凝土结构设计规范》（DL/T 5057—2009）计算。

1）求剪力设计值。支座边缘处截面的剪力值最大为

$$V_{max}=\frac{1}{2}ql_0=\frac{1}{2}\times106\times3.56$$
$$=188.68\text{kN}$$

2）验算截面尺寸。

预估箍筋直径为 8mm，$a_s=8+22+12.5=42.5$，取 $a_s=45\text{mm}$，$h_0=455\text{mm}$，$h_w=h_0$。

$\dfrac{h_w}{b}=\dfrac{455}{200}=2.275<4$，属一般梁。

$$\frac{1}{\gamma_d}(0.25f_cbh_0)=\frac{1}{1.2}\times0.25\times14.3\times200\times455=271104\text{N}>V=188680\text{N}$$

截面尺寸满足要求。

3）验算是否需要计算配置箍筋。

$$\frac{1}{\gamma_d}(0.7f_tbh_0)=\frac{1}{1.2}\times0.7\times1.43\times200\times455=75909\text{N}<V=188680\text{N}$$

需要计算配置箍筋。

4）只配箍筋而不用弯起钢筋。

由式 $V\leqslant\dfrac{1}{\gamma_d}\Big(0.7f_tbh_0+f_{yv}\dfrac{A_{sv}}{s}h_0\Big)$ 得

$$\frac{nA_{s1}}{s}=(V\gamma_d-0.7f_tbh_0)/(f_{yv}h_0)$$

$$= (188680 \times 1.2 - 0.7 \times 1.43 \times 200 \times 455)/(300 \times 455) = 0.99$$

选双肢箍筋, 直径 8mm, $s = 2 \times 50.3/0.99 = 102mm$, 选 $s = 100mm$。

5) 验算最小配箍率。

$$\frac{A_{sv}}{bs} = \frac{2 \times 50.3}{200 \times 100} = 0.5\% > 0.1\%$$

最小配箍率满足要求。

（2）按《水工混凝土结构设计规范》（SL 191—2008）计算。

由于 $K = \gamma_d = 1.2$, 所以其他相同, 仅需计算箍筋和验算配箍率。

由式 $KV \leqslant \left(0.7f_t bh_0 + 1.25f_{yv} \dfrac{A_{sv}}{s} h_0 \right)$ 得

$$\frac{nA_{sv1}}{s} = (KV - 0.7f_t bh_0)/(1.25f_{yv}h_0)$$

$$= (188680 \times 1.2 - 0.7 \times 1.43 \times 200 \times 455)/(1.25 \times 300 \times 455) = 0.79$$

选双肢箍筋, 直径 8mm, $s = 2 \times 50.3/0.79 = 127mm$, 选 $s = 120mm$。

$$\frac{nA_{sv1}}{bs} = \frac{2 \times 50.3}{200 \times 120} = 0.4\% > \rho_{min} = 0.1\%$$

所以《水工混凝土结构设计规范》（SL 191—2008）配箍比《水工混凝土结构设计规范》（DL/T 5057—2009）少。

（3）按混凝土结构设计规范（GB 50010—2010）计算。

1) 求剪力设计值。

剪力设计值同上, $V_{max} = \dfrac{1}{2}ql_0 = \dfrac{1}{2} \times 106 \times 3.56 = 188.68kN$

2) 验算截面尺寸。

预估箍筋直径为 10mm, $a = 10 + 12.5 + 22 \approx 45mm$, $h_w = h_0 = 455mm$, $\dfrac{h_w}{b} = \dfrac{455}{200} = 2.275 < 4$, 属一般梁, 混凝土强度等级小于 C50 时, 应取 $\beta_c = 1.0$。

$$0.25\beta_c f_c bh_0 = 0.25 \times 1.0 \times 14.3 \times 200 \times 455 = 325325N > V = 188680N$$

截面符合条件。

3) 验算是否需要计算配置箍筋。

$$0.7f_t bh_0 = 0.7 \times 1.43 \times 200 \times 455 = 91091(N) < V = 188680N$$

需要进行计算配置箍筋。

4) 只配箍筋而不用弯起钢筋。

$$V \leqslant 0.7f_t bh_0 + f_{yv} \frac{nA_{sv1}}{s} h_0$$

$$188680 = 0.7 \times 1.43 \times 200 \times 455 + 300 \times \frac{nA_{sv1}}{s} \times 455$$

则

$$\frac{nA_{sv1}}{s} = \frac{188680 - 91091}{136500} = 0.715 mm^2/mm$$

采用双肢箍筋, 直径 8mm, 得 $s = \dfrac{2 \times 50.3}{0.715} = 140.7mm$, 选 $s = 140mm$。

5) 验算最小配箍率。

配箍率 $$\rho_{sv} = \frac{nA_{sv1}}{bs} = \frac{2 \times 50.3}{140 \times 200} = 0.359\%$$

最小配箍率 $\rho_{sv,min} = 0.24 \frac{f_t}{f_{yv}} = 0.24 \frac{1.43}{300} = 0.114\% < \rho_{sv} = 0.359\%$，最小配箍率满足要求。

由上面分析可见，《水工混凝土结构设计规范》（DL/T 5057—2009）和《水工混凝土结构设计规范》（SL 191—2008）配箍多于《混凝土结构设计规范》（GB 50010—2010）。

【例 4 - 2】 本例题条件同 [例 4 - 1]，仅本例题同时配箍筋和弯起钢筋。

解 若配箍筋又配弯起钢筋。根据已配的 2 ⏀ 25 + 1 ⏀ 22 纵向钢筋，可利用 1 ⏀ 22 以 45°弯起。剪力设计值和截面限制条件同 [例 4 - 1]。下面分别计算箍筋和配箍率。

（1）按水工混凝土结构设计规范（DL/T 5057—2009）计算。

1）计算箍筋。

$$V_{sb} = f_y A_{sb} \sin\alpha_s = 360 \times 380.1 \times \frac{\sqrt{2}}{2} = 96758N$$

$$V_{sv} = \gamma_d V - V_c - V_{sb} = 1.2 \times 188680 - 91091 - 96758 = 38567N$$

$$f_{yv} \frac{nA_{sv1}}{s} h_0 = 38567N$$

选用双肢箍筋，直径 6mm，$s = \dfrac{300 \times 2 \times 28.3 \times 455}{38567} = 200.3mm$，选取 $s = 200mm$

2）验算最小配箍率。

$\dfrac{nA_{sv1}}{bs} = \dfrac{2 \times 28.3}{200 \times 200} = 0.14\% > \rho_{min} = 0.1\%$，满足要求。

3）验算弯起筋弯起点处的斜截面（图 4 - 21）。该处的剪力设计值：

$$V = 188680 \times \frac{1.78 - 0.48}{1.78} = 137800N$$

按上述配箍，则

$$\gamma_d V = 1.2 \times 137800 = 165360N > 0.7 f_t b h_0 + f_{yv} \frac{nA_{sv1}}{s} h_0$$

$$= 91091 + 300 \times \frac{2 \times 28.3}{200} \times 455 = 129721N$$

所以选用双肢箍筋，直径 6mm，$s = 200mm$，不满足弯起点后的配箍要求。

选 $s = 100mm$，得 $V_c + V_{sv} = 168350N > 165360N$，可满足要求。所以，全段均取 $s = 100mm$。

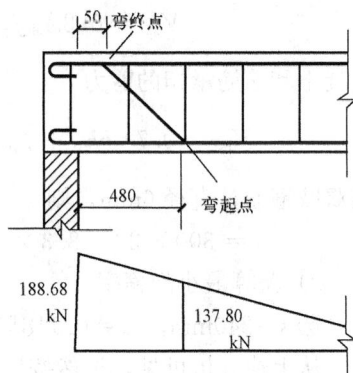

图 4 - 21 验算弯起钢筋弯起点处斜截面

（2）按《水工混凝土结构设计规范》（SL 191—2008）计算。

1）计算箍筋。

$$V_{sb} = f_y A_{sb} \sin\alpha_s = 360 \times 380.1 \times \frac{\sqrt{2}}{2} = 96758N$$

$$V_{sv} = KV - V_c - V_{sb} = 1.2 \times 188680 - 91091 - 96758 = 38567N$$

$$1.25 f_{yv} \frac{n A_{sv1}}{s} h_0 = 38567 \text{N}$$

选用双肢箍筋，直径 6mm，$s = \dfrac{1.25 \times 300 \times 2 \times 28.3 \times 455}{38567} = 250.4 \text{mm}$，选取 $s = 250 \text{mm}$。

2）验算最小配箍率。

$$\frac{n A_{sv1}}{bs} = \frac{2 \times 28.3}{200 \times 250} = 0.113\% > \rho_{min} = 0.1\%，\text{满足要求。}$$

可见《水工混凝土结构设计规范》（SL 191—2008）比《水工混凝土结构设计规范》（DL/T 5057—2009）配箍少。

3）验算弯起筋弯起点处的斜截面（图 4 - 21）。该处的剪力设计值：

$$V = 188680 \times \frac{1.78 - 0.48}{1.78} = 137800 \text{N}$$

按上述配箍，则

$$KV = 1.2 \times 137800 = 165360 \text{N} > 0.7 f_t b h_0 + 1.25 f_{yv} \frac{n A_{sv1}}{s} h_0$$

$$= 91091 + 1.25 \times 300 \times \frac{2 \times 28.3}{250} \times 455 = 129721 \text{N}$$

所以选用双肢箍筋，直径 6mm，$s = 250 \text{mm}$，不满足弯起点后的配箍要求。

选 $s = 130 \text{mm}$，得 $V_c + V_{sv} = 165379 \text{N} > 165360 \text{N}$，可满足要求。所以，全段均取 $s = 130 \text{mm}$。

（3）按《混凝土结构设计规范》（GB 50010—2010）计算。

1）计算箍筋。

$$V_{sb} = 0.8 A_{sb} f_y \sin\alpha_s = 0.8 \times 380.1 \times 360 \times \frac{\sqrt{2}}{2} = 77406 \text{N}$$

混凝土和箍筋承担的剪力

$$V_{cs} = 0.7 f_t b h_0 + f_{yv} \frac{n A_{sv}}{s} h_0 = V - V_{sb} = 188680 - 77406 = 111274 \text{N}$$

选双肢箍筋，直径 6mm，则

$$s = 300 \times 2 \times 28.3 \times 455 / (111274 - 0.7 \times 1.43 \times 200 \times 455) = 383 \text{mm}$$

2）验算最小配箍率。

选 $s = 240 \text{mm}$，$\rho_{sv} = 0.118\% > \rho_{min} = 0.24 f_t / f_{yv} = 0.114\%$，满足要求。

从上述分析可见，虽然按计算，《混凝土结构设计规范》（GB 50010—2010）用钢量省，但从构造要求，基本与《水工混凝土结构设计规范》（SL 191—2008）配箍相当，《水工混凝土结构设计规范》（SL 191—2008）为 $s = 250 \text{mm}$，而《混凝土结构设计规范》（GB 50010—2010）为 $s = 240 \text{mm}$。

3）验算弯起筋弯起点处的斜截面。该处的剪力设计值

$$V = 188680 \times \frac{1.78 - 0.48}{1.78} = 137800 \text{N}$$

由 $V \leqslant V_c + V_{sv}$，得 $s = 300 \times 2 \times 28.3 \times 455 / (137800 - 91091) = 165 \text{mm}$，选 $s = 160 \text{mm}$。

$$\frac{2 \times 28.3}{200 \times 160} = 0.18\% > \rho_{min} = 0.114\%$$

满足要求。所以，全段均取 $s=160\text{mm}$。

可见按弯起钢筋处的配箍，《水工混凝土结构设计规范》（DL/T 5057—2009）配箍最多，《混凝土结构设计规范》（GB 50010—2010）最少。

此题也可以先选定箍筋，由 V_{cs} 利用 $V=V_{cs}+V_{sb}$ 求 V_{sb}，再决定弯起钢筋面积 A_{sb}，此处计算从略。

【例 4-3】　有一钢筋混凝土矩形截面独立简支梁，跨度 4m，截面尺寸 $200\text{mm}\times 600\text{mm}$，荷载如图 4-22（a）所示，采用 C30 混凝土，箍筋采用 HPB300 级钢筋。环境类别为一类，实取保护层厚度 $c=25\text{mm}$，$\gamma_d=K=1.2$。求：配置箍筋。

解　剪力设计值如图 4-22（b）所示。预估箍筋直径为 10mm，纵筋直径为 20mm，$a=10+10+25=45\text{mm}$，$h_0=555\text{mm}$。

该梁既受集中荷载，又受均布荷载，但集中荷载在两支座截面上引起的剪力值均占总剪力的 75% 以上。

A 支座　$\dfrac{V_{集}}{V_{总}}=\dfrac{160}{180}=89\%$

B 支座　$\dfrac{V_{集}}{V_{总}}=\dfrac{140}{160}=87.5\%$

故梁的左右两半区段均应按集中荷载状态计算。

根据剪力的变化情况，可将梁分为 AC、CD、DE 及 EB 四个区段来计算斜截面受剪承载力。

（1）按《水工混凝土结构设计规范》（DL/T 5057—2009）计算。

1）验算截面尺寸。

$$\frac{h_0}{b}=\frac{555}{200}=2.78<4$$

属于一般梁，$\dfrac{1}{\gamma_d}0.25f_cbh_0=\dfrac{1}{1.2}\times 0.25\times 14.3\times 200\times 555=330688$，均大于 $V_A=180\text{kN}$ 和 $V_B=160\text{kN}$。

截面尺寸符合要求。

2）确定箍筋数量。

AC 段

$$\frac{1}{\gamma_d}0.5f_tbh_0=\frac{1}{1.2}\times 0.5\times 1.43\times 200\times 555$$

$$=\frac{1}{1.2}\times 79365=66138\text{N}<V_A=180000\text{N}$$

需按计算配箍筋。

由 $V_A=\dfrac{1}{\gamma_d}\left(0.5f_tbh_0+f_{yv}\dfrac{nA_{sv1}}{s}h_0\right)$，得

$$\frac{nA_{sv1}}{s}=(180000\times 1.2-79365)/(270\times 555)=0.91$$

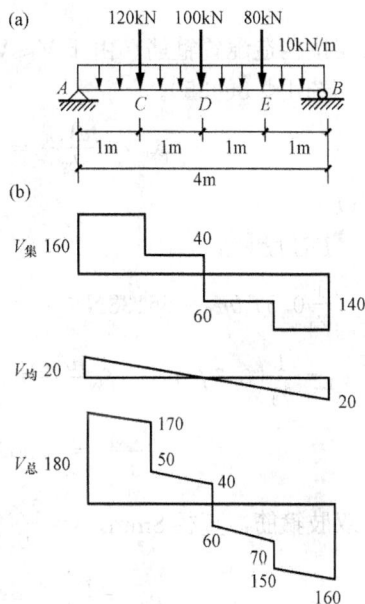

图 4-22　梁荷载、剪力图

选取双肢箍筋，直径 8mm，$s = \dfrac{2 \times 50.3}{0.91} = 110.5\text{mm}$，取 $s = 110\text{mm}$。

$$\rho_{sv} = \frac{nA_{sv1}}{sb} = \frac{2 \times 50.3}{110 \times 200} = 0.46\% > \rho_{min} = 0.12\%$$

配箍率满足要求。

CD 段

$$\frac{1}{\gamma_d} 0.5 f_t b h_0 = \frac{1}{1.2} \times 0.5 \times 1.43 \times 200 \times 555$$

$$= \frac{1}{1.2} \times 79365\text{N} = 66138 > V_c = 50000\text{N}$$

仅需按构造配置箍筋。由于 $V \leqslant V_c / \gamma_d$，箍筋最大间距为 350mm。

选用 ϕ 8@350。

$$\rho_{sv} = \frac{nA_{sv1}}{bs} = \frac{2 \times 50.3}{200 \times 350} = 0.144\% > \rho_{sv,min} = 0.12\%$$

可以。

DE 段

$$\frac{1}{\gamma_d} 0.5 f_t b h_0 = 66138\text{N} < V_E = 70000\text{N}, \text{需按计算配箍筋。}$$

由 $V_E = \dfrac{1}{\gamma_d} \left(0.5 f_t b h_0 + f_{yv} \dfrac{nA_{sv1}}{s} h_0 \right)$，得

$$\frac{nA_{sv1}}{s} = (70000 \times 1.2 - 79365)/(270 \times 555) = 0.031$$

选双肢箍筋，直径 8mm，$s = \dfrac{2 \times 50.3}{0.031} = 3245\text{mm}$，但按构造规定，$V > V_c / \gamma_d$，选 $s = 250$。

$$\rho_{sv} = \frac{nA_{sv1}}{bs} = \frac{2 \times 50.3}{200 \times 250} = 0.20\% > \rho_{sv,min} = 0.12\%$$

满足要求。

EB 段

$$\frac{1}{\gamma_d} 0.5 f_t b h_0 = 66138\text{N} < V_E = 160000\text{N}$$

必须按计算配置箍筋

$$\frac{nA_{sv1}}{s} = \frac{160000 \times 1.2 - 79365}{270 \times 555} = 0.75\text{mm}^2/\text{mm}$$

选双肢箍筋，直径 8mm，得 $s = \dfrac{2 \times 50.3}{0.75} = 134\text{mm}$，选配 ϕ 8@130，$\rho_{sv} = \dfrac{2 \times 50.3}{200 \times 130} = 0.39\% > \rho_{sv,min} = 0.12\%$

满足要求。

（2）按《水工混凝土结构设计规范》（SL 191—2008）计算。

1）验算截面尺寸。

$$\frac{h_0}{b} = \frac{555}{200} = 2.78 < 4$$

属于一般梁，$\dfrac{1}{K} 0.25 f_c b h_0 = \dfrac{1}{1.2} \times 0.25 \times 14.3 \times 200 \times 555 = 330688$，均大于 $V_A = 180\text{kN}$ 和

$V_B = 160$kN。截面尺寸符合要求。

2）确定箍筋数量。

按承受集中力为主的重要的独立梁计算。

AC 段

$$\frac{1}{K}(0.5f_tbh_0) = \frac{1}{1.2} \times 0.5 \times 1.43 \times 200 \times 555$$

$$= \frac{1}{1.2} \times 79365 = 66138\text{N} < V_A = 180000\text{N}$$

需按计算配箍筋。

由 $KV_A = 0.5f_tbh_0 + f_{yv}\dfrac{nA_{sv1}}{s}h_0$，得

$$\frac{nA_{sv1}}{s} = (180000 \times 1.2 - 79365)/(270 \times 555) = 0.91$$

选取双肢箍筋，直径 8mm，$s = \dfrac{2 \times 50.3}{0.91} = 110.5$mm，取 $s = 110$mm。

$$\rho_{sv} = \frac{nA_{sv1}}{sb} = \frac{2 \times 50.3}{110 \times 200} = 0.46\% > \rho_{min} = 0.12\%$$

配箍率满足要求。

CD 段

$$\frac{1}{K_D}0.5f_tbh_0 = V_{con} = \frac{1}{1.2} \times 0.5 \times 1.43 \times 200 \times 555$$

$$= \frac{1}{1.2} \times 79365\text{N} = 66138\text{N} > V_c = 50000\text{N}$$

仅需按构造配置箍筋。由于 $V_c < V_{con}$，箍筋最大间距为 350mm。

选用 φ 8@350。

$$\rho_{sv} = \frac{nA_{sv1}}{bs} = \frac{2 \times 50.3}{200 \times 350} = 0.144\% > \rho_{sv,min} = 0.12\%$$

满足要求。

DE 段

$$\frac{1}{K}(0.5f_tbh_0) = 66138\text{N} < V_E = 70000\text{N}$$

需按计算配箍筋。

由 $KV_E = \left(0.5f_tbh_0 + f_{yv}\dfrac{nA_{sv1}}{s}h_0\right)$，得

$$\frac{nA_{sv1}}{s} = (70000 \times 1.2 - 79365)/(270 \times 555) = 0.031$$

选双肢箍筋，直径 8mm，$s = \dfrac{2 \times 50.3}{0.031} = 3245$mm，按 $KV > V_c$ 确定最大箍筋间距，得 $s = 250$，

$$\rho_{sv} = \frac{2 \times 50.3}{200 \times 250} = 0.20\% > \rho_{sv,min} = 0.12\%$$

满足要求。

　　EB 段

$$\frac{1}{K}(0.5f_t bh_0) = 66138\mathrm{N} < V_E = 160000\mathrm{N}$$

必须按计算配置箍筋

$$\frac{nA_{\mathrm{sv1}}}{s} = \frac{160000 \times 1.2 - 79365}{270 \times 555} = 0.75\mathrm{mm}^2/\mathrm{mm}$$

选双肢箍筋，直径 8mm，得 $s = \dfrac{2 \times 50.3}{0.75} = 134\mathrm{mm}$

　　选配 Φ 8@130，$\rho_{\mathrm{sv}} = \dfrac{2 \times 50.3}{200 \times 130} = 0.39\% > \rho_{\mathrm{sv,min}} = 0.12\%$

满足要求。

　　可见如按承受集中力为主的重要的独立梁计算，《水工混凝土结构设计规范》（SL 191—2008）的结果同《水工混凝土结构设计规范》（DL/T 5057—2009），但若按一般梁计算，《水工混凝土结构设计规范》（SL 191—2008）的计算结果将小于《水工混凝土结构设计规范》（DL/T 5057—2009）的结果。

　　（3）按《混凝土结构设计规范》（GB 50010—2010）计算。

　　1）验算截面尺寸。

$f_{\mathrm{cu,k}} < 50\mathrm{N/mm}^2$，故 $\beta_{\mathrm{c}} = 1$，$\dfrac{h_0}{b} = \dfrac{555}{200} = 2.78 < 4$，属于一般梁，$0.25\beta_{\mathrm{c}} f_{\mathrm{c}} bh_0 = 0.25 \times 1 \times 14.3 \times 200 \times 555 = 396.83\mathrm{kN}$，均大于 $V_A = 180\mathrm{kN}$ 和 $V_B = 160\mathrm{kN}$。

　　截面尺寸符合要求。

　　2）确定箍筋数量。

　　梁的左右两半区段均应按集中力作用计算，取 $\alpha_{\mathrm{cv}} = \dfrac{1.75}{\lambda + 1.0}$ 计算斜截面受剪承载力。

　　AC 段

$$\lambda = \frac{a}{h_0} = \frac{1000}{555} = 1.80$$

$$\frac{1.75}{\lambda + 1} f_t bh_0 = \frac{1.75}{1.8 + 1} \times 1.43 \times 200 \times 555 = 99206\mathrm{N} < V_A = 180000\mathrm{N}$$

必须按计算配置箍筋。

$$V_A = V_{\mathrm{cs}} = \frac{1.75}{\lambda + 1} f_t bh_0 + f_{\mathrm{yv}} \frac{nA_{\mathrm{sv1}}}{s} h_0$$

$$\frac{nA_{\mathrm{sv1}}}{s} = \frac{180000 - 99206}{270 \times 555} = 0.539$$

选双肢箍筋，直径 8mm，$s = \dfrac{2 \times 50.3}{0.539} = 186.6$，选 $s = 180\mathrm{mm}$，则

$$\rho_{\mathrm{sv,min}} = 0.24 \frac{f_t}{f_{\mathrm{yv}}} = 0.24 \times \frac{1.43}{270} = 0.127\%$$

$$\rho_{\mathrm{sv}} = \frac{2 \times 50.3}{200 \times 180} = 0.28\% > 0.127\%$$

满足要求。

　　CD 段

$$\lambda = \frac{a}{h_0} = \frac{2000}{555} = 3.60 > 3, \text{ 取 } \lambda = 3$$

$$\frac{1.75}{\lambda + 1} f_t b h_0 = \frac{1.75}{3+1} \times 1.43 \times 200 \times 555 = 69.44 \text{kN} > V_C = 50 \text{kN}$$

仅需按构造配置箍筋，选用 ϕ 8@350（按 $V_C \leqslant 0.7 f_t b h_0$，确定箍筋最大间距）。

$$\rho_{sv} = \frac{n A_{sv1}}{bs} = \frac{2 \times 50.3}{200 \times 350} = 0.144\% > \rho_{sv,min} = 0.127\%$$

满足要求。

DE 段

$$\lambda = \frac{a}{h_0} = \frac{2000}{555} = 3.60 > 3, \text{ 取 } \lambda = 3$$

$$\frac{1.75}{\lambda + 1} f_t b h_0 = \frac{1.75}{3+1} \times 1.43 \times 200 \times 555 = 69.44 \text{kN} \approx V_E = 70 \text{kN}$$

可同 CD 段按构造配置箍筋，选用 ϕ 8@350。

EB 段

$$\lambda = \frac{a}{h_0} = \frac{1000}{555} = 1.80$$

$$\frac{1.75}{\lambda + 1} f_t b h_0 = \frac{1.75}{1.8+1} \times 1.43 \times 200 \times 555 = 99206 \text{N} < V_B = 160000 \text{N}$$

必须按计算配置箍筋。

选配双肢 ϕ 8，则　$\dfrac{n A_{sv1}}{s} = \dfrac{160000 - 99206}{270 \times 555} = 0.406$，$s = \dfrac{2 \times 50.3}{0.406} = 248$，选 $s = 200 \text{mm}$，

$\rho_{sv} = \dfrac{2 \times 50.3}{200 \times 200} = 0.252\% > \rho_{sv,min} = 0.127\%$，满足要求。

可见，《混凝土结构设计规范》（GB 50010—2010）配筋最省。

【例 4 - 4】 已知：钢筋混凝土外伸梁，如图 4 - 23 所示。混凝土强度等级为 C30（$f_c = 14.3 \text{N/mm}^2$，$f_t = 1.43 \text{N/mm}^2$），箍筋采用 HRB335 级钢筋（$f_{yv} = 300 \text{N/mm}^2$），纵筋采用 HRB400 级钢筋（$f_y = 360 \text{N/mm}^2$）。环境类别为一类，实取保护层厚度 $c = 22 \text{mm}$，$\gamma_d = \text{K} = 1.2$。求：腹筋的数量。

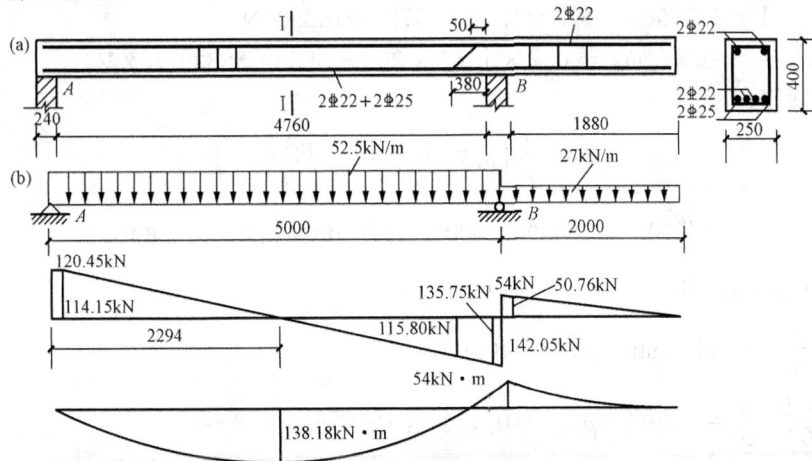

图 4 - 23　外伸梁的尺寸

解　（1）求剪力设计值。

图 4-23 为该梁的计算简图和内力图。对斜截面承载力而言，A 支座边、B 支座左边、B 支座右边为三个危险截面，计算剪力值也列于图上。

（2）计算腹筋数量。

1）按《水工混凝土结构设计规范》（DL/T 5057—2009）计算。

①验算截面尺寸。

预估箍筋直径为 10mm，$a = 10 + 12.5 + 22 \approx 45$mm

$$h_w = h_0 = 355\text{mm}, \quad \frac{h_w}{b} = \frac{355}{250} = 1.42 < 4$$

属一般梁，应按下式验算

$$\frac{1}{\gamma_d}(0.25 f_c b h_0) = \frac{1}{1.2} \times 0.25 \times 14.3 \times 250 \times 355 = 264401\text{N}$$

此值大于三个截面中最大剪力值 $V_{B左}$（$= 135750$N），故截面尺寸符合要求。

②确定腹筋数量。

支座 A　$V = 114150$N

$$V > \frac{1}{\gamma_d}(0.7 f_t b h_0) = \frac{1}{1.2} \times 0.7 \times 1.43 \times 250 \times 355 = \frac{1}{1.2} \times 88839 = 74032\text{N}$$

必须按计算配置箍筋。

$$V = \frac{1}{\gamma_d}\left(0.7 f_t b h_0 + f_{yv} \frac{n A_{sv1}}{s} h_0\right)$$

则

$$1.2 \times 114150 = 0.7 \times 1.43 \times 250 \times 355 + 300 \times \frac{n A_{sv1}}{s} \times 355$$

则 $\dfrac{n A_{sv1}}{s} = \dfrac{136980 - 88839}{106500} = 0.45$，选配 $\Phi 8$，则

$$s = \frac{2 \times 50.3}{0.45} = 223.6，\text{选 } s = 200\text{mm}，\text{则}$$

$$\rho_{sv} = \frac{2 \times 50.3}{250 \times 200} = 0.20\% > \rho_{sv,min} = 0.1\%，\text{满足要求。}$$

支座 $B_左$　$V = 135750$N，$\gamma_d V = 1.2 \times 135750 = 162900$N

$$0.7 f_t b h_0 = 0.7 \times 1.43 \times 250 \times 355 = 88839 < \gamma_d V$$

需按计算配箍筋。

$$V = \frac{1}{\gamma_d}\left(0.7 f_t b h_0 + f_{yv} \frac{n A_{sv1}}{s} h_0\right)$$

$$\frac{n A_{sv1}}{s} = (162900 - 88839)/(300 \times 355) = 0.695$$

选双肢，直径 8mm，则

$$s = \frac{2 \times 50.3}{0.695} = 144.7\text{mm}，\text{选 } s = 140\text{mm}，\text{则}$$

$$\rho_{sv} = \frac{2 \times 50.3}{250 \times 140} = 0.29\% > \rho_{sv,min} = 0.1\%，\text{满足要求。}$$

若仍选用 $\Phi 8@200$，利用已有纵筋可弯起 $1 \Phi 22$。

$$A_{sb} = 380.1 \text{mm}^2$$

$$V_{sb} = A_{sb} f_y \sin\alpha_s = 380.1 \times 360 \times \frac{\sqrt{2}}{2} = 96758\text{N}$$

$$V_{cs} + V_{sb} = 88839 + 300 \times \frac{2 \times 50.3}{200} \times 355 + 96758$$

$$= 88839 + 53570 + 96758 = 239167 > 162900$$

满足要求。

再验算弯起钢筋弯起点处的受剪承载力，该处剪力设计值为

$$V = 142050 \times \frac{2.706 - 0.5}{2.706} = 115803\text{N} < \frac{1}{\gamma_d}V_{cs}$$

$$= \frac{1}{1.2} \times (88839 + 53570) = 118674\text{N}$$

满足要求。

支座 $B_{右}$　　$V = 50760\text{N}$

$$\frac{1}{\gamma_d}V_c = \frac{1}{1.2} \times 0.7 \times 1.43 \times 250 \times 355 = 74033 > V_{B右} = 50760$$

仅需按构造配置箍筋，按构造要求最大箍筋间距为 350，选配 Φ 8@300。

$$\frac{nA_{sv1}}{bs} = \frac{2 \times 50.3}{250 \times 300} = 0.134\% > \rho_{sv,min} = 0.1\%，满足要求。$$

2) 按《水工混凝土结构设计规范》（SL 191—2008）计算。

①验算截面尺寸。

$$h_w = h_0 = 355\text{mm}, \quad \frac{h_w}{b} = \frac{355}{250} = 1.42 < 4$$

属一般梁，应按下式验算

$$\frac{1}{K}(0.25f_c bh_0) = \frac{1}{1.2} \times 0.25 \times 14.3 \times 250 \times 355 = 264401\text{N}$$

此值大于三个截面中最大剪力值 $V_{B左}$（=135750N），故截面尺寸符合要求。

②确定腹筋数量。

支座 A　　$V = 114150\text{N}$

$$V > \frac{1}{K}(0.7f_t bh_0) = \frac{1}{1.2} \times 0.7 \times 1.43 \times 250 \times 355 = \frac{1}{1.2} \times 88839 = 74032\text{N}$$

必须按计算配置箍筋。

$$KV = \left(0.7f_t bh_0 + 1.25f_{yv}\frac{nA_{sv1}}{s}h_0\right)$$

则

$$1.2 \times 114150 = 0.7 \times 1.43 \times 250 \times 355 + 1.25 \times 300 \times \frac{nA_{sv1}}{s} \times 355$$

$$\frac{nA_{sv1}}{s} = \frac{136980 - 88839}{133125} = 0.36，选配双肢\Phi 8 箍筋，则$$

$$s = \frac{2 \times 50.3}{0.36} = 279.4\text{mm}，选 s = 250\text{mm}，则$$

$$\rho_{sv} = \frac{2 \times 50.3}{250 \times 250} = 0.161\% > \rho_{sv,min} = 0.1\%，满足要求。$$

支座 $B_{左}$　$V=135750\text{N}$，$KV=1.2\times135750=162900\text{N}$

$$0.7f_tbh_0=0.7\times1.43\times250\times355=88839<KV=162900$$

需按计算配箍筋。

$$KV=\left(0.7f_tbh_0+1.25f_{yv}\frac{nA_{sv1}}{s}h_0\right)$$

$$\frac{nA_{sv1}}{s}=(162900-88839)/(1.25\times300\times355)=0.556$$

选双肢，直径 8mm，则

$$s=\frac{2\times50.3}{0.556}=180.9\text{mm}，选\ s=150\text{mm}，则$$

$$\rho_{sv}=\frac{2\times50.3}{250\times150}=0.268\%>\rho_{sv,min}=0.1\%，满足要求。$$

若仍选用$\phi8@250$，利用已有纵筋可弯起 1 Φ 22。

$$A_{sb}=380.1\text{mm}^2$$

$$V_{sb}=A_{sb}f_y\sin\alpha_s=380.1\times360\times\frac{\sqrt{2}}{2}=96758\text{N}$$

$$V_{cs}+V_{sb}=88839+1.25\times300\times\frac{2\times50.3}{250}\times355+96758$$

$$=88839+53570+96758=239167>162900$$

满足要求。

再验算弯起钢筋弯起点处的受剪承载力，该处剪力设计值为

$$V=142050\times\frac{2.706-0.5}{2.706}=115803\text{N}<\frac{1}{K}V_{cs}=\frac{1}{1.2}\times(88839+53570)=118674\text{N}$$

满足要求。

支座 $B_{右}$　$V=50760\text{N}$

$$\frac{1}{K}V_c=\frac{1}{1.2}\times0.7\times1.43\times250\times355=74033>V_{B右}=50760$$

仅需按构造配置箍筋，按构造要求，最大箍筋间距为 350，选配$\phi8@300$。

$$\frac{nA_{sv1}}{bs}=\frac{2\times50.3}{250\times300}=0.134\%>\rho_{sv,min}=0.1\%，满足要求。$$

由上面分析可见，《水工混凝土结构设计规范》（SL 191—2008）配箍量少于《水工混凝土结构设计规范》（DL/T 5057—2009）。

3）按《混凝土结构设计规范》（GB 50010—2010）计算。

①验算截面尺寸。

预估箍筋直径为 10mm，$a=10+12.5+22\approx45\text{mm}$，$h_w=h_0=355\text{mm}$，$\frac{h_w}{b}=\frac{355}{250}=1.42<4$，

属一般梁，应按下式验算（当混凝土强度等级小于 C50 时，应取 $\beta_c=1.0$）

$$0.25\beta_cf_cbh_0=0.25\times1.0\times14.3\times250\times355=317281\text{N}$$

此值大于三个截面中最大剪力值 $V_{B左}$（$=135750\text{N}$），故截面尺寸符合要求。

②确定腹筋数量。

支座 A　$V=114150\text{N}$

$$0.7f_tbh_0 = 0.7 \times 1.43 \times 250 \times 355 = 88839\text{N} < V_A = 114150\text{N}$$

必须按计算配置箍筋。

$$V = 0.7f_tbh_0 + f_{yv}\frac{nA_{sv1}}{s}h_0$$

$$114150 = 0.7 \times 1.43 \times 250 \times 355 + 300 \times \frac{nA_{sv1}}{s} \times 355$$

则
$$\frac{nA_{sv1}}{s} = \frac{114150 - 88839}{106500} = 0.238\text{mm}^2/\text{mm}$$

选配Φ 6@200，实有$\dfrac{nA_{sv1}}{s} = \dfrac{2 \times 28.3}{200} = 0.283 > 0.238$，可以。

配筋率 $\rho_{sv} = \dfrac{nA_{sv1}}{bs} = \dfrac{2 \times 28.3}{250 \times 200} = 0.113\%$

最小配筋率 $\rho_{sv,min} = 0.24\dfrac{f_t}{f_{yv}} = 0.24 \times \dfrac{1.43}{300} = 0.114\% \approx \rho_{sv}$，可以。

支座 $B_{左}$　$V = 135750\text{N}$

$$0.7f_tbh_0 = 0.7 \times 1.43 \times 250 \times 355 = 88839\text{N} < 135750\text{N}$$

需按计算配箍筋。

$$\frac{nA_{sv1}}{s} = (V - V_c)/(f_{yv}h_0) = (135750 - 88839)/(300 \times 355) = 0.44$$

$s = \dfrac{2 \times 28.3}{0.44} = 128.6\text{mm}$，选 $s = 120\text{mm}$，则

$\rho_{sv} = \dfrac{2 \times 28.3}{250 \times 120} = 0.189\% > \rho_{sv,min} = 0.114\%$，满足要求。

若仍选用Φ 6@200，实有

$$V_{cs} = 0.7f_tbh_0 + f_{yv}\frac{nA_{sv1}}{s}h_0 = 88839 + 300 \times \frac{2 \times 28.3}{200} \times 355$$

$$= 118979\text{N} < 135750\text{N}$$

利用已有纵筋可弯起 1Φ 22，则

$$A_{sb} = 380.1\text{mm}^2$$

$$V_{sb} = 0.8A_{sb}f_y\sin\alpha_s = 0.8 \times 380.1 \times 360 \times \frac{\sqrt{2}}{2} = 77406\text{N}$$

$$V_{cs} + V_{sb} = 118979 + 77406 = 196385\text{N} > 135750\text{N}$$

满足要求。

再验算弯起钢筋弯起点处的受剪承载力，该处剪力设计值为

$V = 142050 \times \dfrac{2.706 - 0.5}{2.706} = 115803\text{N} < V_{cs} = 118979\text{N}$，满足要求。

支座 $B_{右}$　$V = 50760\text{N}$

$$0.7f_tbh_0 = 0.7 \times 1.43 \times 250 \times 355 = 88839\text{N} > 50760\text{N}$$

仅需按构造配置箍筋，构造要求最大箍筋间距为 350mm，选配Φ 6@300。

$\rho_{sv} = \dfrac{2 \times 28.3}{250 \times 300} = 0.075\% < \rho_{sv,min} = 0.114\%$，不满足要求，选$\Phi$ 6@150。

$\rho_{sv} = \dfrac{2 \times 28.3}{250 \times 150} = 0.15\% > 0.114\%$，满足要求。

【例 4 - 5】 已知：材料强度设计值 f_c、f_y；截面尺寸 b、h_0；配箍量 n、A_{sv1}、s 等，其数据全部与 [例 4 - 1] 相同，要求复核斜截面所能承受的剪力 V_u（仅配箍筋），$\gamma_d = K = 1.2$。

解 本题为斜截面复核题，只需要将已知数据代入相关公式计算即可。取各规范的箍筋直径、间距相同，均为 $\phi 8@100$，比较各规范斜截面所能承受的剪力 V_u。

（1）按《水工混凝土结构设计规范》（DL/T 5057—2009）计算。

根据 [例 4 - 1] 的数据

$$V_u = \frac{1}{\gamma_d}\left(0.7 f_t b h_0 + f_{yv}\frac{nA_{sv1}}{s}h_0\right) = \frac{1}{1.2}\left(91091 + 300 \times \frac{2 \times 50.3}{100} \times 455\right)$$

$$= \frac{1}{1.2}(91091 + 137319) = \frac{1}{1.2} \times 228410 = 190342\text{N}$$

（2）按《水工混凝土结构设计规范》（SL 190—2008）计算。

$$V_u = \frac{1}{K}\left(0.7 f_t b h_0 + 1.25 f_{yv}\frac{nA_{sv1}}{s}h_0\right)$$

$$= \frac{1}{1.2}\left(91091 + 1.25 \times 300 \times \frac{2 \times 50.3}{100} \times 455\right)$$

$$= \frac{1}{1.2}(91091 + 171649) = 218950\text{N}$$

（3）按《混凝土结构设计规范》（GB 50010—2010）计算。

$$V_u = 0.7 f_t b h_0 + f_{yv}\frac{nA_{sv1}}{s}h_0 = 91091 + 300 \times \frac{2 \times 50.3}{100} \times 455 = 91091 + 137319 = 228410\text{N}$$

由上面分析可见，在相同情况下，《混凝土结构设计规范》（GB 50010—2010）斜截面所能承受的剪力 V_u 最大，《水工混凝土结构设计规范》（DL/T 5057—2009）最小，《水工混凝土结构设计规范》（SL 191—2008）斜截面所能承受的剪力居中。

第六节　构　造　措　施

受弯构件沿斜截面除了会发生受剪破坏外，由于弯矩作用还可能发生弯曲破坏。纵向受拉钢筋是按照正截面最大弯矩确定的，可以保证构件不发生弯曲破坏。但是，如果一部分纵向钢筋在某一位置弯起或截断，则有可能斜截面受弯承载力得不到保证。为了保证斜截面受弯承载力，需要对纵向钢筋的弯起、截断及锚固等构造措施做出规定。

一、抵抗弯矩图

在进行梁的正截面受弯承载力计算时，纵筋是根据跨中及支座最大的弯矩设计值，通过计算，沿梁的纵向直通配置的。由于沿梁长度上的弯矩分布不均匀，离开跨中及支座后，正弯矩值（或负弯矩值）就很快减小，所以在进行钢筋混凝土梁的设计时，多余的钢筋就可以弯起或截断。同时，除了保证正截面和斜截面有足够的受弯承载力，钢筋和混凝土共同工作和充分发挥钢筋的作用外，还要考虑纵筋伸入支座的锚固长度及箍筋的直径、间距等构造要求。为了保证纵筋截断或弯起后梁的正截面承载力及斜截面受弯承载力，可采用绘制材料抵抗弯矩图，来确定钢筋截断和弯起的方式，以满足承载力的要求，这样既简便又直观。材料抵抗弯矩图是用于核实配置的纵筋，绘制梁上正截面所能抵抗的弯矩的图形。

如图 4 - 24 所示，均布荷载作用下的简支梁，其弯矩图为 M 图。由跨中最大弯矩设计值决定配置纵筋，3 根纵筋所能抵抗的弯矩为 M_d 图。如果纵筋在跨中不截断也不弯起，那么沿梁全长上的抵抗弯矩的大小均为 M_d，显然无论斜裂缝在什么位置上发生，正截面受弯承载力均能满足。但是，纵筋沿梁长直通，除跨中最大弯矩外，其余截面钢筋没有得到充分利用，所以，这种布置是不合理的。为了充分合理利用纵筋，在保证正截面和斜截面受弯承载力的前提下，应该将部分纵筋在截面抗弯强度不需要处弯起或截断。

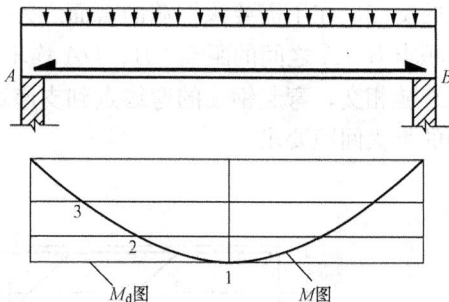

图 4 - 24　均布荷载作用下简支梁的材料抵抗弯矩图

对照图 4 - 24 中的 M 图和 M_d 图，M_d 图比 M 图多出的部分，也就是钢筋抵抗弯矩的多余部分，即梁的正截面受弯承载力所富裕的部分。这时如果弯起一根纵筋，则可以减少钢筋的多余的抵抗弯矩。由图中可以看出，当纵筋弯起后，只要材料抵抗弯矩图（M_d 图）包在弯矩图（M 图）之外，就说明梁的正截面的抗弯承载力是得到满足的。接下来，需要解决如何保证弯起后斜截面的抗弯承载力，如何确定弯起钢筋的弯起点位置的问题。

二、纵筋的弯起

在梁的底部承受正弯矩的纵筋弯起后主要承受剪力或作为在支座承受负弯矩的钢筋。在纵筋弯起时，首先需要根据斜截面抗剪承载力确定弯起钢筋的数量，然后由保证斜截面受弯承载力确定弯起钢筋的弯起点位置。这里重点讨论弯起后如何保证斜截面受弯承载力的问题。

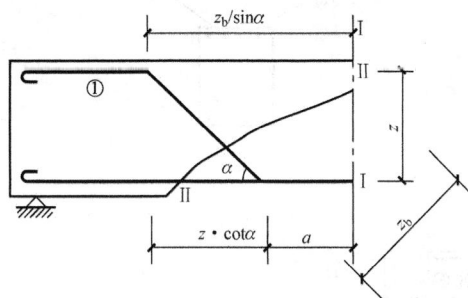

图 4 - 25　弯起点位置

图 4 - 25 中，Ⅰ—Ⅰ截面（正截面）为弯起钢筋的充分利用点，a 为弯起点到充分利用点的距离。对弯起钢筋①而言，未弯起前在Ⅰ—Ⅰ截面处的抵抗弯矩为

$$M_1 = f_y A_{sb} z \qquad (4 - 35)$$

弯起后，在Ⅱ—Ⅱ截面（斜截面）处的抵抗弯矩为

$$M_2 = f_y A_{sb} z_b \qquad (4 - 36)$$

为了保证斜截面的受弯承载力，至少要求 $M_2 = M_1$，即 $z_b = z$。由图所示，有

$$\frac{z_b}{\sin\alpha} = z\cot\alpha + a \qquad (4 - 37)$$

取　$z_b = z$，所以

$$a = \frac{z(1 - \cos\alpha)}{\sin\alpha} \qquad (4 - 38)$$

通常，$\alpha = 45°$ 或 $60°$，可近似取 $z = 0.9h_0$，则

$$a = (0.373 \sim 0.520)h_0$$

如图 4 - 26 所示，为保证斜截面的受弯承载力不小于正截面的受弯承载力，在梁的受拉区段弯起钢筋时，要保证材料抵抗弯矩图形必须包在弯矩图形之外，弯起点应在按正截面受弯承载力计算不需要该钢筋截面面积之前，如图 4 - 26（a）所示，弯起钢筋①、②与梁中心

线的交点应在不需要该钢筋的截面之外，且弯起点 E、D 分别与按计算充分利用该钢筋截面面积点 B、A 之间的距离 EB、DA 均不应小于 $0.5h_0$。同时，为了保证每根弯起钢筋都能与斜裂缝相交，弯起钢筋的弯终点到支座边或到前一排弯起钢筋弯起点的距离，都不应大于箍筋的最大间距要求。

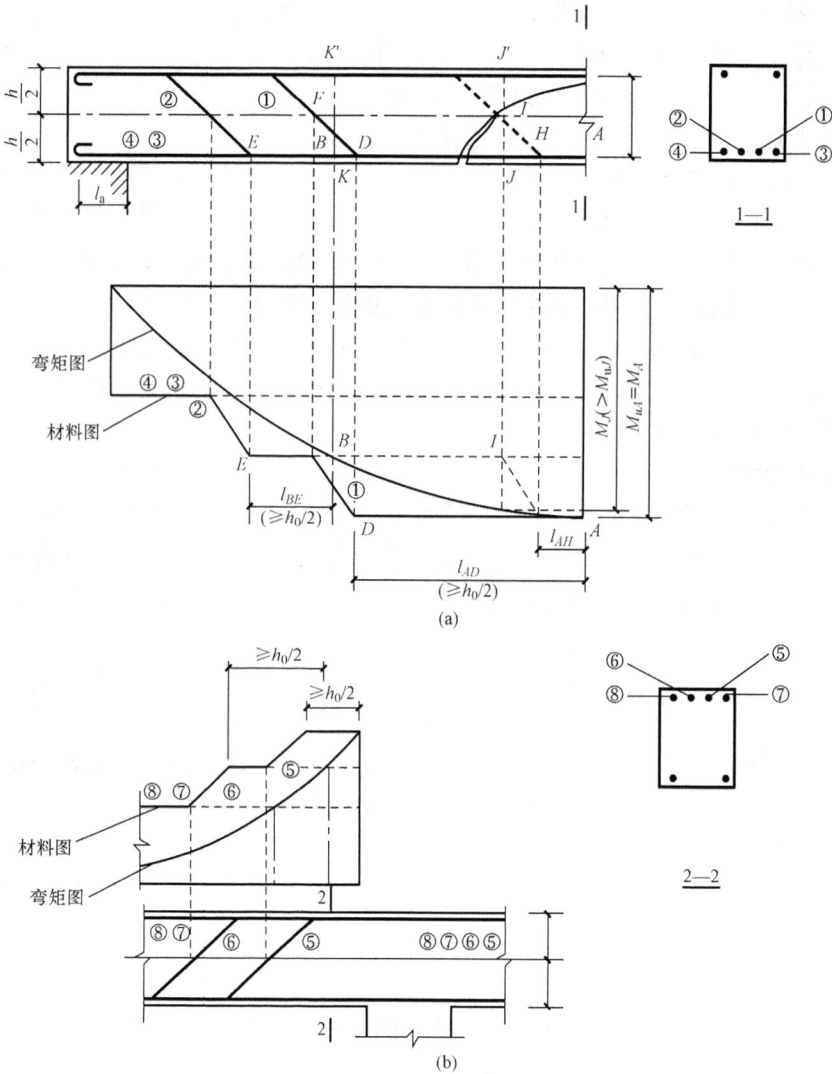

图 4-26　纵向钢筋弯起的构造要求

三、钢筋的截断

1. 纵筋的截断

如前所述，在支座范围外的梁正弯矩区段截断纵筋，由于钢筋面积骤减，在纵筋截断处混凝土产生拉应力集中导致过早出现斜裂缝，所以除部分承受跨中正弯矩的纵筋由于承受支座边界较大剪力的需要而弯起外，一般情况不宜在正弯矩区段内截断纵筋。而对悬臂梁、连续梁（板）等在支座附近负弯矩区段配置的纵筋，通常根据弯矩图的变化，将按计算不需要的纵筋截断，以节省钢材。

　　图 4-27 为连续梁支座附近负弯矩及剪力分布情况。支座处的纵筋是根据该处最大负弯矩按照正截面承载力计算配置的，由于随着远离支座，负弯矩迅速减小，所以可以将多余的纵筋截断。未截断时，全部纵筋参加工作的截面抵抗弯矩为过 a 点的水平线；截断一根纵筋后，截面的抵抗弯矩为过 b 点的水平线，a 点为这根钢筋的充分利用点，b 点为其理论截断点，这样就形成了一个台阶式的材料抵抗弯矩图形。

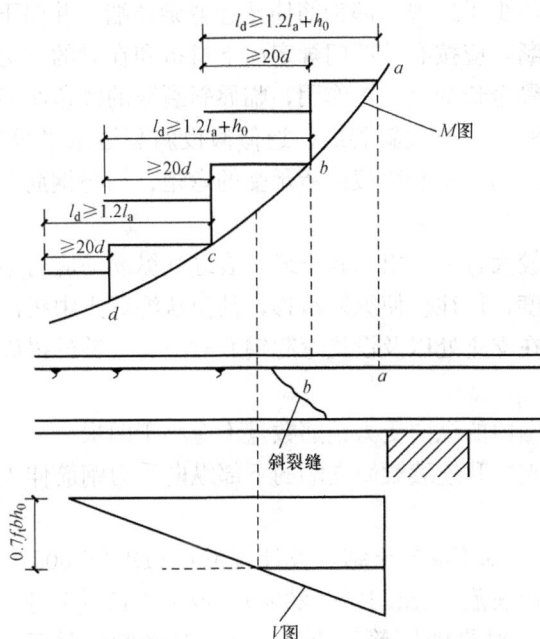

图 4-27　纵筋的截断及延伸长度

2. 延伸长度

　　为了充分利用钢筋强度，在梁支座截面负弯矩区，如果需要分批截断纵向受拉钢筋，每批钢筋必须过钢筋的理论截断点延伸至按正截面受弯承载力计算不需要该钢筋的截面之外才能截断，这段距离称为钢筋的延伸长度。需要注意的是：钢筋的延伸长度不同于钢筋在支座处的锚固作用，它是钢筋在有斜裂缝的弯剪区段的粘结锚固问题。

　　根据粘结锚固试验，并结合过去工程实践，规定梁支座截面负弯矩区纵向受拉钢筋不宜在受拉区截断，如必须截断应按以下规定进行：

　　当 $V \leqslant V_c / \gamma_d$［对于《水工混凝土结构设计规范》（DL/T 5057—2009）］、$KV \leqslant V_c$［对于《水工混凝土结构设计规范》（SL 191—2008）］或 $V \leqslant V_c$［对于《混凝土结构设计规范》（GB 50010—2010）］时，应延伸至按正截面受弯承载力计算不需要该钢筋的截面以外不小于 $20d$ 处截断，且从该钢筋强度充分利用截面伸出的长度不应小于 $1.2l_a$。此处，$V_c = 0.7 f_t b h_0$。

　　当 $V > V_c / \gamma_d$［对于《水工混凝土结构设计规范》（DL/T 5057—2009）］、$KV > V_c$［对于《水工混凝土结构设计规范》（SL 191—2008）］或 $V > V_c$［对于《混凝土结构设计规范》（GB 50010—2010）］时，应延伸至按正截面受弯承载力计算不需要该钢筋的截面以外不小于 h_0 且不小于 $20d$ 处截断，且从该钢筋强度充分利用截面伸出的长度 l_d 应满足

$$l_d \geqslant 1.2 l_a + h_0 \tag{4-39}$$

此处，$V_c = 0.7 f_t b h_0$。

若按上述规定确定的截断点仍位于与支座最大负弯矩对应的受拉区内，则应延伸至不需要该钢筋的截面以外不小于 $1.3 h_0$，且不小于 $20d$，且从该钢筋强度充分利用截面伸出的长度 l_d 应满足

$$l_d \geqslant 1.2 l_a + 1.7 h_0 \qquad\qquad (4-40)$$

在悬臂梁中，应有不少于二根上部钢筋伸至悬臂梁外端，并向下弯折不小于 $12d$。其余钢筋不应在梁的上部截断，应按有关部门规定向下弯折和在梁的下边锚固。这是因为在作用剪力较大的悬臂梁内，梁全长受负弯矩作用，临界斜裂缝的倾角明显较小，因此悬臂梁的负弯矩纵筋不宜切断。这时可能出现斜裂缝，近似假设斜裂缝水平投影长度为 h_0，则在钢筋充分利用点以左范围内，出现斜裂缝截面所承受的弯矩，均与钢筋充分利用点的弯矩相近。

四、纵筋的锚固

由于支座附近剪力较大，一旦出现斜裂缝，裂缝处纵筋的应力会突然增大，如果没有足够的伸入支座的锚固长度，往往会使纵筋滑移，甚至从混凝土中拔出而造成锚固破坏。为了防止这种破坏，当纵筋在支座处以及设置弯起钢筋时应有足够的锚固长度。对纵筋的锚固规定如下：

（1）伸入梁支座范围内的纵向受力钢筋数量不应小于两根。

（2）钢筋混凝土简支梁和连续梁简支端的下部纵向受力钢筋伸入梁支座范围内的锚固长度 l_{as} 应符合下列要求：

当 $V > V_c / \gamma_d$［对于《水工混凝土结构设计规范》（DL/T 5057—2009）］、$KV > V_c$［对于《水工混凝土结构设计规范》（SL 191—2008）］或 $V > V_c$［对于《混凝土结构设计规范》（GB 50010—2010）］时，对带肋钢筋不小于 $12d$；对光圆钢筋不小于 $15d$。当 $V \leqslant V_c / \gamma_d$［对于《水工混凝土结构设计规范》（DL/T 5057—2009）］、$KV \leqslant V_c$［对于《水工混凝土结构设计规范》（SL 191—2008）］或 $V \leqslant V_c$［对于《混凝土结构设计规范》（GB 50010—2010）］时，不小于 $5d$。d 为钢筋的最大直径。此处，$V_c = 0.7 f_t b h_0$。

当纵向受力钢筋伸入梁支座范围内的锚固长度不符合上述规定时，应采取其他有效锚固措施，如在钢筋上加焊钢板或将钢筋的端部焊接在梁端的预埋件上等。

支承在砌体结构上的钢筋混凝土梁的独立简支支座处或预制梁的简支支座处，应在纵向受力钢筋的锚固长度范围内至少配置二根箍筋。箍筋直径不宜小于锚固钢筋最大直径的 0.25 倍，间距不宜大于锚固钢筋最小直径的 10 倍，当采用机械锚固措施时，尚不宜大于锚固钢筋最小直径的 5 倍。

（3）当设置弯起钢筋时，弯起钢筋的弯终点外应留有平行梁轴线方向的锚固长度，其长度在受拉区不应小于 $20d$，在受压区不应小于 $10d$。

同时，各混凝土结构设计规范均在"梁柱节点"一节中对框架梁、连续梁以及框架柱中纵向受拉钢筋的锚固作了详细的规定。

五、箍筋的构造要求

如前所述，箍筋是受拉钢筋，它的主要作用是使被斜裂缝分割的混凝土梁体能够传递剪力并抑制斜裂缝的开展。因此，在设计中箍筋必须有合理的形式、直径和间距。同时，箍筋在受拉区和受压区都要有足够的锚固。

箍筋一般采用 HPB300、HRB335 级钢筋，其形式有封闭式和开口式两种。梁中箍

筋一般为封闭式，除非 T 形截面梁其翼缘顶面另有横向受拉钢筋，才可以采用开口式箍筋。

如图 4-28 所示，通常箍筋的肢数有单肢、双肢和四肢，梁中常采用双肢箍筋。为了使箍筋更好地发挥作用，应将箍筋的端部锚固在受压区，且弯钩做成为 135°。采用封闭式箍筋时在受压区的水平肢可以起着约束混凝土横向变形的作用，有利于提高混凝土的抗压强度。

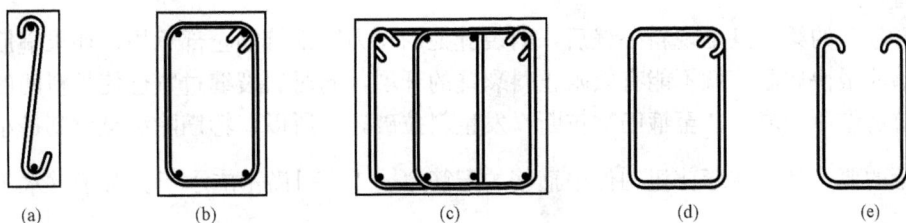

图 4-28　箍筋的肢数和形式
(a) 单肢箍；(b) 双肢箍；(c) 四肢箍；(d) 封闭箍；(e) 开口箍

梁宽大于 400mm，且一层内的纵向受压钢筋多于 4 根时，可用四肢箍筋；梁宽很小时，也可以用单肢箍筋。对计算不需要箍筋的梁，当截面高度大于 300mm 时，仍应沿梁全长设置箍筋；当截面高度为 150～300mm 时，可仅在构件端部容易出现斜裂缝的各 1/4 跨度范围内设置箍筋，但当构件中部 1/2 跨度范围内有集中荷载作用时，则应沿梁全长设置箍筋；当截面高度为 150mm 以下时，可不设置箍筋。

箍筋的分布与斜裂缝的宽度有关。箍筋间距过大则有可能斜裂缝与箍筋不相交，或相交在箍筋不能充分发挥作用的位置，这样都不能有效地阻止斜裂缝的开展。为了保证每一个斜裂缝内都有必要数量的箍筋与之相交，发挥箍筋的作用，对箍筋的最大间距要有限制。梁中箍筋最大间距宜符合表 4-1 的规定。

表 4-1　　　　　　　　　　**梁中箍筋的最大间距 s_{max}**　　　　　　　　　　mm

梁高 h	(1)	(2)	梁高 h	(1)	(2)
150<h≤300	150	200	500<h≤800	250	350
300<h≤500	200	300	h>800	300	400

注　表中序号 (1) 代表 $V>V_c/\gamma_d$ [对于《水工混凝土结构设计规范》(DL/T 5057—2009)]、$KV>V_c$ [对于《水工混凝土结构设计规范》(SL 191—2008)] 或 $V>V_c$ [对于《混凝土结构设计规范》(GB 50010—2010)]。
　　表中序号 (2) 代表 $V≤V_c/\gamma_d$ [对于《水工混凝土结构设计规范》(DL/T 5057—2009)]、$KV≤V_c$ [对于《水工混凝土结构设计规范》(SL 191—2008)] 或 $V≤V_c$ [对于《混凝土结构设计规范》(GB 50010—2010)]。

当梁中配有计算需要的纵向受压钢筋时，箍筋应为封闭式，且弯钩直线段长度不应小于 5 倍箍筋直径；箍筋的间距不应大于 15d，并不应大于 400mm，当一层内的纵向受压钢筋多于 5 根且直径大于 18mm 时，箍筋间距不应大于 10d（d 为纵向受压钢筋的最小直径）；当梁的宽度大于 400mm 且一层内的纵向受压钢筋多于 3 根时，或当梁的宽度不大于 400mm 但一层内的纵向受压钢筋多于 4 根时，应设置复合箍筋。

箍筋除了承受剪力外，还起着固定纵筋与之形成钢骨架的作用。为了保证钢骨架有足够的刚度，需要限制箍筋的最小直径。各规范规定的梁中箍筋最小直径见表 4-2。

表 4-2 箍筋的最小直径 d

梁高 h	d/mm	梁高 h	d/mm
$h>800$	8	$h\leqslant800$	6

当梁中配有按计算需要的纵向受压钢筋时，箍筋直径还应满足不小于 $\dfrac{d}{4}$（d 为纵向受压钢筋的直径）。

配有箍筋的梁一旦出现斜裂缝后，斜裂缝处的拉力则由箍筋全部承担，如果箍筋配置过少，则箍筋很快屈服，就不能有效阻止斜裂缝的开展，同时斜裂缝过宽会使骨料间的咬合力消失，抗剪作用削弱，甚至箍筋被拉断，发生斜拉破坏。所以，箍筋除满足对其最小直径及最大间距的要求外，在弯剪扭构件中箍筋的配筋率 $\rho_{\text{sv}}\left(\dfrac{A_{\text{sv}}}{bs}\right)$ 尚不应小于：对于《水工混凝土结构设计规范》（DL/T 5057—2009）和《水工混凝土结构设计规范》（SL 191—2008）：0.20%（HPB235 级钢筋）、0.17%（HPB300 级钢筋）或 0.15%（HRB335 级钢筋）；对于《混凝土结构设计规范》（GB 50010—2010）：$0.28\dfrac{f_{\text{t}}}{f_{\text{yv}}}$。

思 考 题

1. 说明无腹筋受弯梁产生裂缝的原因和斜裂缝生成前后的应力状态。

2. 梁沿斜截面破坏主要形态有哪几种？其破坏原因和过程有何不同？

3. 梁的斜截面受剪承载力计算公式是建立在哪种破坏条件下？如何避免斜拉破坏和斜压破坏？

4. 影响斜截面受剪承载力的因素有哪些？其影响规律如何？斜截面受剪承载力计算公式中考虑了哪些因素？

5. 什么是剪跨比？它对斜截面受剪承载力和破坏形态有哪些影响？

6. 梁的斜截面受剪承载力计算公式有哪些限制条件？为什么做这些限制？

7. 应对哪些截面进行梁的斜截面受剪承载力计算？为什么？

8. 对 T 形和 I 形截面梁进行斜截面受剪承载力计算时，可按何种截面计算？为什么？

9. 箍筋的一般构造要求有哪些？

10. 连续梁与简支梁相比，受剪承载力有何差别？集中荷载作用下连续梁的计算为什么采用计算剪跨比？

11. 什么是弯矩抵抗图？如何绘制抵抗弯矩图？

12. 梁内纵筋弯起和截断时应满足哪些条件？

第五章 钢筋混凝土受压构件承载力计算

第一节 概　　述

钢筋混凝土柱是典型的受压构件，不论是电厂厂房的排架柱（图5-1）还是框架柱（图5-2），在荷载作用下其截面上一般作用有轴向力、弯矩和剪力。

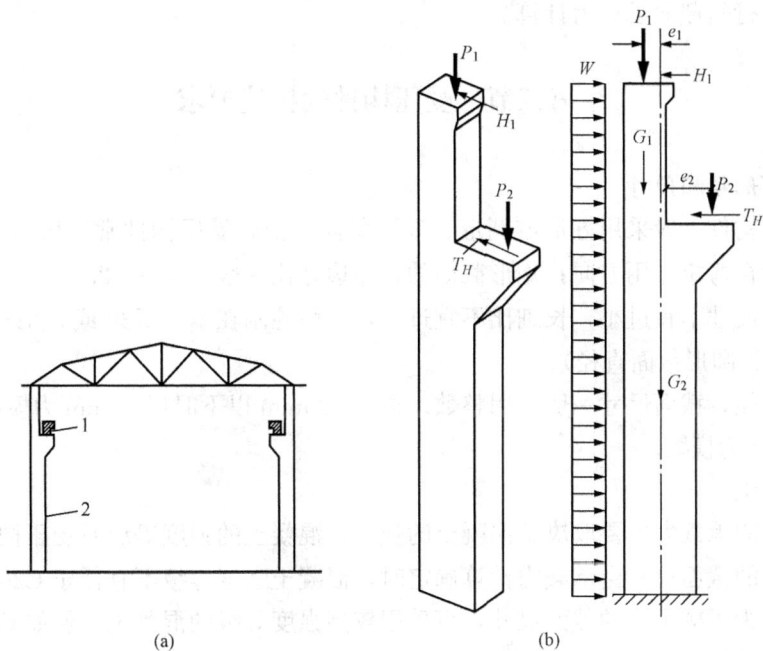

图5-1　电厂厂房排架柱

(a) 吊东梁；(b) 柱

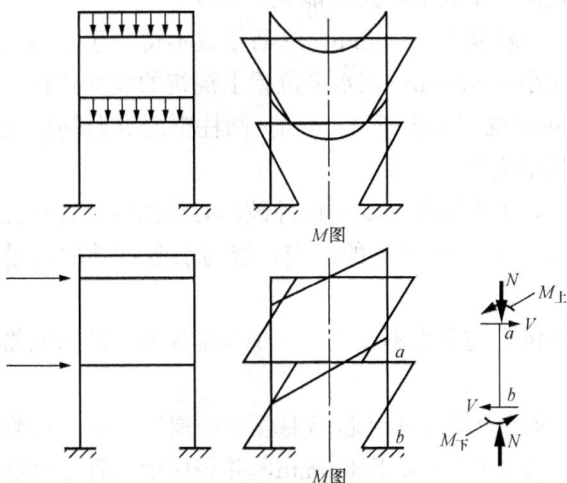

图5-2　框架结构构件内力

受压构件可分为两种：纵向力作用线通过构件截面重心的受压构件称为轴心受压构件；当纵向力作用线偏离构件轴线或同时作用有轴心压力和弯矩时，称为偏心受压构件，如图5-3所示。

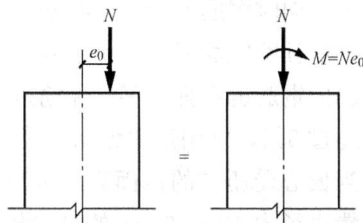

图5-3　偏心受压构件

在实际工程中真正的轴心受压构件是不存在的，因为在施工中很难保证轴向压力正好作用在柱截面的形心上，构件本身还可能存在尺寸偏差。即使压力作用在截面的几何重心上，由于混凝土材料的不均匀性和钢筋位置的偏差，也很难保证几何中心和物理中心相重合。

尽管如此，对于框架结构的中柱、桁架的压杆等，当弯矩很小可略去不计时，可近似简化为轴心受压构件来计算。

偏心受压构件根据偏心距的大小又可进一步分为大偏心受压构件和小偏心受压构件。偏心受压构件可能在轴向力 N 和弯矩 M 的共同作用下由于正截面承载力不足而发生破坏。当横向剪力较大时，也可能产生斜截面破坏。所以当横向剪力较大时，除进行正截面承载力计算外，还要进行斜截面承载力计算。

第二节　受压构件的构造要求

一、截面形状和尺寸

轴心受压构件一般采用方形或圆形、环形截面；偏心受压构件常采用矩形或 I 形截面，截面长边布置在弯矩作用方向；矩形截面的长短边之比一般为 1.5～2.5。

柱的截面尺寸不宜过小，长细比不宜过大，一般控制在 $l_0/b \leqslant 30$ 或 $l_0/d \leqslant 25$（b 为矩形截面短边，d 为圆形截面直径）。

为施工方便，截面尺寸一般采用整数。边长 800mm 以下时以 50mm 为模数；800mm 以上者以 100mm 为模数。

二、混凝土

受压构件的承载力主要取决于混凝土的强度，混凝土的强度等级对受压构件的承载力影响很大，当柱的截面尺寸由承载力计算确定时，混凝土强度等级不宜低于 C20。当柱承受的荷载较大时，为了减小柱的截面尺寸，可采用较高强度等级的混凝土，例如 C40、C50。

三、纵向钢筋

一般采用 HRB335、HRB400 和 HRB500 级钢筋。对受压钢筋来说，不宜采用高强钢筋，这是因为受混凝土极限压应变的限制，高强钢筋的作用不能充分发挥。

纵向受力钢筋的直径不宜小于 12mm，一般取 12～30mm。纵筋根数不得少于 4 根。对于竖向浇筑的混凝土，钢筋之间的净距不应小于 50mm；在水平位置上浇筑的装配式柱，其纵向钢筋的最小净距可适当减小。纵筋的间距也不应大于 300mm。圆柱中的纵向钢筋宜沿截面周边均匀布置，根数不宜少于 8 根，且不应少于 6 根。

受压构件的纵向钢筋，其数量不能过少，纵向钢筋太少，构件破坏时呈脆性，这对抗震很不利。同时钢筋太少，在荷载长期作用下，由于混凝土的徐变，容易引起钢筋的过早屈服。一般柱的配筋率不应小于 0.20%～0.25%。

纵向钢筋也不宜过多，配筋过多既不经济，施工也不方便。柱中全部纵向钢筋的配筋率不宜超过 5%，常用范围为 0.8%～2.0%。

当偏心受压柱的截面高度 $h \geqslant 600$mm 时，为了保证对芯部混凝土的围箍约束，在侧面应设置直径为 10～16mm 的纵向构造钢筋，其间距不大于 400mm，并相应地设置复合箍筋或连系拉筋。

四、箍筋

柱中箍筋的作用很重要，箍筋与纵筋绑扎或焊接成钢筋骨架。箍筋减少了纵筋的无支撑长度，避免纵筋过早压屈。当箍筋的数量较多时，可对核芯混凝土起到很好的约束作用，增大柱核芯混凝土的变形能力，提高柱的延性。箍筋还可承担剪力。

箍筋可采用 HPB235、HPB300 和 HRB335 级钢筋。应作成封闭式，如图 5-4 所示。采用热轧钢筋时，其箍筋直径不应小于 $d/4$，且不应小于 6mm，d 为纵向钢筋的最大直径。

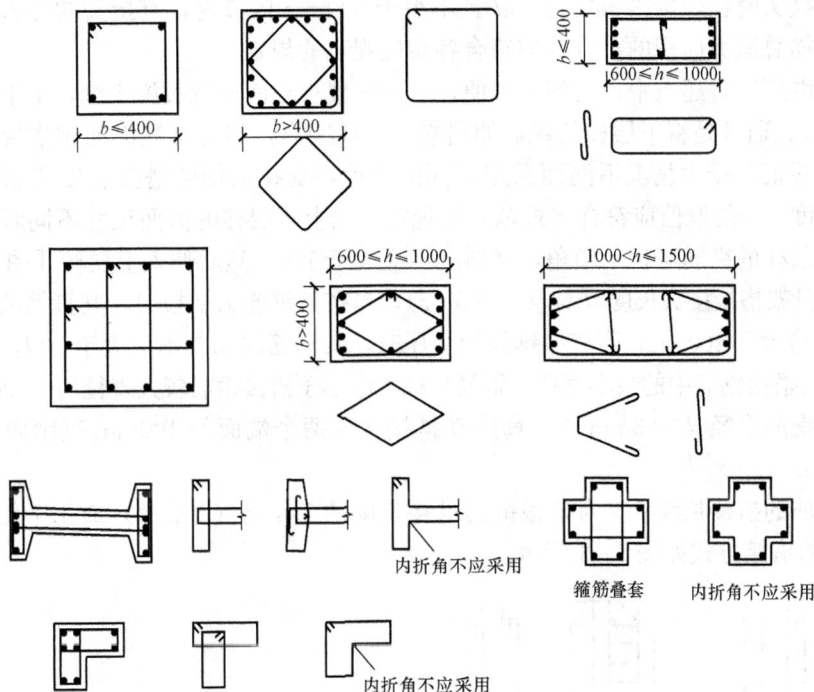

图 5-4　箍筋形式

箍筋的间距 s 不宜过大，应同时满足下列三个条件：

（1）$s \leqslant 400\text{mm}$；

（2）$s \leqslant b$（b 为柱短边尺寸）；

（3）$s \leqslant 15d$（绑扎骨架）或 $20d$（焊接骨架），d 为纵向钢筋的最小直径。

当柱中全部纵向受力钢筋的配筋率超过 3% 时，则箍筋直径不宜小于 8mm，间距不应大于 $10d$（d 为纵筋最小直径），且不应大于 200mm；箍筋末端应做成 135° 弯钩且弯钩末端平直段长度不应小于箍筋直径的 10 倍；箍筋也可焊成封闭环式。

当柱截面短边尺寸大于 400mm 且各边纵向钢筋多于 3 根时，或当柱截面短边尺寸不大于 400mm 但各边纵向钢筋多于 4 根时，应设置复合箍筋。

柱内纵向钢筋搭接长度范围内的箍筋应加密。

当有抗震设防要求时，应按不同的抗震等级，确定箍筋的加密区长度、箍筋的最小直径和箍筋的最大间距[44]。

对于截面形状复杂的柱，不应采用具有内折角的箍筋，否则箍筋受力后有拉直的趋势，易使折角处的混凝土崩裂。

五、钢筋的连接

柱中钢筋的连接可采用绑扎搭接、机械连接或焊接。轴心受拉或小偏心受拉以及承受振动的构件不得采用绑扎搭接接头。当受拉钢筋直径 $d>28\text{mm}$ 及受压钢筋直径 $d>32\text{mm}$ 时不宜采用绑扎搭接接头。工民建混凝土结构设计规范由于采用高强钢筋 HRB400 级和 HRB500 级，所以上述限制直径分别为 25mm 和 28mm。接头位置宜设置在受力较小处。受力钢筋接头的位置应相互错开。当采用非焊接的搭接接头时在规定的搭接长度的任一区段内和采用焊接接头时在焊接接头处的 $35d$ 且不小于 500mm 区段内，有接头的受力钢筋截面面积占受力钢筋总截面面积的百分率应符合各相应规范的规定。

在多层电厂厂房建筑中，为施工方便，一般在楼板顶面处设置施工缝，上下柱要做成接头（图 5-5）。通常是将下层柱的纵筋伸出楼面一段距离，与上层柱纵筋相搭接，其搭接长度 l_1 应根据纵筋的受力情况不同而采用不同的数值，受拉纵筋的搭接长度要远大于受压纵筋的搭接长度，l_1 的取值应符合《规范》的规定。当上下层柱的截面尺寸不同时，可在梁高范围内将下层柱的纵筋弯折一倾角，其斜度不应大于 1/6，然后伸入上层柱 [图 5-5（b）]。

在绑扎骨架搭接接头长度范围内（图 5-5），当搭接钢筋为受拉时，其箍筋的间距不应大于 $5d$，且不应大于 100mm；当搭接钢筋为受压时，其箍筋的间距不应大于 $10d$，且不应大于 200mm。d 为搭接钢筋中的最小直径。箍筋直径不应小于搭接钢筋较大直径的 0.25 倍。

当受压钢筋直径 $d>25\text{mm}$ 时，尚应在搭接接头两个端面外 100mm 范围内各设置两个箍筋。

成束钢筋的搭接长度 l 应为单根钢筋搭接长度的 1.4 倍（2 根束）或 1.7 倍（3 根束）。2 根束钢筋的搭接方式如图 5-6 所示。

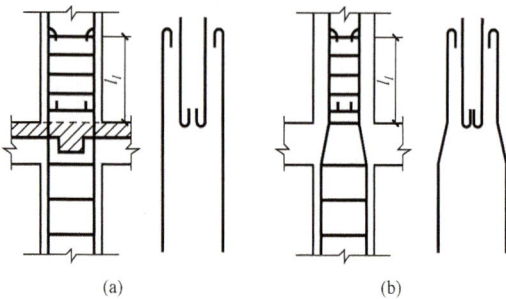

图 5-5　绑扎纵向钢筋的接头

（a）上下层相互搭接；

（b）下层钢筋弯折后伸入上层

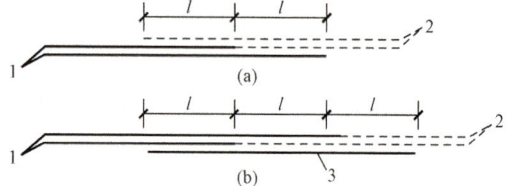

图 5-6　2 根成束钢筋的搭接方式

（a）错开布置；（b）不错开布置

1，2—受力钢筋；3—附加钢筋

机械连接接头连接件的混凝土保护层厚度宜满足纵向受力钢筋最小保护层厚度的要求。连接件之间的横向净间距不宜小于 25mm。

第三节　轴心受压构件正截面承载力计算

一、普通箍筋柱

1. 试验研究结果

配有纵筋及箍筋的轴心受压短柱的试验研究表明，在轴心压力的作用下，短柱全截面受压，由于钢筋与混凝土之间存在粘结力，从加载至破坏，钢筋与混凝土共同变形，但由于钢筋应力—应变关系与混凝土应力—应变关系的不同，在不同的加载阶段钢筋和混凝土的应力比值在不断地变化。

在荷载较小的阶段，材料处于线弹性状态，混凝土与钢筋两种材料的应力的比值基本上符合它们的弹性模量之比，即：$\varepsilon'_s=\varepsilon_c$，$\sigma'_s=E_s\varepsilon'_s$，$\sigma_c=E_c\varepsilon_c$，故 $\sigma'_s=\dfrac{E_s}{E_c}\sigma_c=\alpha_E\sigma_c$。

随着荷载逐步加大，混凝土的塑性变形开始发展，其变形模量降低。当柱子变形逐步增大时，混凝土的应力却增加得越来越慢；而钢筋由于在屈服之前一直处于线弹性阶段，其应力增加始终与其应变成正比。在此情况下，混凝土与钢筋的应力之比不再符合弹性模量之比。如果荷载长期持续作用，混凝土还有徐变发生，此时混凝土与钢筋之间更会引起应力的重分配，使混凝土的应力有所减小，而钢筋的应力有所增大。

当纵向荷载达到柱子破坏荷载的 90% 左右时，柱子由于横向变形达到极限而出现纵向裂缝［图 5-7（a）］，混凝土保护层开始剥落。最后，箍筋间的纵向钢筋发生屈折向外弯凸，混凝土被压碎，整个柱子破坏［图 5-7（b）］。

试验表明，对采用普通钢筋（非高强钢筋）配筋的短柱，钢筋一般将在混凝土达到极限压应变之前达到钢筋的屈服强度，因为混凝土均匀受压，极限压应变取为 $\varepsilon_0=0.002$，相应的纵向钢筋应力最大值为 $\sigma'_s=E_s\varepsilon_0=2.0\times10^5\times0.002=400\text{N/mm}^2$，显然高于普通 HPB235、HRB335、HRB400 级钢筋的屈服强度。

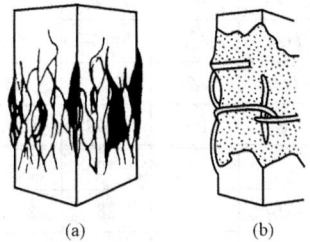

图 5-7　短柱的破坏形态

对于长期荷载作用下的钢筋混凝土柱，当突然卸载时，则混凝土只能恢复其全部压缩变形中的弹性变形部分，其徐变变形大部分不能立即恢复，而钢筋的弹性恢复必将受到混凝土的约束，使混凝土产生拉应力，当拉应力超过混凝土的抗拉强度时则产生裂缝甚至断裂。

工程设计中对于长细比 $\dfrac{l_0}{b}\leqslant8$ 或 $\dfrac{l_0}{d}\leqslant7$ 的钢筋混凝土柱可视为短柱，对于短柱可不考虑纵向弯曲的影响。

试验研究表明，对于长细比 $\dfrac{l_0}{b}>8$ 或 $\dfrac{l_0}{d}>7$ 的钢筋混凝土长柱，在截面尺寸、材料强度以及配筋完全相同的情况下，其承载力低于短柱的承载力，长细比越大，承载力降低越明显。其原因是由于各种因素引起的初始偏心距的存在而出现附加弯矩，附加弯矩对长柱的影响较敏感，在附加弯矩的作用下产生侧向挠度，侧向挠度又加大了偏心距。随着荷载的加大，侧向挠度和偏心距不断增大，这样互相影响的结果，使长柱在轴力和弯矩共同作用下破坏，如图 5-8 所示。

设以钢筋混凝土轴心受压构件的稳定系数 φ 代表长柱与短柱的承载力之比：

$$\varphi=\frac{N_{长柱}}{N_{短柱}}\tag{5-1}$$

图 5-8　长柱的破坏形态　　稳定系数 φ 主要与柱子的长细比 $l_0/b\left(\text{或}\dfrac{l_0}{d}\right)$ 有关，b 为矩形截面的短边尺

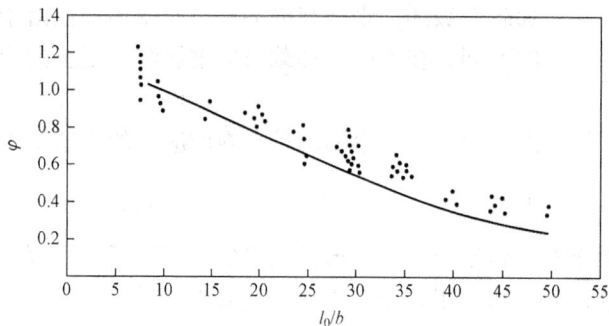

图 5-9 $\varphi - \dfrac{l_0}{b}$ 关系曲线

寸。根据试验资料的回归分析，φ 与 l_0/b 的关系如图 5-9 所示，可取为 $\varphi = \left[1 + 0.002\left(\dfrac{l_0}{b} - 8\right)^2\right]^{-1}$。当 $l_0/b \leqslant 8$ 时，$\varphi = 1.0$；当 $l_0/b > 8$ 时，φ 值随 l_0/b 的增大而减小。考虑到荷载的初始偏心和长期荷载的不利影响，各规范规定的稳定系数 φ 的取值比实验值略低一些，具体见表 5-1。

表 5-1 　　　　　　　　　钢筋混凝土轴心受压构件的稳定系数 φ 值

l_0/b	≤8	10	12	14	16	18	20	22	24	26	28
l_0/d	≤7	8.5	10.5	12	14	15.5	17	19	21	22.5	24
l_0/i	≤28	35	42	48	55	62	69	76	83	90	97
φ	1.0	0.98	0.95	0.92	0.87	0.81	0.75	0.70	0.65	0.60	0.56
l_0/b	30	32	34	36	38	40	42	44	46	48	50
l_0/d	26	28	29.5	31	33	34.5	36.5	38	40	41.5	43
l_0/i	104	111	118	125	132	139	146	153	160	167	174
φ	0.52	0.48	0.44	0.40	0.36	0.32	0.29	0.26	0.23	0.21	0.19

注　b—矩形截面的短边尺寸；d—圆形截面柱的直径；i—截面最小回转半径 $i = \sqrt{\dfrac{I}{A}}$；l_0—构件计算长度。

2. 正截面受压承载力计算

根据以上分析，如图 5-10 所示，在考虑长柱承载力的降低和可靠度的调整因素后，轴心受压构件承载力的计算公式如下：

电力《水工混凝土结构设计规范》（DL/T 5057—2009）公式为

$$N \leqslant \dfrac{1}{\gamma_d}\varphi(f_c A + f'_y A'_s) \qquad (5-2)$$

式中　N——轴向压力设计值；

γ_d——钢筋混凝土结构的结构系数；

A——构件截面面积，当纵向钢筋配筋率大于 3% 时，式（5-2）中 A 改用 A_n，$A_n = A - A'_s$；

A'_s——全部纵向受压钢筋截面面积；

f_c——混凝土的轴心抗压强度设计值；

f'_y——纵向钢筋的抗压强度设计值；

φ——钢筋混凝土轴心受压构件的稳定系数，按表 5-1 采用。

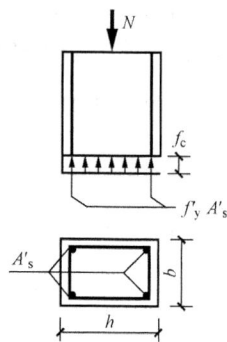

图 5-10 轴心受压柱计算简图

水利《水工混凝土结构设计规范》（SL 191—2008）公式为

$$KN \leqslant \varphi(f_c A + f'_y A'_s) \qquad (5-3)$$

式（5-2）与式（5-3）中的差别关键在 γ_d 和 K 的取值，见第二章。

工民建《混凝土结构设计规范》（GB 50010—2010）公式为

$$N \leqslant 0.9\varphi(f_c A + f'_y A'_s) \qquad (5-4)$$

对于受压构件计算长度 l_0 可按表 5-2～表 5-4 的规定取值。

表 5-2　　　　刚性屋盖单层房屋排架柱、露天吊车柱和栈桥柱的计算长度

柱 的 类 别		l_0		
		排架方向	垂直排架方向	
			有柱间支撑	无柱间支撑
无吊车厂房柱	单跨	$1.5H$	$1.0H$	$1.2H$
	两跨及多跨	$1.25H$	$1.0H$	$1.2H$
有吊车厂房柱	上柱	$2.0H_u$	$1.25H_u$	$1.5H_u$
	下柱	$1.0H_l$	$0.8H_l$	$1.0H_l$
露天吊车柱和栈桥柱		$2.0H_l$	$1.0H_l$	—

注　1. 表中 H 为从基础顶面算起的柱子全高；H_l 为从基础顶面至装配式吊车梁底面或现浇式吊车梁顶面的柱子下部高度；H_u 为从装配式吊车梁底面或从现浇式吊车梁顶面算起的柱子上部高度。

2. 表中有吊车厂房排架柱的计算长度，当计算中不考虑吊车荷载时，可按无吊车厂房柱的计算长度采用，但上柱的计算长度仍可按有吊车厂房柱采用。

3. 表中有吊车厂房排架柱的上柱在排架方向的计算长度，仅适用于 $H_u/H_l \geqslant 0.3$ 的情况；当 $H_u/H_l < 0.3$ 时，计算长度宜采用 $2.5H_u$。

表 5-3　　　　框架结构各层柱的计算长度

楼盖类型	柱的类别	l_0	楼盖类型	柱的类别	l_0
现浇楼盖	底层柱	$1.0H$	装配式楼盖	底层柱	$1.25H$
	其余各层柱	$1.25H$		其余各层柱	$1.5H$

注　表中 H 为底层柱从基础顶面到一层楼盖顶面的高度；对其余各层柱为上、下两层楼盖顶面之间的高度。

表 5-4　　　　构 件 的 计 算 长 度

构件及两端约束情况		计算长度 l_0	构件及两端约束情况		计算长度 l_0
直杆	两端固定	$0.5l$	拱	三铰拱	$0.58S$
	一端固定，一端为不移动铰	$0.7l$		双铰拱	$0.54S$
	两端均为不移动铰	$1.0l$		无铰拱	$0.36S$
	一端固定，一端自由	$2.0l$			

注　l 为构件支点间长度；S 为拱轴线长度。

【**例 5-1**】　已知某多层现浇框架结构标准层中柱，轴向压力设计值 $N=2200\text{kN}$，楼层高 $H=5.1\text{m}$，混凝土用 C30（$f_c=14.3\text{N/mm}^2$），钢筋用 HRB335，$f_y=300\text{N/mm}^2$，$\gamma_d=1.2$。

求：柱截面尺寸及纵筋面积。

解　初步确定柱截面尺寸，$b=h=400\text{mm}$，取 $l_0=1.25H$，则得

$$\frac{l_0}{b}=\frac{1.25\times 5100}{400}=15.94$$

查表 5-1 得 $\varphi=0.87$。

按电力《水工混凝土结构设计规范》（DL/T 5057—2009）公式

$$A_s'=\frac{\dfrac{\gamma_d N}{\varphi}-f_c A}{f_y'}=\frac{\dfrac{1.2\times 2200000}{0.87}-14.3\times 400\times 400}{300}=2488\text{mm}^2$$

$$\frac{A'_s}{bh} = \frac{2488}{400 \times 400} = 1.56\% > \rho_{\min} = 0.5\% (\text{DL/T } 5057—2009) \text{、}$$

$$0.6\% (\text{SL } 191—2008 \text{ 和 GB } 50010—2010)$$

实配 8 Φ 18+4 Φ 14($A'_s = 2036+615 = 2651\text{mm}^2$)

按水利《水工混凝土结构设计规范》（SL 191—2008）公式

$$A'_s = \frac{\dfrac{KN}{\varphi} - f_c A}{f'_y} = \frac{\dfrac{1.2 \times 2200000}{0.87} - 14.3 \times 400 \times 400}{300} = 2488\text{mm}^2$$

可见，两公式计算结果相同。

按工民建《混凝土结构设计规范》（GB 50010—2010）公式

$$A'_s = \frac{\dfrac{N}{0.9\varphi} - f_c A}{f'_y} = \frac{\dfrac{2200000}{0.9 \times 0.87} - 14.3 \times 400 \times 400}{300} = 1739\text{mm}^2$$

实配 4 Φ 18+4 Φ 16 （$A'_s = 1017+804 = 1821\text{mm}^2$）。

可见，水工混凝土结构设计规范的配筋量大于工民建混凝土结构设计规范。

二、螺旋箍筋柱

当柱承受的轴向荷载较大，同时其截面尺寸由于建筑上及使用上的要求而受到限制，可考虑采用螺旋箍筋柱，如图 5-11 所示。螺旋箍筋柱与普通箍筋柱不同，螺旋箍筋可对核芯混凝土周边提供均匀的约束压应力，而矩形箍筋对混凝土的约束作用较差，这是由于来自混凝土的横向推力将使矩形箍筋的各边产生水平方向的弯曲，箍筋仅能在靠近截面的拐角处产生约束应力，如图 5-12 所示。

采用螺旋箍筋柱不仅可以提高柱的承载力，而且可以增加核芯混凝土的极限变形能力，增加柱的延性。

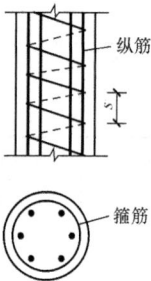

图 5-11　螺旋箍筋柱

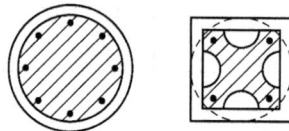

图 5-12　螺旋箍筋与矩形箍筋约束效果的对比

1. 试验研究结果

螺旋箍筋柱在低水平的压应力情况下，由于核芯混凝土的横向变形很小，此时螺旋箍筋的应力很小。随着荷载的增加，在接近混凝土单轴抗压强度的应力下，保护层混凝土开始剥落。核芯混凝土内部开裂，横向变形发展很快，向外挤压螺旋箍筋，从而导致螺旋箍筋对核芯混凝土施加约束反作用，使核芯混凝土处于三向压应力状态。随着荷载的增大，螺旋箍筋的拉应力不断加大，直至螺旋箍筋屈服，混凝土达到复合受力情况下的抗压强度而使柱丧失承载力。试验还表明螺旋箍筋对核芯混凝土的约束程度随混凝土强度的提高而有所降低。

2. 正截面轴心受压承载力计算

当混凝土在轴向压力及四周的径向均匀压应力 σ 作用时，则其抗压强度将由单轴受压时的 f_c 提高到 f_{cc}，f_{cc} 值由下式确定

$$f_{cc} = f_c + K\sigma \tag{5-5}$$

式中　f_{cc}——被约束混凝土的轴心抗压强度；

σ——当螺旋箍筋的应力达到屈服强度时，受压构件的核芯混凝土受到的径向压应力值；

K——与约束径向压应力水平有关的影响系数 $K=4.1 \sim 7.0$[25]。

对 σ 值可按图 5-13 所示具体推导如下

$$2f_y A_{ss1} = 2\sigma s \int_0^{\pi/2} r\sin\theta \mathrm{d}\theta = \sigma s d_{cor}$$

故

$$\sigma = \frac{2f_y A_{ss1}}{s d_{cor}} = \frac{2f_y A_{ss1} \pi d_{cor}}{4\frac{\pi}{4} d_{cor}^2 s} = \frac{f_y A_{ss0}}{2A_{cor}} \qquad (5-6)$$

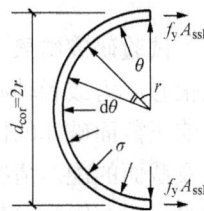

图 5-13 混凝土径向压应力

式中 f_y——螺旋箍筋的抗拉强度设计值；

d_{cor}——核芯截面的直径，取箍筋内表面之间的距离；

A_{cor}——构件的核芯截面面积，取箍筋内表面范围内的混凝土面积；

s——沿构件轴线方向螺旋箍筋的螺距；

A_{ss1}——单肢螺旋箍筋的截面面积；

A_{ss0}——螺旋箍筋的换算截面面积。

$$A_{ss0} = \frac{\pi d_{cor} A_{ss1}}{s} \qquad (5-7)$$

配有螺旋箍筋或焊接环式箍筋柱的承载力，可按纵向内外力平衡的条件，推导出其计算公式为

$$N \leqslant N_u = f_{cc} A_{cor} + f'_y A'_s = (f_c + K\sigma)A_{cor} + f'_y A'_s$$

当取 $K=4$ 时

$$N \leqslant N_u = f_c A_{cor} + 2f_y A_{ss0} + f'_y A'_s$$

当考虑可靠度调整系数 0.9 及高强混凝土的性能后，工民建《混凝土结构设计规范》（GB 50010—2010）给出的轴心受压承载力计算公式为

$$N \leqslant N_u = 0.9(f_c A_{cor} + 2\alpha f_y A_{ss0} + f'_y A'_s) \qquad (5-8)$$

α 称为螺旋箍筋对混凝土约束的折减系数；当混凝土强度等级不超过 C50 时，$\alpha=1.0$；当混凝土强度等级为 C80 时，$\alpha=0.85$，其间按线性内插法确定。

在螺旋箍筋柱内，保护层在柱破坏前早就剥落。为了保证在使用荷载下保护层不致剥落，工民建《混凝土结构设计规范》（GB 50010—2010）规定，按式（5-8）算得的构件承载力不应比按式（5-4）算得的大 50% 以上。

凡属下列情况之一者，不考虑螺旋箍筋的影响：

（1）当 $l_0/d>12$ 时，有可能因长细比较大，柱子因丧失稳定而破坏，而使螺旋箍筋不能充分起作用；

（2）当按式（5-8）算得的承载力小于按式（5-4）算得的承载力时；

（3）当螺旋箍筋的换算截面面积 A_{ss0} 小于纵向钢筋全部截面面积的 25% 时，可以认为螺旋箍筋配置得太少，约束作用的效果不明显。

在配有螺旋箍筋的柱中，如在计算中考虑螺旋箍筋的作用时，则螺旋箍筋的间距不应大于 80mm 及 $d_{cor}/5$，以便形成较为均匀的约束压力；同时不应小于 40mm，以便保证混凝土的浇筑质量。螺旋箍筋的直径按箍筋有关规定采用。

第四节　偏心受压构件正截面承载力计算

一、试验研究结果

在偏心压力或者轴心压力 N 与弯矩 M 的组合作用下，构件会发生不同形态的正截面破坏。影响正截面破坏的因素很多，但主要取决于偏心距的大小（或 M 与 N 的不同组合情况）以及截面的配筋情况。

试验表明，钢筋混凝土偏心受压构件的正截面破坏形态可分为受拉破坏（大偏心受压破坏）、受压破坏（小偏心受压破坏）和界限破坏三种情况。不论哪种破坏，在破坏前，一定区段内的平均应变仍符合平截面假定，如图 5-14 所示。利用平截面假定来区分和解释偏心受压构件的三种破坏形态，物理概念更加明确。

1. 受拉破坏（大偏心受压破坏）

在构件的相对偏心距（e_0/h_0）较大，且受拉钢筋配置不是过多的情况下，构件会发生受拉破坏。此时，相对受压区高度较小，加载后，靠近纵向力作用的一侧受压，另一侧受拉。当荷载达到一定值后，首先在受拉区产生横向裂缝，并随荷载的增加而不断扩展。在破坏前主裂缝已很明显，发展很快，受拉钢筋屈服，进入流幅阶段，此时中和轴上升，混凝土受压区高度迅速减小，压区混凝土出现纵向裂缝，混凝土被压碎，构件丧失承载力。这种受拉钢筋先屈服，经过一个过程，然后混凝土被压坏的破坏形态称为受拉破坏或大偏心受压破坏。这种破坏有明显的前兆，构件的变形能力较强，有很好的延性。如图 5-15（a）所示。

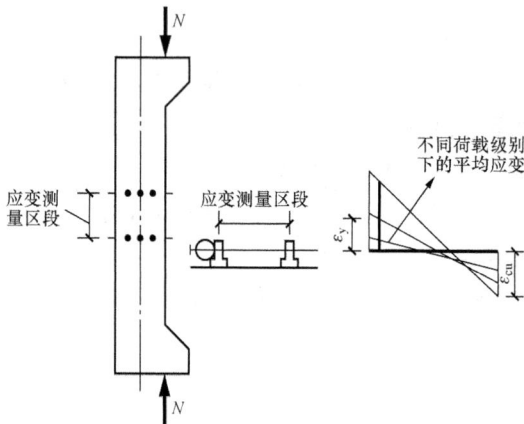

图 5-14　平截面假定的应变量测

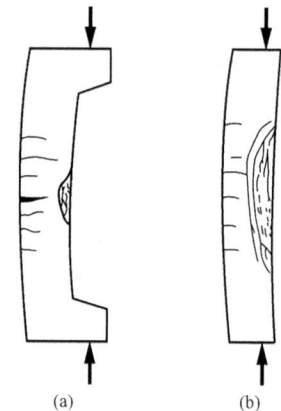

图 5-15　偏心受压构件破坏形态
（a）受拉破坏；（b）受压破坏

2. 受压破坏（小偏心受压破坏）

这种形态的破坏通常发生在相对偏心距（e_0/h_0）较小的情况。但如果受拉钢筋配置过多，即使相对偏心距较大，也可能发生这种形态的破坏。此时，构件截面全部受压或大部分受压，相对受压区高度较大。一般情况下这种破坏首先发生在离纵向力较近一侧，破坏时压区混凝土达到极限压应变 ε_{cu}，靠近纵向力较近一侧的受压钢筋达到屈服强度，而离纵向力较远一侧的钢筋则可能受拉或受压，但都达不到屈服。当有部分截面受拉时，拉区的横向裂缝发展也不明显。破坏前，压区（靠纵向力较近一侧）混凝土产生纵向裂缝，并迅速发展，破坏荷载和出现纵向裂缝的荷载非常接近，破坏无明显预兆，混凝土压碎区段较长，如图 5-15（b）所示。这种破坏带有一定的脆性，混凝土强度越高，其脆性也越明显。

如上所述，受压破坏一般情况下总是首先发生在离纵向力较近一侧，但当相对偏心距很小，而构件的实际形心与构件的几何中心不重合时，也可能发生离纵向力较远一侧的混凝土先压坏的现象。

3. 界限破坏

在"受拉破坏"与"受压破坏"之间存在着一种界限状态，称为"界限破坏"。破坏时，横向主裂缝发展比较明显，在受拉钢筋屈服的同时，受压混凝土达到极限压应变被压坏。此时的截面中和轴高度 x_{nb} 或界限相对受压区高度 $\xi_b \left(\xi_b = \dfrac{x_b}{h_0}, \ x_b = \beta_1 x_{nb} \right)$ 可由平截面假定推出，其结果与受弯构件的相同。

当用相对受压区高度 ξ 来区分偏心受压构件的破坏形态时，由图 5-16 可以得到：

$\xi \leqslant \xi_b$ 时，属受拉破坏，即大偏心受压构件（取等号时为界限破坏）；

$\xi > \xi_b$ 时，属受压破坏，即小偏心受压构件。

二、偏心受压构件的纵向弯曲

试验表明，钢筋混凝土柱在偏心荷载作用下，会产生纵向弯曲，如图 5-17（a）所示。柱的长细比 $\left(\dfrac{l_0}{h} \right)$ 不同，纵向弯曲的影响程度也不同。对于长细比较小的柱，即所谓"短柱"，由于纵向弯曲的影响较小，在设计时一般可忽略不计。对于长细比较大的柱，即所谓"长柱"，纵向弯曲的影响在设计时必须予以考虑，因为纵向弯曲将导致承载力的降低。对于长细比很大的柱，即所谓"细长柱"，

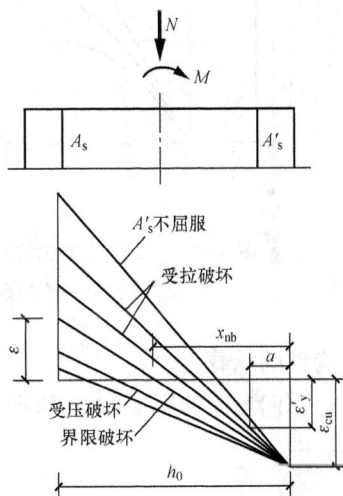

图 5-16　偏心受压构件的正截面在各种破坏情况时的平均应变分布

因为纵向弯曲可能会引起柱"失稳"破坏，在设计中宜尽量避免出现"细长柱"。对于"短柱"、"长柱"和"细长柱"很难确定截然的界限，一般情况而言，柱的长细比宜控制在 30 以内，即对于 $\dfrac{l_0}{h} = 8 \sim 30$ 的柱可视为"长柱"。"长柱"的破坏仍属"材料破坏"，即钢筋和混凝土可以发挥其强度。

图 5-17（b）给出了截面尺寸相同、材料强度及配筋相同、初始偏心距 e_i 相同，仅柱的长细比不同的三根柱，从加载到破坏的示意图。图中 ABCD 是构件发生材料破坏时的 M 和 N 相关图。

OB 代表短柱从加载到破坏的过程，略去纵向弯曲的影响，e_0 保持常量。

$$M = N e_0$$

上式中的弯矩 $N e_0$ 是随着 N 值的增大而成线性关系，$N e_0$ 称为一阶弯矩。当纵向力 N 增至 N_0 时，此时弯矩 $M = N_0 e_0$，在 N_0 和 M 的组合作用下柱发生"材料破坏"。

曲线 OC 代表长柱从加载到破坏的过程。由于长细比较大，纵向弯曲的影响不可忽略不计，柱产生侧向挠度 f，偏心距由 e_0 增至 $e_0 + f$ [图 5-17（a）]，此时 $M = N(e_0 + f) =$

$Ne_0 + Nf$，由侧向挠度产生的弯矩 Nf 值是随着 N 及 f 值的增大而增大，称二阶弯矩。对于长柱而言，侧向挠度 f 是随着纵向力 N 的加大而不断非线性增加的，所以 $\dfrac{\mathrm{d}N}{\mathrm{d}M}$ 是变数。在加载后期，纵向压力的稍许增加都会引起二阶弯矩的迅速增加。当纵向压力增至 N_1 时，弯矩 $M = N_1(e_0 + f_1)$，在 N_1 和 M 的组合作用下，柱仍发生了"材料破坏"。

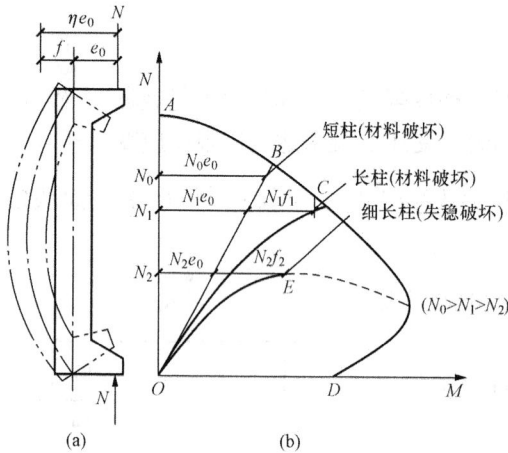

图 5-17　不同长细比柱从加荷到
破坏的 N—M 关系

曲线 OE 代表长细比很大的"细长柱"从加载到破坏的过程。由于长细比很大，在较小的纵向压力作用下，柱已经产生较大的侧向挠度，在没有达到 M、N 的材料破坏关系曲线 $ABCD$ 前，由于微小的纵向力增量 ΔN 可引起不收敛的弯矩 M 的增加而破坏，即所谓"失稳破坏"。曲线 OE 代表了这种类型的破坏，在 E 点的承载力已达最大，但此时截面内的钢筋应力并未达到屈服强度，混凝土也未达到受压强度值。

从图 5-17（b）中还可看出，这三根柱虽然具有相同的初始偏心距，但由于长细比不同，其承受纵向力 N 的能力明显不同，$N_0 > N_1 > N_2$，即由于长细比的加大而降低了构件的承载力。

纵向弯曲的影响可由轴向压力对截面重心的偏心距 e_0 乘以偏心矩增大系数 η 来考虑，即

$$e_0 + f = \left(1 + \frac{f}{e_0}\right)e_0 = \eta e_0 \qquad (5\text{-}9)$$

η 值可近似推导如下：

试验表明，对于两端铰接柱的侧向挠度曲线近似符合正弦曲线（图 5-18）。即

$$y = f\sin\frac{\pi x}{l_0}$$

$$\phi = -\frac{\mathrm{d}^2 y}{\mathrm{d}x^2} = f\frac{\pi^2}{l_0^2}\sin\frac{\pi x}{l_0} = y\frac{\pi^2}{l_0^2}$$

则

$$y = \frac{l_0^2}{10}\phi \qquad (5\text{-}10)$$

根据平截面假定，可求得

$$\phi = \frac{\varepsilon_c + \varepsilon_s}{h_0} \qquad (5\text{-}11)$$

对于界限破坏情况，混凝土受压区边缘应变值 $\varepsilon_c = \varepsilon_{cu} = 0.0033 \times 1.25$（其中 1.25 是考虑柱在长期荷载作用下，混凝土徐变引起的应变增大系数，该系数值是参照国外规范确定的经验系数），钢筋应变值 $\varepsilon_s = \varepsilon_y = f_y/E_s$（近似取 $f_y/E_s = 0.0017$）。这样，界限破坏

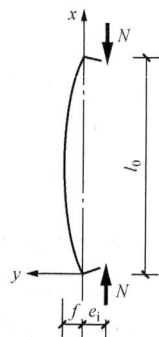

图 5-18　柱的挠度曲线

时的曲率 ϕ_b 为

$$\phi_b = \frac{0.0033 \times 1.25 + 0.0017}{h_0} = \frac{1}{171.7}\left(\frac{1}{h_0}\right) \tag{5-12}$$

破坏时，最大曲率在柱中点，可求得界限破坏时柱中点最大侧向挠度值 f 为

$$f = \phi_b \cdot \frac{l_0^2}{10} = \frac{1}{1717}\frac{l_0^2}{h_0} \tag{5-13}$$

对于"受压破坏"的偏心受压构件，离纵向力较远一侧钢筋可能受拉不屈服或受压，且受压区边缘混凝土的应变值 ε_c 一般也小于 0.0033，截面破坏时的曲率小于界限破坏时的曲率 φ_b 值。为此，在计算破坏曲率时，需引进一个截面曲率修正系数 ζ_1 值，参考国外规范和试验结果，可采用下列表达式：

对于电力《水工混凝土结构设计规范》（DL/T 5057—2009）

$$\zeta_1 = \frac{N_b}{\gamma_d N} = \frac{0.5 f_c A}{\gamma_d N} \tag{5-14}$$

对于水利《水工混凝土结构设计规范》（SL 191—2008）

$$\zeta_1 = \frac{N_b}{KN} = \frac{0.5 f_c A}{KN} \tag{5-15}$$

式中　N——纵向力设计值；

N_b——在 $x = x_b$ 时的构件界限受压承载力，近似取 $N_b = 0.5 f_c A$；

A——构件截面面积，对 T 形、I 形截面均取 $A = bh + 2(b'_f - b)h'_f$；

f_c——混凝土轴心抗压强度设计值。

对于"受拉破坏"的偏心受压构件，截面破坏时的曲率大于界限曲率 φ_b 值，但受拉钢筋屈服时的曲率则小于 ϕ_b 值，而破坏弯矩与受拉钢筋屈服时能承受的弯矩值很接近。为此，计算曲率可以视为与界限曲率相等。用式（5-14）或式（5-15）求得 $\zeta_1 > 1$ 时，可取 $\zeta_1 = 1$。

试验还证明，随着长细比的增大，达到最大承载力时的截面应变值 ε_c 和 ε_s 减小，使控制截面的极限曲率随 l_0/h 的增加而减小，为此通过乘一个修正系数 ζ_2 值来解决。ζ_2 为

$$\zeta_2 = 1.15 - 0.01\frac{l_0}{h} \tag{5-16}$$

ζ_2 为构件长细比对截面曲率的影响系数，当 $\frac{l_0}{h} < 15$ 时，取 $\zeta_2 = 1.0$。

综上所述，由式（5-9）、式（5-13）和系数 ζ_1、ζ_2，可得

$$\eta = \left(1 + \frac{f}{e_0}\right) = \left(1 + \frac{1}{1717 e_0}\frac{l_0^2}{h_0}\zeta_1 \cdot \zeta_2\right) \tag{5-17}$$

近似取 $h = 1.1h_0$，可近似得

$$\eta = 1 + \frac{1}{1400\frac{e_0}{h_0}}\left(\frac{l_0}{h}\right)^2\zeta_1 \cdot \zeta_2 \tag{5-18}$$

当构件长细比 l_0/h（或 l_0/d）$\leqslant 8$ 时，可不考虑挠度对偏心距的影响。设计时可取 $\eta = 1$。d 当环形截面时为外直径，圆形截面时为直径。当偏心受压构件的截面为环形或圆形时，式（5-18）中的 h 换成 d，$h_0 \approx 0.9d$。

式（5-18）不仅适合于矩形、圆形和环形截面，也适合于 T 形和 I 形截面。

水利《水工混凝土结构设计规范》（SL 191—2008）关于 η 的计算与电力《水工混凝土

结构设计规范》（DL/T 5057—2009）的计算相同，也采用式（5-18）计算。

工民建《混凝土结构设计规范》（GB 50010—2010）不再采用 $\eta-l_0$ 法[2]，这主要是希望通过计算机进行结构分析时一并考虑由结构侧移引起的二阶效应（$P-\Delta$ 效应）。为了进行截面设计时内力取值的一致性，在内力计算时用弯矩增大系数 η 考虑了构件自身挠曲变形引起的二阶效应（$P-\delta$ 效应），而不再用偏心距增大系数 η。这两个系数应是一致的，但由于采用 HRB500 级钢筋，构件截面减小、挠度增大，所以将 1400 改为 1300；另外，原公式系数 ζ_2，长细比越大，该值越小，这不符合 $P-\delta$ 效应规律，所以取消了该系数。具体计算可参见工民建《混凝土结构设计规范》（GB 50010—2010）第 6.2.3 条和第 6.2.4 条。

三、矩形截面偏心受压构件正截面承载力计算基本公式

1. 基本假定

钢筋混凝土偏心受压构件正截面承载力计算的基本假定与受弯构件的完全相同，参见第三章。

2. 大偏心受压构件基本计算公式（$\xi \leqslant \xi_b$）

大偏心受压构件破坏时，其受拉及受压纵向钢筋均能达到屈服强度，受压区混凝土应力为抛物线形分布，如图 5-19（a）所示。为简化计算，同样可以用矩形应力分布图形来代替实际的应力分布图 [图 5-19（b）]，混凝土压应力取轴心抗压强度设计值 f_c，受压区高度为 x，则根据纵向力的平衡和对受拉钢筋合力点的力矩的平衡可得

$$N \leqslant \frac{1}{\gamma_d}(f_c b x + f'_y A'_s - f_y A_s) \tag{5-19}$$

$$Ne \leqslant \frac{1}{\gamma_d}\left[f_c b x\left(h_0 - \frac{x}{2}\right) + f'_y A'_s(h_0 - a'_s)\right] \tag{5-20}$$

$$e = \eta e_0 + \frac{h}{2} - a_s \tag{5-21}$$

式中　　N——轴向力设计值；

e——轴向力作用点至受拉钢筋 A_s 合力点之间的距离；

η——偏心距增大系数，按式（5-18）计算；

e_0——轴向压力对截面重心的偏心距。

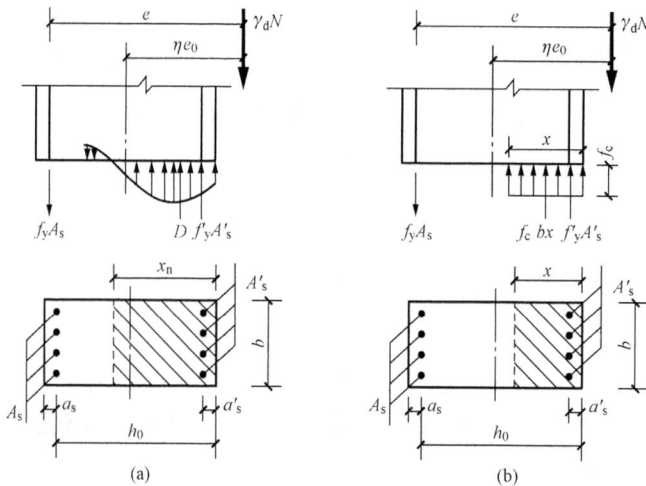

图 5-19　大偏心受压应力计算图形

（a）实际应力分布图；（b）计算图形

基本公式的适用条件为：

（1）为保证受拉钢筋 A_s 达到屈服，应满足 $x \leqslant \xi_b h_0$。

（2）为保证构件破坏时受压钢筋 A_s' 达到屈服，应满足 $x \geqslant 2a_s'$。如不满足，说明压区高度很小，受压钢筋的应变 ε_s' 亦很小，$\sigma_s' = \varepsilon_s' E_s$，达不到屈服强度，所以基本公式已经不适用。此时可对受压钢筋 A_s' 取矩（图 5-20）并近似认为压区混凝土的合力通过 A_s' 重心，按下式计算

$$Ne' \leqslant \frac{1}{\gamma_d} f_y A_s (h_0 - a_s') \qquad (5-22)$$

式中　e'——轴向压力作用点至受压区纵向钢筋合力点的距离。计算中应计入偏心距增大系数。

水利《水工混凝土结构设计规范》（SL 191—2008）的公式仅将上述公式中的 γ_d 取消，在 N 前乘 K 即可。注意电力《水工混凝土结构设计规范》（DL/T 5057—2009）中 N 前面的 γ_0 和 ψ，在水利《水工混凝土结构设计规范》（SL 191—2008）中是含在 K 中。

工民建《混凝土结构设计规范》（GB 50010—2010）的公式仅将上述公式中的 γ_d 取消，在 f_c 前乘以强度增大系数 α_1 即可。混凝土强度等级 $\leqslant$ C50 时，$\alpha_1 = 1$；混凝土强度等级为 C80 时，$\alpha_1 = 0.94$，其间按线性内插法确定。计算 e 时取消式（5-21）中的 η，e_0 改为 e_i，$e_i = e_0 + e_a$，e_a 为附加偏心距。注意：η 含在荷载效应中。

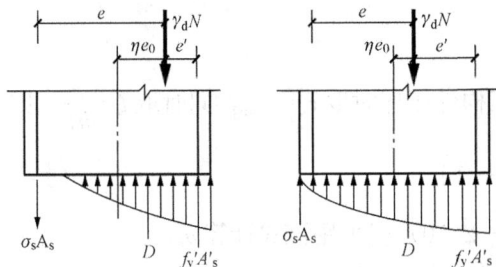

图 5-20　$x < 2a_s'$

3. 小偏心受压构件基本计算公式（$\xi > \xi_b$）

小偏心受压构件破坏时的应力分布图形可能是全截面受压或截面部分受压、部分受拉。离纵向力较近一侧的受压钢筋 A_s'，一般都能达到屈服强度，而远离纵向力一侧的钢筋 A_s 则可能受压或受拉，其应力为 σ_s，往往都未达到屈服强度。小偏心受压构件截面实际应力分布图形如图 5-21 所示，计算应力图形如图 5-22 所示。根据纵向力的平衡和对受拉钢筋（或受压较小钢筋）合力点的力矩平衡可得

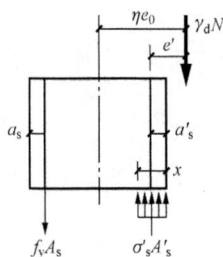

图 5-21　小偏心受压实际应力分布图

$$N \leqslant \frac{1}{\gamma_d}(f_c bx + f_y' A_s' - \sigma_s A_s) \qquad (5-23)$$

$$Ne \leqslant \frac{1}{\gamma_d}\left[f_c bx \left(h_0 - \frac{x}{2}\right) + f_y' A_s'(h_0 - a_s')\right] \qquad (5-24)$$

$$e = \eta e_0 + \frac{h}{2} - a_s$$

式中　x——受压区高度，当 $x > h$ 时，取 $x = h$；

　　　σ_s——远离纵向力一侧钢筋的应力，即受拉边或受压较小边纵向钢筋的应力。

当 $N > \frac{1}{\gamma_d} f_c A$ 时，对非对称配筋的小偏心受压构件，由于偏心距很小，很可能在 A_s 侧产生受压破坏，导致钢筋 A_s 的配筋率大于最小配筋率，所以此时尚应按下列公式进行验算

$$Ne' \leqslant \frac{1}{\gamma_d}\left[f_c bh \left(h_0' - \frac{h}{2}\right) + f_y' A_s(h_0' - a_s)\right] \qquad (5-25)$$

$$e' = \frac{h}{2} - a'_s - e_0$$

式中　h'_0——纵向受压钢筋合力点至受拉边或受压较小边的距离，$h'_0 = h - a'_s$。

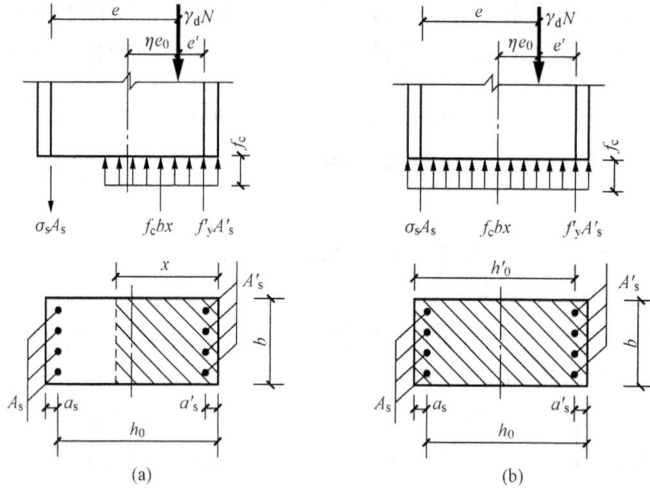

图 5 - 22　小偏心受压计算图形

(a) A_s 受拉；(b) A_s 受压

按与上述大偏心受压构件相同的处理方法，即可得到水利《水工混凝土结构设计规范》（SL 191—2008）和工民建《混凝土结构设计规范》（GB 50010—2010）的相应公式。

钢筋应力 σ_s 可用下面两种方法确定：

（1）用平截面假定条件，确定 σ_s 值。

由图 5 - 23，根据基本假定，取 $x = \beta_1 x_n$，当构件压坏时取 $\varepsilon_c = \varepsilon_{cu}$，同时取 $\xi = \dfrac{x}{h_0}$，则得

$$\sigma_s = \varepsilon_{cu}\left(\frac{\beta_1}{\xi} - 1\right)E_s \tag{5 - 26}$$

工民建《混凝土结构设计规范》（GB 50010—2010）就采用该式计算 σ_s。

如取 $\varepsilon_{cu} = 0.0033$，$\beta_1 = 0.8$，代入式（5 - 26），即得

$$\sigma_s = 0.0033\left(\frac{0.8}{\xi} - 1\right)E_s \tag{5 - 27}$$

当 $\sigma_s > 0$ 时，A_s 受拉；反之，当 $\sigma_s < 0$ 时，A_s 受压。σ_s、ξ 关系如图 5 - 24 所示。

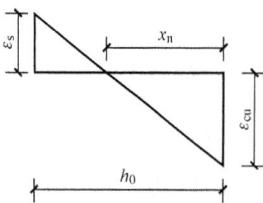

图 5 - 23　截面应变

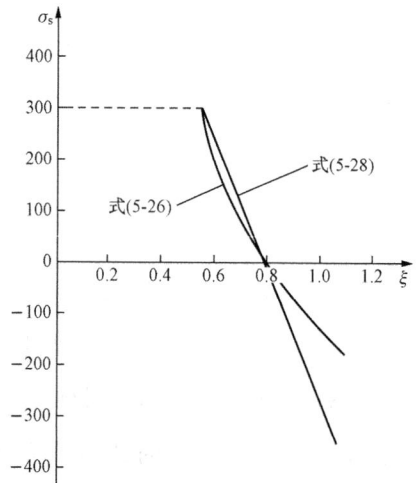

图 5 - 24　$\sigma_s - \xi$ 关系图

电力《水工混凝土结构设计规范》（DL/T 5057—2009）和水利《水工混凝土结构设计规范》（SL 191—2008）就采用了式（5-27）计算 σ_s。

（2）σ_s 的简化计算式。

如图 5-24 所示，式（5-26）中 σ_s 与 ξ 的关系为双曲线函数，而 σ_s 值对小偏心受压正截面承载力影响很小，因此采用如下简化公式，用直线方程代替双曲线方程。

当 $\xi=\xi_b$ 时，即大、小偏压分界，取 $\sigma_s=f_y$；当 $\xi=\beta_1$，即 $\frac{x}{h_0}=\beta_1$，$x=\beta_1 x_n$，则 $\frac{x_n}{h_0}=1$，此时中和轴高度 $x_n=h_0$，故取 $\sigma_s=0$；通过以上两点可得 σ_s—ξ 的线性方程为

$$\sigma_s=\frac{\xi-\beta_1}{\xi_b-\beta_1}f_y\approx\frac{f_y}{\xi_b-0.8}\Big(\frac{x}{h_0}-0.8\Big) \tag{5-28}$$

式（5-28）与式（5-27）相比，当 ξ 在 ξ_b 和 0.8 之间变化时，两式求得的 σ_s 相差很小，当 ξ 值较大时（如在 0.9～1.1）则用两式求出的 σ_s 相差较大。但应用式（5-28）的最大好处是在配筋计算时，可以降低方程的次数，避免求解 ξ 的高次方程。β_1 一般取 0.8。

上述三本规范电力《水工混凝土结构设计规范》（DL/T 5057—2009）、水利《水工混凝土结构设计规范》（SL 191—2008）和工民建《混凝土结构设计规范》（GB 50010—2010）均可采用式（5-28）计算 σ_s。

四、矩形截面偏心受压构件非对称配筋计算与承载力校核

偏心受压构件，其截面尺寸一般是预先估算确定的，主要是确定配筋的数量。大小偏心受压构件的配筋计算公式不同，因此，应首先判别偏心受压的类型，根据截面的相对受压区高度 ξ 来分类，当 $\xi\leqslant\xi_b$ 时为大偏压；当 $\xi>\xi_b$ 时则为小偏压。但由大、小偏压承载力计算的基本公式式（5-19）、式（5-20）和式（5-23）、式（5-24）可以看出，当 A_s 和 A_s' 未确定之前，x 值是无法确定的，也无法根据 ξ 来判定大小偏压。所以只能根据偏心情况来确定大小偏压。

根据设计经验和理论分析，对于非对称配筋的偏心受压构件，在常用的配筋范围内可以采用如下条件来判别大小偏压：

当 $\eta e_0\leqslant 0.3h_0$ 时按小偏心受压计算；

当 $\eta e_0>0.3h_0$ 时按大偏心受压计算。

在承载力校核时不应按偏心距 e_0 的大小来作为两种偏心受压情况的分界。因为在截面尺寸、偏心距以及配筋面积 A_s、A_s' 均已确定的条件下，受压区高度即已确定，所以应根据 x 的大小或 ξ 的大小来判别大、小偏压。

1. 大偏心受压构件截面设计

（1）已知 b、h、f_c、f_y、f_y'、M、N，求 A_s、A_s'。

当 $\eta e_0>0.3h_0$ 时可按大偏心受压设计，由大偏心受压的基本公式式（5-19）、式（5-20）可以看出，两个方程共有 A_s、A_s' 及 x 三个未知数，因此可求得无数解答。其中最经济合理的解答是能使用钢量最少（这一点应根据国情）。要使用钢量最少，就应充分利用受压区混凝土的抗压作用。可补充一条件，令 $x=\xi_b h_0$，代入式（5-20）可得

$$Ne=\frac{1}{\gamma_d}\big[f_c bh_0^2\xi_b(1-0.5\xi_b)+A_s'f_y'(h_0-a_s')\big]$$

$$A_s'=\frac{\gamma_d Ne-f_c bh_0^2\xi_b(1-0.5\xi_b)}{f_y'(h_0-a_s')} \tag{5-29}$$

$$e = \eta e_0 + \frac{h}{2} - a_s$$

对于所求出的 A'_s 要进行判定，以确定 A_s 的计算方法。

$$A'_s \begin{cases} \geqslant \rho'_{\min} b h_0 \xrightarrow{\text{按式}(5-19)} A_s = \frac{1}{f_y}(f_c \xi_b b h_0 + A'_s f'_y - \gamma_d N) \\ < \rho'_{\min} b h_0 \longrightarrow 令 A'_s = \rho'_{\min} b h_0, 按已知 A'_s 和 A_s 计算 \end{cases}$$

$\rho'_{\min}$ 为受压钢筋最小配筋率，对于配置 HRB335～500 级钢筋的柱可取 0.002。

（2）已知 b、h、f_c、f_y、f'_y、M、N、A'_s，求 A_s。

此种情况即为已知 A'_s 求 A_s，为了利用图表可将式（5-20）写成

$$Ne = \frac{1}{\gamma_d}[\alpha_s b h_0^2 f_c + A'_s f'_y (h_0 - a'_s)] \tag{5-30}$$

式中　$\alpha_s = \xi(1 - 0.5\xi)$。

由式（5-30）可得

$$\alpha_s = \frac{\gamma_d Ne - A'_s f'_y (h_0 - a'_s)}{b h_0^2 f_c} \tag{5-31}$$

根据 α_s 由下式计算 ξ 值

$$\xi = 1 - \sqrt{1 - 2\alpha_s} \tag{5-32}$$

$x = \xi h_0$，应根据求解出的受压区高度 x 来确定 A_s 的计算方法。

$$x = \xi h_0 \begin{cases} \geqslant 2a'_s (A'_s 可屈服) \xrightarrow{\text{式}(5-19)} A_s = \frac{1}{f_y}(f_c b x + A'_s f'_y - \gamma_d N) \\ < 2a'_s (A'_s 不屈服) \xrightarrow{\text{对} A'_s 取矩} A_s = \frac{\gamma_d Ne'}{f_y(h_0 - a'_s)} \end{cases}$$

在已知 A'_s 求 A_s 的情况下还可能会出现由式（5-31）求出的 $\alpha_s > \alpha_{s,\max} = \xi_b(1 - 0.5\xi_b)$，这说明 A'_s 过小，可增大 A'_s 后重新计算；也可按 A_s、A'_s 均为未知的情况求 A'_s 和 A_s。

按与上述大偏心受压构件相同的处理方法，即可得到水利《水工混凝土结构设计规范》（SL 191—2008）和工民建《混凝土结构设计规范》（GB 50010—2010）的相应计算公式，但应注意：工民建规范的最小配筋率为按全截面计算。

【例 5-2】 已知：荷载作用下柱的轴向力设计值 $N = 300$kN，弯矩设计值 $M = 159$kN·m，截面尺寸 $b = 300$mm，$h = 400$mm，$a_s = a'_s = 35$mm；混凝土强度等级为 C20，钢筋采用 HRB335，$l_0/h = 5$，水工建筑物安全等级 2 级，$\gamma_d = 1.2$，$\gamma_0 = \psi = 1$，$K = 1.2$。

求：钢筋截面面积 A'_s 及 A_s。

解　由于 $l_0/h = 5$，取 $\eta = 1$，

$$e_0 = \frac{M}{N} = \frac{159}{300} = 0.53 \text{m} = 530 \text{mm}$$

$\eta e_0 > 0.3 h_0 = 109.5$mm，可按大偏压情况计算。

$$e = \eta e_0 + h/2 - a_s = 530 + 400/2 - 35 = 695 \text{mm}$$

令 $\xi = \xi_b$，则

$$\xi_b = 0.8/[1 + f_y/(0.0033 E_s)] = 0.8/[1 + 300/(0.0033 \times 2 \times 10^5)] = 0.55$$

$$A'_s = \frac{\gamma_d Ne - f_c b h_0^2 \xi_b (1 - 0.5\xi_b)}{f'_y(h_0 - a'_s)}$$

$$= \frac{1.2 \times 300 \times 10^3 \times 695 - 9.6 \times 300 \times 365^2 \times 0.55 \times (1 - 0.5 \times 0.55)}{300 \times (365 - 35)}$$

$$= 982 \mathrm{mm}^2 > \rho'_{\min} b h_0 = 0.002 \times 300 \times 365 = 219 \mathrm{mm}^2$$

$$A_s = \frac{1}{f_y} (f_c b h_0 \xi_b + A'_s f'_y - \gamma_d N)$$

$$= \frac{1}{300} (9.6 \times 300 \times 365 \times 0.55 + 982 \times 300 - 1.2 \times 30 \times 10^4)$$

$$= 1709 \mathrm{mm}^2$$

受拉钢筋 A_s 选用 $4 \oplus 22 + 1 \oplus 18 (A_s = 1520 + 254.5 = 1774.5 \mathrm{mm}^2)$；受压钢筋 A'_s 选用 $4 \oplus 18 (A'_s = 1017 \mathrm{mm}^2)$。

水利《水工混凝土结构设计规范》（SL 191—2008）的计算结果与电力《水工混凝土结构设计规范》（DL/T 5057—2009）的计算结果相同，因 $K = \gamma_d = 1.2$，所以将 A_s 和 A'_s 计算式中的 γ_d 改为 K，结果相同。

对工民建《混凝土结构设计规范》（GB 50010—2010），由于采用 $e_i = e_0 + e_a = 530 + 20 = 550 \mathrm{mm}$ [e_a 为 20mm 和偏心方向截面最大尺寸的 1/30（即 13.3mm）两者中的较大值]，并取消 γ_d，$\alpha_1 = 1$，得 $e = 715 \mathrm{mm}$，$A'_s = 621 \mathrm{mm}^2$，$A_s = 1548 \mathrm{mm}^2$。注意：这里不考虑偏心影响，得出上述结果。否则应在内力计算中按新的弯矩增大系数计算内力，而不是采用偏心距增大系数。

由上述计算可见，电力和水利《水工混凝土结构设计规范》的配筋量大于工民建《混凝土结构设计规范》的配筋量。

【例 5 - 3】 已知条件同［例 5 - 2］，并已知受压钢筋为 $4 \oplus 18$（HRB335，$A'_s = 1017 \mathrm{mm}^2$）。

求：受拉钢筋截面面积 A_s。

解　$\alpha_s = \dfrac{\gamma_d N e - A'_s f'_y (h_0 - a'_s)}{b h_0^2 f_c} = \dfrac{1.2 \times 300 \times 10^3 \times 695 - 1017 \times 300 \times 330}{300 \times 365^2 \times 9.6}$

$$= 0.390$$

$$\xi = 1 - \sqrt{1 - 2\alpha_s} = 1 - \sqrt{1 - 2 \times 0.390} = 0.531 < \xi_b = 0.55$$

$$x = \xi h_0 = 0.531 \times 365 = 193.8 \mathrm{mm} \quad x > 2a'_s = 2 \times 35 = 70 \mathrm{mm}$$

$$A_s = \frac{1}{f_y} (f_c b x + A'_s f'_y - \gamma_d N)$$

$$= \frac{1}{300} (9.6 \times 300 \times 193.8 + 1017 \times 300 - 1.2 \times 300 \times 10^3)$$

$$= 1677.48 \mathrm{mm}^2$$

实配 $2 \oplus 25 + 2 \oplus 22$ （$A_s = 982 \mathrm{mm}^2 + 760 \mathrm{mm}^2 = 1742 \mathrm{mm}^2$）。

比较［例 5 - 2］和［例 5 - 3］可知，当取 $\xi = \xi_b (x = \xi_b h_0)$ 时求出的总用钢量少些。

【例 5 - 4】 已知矩形截面偏心受压构件，截面尺寸 $b \times h = 400 \mathrm{mm} \times 600 \mathrm{mm}$，设计内力组合为 $M = 208.6 \mathrm{kN \cdot m}$，$N = 350 \mathrm{kN}$，构件计算长度 $l_0 = 6.5 \mathrm{m}$，混凝土 C20 级，钢筋采用 HRB335，$a_s = a'_s = 35 \mathrm{mm}$，$\gamma_d = 1.2$，试求 A_s、A'_s。

解　（1）计算 e_0。

$$e_0 = \frac{M}{N} = \frac{208.6}{350} = 0.596 \mathrm{m} = 596 \mathrm{mm} > 0.3 h_0 = 0.3 \times 565 = 169.5 \mathrm{mm}$$

（2）计算 η。

因 $l_0/h=6.5/0.6=10.8>8$，所以需考虑偏心距增大系数。

$$\zeta_1=\frac{0.5f_cA}{\gamma_dN}=\frac{0.5\times9.6\times400\times600}{1.2\times350\times10^3}=2.74>1,\ \text{取}\ \zeta_1=1$$

因 $l_0/h<15$，取 $\zeta_2=1.0$，代入式（5-18），得

$$\eta=1+\frac{1}{1400\dfrac{e_0}{h_0}}\left(\frac{l_0}{h}\right)^2\zeta_1\zeta_2$$

$$=1+\frac{1}{1400\times(596/565)}\times10.8^2\times1\times1=1.08$$

$\eta e_0=1.08\times596=643.68\text{mm}>0.3h_0=169.5\text{mm}$，可按大偏压情况计算。

$$e=\eta e_0+h/2-a_s=643.68+600/2-35=908.68\text{mm}$$

（3）计算 A'_s。

取 $\xi=\xi_b=0.55$

$$A'_s=\frac{\gamma_dNe-f_cbh_0^2\xi_b(1-0.5\xi_b)}{f'_y(h_0-a'_s)}$$

$$=\frac{1.2\times350\times10^3\times908.68-9.6\times400\times565^2\times0.55\times(1-0.5\times0.55)}{300\times(565-35)}<0$$

按最小配筋率配得

$$A'_s=\rho'_{\min}bh_0=0.002\times400\times565=452\text{mm}^2$$

实配 4 Φ 12，$A'_s=452\text{mm}^2=\rho'_{\min}bh_0$。

（4）计算 A_s。

由式（5-31）得

$$\alpha_s=\frac{\gamma_dNe-A'_sf'_y(h_0-a'_s)}{f_cbh_0^2}=\frac{1.2\times350\times10^3\times908.68-452\times300\times(565-35)}{9.6\times400\times565^2}$$

$$=0.253$$

用式（5-32）计算 ξ

$$\xi=1-\sqrt{1-2\alpha_s}=1-\sqrt{1-2\times0.253}=0.297<\xi_b$$

$$x=\xi h_0=0.297\times565=167.8\text{mm}>2a'_s=2\times35=70\text{mm}$$

$$A_s=\frac{1}{f_y}(f_cbx+A'_sf'_y-\gamma_dN)$$

$$=\frac{1}{300}(400\times167.8\times9.6+452\times300-1.2\times350\times10^3)$$

$$=1199.84\text{mm}^2$$

实配 5 Φ 18（$A_s=1272\text{mm}^2$）。

【例 5-5】 已知一偏心受压构件 $b\times h=300\text{mm}\times500\text{mm}$，$a_s=a'_s=35\text{mm}$，$N=250\text{kN}$，$M=166.7\text{kN}\cdot\text{m}$，混凝土 C30 级，钢筋采用 HRB335，受压筋为 4 Φ 20（$A'_s=1256\text{mm}^2$），构件计算长度 $l_0=4\text{m}$，$\gamma_d=K=1.2$。

求受拉钢筋面积 A_s。

解 因 $\dfrac{l_0}{h}=\dfrac{4}{0.5}=8$，所以取 $\eta=1$。

$$e_0 = \frac{M}{N} = \frac{166.7}{250} = 0.667\text{m} = 667\text{mm} > 0.3h_0，故按大偏压计算。$$

$$e = \eta e_0 + h/2 - a_s = 1 \times 667 + 500/2 - 35 = 882\text{mm}$$

由式（5-31）得

$$\alpha_s = \frac{\gamma_d Ne - A'_s f'_y (h_0 - a'_s)}{f_c b h_0^2} = \frac{1.2 \times 250 \times 10^3 \times 882 - 1256 \times 300 \times 430}{14.3 \times 300 \times 465^2}$$

$$= 0.111$$

由式（5-32）得

$$\xi = 1 - \sqrt{1 - 2\alpha_s} = 1 - \sqrt{1 - 2 \times 0.111} = 0.118 < \xi_b$$

$$x = \xi h_0 = 0.118 \times 465 = 54.87\text{mm} < 2a'_s = 2 \times 35 = 70\text{mm}$$

$$e' = \eta e_0 - h/2 + a'_s = 1 \times 667 - 500/2 + 35 = 452\text{mm}$$

由式（5-22）得

$$A_s = \frac{\gamma_d Ne'}{f_y (h_0 - a'_s)} = \frac{1.2 \times 250 \times 10^3 \times 452}{300 \times (465 - 35)} = 1051\text{mm}^2$$

实配 2 Φ 22+1 Φ 20（$A_s = 760 + 314.2 = 1074.2\text{mm}^2$）。

由于 $K = \gamma_d = 1.2$，所以水利《水工混凝土结构设计规范》（SL 191—2008）的配筋与电力《水工混凝土结构设计规范》（DL/T 5057—2009）的配筋相同。

2. 小偏心受压构件截面设计

当 $\eta e_0 \leqslant 0.3h_0$ 时可按小偏心受压设计。由于小偏压构件离纵向力较远一侧的钢筋 A_s 不屈服，钢筋的应力 σ_s 是 ξ 的函数，当把式（5-27）或式（5-28）表示的钢筋应力 σ_s 代入到小偏压承载力计算的基本公式（5-23）中去可以看出，小偏压两个基本计算公式中［式（5-23）、式（5-24）］含有三个未知量即 A_s、A'_s、x（或 ξ），因此必须补充一个条件，才能求解 A_s 和 A'_s。

补充条件的建立应考虑经济、可靠。因离纵向力较远一侧的钢筋 A_s 一般情况下不屈服，所以，可取 $A_s = \rho'_{\min} b h_0$。这种取法当偏心距相对较大（ηe_0 比较接近 $0.3h_0$）是可行的。但是，当轴向力 N 很大且偏心距很小时，正如前面所述，取 $A_s = \rho'_{\min} b h_0$ 显然是不安全的，因为由于 A_s 配置过少，此时，破坏可能始自 A_s 一侧（压坏）。这是因为当偏心距极小时，如混凝土质量不均匀或考虑钢筋截面面积后，截面的实际重心（物理中心）可能偏到轴向力的另一侧。此时，离轴向力较远的一边的压应力就较大，靠近轴向力一边的应力反而较小。破坏也就可能从离轴向力较远的一边开始。为了避免这种破坏的发

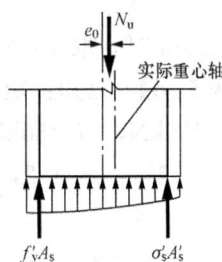

图 5-25　个别情况的受压破坏

生，电力《水工混凝土结构设计规范》（DL/T 5057—2009）规定，当 $N > \frac{1}{\gamma_d} f_c A$ 时，尚应根据图 5-25 所示计算应力图形，按下列公式进行验算

$$Ne' \leqslant \frac{1}{\gamma_d} \left[f_c b h \left(h'_0 - \frac{h}{2} \right) + A_s f'_y (h'_0 - a_s) \right]$$

$$e' = \frac{h}{2} - a'_s - \eta e_0$$

为了偏于安全，此时不考虑偏心距增大系数，即取 $\eta=1.0$。

$$A_s = \frac{\gamma_d Ne' - f_c bh\left(h_0' - \frac{h}{2}\right)}{f_y'(h_0' - a_s)} \tag{5-33}$$

将式（5-33）中的 γ_d 换成 K，就变为《水工混凝土结构设计规范》（SL 191—2008）的公式；取消 γ_d 就变为《混凝土结构设计规范》（GB 50010—2010）的公式。

所以对于小偏心受压构件在确定离纵向力较远一侧的钢筋面积 A_s 时应由两个条件控制，即

$$A_s \geqslant \rho'_{\min} bh_0$$

且 $A_s \geqslant$ 由式（5-33）确定的钢筋截面面积。

当 A_s 选定后，即可将 A_s 代入式（5-23）、式（5-24），并按式（5-28），取 $\sigma_s = \frac{\xi - \beta_1}{\xi_b - \beta_1} f_y$，则可得出关于受压区高度 x（或 ξ）的一元二次方程，经整理可得

$$Ax^2 + Bx + C = 0 \tag{5-34}$$

式中

$$A = 0.5 f_c b \tag{5-34a}$$

$$B = -f_c ba_s' + f_y A_s \frac{1 - a_s'/h_0}{\beta_1 - \xi_b} \tag{5-34b}$$

$$C = -\gamma_d Ne' - f_y A_s \frac{\beta_1(h_0 - a_s')}{\beta_1 - \xi_b} \tag{5-34c}$$

受压区高度

$$x = \frac{-B \pm \sqrt{B^2 - 4AC}}{2A}$$

当 x 确定之后即可由式（5-24）求得 A_s'

$$A_s' = \frac{\gamma_d Ne - f_c bx\left(h_0 - \frac{x}{2}\right)}{f_y'(h_0 - a_s')}$$

当 $x>h$ 时，取 $x=h$ 进行计算。

【例 5-6】 已知：矩形截面偏心受压构件，截面尺寸 $b \times h = 400\text{mm} \times 600\text{mm}$，设计内力 $N=3100\text{kN}$，$M=80\text{kN} \cdot \text{m}$，计算长度 $l_0=7.2\text{m}$，$a_s=a_s'=35\text{mm}$，混凝土 C20 级，钢筋为 HRB335，$\gamma_d=1.2$，试按《水工混凝土结构设计规范》（DL/T 5057—2009）求钢筋面积 A_s、A_s'。

解 （1）计算 e_0 值。

$$e_0 = \frac{M}{N} = \frac{80}{3100} = 0.0258\text{m} = 25.8\text{mm}$$

（2）计算 η 值。

因 $l_0/h = 7.2/0.6 = 12$，所以需计算偏心距增大系数。

$$\zeta_1 = \frac{0.5 f_c A}{\gamma_d N} = \frac{0.5 \times 9.6 \times 400 \times 600}{1.2 \times 3100 \times 10^3} = 0.310$$

$l_0/h < 15$，故 $\zeta_2 = 1.0$

$$\eta = 1 + \frac{1}{1400 \frac{e_0}{h_0}} \left(\frac{l_0}{h}\right)^2 \zeta_1 \zeta_2$$

$$= 1 + \frac{1}{1400 \times (25.8/565)} \times 12^2 \times 0.310 \times 1 = 1.698$$

$$\eta e_0 = 1.698 \times 25.8 = 43.81 \text{mm} < 0.3h_0 = 169.5 \text{mm}$$

故按小偏压设计

$$e = \eta e_0 + h/2 - a_s = 43.81 + 300 - 35 = 308.81 \text{mm}$$

$$e' = h/2 - \eta e_0 - a'_s = 300 - 43.81 - 35 = 221.2 \text{mm}$$

（3）计算 A_s。

因 $N > \dfrac{1}{\gamma_d} f_c A = \dfrac{1}{1.2} \times 9.6 \times 400 \times 600 = 1920 \text{kN}$

由式（5-33）

$$A_s = \frac{\gamma_d N e' - f_c b h \left(h'_0 - \dfrac{h}{2} \right)}{f'_y (h'_0 - a_s)}$$

式中
$$e' = \frac{h}{2} - a'_s - \eta e_0 \qquad （为偏于安全，取 \eta = 1）$$

$$= \frac{600}{2} - 35 - 1 \times 25.8$$

$$= 239.2 \text{mm}$$

$$A_s = \frac{1.2 \times 3100 \times 10^3 \times 239.2 - 9.6 \times 400 \times 600 \times (565 - 300)}{300 \times (565 - 35)}$$

$$= 1756 \text{mm}^2 > \rho'_{\min} b h_0 = 0.2\% \times 400 \times 565 = 452 \text{mm}^2$$

实配 2 Φ 22 + 4 Φ 18，$A_s = 760 + 1017 = 1777 \text{mm}^2$。

（4）计算受压区高度 x

由式（5-34）得

$$A = 0.5 f_c b = 0.5 \times 9.6 \times 400 = 1920$$

$$B = -f_c b a'_s + f_y A_s \frac{1 - a'_s/h_0}{\beta_1 - \xi_b}$$

$$= -9.6 \times 400 \times 35 + 300 \times 1777 \times \frac{1 - 35/565}{0.8 - 0.55} = 1.87 \times 10^6$$

$$C = -\gamma_d N e' - f_y A_s \frac{\beta_1 (h_0 - a'_s)}{\beta_1 - \xi_b}$$

$$= -1.2 \times 3100 \times 10^3 \times 239.2 - 300 \times 1777 \times \frac{0.8 \times (565 - 35)}{0.8 - 0.55} = -1.79 \times 10^9$$

$$x = \frac{-B \pm \sqrt{B^2 - 4AC}}{2A} = \frac{-1.87 \times 10^6 + \sqrt{1.87^2 \times 10^{12} + 4 \times 1920 \times 1.79 \times 10^9}}{2 \times 1920}$$

$$= 594.43 \text{mm} > \xi_b h_0 = 0.55 \times 565 = 311$$

$$A'_s = \frac{\gamma_d N e - f_c b x \left(h_0 - \dfrac{x}{2} \right)}{f'_y (h_0 - a'_s)}$$

$$= \frac{1.2 \times 3100 \times 10^3 \times 308.81 - 9.6 \times 400 \times 594.43 \times (565 - 594.43/2)}{300 \times (565 - 35)}$$

$$= 3381 \text{mm}^2$$

实配 $4 \oplus 28 + 2 \oplus 25$ $A'_s = 2463 + 982 = 3445 \text{mm}^2$

3. 偏心受压构件的承载力校核

偏心受压构件，当已知构件截面尺寸、偏心距的大小、构件计算长度、混凝土和钢筋的强度等级、钢筋的截面面积 A_s 和 A'_s，进行承载力校核时，一般情况要先求出受压区高度 x，然后计算出 N_u，如果 $\gamma_0 \psi N \leqslant N_u = \frac{1}{\gamma_d} N(f_d, a_k)$，则证明是安全的，否则是不安全的。

(1) 大偏心受压构件。

大偏心受压构件受压区高度 x（图 5 - 19），可由对纵向压力作用点取矩求得

$$bxf_c\left(e - h_0 + \frac{x}{2}\right) - (A_s f_y e \pm A'_s f'_y e') = 0$$

所以
$$x = (h_0 - e) + \sqrt{(h_0 - e)^2 + \frac{2(A_s f_y e \pm A'_s f'_y e')}{bf_c}} \tag{5 - 35}$$

当纵向压力作用在 A_s、A'_s 之间取正号；纵向压力作用在 A_s、A'_s 之外取负号。

1) 当 $2a'_s \leqslant x \leqslant \xi_b h_0$ 时，则可用大偏心受压的基本公式（5 - 19）确定截面的承载力 N_u，然后与已知的 N 比较看其是否安全。

2) 当 $x < 2a'_s$ 时，证明受压纵筋 A'_s 不屈服，此时，可由式（5 - 22）确定截面承载力，即 $N_u = \dfrac{A_s f_y (h_0 - a'_s)}{\gamma_d e'}$。

3) 当 $x > \xi_b h_0$ 时则应按小偏心受压构件进行正截面承载力校核。

(2) 小偏心受压构件。

小偏心受压构件的受压区高度 x（图 5 - 22），同样也可由对纵向压力作用点取矩求得

$$bxf_c\left(\frac{x}{2} - e' - a'_s\right) = A'_s f'_y e' + A_s \sigma_s e \tag{5 - 36}$$

式中钢筋应力 σ_s 可采用简化式，以降低方程的次数（如采用精确式则需解 x 或 ξ 的三次方程），即取

$$\sigma_s = \frac{\xi - \beta_1}{\xi_b - \beta_1} f_y = \frac{x/h_0 - \beta_1}{\xi_b - \beta_1} f_y$$

将 σ_s 代入式（5 - 36）可得 x 的一元二次方程

即
$$A'x^2 + B'x + C' = 0 \tag{5 - 37}$$

式中
$$A' = 0.5 f_c b \tag{5 - 37a}$$

$$B' = f_c b(e - h_0) + f_y A_s e \frac{1}{(\beta_1 - \xi_b)h_0} \tag{5 - 37b}$$

$$C' = -\left(f_y A_s e \frac{\beta_1}{\beta_1 - \xi_b} + f'_y A'_s e'\right) \tag{5 - 37c}$$

将求得的 x 值（$x > \xi_b h_0$）代入式（5 - 23）即可求出钢筋的应力 σ_s。

此时截面的承载力为

$$N_u = \frac{1}{\gamma_d}(f_c bx + A'_s f'_y - A_s \sigma_s)$$

如果 $\gamma_0 \psi N \leqslant N_u$ 则是安全的，否则是不安全的。

有时构件破坏也可能在远离轴向力一侧的钢筋 A_s 一边开始，所以还需用式（5-33）计算 N_u，并应满足 $\gamma_0 \psi N \leqslant N_u$。

上述公式，取消 γ_d 换成 K 就变为《水工混凝土结构设计规范》（SL 191—2008）的公式；取消 γ_d，在 f_c 前乘以 α_1，就变为《混凝土结构设计规范》（GB 50010—2010）的公式。

在偏心受压构件承载力校核时，经常会碰到无法判定究竟属于大偏压还是小偏压的情况。此时可先按大偏压进行承载力校核，当按式（5-35）计算的 $x \leqslant \xi_b h_0$ 时，则证明确实属于大偏压，如果 $x > \xi_b h_0$ 时则证明原来假定大偏压是错误的，实际为小偏压，应重新按式（5-37）求 x，按小偏压进行承载力校核。

承载力校核时，虽然不能直接根据偏心距的大小来判定大、小偏压，但也可以参考。例如当 $\eta e_0 > 0.3 h_0$ 时，可先按大偏压进行校核；当 $\eta e_0 < 0.3 h_0$ 时可先按小偏压进行校核；但最后还是要根据 x 值或 ξ 值的大小来判定大小偏压，偏心距只不过起个参考作用。

还应指出，在计算偏心距增大系数 η 时取 $\zeta_1 = \dfrac{0.5 f_c A}{\gamma_d N}$。对于截面配筋设计，因为 N 是已知的，ζ_1 可以很方便地求出。而在承载力校核时应取 $\zeta_1 = \dfrac{0.5 f_c A}{N_u}$，因 N_u 是待求的未知数，所以在 N_u 解出之前 ζ_1 是未知的，必须对 ζ_1 进行假设（如假定 $\zeta_1 = 1$），然后计算 η 值，再求出 x 和承载力 N_u，此时的 N_u 有可能与 ζ_1 假定为 1 相矛盾，还需重新假定 ζ_1，然后重新计算 N_u，直到两者相协调为止，这需要反复的试算和迭代，计算量相当大，使本来可以手算的，变为必须借助计算机来完成。而修正系数 ζ_1 本来就是近似公式，所以这样做，无此必要。建议在承载力校核时可采用近似公式 $\zeta_1 = 0.2 + 2.7 \dfrac{e_0}{h_0}$，避免反复迭代。

（3）偏心受压构件垂直于弯矩作用平面的承载力校核。

偏心受压构件除进行弯矩作用平面的承载力校核外，还应进行垂直于弯矩作用平面（平面外）的承载力校核。因为偏心受压构件还可能由于柱子长细比较大，在与弯矩作用平面相垂直的平面内发生纵向弯曲而破坏。在这个平面内是没有弯矩的，因此，应按轴心受压进行承载力校核，计算时长细比为 $\dfrac{l_0}{b}$，必须考虑稳定系数 φ。

通过分析，认为小偏心受压构件一般需要验算垂直于弯矩作用平面的轴心受压承载力。

【例 5-7】　已知：一矩形截面偏心受压构件 $b \times h = 500\text{mm} \times 700\text{mm}$，$a_s = a_s' = 35\text{mm}$，混凝土强度等级为 C30，采用钢筋为 HRB400，$f_y = 360\text{N/mm}^2$，$\xi_b = 0.52$，A_s 为 6 Φ 25（$A_s = 2945\text{mm}^2$），A_s' 为 4 Φ 25（$A_s' = 1964\text{mm}^2$），构件计算长度 $l_0 = 12.25\text{m}$，轴向力的偏心距 $e_0 = 460\text{mm}$。

按《水工混凝土结构设计规范》（DL/T 5057—2009）求：截面所能承受的轴向力设计值 N。

解　（1）求 η。

$$l_0/h = \frac{12.25}{0.7} = 17.5 > 8$$

$$e_0 = 460\text{mm}$$

$$\zeta_1 = 0.2 + 2.7 e_0/h_0 = 2.068 > 1, \quad \text{取} \ \zeta_1 = 1$$

$$\zeta_2 = 1.15 - 0.01 \frac{l_0}{h} = 1.15 - 0.01 \times 17.5 = 0.975$$

$$\eta = 1 + \frac{1}{1400\frac{e_0}{h_0}}\left(\frac{l_0}{h}\right)^2\zeta_1\zeta_2 = 1 + \frac{1}{1400\times\frac{460}{665}}(17.5)^2\times1\times0.975 = 1.31$$

$$\eta e_0 = 1.31\times460 = 602.6\text{mm} > 0.3h_0$$

$$= 0.3\times665 = 200\text{mm}\quad\text{故按大偏压进行承载力校核。}$$

$$e = \eta e_0 + h/2 - a_s = 602.6 + 700/2 - 35 = 917.6\text{mm}$$

$$e' = \eta e_0 - h/2 + a'_s = 602.6 - 700/2 + 35 = 287.6\text{mm}$$

（2）求受压区高度 x。

由式（5-35）可得

$$x = (h_0 - e) + \sqrt{(h_0 - e)^2 + \frac{2(A_s f_y e - A'_s f'_y e')}{bf_c}}$$

$$= (665 - 917.6) + \sqrt{(665 - 917.6)^2 + \frac{2\times(2945\times360\times917.6 - 1964\times360\times287.6)}{500\times14.3}}$$

$$= 276\text{mm} < \xi_b h_0 = 0.52\times665 = 346\text{mm}$$

故按大偏压进行承载力校核是正确的。

$$N = \frac{1}{\gamma_d}[f_c bx + A'_s f'_y - A_s f_y]$$

$$= \frac{1}{1.2}(14.3\times500\times276 + 1964\times360 - 2945\times360)$$

$$= 1350200\text{N} = 1350\text{kN}$$

平面外承载力校核略。

【例 5-8】 已知：矩形截面偏心受压构件，截面尺寸 $b\times h = 250\text{mm}\times550\text{mm}$，$a_s = a'_s = 35\text{mm}$，构件计算长度 $l_0 = 4.5\text{m}$，混凝土为 C35，$f_c = 16.7\text{N/mm}^2$，钢筋为 HRB335，$\xi_b = 0.55$，受压钢筋为 4 Φ 22（$A'_s = 1520\text{mm}^2$），受拉钢筋为 2 Φ 14（$A_s = 308\text{mm}^2$），承受偏心距 $e_0 = 65\text{mm}$，设计偏心压力 $N = 1500\text{kN}$。试按《水工混凝土结构设计规范》（DL/T 5057—2009）校核承载力是否满足要求。

解 （1）计算 η。

因 $l_0/h = \frac{4.5}{0.55} = 8.2 > 8$，应考虑偏心距增大系数。

$$\zeta_1 = \frac{0.5f_c A}{\gamma_d N} = \frac{0.5\times16.7\times250\times550}{1.2\times1500\times10^3} = 0.64$$

因 $l_0/h < 15$，故取 $\zeta_2 = 1.0$。

$$\eta = 1 + \frac{1}{1400\frac{e_0}{h_0}}\left(\frac{l_0}{h}\right)^2\zeta_1\zeta_2 = 1 + \frac{1}{1400\times\frac{65}{515}}\times8.2^2\times0.64\times1 = 1.24$$

$$\eta e_0 = 1.24\times65 = 80.6\text{mm} < 0.3h_0 = 154.5\text{mm}$$

故此时可先按小偏压进行承载力校核［如此时用大偏压承载力校核公式（5-35）求 x，则可得 $x > \xi_b$，同样可以得出属于小偏压的结论］。

（2）求受压区高度 x。

$$e = \eta e_0 + h/2 - a_s = 80.6 + 550/2 - 35 = 320.6\text{mm}$$

$$e' = h/2 - \eta e_0 - a'_s = 550/2 - 80.6 - 35 = 159.4\text{mm}$$

由式（5-37）可得

$$A' = 0.5 f_c b = 0.5 \times 16.7 \times 250 = 2087.5$$

$$B' = f_c b (e - h_0) + f_y A_s e \frac{1}{(\beta_1 - \xi_b) h_0}$$

$$= 16.7 \times 250 \times (320.6 - 515) + 300 \times 308 \times 320.6 \times \frac{1}{(0.8 - 0.55) \times 515}$$

$$= -581535$$

$$C' = -\left(f_y A_s e \frac{\beta_1}{\beta_1 - \xi_b} + f_y' A_s' e' \right)$$

$$= -\left(300 \times 308 \times 320.6 \times \frac{0.8}{0.8 - 0.55} + 300 \times 1520 \times 159.4 \right) = -1.67 \times 10^8$$

$$x = \frac{-B' \pm \sqrt{B'^2 - 4A'C'}}{2A'} = \frac{581535 \pm \sqrt{581535^2 + 4 \times 2087.5 \times 1.67 \times 10^8}}{2 \times 2087.5}$$

舍去负根，取 $x = 454.6 \text{mm} > \xi_b h_0 = 0.55 \times 515 = 283 \text{mm}$。

故按小偏压进行承载力校核是正确的。

（3）求 σ_s。

$$\sigma_s = \frac{0.8 - \xi}{0.8 - \xi_b} f_y = \frac{0.8 - 454.6/515}{0.8 - 0.55} \times 300 = -99.26 \text{N/mm}^2$$

（4）计算 N_u。

$$N_u = \frac{1}{\gamma_d} \left[f_c b x + A_s' f_y' - A_s \sigma_s \right]$$

$$= \frac{1}{1.2} \times \left[16.7 \times 250 \times 454.6 + 1520 \times 300 - (-99.26) \times 308 \right]$$

$$= 1987105.9 \text{N} = 1987 \text{kN} > N = 1500 \text{kN}$$

承载力满足要求。

（5）垂直于弯矩作用平面的承载力校核。

$$\frac{l_0}{b} = \frac{4.5}{0.25} = 18$$

查表 5-1，得 $\varphi = 0.81$，则

$$N_u = \varphi \left[A f_c + (A_s' + A_s) f_y' \right]$$

$$= 0.81 \times \left[250 \times 550 \times 16.7 + (1520 + 308) \times 300 \right]$$

$$= 2304166.5 \text{N} = 2304 \text{kN} > N = 1500 \text{kN}$$

平面外承载力满足要求。

五、对称配筋矩形、I 形截面偏心受压构件承载力计算

对称配筋的偏心受压构件，在工程上应用极为广泛。例如电厂厂房的排架柱或工业民用建筑中的框架柱要承受水平荷载，例如风荷载、吊车荷载作用，特别是在地震区的结构要承受地震荷载的反复作用，这些荷载的特点是方向具有不定性。在不同方向的荷载作用下，同一截面可能分别承受正、反向弯矩。亦即截面中，在正向弯矩作用下的受拉钢筋，在反向弯矩作用下就成为受压钢筋。如果正、反向弯矩相差不大，宜采用对称配筋。

与非对称配筋相比，对称配筋有时虽然要多用一些钢筋，但构造简单，施工方便，不易造成配筋错误（比如 A_s 和 A_s' 的位置放错），所以工程上柱类构件大多采用对称配筋，其中

对称配筋的矩形和I形截面柱应用最广。

　　对称配筋的偏心受压构件，其受力性能大体上与非对称配筋基本相同，但由于附加了一个补充条件即 $A_s = A_s'$，使具体计算略有差别。

　　1. 矩形截面对称配筋

　　(1) 大、小偏压的分界（$\xi = \xi_b$）。

　　对称配筋因 $A_s = A_s'$，当发生界限破坏时，受拉钢筋 A_s 可屈服，可取 $f_y = f_y'$，由式 (5-19) 可得

$$N_b = \frac{1}{\gamma_d} f_c b h_0 \xi_b \tag{5-38}$$

所以对称配筋的判别条件为

$$N > N_b \qquad \text{（小偏压破坏）}$$

$$N \leqslant N_b \qquad \text{［大偏压破坏（含界限破坏）］}$$

或者根据相对受压区高度 ξ 来判别，即

$$\xi = \frac{\gamma_d N}{f_c b h_0} > \xi_b \qquad \text{（小偏压）}$$

$$\xi = \frac{\gamma_d N}{f_c b h_0} \leqslant \xi_b \qquad \text{（大偏压）}$$

　　(2) 大偏心受压构件（$\xi \leqslant \xi_b$）。

　　由基本公式 (5-19) 得

$$\xi = \frac{\gamma_d N}{f_c b h_0} \tag{5-39}$$

$$Ne \leqslant \frac{1}{\gamma_d} \left[f_c b h_0^2 \xi (1 - 0.5\xi) + A_s' f_y' (h_0 - a_s') \right]$$

故得

$$A_s = A_s' = \frac{\gamma_d Ne - f_c b h_0^2 \xi (1 - 0.5\xi)}{f_y'(h_0 - a_s')} \tag{5-40}$$

$$e = \eta e_0 + \frac{h}{2} - a_s$$

　　(3) 小偏心受压构件（$\xi > \xi_b$）。

　　由基本公式 (5-23) 得

$$N \leqslant \frac{1}{\gamma_d} \left[f_c b h_0 \xi + A_s' f_y' - A_s f_y \frac{\xi - \beta_1}{\xi_b - \beta_1} \right]$$

$$= \frac{1}{\gamma_d} \left(f_c b h_0 \xi + A_s' f_y' \frac{\xi_b - \xi}{\xi_b - \beta_1} \right)$$

所以

$$A_s' f_y' = (\gamma_d N - f_c b h_0 \xi) \frac{\xi_b - \beta_1}{\xi_b - \xi}$$

　　又由力矩的平衡方程式得

$$Ne = \frac{1}{\gamma_d} \left[f_c b h_0^2 \xi (1 - 0.5\xi) + A_s' f_y' (h_0 - a_s') \right]$$

$$= \frac{1}{\gamma_d} \left[f_c b h_0^2 \xi (1 - 0.5\xi) + (\gamma_d N - f_c b h_0 \xi) \frac{\xi_b - \beta_1}{\xi_b - \xi} (h_0 - a_s') \right]$$

即

$$\gamma_d Ne\frac{\xi_b-\xi}{\xi_b-\beta_1}=f_c bh_0^2\xi(1-0.5\xi)\frac{\xi_b-\xi}{\xi_b-\beta_1}+(\gamma_d N-f_c bh_0\xi)(h_0-a_s')$$

上式为 ξ 的三次方程，直接求解很繁琐。

电力《水工混凝土结构设计规范》（DL/T 5057—2009）给出了简化方法，小偏心受压时 ξ 的常用范围为 $\xi=0.6\sim1.0$，近似取 $\xi(1-0.5\xi)\approx0.45$。

这样把 ξ 的三次方程降为 ξ 的一次方程，经整理后得

$$\xi=\frac{\gamma_d N-f_c bh_0\xi_b}{\dfrac{\gamma_d Ne-0.45f_c bh_0^2}{(0.8-\xi_b)(h_0-a_s')}+f_c bh_0}+\xi_b \tag{5-41}$$

当 ξ 值求出后仍可利用式（5-40）求 $A_s=A_s'$ 即

$$A_s=A_s'=\frac{\gamma_d Ne-f_c bh_0^2\xi(1-0.5\xi)}{f_y'(h_0-a_s')}$$

上述公式，当把 γ_d 换成 K，就变成《水工混凝土结构设计规范》（SL 191—2008）的公式；当取消 γ_d，在 f_c 前乘以 α_1，且 0.45 变为 0.43，就变成《混凝土结构设计规范》（GB 50010—2010）的公式。

应该指出，ξ 值近似表达式（5-41）可以使小偏压设计得到简化，并在一定范围内精确解和近似解的误差不大，但在某些条件下，近似解与精确解相差较大，有时偏于不安全，或者造成浪费。其主要原因是配筋量的误差，不仅与 $\xi(1-0.5\xi)$ 值的误差有关，还与荷载的组合情况有关，这一点在后面还要提到。根据这种情况有些文献提到用迭代法或分区降阶逼近法来解 ξ。降阶逼近法的基本原理是，在小偏压构件配筋计算中遇到的 ξ 的三次方程可以整理成一般形式

$$\xi^3+A\xi^2+B\xi+C=0$$

对于此方程，只需求 $\xi=\xi_b\sim1.1$ 区间里的解。降阶逼近法根据 ξ 解的区间性，在一定区间内将三次方程，用一次或二次方程逼近，降阶成低次方程求解。

分区降阶一次逼近法将 ξ 解的区间分为若干子区间，在每个子区间内用一次方程逼近三次方程，计算简便，可以提高 ξ 值的精度。

（4）矩形截面偏心受压构件对称配筋计算步骤。

矩形截面偏心受压构件对称配筋的计算步骤，可以用程序框图 5-26 表示，本图是按电力《水工混凝土结构设计规范》（DL/T 5057—2009）给出的。取 $\beta_1=0.8$。

【例 5-9】　一偏心受压柱，截面尺寸 $b\times h=400\text{mm}\times600\text{mm}$，$a_s=a_s'=35\text{mm}$，$l_0=5.4\text{m}$，承受设计内力组合为 $M=\pm420\text{kN·m}$；$N=1200\text{kN}$，混凝土 C30 级，钢筋为 HRB335，$\xi_b=0.55$，$\gamma_d=1.2$。试按《水工混凝土结构设计规范》（DL/T 5057—2009）进行截面的配筋设计。

解　该柱同一截面分别承受正反向弯矩，故采用对称配筋，则

$$e_0=\frac{M}{N}=\frac{420}{1200}=0.35\text{m}=350\text{mm}$$

因 $\dfrac{l_0}{h}=\dfrac{5.4}{0.6}=9>8$，所以需考虑偏心距增大系数。

$$\zeta_1=\frac{0.5f_c A}{\gamma_d N}=\frac{0.5\times14.3\times400\times600}{1.2\times1200\times10^3}=1.19>1,\quad 取\ \zeta_1=1.0$$

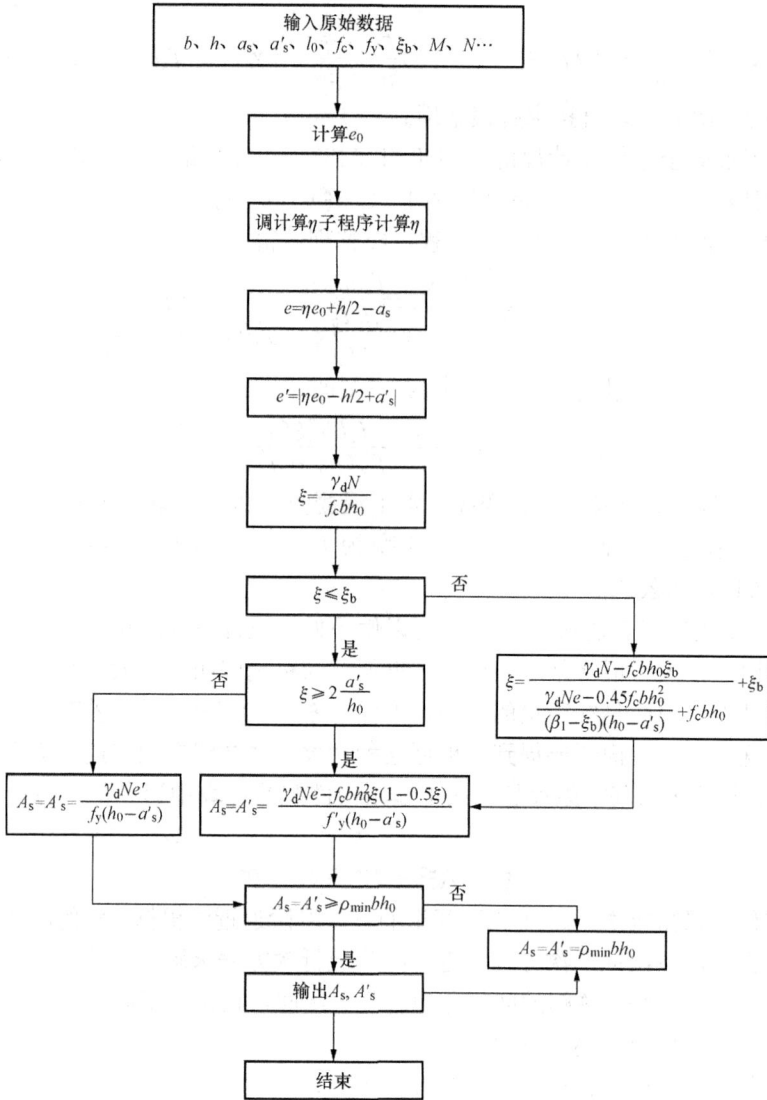

图 5-26 矩形截面偏心受压构件对称配筋计算框图

$$\frac{l_0}{h} < 15, \quad 故\ \zeta_2 = 1.0$$

$$\eta = 1 + \frac{1}{1400\frac{e_0}{h_0}}\left(\frac{l_0}{h}\right)^2\zeta_1\zeta_2 = 1 + \frac{1}{1400\times\frac{350}{565}}\times 9^2\times 1\times 1 = 1.09$$

$$e = \eta e_0 + h/2 - a_s = 1.09\times 350 + 600/2 - 35 = 646.5\text{mm}$$

$$x = \frac{\gamma_d N}{f_c b} = \frac{1.2\times 1200\times 10^3}{400\times 14.3} = 252\text{mm} < \xi_b h_0 = 0.55\times 565 = 311\text{mm}$$

故为大偏压，$A_s = A_s' = \dfrac{\gamma_d Ne - f_c bx\left(h_0 - \dfrac{x}{2}\right)}{f_y'(h_0 - a_s')}$

$$= \frac{1.2 \times 1200 \times 10^3 \times 646.5 - 14.3 \times 400 \times 252 \times \left(565 - \frac{252}{2}\right)}{300 \times (565 - 35)}$$

$$= 1875 mm^2$$

实配每侧 $5 \oplus 22 (A_s = A'_s = 1900 mm^2)$。

【例 5 - 10】 已知条件同［例 5 - 9］，承受设计内力组合为 $M = \pm 420 kN \cdot m$；$N = 2000 kN$，试进行配筋设计。

解 采用对称配筋，则

$$e_0 = \frac{M}{N} = \frac{420}{2000} = 0.21 m = 210 mm$$

因 $\frac{l_0}{h} = 9 > 8$，所以需考虑偏心距增大系数。

$$\zeta_1 = \frac{0.5 f_c A}{\gamma_d N} = \frac{0.5 \times 14.3 \times 400 \times 600}{1.2 \times 2000 \times 10^3} = 0.715$$

因 $\frac{l_0}{h} < 15$，故 $\zeta_2 = 1.0$

$$\eta = 1 + \frac{1}{1400 \frac{e_0}{h_0}} \left(\frac{l_0}{h}\right)^2 \zeta_1 \zeta_2 = 1 + \frac{1}{1400 \times \frac{210}{565}} \times 9^2 \times 0.715 \times 1.0 = 1.11$$

$$e = \eta e_0 + h/2 - a_s = 1.11 \times 210 + 600/2 - 35 = 498 mm$$

$$\xi = \frac{\gamma_d N}{f_c b h_0} = \frac{1.2 \times 2000 \times 10^3}{14.3 \times 400 \times 565} = 0.74 > \xi_b = 0.55$$

故应按小偏压计算，需重新计算 ξ。

由式（5 - 41）得

$$\xi = \frac{\gamma_d N - f_c b h_0 \xi_b}{\frac{\gamma_d N e - 0.45 f_c b h_0^2}{(0.8 - \xi_b)(h_0 - a'_s)} + f_c b h_0} + \xi_b$$

$$= \frac{1.2 \times 2000 \times 10^3 - 14.3 \times 400 \times 565 \times 0.55}{\frac{1.2 \times 2000 \times 10^3 \times 498 - 0.45 \times 14.3 \times 400 \times 565^2}{(0.8 - 0.55) \times (565 - 35)} + 14.3 \times 400 \times 565} + 0.55$$

$$= \frac{622510}{6050780} + 0.55 = 0.10 + 0.55 = 0.65 > \xi_b = 0.55$$

$$A_s = A'_s = \frac{\gamma_d N e - f_c b h_0^2 \xi (1 - 0.5 \xi)}{f'_y (h_0 - a'_s)}$$

$$= \frac{1.2 \times 2000 \times 10^3 \times 498 - 14.3 \times 400 \times 565^2 \times 0.65 \times (1 - 0.5 \times 0.65)}{300 \times (565 - 35)}$$

$$= 2478 mm^2$$

每侧实配 $4 \oplus 25 + 2 \oplus 20 (A_s = A'_s = 1964 + 628 = 2592 mm^2)$。

2. I 形截面对称配筋

在单层工业厂房的排架设计中通常采用 I 形截面对称配筋的偏心受压柱。它们的受力特点、破坏形态、计算原则与矩形截面对称配筋偏心受压构件基本相同，仅由于截面形状不同，中和轴的位置可能位于翼缘内或腹板内，使计算更为复杂。采用 I 形截面柱可以节省混凝土，减轻柱的自重，尤其是对于较大尺寸的装配式柱往往采用 I 形截面。

（1）大偏心受压。

大偏心受压时 A_s 和 A'_s 都可屈服，因采用对称配筋，故 $A_s f_y = A'_s f'_y$，基本计算公式可由力和力矩的平衡得出，分如下两种情况：

1）当 $x > h'_f$ 时，则应考虑腹板的受压作用，如图 5 - 27（a）所示。按下列公式计算。

$$N = \frac{1}{\gamma_d} \{ f_c [bx + (b'_f - b)h'_f] \} \qquad (5-42)$$

$$Ne = \frac{1}{\gamma_d} \left[f_c bx \left(h_0 - \frac{x}{2} \right) + f_c (b'_f - b) h'_f \left(h_0 - \frac{h'_f}{2} \right) + f'_y A'_s (h_0 - a'_s) \right] \qquad (5-43)$$

2）当 $x \leqslant h'_f$ 时，则按宽度 b'_f 的矩形截面计算，如图 5 - 27（b）所示。

$$N = \frac{1}{\gamma_d} f_c b'_f x \qquad (5-44)$$

$$Ne = \frac{1}{\gamma_d} \left[f_c b'_f x \left(h_0 - \frac{x}{2} \right) + f'_y A'_s (h_0 - a'_s) \right] \qquad (5-45)$$

式中 b'_f——I 形截面受压区翼缘宽度；

h'_f——I 形截面受压区翼缘高度。

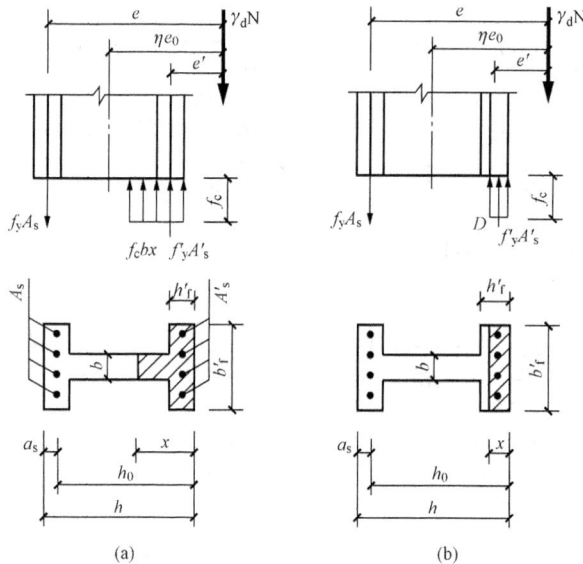

图 5 - 27 I 形截面大偏压计算图形（$A_s = A'_s$）

基本公式的适用条件如下：

为了保证上述计算公式中的受拉钢筋 A_s 及受压钢筋 A'_s 能达到屈服强度，应满足下列条件

$$x \leqslant x_b \text{ 及 } x \geqslant 2a'_s$$

式中 x_b——界限破坏时，受压区计算高度。

在进行截面配筋设计时，可将 I 形截面假想为宽度是 b'_f 的矩形截面，由式（5 - 44）得

$$x = \frac{\gamma_d N}{f_c b'_f}$$

按 x 值的不同可分为三种情况：

1) 当 $2a_s' \leqslant x \leqslant h_f'$ 时，证明中和轴在翼缘内。此时，可以按 $b_f' \times h$ 的矩形计算，即由式（5-44）及式（5-45）求得钢筋截面面积。

2) 当 $x < 2a_s'$ 时，证明 A_s' 不屈服，则如同双筋受弯构件一样，对 A_s' 取矩，并近似取 $x = 2a_s'$，用下式计算

$$A_s' = A_s = \frac{\gamma_d N e'}{f_y (h_0 - a_s')}$$

式中

$$e' = \eta e_0 - h/2 + a_s'$$

3) 当 $x > h_f'$ 时，证明中和轴进入腹板，此时应按式（5-42）重新计算 x，$x = \dfrac{\gamma_d N - (b_f' - b) h_f' f_c}{f_c b}$ 代入式（5-43）求钢筋截面面积。

（2）小偏心受压。

由于偏心距的大小和配筋数量的不同，中和轴可能位于腹板内，或位于受压应力较小一侧的翼缘内。

1) 中和轴位于腹板（$x \leqslant h - h_f$）[图 5-28（a）]。这时的基本公式为

$$N \leqslant \frac{1}{\gamma_d} \left[f_c b x + f_c (b_f' - b) h_f' + f_y' A_s' - \sigma_s A_s \right] \tag{5-46}$$

$$Ne \leqslant \frac{1}{\gamma_d} \left[f_c b x \left(h_0 - \frac{x}{2} \right) + f_c (b_f' - b) h_f' \left(h_0 - \frac{h_f'}{2} \right) + f_y' A_s' (h_0 - a_s') \right] \tag{5-47}$$

式中，σ_s 由式（5-28）计算。

2) 中和轴在受压应力较小一侧的翼缘中（$x > h - h_f$）[图 5-28（b）]。

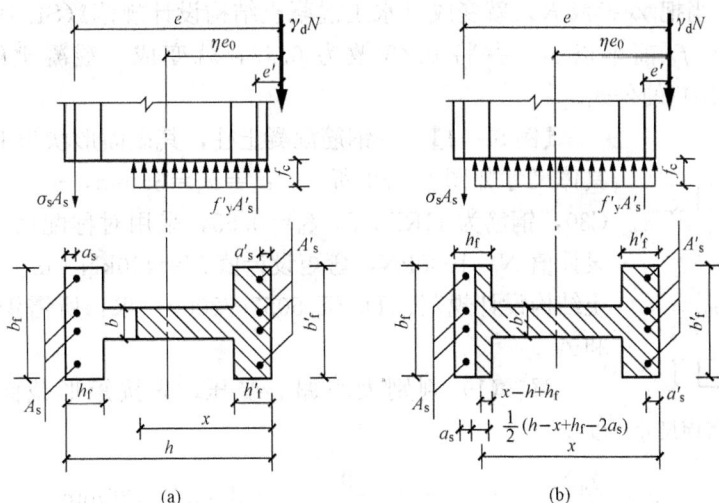

图 5-28　I 形截面小偏心受压

这时受压应力较小一侧的翼缘中，有一厚度为 $h_f + x - h$ 的区域亦为受压，这时基本公式为

$$N \leqslant \frac{1}{\gamma_d} \left[f_c b x + f_c (b_f' - b) h_f' + f_c (b_f - b)(h_f + x - h) + f_y' A_s' - \sigma_s A_s \right] \tag{5-48}$$

$$Ne \leqslant \frac{1}{\gamma_d} \left[f_c bx \left(h_0 - \frac{x}{2} \right) + f_c (b_f' - b) h_f' \left(h_0 - \frac{h_f'}{2} \right) + \right.$$

$$\left. f_c (b_f - b)(h_f + x - h) \left(\frac{h_f + h - x}{2} - a_s \right) + f_y' A_s' (h_0 - a_s') \right] \tag{5-49}$$

上式中 σ_s 值仍按式 (5-28) 计算。当 $x > h$ 时，对 x 的取值为：在计算 σ_s 时，取计算所得的 x 值；而在计算承载力 N 值时，取 $x = h$。

对于 I 形截面对称配筋小偏心受压构件，当采用比较精确的配筋计算方法时，仍不可避免地要解 ξ（或 x）的三次方程，计算比较繁琐。故也可以采用与矩形截面小偏心受压构件类似的简化方法进行配筋计算。

这时可将受压翼缘所能承受的轴向压力和弯矩从设计内力中扣除，剩下的轴力 N' 和弯矩 $(Ne)'$ 由对称配筋的矩形腹板来承受，即令

$$N' = N - \frac{1}{\gamma_d} f_c (b_f' - b) h_f'$$

$$(Ne)' = Ne - \frac{1}{\gamma_d} f_c (b_f' - b) h_f' \left(h_0 - \frac{h_f'}{2} \right)$$

将 N' 和 $(Ne)'$ 代入矩形截面的简化计算公式来计算钢筋用量，其计算公式为

$$\xi = \frac{\gamma_d N - f_c (b_f' - b) h_f' - \xi_b f_c b h_0}{\dfrac{\gamma_d Ne - f_c (b_f' - b) h_f' (h_0 - h_f'/2) - 0.45 f_c b h_0^2}{(\beta_1 - \xi_b)(h_0 - a_s')} + f_c b h_0} + \xi_b \tag{5-50}$$

$$A_s = A_s' = \frac{\gamma_d Ne - f_c (b_f' - b) h_f' \left(h_0 - \dfrac{h_f'}{2} \right) - f_c b h_0^2 \xi (1 - 0.5\xi)}{f_y' (h_0 - a_s')} \tag{5-51}$$

上述公式，当把 γ_d 换成 K，就变成《水工混凝土结构设计规范》(SL 191—2008) 的公式；取消 γ_d，在 f_c 前乘以 α_1，并将 0.45 改为 0.43，就变成《混凝土结构设计规范》(GB 50010—2010) 的公式。

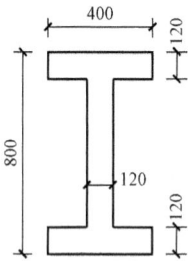

【例 5-11】 一钢筋混凝土柱，其截面形状为 I 形，对称配筋，具体尺寸如图 5-29 所示，$a_s = a_s' = 35mm$，$\eta = 1.0$，混凝土采用 C30，钢筋为 HRB335，$\xi_b = 0.55$，采用对称配筋，承受轴向压力设计值 $N = 1000kN$，弯矩设计值 $M = 400kN \cdot m$。试按《水工混凝土结构设计规范》(DL/T 5057—2009) 求：所需钢筋截面面积 A_s 和 A_s'。

解 (1) 判别大小偏心受压，先按矩形截面计算受压区高度 x。

图 5-29　柱的截面尺寸

$$x = \frac{\gamma_d N}{f_c b_f'} = \frac{1.2 \times 1000000}{14.3 \times 400} = 209.8mm > 120mm$$

说明中和轴进入腹板，改按受压区为 T 形截面公式计算。

$$x = \frac{\gamma_d N - f_c (b_f' - b) h_f'}{f_c b} = \frac{1.2 \times 1000000 - 14.3 \times (400 - 120) \times 120}{14.3 \times 120}$$

$$= 419mm < \xi_b h_0 = 0.55 \times (800 - 35) = 421mm$$

属于大偏心受压。

(2) 计算偏心距 e_0。

$$e_0 = \frac{M}{N} = \frac{400000000}{1000000} = 400\text{mm}$$

（3）计算纵向钢筋截面面积 A_s 和 A_s'。

$$e = \eta e_0 + h/2 - a_\text{s} = 400 + 800/2 - 35 = 765\text{mm}$$

$$A_\text{s} = A_\text{s}' = \frac{\gamma_\text{d} Ne - f_\text{c}bx\left(h_0 - \dfrac{x}{2}\right) - f_\text{c}(b_\text{f}' - b)h_\text{f}'\left(h_0 - \dfrac{h_\text{f}'}{2}\right)}{f_\text{y}'(h_0 - a_\text{s}')}$$

$$= \frac{1.2 \times 1000000 \times 765 - 14.3 \times 120 \times 419 \times (765 - 419/2) - 14.3 \times (400 - 120) \times 120 \times (765 - 120/2)}{300 \times (765 - 35)}$$

$$= 821\text{mm}^2$$

受拉和受压钢筋配筋率

$$\rho = \rho' = \frac{A_\text{s}}{bh_0} = \frac{821}{120 \times 765} = 0.89\% > \rho_{\min}' = 0.2\%$$

【例 5 - 12】　一个 I 形截面排架柱，其条件和上例相同，$\eta = 1.3$，轴向压力设计值 $N = 1500\text{kN}$，弯矩设计值 $M = 300\text{kN} \cdot \text{m}$，采用对称配筋。试按《水工混凝土结构设计规范》（DL/T 5057—2009）求：A_s 和 A_s'。

解　（1）判别大小偏心受压，先按矩形截面计算受压区高度 x。

$$x = \frac{\gamma_\text{d} N}{f_\text{c} b_\text{f}'} = \frac{1.2 \times 1500000}{14.3 \times 400} = 315\text{mm} > 120\text{mm}$$

中和轴已进入腹板，改按受压区为 T 形截面的公式计算

$$x = \frac{\gamma_\text{d} N - f_\text{c}(b_\text{f}' - b)h_\text{f}'}{f_\text{c}b} = \frac{1.2 \times 1500000 - 14.3 \times (400 - 120) \times 120}{14.3 \times 120}$$

$$= 769\text{mm} > \xi_\text{b} h_0 = 0.55 \times (800 - 35) = 421\text{mm}$$

属于小偏心受压。

（2）计算 e_0。

$$e_0 = \frac{M}{N} = \frac{300000000}{1500000} = 200\text{mm}$$

（3）计算纵向钢筋截面面积 A_s 和 A_s'。

$$e = \eta e_0 + h/2 - a_\text{s}' = 1.3 \times 200 + 800/2 - 35 = 625\text{mm}$$

根据式（5 - 50）

$$\xi = \frac{\gamma_\text{d} N - f_\text{c}(b_\text{f}' - b)h_\text{f}' - \xi_\text{b} f_\text{c} bh_0}{\dfrac{\gamma_\text{d} Ne - f_\text{c}(b_\text{f}' - b)h_\text{f}'(h_0 - h_\text{f}'/2) - 0.45 f_\text{c} bh_0^2}{(0.8 - \xi_\text{b})(h_0 - a_\text{s}')} + f_\text{c} bh_0} + \xi_\text{b}$$

$$= \frac{1.2 \times 1500000 - 14.3 \times (400 - 120) \times 120 - 0.55 \times 14.3 \times 120 \times 765}{\dfrac{1.2 \times 1500000 \times 625 - 14.3 \times (400 - 120) \times 120 \times (765 - 120/2) - 0.45 \times 14.3 \times 120 \times 765^2}{(0.8 - 0.55) \times (765 - 35)} + 14.3 \times 120 \times 765} + 0.55$$

$$= \frac{597513}{3144799.5} + 0.55 = 0.19 + 0.55 = 0.74$$

代入式（5 - 51）

$$A_\text{s} = A_\text{s}' = \frac{\gamma_\text{d} Ne - f_\text{c}(b_\text{f}' - b)h_\text{f}'\left(h_0 - \dfrac{h_\text{f}'}{2}\right) - \xi(1 - \xi/2) f_\text{c} bh_0^2}{f_\text{y}'(h_0 - a_\text{s}')}$$

$$= \frac{1.2 \times 1500000 \times 625 - 14.3 \times (400-120) \times 120 \times (765-120/2) - 0.74 \times (1-0.74/2) \times 14.3 \times 120 \times 765^2}{300 \times (765-35)}$$

$$= 1452 \text{mm}^2$$

受拉和受压钢筋配筋率

$$\rho = \rho' = \frac{A_s}{bh_0} = \frac{1452}{120 \times 765} = 1.58\% > \rho'_{\min} = 0.2\%$$

六、非对称配筋 I 形和 T 形截面偏心受压构件承载力计算

I 形截面偏心受压构件及翼缘位于截面较大受压边的 T 形截面偏心受压构件,其正截面受压承载力应符合下列规定:

(1) 当受压区计算高度 $x \leqslant h'_f$ 时,应按宽度为受压翼缘计算宽度 b'_f 的矩形截面计算。

(2) 当受压区计算高度 $x > h'_f$ 时,应考虑腹板的受压作用,按式 (5-46) 和式 (5-47) 计算。

(3) 对 I 形截面,当 $x > (h-h_f)$ 时,在正截面受压承载力计算中应计入受压较小边翼缘受压部分的作用,此时,受压较小边翼缘计算宽度 b_f 应按第三章的规定计算。

(4) 对采用非对称配筋的 I 形截面小偏心受压构件,当 $N > \frac{1}{\gamma_d} f_c A$ 时,由于偏心距很小,很可能在 A_s 侧产生受压破坏,导致钢筋 A_s 的配筋率大于最小配筋率,所以此时尚应按下列公式进行验算

$$Ne' \leqslant \frac{1}{\gamma_d} \Big[f_c bh \Big(h'_0 - \frac{h}{2} \Big) + f_c (b_f - b) h_f \Big(h'_0 - \frac{h_f}{2} \Big) +$$

$$f_c (b'_f - b) h'_f \Big(\frac{h'_f}{2} - a'_s \Big) + f'_y A_s (h'_0 - a_s) \Big] \tag{5-52}$$

$$e' = y' - a'_s - e_0$$

式中 h'_0——纵向受压钢筋合力点至受拉边或受压较小边的距离,$h'_0 = h - a'_s$;

     y'——截面重心至离轴向压力较近一侧受压边的距离,当截面对称时,取 $y' = h/2$。

七、偏心受压构件截面承载能力 N 与 M 的关系图

偏心受压构件在不同荷载作用下,同一截面将会遇到不同的内力 M 和 N 的组合,有的组合使截面发生大偏心受压破坏,有的组合又会使截面发生小偏心受压破坏。因此,在理论上常需考虑下列组合作为最不利内力组合:

(1) $\pm M_{\max}$ 及相应的 N;

(2) $N_{\max}$ 及相应的 $\pm M$;

(3) $N_{\min}$ 及相应的 $\pm M$。

但这样的内力组合将使截面设计计算十分繁杂,若在计算前就能判断哪一种内力组合最危险,则计算工作量就可大为减少。下面就判断方法进行讨论。

同一截面,当配筋为已知时,纵向力的偏心距 ηe_0 不同,将会得到不同的破坏纵向力 N,也就是说截面将在不同的 N 与 $N \eta e_0$ 的组合下发生破坏。

对于矩形截面对称配筋偏心受压构件可以分为下面两种情况:

(1) 大偏心受压构件。

根据式 (5-19) 及式 (5-20) 得

$$\xi = \frac{\gamma_d N}{f_c bh_0}$$

$$\gamma_{\mathrm{d}} N \eta e_0 = 0.5\gamma_{\mathrm{d}} N h - \frac{\gamma_{\mathrm{d}}^2 N^2}{2f_{\mathrm{c}} b} + f'_{\mathrm{y}} A'_{\mathrm{s}}(h_0 - a'_{\mathrm{s}})$$

用无量纲形式表示，为

$$\frac{\gamma_{\mathrm{d}} N \eta e_0}{f_{\mathrm{c}} b h_0^2} = 0.5\left(\frac{\gamma_{\mathrm{d}} N}{f_{\mathrm{c}} b h_0}\right)\frac{h}{h_0} - 0.5\left(\frac{\gamma_{\mathrm{d}} N}{f_{\mathrm{c}} b h_0}\right)^2 + \frac{f'_{\mathrm{y}} A'_{\mathrm{s}}}{f_{\mathrm{c}} b h_0} \cdot \frac{h_0 - a'_{\mathrm{s}}}{h_0}$$

取

$$\overline{M} = \frac{\gamma_{\mathrm{d}} N \eta e_0}{f_{\mathrm{c}} b h_0^2} \qquad \overline{N} = \frac{\gamma_{\mathrm{d}} N}{f_{\mathrm{c}} b h_0}$$

则得

$$\overline{M} = 0.5\overline{N}\left(1 + \frac{a_{\mathrm{s}}}{h_0}\right) - 0.5(\overline{N})^2 + \rho'\left(1 - \frac{a'_{\mathrm{s}}}{h_0}\right)\frac{f'_{\mathrm{y}}}{f_{\mathrm{c}}} \qquad (5\text{-}53)$$

式（5-53）的适用条件为

$$2\frac{a'_{\mathrm{s}}}{h_0} \leqslant \overline{N} \leqslant \xi_{\mathrm{b}} \qquad (5\text{-}54)$$

根据式（5-53）及式（5-54），取纵坐标为 $\overline{N}$，横坐标为 $\overline{M}$，则 $\overline{N}$ 与 $\overline{M}$ 为抛物线关系，对于不同的混凝土强度等级、钢筋级别和 $\frac{a_{\mathrm{s}}}{h_0}$，就可绘制出相应的曲线图，如图 5-30 中 BC 所示。

当 $x \leqslant 2a'_{\mathrm{s}}$ 时，假定受压混凝土合力重心通过受压钢筋重心，对 A'_{s} 重心取矩可得

$$\gamma_{\mathrm{d}} N e' = f_{\mathrm{y}} A_{\mathrm{s}}(h_0 - a'_{\mathrm{s}})$$

$$e' = \eta e_0 - \frac{h}{2} + a'_{\mathrm{s}}$$

所以

$$\gamma_{\mathrm{d}} N \eta e_0 = \frac{1}{2}\gamma_{\mathrm{d}} N h - \gamma_{\mathrm{d}} N a'_{\mathrm{s}} + f_{\mathrm{y}} A_{\mathrm{s}}(h_0 - a'_{\mathrm{s}})$$

同样用无量纲形式表示，为

$$\frac{\gamma_{\mathrm{d}} N \eta e_0}{f_{\mathrm{c}} b h_0^2} = 0.5\left(\frac{\gamma_{\mathrm{d}} N}{f_{\mathrm{c}} b h_0}\right) \cdot \frac{h_0 - a'_{\mathrm{s}}}{h_0} + \frac{A_{\mathrm{s}}}{b h_0} \cdot \left(\frac{h_0 - a'_{\mathrm{s}}}{h_0}\right) \cdot \frac{f_{\mathrm{y}}}{f_{\mathrm{c}}}$$

$$\overline{M} = 0.5\overline{N}\left(1 - \frac{a'_{\mathrm{s}}}{h_0}\right) + \rho\left(1 - \frac{a'_{\mathrm{s}}}{h_0}\right)\frac{f_{\mathrm{y}}}{f_{\mathrm{c}}} \qquad (5\text{-}55)$$

上式中的适用条件

$$\overline{N} \leqslant 2\frac{a'_{\mathrm{s}}}{h_0} \qquad (5\text{-}56)$$

按式（5-55），$\overline{M}$ 与 $\overline{N}$ 的关系为直线段，如图 5-30 中 DC 所示。

（2）对小偏心受压构件。

根据式（5-24）可得

$$Ne = \frac{1}{\gamma_{\mathrm{d}}}\left[f_{\mathrm{c}} b h_0^2 \xi(1 - 0.5\xi) + f'_{\mathrm{y}} A'_{\mathrm{s}}(h_0 - a'_{\mathrm{s}})\right]$$

$$e = \eta e_0 + \frac{h}{2} - a_{\mathrm{s}}$$

$$\gamma_{\mathrm{d}} N \eta e_0 = -0.5\gamma_{\mathrm{d}} N h + \gamma_{\mathrm{d}} N a_{\mathrm{s}} + f_{\mathrm{c}} b h_0^2 \xi(1 - 0.5\xi) + f'_{\mathrm{y}} A'_{\mathrm{s}}(h_0 - a'_{\mathrm{s}})$$

用无量纲形式表示，为

$$\frac{\gamma_{\mathrm{d}} N \eta e_0}{f_{\mathrm{c}} b h_0^2} = -0.5\frac{\gamma_{\mathrm{d}} N}{f_{\mathrm{c}} b h_0}\frac{h_0 - a_{\mathrm{s}}}{h_0} + \xi(1 - 0.5\xi) + \frac{A'_{\mathrm{s}}}{b h_0}\frac{h_0 - a'_{\mathrm{s}}}{h_0}\frac{f'_{\mathrm{y}}}{f_{\mathrm{c}}}$$

即

$$\overline{M} = -0.5\overline{N}\left(1 - \frac{a_{\mathrm{s}}}{h_0}\right) + \xi(1 - 0.5\xi) + \rho'\left(1 - \frac{a'_{\mathrm{s}}}{h_0}\right)\frac{f'_{\mathrm{y}}}{f_{\mathrm{c}}} \qquad (5\text{-}57)$$

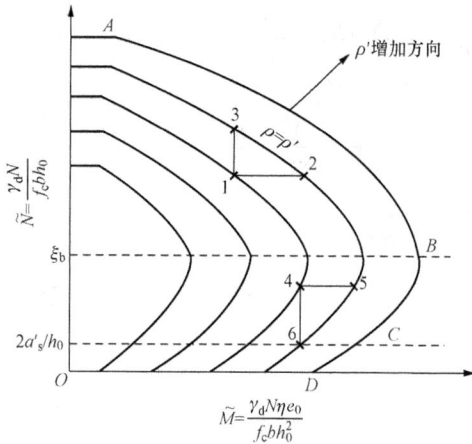

图 5-30　$\widetilde{M}-\widetilde{N}$ 关系图

上式中 ξ 值可根据式（5-41）求得。这样，则可根据式（5-41）及式（5-57）绘制曲线，如图 5-30 中的 AB 所示。

设计中，只要根据不同的钢种及不同的 $\dfrac{a_s}{h_0}$（$a_s=a'_s$），绘制出一系列的图表，供设计人员使用，这样就极为方便地简化了设计。

利用 $\overline{M}$、$\overline{N}$ 关系图进行小偏心受压构件对称配筋设计的步骤是：

1）先求出 e_0、η 值；

2）求 $\overline{M}=\dfrac{\gamma_d N \eta e_0}{f_c b h_0^2}$，$\overline{N}=\dfrac{\gamma_d N}{f_c b h_0}$；

3）由图 5-30 求出 $\rho'=\rho$；

4）计算 $A'_s=A_s=\rho' b h_0$。

利用图 5-30，不但可以进行配筋设计，并且可以清楚地看出在不同的 $\overline{M}$、$\overline{N}$ 的组合下，构件的破坏形态，以及配筋的控制内力组合。有如下规律：

1）当 $\overline{M}$、$\overline{N}$ 的组合在 ξ_b 上方时，破坏形态为小偏心受压破坏，如图 5-30 中 1、2、3 点；当 $\overline{M}$、$\overline{N}$ 的组合在 ξ_b 下方时，破坏形态为大偏心受压破坏，如 4、5、6 点；当 $\overline{M}$，$\overline{N}$ 的组合落在 $\overline{N}=\xi_b$ 的水平虚线上，则为大小偏压的分界。

2）小偏心受压构件在 $\overline{M}$ 相同时，如图 5-30 中 1、3 点所示，$\overline{N}$ 越大，配筋量越大。也可说 $\overline{N}$ 越大越危险。

3）大偏心受压构件 $\overline{M}$ 相同时，$\overline{N}$ 越大，配筋量越小，如图 5-30 中 4、6 点所示。也可说 $\overline{N}$ 越大越安全。

4）无论大、小偏压，在 $\overline{N}$ 相同时，$\overline{M}$ 越大，配筋量越大，如图 5-30 中 1、2 和 4、5 所示。

第五节　偏心受压构件斜截面受剪承载力计算

偏心受压构件，当以承受垂直荷载为主时，一般情况剪力值相对较小，可只进行正截面受压承载力计算而不进行斜截面受剪承载力计算。但对于排架柱或框架柱，当作用有较大的水平荷载，例如吊车水平荷载、风荷载或地震荷载时，则可能在截面中产生较大的剪力，此时，除应按偏心受压构件计算其正截面受压承载力外，还应计算其斜截面受剪承载力。

试验表明：轴向压力对构件斜截面承载力起有利作用，由于压力的存在延缓了斜裂缝出现的时间，阻滞了斜裂缝的开展，增强了骨料咬合作用，增大了混凝土剪压区高度，从而提高了混凝土的受剪承载力。

试验表明，在轴压比 $\left(\dfrac{\gamma_d N}{f_c b h}\right)$ 较小时，构件的受剪承载力随轴压比的增大而提高，当轴压比 $\dfrac{\gamma_d N}{f_c b h}=0.4\sim0.6$ 时，受剪承载力达到最大值，再增大轴压比将导致受剪承载力逐渐降低。当轴压比很大时，受剪承载力降到很低的程度。由此可知，轴向压力对构件受剪承载力的有利作用是有限制的。偏心受压构件受剪承载力计算公式是在无轴向压力计算公式的基础上，加上一项轴向压力对受剪承载力影响的提高值。根据试验资料分析，其提高值取 $0.07N$，并对轴向压力的有利影响规定了一个上限值，即 $N > \frac{1}{\gamma_d} 0.3 f_c A$，取 $N = \frac{1}{\gamma_d} 0.3 f_c A$。当 N 很大时，这一规定实际上是偏于不安全的，因受剪承载力会降低很多。

矩形、T 形和 I 形截面钢筋混凝土偏心受压构件，其受剪截面尺寸限制条件与受弯构件的相同，需满足下式要求

$$V \leqslant \frac{1}{\gamma_d}(0.25 f_c b h_0) \tag{5-58}$$

其斜截面受剪承载力应按下列公式计算

$$V \leqslant \frac{1}{\gamma_d}\left(0.5 f_t b h_0 + \frac{A_{sv} f_{yv}}{s} h_0 + f_y A_{sb} \sin\alpha_s\right) + 0.07N \tag{5-59}$$

式中　V——剪力设计值；

N——与剪力设计值 V 相应的轴向压力设计值，当 $N > \frac{1}{\gamma_d} 0.3 f_c A$ 时，取 $N = \frac{1}{\gamma_d}$

$0.3 f_c A$，A 为构件截面面积。

如能符合式 (5-60) 的规定，则不需要进行斜截面受剪承载力计算，而仅需按构造要求配置箍筋

$$V \leqslant \frac{1}{\gamma_d} V_c + 0.07N \tag{5-60}$$

上述公式，对于承受集中力为主的重要的独立梁、柱、框架柱，将 γ_d 取消，在 V 前面乘以 K；对于一般梁、柱，取消 γ_d，在 V 前面乘以 K，且式 (5-59) 中第一项 0.5 改为 0.7，第二项前乘以 1.25 就变成《水工混凝土结构设计规范》(SL 191—2008) 的公式。上述公式，取消 γ_d，将 0.5 改为 $1.751/(\lambda+1)$，括号中第三项前乘以 0.8，就变成《混凝土结构设计规范》(GB 5010—2010) 的公式。

【例 5-13】 已知一钢筋混凝土排架柱，柱的各部尺寸如图 5-31 所示，混凝土用 C30 ($f_c = 14.3\text{N/mm}^2$，$f_t = 1.43\text{N/mm}^2$)，对称配筋，纵筋用 HRB335 级钢筋，$f_y = 300\text{N/mm}^2$，箍筋用 HPB235 级钢筋，$f_y = 210\text{N/mm}^2$，$a_s = a'_s = 35\text{mm}$，柱端作用弯矩设计值 $M = 116\text{kN·m}$，轴向力设计值 $N = 710\text{kN}$，剪力设计值 $V = 170\text{kN}$，$\gamma_d = 1.2$。按《水工混凝土结构设计规范》(DL/T 5057—2009) 求：所需箍筋数量。

解 (1) 验算截面限制条件。

$$\frac{1}{\gamma_d}(0.25 f_c b h_0) = \frac{1}{1.2} \times 0.25 \times 14.3 \times 300 \times 365 = 326219$$

$$V = 170000\text{N}$$

图 5-31　柱的各部尺寸

截面尺寸满足要求。

(2) 箍筋数量的确定。

$$\frac{\gamma_d N}{f_c A} = \frac{1.2 \times 710000}{14.3 \times 300 \times 400} = 0.497 > 0.3$$

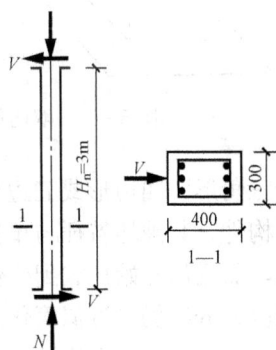

取

$$N = \frac{1}{\gamma_d}(0.3f_cA) = \frac{1}{1.2} \times 0.3 \times 14.3 \times 300 \times 400 = 429000\text{N}$$

因

$$\frac{1}{\gamma_d}(0.5f_tbh_0) + 0.07N = \frac{1}{1.2} \times 0.5 \times 1.43 \times 300 \times 365 + 0.07 \times 429000$$

$$= 95274\text{N} < 170000\text{N}$$

需要按计算配置箍筋：

$$\frac{nA_{sv1}}{s} = \frac{V - \left[\frac{1}{\gamma_d}(0.5f_tbh_0) + 0.07N\right]}{\frac{1}{\gamma_d}f_{yv}h_0}$$

$$= \frac{170000 - 95274}{\frac{1}{1.2} \times 210 \times 365} = 1.17\text{mm}^2/\text{mm}$$

选用双肢箍筋，直径为 ϕ 8（$A_{sv1} = 50.3\text{mm}^2$），则其间距 $s = \frac{2 \times 50.3}{1.17} = 86.0\text{mm}$，取用 $s = 80\text{mm}$。

第六节　双向偏心受压构件正截面承载力计算

在实际工程中有时作用于柱上的纵向力同时沿截面的两个主轴方向上有偏心（e_{0x}，

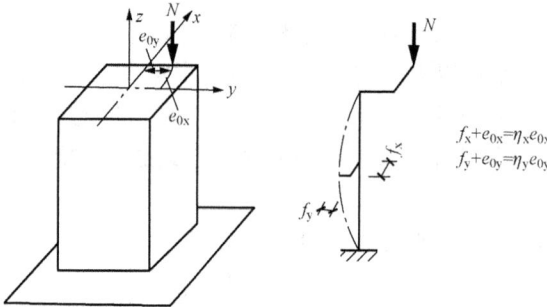

图 5-32　双向偏心受压示意图

e_{0y}），或构件同时承受轴向压力和两个方向的弯矩（N，M_x，M_y）时，这种构件称为双向偏心受压构件。图 5-32 所示为双向偏心受压构件，纵向钢筋一般沿截面四周布置。

一、计算原理

双向偏心受压构件的正截面在双向偏心压力 N 作用下，中和轴是倾斜的，与 y 轴有一个 ϕ 的夹角。由于纵向力以及偏心距的大小不同，其受压面积可能呈三角形、四边形或五边形（图 5-33）。试验研究表明，对于沿周边布置钢筋的双向偏心受压构件，其破坏特征与单向偏心受压构件相似，仍可分为大偏心受压和小偏心受压两种情况，而且从开始加载到构件破坏，一定区段内的平均应变仍符合平截面假定。计算时受压区压应力分布仍可近似简化成等效矩形应力图形。

双向偏心受压构件的正截面受压承载力计算可以根据轴向力作用点、截面受压内力合力作用点和受拉钢筋合力作用点三点共线的特点，由力和力矩的平衡条件建立基本计算公式。其计算原理并不复杂，但计算过程是相当繁琐的，中和轴位置的确定需要进行多次试算或反复迭代，必须借助于计算机或设计手册等工具才能完成。

二、简化计算公式

目前各国规范都采用近似方法来计算双向偏心受压构件的正截面承载力，既能达到一般设计的精度要求，又便于手算。

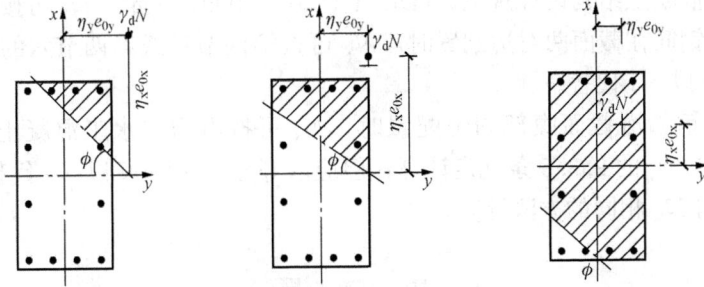

图 5-33　双向偏心受压构件的受压区形状

　　我国规范采用的近似方法是用材料力学方法推导得出的。对截面具有两个互相垂直的对称轴的双向偏心受压构件，设计时，可根据荷载大小、偏心情况，参考以往的设计经验，先拟订构件的截面尺寸和钢筋布置方案，然后按下列公式复核所能承受的纵向力

$$\gamma_{\mathrm{d}} N \leqslant \frac{1}{\dfrac{1}{N_{\mathrm{x}}} + \dfrac{1}{N_{\mathrm{y}}} - \dfrac{1}{N_0}} \tag{5-61}$$

式中　N_0——构件的截面轴心受压承载力设计值，按全部纵筋计算，N_0 按式（5-2）计算，但应取等号，将 N 以 N_0 代替，且不考虑稳定系数 ϕ；

　　　　N_{x}——轴向压力作用于 x 轴，并考虑相应的计算偏心距 $\eta_{\mathrm{x}} e_{0\mathrm{x}}$ 后，按全部纵向钢筋计算的构件偏心受压承载力设计值。$e_{0\mathrm{x}}$、η_{x} 分别按式（5-21）和式（5-18）的规定计算；

　　　　N_{y}——轴向压力作用于 y 轴，并考虑相应的计算偏心距 $\eta_{\mathrm{y}} e_{0\mathrm{y}}$ 后，按全部纵向钢筋计算的构件偏心受压承载力设计值。$e_{0\mathrm{y}}$、η_{y} 分别按式（5-21）和式（5-18）计算。

　　按式（5-61）进行承载力验算，关键是要求出 N_{x} 和 N_{y}。对于沿周边布置钢筋的单向偏心受压构件的承载力计算仍需根据平截面假定计算钢筋的应力。对于不同位置的钢筋可近似用下式计算应力[2]

$$\sigma_{\mathrm{si}} = \frac{f_{\mathrm{y}}}{\xi_{\mathrm{b}} - \beta_1}\left(\frac{x}{h_{0i}} - \beta_1\right) \tag{5-62}$$

且应符合 $-f'_{\mathrm{y}} \leqslant \sigma_{\mathrm{si}} \leqslant f_{\mathrm{y}}$。

　　沿周边配置钢筋的单向偏心受压构件正截面承载力的基本公式为

　　由力的平衡条件得

$$N = \frac{1}{\gamma_{\mathrm{d}}}\left(f_{\mathrm{c}} b x - \sum_{i=1}^{n} \sigma_{\mathrm{si}} A_{\mathrm{si}}\right) \tag{5-63}$$

　　对截面几何中心取矩得

$$N \eta e_0 = \frac{1}{\gamma_{\mathrm{d}}}\left[f_{\mathrm{c}} b x \frac{h-x}{2} - \sum_{i=1}^{n} \sigma_{\mathrm{si}} A_{\mathrm{si}}\left(\frac{h}{2} - h_{0i}\right)\right] \tag{5-64}$$

式中　h_{0i}——钢筋重心至混凝土受压边缘的距离，取法如图 5-34 所示。

　　在应用上式确定其承载力时应特别注意 σ_{si} 的正负号，拉应力为"+"，压应力为"-"。

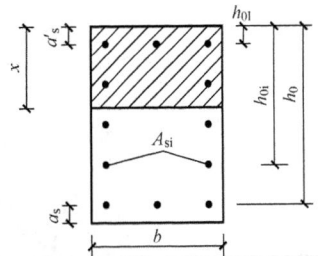

图 5-34　h_{0i} 的取值原则

电力《水工混凝土结构设计规范》（DL/T 5057—2009）规定，N_x 可按下列方法计算：

（1）当纵向钢筋在截面两对边配置时，N_x 可按第四节三或第四节六的规定计算，但应取等号，并将 N 以 N_x 代替。

（2）当纵向钢筋沿截面腹部均匀配置时，N_x 可按电力《水工混凝土结构设计规范》（DL/T 5057—2009）的9.3.5条规定计算，但应取等号，并将 N 以 N_x 代替。

N_y 可采用与 N_x 相同的方法计算。

思 考 题

1. 为什么受压构件的纵向钢筋不能过少？

2. 当偏心受压柱的截面高度 $h \geq 600\text{mm}$ 时，为什么在侧面应设置直径为 $10 \sim 16\text{mm}$ 的纵向构造钢筋？

3. 对受压钢筋来说，为什么不宜采用高强钢筋？

4. 绑扎搭接接头是否可用于轴心受拉或小偏心受拉以及承受振动的构件？为什么？

5. 普通箍筋柱和螺旋箍筋柱的异同点？

6. 判断大小偏心受压有哪两种方法？各在什么情况下应用？

7. 电力《水工混凝土结构设计规范》（DL/T 5057—2009）和工民建《混凝土结构设计规范》（GB 50010—2010）对构件自身挠曲变形引起的二阶效应的处理方法有何不同？η 的计算式为什么不相同？

8. 矩形截面小偏心受压构件截面设计和承载力复核的过程？

9. 绘出 $N-M$ 关系曲线，说明各区域和各关键点的含义。

10. 常需考虑的最不利荷载组合有哪几种？

11. 为什么要复核偏心受压构件垂直于弯矩作用平面的承载力？按什么应力状态复核？一般哪种偏心受压构件需要验算。

12. 在无滑移的情况下，混凝土达到极限压应变时同位置的受压钢筋的屈服强度为多少？

13. 偏心受压构件斜截面受剪承载力计算时，"当 $N > 0.3 f_c A$ 时，取 $N = 0.3 f_c A$"这一规定是否合理？为什么？

第六章 钢筋混凝土受拉构件承载力计算

第一节 概　　述

构件上作用有纵向拉力 N 时，便形成受拉构件。当拉力作用在构件截面重心，即为轴心受拉构件；当拉力作用点偏离构件截面重心，或构件上既作用有轴向拉力，又作用有弯矩时，则为偏心受拉构件。

偏心受拉构件按纵向拉力 N 的位置不同，可分为两种情况：当纵向拉力 N 作用在钢筋 A_s 合力点及 A'_s 的合力点范围以内时，属于小偏心受拉情况；当纵向拉力作用在钢筋 A_s 合力点及 A'_s 的合力点范围以外时，属于大偏心受拉情况。

工程中真正的轴心受拉构件是很少的，但有时桁架或屋架的下弦杆可以近似认为是轴心受拉构件。圆形水管，在内水压力作用下，忽略自重时，管壁沿环向就是轴心受拉构件［图 6-1 (a)］。

工程中偏心受拉构件较轴心受拉构件应用广泛，例如图 6-1 (a)中承受内水压力的水管，如果埋在地下，将受到土压力的作用［图 6-1 (b)］，水管沿环向便成为拉力和弯矩共同作用下的偏心受拉构件。此外，矩形水池和贮仓的壁板、矩形渡槽的底板、工业厂房双肢柱的受拉肢等［图 6-1 (c)］，均属于偏心受拉构件。

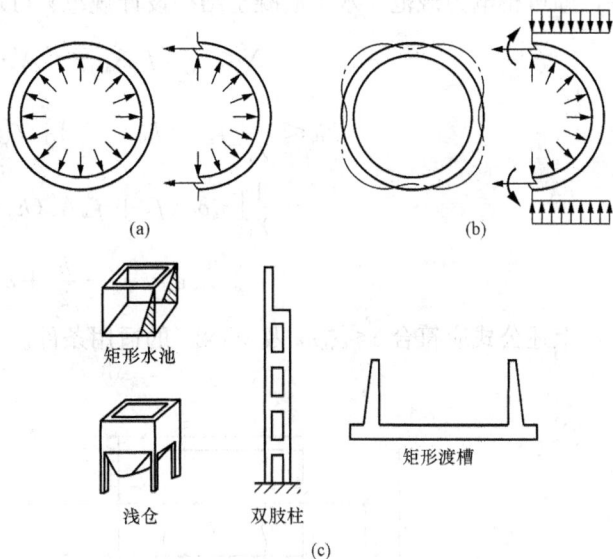

图 6-1　几种常见受拉构件的型式

第二节　轴心受拉构件承载力计算

在轴心拉力作用下，混凝土开裂，拉力完全由钢筋承受（图 6-2）。电力规范《水工混凝土结构设计规范》（DL/T 5057—2009）的计算式为

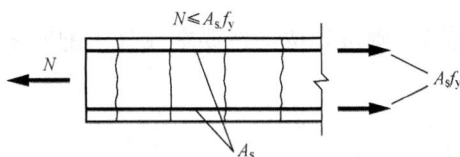

图 6-2　轴心受拉构件

$$N \leqslant \frac{1}{\gamma_d} A_s f_y \qquad (6-1)$$

在上式中，如取消 γ_d，并在 N 前加 K，即为水利《水工混凝土结构设计规范》（SL 191—2008）的轴心受拉承载力计算式；如取消 γ_d 即为工民建《混凝土结构设计规范》（GB 50010—2010）的轴

心受拉承载力计算式。

第三节　大偏心受拉构件正截面承载力计算

当轴向拉力作用在 A_s 合力点及 A_s' 的合力点以外时，属于大偏心受拉构件。

大偏心受拉构件的受力特点是：随着轴向拉力 N 的增加，破坏时在截面拉应力较大的一侧混凝土首先开裂，但裂缝并不贯穿整个截面，其破坏形态与大偏心受压构件相似，这是由于受拉钢筋首先屈服，随后受压区混凝土被压碎。计算时所采用的应力图形也与大偏心受压构件相似，因而其计算公式及计算步骤均与大偏心受压构件的相似，只是轴向力 N 的方向与大偏心受压构件相反。

图 6-3 所示为矩形截面大偏心受拉构件的受力情况。构件破坏时钢筋 A_s 及 A_s' 的应力都达到屈服强度，受压区混凝土应力取用 f_c，应力分布按等效矩形图计算，则由内力平衡条件，即可得电力规范《水工混凝土结构设计规范》（DL/T 5057—2009）的计算式

$$N \leqslant \frac{1}{\gamma_d}(f_y A_s - f_y' A_s' - f_c bx) \tag{6-2}$$

$$Ne \leqslant \frac{1}{\gamma_d}\Big[f_c bx\Big(h_0 - \frac{x}{2}\Big) + f_y' A_s'(h_0 - a_s')\Big]$$

$$= \frac{1}{\gamma_d}\big[\alpha_s b h_0^2 f_c + f_y' A_s'(h_0 - a_s')\big] \tag{6-3}$$

$$e = e_0 - \frac{h}{2} + a_s \tag{6-4}$$

上述公式应符合 $x \leqslant \xi_b h_0$ 及 $x \geqslant 2a_s'$ 的适用条件。

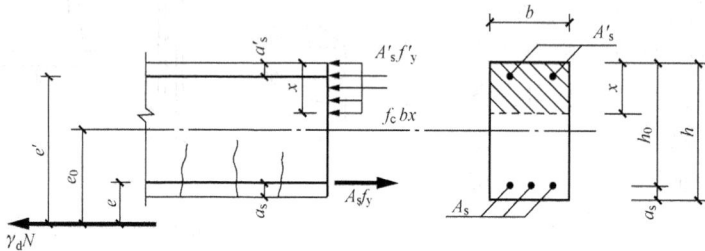

图 6-3　大偏心受拉构件承载力计算图

在设计时为了使钢筋总用量（$A_s + A_s'$）最少，与偏心受压构件一样，可取受压区高度 $x = \xi_b h_0$，代入式（6-3）及式（6-2）可得

$$A_s' = \frac{\gamma_d Ne - f_c b h_0^2 \xi_b(1 - 0.5\xi_b)}{f_y'(h_0 - a_s')} \tag{6-5}$$

$$A_s = \frac{f_c b h_0 \xi_b + f_y' A_s' + \gamma_d N}{f_y} \tag{6-6}$$

若按式（6-5）求得的 $A_s' < \rho_{min} b h_0$（包括为负值），则可先按构造要求或最小配筋率配置 A_s'，变为已知 A_s' 求 A_s 的情况。

当已知 A_s' 求 A_s 时，可由式（6-3）求出 α_s

$$\alpha_s = \frac{\gamma_d Ne - f_y' A_s'(h_0 - a_s')}{b h_0^2 f_c} \tag{6-7}$$

然后用下式求出 ξ

$$\xi = 1 - \sqrt{1 - 2a_s}$$

$x = \xi h_0$，当 $2a_s' \leqslant x \leqslant \xi_b h_0$ 则由式（6-2）可求出 A_s

$$A_s = \frac{1}{f_y}(bxf_c + A_s' f_y' + \gamma_d N) \tag{6-8}$$

与偏心受压构件的计算公式相比，仅是 N 为"+"号，由于轴向拉力的存在增加了受拉钢筋的数量。

若 $x < 2a_s'$，可以近似地假定受压区混凝土承担的压力与受压钢筋承担的压力重合，则对受压钢筋合力中心取矩可得

$$Ne' \leqslant \frac{1}{\gamma_d} f_y A_s (h_0 - a_s') \tag{6-9}$$

$$e' = e_0 + \frac{h}{2} - a_s' \tag{6-10}$$

式中　e'——轴向拉力 N 作用点到受压钢筋 A_s' 的距离。

由式（6-9）得

$$A_s = \frac{\gamma_d Ne'}{f_y(h_0 - a_s')}$$

当构件的截面尺寸、材料和纵向钢筋均为已知，要复核截面的受拉承载力时，可联立式（6-2）、式（6-3）求解，先解出 x，根据 x 值的大小，来决定 N 值的解法。当 $2a_s' \leqslant x \leqslant \xi_b h_0$ 时，用式（6-2）求 N；当 $x < 2a_s'$ 时，用式（6-9）求 N。

当采用对称配筋时，由于 $A_s = A_s'$，$f_y = f_y'$，代入式（6-2）后，求得的 x 值必为负值，属 $x < 2a_s'$ 的情况，则可用式（6-9）进行配筋计算或承载力校核。

在上述公式中，如取消 γ_d，并在 N 和 Ne 前乘 K，即变为水利《水工混凝土结构设计规范》（SL 191—2008）的相应计算公式。但应注意：它的受压区高度 x 的适用范围为 $x \leqslant 0.85\xi_b h_0$，计算系数 γ_d、γ_0、ψ 均含在 K 中。

在上述公式中，如取消 γ_d，并在 f_c 前乘以 α_1，即变为工民建《混凝土结构设计规范》（GB 50010—2010）的相应公式。

第四节　小偏心受拉构件正截面承载力计算

小偏心受拉构件的受力特点是：混凝土开裂后，裂缝贯穿整个截面，全部轴向拉力 N 由纵向钢筋承受。当纵向钢筋达到屈服强度时，截面即达到极限状态。如图 6-4 所示，由内力平衡条件，即可得电力《水工混凝土结构设计规范》（DL/T 5057—2009）的计算式

$$N \leqslant \frac{1}{\gamma_d}(f_y A_s + f_y A_s') \tag{6-11}$$

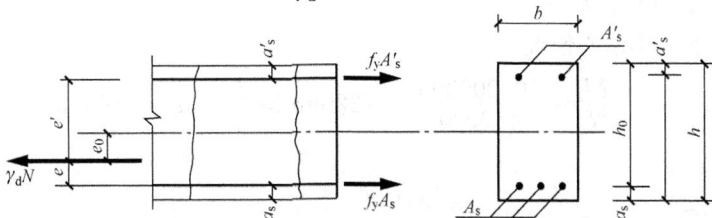

图 6-4　小偏心受拉构件承载力计算图

分别对 A'_s 及 A_s 的合力点取矩得

$$Ne' = \frac{1}{\gamma_d} f_y A_s (h'_0 - a_s) \qquad (6-12)$$

$$Ne = \frac{1}{\gamma_d} f_y A'_s (h_0 - a'_s) \qquad (6-13)$$

其中

$$e' = \frac{h}{2} - a'_s + e_0 \qquad (6-14)$$

$$e = \frac{h}{2} - a_s - e_0 \qquad (6-15)$$

则可得

$$A_s = \frac{\gamma_d Ne'}{f_y (h'_0 - a_s)} \qquad (6-16)$$

$$A'_s = \frac{\gamma_d Ne}{f_y (h_0 - a'_s)} \qquad (6-17)$$

若将 e 和 e' 值代入以上二式，并取 $M = \gamma_d Ne_0$，则得

$$A_s = \frac{\gamma_d N(h - 2a'_s)}{2f_y (h'_0 - a_s)} + \frac{M}{f_y (h'_0 - a_s)} \qquad (6-18)$$

$$A'_s = \frac{\gamma_d N(h - 2a_s)}{2f_y (h_0 - a'_s)} - \frac{M}{f_y (h_0 - a'_s)} \qquad (6-19)$$

上式第一项代表轴向拉力 N 所需的配筋，第二项代表弯矩 M 的影响。M 增加了 A_s 的用量而降低了 A'_s 的用量。因此，设计中同时有几组不同的荷载组合（N、M）时，应按最大 N 和最大 M 的荷载组合计算 A_s 值，而按最大 N 和最小 M 的荷载组合计算 A'_s 值。

当对称配筋时，远离纵向拉力一侧的钢筋 A'_s 达不到屈服，在设计时，不论大、小偏心受拉，均可按式（6-16）计算，即

$$A_s = A'_s = \frac{\gamma_d Ne'}{f_y (h'_0 - a_s)}$$

其中

$$e' = \frac{h}{2} - a'_s + e_0$$

对上述公式，取消 γ_d，在 N 和 Ne 前乘以 K，即得水利《水工混凝土结构设计规范》（SL 191—2008）的相应公式；注意：计算系数 γ_d、γ_0、ψ 均含在 K 中。

对上述公式，取消 γ_d，即得工民建《混凝土结构设计规范》（GB 50010—2010）的相应公式。

【例 6-1】 一钢筋混凝土偏心受拉构件，截面为矩形 $b \times h = 200\text{mm} \times 400\text{mm}$，$a_s = a'_s = 35\text{mm}$，需承受轴向拉力设计值 $N = 450\text{kN}$，弯矩设计值 $M = 100\text{kN·m}$，混凝土强度等级 C20（$f_c = 9.6\text{N/mm}^2$），钢筋为 HRB335，$\xi_b = 0.55$，$f_y = 300\text{N/mm}^2$，$\gamma_d = K = 1.2$，$\alpha_1 = 1$。求：纵向钢筋截面面积 A_s 及 A'_s。

解 （1）判别大小偏心情况。

$$e_0 = \frac{M}{N} = \frac{100000000}{450000} = 222\text{mm} > \frac{h}{2} - a_s = 165\text{mm}$$

属于大偏心受拉。

（2）求 A'_s。

取 $x = \xi_b h_0 = 0.55 \times 365 = 201\text{mm}$，则

$$e = e_0 - \frac{h}{2} + a_s = 222 - 400/2 + 35 = 57\text{mm}$$

$$A'_s = \frac{\gamma_d Ne - f_c bx(h_0 - x/2)}{f'_y(h_0 - a'_s)}$$

$$= \frac{1.2 \times 450000 \times 57 - 9.6 \times 200 \times 201 \times (365 - 201/2)}{300 \times (365 - 35)} < 0$$

A'_s 按最小配筋配置，取

$$A'_s = \rho_{\min} b h_0 = 0.002 \times 200 \times 365 = 146\text{mm}^2$$

选用 A'_s 为 2 Φ 10；$A'_s = 157\text{mm}^2$。

（3）求 A_s。

由式（6-7）得

$$\alpha_s = \frac{\gamma_d Ne - A'_s f'_y(h_0 - a'_s)}{b h_0^2 f_c}$$

$$= \frac{1.2 \times 450 \times 10^3 \times 57 - 157 \times 300 \times (365 - 35)}{200 \times 365^2 \times 9.6} = 0.06$$

$$\xi = 1 - \sqrt{1 - 2\alpha_s} = 1 - \sqrt{1 - 2 \times 0.06} = 0.062$$

$$x = \xi h_0 = 0.062 \times 365 = 23\text{mm} < 2a'_s = 70\text{mm}$$

$$e' = e_0 + \frac{h}{2} - a'_s = 222 + 400/2 - 35 = 387\text{mm}$$

由式（6-9），得

$$A_s = \frac{\gamma_d Ne'}{f_y(h_0 - a'_s)} = \frac{1.2 \times 450 \times 10^3 \times 387}{300 \times (365 - 35)} = 2111\text{mm}^2$$

实配 2 Φ 32 + 1 Φ 28，$A_s = 1609 + 615.8 = 2224.8\text{mm}^2$

对于水利《水工混凝土结构设计规范》（SL 191—2008），由于 $K = \gamma_d = 1.2$，且 $x = 0.85\xi_b h_0 = 171\text{mm}$，没有改变第二步计算结果 $A'_s < 0$，所以水利《水工混凝土结构设计规范》（SL 191—2008）的配筋与电力《水工混凝土结构设计规范》（DL/T 5057—2009）的配筋相同。

对于工民建《混凝土结构设计规范》（GB 50010—2010），取消上面的 γ_d，并取 $\alpha_1 = 1$，得 $\alpha_s = 0.04$，$\xi = 0.041$，$x < 2a'_s$，$A_s = 1759\text{mm}^2$，可见工民建《混凝土结构设计规范》（GB 50010—2010）的配筋小于电力《水工混凝土结构设计规范》（DL/T 5057—2009）和水利《水工混凝土结构设计规范》（SL 191—2008）的配筋。

【例 6-2】　若构件截面尺寸、材料与上例相同，而承受轴向拉力设计值 $N = 450\text{kN}$，弯矩设计值 $M = 60\text{kN·m}$，$\gamma_d = K = 1.2$。求：纵向钢筋截面面积 A_s 及 A'_s。

解　（1）判别大小偏心情况。

$$e_0 = \frac{M}{N} = \frac{60000000}{450000} = 133\text{mm} < \frac{h}{2} - a_s = 165\text{mm}$$

属于小偏心受拉。

（2）求 A_s 及 A'_s。

$$e' = e_0 + \frac{h}{2} - a'_s = 133 + 400/2 - 35 = 298\text{mm}$$

$$e = \frac{h}{2} - e_0 - a_s = 400/2 - 133 - 35 = 32\text{mm}$$

$$A_s = \frac{\gamma_d N e'}{f_y(h'_0 - a_s)} = \frac{1.2 \times 450 \times 10^3 \times 298}{300 \times (365 - 35)} = 1625\text{mm}^2$$

$$> \rho_{\min} b h_0 = 0.2\% \times 200 \times 365 = 146\text{mm}^2$$

$$A'_s = \frac{\gamma_d N e}{f_y(h_0 - a'_s)} = \frac{1.2 \times 450 \times 10^3 \times 32}{300 \times (365 - 35)} = 175\text{mm}^2 > \rho_{\min} b h_0 = 146\text{mm}^2$$

实配：A_s 一侧选用 2 Φ 28+1 Φ 22（A_s＝1232+380.1＝1612.1mm²）；A'_s 一侧选用 2 Φ 8+1 Φ 10（A'_s＝101+78.5＝179.5mm²）。

对于水利《水工混凝土结构设计规范》（SL 191—2008），由于 $K = \gamma_d = 1.2$，所以配筋量与电力规范《水工混凝土结构设计规范》（DL/T 5057—2009）的配筋量相同。

对于工民建《混凝土结构设计规范》（GB 50010—2010），由上式取消 γ_d，并取 $\alpha_1 = 1$，得 $A_s = 1355\text{mm}^2$，$A'_s = 145\text{mm}^2$，可见其配筋量小于电力和水利《水工混凝土结构设计规范》的配筋量。

第五节　偏心受拉构件斜截面受剪承载力计算

偏心受拉构件一般情况下作用有轴向拉力、弯矩和剪力。当剪力较大时，设计时除按偏心受拉构件计算其正截面受拉承载力外，还需计算其斜截面受剪承载力。

试验表明：偏心受拉构件在其弯剪区段出现斜裂缝后，其斜裂缝末端混凝土的剪压区高度比无轴向拉力时的受弯构件的为小，轴心拉力较大时，往往出现无剪压区的情况，产生斜拉破坏（图 6-5）。因此，轴向拉力使构件受剪承载力明显降低，其降低幅度随轴向拉力的增大而增大，但对箍筋的受剪承载力几乎没有影响。

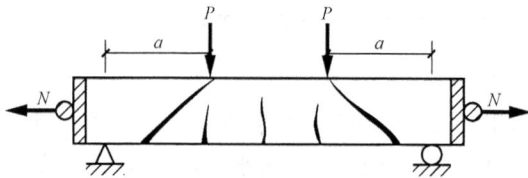

图 6-5　轴心拉力 N 较大时斜裂缝贯通

在试验研究的基础上，对偏心受拉构件的受剪承载力计算公式和偏心受压构件采用同样的处理方法，即在无轴向拉力计算公式的基础上，减去一项轴向拉力对受剪承载力影响的降低值。根据试验资料，其降低值近似取 0.2N。这样，电力《水工混凝土结构设计规范》（DL/T 5057—2009）对矩形、T 形和 I 形截面钢筋混凝土偏心受拉构件斜截面受剪承载力计算公式取为

$$V \leqslant \frac{1}{\gamma_d}\left(0.5 f_t b h_0 + \frac{A_{sv} f_{yv}}{s} h_0 + f_y A_{sb} \sin\alpha_s\right) - 0.2N \qquad (6-20)$$

式中　N——与剪力设计值 V 相应的轴向拉力设计值；

A_{sb}——同一弯起平面内弯起钢筋的截面面积；

α_s——斜截面上弯起钢筋与构件纵向轴线的夹角。

考虑到偏心受拉构件可能出现裂缝贯通全部截面，剪压区完全消失，但由于箍筋和弯起钢筋的存在，至少可以承担 $\frac{1}{\gamma_d}\left(\frac{A_{sv} f_{yv}}{s} h_0 + f_y A_{sb} \sin\alpha_s\right)$ 大小的剪力，所以电力《水工混凝土结构设计规范》（DL/T 5057—2009）规定式（6-20）右边的计算值小于 $\frac{1}{\gamma_d}(V_{sv} + V_{sb}) = \frac{1}{\gamma_d}$

$\left(\dfrac{A_{\mathrm{sv}}f_{\mathrm{yv}}}{s}h_0+f_{\mathrm{y}}A_{\mathrm{sb}}\sin\alpha_{\mathrm{s}}\right)$时，取

$$V=\frac{1}{\gamma_{\mathrm{d}}}\left(\frac{A_{\mathrm{sv}}f_{\mathrm{yv}}}{s}h_0+f_{\mathrm{y}}A_{\mathrm{sb}}\sin\alpha_{\mathrm{s}}\right) \tag{6-21}$$

为了保证箍筋占有一定数量的受剪承载力，要求箍筋的受剪承载力 V_{sv} 值不应小于 $0.36f_{\mathrm{t}}bh_0$。

偏心受拉构件受剪截面尺寸限制条件与受弯构件的相同。

水利《水工混凝土结构设计规范》（SL 191—2008）给出的矩形、T 形和 I 形截面钢筋混凝土偏心受拉构件斜截面受剪承载力计算公式为

$$KV\leqslant0.7f_{\mathrm{t}}bh_0+1.25\frac{A_{\mathrm{sv}}f_{\mathrm{yv}}}{s}h_0+f_{\mathrm{y}}A_{\mathrm{sb}}\sin\alpha_{\mathrm{s}}-0.2N \tag{6-22}$$

对承受集中力为主的重要的独立梁，V_{c} 项改为 $0.5f_{\mathrm{t}}bh_0$，V_{sv} 项改为 $f_{\mathrm{yv}}\dfrac{A_{\mathrm{sv}}}{s}h_0$。其他要求与电力《水工混凝土结构设计规范》（DL/T 5057—2009）相同。

工民建《混凝土结构设计规范》（GB 50010—2010）给出的矩形、T 形和 I 形截面钢筋混凝土偏心受拉构件斜截面受剪承载力计算公式为

$$V\leqslant\frac{1.75}{\lambda+1}f_{\mathrm{t}}bh_0+\frac{A_{\mathrm{sv}}f_{\mathrm{yv}}}{s}h_0+0.8f_{\mathrm{y}}A_{\mathrm{sb}}\sin\alpha_{\mathrm{s}}-0.2N \tag{6-23}$$

其基本要求与电力《水工混凝土结构设计规范》（DL/T 5057—2009）的相同。

【例 6-3】　一钢筋混凝土偏心受拉构件，各部分尺寸如图 6-6 所示，轴向拉力设计值 $N=98\mathrm{kN}$，跨中作用集中荷载设计值 120kN。混凝土强度等级用 C30（$f_{\mathrm{c}}=14.3\mathrm{N/mm^2}$，$f_{\mathrm{t}}=1.43\mathrm{N/mm^2}$），箍筋用 HPB235，$f_{\mathrm{y}}=210\mathrm{N/mm^2}$，纵筋用 HRB335，$a_{\mathrm{s}}=a_{\mathrm{s}}'=35\mathrm{mm}$，$\gamma_{\mathrm{d}}=K=1.2$，$\alpha_1=1$。求：箍筋数量。

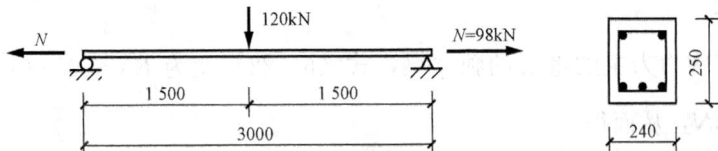

图 6-6　钢筋混凝土构件各部分尺寸

解　（1）求内力。

$$V=60\mathrm{kN}$$
$$M=90\mathrm{kN\cdot m(跨中)}$$
$$N=98\mathrm{kN}$$

（2）确定箍筋数量。

由公式（6-20），$V\leqslant\dfrac{1}{\gamma_{\mathrm{d}}}\left(0.5f_{\mathrm{t}}bh_0+\dfrac{A_{\mathrm{sv}}f_{\mathrm{yv}}}{s}h_0+f_{\mathrm{y}}A_{\mathrm{sb}}\sin\alpha_{\mathrm{s}}\right)-0.2N$ 得

$$\frac{nA_{\mathrm{sv1}}}{s}=(\gamma_{\mathrm{d}}V-0.5f_{\mathrm{t}}bh_0+0.2N)/(f_{\mathrm{yv}}h_0)$$

$$=(1.2\times60000-0.5\times1.43\times240\times215+0.2\times98000)/(210\times215)$$

$$=1.21$$

选用双肢箍筋，直径 8mm （$A_{sv1}=50.3mm^2$），$s=\dfrac{2\times50.3}{1.21}=83.1mm$，取用 $s=80mm$。又

$$f_{yv}\frac{A_{sv}}{\gamma_d s}h_0 = 210\times\frac{2\times50.3}{1.2\times80}\times215$$

$$= 47313 < \frac{1}{1.2}\times(0.5\times1.43\times240\times215+56776)-0.2\times98000$$

$$= 58458$$

$$\frac{f_{yv}A_{sv}}{s}h_0 = 56776 > 0.36f_t bh_0 = 0.36\times1.43\times240\times215 = 26564$$

故符合要求。

对水利《水工混凝土结构设计规范》(SL 191—2008)，由式 (6-22)，$KV\leqslant0.7f_t bh_0+1.25\dfrac{A_{sv}f_{yv}}{s}h_0+f_y A_{sb}\sin\alpha_s-0.2N$ 得

$$\frac{nA_{sv1}}{s} = (KV-0.7f_t bh_0+0.2N)/(1.25f_{yv}h_0)$$

$$= (1.2\times60000-0.7\times1.43\times240\times215+0.2\times98000)/(1.25\times210\times215)$$

$$= (72000-51652+19600)/56438 = 0.708$$

选用双肢箍筋，直径 8mm （$A_{sv1}=50.3mm^2$），$s=\dfrac{2\times50.3}{0.708}=142mm$，取用 $s=140mm$。又

$$1.25f_{yv}\frac{A_{sv}}{s}h_0 = 1.25\times210\times\frac{2\times50.3}{140}\times215$$

$$= 40554 < (51652+40554-0.2\times98000) = 72606$$

$$\frac{1.25f_{yv}A_{sv}}{s}h_0 = 40554 > 0.36f_t bh_0 = 0.36\times1.43\times240\times215 = 26564$$

故符合要求。

如按承受集中力为主的重要的独立梁，式 (6-22) 变为 $KV\leqslant0.5f_t bh_0+\dfrac{A_{sv}f_{yv}}{s}h_0+f_y A_{sb}\sin\alpha_s-0.2N$，从而得

$$\frac{nA_{sv1}}{s} = (KV-0.5f_t bh_0+0.2N)/(f_{yv}h_0)$$

$$= (1.2\times60000-0.5\times1.43\times240\times215+0.2\times98000)/(210\times215)$$

$$= (72000-36894+19600)/45150$$

$$= 54706/45150 = 1.21$$

选用双肢箍筋，直径 8mm （$A_{sv1}=50.3mm^2$），则

$$s = \frac{2\times50.3}{1.21} = 83.1mm$$

取用 $s=80mm$，又

$$f_{yv}\frac{A_{sv}}{s}h_0 = 210\times\frac{2\times50.3}{80}\times215 = 56776 < (36894+56776-0.2\times98000) = 74070$$

$$\frac{f_{yv}A_{sv}}{s}h_0 = 56776 > 0.36f_t bh_0 = 0.36\times1.43\times240\times215 = 26564$$

故符合要求。

对于工民建《混凝土结构设计规范》（GB 50010—20100），由图 6 - 6 得 $\lambda = \dfrac{a}{h_0} = \dfrac{1500}{215} = 6.98 > 3$，取 $\lambda = 3$。

由式（6 - 23）$V \leqslant \dfrac{1.75}{\lambda + 1} f_t b h_0 + \dfrac{A_{sv} f_{yv}}{s} h_0 + 0.8 f_y A_{sb} \sin\alpha_s - 0.2N$，得

$$\frac{n A_{sv1}}{s} = \left(V - \frac{1.75}{\lambda + 1} f_t b h_0 + 0.2N \right) / (f_{yv} h_0)$$

$$= \left(60000 - \frac{1.75}{3 + 1} \times 1.43 \times 240 \times 215 + 0.2 \times 98000 \right) / (210 \times 215)$$

$$= (60000 - 32282 + 19600) / 45150 = 1.048$$

选用双肢箍筋直径 $\phi 8$（$A_{sv1} = 50.3 \text{mm}^2$），则

$$s = \frac{2 \times 50.3}{1.048} = 96 \text{mm}$$

取用 $s = 90 \text{mm}$，又

$$f_{yv} \frac{A_{sv}}{s} h_0 = \frac{2 \times 50.3 \times 210}{90} \times 215 = 50468 \text{N} < 32282 + 50468 - 0.2 \times 98000$$

$$= 63150 \text{N}$$

且　　　$\rho_{sv} = \dfrac{A_{sv}}{bs} = \dfrac{2 \times 50.3}{240 \times 90} = 0.0047 > 0.36 \dfrac{f_t}{f_{yv}} = 0.36 \times \dfrac{1.43}{210} = 0.0025$

故符合要求。

由上面的分析可见，电力《水工混凝土结构设计规范》（DL/T 5057—2009）和水利《水工混凝土结构设计规范》（SL 191—2008）按承受集中荷载的重要的独立梁计算，配箍量最多，工民建《混凝土结构设计规范》（GB 50010—2010）的配箍量居中，水利《水工混凝土结构设计规范》（SL 191—2008）按一般构件计算的配箍量最少。

思 考 题

1. 如何确定大、小偏心受拉的界限？

2. 式（6 - 20）右边的计算值为什么会小于 $\dfrac{1}{\gamma_d}(V_{sv} + V_{sb}) = \dfrac{1}{\gamma_d}\left(\dfrac{A_{sv} f_{yv}}{s} h_0 + f_y A_{sb} \sin\alpha_s \right)$？如小于后如何处理，为什么？

3. 电力、水利和工民建规范偏心受拉构件承载力计算有什么异同点？

4. Ⅱ级建筑物在荷载和截面尺寸相同的情况下，电力、水利和工民建规范中，哪本规范的配箍量最多？为什么？

第七章 钢筋混凝土受扭构件承载力计算

　　凡在构件截面中有扭矩（包括其他内力）作用的构件，习惯上称为受扭构件，如图 7-1 所示。扭矩根据产生的原因可分为两类：一类是由荷载直接作用而产生，扭矩可由静力平衡条件直接求得，与构件的抗扭刚度无关，一般称为平衡扭转，如图 7-1（a）、（c）中的雨篷梁、吊车梁等即属此类构件；另一类是超静定结构中由于变形的协调使构件产生的扭转，其扭矩需根据静力平衡条件和变形协调条件求得，称为附加扭转或协调扭转。协调扭转与构件所受的扭矩及连接处构件各自的抗扭刚度有关，如图 7-1（b）、（d）中现浇框架边梁和水闸胸墙的顶梁。图 7-1（b）中的现浇框架边梁，当次梁在荷载作用下受弯变形时，边梁对次梁梁端的转动产生约束作用，根据变形协调条件，可以确定次梁梁端由于边梁的弹性约束作用而引起的负弯矩，该负弯矩即为边梁所承受的扭矩作用。但在边梁受扭开裂后，其抗扭刚度迅速降低，出现内力重分布，从而使所受到的扭矩也随之减小。

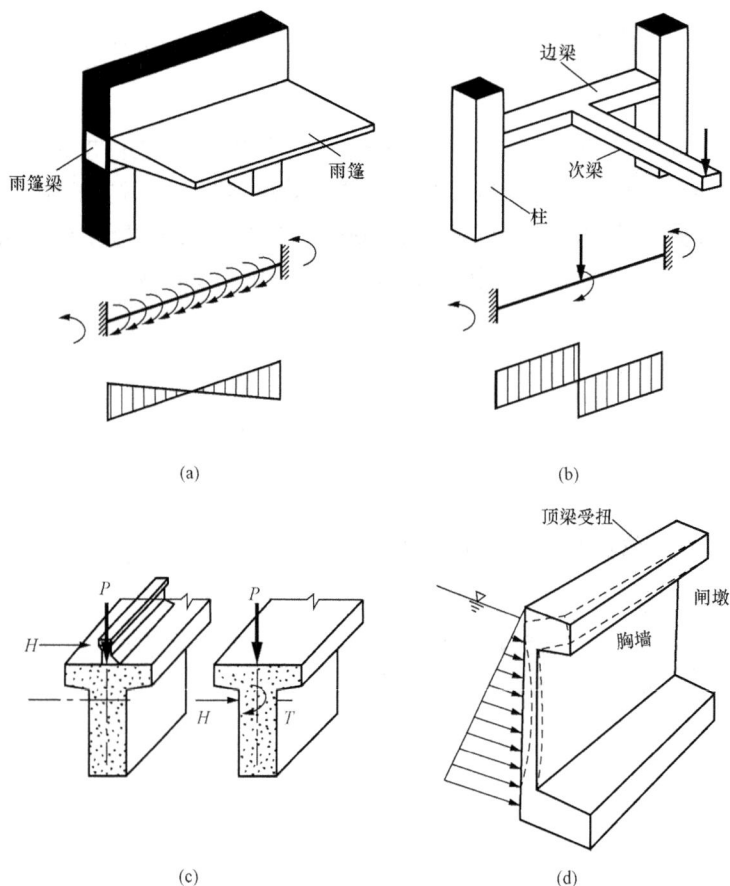

(a)　　　　　　　　　　　　　　(b)

(c)　　　　　　　　　　　　　　(d)

图 7-1　受扭构件实例

（a）雨篷梁；（b）边梁；（c）吊车梁；（d）胸墙顶、底梁

在实际工程中，构件承受纯扭矩作用的情况很少，一般受扭构件除承受扭矩外，还可能受到弯矩、剪力和轴力的作用，属于复合受扭情况。因此，受扭构件承载力的计算问题，实质上是一个弯、剪、扭（有时还受压）的复合受力计算问题。为便于分析，本章首先介绍纯受扭构件的承载力计算，然后介绍弯、剪、扭作用下的承载力计算。

第一节 钢筋混凝土受扭构件的破坏形态

一、矩形截面纯扭构件的破坏形态

1. 受扭钢筋的形式

由材料力学可知，构件在扭转时截面上将产生剪应力 τ。由于扭转剪应力 τ 的作用，使其在与构件轴线成 45°方向产生主拉应力 σ_{tp}。根据应力的平衡可得：$\sigma_{tp} = \tau$。所以扭矩在构件中引起的主拉应力其数值与剪应力相等，方向相差 45°。由试验可知，混凝土的抗拉强度低于其抗剪强度，当主拉应力 σ_{tp} 超过混凝土的轴心抗拉强度 f_t 时，混凝土就会沿垂直主拉应力的方向开裂。构件的裂缝方向总是与构件轴线成 45°的角度（图 7-2）。

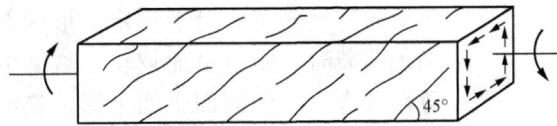

图 7-2 纯扭构件斜裂缝

因此，从受力合理的角度来看，抗扭钢筋应采用与构件纵轴成 45°角的螺旋箍筋。但这会为施工带来诸多不便，特别当扭矩方向改变时，45°方向布置的螺旋箍筋要相应改变方向。另外，受扭构件中仅配置纵向钢筋时很难提高其受扭承载力，因为纵向钢筋主要通过销栓作用抗扭，而没有横向钢筋约束的混凝土销栓作用弱，且不可靠。所以，实际工程中一般采用垂直于构件纵轴的箍筋和沿截面周边布置的纵向钢筋组成的空间钢筋骨架来承担扭矩。试验表明，配置适量的受扭钢筋对构件的受扭承载能力有显著的作用。

2. 破坏特征

钢筋混凝土构件的受扭破坏形态主要与配筋量多少有关。

（1）少筋破坏。

当抗扭钢筋配置过少或配筋间距过大时，破坏形态如图 7-3（a）所示。构件在扭矩作用下，首先在剪应力最大的截面长边中点附近最薄弱处出现一条与构件纵轴成大约 45°方向的斜裂缝，构件一旦开裂，裂缝迅速向相邻两侧面呈螺旋形延伸，形成三面开裂、一面（第四面即长边）受压（压区很小）的空间扭曲截面而破坏。破坏时与斜裂缝相交的钢筋不仅达到屈服而且可能进入强化阶段甚至被拉断，构件截面的扭转角较小（如图 7-4 曲线 1）。

这种破坏形态与受剪的斜拉破坏相似，破坏过程急速而突然，无任何预兆，属于脆性破坏，破坏扭矩基本上等于开裂扭矩。为了防止发生这种少筋破坏，《水工混凝土结构设计规范》（DL/T 5057—2009）[3] 对受扭构件的受扭纵筋和箍筋的最小用量分别作了规定，并应符合受扭钢筋的构造要求。

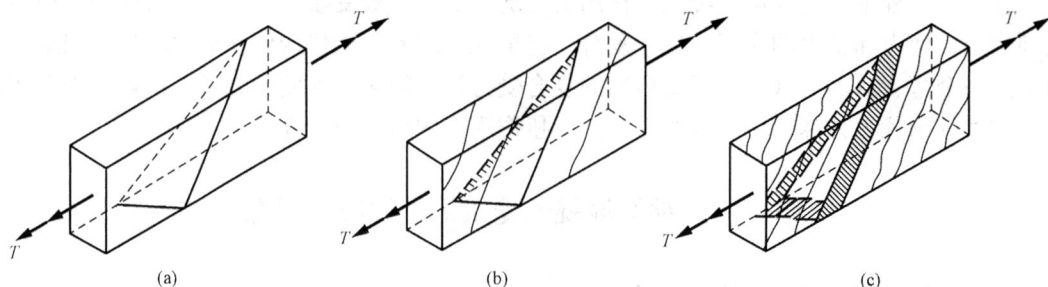

图 7-3　受扭破坏形态

（2）适筋破坏。

当构件的受扭钢筋配置适当时，破坏形态如图 7-3（b）所示。

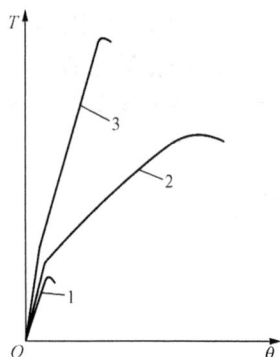

图 7-4　扭矩—扭转角关系曲线
1—抗扭钢筋过少；2—抗扭钢筋适量；
3—抗扭钢筋过多

在扭矩作用下，斜裂缝一旦出现，混凝土部分退出工作，钢筋应力明显增加，扭转角增大。当扭转角增大到一定值时，钢筋应变趋于稳定，形成新的受力状态。当继续增加荷载时，变形增加较快，裂缝的数量逐步增多，宽度逐渐加大，构件的四个面上形成连续的或不连续的与构件纵轴成一定角度的螺旋形裂缝。一般截面长边上斜裂缝与构件纵轴之间的夹角小于相应短边上的夹角。当接近极限扭矩时，在构件长边上的斜裂缝有一条发展成临界斜裂缝，与这条临界斜裂缝相交的箍筋和纵筋相继屈服，最后形成三面开裂一边受压的空间扭曲面，随着第四个面上的受压区混凝土被压碎，构件随之破坏。

这种破坏形态与受弯构件的适筋破坏相似，整个破坏过程具有一定的延性和明显的预兆，破坏时，扭转角较大，故属于延性破坏。构件受扭极限承载力比图 7-3（a）所示的少筋构件有很大提高（如图 7-4 曲线 2）。钢筋混凝土受扭构件的承载力计算以该种破坏为依据。

（3）超筋破坏。

当构件的受扭纵筋和受扭箍筋配置过多时，破坏形态如图 7-3（c）所示。

在扭矩作用下，构件上出现许多宽度小、间距密的螺旋裂缝，由于受扭钢筋配置过多，在纵筋和箍筋尚未屈服时，某相邻两条螺旋裂缝间的混凝土被压碎而破坏。构件受扭极限承载力取决于混凝土抗压强度及截面尺寸。破坏时扭转角也较小（如图 7-4 曲线 3），属于无预兆的脆性破坏。

这种破坏形态与受弯构件的超筋破坏相似，属于脆性破坏，在设计中也应予以避免。《水工混凝土结构设计规范》（DL/T 5057—2009）采用限制构件截面尺寸和混凝土强度等级，即限制受扭钢筋的最大配筋率来防止超筋破坏。

由于抗扭钢筋包括纵筋和箍筋两部分，因此，将抗扭纵筋和抗扭箍筋均未屈服的破坏［图 7-3（c）］称为完全超筋破坏；将箍筋或纵筋之一尚不屈服的破坏称为部分超筋破坏，破坏时构件有一定的延性，设计中可采用，但不经济。

二、矩形截面构件在弯、剪、扭共同作用下的破坏形态

钢筋混凝土弯剪扭构件是指同时承受弯矩和扭矩或同时承受弯矩、剪力和扭矩的构件。试验表明，弯剪扭构件的破坏特征和极限承载力与扭弯比$\frac{T}{M}$、扭剪比$\frac{T}{Vb}$、配筋形式、截面上下纵筋承载力比值、纵筋与箍筋的配筋强度比ζ、截面尺寸大小及高宽比值、混凝土强度大小等因素有关，其破坏有以下三种典型破坏形态，如图7-5所示。

1. 弯型破坏

当剪力很小、扭弯比较小（即弯矩与扭矩的比值较大）时，构件的破坏主要由弯矩起控制作用，称为弯型破坏。

由于弯矩作用使构件顶部受压，底部受拉，因此，裂缝首先在弯曲受拉的底面出现，然后向腹部发展，并逐渐与侧面由扭矩产生的斜裂缝贯通，弯曲受压的顶面一般无裂缝。由于底部的裂缝开展较大，当底部钢筋达到屈服强度时，裂缝迅速发展，与螺旋形主裂缝相交的纵筋和箍筋也相继达到屈服，最后顶面混凝土被压碎而破坏，如图7-5（a）所示。在构件的底部由于扭矩产生的拉应力和弯矩产生的拉应力叠加，扭矩的存在降低了构件的受弯承载力，而且扭矩越大受弯承载力降低越多。

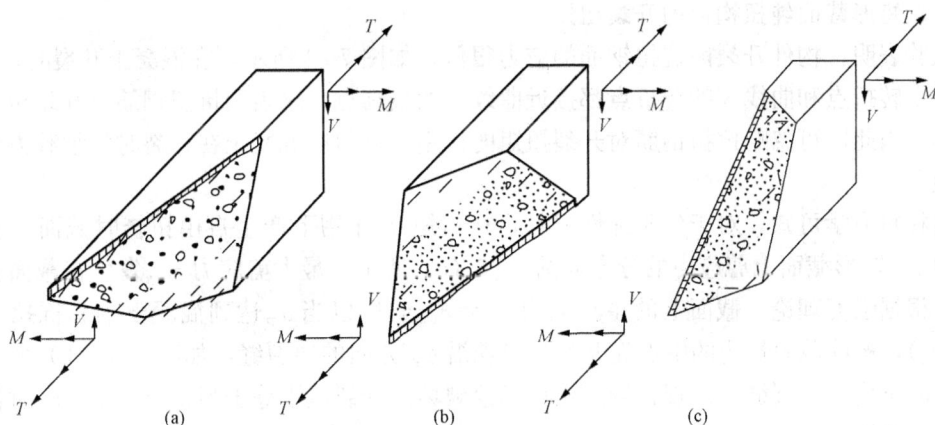

图7-5　弯剪扭构件的破坏形态及破坏类型
（a）弯型破坏；（b）扭型破坏；（c）剪扭型破坏

对底部钢筋多于顶部钢筋很多或混凝土强度过低的情况，也会发生顶部混凝土先压碎的破坏，也称为弯型破坏。

2. 扭型破坏

当剪力较小、扭弯比较大而顶部钢筋明显少于底部钢筋时，构件的破坏主要由扭矩起控制作用，称为扭型破坏。

试验表明，这种构件一般是弯曲正裂缝首先出现，扭转的斜裂缝接着在长边的中点附件出现，并逐渐发展延伸。由于扭矩较大，斜裂缝的数量和宽度的增加大大超过弯曲正裂缝。又由于弯矩较小，其在构件顶部引起的压应力也较小，由扭矩引起的顶部钢筋拉应力大于底部钢筋的拉应力，最终顶部钢筋因受扭屈服后引起底部混凝土被压碎而破坏，如图7-5（b）所示。破坏时斜裂缝与弯曲正裂缝并不相连。

3. 剪扭型破坏

当弯矩很小而剪力和扭矩比较大时，构件的破坏主要由剪力和扭矩起控制作用，称为剪扭型破坏。

由于剪力产生的剪应力与扭矩产生的剪应力在截面上总有一边是叠加的，所以裂缝首先在剪力和扭矩产生的与主拉应力方向相同的应力的侧面出现，然后向顶面和底面延伸扩展。当截面顶部和底部配置的纵筋较多，而箍筋及侧面纵筋配置较少时，该侧的纵筋（抗扭）和箍筋（抗扭、抗剪）首先屈服，然后另一长边压区混凝土被压碎而破坏，如图 7-5（c）所示。若截面的高宽比较大，而侧面的抗扭纵筋和箍筋数量较少时，即使无剪力作用，破坏也可能由扭矩作用引起侧面的钢筋先屈服，另一侧面混凝土压碎。

由上述分析可知，配筋矩形截面构件在弯、剪、扭复合受力情况下的破坏形态与截面尺寸大小及高宽比值；混凝土强度大小；弯、剪、扭内力大小及相互比值；截面上、下纵筋承载力比值；纵筋与箍筋配筋强度比等因素有关。

第二节　钢筋混凝土受扭构件的开裂扭矩计算

一、矩形截面纯扭构件的开裂扭矩

试验表明，构件开裂前抗扭钢筋的应力很低，如图 7-4 所示，在混凝土开裂时，曲线 2 的第一个转折点和曲线 3 的转折点都接近曲线 1 的最高点，这表明抗扭钢筋对开裂扭矩的影响很小。因此，可忽略抗扭钢筋对开裂扭矩的作用，近似取混凝土在开裂时的承载力作为开裂扭矩。

由材料力学可知，对于匀质弹性材料，在扭矩 T 作用下产生自由扭转时截面上将产生剪应力 τ，矩形截面上剪应力的分布如图 7-6（a）所示，最大剪应力 τ_{max} 发生在截面长边的中点。根据强度理论，截面上的主拉应力 $\sigma_{tp} = \tau_{max}$，所以当 σ_{tp} 达到混凝土轴心抗拉强度时（$\sigma_{tp} = f_t$），构件截面长边的中点先开裂，出现沿 45° 方向的斜裂缝，如图 7-6（b）所示。对于素混凝土构件，裂缝的出现将导致构件迅速破坏。开裂扭矩等于当 $\sigma_{tp} = \tau_{max} = f_t$ 时作用在构件上的扭矩。

从弹性理论可知

$$T_{cr} = f_t W_{te} \tag{7-1}$$

式中　W_{te}——截面受扭弹性抵抗矩。

对于理想的塑性材料，截面上某一点的应力达到极限强度时，只意味着截面上局部材料进入塑性状态，构件仍能继续承受扭矩，直到截面上每一点的应力都达到材料的屈服强度时，构件才达到其极限扭矩。这时截面上剪应力的分布如图 7-6（c）所示。按照塑性理论，构件的极限扭矩（即最大开裂扭矩）T_{cu} 可由图 7-6（c）对截面的扭转中心取矩求得。

设矩形截面的长边为 h，短边为 b，相应的剪应力达极值 $\tau_{max} = \sigma_{tp} = f_t$，则三角形部分的剪应力的合力为

$$F_1 = \frac{b \times b/2}{2} f_t = \frac{b^2}{4} f_t \tag{a}$$

合力 F_1 到截面中心的距离为

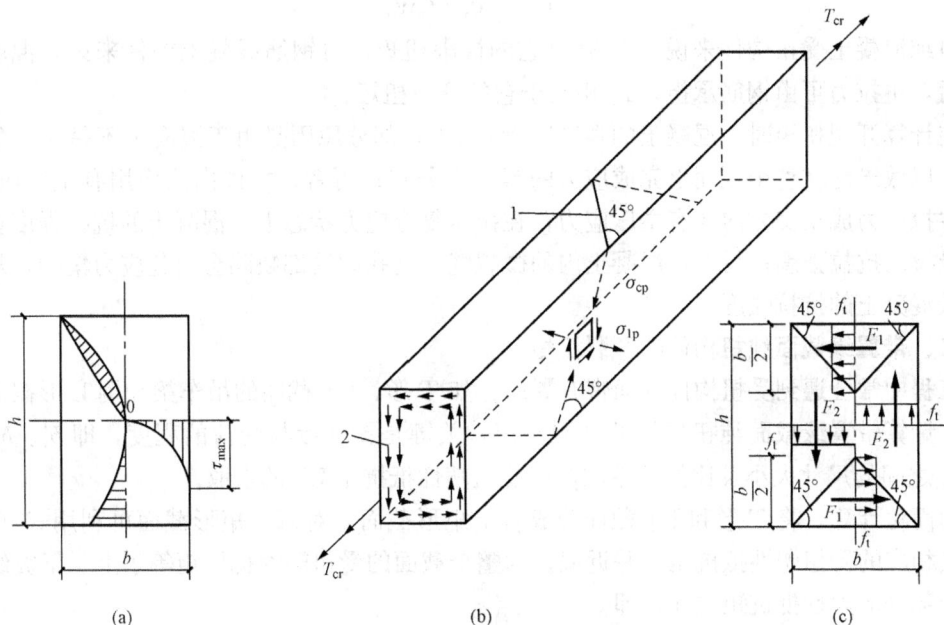

图 7-6　扭矩作用下截面剪应力分布

1—45°螺旋形斜裂缝；2—剪应力流

$$z_1 = \frac{2}{3} \times \frac{b}{2} + \frac{h-b}{2} = \frac{h}{2} - \frac{b}{6} \tag{b}$$

梯形部分的剪应力的合力为

$$F_2 = \frac{1}{2}(h-b+h)\frac{b}{2}f_t = \frac{b}{4}(2h-b)f_t \tag{c}$$

合力 F_2 到截面中心的距离为

$$z_2 = \frac{2h+(h-b)}{h+(h-b)} \times \frac{b/2}{3} = \frac{b}{6}\left(\frac{3h-b}{2h-b}\right) \tag{d}$$

对截面中心取矩得

$$T_{cu} = 2(F_1 z_1 + F_2 z_2) = \frac{b^2}{6}(3h-b)f_t = f_t W_t \tag{7-2}$$

其中

$$W_t = \frac{b^2}{6}(3h-b) \tag{7-3}$$

式中　W_t——截面受扭塑性抵抗矩，对矩形截面按式（7-3）计算；

　　　　b，h——矩形截面的短边尺寸和长边尺寸。

由于混凝土既非弹性材料，又非塑性材料，而是介于两者之间的弹塑性材料。因此，如果按弹性理论的应力分布计算构件的开裂扭矩，则低估了构件的开裂扭矩；而按完全塑性材料的应力分布来计算，却又高估了构件的开裂扭矩。因此，为实用方便，建议采用塑性材料的应力图形，即按式（7-2）计算，将混凝土的抗拉强度 f_t 进行折减，引入折减系数。根据试验结果的对比可知，折减系数在 $0.87 \sim 0.97$。为安全起见，《水工混凝土结构设计规范》（DL/T 5057—2009）取 0.7，于是开裂扭矩为

$$T_{cr} = 0.7f_tW_t \tag{7-4}$$

对纯混凝土受扭构件来说，T_{cr}就是它的极限扭矩。对钢筋混凝土构件来讲，混凝土开裂以后，主拉力可由钢筋承担，T_{cr}相当于它的开裂扭矩。

在计算开裂扭矩时，混凝土的强度取为$0.7f_t$，部分原因是由于混凝土不是完全的塑性材料，以致未能在整个截面上完成应力的塑性重分布；再者，构件内除作用有主拉应力外，在与主拉应力成正交方向还有主压应力，在拉压复合应力状态下，混凝土的抗拉强度要低于单向受拉的抗拉强度；另外，混凝土内的微裂缝、气孔和局部缺陷会引起应力集中，从而也会降低混凝土的抗拉强度。

二、带翼缘截面纯扭构件的开裂扭矩

工程中常会遇到受扭构件截面带有翼缘，如T形、I形截面的吊车梁和倒L形截面檩条梁等。计算带翼缘截面纯扭构件的开裂扭矩，关键是翼缘参与受荷的程度，即b_f'、b_f、h_f'、h_f、h_w之间的尺寸大小及比例关系和截面受扭塑性抵抗矩W_t的求取。

为简化计算，将T形和I形截面分成若干矩形截面，对每一矩形截面可利用式（7-3）计算其相应的受扭塑性抵抗矩，并近似认为整个截面的受扭塑性抵抗矩等于上、下翼缘和腹板三个部分的塑性抵抗矩之和，即

$$W_t = W_{tw} + W_{tf}' + W_{tf} \tag{7-5}$$

式中　W_{tw}——腹板塑性抵抗矩；

　　　W_{tf}'——上翼缘塑性抵抗矩；

　　　W_{tf}——下翼缘塑性抵抗矩。

$$W_{tw} = \frac{b^2}{6}(3h - b) \tag{7-6}$$

$$W_{tf}' = \frac{h_f'^2}{2}(b_f' - b) \tag{7-7}$$

$$W_{tf} = \frac{h_f^2}{2}(b_f - b) \tag{7-8}$$

式中　b、h——腹板宽度、截面高度；

　　　b_f'、b_f——截面受压区及受拉区的翼缘宽度；

　　　h_f'、h_f——截面受压区及受拉区的翼缘高度。

于是T形和I形截面的开裂扭矩按下列公式计算

$$T_{cr} = 0.7f_t(W_{tw} + W_{tf}' + W_{tf}) \tag{7-9}$$

将原T形或I形截面划分为若干小块矩形截面的原则是：使计算的截面受扭塑性抵抗矩W_t最大。一般先按原截面总高度确定腹板截面，然后再按上、下翼缘各自划分成小块矩形截面，如图7-7（a）所示。当腹板较薄时，也可按图7-7（b）所示的方法划分，但将会为剪扭构件的计算带来困难，故一般不采用。

对于配有封闭箍筋的翼缘，其截面的开裂扭矩随翼缘悬挑长度的增加而提高，但当悬挑长度过小时，其提高效果不显著；反之，当悬挑长度过大时，翼缘易于受弯而开裂，降低翼缘与腹板连接的整体刚度，从而降低翼缘的开裂扭矩。因此，规范规定：上、下有效翼缘的宽度应满足$b_f' \leqslant b + 6h_f'$及$b_f \leqslant b + 6h_f$的条件，即伸出腹板能参与受力的翼缘长度不得超过翼缘厚度的3倍，腹板净高h_w与其宽度b之比不得大于6。

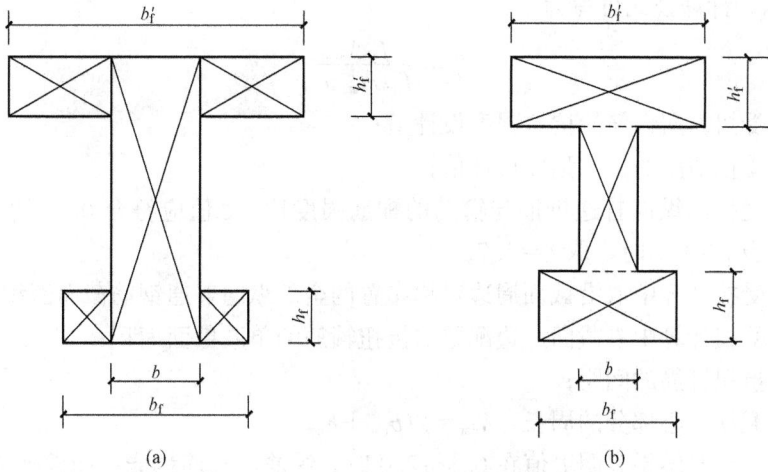

图 7 - 7　T（I）形截面小块矩形划分方法

第三节　钢筋混凝土纯扭构件的承载力计算

一、抗扭钢筋的构造要求

图 7 - 8（a）、（b）为受扭构件的配筋形式及构造要求。由于扭矩引起的剪应力在截面四周最大，并为满足扭矩变号的要求，抗扭钢筋应由抗扭纵筋和抗扭箍筋组成。抗扭纵筋应沿截面周边均匀对称布置，截面四角处必须放置且放在抗扭箍筋的内侧，其间距不应大于 200mm 或截面短边尺寸 b。抗扭纵向钢筋的接头要求与纵向受拉钢筋相同。抗扭纵向钢筋的两端应伸入支座，并满足受拉钢筋的锚固长度 l_a 的要求。抗扭箍筋必须封闭，每边都能承担拉力。当采用绑扎骨架时，箍筋末端应弯成不小于 135°角的弯钩，且弯钩端头平直段长度不应小于 $10d_{sv}$（d_{sv} 为箍筋直径），以使箍筋端部锚固于截面核心混凝土内。当箍筋间距较小时，这种弯钩的位置宜错开。抗扭箍筋的最大间距应满足第四章表 4 - 1 的规定。

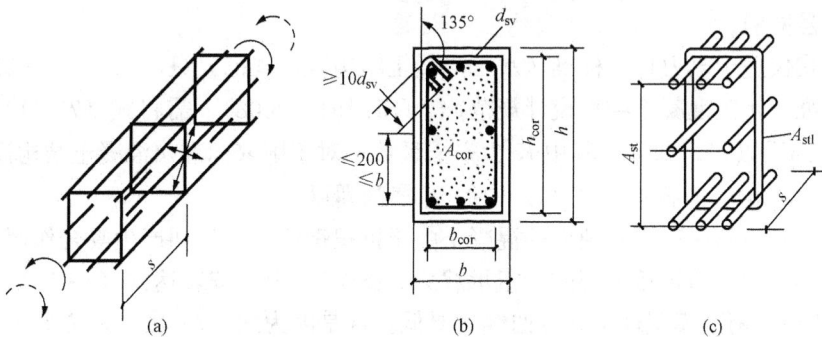

图 7 - 8　受扭构件配筋形式及构造要求

为使受扭构件的破坏形态呈现适筋破坏，充分发挥抗扭钢筋的作用，抗扭纵筋和箍筋应有合理的最佳搭配。《水工混凝土结构设计规范》（DL/T 5057—2009）中引入 ζ 系数，ζ 为受扭构件抗扭纵向钢筋与抗扭箍筋的配筋强度比（即两者的体积比与强度比的乘积），如图

7-8（c）所示，计算公式可写为

$$\zeta = \frac{f_y A_{st} s}{f_{yv} A_{st1} u_{cor}} \tag{7-10}$$

式中　f_y——受扭纵向钢筋的抗拉强度设计值；

　　　　f_{yv}——受扭箍筋的抗拉强度设计值；

　　　　ζ——受扭的纵向普通钢筋与箍筋的配筋强度比，ζ 值应符合 $0.6 \leqslant \zeta \leqslant 1.7$ 的要求，当 $\zeta > 1.7$ 时，取 $\zeta = 1.7$；

　　　　A_{st}——受扭计算中取沿截面周边对称布置的全部纵向普通钢筋截面面积；

　　　　A_{st1}——受扭计算中沿截面周边配置的抗扭箍筋的单肢截面面积；

　　　　s——抗扭箍筋的间距；

　　　　u_{cor}——截面核心部分的周长，$u_{cor} = 2(b_{cor} + h_{cor})$。

应当指出，试验结果表明 ζ 值在 $0.5 \sim 2.0$ 时，纵筋和箍筋均能在构件破坏前屈服，《水工混凝土结构设计规范》（DL/T 5057—2009）为安全起见，规定 ζ 值应符合 $0.6 \leqslant \zeta \leqslant 1.7$ 的要求，当 $\zeta > 1.7$ 时取 $\zeta = 1.7$，通常可取 $\zeta = 1.2$ 为最佳值。

二、矩形截面纯扭构件的承载力计算

目前钢筋混凝土纯扭构件的承载力计算，虽已有较接近实际的理论计算方法，例如，变角空间桁架模型；斜弯理论——扭曲破坏面极限平衡理论。但由于受扭构件的受力复杂，影响因素又很多，因此实用时还需用试验结果进行修正。

《水工混凝土结构设计规范》（DL/T 5057—2009）在变角空间桁架模型理论的基础上根据试验统计分析得到矩形截面纯扭构件承载力的计算公式：

$$T \leqslant \frac{1}{\gamma_d} T_u = \frac{1}{\gamma_d}(T_c + T_s) = \frac{1}{\gamma_d}\left(0.35 f_t W_t + 1.2\sqrt{\zeta} f_{yv} \frac{A_{st1}}{s} A_{cor}\right) \tag{7-11}$$

式中　T——扭矩设计值；

　　　　A_{cor}——截面核心部分的面积，$A_{cor} = b_{cor} h_{cor}$，此处 b_{cor} 和 h_{cor} 分别为从箍筋内表面计算的截面核心部分的短边和长边的尺寸；

　　　　γ_d——钢筋混凝土结构的结构系数。

其余符号同前。

上述公式仅适于电力行业标准《水工混凝土结构设计规范》（DL/T 5057—2009）；对于水利行业标准《水工混凝土结构设计规范》[4]（SL 191—2008），需将式（7-11）中的 γ_d 取消，在 T 前面乘以 K，即可，其中 K 为安全系数；对于国家标准《混凝土结构设计规范》[2]（GB 50010—2010），需将式（7-11）中的 γ_d 取消即可。

上式等号右边第一项为开裂后的混凝土由于抗扭钢筋使骨料间产生咬合作用而具有的受扭承载力；第二项则为抗扭钢筋的受扭承载力。图 7-9 中，按表达式（7-11）计算的曲线 1，比由变角空间桁架模型理论计算曲线 2 要低。这是因为式（7-11）是考虑实际构件有可能破坏时钢筋并非全部屈服，而且还应保证有一定的可靠概率得出的。

图 7-10 为变角空间桁架模型，其基本假定为：

（1）受扭构件为一带有多条螺旋形裂缝的混凝土薄壁箱形截面构件，不考虑破坏时截面核心混凝土的作用。

（2）构件由薄壁上裂缝间的混凝土为斜压腹杆（倾角 α）、箍筋为受拉腹杆、纵筋为受拉弦杆组成的变角（α）空间桁架。

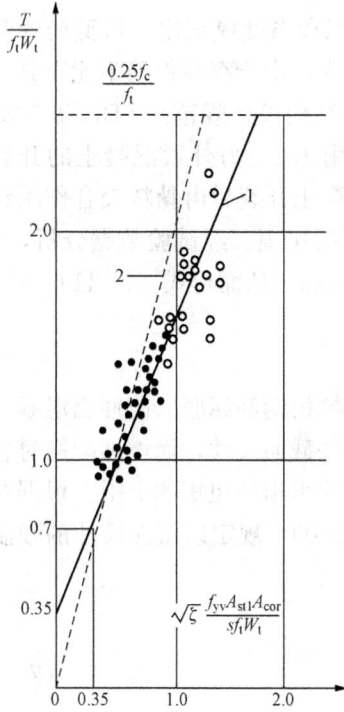

图 7-9 计算值与实测值的比较图

1—式（7-11）计算曲线；

2—变角空间桁架模型理论计算曲线

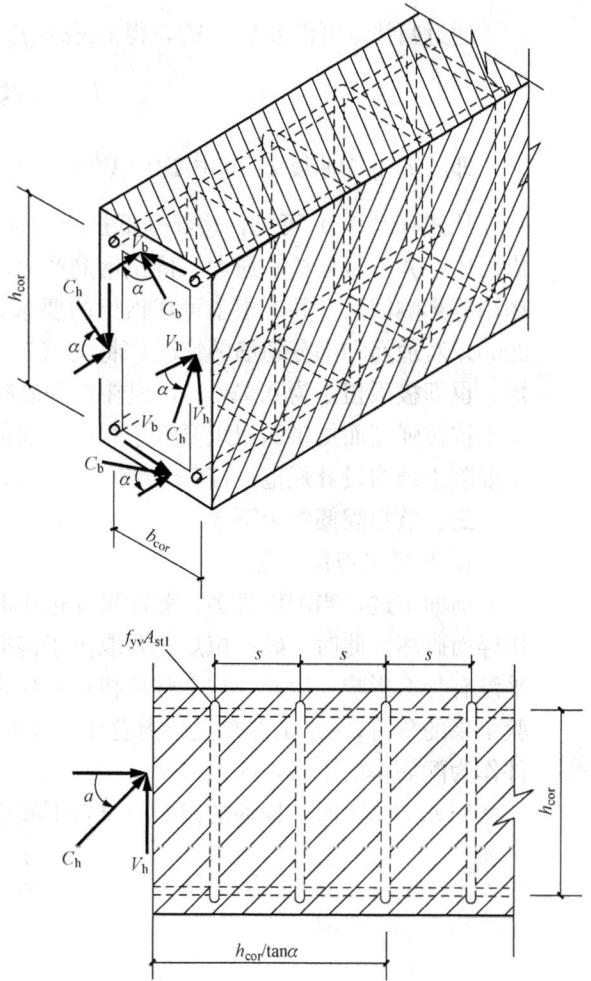

图 7-10 变角空间桁架模型

（3）纵筋、箍筋和混凝土的斜压杆在交点处假定为铰接，满足节点平衡条件（忽略裂缝面上混凝土的骨料咬合作用，不考虑纵筋的销栓作用）。

公式推导如下：

设箱形截面上混凝土斜压腹杆的压力分别为 $2C_h$、$2C_b$。V_h、V_b 分别为垂直于轴线方向的分力，由力矩平衡，可得

$$T = V_h b_{cor} + V_b h_{cor} \tag{7-12}$$

$V_h/\tan\alpha$、$V_b/\tan\alpha$ 分别为轴线方向的分力，应与纵筋拉力平衡，可得

$$f_y A_{st} = 2\frac{V_h + V_b}{\tan\alpha} \tag{7-13}$$

由受扭斜面上箍筋拉力与混凝土 V_h、V_b 平衡得

$$C_h \sin\alpha = V_h = \frac{h_{cor}}{\tan\alpha} f_{yv} A_{st1} \tag{7-14a}$$

$$C_b \sin\alpha = V_b = \frac{b_{cor}}{\tan\alpha} f_{yv} A_{st1} \qquad (7 - 14b)$$

通过归并，可消去 V_b、V_h，得 $\tan^2\alpha = f_{yv} A_{st1} u_{cor}/(f_y A_{st} s)$，并令 $\tan\alpha = \sqrt{1/\zeta}$，得

$$T = 2\sqrt{\zeta} \frac{f_{st1} A_{st1} A_{cor}}{s} \qquad (7 - 15)$$

即图 7-9 中曲线 2，其中 $T/(f_t W_t)$ 与 $\sqrt{\zeta} \dfrac{f_{yv} A_{st1} A_{cor}}{s f_t W_t}$ 相关图为通过原点的直线。

从式（7-15）可见：这部分抵抗矩的大小与箍筋的面积和强度成正比，与箍筋的间距成反比，并且截面核芯愈大，抗扭钢筋产生的抵抗扭矩也愈大。由于存在钢筋不能充分发挥作用等影响因素，并考虑了可靠指标的要求，《水工混凝土结构设计规范》（DL/T 5057—2009）对适筋和部分超筋的情况，将式（7-15）中的 2 改用 1.2。另外素混凝土的开裂扭矩，也即极限扭矩为 $0.7 W_t f_t$，但在钢筋混凝土构件中，混凝土开裂后由骨料咬合作用和混凝土抗拉强度而提供的扭矩要低于相同截面的素混凝土的开裂扭矩。经试验数据分析，《水工混凝土结构设计规范》（DL/T 5057—2009）将 0.7 改用 0.35。从而得式（7-11）。

三、抗扭配筋的上下限

1. 抗扭配筋的上限

前面讲过，当配筋过多、截面尺寸过小时，构件可能在抗扭钢筋屈服以前便因混凝土被压碎而破坏。此时，破坏扭矩主要取决于混凝土的强度和构件截面尺寸，而增加配筋对它几乎没有什么影响。因此，这个破坏扭矩也代表了配筋构件所能承担的扭矩的上限。根据对试验结果的分析，《水工混凝土结构设计规范》（DL/T 5057—2009）规定以截面尺寸的限制条件作为配筋率的上限，即

当 $h_w/b \leqslant 4$ 时，构件的截面应符合下式要求

$$T \leqslant \frac{1}{\gamma_d}(0.25 f_c W_t) \qquad (7 - 16)$$

当 $h_w/b = 6$ 时

$$T \leqslant \frac{1}{\gamma_d}(0.20 f_c W_t) \qquad (7 - 17)$$

当 $4 < h_w/b < 6$ 时，按线性内插法确定。

若不满足式（7-16）或式（7-17）的条件，则需增大截面尺寸或提高混凝土强度等级。

上述公式适于电力行业标准《水工混凝土结构设计规范》（DL/T 5057—2009）；对于水利行业标准《水工混凝土结构设计规范》（SL 191—2008），仅需将上述公式中的 γ_d 取消，并在 T 前面乘以 K，K 为安全系数；国家标准《混凝土结构设计规范》（GB 50010—2010），仅需将上述公式中的 γ_d 取消，在 W_t 前乘以 $0.8\beta_c$，β_c 为混凝土强度影响系数。

2. 抗扭配筋的下限

前面也提到，在抗扭配筋过少过稀时，钢筋将无补于开裂后构件的抗扭能力。因此，为了防止纯扭构件在低配筋时发生少筋的脆性破坏，按照配筋纯扭构件所能承担的极限扭矩不小于同尺寸的素混凝土构件的开裂扭矩的原则，确定其抗扭纵筋和抗扭箍筋的最小配筋率。《水工混凝土结构设计规范》（DL/T 5057—2009）规定，纯扭构件的抗扭纵筋和抗扭箍筋的配筋应满足下列要求：

（1）抗扭纵筋

$$\rho_{st} = \frac{A_{st}}{bh} \geqslant \rho_{stmin} = \begin{cases} 0.30\%\text{（HPB235 级钢筋）} \\ 0.24\%\text{（HPB300 级钢筋）} \\ 0.20\%\text{（HRB335 级钢筋）} \end{cases} \qquad (7-18)$$

式中　A_{st}——抗扭纵向钢筋的截面面积。

（2）抗扭箍筋

$$\rho_{sv} = \frac{A_{sv}}{bs} \geqslant \rho_{svmin} = \begin{cases} 0.20\%\text{（HPB235 级钢筋）} \\ 0.17\%\text{（HPB300 级钢筋）} \\ 0.15\%\text{（HRB335 级钢筋）} \end{cases} \qquad (7-19)$$

式中　A_{sv}——配置在同一截面内的抗扭箍筋各肢的全部横截面面积。

当采用复合箍筋时，位于截面内部的箍筋不应计入受扭所需的箍筋面积。

如果能符合下列条件

$$T \leqslant \frac{1}{\gamma_d}(0.7f_t W_t) \qquad (7-20)$$

只需根据构造要求配置抗扭钢筋，即应满足式（7-18）和式（7-19）。

式（7-20）仅适于电力行业标准《水工混凝土结构设计规范》（DL/T 5057—2009）；对于水利行业标准《水工混凝土结构设计规范》（SL 191—2008），仅需将式（7-20）中的 γ_d 取消，在 T 前面乘以安全系数 K 即可；对于国家标准《混凝土结构设计规范》（GB 50010—2010），仅需将式（7-20）中的 γ_d 取消即可。另外，关于抗扭纵筋和抗扭箍筋最小配筋率的规定，电力行业标准《水工混凝土结构设计规范》（DL/T 5057—2009）、水利行业标准《水工混凝土结构设计规范》（SL 191—2008）和国家标准《混凝土结构设计规范》（GB 50010—2010）的规定不尽相同。

四、带翼缘截面纯扭构件的承载力计算

试验表明，带翼缘的 T 形、I 形截面构件受扭时第一条斜裂缝仍出现在构件腹板侧面中部，裂缝走向和破坏形态基本上类似矩形截面。破坏时截面受扭塑性抵抗矩与腹板及上、下翼缘各小块的矩形截面受扭塑性抵抗矩之和接近，故《水工混凝土结构设计规范》（DL/T 5057—2009）采用了按受扭塑性抵抗矩比值的大小来决定各小块的扭矩，即

$$T_i = \frac{W_{ti}}{W_t}T \qquad (7-21)$$

由此，可将原 T 形或 I 形截面按前述方法划分为若干小块矩形截面，计算各小块矩形截面所应承受的扭矩 T_i，即

$$\left. \begin{array}{ll} \text{腹板} & T_w = \dfrac{W_{tw}}{W_t}T \\[2mm] \text{受压翼缘} & T_f' = \dfrac{W_{tf}'}{W_t}T \\[2mm] \text{受拉翼缘} & T_f = \dfrac{W_{tf}}{W_t}T \end{array} \right\} \qquad (7-22)$$

上列式中 T、T_i、T_w、T_f'、T_f 分别为 T 形和 I 形截面总扭矩设计值、第 i 块矩形截面扭矩设计值、腹板、受压翼缘、受拉翼缘截面扭矩设计值。W_t 及 W_{tw}、W_{tf}'、W_{tf} 的计算可见式（7-5）～式（7-8）。

由上述方法先求得各小块矩形截面所分配的扭矩 T_i，再按 T_i 进行配筋计算。但计算所得的抗扭纵向钢筋应配置在整个截面的外边缘上。

第四节　钢筋混凝土构件在弯、剪、扭共同作用下的承载力计算

一、矩形截面构件在剪、扭作用下的承载力计算

试验表明，剪力和扭矩共同作用下构件的承载力比单独剪力或扭矩作用下的承载力要低。构件的受扭承载力随剪力的增大而减小；反之，构件的受剪承载力也随着扭矩的增加而减小。两者的关系可由图 7-11 表示，破坏形态如图 7-5 (c) 所示。在图 7-11 所示的剪、扭承载力相关图中，曲线 1 和曲线 2 分别为无腹筋和有腹筋情况下的承载力关系图，从图中不难发现受扭和受剪承载力的相关关系近似于 1/4 圆，其相应的表达式为

$$\left(\frac{T_c}{T_{c0}}\right)^2 + \left(\frac{V_c}{V_{c0}}\right)^2 = 1 \tag{7-23}$$

$$\left(\frac{T}{T_0}\right)^2 + \left(\frac{V}{V_0}\right)^2 = 1 \tag{7-24}$$

式中，V_c、T_c 和 V_{c0}、T_{c0} 分别为无腹筋梁剪、扭共同作用和剪、扭单独作用时的剪、扭承载力。V、T 和 V_0、T_0 分别为有腹筋梁剪、扭共同作用和剪、扭单独作用时的剪、扭承载力。

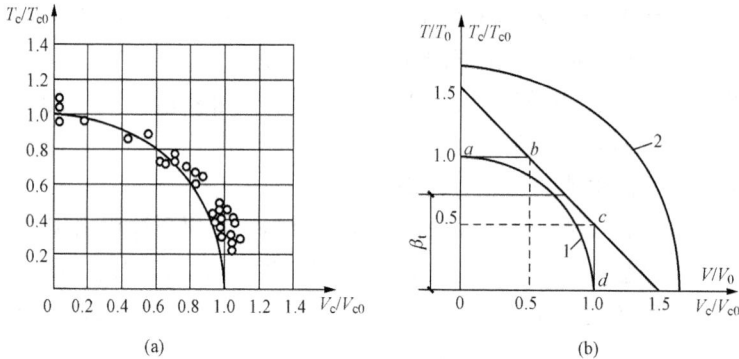

图 7-11　剪、扭承载力相关图
1—无腹筋；2—有腹筋

由图可见，完全按剪、扭共同作用下的相关曲线 1 来计算承载力，表达式很复杂。为了实用计算方便，也为了与单独受扭、受剪承载力计算公式相协调。《水工混凝土结构设计规范》(DL/T 5057—2009) 采用了以两项式的表达形式来计算剪扭构件的承载力。第一项为混凝土的承载力（考虑剪扭的相关作用），第二项为钢筋的承载力（不考虑剪扭的相关作用）。《水工混凝土结构设计规范》(DL/T 5057—2009) 根据图 7-11，近似假定有腹筋梁在剪、扭作用下混凝土部分所能承担的扭矩和剪力相互关系与无腹筋梁一样服从曲线 1 的关系，并用三条折线 ab、bc、cd 来代替 1/4 圆以简化计算。令 $T_c = \beta_t T_{c0}$，$V_c/V \approx T_c/T$，三条折线的方程和条件为：ab 段，$T_c/T_{c0} = 1.0 (V_c/V_{c0} \leqslant 0.5)$；$cd$ 段，$V_c/V_{c0} = 1.0 (T_c/T_{c0} \leqslant 0.5)$；$bc$ 段，$T_c/T_{c0} + V_c/V_{c0} = 1.5$，由前面已知，$V_{c0} = 0.7 f_t b h_0$，$T_{c0} = 0.35 f_t W_t$，经整理可得

$$\beta_t = \frac{1.5}{1 + 0.5 \dfrac{V}{T} \dfrac{W_t}{bh_0}} \qquad (7 - 25)$$

β_t 为剪扭构件混凝土受扭承载力降低系数。它是根据 bc 段导出的,因此,β_t 计算值应符合 $0.5 \leqslant \beta_t \leqslant 1.0$ 的要求。当 $\beta_t < 0.5$ 时,取 $\beta_t = 0.5$;当 $\beta_t > 1.0$ 时,取 $\beta_t = 1.0$。所以一般剪扭构件混凝土能承担的扭矩和剪力相应为

$$T_c = 0.35 \beta_t f_t W_t \qquad (7 - 26)$$
$$V_c = 0.7(1.5 - \beta_t) f_t bh_0 \qquad (7 - 27)$$

再由箍筋的受剪承载力和抗扭钢筋的受扭承载力,则可得矩形截面构件在剪、扭作用下的受剪承载力和受扭承载力分别如下列公式:

$$V \leqslant \frac{1}{\gamma_d}(V_c + V_{sv}) = \frac{1}{\gamma_d}\left[0.7(1.5 - \beta_t) f_t bh_0 + f_{yv}\frac{A_{sv}}{s}h_0\right] \qquad (7 - 28)$$

$$T \leqslant \frac{1}{\gamma_d}(T_c + T_s) = \frac{1}{\gamma_d}\left(0.35\beta_t f_t W_t + 1.2\sqrt{\zeta}f_{yv}\frac{A_{st1}}{s}A_{cor}\right) \qquad (7 - 29)$$

上述公式仅适于电力行业标准《水工混凝土结构设计规范》(DL/T 5057—2009);对于水利行业标准《水工混凝土结构设计规范》(SL 191—2008),仅需将上述两式中的 γ_d 取消,在 V 和 T 前面乘以安全系数 K,在式 (7 - 28) 中的 f_{yv} 前面乘以 1.25 即可;对于《混凝土结构设计规范》(GB 50010—2010),对一般剪扭构件仅需将上述两式中的 γ_d 取消即可;对于集中荷载作用下的独立剪扭构件,需考虑剪跨比的影响,具体公式见《混凝土结构设计规范》(GB 50010—2010) 的 6.4.8-2 条。

二、抗扭配筋的上下限

1. 抗扭配筋的上限

当截面尺寸过小而配筋量过大时,构件将由于混凝土首先被压碎而破坏。因此,必须对截面的最小尺寸和混凝土的最低强度加以限制,以防止这种破坏的发生。

试验表明,剪扭构件截面限制条件基本上符合剪、扭叠加的线性关系,因此,《水工混凝土结构设计规范》(DL/T 5057—2009) 规定在弯矩、剪力和扭矩共同作用下的矩形、T形、I形截面构件,其截面应符合下列要求:

当 $h_w/b \leqslant 4$ 时,构件的截面应符合下式要求

$$\frac{V}{bh_0} + \frac{T}{W_t} \leqslant \frac{1}{\gamma_d}(0.25 f_c) \qquad (7 - 30)$$

当 $h_w/b = 6$ 时,则

$$\frac{V}{bh_0} + \frac{T}{W_t} \leqslant \frac{1}{\gamma_d}(0.20 f_c) \qquad (7 - 31)$$

当 $4 < h_w/b < 6$ 时,按线性内插法确定。

若不满足式 (7 - 30) 或式 (7 - 31) 条件,则需增大截面尺寸或提高混凝土强度等级。

上述式 (7 - 30) 和式 (7 - 31) 仅适于电力行业标准《水工混凝土结构设计规范》(DL/T 5057—2009);对于水利行业标准《水工混凝土结构设计规范》(SL 191—2008),对 $h_w/b < 6$,均取式 (7 - 30),并需将式中的 γ_d 取消,在 V 和 T 前面乘以安全系数 K;对于国家标准《混凝土结构设计规范》(GB 50010—2010),仅需将上述两式中的 γ_d 取消,并在 W_t 前面乘以 0.80,f_c 前乘以混凝土强度影响系数 β_c 即可。

2. 抗扭配筋的下限

对弯剪扭构件，为防止发生少筋破坏，抗扭纵筋和抗扭箍筋的配筋率应分别满足式（7-18）和式（7-19）的要求。同样，当采用复合箍筋时，位于截面内部的箍筋不应计入受扭所需的箍筋面积。

与纯扭构件类似，《水工混凝土结构设计规范》（DL/T 5057—2009）规定，对 $h_w/b<6$ 的剪扭构件，当符合下列条件时：

$$\frac{V}{bh_0} + \frac{T}{W_t} \leq \frac{1}{\gamma_d}(0.7f_t) \tag{7-32}$$

可不对构件进行剪扭承载力计算，仅需按构造要求配置钢筋，即应满足式（7-18）和式（7-19）。

式（7-32）仅适用于电力行业标准《水工混凝土结构设计规范》（DL/T 5057—2009）；对于水利行业标准《水工混凝土结构设计规范》（SL 191—2008），仅需将式（7-32）中的 γ_d 取消，并在 V 和 T 前面乘以安全系数 K 即可；对于国家标准《混凝土结构设计规范》（GB 50010—2010），仅需将式（7-32）中的 γ_d 取消即可。

三、矩形截面构件在弯、扭作用下的承载力计算

《水工混凝土结构设计规范》（DL/T 5057—2009）规定，计算弯、扭共同作用下的受弯和受扭承载力，可分别按受弯构件的正截面受弯承载力和纯扭构件的受扭承载力进行计算，求得的钢筋应分别按弯、扭对纵筋和箍筋的构造要求进行配置，位于相同部位处的钢筋可进行钢筋截面面积叠加后配筋。

四、矩形截面构件在弯、剪、扭作用下的承载力计算

钢筋混凝土构件在弯矩、剪力和扭矩共同作用下的受力性能比剪扭、弯扭复杂，影响因素又很多。因此，目前弯、剪、扭共同作用下的承载力计算还是采用按受弯和受剪扭分别计算，然后进行叠加的近似计算方法。即纵向钢筋应通过正截面受弯承载力和剪扭构件的受扭承载力计算求得的纵向钢筋进行配置，重叠处的纵向钢筋截面面积可叠加。箍筋应按剪扭构件受剪承载力和受扭承载力计算求得的箍筋进行配置，相应部位处的箍筋截面面积也可叠加。

具体计算步骤如下：

（1）根据经验或参考已有设计，初步确定截面尺寸和材料强度等级。

（2）验算截面尺寸（防止剪扭构件超筋破坏），如能符合式（7-30）或式（7-31）的条件，则截面尺寸合适。否则应加大截面尺寸或提高混凝土的强度等级。

截面尺寸同时应满足 $h_w/b<6.0$，$b_f'\leq b+6h_f'$ 及 $b_f\leq b+6h_f$。

（3）按式（7-32）的下限条件（防止剪扭构件少筋破坏）验算是否按计算确定抗剪扭钢筋，如能符合式（7-32）的条件，则不需对构件进行剪扭承载力计算，仅按构造要求配置抗剪扭钢筋。受弯应按计算配筋。

（4）确定计算方法。

按式（7-33）的条件确定是否能忽略剪力的影响，如能符合式

$$V \leq \frac{1}{\gamma_d}(0.35f_t bh_0) \tag{7-33}$$

则可不计剪力 V 的影响，而只需按受弯构件的正截面受弯和纯扭构件的受扭分别进行

承载力计算。

式（7-33）仅适用于电力行业标准《水工混凝土结构设计规范》（DL/T 5057—2009）；对于水利行业标准《水工混凝土结构设计规范》（SL 191—2008），仅需将式（7-33）中的 γ_d 取消，并在 V 前面乘以安全系数 K 即可；对于国家标准《混凝土结构设计规范》（GB 50010—2010），仅需将式（7-33）中的 γ_d 取消即可，对于集中荷载为主的情况，需考虑剪跨比的影响，具体公式见国家标准《混凝土结构设计规范》（GB 50010—2010）的 6.4.12 条。

（5）按式（7-34）的条件确定是否忽略扭矩的影响，如能符合

$$T \leqslant \frac{1}{\gamma_d}(0.175 f_t W_t) \qquad (7-34)$$

则可不计扭矩 T 的影响，而只需按受弯构件的正截面受弯和斜截面受剪分别进行承载力计算。

式（7-34）仅适用于电力行业标准《水工混凝土结构设计规范》（DL/T 5057—2009）；对于水利行业标准《水工混凝土结构设计规范》（SL 191—2008），仅需将式（7-34）中的 γ_d 取消，并在 T 前面乘以安全系数 K 即可；对于国家标准《混凝土结构设计规范》（GB 50010—2010），仅需将式（7-34）中的 γ_d 取消即可，对于集中荷载为主的情况，需考虑剪跨比的影响，具体公式见国家标准《混凝土结构设计规范》（GB 50010—2010）的 6.4.12 条。

（6）若构件受力满足式（7-30）或式（7-31）的条件而不满足式（7-32）、式（7-33）、式（7-34）条件时，则按下列两方面进行计算：

1）按第三章相应公式计算满足正截面受弯承载力所需的纵向钢筋。

2）按本章式（7-28）及式（7-29）计算剪扭受荷下的抗剪扭纵向钢筋和箍筋。

将由上列两方面分别计算所得的钢筋，在相重部位的纵筋或箍筋截面面积可进行叠加，再选配钢筋。

在弯剪扭构件中，配置在截面弯曲受拉边的纵向受力钢筋，其截面面积不应小于 $0.25\%bh_0$（光面钢筋）或 $0.20\%bh_0$（带肋钢筋）（或国家标准《混凝土结构设计规范》的 0.2 和 $45f_t/f_y$ 的较大值）与按受扭纵向钢筋最小配筋率计算并分配到弯曲受拉边的钢筋截面面积之和；抗扭的纵向钢筋最小用量不应小于 $\rho_{stmin}bh$；箍筋的最小用量应使 ρ_{sv} 不小于 ρ_{svmin}。箍筋还应满足第四章相应的构造要求。

【例 7-1】　某溢洪道上的胸墙截面尺寸如图 7-12（a）所示。闸墩之间的净距为 8m，胸墙与闸墩整体浇筑。在正常水压力作用下，顶梁 A 的内力如图 7-12（b）、（c）、（d）所示。胸墙为 2 级建筑物。采用 C25 混凝土及 HRB335 级钢筋，箍筋用 HPB235 级钢筋，$\gamma_d = K = 1.2$。试配置顶梁 A 的钢筋（胸墙安全级别为Ⅱ级）[33]。

解　已知 $f_y = 300\text{N/mm}^2$，$f_{yv} =$

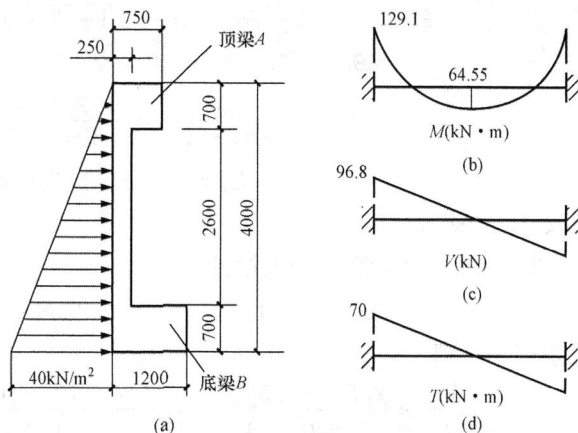

图 7-12　胸墙截面及内力图

$210\text{N}/\text{mm}^2$，$f_t = 1.27\text{N}/\text{mm}^2$，$f_c = 11.9\text{N}/\text{mm}^2$，$c = 35\text{mm}$。

（1）顶梁内力。

顶梁 A 为一受弯、剪、扭共同作用的构件，固定端截面处（闸墩边）的内力最大。经计算，内力设计值 $M = 129.1\text{kN} \cdot \text{m}$，$T = 70\text{kN} \cdot \text{m}$，$V = 96.8\text{kN}$。

（2）验算截面尺寸。

估计为单排钢筋，取 $a = 50\text{mm}$，则 $h_0 = h - a = 750 - 50 = 700\text{mm}$。

$$W_t = \frac{b^2}{6}(3h - b) = \frac{700^2}{6} \times (3 \times 750 - 700) = 1.27 \times 10^8 \text{mm}^3$$

$$\frac{V}{bh_0} + \frac{T}{W_t} = \frac{96.8 \times 10^3}{700 \times 700} + \frac{70 \times 10^6}{1.27 \times 10^8} = 0.75\text{N}/\text{mm}^2$$

$$< \frac{1}{\gamma_d}(0.25f_c) = \frac{1}{1.20} \times 0.25 \times 11.9 = 2.48\text{N}/\text{mm}^2$$

故截面尺寸满足要求。

（3）验算是否需按计算配置抗剪扭钢筋。

$$\frac{V}{bh_0} + \frac{T}{W_t} = 0.75\text{N}/\text{mm}^2 > \frac{1}{\gamma_d}(0.7f_t) = \frac{1}{1.20} \times 0.7 \times 1.27 = 0.74\text{N}/\text{mm}^2$$

故应按计算配置抗剪扭钢筋。

（4）判别是否按弯、剪、扭构件计算。

$$0.35f_t bh_0 = 0.35 \times 1.27 \times 700 \times 700 = 217.81 \times 10^3 \text{N} = 217.81\text{kN}$$

$$\gamma_d V = 1.20 \times 96.8 = 116.16\text{kN} < 0.35f_t bh_0 = 217.81\text{kN}$$

故可忽略剪力的影响。

$$0.175f_t W_t = 0.175 \times 1.27 \times 1.27 \times 10^8 = 28.23 \times 10^6 \text{N} \cdot \text{mm} = 28.23\text{kN} \cdot \text{m}$$

$$\gamma_d T = 1.20 \times 70 = 84\text{kN} \cdot \text{m} > 0.175f_t W_t = 28.23\text{kN} \cdot \text{m}$$

故不能忽略扭矩的影响，应按弯扭构件计算。

（5）配筋计算。

1）抗弯纵筋计算。

$$\alpha_s = \frac{\gamma_d M}{f_c bh_0^2} = \frac{1.20 \times 129.1 \times 10^6}{11.9 \times 700 \times 700^2} = 0.038$$

$$\xi = 1 - \sqrt{1 - 2\alpha_s} = 1 - \sqrt{1 - 2 \times 0.038} = 0.039 < \xi_b = 0.55$$

$$x = \xi h_0 = 0.039 \times 700 = 27.3\text{mm} < 2a' = 2 \times 50 = 100\text{mm}$$

$$A_s = \frac{\gamma_d M}{f_y(h_0 - a')} = \frac{1.20 \times 129.1 \times 10^6}{300 \times (700 - 50)} = 794\text{mm}^2$$

$$< \rho_{min}bh_0 = 0.20\% \times 700 \times 700 = 980\text{mm}^2$$

故取 $A_s = 980\text{mm}^2$。

2）抗扭钢筋计算（按纯扭计算）。

$$A_{cor} = b_{cor}h_{cor} = (700 - 70) \times (750 - 70) = 428400\text{mm}^2$$

取 $\zeta = 1.2$，则

$$\frac{A_{st1}}{s} \geqslant \frac{\gamma_d T - 0.35f_t W_t}{1.2\sqrt{\zeta}f_{yv}A_{cor}} = \frac{1.2 \times 70 \times 10^6 - 0.35 \times 1.27 \times 1.27 \times 10^8}{1.2 \times \sqrt{1.2} \times 210 \times 428400}$$

$$= 0.233\text{mm}^2/\text{mm}$$

按最小配箍率 $\rho_{svmin}=0.20\%$（HPB235 级钢筋）要求

$$\frac{A_{st1}}{s} \geqslant \frac{\rho_{svmin}b}{n} = \frac{0.002 \times 700}{2} = 0.7\text{mm}^2/\text{mm}$$

因此，抗扭箍筋应按最小配箍率要求配置。选用 ϕ 10（$A_{st1}=78.5\text{mm}^2$），$s=\frac{78.5}{0.7}=$ 112.1mm，取 $s=100$mm。

$$u_{cor} = 2(b_{cor}+h_{cor}) = 2 \times (630+680) = 2620\text{mm}$$

抗扭纵筋：

$$A_{st} = \zeta \frac{f_{yv}A_{st1}u_{cor}}{f_y s} = 1.2 \times \frac{210 \times 78.5 \times 2620}{300 \times 100} = 1728\text{mm}^2$$
$$> \rho_{stmin}bh = 0.2\% \times 700 \times 750 = 1050\text{mm}^2$$

满足要求。

顶梁高度较大（$h=750$mm），考虑纵向钢筋（连同抗弯纵筋）沿梁高分 4 层布置：

上层纵筋需 $A_s+\frac{A_{st}}{4}=980+\frac{1728}{4}=1412\text{mm}^2$，选用 4 Φ 22（$A_s=1520\text{mm}^2$）。

侧面中部二层纵筋各需 $\frac{A_{st}}{4}=\frac{1728}{4}=432\text{mm}^2$，选用 2 Φ 18（$A_s=509\text{mm}^2$）。

下层纵筋需 $A_s+\frac{A_{st}}{4}=\frac{980}{2}+432=922\text{mm}^2$，选用 4 Φ 18（$A_s=1017\text{mm}^2$）（A_s 为考虑跨中纵筋在梁端的锚固需要）。

根据第四章有关箍筋的构造要求，箍筋最终选用四肢箍，ϕ 10@100，配筋图如图 7-13 所示。

【讨论】 胸墙在水压力作用下，实际受荷简图是一以闸墩及顶、底梁为支座的双向板和上下两根以闸墩为支座的梁。由于顶梁与底梁截面尺寸不同，并且水压力为三角形分布，合力作用位置不通过胸墙截面形心，因此胸墙为受扭结构（未开裂前）。本例内力为简化后近似计算所得的结果。另外，顶梁是与胸墙板整浇的，在本例中认为顶梁单独受扭也是一种简化。

为了方便顶梁钢筋骨架绑扎，配筋时使顶梁的箍筋间距宜与胸墙板上端的垂直钢筋间距相协调（即两者钢筋间距相等或成倍数）。本例胸墙板上端垂直钢筋经计算为 ϕ 10@200，而顶梁箍筋为 ϕ 10@100，因此考虑将胸墙板中的垂直钢筋弯入顶梁内作为一双肢箍筋，另加配一双肢箍 ϕ 10@100。

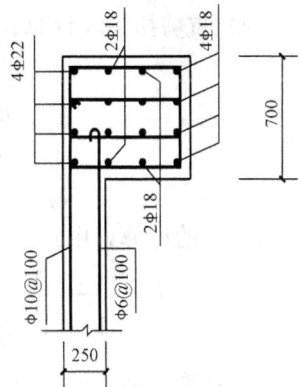

图 7-13 胸墙顶梁截面配筋图

【例 7-2】 某钢筋混凝土矩形截面剪扭构件（Ⅱ级安全级别），截面尺寸 $b \times h=250 \times 500$mm，混凝土强度等级为 C25，纵筋采用 HRB335 级钢筋，箍筋采用 HPB235 级钢筋。该梁承受扭矩设计值 $T=8.5$kN·m，剪力设计值 $V=100$kN。试计算该构件的配筋，并画出截面配筋图（已知混凝土保护层厚度 $c=30$mm）[33]。

解 （1）验算截面尺寸。

$$h_0 = h-a = 500-40 = 460\text{mm}$$

$$W_t = \frac{b^2}{6}(3h-b) = \frac{250^2}{6} \times (3 \times 500 - 250) = 1.30 \times 10^7 \text{mm}^3$$

$$h_w = h_0 = 460\text{mm}$$

$h_w/b = 460/250 = 1.84 < 4$，按式（7-30）验算：

$$\frac{V}{bh_0} + \frac{T}{W_t} = \frac{100 \times 10^3}{250 \times 460} + \frac{8.5 \times 10^6}{1.30 \times 10^7} = 0.87 + 0.65 = 1.52\text{N/mm}^2$$

$$< \frac{1}{\gamma_d}(0.25f_c) = \frac{1}{1.20} \times 0.25 \times 11.9 = 2.48\text{N/mm}^2$$

说明截面尺寸满足要求。

（2）验算是否需按计算确定抗剪扭钢筋。

按式（7-32）验算得

$$\frac{V}{bh_0} + \frac{T}{W_t} = 1.52\text{N/mm}^2 > \frac{1}{\gamma_d}(0.7f_t) = \frac{1}{1.20} \times 0.7 \times 1.27 = 0.74\text{N/mm}^2$$

应按计算确定抗剪扭钢筋。

（3）验算是否可忽略剪力和扭矩对承载力的影响。

由式（7-33）

$$0.35f_tbh_0 = 0.35 \times 1.27 \times 250 \times 460 = 51.12 \times 10^3\text{N} = 51.12\text{kN} < \gamma_d V = 120\text{kN}$$

不能忽略 V 的影响。由式（7-34）得

$$0.175f_tW_t = 0.175 \times 1.27 \times 1.30 \times 10^7 = 2.89 \times 10^6\text{N} \cdot \text{mm}$$
$$= 2.89\text{kN} \cdot \text{m} < \gamma_d T = 10.2\text{kN} \cdot \text{m}$$

不能忽略 T 的影响，故该构件应按剪扭构件计算。

（4）抗剪扭钢筋计算。

$$b_{cor} = b - 2c = 250 - 2 \times 30 = 190\text{mm}$$
$$h_{cor} = h - 2c = 500 - 2 \times 30 = 440\text{mm}$$
$$A_{cor} = b_{cor}h_{cor} = 190 \times 440 = 83600\text{mm}^2$$
$$u_{cor} = 2(b_{cor} + h_{cor}) = 2 \times (190 + 440) = 1260\text{mm}$$

1）β_t 的计算，由式（7-25）得

$$\beta_t = \frac{1.5}{1 + 0.5\frac{V}{T}\frac{W_t}{bh_0}} = \frac{1.5}{1 + 0.5 \times \frac{100 \times 10^3}{8.5 \times 10^6} \times \frac{1.30 \times 10^7}{250 \times 460}} = 0.901$$

2）计算抗剪箍筋。由式（7-28）得

$$\frac{A_{sv}}{s} \geqslant \frac{\gamma_d V - 0.7(1.5 - \beta_t)f_tbh_0}{f_{yv}h_0}$$
$$= \frac{1.20 \times 100 \times 10^3 - 0.7 \times (1.5 - 0.901) \times 1.27 \times 250 \times 460}{210 \times 460}$$
$$= 0.608\text{mm}^2/\text{mm}$$

3）计算抗扭箍筋，由式（7-29），设 $\zeta = 1.2$，则

$$\frac{A_{stl}}{s} \geqslant \frac{\gamma_d T - 0.35\beta_t f_tW_t}{1.2\sqrt{\zeta}f_{yv}A_{cor}}$$
$$= \frac{1.20 \times 8.5 \times 10^6 - 0.35 \times 0.901 \times 1.27 \times 1.30 \times 10^7}{1.2 \times \sqrt{1.2} \times 210 \times 83600} = 0.216\text{mm}^2/\text{mm}$$

4) 箍筋配置。

采用双肢箍筋 ($n=2$)，则梁单位长度上所需单肢箍筋总截面面积为

$$\frac{A_{sv1}}{s} = \frac{A_{sv}}{ns} + \frac{A_{st1}}{s} = \frac{0.608}{2} + 0.216 = 0.52 \text{mm}^2/\text{mm}$$

选用箍筋直径为 $\Phi 10$ ($A_{sv1}=78.5\text{mm}^2$)，则得箍筋间距为

$$s = \frac{78.5}{0.52} = 151, \text{ 取 } s = 150\text{mm}$$

$$\rho_{sv} = \frac{nA_{sv1}}{bs} = \frac{2 \times 78.5}{250 \times 150} = 0.419\% > \rho_{svmin} = 0.20\% \quad \text{满足要求。}$$

5) 抗扭纵筋计算。由式 (7-10)

$$A_{st} = \zeta \frac{f_{yv}A_{st1}u_{cor}}{f_y s} = \zeta \frac{A_{st1}}{s} \frac{f_{yv}u_{cor}}{f_y} = 1.2 \times 0.216 \times \frac{210 \times 1260}{300} = 229\text{mm}^2$$

$$\rho_{st} = \frac{A_{st}}{bh} = \frac{229}{250 \times 500} = 0.183\% < \rho_{stmin} = 0.20\%$$

因此应取 $A_{st} = \rho_{stmin}bh = 0.2\% \times 250 \times 500 = 250\text{mm}^2$

按构造要求，抗扭纵筋的间距不应大于 200mm 或梁宽 b，故梁高分四层布置纵筋。每层为

$$\frac{A_{st}}{4} = \frac{250}{4} = 63\text{mm}^2$$

按构造要求，当梁的有效高度超过 450mm 时，在梁的每侧应设置纵向构造钢筋的面积不应小于 $0.1\%bh_0 = 0.1\% \times 250 \times 460 = 115\text{mm}^2$。因此，最后每层选配 $2 \Phi 12$ ($A_s = 226\text{mm}^2$)。

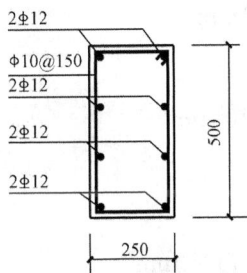

图 7-14　截面配筋图

6) 截面配筋如图 7-14 所示。

五、T 形和 I 形截面构件在弯、剪、扭作用下的承载力计算

1. T 形和 I 形截面剪扭构件

T 形和 I 形截面构件在剪、扭共同作用下的受剪和受扭承载力应分成两部分计算：

(1) 腹板的受剪、受扭承载力计算同式 (7-28) 和式 (7-29)，但在计算时应将式中的 T 及 W_t 相应改为 T_w 及 W_{tw}；

(2) 受压翼缘及受拉翼缘仅承受所分配的扭矩，其受扭承载力应按式 (7-11) 计算，但在计算时应将式中的 T 及 W_t 相应改为 T_f'、W_{tf}' 及 T_f、W_{tf}。

2. T 形和 I 形截面弯扭构件

带翼缘截面构件在弯、扭共同作用下的承载力计算，可分别按弯、扭单独作用时相应的方法进行（受弯按 T 形截面、受扭按腹板和上、下翼缘截面）。

3. T 形和 I 形截面弯剪扭构件

对 T 形和 I 形弯剪扭构件的承载力计算，可与承受纯扭的 T 形和 I 形截面一样，先将截面划分成几个矩形截面，并将扭矩 T 按各个矩形分块的抗扭塑性抵抗矩的大小分配给各个矩形块，然后按下述方法进行配筋计算。

(1) 按受弯构件的正截面受弯承载力计算所需的纵向钢筋截面面积；

(2) 按剪扭共同作用下的承载力计算承受剪力所需的箍筋截面面积及承受扭矩所需的纵向钢筋截面面积和箍筋截面面积。计算时，对腹板考虑同时承受剪力（全部剪力）和分配的

相应扭矩，按式（7-28）和式（7-29）计算，但应将式中的 T 及 W_t 相应改为 T_w 及 W_{tw}；对受压翼缘及受拉翼缘，不考虑其承受剪力，仅承受所分配的扭矩，其受扭承载力应按式（7-11）计算，但在计算时应将式中的 T 及 W_t 相应改为 T'_f、W'_{tf} 及 T_f、W_{tf}；

（3）叠加上述计算的纵向钢筋截面面积和箍筋截面面积，并配置在相应的位置上。

【例 7-3】 已知一均布荷载作用下的 T 形梁（Ⅱ级安全级别），受弯剪扭作用，截面尺寸 $b'_f=400\text{mm}$，$h'_f=100\text{mm}$，$b=200\text{mm}$，$h=450\text{mm}$，$a=a'=40\text{mm}$，$h_0=410\text{mm}$；承受弯矩设计值 $M=80\text{kN·m}$，剪力设计值 $V=84\text{kN}$，扭矩设计值 $T=6\text{kN·m}$；采用 C25 级混凝土，纵筋为 HRB335 级钢筋，箍筋用 HPB235 级钢筋。试计算配筋[33]。

解 （1）验算截面尺寸。

将 T 形截面划分成为二块矩形截面（图 7-15），按式（7-6）和式（7-7）计算截面受扭塑性抵抗矩：

腹板
$$W_{tw}=\frac{b^2}{6}(3h-b)=\frac{200^2}{6}\times(3\times450-200)=7.67\times10^6\text{mm}^3$$

翼缘
$$W'_{tf}=\frac{h'^2_f}{2}(b'_f-b)=\frac{100^2}{2}\times(400-200)=1.0\times10^6\text{mm}^3$$

整个截面受扭塑性抵抗矩为
$$W_t=W_{tw}+W'_{tf}=7.67\times10^6+1.0\times10^6=8.67\times10^6\text{mm}^3$$
$$h_w=h_0-h'_f=450-40-100=310\text{mm}$$

$h_w/b=310/200=1.55<4$，按式（7-30）验算
$$\frac{V}{bh_0}+\frac{T}{W_t}=\frac{84\times10^3}{200\times410}+\frac{6\times10^6}{8.67\times10^6}=1.02+0.69=1.71\text{N/mm}^2$$
$$<\frac{1}{\gamma_d}(0.25f_c)=\frac{1}{1.20}\times0.25\times11.9=2.48\text{N/mm}^2$$

截面尺寸满足要求。

（2）验算是否需按计算确定抗剪扭钢筋。

按式（7-32）验算
$$\frac{V}{bh_0}+\frac{T}{W_t}=1.71\text{N/mm}^2>\frac{1}{\gamma_d}(0.7f_t)=\frac{1}{1.20}\times0.7\times1.27$$
$$=0.74\text{N/mm}^2$$

应按计算确定抗剪扭钢筋。

（3）抗弯纵筋计算。

1）判别 T 形截面类型。
$$f_cb'_fh'_f\left(h_0-\frac{h'_f}{2}\right)=11.9\times400\times100\times\left(410-\frac{100}{2}\right)=171.36\times10^6\text{N·mm}$$
$$=171.36\text{kN·m}>\gamma_dM=1.20\times80=96\text{kN·m}$$

属于第一类 T 形截面，按 $b'_f\times h$ 矩形截面计算。

2）求抗弯纵筋。
$$\alpha_s=\frac{\gamma_dM}{f_cb'_fh_0^2}=\frac{96\times10^6}{11.9\times400\times410^2}=0.120$$
$$\xi=1-\sqrt{1-2\alpha_s}=1-\sqrt{1-2\times0.120}=0.128<\xi_b=0.55$$

$$x = \xi h_0 = 0.128 \times 410 = 52\text{mm} < 2a' = 2 \times 40 = 80\text{mm}$$

$$A_\text{s} = \frac{\gamma_\text{d} M}{f_\text{y}(h_0 - a')} = \frac{96 \times 10^6}{300 \times (410 - 40)} = 865\text{mm}^2$$

$$\rho = \frac{A_\text{s}}{b h_0} = \frac{865}{200 \times 410} = 1.05\% > \rho_\text{min} = 0.20\%,\text{满足要求。}$$

（4）腹板抗剪扭钢筋计算。

1）T 形截面的扭矩分配，由式（7 - 22）

腹板
$$T_\text{w} = \frac{W_\text{tw}}{W_\text{t}} T = \frac{7.67 \times 10^6}{8.67 \times 10^6} \times 6 = 5.31\text{kN} \cdot \text{m}$$

翼缘
$$T_\text{f}' = \frac{W_\text{tf}'}{W_\text{t}} T = \frac{1.0 \times 10^6}{8.67 \times 10^6} \times 6 = 0.69\text{kN} \cdot \text{m}$$

2）腹板的配筋按弯剪扭构件计算，由式（7 - 33）

$$0.35 f_\text{t} b h_0 = 0.35 \times 1.27 \times 200 \times 410 = 36.45 \times 10^3 \text{N}$$
$$= 36.45\text{kN} < \gamma_\text{d} V = 100.8\text{kN}$$

不能忽略 V 的影响。由式（7 - 34）得

$$0.175 f_\text{t} W_\text{t} = 0.175 \times 1.27 \times 8.67 \times 10^6 = 1.93 \times 10^6 \text{N} \cdot \text{mm}$$
$$= 1.93\text{kN} \cdot \text{m} < \gamma_\text{d} T = 7.2\text{kN} \cdot \text{m}$$

不能忽略 T 的影响，腹板应按弯剪扭构件计算。

3）β_t 的计算，由式（7 - 25）

$$\beta_\text{t} = \frac{1.5}{1 + 0.5 \dfrac{V}{T_\text{w}} \dfrac{W_\text{tw}}{b h_0}} = \frac{1.5}{1 + 0.5 \times \dfrac{84 \times 10^3}{5.31 \times 10^6} \times \dfrac{7.67 \times 10^6}{200 \times 410}} = 0.862$$

4）计算腹板受剪箍筋。由式（7 - 28）

$$\frac{A_\text{sv}}{s} \geqslant \frac{\gamma_\text{d} V - 0.7(1.5 - \beta_\text{t}) f_\text{t} b h_0}{f_\text{yv} h_0}$$
$$= \frac{1.20 \times 84 \times 10^3 - 0.7 \times (1.5 - 0.862) \times 1.27 \times 200 \times 410}{210 \times 410}$$
$$= 0.631\text{mm}^2/\text{mm}$$

5）计算腹板抗扭箍筋，由式（7 - 29），设 $\zeta = 1.2$

$$\frac{A_\text{stl}}{s} \geqslant \frac{\gamma_\text{d} T_\text{w} - 0.35 \beta_\text{t} f_\text{t} W_\text{tw}}{1.2 \sqrt{\zeta} f_\text{yv} A_\text{cor}}$$
$$= \frac{1.20 \times 5.31 \times 10^6 - 0.35 \times 0.862 \times 1.27 \times 7.67 \times 10^6}{1.2 \times \sqrt{1.2} \times 210 \times 140 \times 390}$$
$$= 0.228\text{mm}^2/\text{mm}$$

6）腹板箍筋配置。

采用双肢箍筋（$n = 2$），则腹板单位长度上所需单肢箍筋总截面面积为

$$\frac{A_\text{svl}}{s} = \frac{A_\text{sv}}{ns} + \frac{A_\text{stl}}{s} = \frac{0.631}{2} + 0.228 = 0.544\text{mm}^2/\text{mm}$$

选用箍筋直径为 $\phi 10$（$A_\text{svl} = 78.5\text{mm}^2$），则得箍筋间距为

$$s = \frac{78.5}{0.544} = 144,\text{取 } s = 140\text{mm}$$

$$\rho_{sv} = \frac{nA_{sv1}}{bs} = \frac{2 \times 78.5}{200 \times 140} = 0.561\% > \rho_{svmin} = 0.20\%,满足要求。$$

7）腹板纵筋计算。腹板抗扭纵筋，由式（7-10）

$$A_{st} = \zeta \frac{f_{yv}A_{st1}u_{cor}}{f_y s} = \zeta \frac{A_{st1}}{s} \frac{f_{yv}u_{cor}}{f_y}$$

$$= 1.2 \times 0.228 \times \frac{210 \times 2 \times (140 + 390)}{300} = 203mm^2$$

$$\rho_{st} = \frac{A_{st}}{bh} = \frac{203}{200 \times 450} = 0.226\% > \rho_{stmin} = 0.20\%,满足要求。$$

按构造要求，抗扭纵筋的间距不应大于200mm或梁宽b，故梁高分三层布置纵筋。

上层　$\frac{A_{st}}{3} = \frac{203}{3} = 68mm^2$，选 2 ⌀ 12 （$A_s = 226mm^2$）；

中层　$\frac{A_{st}}{3} = \frac{203}{3} = 68mm^2$，选 2 ⌀ 12 （$A_s = 226mm^2$）；

下层　$\frac{A_{st}}{3} + A_s = \frac{203}{3} + 865 = 933mm^2$，选 3 ⌀ 20 （$A_s = 942mm^2$）。

（5）翼缘抗扭钢筋计算。

受压翼缘一般按纯扭计算（不计 V 的影响）

1）箍筋，由式（7-11）

$$A_{cor} = (100 - 2 \times 30) \times (200 - 2 \times 30) = 5600mm^2$$

$$\frac{A_{st1}}{s} \geqslant \frac{\gamma_d T_f' - 0.35 f_t W_{tf}'}{1.2\sqrt{\zeta}f_{yv}A_{cor}}$$

$$= \frac{1.20 \times 0.69 \times 10^6 - 0.35 \times 1.27 \times 1.0 \times 10^6}{1.2 \times \sqrt{1.2} \times 210 \times 5600} = 0.248mm^2/mm$$

选用ϕ8箍筋，则

$$s = \frac{50.3}{0.248} = 203mm,为施工方便（和腹板协调），取 s = 140mm$$

$$\rho_{sv} = \frac{nA_{sv1}}{bs} = \frac{2 \times 50.3}{200 \times 140} = 0.359\% > \rho_{svmin} = 0.20\%,满足要求。$$

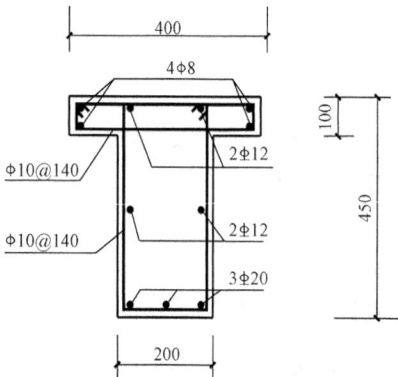

图 7-15　截面配筋图

2）纵筋，由式（7-10）

$$A_{st} = \zeta \frac{f_{yv}A_{st1}u_{cor}}{f_y s} = \zeta \frac{A_{st1}}{s} \frac{f_{yv}u_{cor}}{f_y}$$

$$= 1.2 \times 0.248 \times \frac{210 \times 2 \times (40 + 140)}{300}$$

$$= 75mm^2$$

$$\rho_{st} = \frac{A_{st}}{bh} = \frac{75}{100 \times 200} = 0.375\% > \rho_{stmin} = 0.20\%,满足要求。$$

选用 4 ⌀ 8 （$A_s = 201mm^2$）。

（6）截面配筋如图 7-15 所示。

思 考 题

1. 简述素混凝土矩形截面纯扭构件的破坏特征。

2. 钢筋混凝土矩形截面纯扭构件的破坏形态有哪几种？各有何特点？素混凝土矩形截面纯扭构件与钢筋混凝土矩形截面纯扭构件在开裂扭矩、破坏扭矩以及刚度有何异同？

3. 在钢筋混凝土纯扭构件中，什么是完全超筋破坏和部分超筋破坏？实际工程设计时如何避免出现超筋破坏和部分超筋破坏？

4. 试说明受扭构件承载力计算中 ζ 的物理意义，写出其计算公式并说明其合理取值范围。

5. 钢筋混凝土矩形截面构件在弯、剪、扭共同作用下的破坏形态有哪几种？各有何特点？

6. 在剪扭构件计算中，为什么要引入系数 β_t？试说明 β_t 的物理意义和取值范围。

7. 简述《水工混凝土结构设计规范》（DL/T 5057—2009）关于弯、剪、扭构件承载力计算的方法和步骤。

8. 受扭构件的抗扭钢筋（抗扭箍筋和抗扭纵筋）应满足哪些构造要求？

9. 剪扭构件设计时，什么情况下可忽略扭矩或剪力的作用？

10. 剪扭构件承载力计算时，为什么要规定上下限？什么情况下可不进行剪扭承载力计算而仅按构造配筋？

11. 纯扭构件能否采用四肢箍筋？为什么？

12. T 形和 I 形弯、剪、扭构件承载力计算的方法和步骤与矩形截面有何不同？

第八章　钢筋混凝土构件正常使用极限状态验算

钢筋混凝土结构设计应首先进行承载能力极限状态计算，以保证结构构件安全可靠。此外，还应进行正常使用极限状态验算，以保证结构构件的正常使用。正常使用极限状态验算包括抗裂（不允许裂缝出现）或裂缝宽度验算和变形验算。在有些情况下，正常使用极限状态验算也有可能成为设计中的控制情况[33,45]。

在水工建筑中，裂缝控制是一个相当重要的问题。承受水压力的建筑，裂缝存在会降低结构的耐久性。特别是海岸建筑受浪溅或盐雾影响的部位，海水中的氯离子会通过裂缝进入混凝土内部，引起钢筋锈蚀，影响结构正常使用。因此，水工混凝土结构设计规范规定，钢筋混凝土结构构件正常使用极限状态验算时，应根据不同使用要求，进行抗裂或限制裂缝宽度的验算。

对于不进行抗裂验算的钢筋混凝土结构，在使用荷载作用下，截面的拉应力常常大于混凝土的抗拉强度，因而在正常使用状态下就必然有裂缝产生，即构件总是带裂缝工作的。裂缝过宽会降低混凝土的抗渗性和抗冻性，进而影响到结构的耐久性。因此对此类构件应进行裂缝宽度验算。

对于承受水压的轴心受拉构件、小偏心受拉构件及发生裂缝后会引起严重渗漏的其他构件，应进行抗裂验算。例如简支的矩形截面输水渡槽，在纵向弯矩作用下，底板位于受拉区，一旦发生开裂，裂缝就会贯穿底板截面造成漏水，因此底板在纵向受力计算时属严格要求抗裂的构件，应进行抗裂验算。

本章涉及的抗裂验算公式和裂缝宽度计算公式均是针对直接作用在结构上的荷载提出的，不包括温度、干缩作用等在内。

调查资料表明，处于干燥通风、室内正常环境或长期处于水下的结构，只要裂缝开展宽度控制在一定范围之内，钢筋一般极少发生锈蚀；而处于海水浪溅区及盐雾作用区的构件，钢筋会很严重地锈蚀。所以《水工混凝土结构设计规范》（DL/T 5057—2009）参照国内外有关资料，根据结构构件所处的环境类别，规定了相应的裂缝限制条件[3]。不同环境类别下钢筋混凝土结构构件的最大裂缝宽度限值如附录六附表 6-1 所列。预应力混凝土结构构件将裂缝控制等级分为三级，规定不同环境类别应选用不同的裂缝控制等级：一级为严格要求不出现裂缝的构件，即按标准组合计算时构件受拉边缘混凝土不应产生拉应力；二级为一般要求不出现裂缝的构件，即按标准组合计算时构件受拉边缘混凝土允许产生拉应力，但拉应力不应超过以混凝土拉应力限制系数 α_{ct} 控制的应力值，α_{ct} 取值见附录六附表 6-2；三级为允许出现裂缝的构件，按标准组合并考虑长期作用的影响计算时构件的最大裂缝宽度计算值不应超过附录六附表 6-2 规定的最大裂缝宽度限值。

裂缝控制等级的规定和裂缝宽度限值的取值是根据结构的功能要求、环境条件对钢筋的腐蚀影响、钢筋种类对腐蚀的敏感性以及荷载作用时间等因素来考虑的。值得注意的是，到目前为止，一些同类规范考虑裂缝宽度限值的影响因素各有侧重，具体规定并不完全一致[2,4,16,46]。

在水工建筑中，由于稳定和使用要求，构件的截面尺寸常设计得比较大，所以刚度也较大，变形一般都满足要求。但吊车梁或门机轨道梁等构件，变形过大时会妨碍吊车或门机的正常行驶；闸门顶梁变形过大时会使闸门顶梁与胸墙底梁之间止水失效。对于这类有严格限制变形要求的构件以及截面尺寸特别单薄的装配式构件，就需要进行变形验算，以控制构件的变形。《水工混凝土结构设计规范》（DL/T 5057—2009）参照以往实践经验，根据受弯构件类型，规定了最大挠度限值，如附录六附表 6-3 所列。

考虑到超出正常使用极限状态而产生的后果不像超出承载能力极限状态所造成的后果那么严重。同时，裂缝控制的程度与环境类别有关，而与建筑物的安全等级并无太大的关系；挠度的控制与建筑物的安全等级也无关。所以正常使用极限状态验算相比承载能力极限状态计算所要求的目标可靠指标可以小一些。因此《水工混凝土结构设计规范》（DL/T 5057—2009）规定，进行正常使用极限状态验算时，荷载分项系数、材料强度分项系数都取 1.0，即荷载和材料强度分别采用其标准值；结构系数和设计状况系数也都取 1.0，而结构重要性系数取值方法同极限承载力计算。

第一节　抗 裂 验 算

一、轴心受拉构件的抗裂验算

钢筋混凝土轴心受拉构件在即将产生裂缝时，混凝土的拉应力达到其轴心抗拉强度 f_t（图 8-1），拉伸应变达到其极限拉应变 ε_{tmax}。这时由于钢筋与混凝土保持相同变形，因此钢筋拉应力 σ_s 可根据钢筋和混凝土变形相等的关系求得，即 $\sigma_s = \varepsilon_s E_s = \varepsilon_{tmax} E_s$，令 $\alpha_E = E_s/E_c$，并假定混凝土处于线弹性状态，则 $\sigma_s = \alpha_E \varepsilon_{tmax} E_c = \alpha_E f_t$。所以在混凝土即将开裂时，钢筋应力 σ_s 大约是混凝土应力的 α_E 倍。

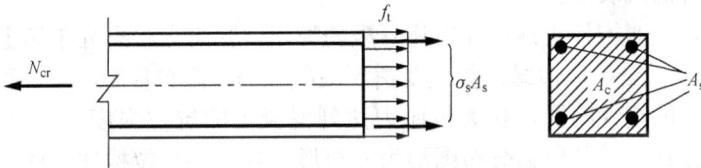

图 8-1　轴心受拉构件抗裂轴向力计算图

若以 A_s 表示受拉钢筋的截面面积，以 A_{s0} 表示将钢筋 A_s 换算成假想的混凝土的换算截面面积，则换算截面面积 A_{s0} 承受的拉力应与原钢筋承受的拉力相等，即

$$\sigma_s A_s = f_t A_{s0}$$

将 $\sigma_s = \alpha_E f_t$ 代入上式可得

$$A_{s0} = \alpha_E A_s \qquad\qquad (8-1)$$

上式表明，在混凝土开裂之前，钢筋与混凝土变形协调，截面面积为 A_s 的纵向受拉钢筋相当于截面面积为 $\alpha_E A_s$ 的受拉混凝土的作用，$\alpha_E A_s$ 就称为钢筋 A_s 的换算截面面积。构件总的换算截面面积为

$$A_0 = A_c + \alpha_E A_s \qquad\qquad (8-2)$$

式中　A_c——混凝土截面面积。

因此，由力的平衡条件可求得抗裂轴向拉力（图 8-1）：

$$N_{cr} = f_t A_c + \sigma_s A_s = f_t A_c + \alpha_E f_t A_s$$

或

$$N_{cr} = f_t (A_c + \alpha_E A_s) = f_t A_0$$

上式是截面即将产生裂缝时的计算公式。

在进行正常使用极限状态验算时，还应满足目标可靠指标的要求，使按上式计算的开裂轴向力有一定的安全储备，故引进拉应力限制系数 α_{ct}。所以轴心受拉构件，在荷载效应标准组合下，应按下列公式进行抗裂验算

$$N_k \leqslant \alpha_{ct} f_{tk} A_0 \tag{8-3}$$

式中　N_k——按荷载标准值计算的轴向力值，N；

　　　α_{ct}——混凝土拉应力限制系数，$\alpha_{ct} = 0.85$；

　　　f_{tk}——混凝土轴心抗拉强度标准值，N/mm²；

　　　A_0——换算截面面积，mm²，$A_0 = A_c + \alpha_E A_s$；

　　　α_E——钢筋弹性模量与混凝土弹性模量的比值，即 $\alpha_E = E_s / E_c$；

　　　A_c——混凝土截面面积，mm²；

　　　A_s——受拉钢筋截面面积，mm²。

应当注意，轴心受拉构件的钢筋截面面积 A_s 必须由承载力计算确定，不能由式（8-3）求解。对于受弯构件、偏心受拉和偏心受压构件也一样。

对于钢筋混凝土构件的抗裂能力而言，钢筋所起的作用不大。如果取混凝土的极限拉伸值 $\varepsilon_{tmax} = 0.0001 \sim 0.00015$，则混凝土即将开裂时，钢筋的拉应力 $\sigma_s \approx (0.0001 \sim 0.00015) \times 2.0 \times 10^5 = 20 \sim 30 \text{N/m}^2$，此时钢筋的应力是很低的。所以用增加钢筋的方法来提高构件的抗裂能力是极不经济的，也是不合理的。构件抗裂能力主要靠加大构件截面尺寸和提高混凝土强度等级来保证，也可采用预应力或在混凝土中掺入钢纤维等其他措施。

二、受弯构件的抗裂验算

由试验得知，受弯构件正截面在即将开裂的瞬间，其应力状态处于第Ⅰ应力阶段末，如图 8-2 所示。此时，受拉区边缘的拉应变达到混凝土的极限拉应变 ε_{tmax}，受拉区应力分布为曲线形，具有明显的塑性特征，最大拉应力达到混凝土的抗拉强度 f_t。而受压区混凝土仍接近于线弹性工作状态，其应力分布图形为三角形。与轴心受拉构件一样，此时受拉钢筋应力 σ_s 约为 $20 \sim 30 \text{N/m}^2$，此时截面应变仍符合平截面假定。

根据试验研究结果，在计算受弯构件的开裂弯矩 M_{cr} 时，混凝土受拉区应力图形可近似地假定为图 8-3 所示梯形图形，并假定塑化区高度占受拉区高度的一半。

按图 8-3 的应力图形，利用平截面假定和受压区混凝土为线弹性的假定，可求出混凝土边缘应力与受压区高度之间的关系。然后根据力和力矩的平衡条件，可求出截面开裂弯矩 M_{cr}。

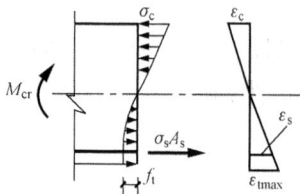

图 8-2　受弯构件正截面即将开裂时实际的应力与应变图形

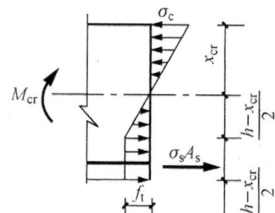

图 8-3　受弯构件正截面即将开裂时假定的应力图形

但上述直接求解 M_{cr} 的方法比较繁琐，为了简化计算，可采用等效换算的方法，即在保持开裂弯矩相等的条件下，将钢筋截面面积按式（8-1）换算为等效的混凝土截面面积，并将考虑钢筋等效换算截面后的混凝土受拉区梯形应力图形等效折算成直线分布的应力图形（图8-4）。此时，受拉区边缘应力由 f_t 折算为 $\gamma_m f_t$，γ_m 称为截面抵抗矩的塑性系数。

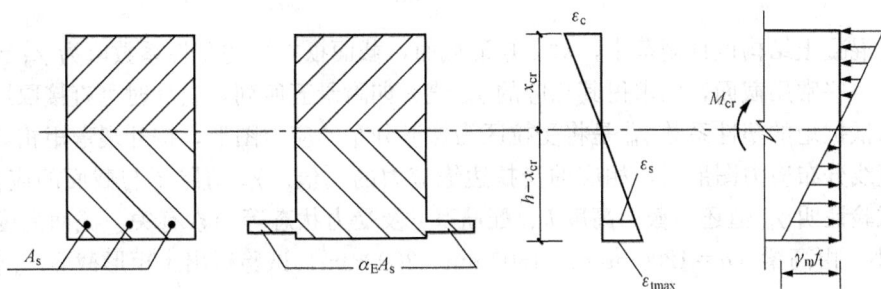

图 8-4　受弯构件正截面抗裂弯矩计算图

对于矩形截面，截面抵抗矩的塑性系数 γ_m 的推导如下：

由图8-3，根据力的平衡可得

$$\frac{1}{2}\sigma_c b x_{cr} = f_t \frac{h-x_{cr}}{2}b + \frac{1}{2}f_t\frac{h-x_{cr}}{2}b$$

即

$$\sigma_c x_{cr} = 1.5 f_t(h-x_{cr}) \tag{8-4}$$

根据平截面假定可得

$$\frac{\varepsilon_c}{\varepsilon_{tmax}} = \frac{x_{cr}}{h-x_{cr}}$$

所以

$$\varepsilon_c = \frac{x_{cr}}{h-x_{cr}}\varepsilon_{tmax}$$

考虑到受拉区混凝土由于塑性变形的发展，其应力与应变之比不再是弹性模量 E_c，而是变形模量 E'_{ct}，$E'_{ct} = \gamma E_c$，γ 为混凝土的弹性特征系数，当混凝土即将开裂时，对受拉变形模量而言，γ 可近似地取为 0.5。于是有

$$\varepsilon_{tmax} = \frac{f_t}{\gamma E_c} = \frac{2f_t}{E_c}$$

$$\sigma_c = \varepsilon_c E_c = \frac{x_{cr}}{h-x_{cr}}\varepsilon_{tmax}E_c = \frac{2f_t x_{cr}}{h-x_{cr}}$$

将 σ_c 代入式（8-4），可解得　　$x_{cr} = 0.464h$

由图8-3，根据力矩的平衡可得

$$M_{cr} = f_t\frac{h-x_{cr}}{2}b\left[\frac{2}{3}x_{cr} + \frac{3}{4}(h-x_{cr})\right] + \frac{1}{2}f_t\frac{h-x_{cr}}{2}b\left(\frac{2}{3}x_{cr} + \frac{h-x_{cr}}{3}\right)$$

$$= 0.256 f_t b h^2$$

令考虑混凝土塑性变形影响的截面抵抗矩为

$$W_p = 0.256 b h^2$$

则有

$$M_{cr} = 0.256 f_t b h^2 = W_p f_t = \gamma_m W_0 f_t$$

忽略受拉钢筋的作用，近似取 $W_0 = \dfrac{1}{6} bh^2$，则

$$\gamma_m = \frac{W_p}{W_0} = \frac{0.256 bh^2}{\frac{1}{6} bh^2} = 1.54$$

所以水工混凝土结构设计规范中，对于矩形截面，截面抵抗矩的塑性系数取为 $\gamma_m = 1.55$。

对于一些常用截面，已求得其相应的 γ_m 值，如附录五所列，设计时可直接取用。

截面抵抗矩的塑性系数 γ_m 是将受拉区为梯形分布的应力图形，按开裂弯矩相等的原则，折算成直线分布应力图形后，相应的受拉边缘应力的比值。γ_m 值除了与截面的应力图形有关外，试验证明 γ_m 值还与截面高度 h、配筋率 ρ 及受力状态等因素有关。截面高度 h 越大，γ_m 值越小。由高梁（$h=1200\text{mm}$、1600mm、2000mm）试验得出，矩形截面 γ_m 值大体上在 $1.39 \sim 1.23$ 左右；由浅梁（$h \leqslant 200\text{mm}$）试验得出的 γ_m 值可大到 2.0。总的趋势是 γ_m 值随着 h 的增大而减小。

所以，水工混凝土结构设计规范在 γ_m 值表附注中指出，根据 h 值的不同，应对 γ_m 值进行修正。即按附录五所查得的截面抵抗矩的塑性系数 γ_m 值，还应乘以考虑截面高度影响的修正系数 $\left(0.7 + \dfrac{300}{h}\right)$，其值不应大于 1.1。式中 h 以 mm 计，当 $h > 3000\text{mm}$ 时，取 $h = 3000\text{mm}$。对圆形和环形截面，h 即外径 d。

如果截面中还配有截面面积为 A_s' 的受压钢筋，与受拉钢筋一样，可换算为与钢筋同位置的受压混凝土截面面积 $\alpha_E A_s'$。因此，构件总的换算截面面积为

$$A_0 = A_c + \alpha_E A_s + \alpha_E A_s'$$

经过上述换算，就可把构件视作截面面积为 A_0 的匀质弹性体，引用材料力学公式，得出受弯构件正截面抗裂弯矩 M_{cr} 的计算公式

$$M_{cr} = \gamma_m f_t W_0 \tag{8-5}$$

$$W_0 = \frac{I_0}{h - y_0}$$

式中　W_0——换算截面 A_0 对受拉边缘的弹性抵抗矩；

y_0——换算截面重心轴至受压边缘的距离；

I_0——换算截面对其重心轴的惯性矩。

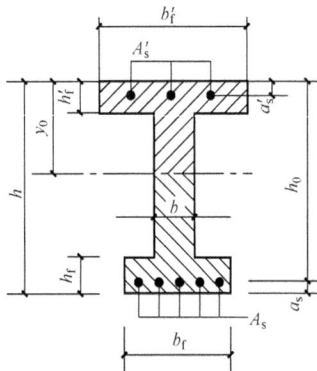

图 8-5　双筋工形截面

为满足目标可靠指标的要求，对受弯构件同样引入拉应力限制系数 α_{ct}。这样，受弯构件在荷载效应标准组合下，应按下列公式进行抗裂验算

$$M_k \leqslant \gamma_m \alpha_{ct} f_{tk} W_0 \tag{8-6}$$

式中　M_k——按荷载标准值计算的弯矩值，$N \cdot mm$。

其余符号意义同前。

在按式（8-6）进行抗裂验算时，需先计算出换算截面的特征值 y_0、I_0 等。下面列出双筋 I 形截面的具体公式（图 8-5）。对于矩形、T 形或倒 T 形截面，只需在 I 形截面的基础上去掉无关的项即可。

换算截面面积

$$A_0 = bh + (b_f - b)h_f + (b_f' - b)h_f' + \alpha_E A_s + \alpha_E A_s' \tag{8-7}$$

换算截面重心至受压边缘的距离

$$y_0 = \frac{\dfrac{bh^2}{2} + (b_f' - b)\dfrac{h_f'^2}{2} + (b_f - b)h_f\left(h - \dfrac{h_f}{2}\right) + \alpha_E A_s h_0 + \alpha_E A_s' a_s'}{bh + (b_f - b)h_f + (b_f' - b)h_f' + \alpha_E A_s + \alpha_E A_s'} \tag{8-8}$$

换算截面对其重心轴的惯性矩

$$I_0 = \frac{b_f' y_0^3}{3} - \frac{(b_f' - b)(y_0 - h_f')^3}{3} + \frac{b_f(h - y_0)^3}{3} - \frac{(b_f - b)(h - y_0 - h_f)^3}{3} +$$

$$\alpha_E A_s(h_0 - y_0)^2 + \alpha_E A_s'(y_0 - a')^2 \tag{8-9}$$

单筋矩形截面的 y_0 及 I_0 也可按下列近似公式计算

$$y_0 = (0.5 + 0.425\alpha_E\rho)h \tag{8-10}$$

$$I_0 = (0.0833 + 0.19\alpha_E\rho)bh^3 \tag{8-11}$$

$$h_0 = h - a_s$$

式中　h_0——截面的有效高度；

a_s、a_s'——分别为纵向受拉钢筋和受压钢筋合力点到截面最近边缘的距离；

I_0——混凝土截面对其本身重心轴的惯性矩；

y_0——混凝土截面重心至受压边缘的距离；

ρ——纵向受拉钢筋的配筋率，$\rho = \dfrac{A_s}{bh_0}$。

三、偏心受拉构件

与受弯构件一样，偏心受拉构件的抗裂验算，也可把钢筋截面面积换算为混凝土截面面积后，用材料力学匀质弹性体公式进行计算。在荷载效应标准组合下，应按下列公式进行抗裂验算

$$\frac{M_k}{W_0} + \frac{N_k}{A_0} \leqslant \gamma_{偏拉}\alpha_{ct}f_{tk} \tag{8-12}$$

上式中 $\gamma_{偏拉}$ 为偏心受拉构件的截面抵抗矩塑性系数。从图 8-6 可以看出，偏心受拉构件受拉区的应变梯度比受弯构件的应变梯度小，但比轴心受拉构件的应变梯度大，因为轴心受拉构件的应变梯度为零。因此，偏心受拉构件的塑性系数 $\gamma_{偏拉}$ 应处于 γ_m（受弯构件的截面抵抗矩塑性系数）与 1（轴心受拉构件的塑性系数）之间。可近似地认为 $\gamma_{偏拉}$ 是随截面的

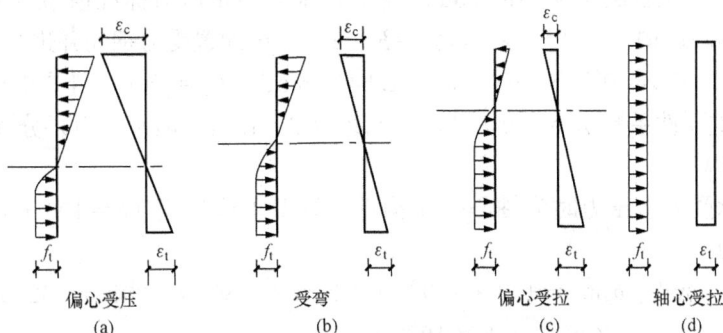

图 8-6　不同受力特征构件即将开裂时的应力及应变图形

平均拉应力 $\sigma=\dfrac{N_k}{A_0}$ 的大小，按线性规律在 1 与 γ_m 之间变化。

当平均拉应力 $\sigma=0$ 时（受弯），$\gamma_{偏拉}=\gamma_m$；当平均拉应力 $\sigma=f_t$ 时（轴心受拉），$\gamma_{偏拉}=1$，即

$$\gamma_{偏拉} = \gamma_m - (\gamma_m - 1)\frac{N_k}{A_0 f_t} \tag{8-13}$$

将式（8-13）代入式（8-12），并经变换后，就可得出偏心受拉构件在荷载效应标准组合下的抗裂验算公式

$$\frac{M_k}{W_0} + \frac{\gamma_m N_k}{A_0} \leqslant \gamma_m \alpha_{ct} f_{tk} \tag{8-14}$$

上式也可表达为

$$N_k \leqslant \frac{\gamma_m \alpha_{ct} f_{tk} A_0 W_0}{e_0 A_0 + \gamma_m W_0} \tag{8-15}$$

式中　N_k——按荷载标准值计算的轴向力值，N；

　　　　e_0——轴向力对截面重心的偏心距，mm，$e_0=\dfrac{M_k}{N_k}$。

其余符号意义同前。

四、偏心受压构件

与偏心受拉构件的计算原理相同，偏心受压构件在荷载效应的标准组合下，应按下列公式进行抗裂验算。

$$\frac{M_k}{W_0} - \frac{N_k}{A_0} \leqslant \gamma_{偏压} \alpha_{ct} f_{tk} \tag{8-16}$$

偏心受压构件由于受拉区应变梯度较大，塑化效应比较充分，因而其塑性影响系数 $\gamma_{偏压}$ 比受弯构件的 γ_m 大。但在实际应用中，为简化计算并考虑偏于安全，$\gamma_{偏压}$ 可取与受弯构件 γ_m 相同的数值，即取 $\gamma_{偏压}=\gamma_m$。

用 γ_m 取代 $\gamma_{偏压}$，就可得出偏心受压构件在荷载效应标准组合下的抗裂验算公式

$$\frac{M_k}{W_0} - \frac{N_k}{A_0} \leqslant \gamma_m \alpha_{ct} f_{tk} \tag{8-17}$$

取 $M_k=N_k e_0$，上式也可表达为

$$N_k \leqslant \frac{\gamma_m \alpha_{ct} f_{tk} A_0 W_0}{e_0 A_0 - W_0} \tag{8-18}$$

上述公式对电力和水利的混凝土结构设计规范是相同的。

【例 8-1】 某钢筋混凝土压力水管系 3 级水工建筑物，其内半径 $r=800mm$，管壁厚 120mm，采用 C20 级混凝土和 HRB335 级钢筋；水管内水压力标准值 $p_k=0.2N/mm^2$，水管自重所引起的环向内力可忽略不计，$\gamma_d=K=1.2$。试配置受力钢筋并进行抗裂验算。

解　$E_c=2.55\times10^4 N/mm^2$，$f_{tk}=1.54N/mm^2$，$E_s=2.0\times10^5 N/mm^2$，$f_y=300 N/mm^2$。结构重要性系数 $\gamma_0=1.0$，设计状况系数 $\psi=1.0$，（内水压力）分项系数 $\gamma_Q=1.2$。

（1）配筋计算。

压力水管承受内水压力时为轴心受拉构件，管壁单位长度（$b=1000mm$）内承受的轴向拉力设计值为

$$N = \gamma_0 \psi \gamma_Q p_k r b = 1.0\times1.0\times1.2\times0.2\times800\times1000 = 192000N$$

钢筋截面面积 $A_s = \dfrac{\gamma_d N}{f_y} = \dfrac{1.2\times192000}{300} = 768mm^2$

管壁内、外层各配 Φ 10@200（$A_s=786mm^2$），见图 8 - 7。

如采用《水工混凝土结构设计规范》（SL 191—2008），仅需将上式的 γ_d 换为 K 即可，由于 $K=\gamma_d$，所以计算结果相同。

（2）抗裂验算。

在荷载效应标准组合下，取 $\alpha_{ct}=0.85$，按式（8 - 3）进行抗裂验算

$$N_k = \gamma_0 p_k rb = 1.0 \times 0.2 \times 800 \times 1000 = 160000N$$

$$A_0 = bh + (\alpha_E - 1)A_s$$

$$= 1000 \times 120 + \left(\frac{2.0 \times 10^5}{2.55 \times 10^4} - 1\right) \times 786$$

$$= 125379mm^2$$

$$\alpha_{ct}f_{tk}A_0 = 0.85 \times 1.54 \times 125379 = 164121N$$

$$N_k < \alpha_{ct}f_{tk}A_0$$

满足抗裂要求。

计算 A_0 时也可近似取 $A_0 = bh + \alpha_E A_s$。

图右侧插图说明：

Φ10@200

Φ10@200（钢筋接头用焊接）

Φ8分布筋

$r=800mm$

$h=120mm$

图 8 - 7　管壁配筋图

【例 8 - 2】 某水闸系 3 级水工建筑物，其底板厚 $h=1500mm$，$h_0=1430mm$，跨中截面荷载标准值 $M_k=540kN\cdot m$。采用 C20 级混凝土，HRB335 级钢筋。由承载力计算，已配置钢筋 Φ 20@150（$A_s=2094mm^2$）。试验算该水闸底板是否满足抗裂要求。

解　$E_c=2.55\times10^4 N/mm^2$，$E_s=2.0\times10^5 N/mm^2$，$f_{tk}=1.54N/mm^2$。由附录五，查得 $\gamma_m=1.55$，取 1m（$b=1000mm$）长为计算单元，则

$$\alpha_E = \frac{E_s}{E_c} = \frac{2.0 \times 10^5}{2.55 \times 10^4} = 7.84$$

$$\rho = \frac{A_s}{bh_0} = \frac{2094}{1000 \times 1430} = 0.15\%$$

（1）按式（8 - 8）、式（8 - 9）计算 y_0、I_0。

$$y_0 = \frac{\frac{bh^2}{2} + \alpha_E A_s h_0}{bh + \alpha_E A_s} = \frac{\frac{1000 \times 1500^2}{2} + 7.84 \times 2094 \times 1430}{1000 \times 1500 + 7.84 \times 2094}$$

$$= 757mm$$

$$I_0 = \frac{by_0^3}{3} + \frac{b(h - y_0)^3}{3} + \alpha_E A_s (h_0 - y_0)^2$$

$$= \frac{1000 \times 757^3}{3} + \frac{1000 \times (1500 - 757)^3}{3} + 7.84 \times 2094 \times (1430 - 757)^2$$

$$= 2.888 \times 10^{11} mm^4$$

如改用近似公式（8 - 10）、式（8 - 11）计算 y_0 及 I_0

$$y_0 = (0.5 + 0.425\alpha_E\rho)h = (0.5 + 0.425 \times 7.84 \times 0.0015) \times 1500$$

$$= 757mm$$

$$I_0 = (0.0833 + 0.19\alpha_E\rho)bh^3 = (0.0833 + 0.19 \times 7.84 \times 0.0015) \times 1000 \times 1500^3$$

$$= 2.887 \times 10^{11} mm^4$$

可见近似公式（8 - 10）、式（8 - 11）足够精确。

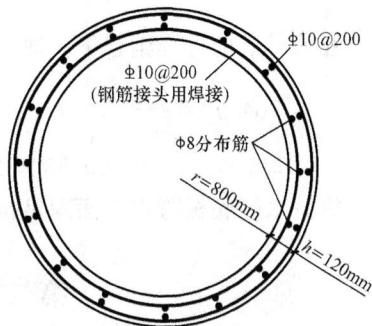

（2）按式（8-6）验算是否抗裂。

考虑截面高度的影响，对 γ_m 值进行修正，得

$$\gamma_m = \left(0.7 + \frac{300}{1500}\right) \times 1.55 = 1.395$$

在荷载效应标准组合下，取 $\alpha_{ct}=0.85$，按式（8-6）进行抗裂验算

$$\gamma_m \alpha_{ct} f_{tk} W_0 = \gamma_m \alpha_{ct} f_{tk} \frac{I_0}{h-y_0} = 1.395 \times 0.85 \times 1.54 \times \frac{2.887 \times 10^{11}}{1500-757}$$

$$= 709.53 \times 10^6 \, \text{N} \cdot \text{mm} = 709.53 \text{kN} \cdot \text{m} > M_k = 540 \text{kN} \cdot \text{m}$$

故该水闸底板跨中截面满足抗裂要求。

第二节　裂缝开展宽度验算

一、裂缝成因及对策

钢筋混凝土结构构件产生裂缝的原因十分复杂，归纳起来有荷载作用引起的裂缝和非荷载因素引起的裂缝两大类。

1. 荷载作用引起的裂缝

钢筋混凝土结构，在使用荷载作用下，截面的混凝土拉应变大多是大于混凝土极限拉伸值，因而构件在使用时总是带裂缝工作。如前所述，作用于截面上的弯矩、剪力、轴向拉力以及扭矩等这些正常荷载效应都可能引起钢筋混凝土构件开裂。不同性质的荷载效应，裂缝的形态也不相同。

一般情况下裂缝总是与主拉应力方向大致垂直，且最先在荷载效应最大处产生。如果荷载效应相同，则裂缝首先在混凝土抗拉能力最薄弱（或易产生应力集中位置）处产生。

荷载作用引起的裂缝主要有正截面裂缝和斜裂缝。由弯矩、轴心拉力、偏心拉（压）力等引起的裂缝，称为正截面裂缝或垂直裂缝；由弯矩和剪力或扭矩引起的与构件轴线斜交的裂缝称为斜裂缝。

对于由荷载作用引起的裂缝主要通过合理的配筋，例如选用与混凝土粘结较好的变形钢筋、控制钢筋的应力不过高、钢筋的直径不过粗并且钢筋在混凝土中的分布比较均匀等措施，这样就能够控制正常使用条件下的裂缝宽度不致过宽。

2. 非荷载因素引起的裂缝

钢筋混凝土结构构件除了由荷载作用引起裂缝外，很多非荷载因素，例如温度变化、混凝土收缩、基础不均匀沉降、塑性坍落、冰冻、钢筋锈蚀以及碱骨料化学反应等都有可能引起裂缝。

防止和减少非荷载因素引起的裂缝的措施主要有合理的设置伸缩及沉降缝、改善水泥性能、降低水灰比、加强混凝土的潮湿养护、提高混凝土的密实度和抗渗性，适当加大混凝土保护层厚度、设置构造钢筋等。

二、受力裂缝开展宽度的计算方法

到目前为止，裂缝宽度的计算仅限于由弯矩或轴向拉力所引起的钢筋混凝土构件正截面受力裂缝。对于非杆件体系钢筋混凝土结构上的受力裂缝宽度，则通过限制钢筋应力来间接控制裂缝宽度。其他原因引起的裂缝，迄今还未有简便的方法加以计算。

影响裂缝开展的因素极为复杂，要建立一个能概括各种因素的计算方法是十分困难的。对于荷载作用引起的裂缝，国内外研究者根据各自的试验成果，曾提出过许多裂缝宽度计算公式。这些公式大体上可以分为两种类型，即半理论半经验公式和数理统计公式。

半理论半经验公式是根据裂缝开展的机理分析，从某一力学模型出发推导出理论计算公式，但公式中的某些系数则借助于试验或经验确定。我国工民建规范和水工规范的裂缝宽度公式即属于此类。数理统计公式则是将大量实测资料用回归分析的方法分析不同参数对裂缝开展宽度的影响程度，选择其中最合适的参数表达形式，然后用数理统计方法直接建立由一些主要参数组成的经验公式。数理统计公式虽不是来源于对裂缝开展机理的分析，但因为它建立在大量实测资料的基础上，常具有公式简便的特点和相当良好的计算精度。目前俄罗斯等国家规范及我国港口工程和公路工程规范的裂缝宽度计算公式就是采用的数理统计公式。

在半理论半经验公式中，裂缝开展机理及其计算理论大体上可分为三种：粘结滑移理论；无粘结滑移理论；综合裂缝理论。

第一种粘结滑移理论是最早提出的，认为裂缝的开展是由于钢筋和混凝土之间不再保持变形协调而出现相对滑移造成的。在一个裂缝区段（裂缝间距 l_{cr}）内，钢筋伸长与混凝土伸长之差就是裂缝开展宽度 w，因此 l_{cr} 越大，w 也越大。而 l_{cr} 又取决于钢筋与混凝土之间的粘结力大小及分布。根据这一理论，影响裂缝宽度的因素除了钢筋应力 σ_s 以外，主要是钢筋直径 d 与配筋率 ρ 的比值。同时，这一理论还意味着混凝土表面的裂缝宽度与内部钢筋表面处的裂缝宽度是一样的，如图 8-8（a）所示。

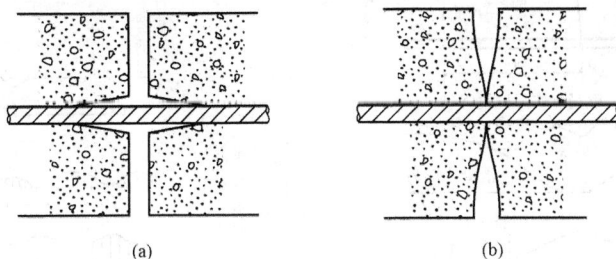

(a)　　　　　　　　　　　　　　　(b)

图 8-8　两种裂缝形状示意图

第二种无滑移理论是 20 世纪 60 年代中期提出的，它假定裂缝开展后，混凝土截面在局部范围内不再保持为平面，而钢筋与混凝土之间的粘结力并不破坏，相对滑移可忽略不计，这也就意味着裂缝的形状如图 8-8（b）所示。按此理论，裂缝宽度在钢筋表面处为零，在构件表面处最大。表面裂缝宽度是受从钢筋到构件表面的应变梯度控制的，也就是与保护层厚度 c 大小有关。这一理论的一些观点已为很多具有高粘结力的变形钢筋构件的试验所证实。

第三种综合裂缝理论是在前两种理论的基础上建立起来的，它既考虑了保护层厚度对 w 的影响，也考虑了钢筋可能出现的滑移，这无疑更为合理。

下面主要对粘结滑移理论作一简要介绍。

1. 裂缝出现前后的应力状态

为了建立计算裂缝宽度的公式，必须弄清楚裂缝出现与开展后构件各截面的应力、应变状态。下面以受弯构件纯弯区段为例予以讨论。

在裂缝出现前，受拉区由钢筋与混凝土共同受力。沿构件长度方向，各截面的受拉钢筋应力与受拉混凝土应力大体上保持均等。

由于各截面混凝土的实际抗拉强度稍有差异，当荷载增加到一定程度，在某一最薄弱的截面上（图8-9中的a截面），首先出现第一条裂缝。有时也可能在几个截面上同时出现第一批裂缝。在裂缝截面，开裂的混凝土不再承受拉力，原先由受拉混凝土承担的拉力就转移由钢筋承担。所以裂缝截面的钢筋应力就突然增大，钢筋的应变也有一个突增。加上原来因受拉而张紧的混凝土在裂缝出现瞬间将分别向裂缝两边回缩，所以裂缝一出现就会有一定的宽度。

受拉张紧的混凝土在向裂缝两边回缩时，混凝土和钢筋产生相对滑移。但因受到钢筋与混凝土粘结作用的影响，混凝土不能一下子自由回缩到完全放松的无应力状态。离开裂缝截面越远，粘结力累计越大，混凝土回缩就越小。因此，在远离裂缝的截面，混凝土仍将处于某种张紧的状态，也就是仍然存在拉应力。而且距裂缝越远，混凝土承担的拉应力也越大，同时钢筋的拉应力就越小。当达到某一距离后，两者的应力又恢复到未开裂的均匀状态。

当荷载再有微小增加时，在应力大于混凝土实际抗拉强度的地方又将出现第二条裂缝（图8-9中的b截面）。第二条裂缝出现后，该截面的混凝土又脱离工作，应力下降到零，钢筋应力则又突增。所以在裂缝出现后，沿构件长度方向，钢筋与混凝土的应力是随着裂缝位置而变化的（图8-10）。中和轴也不保持在一个水平面上，而是随着裂缝位置呈波浪形起伏。

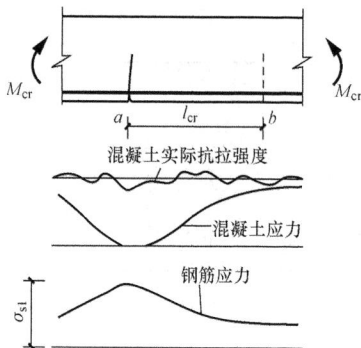

图8-9　第一条裂缝至将出现第二条
裂缝间混凝土及钢筋应力分布

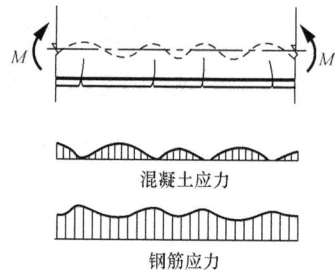

图8-10　中和轴、混凝土及
钢筋应力随裂缝位置变化情况

试验得知，由于混凝土质量的不均匀，裂缝间距总是有疏有密。在同一纯弯区段内，裂缝的最大间距可为平均间距的1.3～2倍。裂缝的出现也有先有后，当两条裂缝的间距较大时，随着荷载的增加，在两条裂缝之间还有可能出现新的裂缝。特别是用粘结性能较好的变形钢筋配筋时，更会如此。我国的一些试验指出，大约在荷载超过开裂荷载50%以上时，裂缝间距才趋于稳定。对正常配筋率或配筋率较高的梁来说，在正常使用时期，可以认为裂缝间距已基本稳定。也就是说，此后荷载再继续增加时，构件不再出现新的裂缝，而只是使原有的裂缝扩展与延伸，荷载越大，裂缝越宽。随着荷载逐步增加，裂缝间的混凝土逐渐脱离工作，钢筋应力逐渐趋于均匀。

试验指出，在同一纯弯区段、同一钢筋应力下，裂缝开展的宽度有大有小，差别是很大的。从实际设计意义上来说，所考虑的应是裂缝的最大宽度。

2. 平均裂缝宽度 w_{m}

如果把混凝土的性质加以理想化，就可以得出以下结论：当荷载达到抗裂弯矩 M_{cr} 时，出现第一条裂缝。在裂缝截面，混凝土拉应力下降为零，钢筋应力突增至 σ_{s1}。离开裂缝截面，混凝土仍然受拉，且离裂缝截面越远，受力越大。在应力达到 f_{t} 处，就出现第二条裂缝。接着又会相继出现第三、第四条等多条裂缝。由于把问题理想化，所以理论上裂缝是等间距分布的，而且也几乎是同时发生的。此后荷载的增加只是裂缝开展宽度加大而不再产生新的裂缝，而且各条裂缝的宽度，在同一荷载下也是相等的。

由图 8 - 11 可知，裂缝开展后，在钢筋重心处的裂缝宽度 w_{m} 应等于两条相邻裂缝之间的钢筋伸长与混凝土伸长之差，即

$$w_{\mathrm{m}} = \varepsilon_{\mathrm{sm}} l_{\mathrm{cr}} - \varepsilon_{\mathrm{cm}} l_{\mathrm{cr}} \qquad (8 - 19)$$

式中　$\varepsilon_{\mathrm{sm}}$、$\varepsilon_{\mathrm{cm}}$——分别为裂缝间钢筋及混凝土的平均应变；

　　　　l_{cr}——裂缝间距。

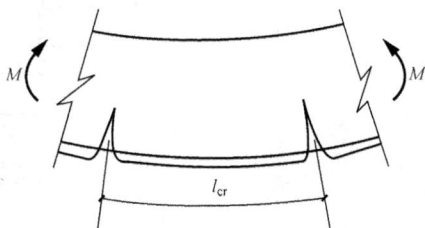

图 8 - 11　平均裂缝宽度计算图

混凝土的拉伸变形极小，可以略去不计，则上式可改写为

$$w_{\mathrm{m}} = \varepsilon_{\mathrm{sm}} l_{\mathrm{cr}} \qquad (8 - 20)$$

由于裂缝截面处钢筋应变 ε_{s} 相对最大，非裂缝截面的钢筋应变逐渐减小，因而整个 l_{cr} 长度内，钢筋的平均应变 $\varepsilon_{\mathrm{sm}}$ 小于裂缝截面处的钢筋应变 ε_{s}，原因是裂缝之间的混凝土仍能承受部分拉力（图 8 - 10）。用受拉钢筋应变不均匀系数 ψ 来表示裂缝之间因混凝土承受拉力而对钢筋应变所引起的影响，它是钢筋平均应变 $\varepsilon_{\mathrm{sm}}$ 与裂缝截面钢筋应变 ε_{s} 的比值，即 $\psi = \varepsilon_{\mathrm{sm}}/\varepsilon_{\mathrm{s}}$。显然 ψ 是不会大于 1 的。ψ 值越小，表示混凝土参与承受拉力的程度越大；ψ 值越大，表示混凝土承受拉力的程度越小；$\psi = 1$ 时，表示混凝土完全脱离工作。

由于

$$\psi = \frac{\varepsilon_{\mathrm{sm}}}{\varepsilon_{\mathrm{s}}}$$

所以

$$\varepsilon_{\mathrm{sm}} = \psi \varepsilon_{\mathrm{s}} = \psi \frac{\sigma_{\mathrm{s}}}{E_{\mathrm{s}}}$$

代入式（8 - 20），得

$$w_{\mathrm{m}} = \psi \frac{\sigma_{\mathrm{s}}}{E_{\mathrm{s}}} l_{\mathrm{cr}} \qquad (8 - 21)$$

式（8 - 21）是根据粘结滑移理论得出的裂缝宽度基本计算公式。平均裂缝宽度 w_{m} 主要取决于裂缝截面的钢筋应力 σ_{s}，同时裂缝间距 l_{cr} 和裂缝间纵向受拉钢筋应变不均匀系数 ψ 也是两个重要的影响因素。

下面以轴心受拉构件为例，说明确定裂缝截面钢筋应力 σ_{s}、裂缝间距 l_{cr} 及受拉钢筋应变不均匀系数 ψ 的方法。

（1）钢筋应力 σ_{s}。

对于轴心受拉构件，在裂缝截面，整个截面拉力全由钢筋承担，故在使用荷载下的钢筋应力 σ_{s} 可由下式求得

$$\sigma_{\mathrm{s}} = \frac{N}{A_{\mathrm{s}}} \qquad (8 - 22)$$

式中 N 为正常使用阶段的轴向力，A_{s} 为轴心受拉构件的全部受拉钢筋截面面积。钢筋

应力 σ_s 与轴向力 N 成正比，当外荷载增大时，σ_s 相应增大，使裂缝宽度也随之加宽。

（2）裂缝间距 l_{cr}。

图 8-12 所示为一轴心受拉构件，在截面 a—a 出现第一条裂缝，并即将在截面 b—b 出现第二条相邻裂缝时的一段混凝土脱离体的应力图形。

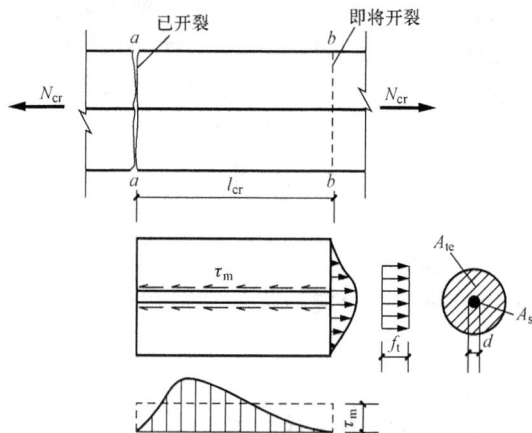

图 8-12　混凝土脱离体的应力图形

在截面 a—a，全截面混凝土应力为零，在截面 b—b 上，混凝土拉应力在靠近钢筋处最大，离开钢筋越远，应力逐步减小。当折算为应力达到混凝土轴心抗拉强度 f_t 的作用范围时，称为有效受拉混凝土截面面积 A_{te}。

脱离体截面 a—a 与截面 b—b 两端的拉力之差将由钢筋与混凝土之间的粘结力相平衡，即

$$f_t A_{te} - 0 = \tau_m u l_{cr}$$

所以

$$l_{cr} = \frac{f_t A_{te}}{\tau_m u} \tag{8-23}$$

式中　τ_m——l_{cr} 范围内纵向受拉钢筋与混凝土的平均粘结力；

　　　u——纵向受拉钢筋截面总周长，$u = n\pi d$，n 和 d 分别为钢筋的根数和直径。

将 $\rho_{te} = A_s / A_{te}$ 代入式（8-23），得

$$l_{cr} = \frac{f_t d}{4\tau_m \rho_{te}} \tag{8-24}$$

因为混凝土抗拉强度增大时，钢筋和混凝土之间的粘结强度也随之增加，可近似认为 f_t / τ_m 为一常值，故式（8-24）可改写为

$$l_{cr} = K \frac{d}{\rho_{te}} \tag{8-25}$$

许多国家规范中的裂缝间距计算公式都是在上式的基础上进行修正而得出的。式中纵向受拉钢筋的有效配筋率 ρ_{te} 主要取决于有效受拉混凝土截面面积 A_{te} 的取值。有效受拉混凝土截面面积不是指全部受拉混凝土的截面面积，因为对于裂缝间距和裂缝宽度而言，钢筋的作用仅仅影响到它周围的有限区域，裂缝出现后只是钢筋周围有限范围内的混凝土受到钢筋的约束，而距钢筋截面较远的混凝土受钢筋的约束影响很小。从二十世纪 50 年代至今，国内外许多学者对有效受拉混凝土截面面积（或称钢筋有效影响区）进行了研究。目前，许多国

家的规范都引入了有效受拉混凝土截面面积的概念，并反映在裂缝宽度计算公式中，但对于有效受拉混凝土截面面积尚没有统一的取值方法。

由上述粘结滑移理论推导出的裂缝间距 l_{cr} 主要与钢筋直径 d 及有效配筋率 ρ_{te} 有关。但无滑移理论则认为对于变形钢筋，钢筋与混凝土之间有充分的粘结强度，裂缝开展时两者之间几乎不发生相对滑移，即认为在钢筋表面处，裂缝宽度应等于零，而构件表面的裂缝宽度完全是由钢筋外围混凝土的弹性回缩造成的。因此，根据无滑移理论，混凝土保护层厚度 c 就成为影响构件表面裂缝宽度的主要因素。

很显然，最后的综合理论认为影响裂缝间距 l_{cr} 的因素既有 d 与 ρ_{te}，又有 c，是更加合理的。因此，可把裂缝间距的计算公式表示为

$$l_{cr} = K_1 c + K_2 \frac{d}{\rho_{te}} \tag{8-26}$$

式中 K_1 和 K_2 为试验常数，可由大量试验资料确定。

（3）ψ 值。

受拉钢筋应变不均匀系数 $\psi = \varepsilon_{sm}/\varepsilon_s$ 反映了裂缝间受拉混凝土参与工作的程度。随着外力的增加，裂缝截面的钢筋应力 σ_s 随之增大，钢筋与混凝土之间的粘结逐步被破坏，受拉混凝土也就逐渐退出工作，因此 ψ 值必然与 σ_s 有关。影响 ψ 的因素很多，除钢筋应力外，还与混凝土抗拉强度、配筋率、钢筋与混凝土的粘结性能、荷载作用的时间和性质等有关。准确地计算 ψ 值是十分复杂的，目前大多是根据试验资料给出半理论半经验的 ψ 值计算公式

$$\psi = 1.0 - \frac{\beta f_t}{\sigma_s \rho_{te}} \tag{8-27}$$

式中　β——试验常数。

当 σ_s、l_{cr} 及 ψ 值求得后代入式（8-21）就可求得平均裂缝宽度 w_m。

3. 最大裂缝宽度 w_{max}

以上求得的 w_m 是整个梁段的平均裂缝宽度，而实际上由于混凝土质量的不均匀，裂缝的间距有疏有密，每条裂缝开展的宽度有大有小，分散性是很大的。另外由于荷载长期作用的影响，受拉区混凝土将产生收缩、滑移、徐变，受压区混凝土也将产生徐变，因此裂缝间钢筋应变将不断增大，裂缝宽度也将不断增大。这样，用以衡量裂缝开展宽度是否超过允许值，应以最大裂缝宽度为准。最大裂缝宽度值由平均裂缝宽度 w_m 乘以一个扩大系数 α 而得到。α 应考虑裂缝宽度的随机性、荷载的长期作用、钢筋品种及构件受力特征等因素的综合影响，即

$$w_{max} = \alpha w_m = \alpha \psi \frac{\sigma_s}{E_s} l_{cr} \tag{8-28}$$

三、各混凝土结构设计规范裂缝宽度计算公式

1. 最大裂缝宽度 w_{max} 计算公式

（1）电力和水利规范计算公式。

配置带肋钢筋的矩形、T形及I形截面受拉、受弯和偏心受压钢筋混凝土构件，在荷载效应标准组合并考虑长期作用影响下的最大裂缝宽度 w_{max}（mm）计算公式如下：

1）电力《水工混凝土结构设计规范》（DL/T 5057—2009）

$$w_{max} = \alpha_{cr} \psi \frac{\sigma_{sk} - \sigma_0}{E_s} l_{cr} \tag{8-29}$$

其中

$$\psi = 1 - 1.1 \frac{f_{tk}}{\rho_{te}\sigma_{sk}} \tag{8-30}$$

$$l_{cr} = \left(2.2c + 0.09\frac{d}{\rho_{te}}\right)\nu \quad (20\text{mm} \leqslant c \leqslant 65\text{mm}) \tag{8-31}$$

$$l_{cr} = \left(65 + 1.2c + 0.09\frac{d}{\rho_{te}}\right)\nu \quad (65\text{mm} < c \leqslant 150\text{mm}) \tag{8-32}$$

式中　α_{cr}——考虑构件受力特征的系数，对受弯和偏心受压构件，取 $\alpha_{cr}=1.90$；对偏心受拉构件，取 $\alpha_{cr}=2.15$；对轴心受拉构件，取 $\alpha_{cr}=2.45$；

　　　　ψ——裂缝间纵向受拉钢筋应变不均匀系数：当 $\psi<0.2$ 时，取 $\psi=0.2$；对直接承受重复荷载的构件，取 $\psi=1$；

　　　　l_{cr}——平均裂缝间距；

　　　　E_s——钢筋弹性模量；

　　　　ν——考虑钢筋表面形状的系数：对变形钢筋，取 $\nu=1.0$；对光面钢筋，取 $\nu=1.4$；

　　　　f_{tk}——混凝土轴心抗拉强度标准值；

　　　　c——最外层纵向受拉钢筋外边缘至受拉区底边的距离，mm，当 $c<20$mm 时，取 $c=20$mm；当 $c>150$mm 时，取 $c=150$mm；

　　　　d——钢筋直径，mm，当钢筋用不同直径时，式中的 d 改用换算直径 $4A_s/u$，此处，u 为纵向受拉钢筋截面总周长；

　　　　ρ_{te}——纵向受拉钢筋的有效配筋率，$\rho_{te}=\dfrac{A_s}{A_{te}}$，当 $\rho_{te}<0.03$ 时，取 $\rho_{te}=0.03$；

　　　　A_{te}——有效受拉混凝土截面面积，mm^2，对受弯、偏心受拉及大偏心受压构件，A_{te} 取为其重心与受拉钢筋 A_s 重心相一致的混凝土面积，即 $A_{te}=2a_sb$（图 8-13），其中 a_s 为 A_s 重心至截面受拉边缘的距离，b 为矩形截面的宽度；对有受拉翼缘的倒 T 形及 I 形截面，b 为受拉翼缘宽度，对全截面受拉的偏心受拉构件，A_{te} 取拉应力较大一侧钢筋的相应有效受拉混凝土截面面积；对轴心受拉构件，A_{te} 取为 $2a_sl_s$，但不大于构件全截面面积，其中 a_s 为一侧钢筋重心至截面边缘的距离，l_s 为沿截面周边配置的受拉钢筋重心连线的总长度；

　　　　A_s——受拉区纵向钢筋截面面积，mm^2：对受弯、偏心受拉及大偏心受压构件，A_s 取受拉区纵向钢筋截面面积；对全截面受拉的偏心受拉构件，A_s 取拉应力较大一侧的钢筋截面面积；对轴心受拉构件，A_s 取全部纵向钢筋截面面积；

　　　　σ_{sk}——按标准组合计算的构件纵向受拉钢筋应力，N/mm^2；

　　　　σ_0——钢筋的初始应力：对于长期处于水下的结构，允许采用 $\sigma_0=20$N/mm^2，对于干燥环境中的结构，取 $\sigma_0=0$。

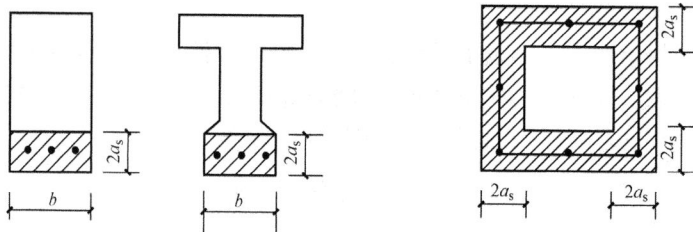

图 8-13　规范中 A_{te} 的取值

上述计算公式中的纵向受拉钢筋应力 σ_{sk} 可按下列公式计算

①轴心受拉构件。

$$\sigma_{sk} = \frac{N_k}{A_s} \qquad (8-33)$$

式中　N_k——按荷载标准组合计算的轴向拉力值，N。

②受弯构件。

对于受弯构件，在正常使用荷载作用下，可假定裂缝截面的受压区混凝土处于弹性阶段，应力图形为三角形分布，受拉区混凝土作用忽略不计。根据截面应变符合平截面假定，可求得应力图形的内力臂 z，一般可近似地取 $z = 0.87h_0$，如图 8-14 所示，故

$$\sigma_{sk} = \frac{M_k}{0.87h_0 A_s} \qquad (8-34)$$

式中　M_k——按荷载标准组合计算的弯矩值，N·mm。

③大偏心受压构件。

在正常使用荷载下，大偏心受压构件截面应力图形的假设，同受弯构件一样（图 8-15）。根据受压区混凝土三角形应力分布假定和平截面假定，精确推求内力臂时，将求解三次方程式，不便于设计中采用。故规范给出了考虑截面形状的内力臂近似计算公式

$$z = \left[0.87 - 0.12(1 - \gamma_f')\left(\frac{h_0}{e}\right)^2 \right] h_0 \qquad (8-35)$$

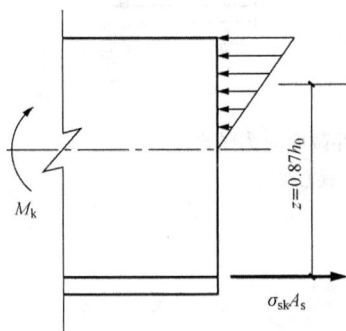

图 8-14　受弯构件截面应力图形　　　　图 8-15　大偏心受压构件截面应力图

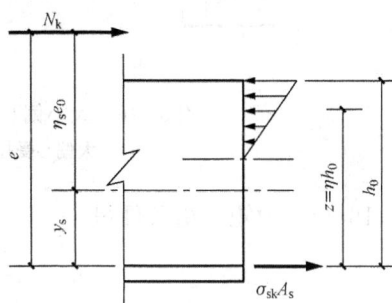

由图 8-15 的力矩平衡条件可得

$$\sigma_{sk} = \frac{N_k}{A_s}\left(\frac{e}{z} - 1\right) \qquad (8-36)$$

$$e = \eta_s e_0 + y_s \qquad (8-37)$$

$$\eta_s = 1 + \frac{1}{4000\frac{e_0}{h_0}}\left(\frac{l_0}{h}\right)^2 \qquad (8-38)$$

当 $\frac{l_0}{h} \leqslant 14$ 时，可取 $\eta_s = 1.0$。

式中　N_k——按荷载标准组合计算的轴向压力值，N；

　　　e——轴向压力作用点至纵向受拉钢筋合力点的距离，mm；

　　　e_0——轴向压力作用点至截面重心的距离，mm；

z——纵向受拉钢筋合力点至受压区合力点的距离，mm；

η_s——使用阶段的偏心距增大系数；

y_s——截面重心至纵向受拉钢筋合力点的距离，mm；

γ_f'——受压翼缘面积与腹板有效面积的比值，$\gamma_f' = \dfrac{(b_f' - b)h_f'}{bh_0}$，其中 b_f'、h_f' 分别为受压翼缘的宽度、高度，mm，当 $h_f' > 0.2h_0$ 时，取 $h_f' = 0.2h_0$。

④偏心受拉构件（矩形截面）。

对于大偏心受拉构件仍可采用与大偏心受压构件相同的假设。根据前述假定及截面内力平衡条件如图 8 - 16 （a）所示，可推导出矩形截面相对受压区高度和内力臂。与大偏心受压构件一样，为避免求解三次方程式的困难，要进行简化。考虑到在一般情况下，大偏心受拉构件截面的开裂高度比受弯构件大，并且计算表明，在一般配筋率范围内，内力臂系数 η 的平均值约为 0.9。故大偏心受拉构件内力臂可近似取为 $0.9h_0$，并近似认为受拉较小侧或受压侧的钢筋合力与混凝土的受压合力相重合。

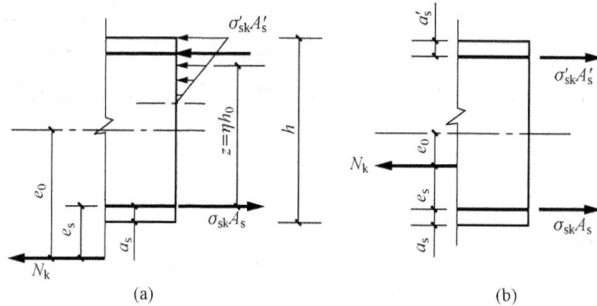

图 8 - 16　大小偏心受拉构件截面应力图形
(a) 大偏心受拉；(b) 小偏心受拉

由图 8 - 16 （a）力矩平衡条件得

$$\sigma_{sk} = \frac{N_k(e_s + z)}{A_s z}$$

将 $z = \eta h_0 = 0.9h_0$ 代入上式，则得

$$\sigma_{sk} = \frac{N_k}{A_s}\left(1 + 1.1\frac{e_s}{h_0}\right) \tag{8 - 39}$$

$$e_s = e_0 - \frac{h}{2} + a_s$$

对于小偏心受拉构件，在使用荷载作用下，裂缝一般贯穿整个截面高度（仅当偏心矩较大时，截面还保留较小的受压区），故可认为拉力全部由钢筋承担，如图 8 - 16 （b）所示。对 A_s' 钢筋重心取矩可得

$$N_k\left(e_0 + \frac{h}{2} - a_s'\right) = \sigma_{sk}A_s(h_0 - a_s')$$

将 $e_s = \dfrac{h}{2} - e_0 - a_s$ 代入上式可得

$$N_k(h_0 - a_s' - e_s) = \sigma_{sk}A_s(h_0 - a_s')$$

所以

$$\sigma_{sk} = \frac{N_k}{A_s}\left(1 - \frac{e_s}{h_0 - a'_s}\right)$$

假设 $a'_s = 0.1 h_0$，则上式可写为

$$\sigma_{sk} = \frac{N_k}{A_s}\left(1 - 1.1\frac{e_s}{h_0}\right) \tag{8-40}$$

合并式（8-39）、式（8-40）可得出偏心受拉构件纵向受拉钢筋应力 σ_{sk} 的统一表达式：

$$\sigma_{sk} = \frac{N_k}{A_s}\left(1 \pm 1.1\frac{e_s}{h_0}\right) \tag{8-41}$$

式中　N_k——按荷载标准组合计算的轴向拉力值，N；

　　　e_s——轴向拉力作用点至纵向受拉钢筋（对全截面受拉的偏心受拉构件，为拉应力较大一侧的钢筋）合力点的距离，mm。

对大偏心受拉构件，上式右边括号内取加号；对小偏心受拉构件，上式右边括号内取减号。

各种不同受力状态下，纵向受拉钢筋的应力 σ_{sk} 求出后即可由式（8-29）求得最大裂缝宽度 w_{max}。

2）水利《水工混凝土结构设计规范》（SL 191—2008）

$$w_{max} = \alpha\frac{\sigma_{sk}}{E_s}\left(30 + c + 0.07\frac{d}{\rho_{te}}\right) \tag{8-42}$$

式中　α——考虑构件受力特征和荷载长期作用的综合影响系数：对受弯和偏心受压构件，取 $\alpha = 2.1$；对偏心受拉构件，取 $\alpha = 2.4$；对轴心受拉构件，取 $\alpha = 2.7$。

　　　c——最外层纵向受拉钢筋外边缘至受拉区边缘的距离（mm），当 $c > 65mm$ 时，取 c $= 65mm$。

其他符号同式（8-29）～式（8-32）。

纵向受拉钢筋应力 σ_{sk} 的计算同上述电力规范的计算式（8-33）～式（8-41）。

（2）《混凝土结构设计规范》（GB 50010—2010）计算公式。

目前设计中经常出现承载能力极限状态满足要求，而正常使用极限状态不满足要求的情况，这是非常不合理的。其主要原因是正常使用极限状态的计算公式太严。为此，新修订后《混凝土结构设计规范》（GB 50010—2010）中将正常使用极限状态的计算公式放宽：在矩形、T 形、倒 T 形和 I 形截面的受拉、受弯和偏心受压构件中，对于钢筋混凝土构件，将按荷载标准组合改为按荷载准永久组合并考虑长期作用影响计算最大裂缝宽度；对于预应力混凝土构件，考虑到结构的重要性，仍按荷载标准组合并考虑长期作用影响计算最大裂缝宽度。最大裂缝宽度 w_{max}（mm）的计算公式如下

$$w_{max} = \alpha_{cr}\psi\frac{\sigma_s}{E_s}\left(1.9c_s + 0.08\frac{d_{eq}}{\rho_{te}}\right) \tag{8-43}$$

$$\psi = 1.1 - 0.65\frac{f_{tk}}{\rho_{te}\sigma_s} \tag{8-44}$$

$$d_{eq} = \frac{\sum n_i d_i^2}{\sum n_i \nu_i d_i} \tag{8-45}$$

$$\rho_{te} = \frac{A_s + A_p}{A_{te}} \tag{8-46}$$

式中　α_{cr}——构件受力特征系数：对于钢筋混凝土构件，受弯和偏心受压构件，取 $\alpha_{cr} =$

1.9；对偏心受拉构件，取 $\alpha_{cr}=2.4$；对轴心受拉构件，取 $\alpha_{cr}=2.7$。对预应力混凝土构件，受弯和偏心受压构件，取 $\alpha_{cr}=1.5$；对轴心受拉构件，取 $\alpha_{cr}=2.2$。

ψ——裂缝间纵向受拉钢筋应变不均匀系数：当 $\psi<0.2$ 时，取 $\psi=0.2$；当 $\psi>1$ 时，取 $\psi=1$；对直接承受重复荷载的构件，取 $\psi=1$。

σ_s——按荷载准永久组合计算的钢筋混凝土构件纵向受拉普通钢筋应力或按标准组合计算的预应力混凝土构件纵向受拉钢筋等效应力。

c_s——最外层纵向受拉钢筋外边缘至受拉区底边的距离，mm，当 $c_s<20mm$ 时，取 $c_s=20mm$；当 $c_s>65mm$ 时，取 $c_s=65mm$。

ρ_{te}——按有效受拉混凝土截面面积计算的纵向受拉钢筋配筋率；对无粘结后张构件，仅取纵向受拉普通钢筋计算配筋率。当 $\rho_{te}<0.01$ 时，取 $\rho_{te}=0.01$。

A_{te}——有效受拉混凝土截面面积，mm^2，对轴心受拉构件取全截面面积；对受弯、偏心受拉及偏心受压构件，取 $A_{te}=0.5bh+(b_f-b)h_f$，此处 b_f、h_f 分别为受拉翼缘的宽度、高度。

A_s——受拉区纵向普通钢筋截面面积，mm^2。

A_p——受拉区纵向预应力筋截面面积，mm^2。

d_{eq}——受拉区纵向钢筋的等效直径，mm；对无粘结后张构件，仅为受拉区纵向受拉普通钢筋的等效直径，mm。

d_i——受拉区第 i 种纵向钢筋的公称直径；对于有粘结预应力钢绞线束的直径取为 $\sqrt{n_1}d_{p1}$，其中 d_{p1} 为单根钢绞线的公称直径，n_1 为单束钢绞线根数。

n_i——受拉区第 i 种纵向钢筋的根数；对于有粘结预应力钢绞线，取为钢绞线束数。

ν_i——受拉区第 i 种纵向钢筋的相对粘结特性系数，按国标《混凝土结构设计规范》（GB 50010—2010）表 7.1.2 - 2 采用。

试验表明，对 $e_0/h_0\leqslant0.55$ 的偏心受压构件，正常使用阶段，裂缝宽度很小，可不验算裂缝宽度。

电力和水工规范规定的最大裂缝宽度验算按荷载效应标准组合进行。荷载效应标准组合是指永久荷载和所有可变荷载同时采用其标准值（即设计使用年限内可能出现的最大值）的组合。有时某些可变荷载的标准值在总效应组合中占的比重很大但只在短时间内存在，例如作用在水电站厂房吊车梁上的轮压标准值（最大起重量），只在水轮发电机组安装或大修时才会出现。在这种荷载组合作用下，裂缝开展宽度的最大值只在短暂时间内发生，并且卸载后裂缝可部分闭合，对结构的耐久性并不会产生严重影响。因此，对于此类按不常出现的荷载标准值计算的各种结构构件，均可将计算得出的最大裂缝宽度乘以一个小于 1 的系数。对于吊车梁，该系数可取为 0.85。

2. 非杆件体系钢筋混凝土结构的裂缝宽度控制

特别重要的非杆件体系结构的裂缝宜分为按耐久性、防渗等要求控制和按刚度要求控制两种，前者只需进行表面裂缝宽度的验算，后者除表面裂缝宽度验算外还需进行内部裂缝控制验算，此时不但要验算内部裂缝宽度还需控制裂缝的延伸范围。

对于非杆件体系结构，不能用式（8 - 29）直接计算裂缝宽度。

对非杆件体系大体积混凝土结构，采用钢筋混凝土有限单元法直接计算裂缝宽度与裂缝延伸范围是最为理想的。但目前由于硬件与软件的限制，只有平面问题可直接计算出裂缝分布与宽度，并且计算结果和实际符合较好，而空间问题难以得到理想的结果。因而，规范提出对于此类非杆件体系结构采用通过控制钢筋应力 σ_s 间接控制裂缝宽度的验算方法。

因为在其他条件相同时，裂缝计算宽度与受拉钢筋应力成线性关系，钢筋应力越大，裂缝宽度越宽；反之亦然。在钢筋混凝土构件极限状态方法被采用以前，钢筋混凝土构件均采用许可应力法设计，要求钢筋在使用荷载作用下的应力不超过许可应力，此时不再作裂缝宽度验算，似也可间接控制裂缝宽度。国外规范也有通过控制钢筋应力 σ_s 间接控制裂缝宽度的方法。

一般情况下，对只需验算表面裂缝宽度的非杆件体系结构，可采用线弹性方法计算出截面应力。当其截面应力图形偏离线性较大时，可通过限制钢筋应力间接控制裂缝宽度。标准组合下的受拉钢筋应力 σ_{sk} 宜符合下列规定

$$\sigma_{sk} \leqslant \alpha_s f_{yk} \tag{8-47}$$

式中　σ_{sk}——按荷载标准组合计算得出的受拉钢筋应力，N/mm^2：取 $\sigma_{sk}=T_k/A_s$，其中 A_s 为受拉钢筋截面面积，mm^2，T_k 为荷载效应标准组合下的由钢筋承担的拉力，N，T_k 也可按钢筋混凝土非线性有限元方法计算确定。计算的受拉钢筋应力 σ_{sk} 不应大于 $240N/mm^2$。

　　　　α_s——考虑环境影响和荷载长期作用的综合影响系数，$\alpha_s=0.5\sim0.7$，对一类环境取大值，对四类环境取小值。

　　　　f_{yk}——钢筋的抗拉强度标准值，N/mm^2，按附录二附表 2-4 确定。钢筋不宜采用 HPB235 级和 HPB300 级，当 $f_{yk}>335N/mm^2$ 时，取 $f_{yk}=335N/mm^2$。

当非杆件体系结构截面应力图形接近线性分布时，可换算为截面内力，按式（8-33）～式（8-41）计算 σ_{sk}，按式（8-29）进行裂缝宽度验算。

内部裂缝可通过限制内部受拉钢筋的应力与钢筋网间距来控制裂缝宽度。其中，钢筋间距宜不大于 200mm，钢筋网间距宜不大于 1000mm；在标准组合作用下，内部受拉钢筋的钢筋单元应力宜不大于 $120N/mm^2$。

对重要结构，尚宜采用钢筋混凝土有限元方法直接求得配筋与裂缝宽度的关系，以确定合适的配筋方案。

对处于五类环境下的结构，宜采用专门的防裂、限裂措施。

四、合理控制裂缝的方法

当用裂缝宽度验算和控制钢筋应力的方法不能满足限裂要求时，可采用较小直径的带肋钢筋，减小钢筋间距，适当增加受拉区纵向钢筋截面面积，但增加的受拉纵向钢筋截面面积不宜超过承载力计算所需纵向钢筋截面面积的 30%。如仍不满足要求，可考虑采取其他工程措施，如采用合理的结构外形，减小高应力区范围，降低应力集中程度，在应力集中区局部增配钢筋；在受拉区混凝土中设置钢筋网或掺加纤维；在受拉区表面设防护层等。

当无法防止裂缝出现时，也可通过构造措施（如预埋隔离片）引导裂缝在预定位置出现，并采取有效措施避免引导缝对观感和使用功能造成影响。必要时对构件受拉区施加预应力等。

对于抗裂和限制裂缝宽度而言，最根本的方法是采用预应力混凝土结构，其内容将在第九章中介绍。

【例 8 - 3】　某钢筋混凝土矩形截面简支梁（3 级水工建筑物），处于露天环境，截面尺寸为 $b \times h = 250mm \times 600mm$，计算跨度 $l_0 = 7.20m$；混凝土强度等级为 C25，纵向受力钢筋采用 HRB335 级。使用期间承受均布荷载，荷载标准值为：永久荷载标准值 $g_k = 13.00kN/m$（包括自重），可变荷载标准值 $q_k = 7.20kN/m$。试求纵向受拉钢筋截面面积 A_s，并验算梁的裂缝宽度是否满足要求。

解　（1）按电力《水工混凝土结构设计规范》（DL/T 5057—2009）计算。

3 级水工建筑物结构重要性系数 $\gamma_0 = 1.0$；按持久设计状况考虑，则 $\psi = 1.0$，结构系数 $\gamma_d = 1.2$；永久荷载分项系数 $\gamma_G = 1.05$，可变荷载分项系数 $\gamma_Q = 1.2$；$f_c = 11.9N/mm^2$、$f_{tk} = 1.78N/mm^2$、$E_s = 2.0 \times 10^5 N/mm^2$、$f_y = 300N/mm^2$。

1）计算跨中弯矩设计值。

$$M = \gamma_0 \psi \frac{1}{8} (\gamma_G g_k + \gamma_Q q_k) l_0^2$$

$$= 1.0 \times 1.0 \times \frac{1}{8} \times (1.05 \times 13.00 + 1.20 \times 7.20) \times 7.20^2$$

$$= 144.44 kN \cdot m$$

2）配筋计算。

该简支梁处于露天（二类环境条件），由附录四附表 4 - 1 查得混凝土保护层最小厚度 $c = 35mm$，估计钢筋直径 $d = 20mm$，排成一层，所以得

$$a_s = c + \frac{d}{2} = 35 + \frac{20}{2} = 45mm$$

则截面有效高度 $h_0 = h - a_s = 600 - 45 = 555mm$。

由式（3 - 16）得

$$\alpha_s = \frac{\gamma_d M}{f_c b h_0^2} = \frac{1.20 \times 144.44 \times 10^6}{11.9 \times 250 \times 555^2} = 0.189$$

按式（3 - 17）得

$$\xi = 1 - \sqrt{1 - 2\alpha_s} = 1 - \sqrt{1 - 2 \times 0.189} = 0.211 < \xi_b = 0.55 ，\quad 满足要求。$$

$$A_s = \frac{f_c b \xi h_0}{f_y} = \frac{11.9 \times 250 \times 0.211 \times 555}{300} = 1161mm^2$$

$$\rho = \frac{A_s}{b h_0} = \frac{1161}{250 \times 555} = 0.84\% > \rho_{min} = 0.20\%$$

查附录三附表 3 - 1，选用 4 Φ 20（实际 $A_s = 1256mm^2$）。

3）裂缝宽度验算。

由附录六附表 6 - 1 查得 $[w_{max}] = 0.3mm$。

纵向受拉钢筋有效配筋率

$$\rho_{te} = \frac{A_s}{A_{te}} = \frac{A_s}{2 a_s b} = \frac{1256}{2 \times 45 \times 250} = 0.056$$

跨中弯矩标准值　　　　　　$$M_k = \gamma_0 \frac{1}{8} (g_k + q_k) l_0^2$$

$$= 1.0 \times \frac{1}{8} \times (13.00 + 7.20) \times 7.20^2$$

$$= 130.90 kN \cdot m$$

纵向受拉钢筋应力为

$$\sigma_{sk} = \frac{M_k}{0.87 h_0 A_s} = \frac{130.90 \times 10^6}{0.87 \times 555 \times 1256} = 216 \text{N/mm}^2$$

$$\psi = 1.0 - 1.1 \times \frac{f_{tk}}{\sigma_{sk} \rho_{te}} = 1.0 - 1.1 \times \frac{1.78}{216 \times 0.056} = 0.838$$

最大裂缝宽度为

$$w_{max} = \alpha_{cr} \psi \frac{\sigma_{sk} - \sigma_0}{E_s} \left(2.2c + 0.09 \frac{d}{\rho_{te}} \right) \nu$$

$$= 1.9 \times 0.838 \times \frac{216 - 0}{2 \times 10^5} \times \left(2.2 \times 35 + 0.09 \times \frac{20}{0.056} \right) \times 1.0$$

$$= 0.19 \text{mm} < [w_{max}] = 0.30 \text{mm}$$

故满足裂缝宽度要求。

（2）按水利《水工混凝土结构设计规范》（SL 191—2008）计算。

由于本题安全系数 $K = 1.2$，与 γ_d 相同，所以配筋相同。但注意水利《水工混凝土结构设计规范》（SL 191—2008）要求 $\xi \leqslant 0.85\xi_b$。

可由式（8-42）计算裂缝宽度

$$w_{max} = \alpha \frac{\sigma_{sk}}{E_s} \left(30 + c + 0.07 \frac{d}{\rho_{te}} \right) = 2.1 \times \frac{216}{2 \times 10^5} \left(30 + 35 + 0.07 \frac{20}{0.056} \right) = 0.20 \text{mm}$$

满足要求。

可见，水利规范计算值略大于电力规范。

（3）按《混凝土结构设计规范》（GB 50010—2010）计算。

假设配筋相同，仅验算裂缝宽度：$\nu_i = 1$，$A_{te} = 0.5bh$，$A_s = 1256 \text{mm}^2$，$A_p = 0$。

钢筋混凝土结构 σ_s 按准永久组合计算，现近似取 $216 \times 0.7 = 151.2 \text{N/mm}^2$ 作为准永久组合的应力值。

由式（8-46）得

$$\rho_{te} = \frac{A_s + A_p}{A_{te}} = \frac{1256}{0.5 \times 250 \times 600} = 0.0167$$

由式（8-44）得

$$\psi = 1.1 - 0.65 \frac{f_{tk}}{\rho_{te} \sigma_s} = 1.1 - 0.65 \frac{1.78}{0.0167 \times 151.2} = 0.64$$

由式（8-45）得

$$d_{eq} = \frac{\sum n_i d_i^2}{\sum n_i \nu_i d_i} = \frac{20}{1} = 20 \text{mm}$$

由式（8-43）得

$$w_{max} = \alpha_{cr} \psi \frac{\sigma_s}{E_s} \left(1.9 c_s + 0.08 \frac{d_{eq}}{\rho_{te}} \right)$$

$$= 1.9 \times 0.64 \times \frac{151.2}{2 \times 10^5} \times \left(1.9 \times 35 + 0.08 \times \frac{20}{0.0167} \right) = 0.15 \text{mm}$$

可见国标（工民建）规范的计算值最小。

【例 8-4】　一矩形截面偏心受压柱，采用对称配筋。截面尺寸 $b \times h = 400 \text{mm} \times 600 \text{mm}$，柱的计算长度 $l_0 = 4.5 \text{m}$；受拉和受压钢筋均为 $4 \oplus 25$（$A_s = A_s' = 1964 \text{mm}^2$）；混凝土强度等

级为 C25；混凝土保护层厚度 $c=30\text{mm}$。荷载标准值为：$N_\text{k}=400\text{kN}$，$M_\text{k}=200\text{kN·m}$。最大裂缝宽度限值 $[w_{\max}]=0.3\text{mm}$。试验算裂缝宽度是否满足要求。

解　(1) 按电力《水工混凝土结构设计规范》(DL/T 5057—2009) 计算。

$$a_\text{s}=c+\frac{d}{2}=30+\frac{25}{2}=42.5\text{mm},h_0=h-a_\text{s}=600-42.5=557.5\text{mm}$$

$$e_0=\frac{M_\text{k}}{N_\text{k}}=\frac{200}{400}=0.5\text{m}=500\text{mm}>0.55h_0=0.55\times557.5=306.6\text{mm}$$

故需验算裂缝宽度。

因

$$\frac{l_0}{h}=\frac{4500}{600}=7.5<8,\qquad 故\ \eta=1.0$$

$$e=\eta e_0+\frac{h}{2}-a_\text{s}=1.0\times500+\frac{600}{2}-42.5=757.5\text{mm}$$

$$z=\left[0.87-0.12\left(\frac{h_0}{e}\right)^2\right]h_0=\left[0.87-0.12\times\left(\frac{557.5}{757.5}\right)^2\right]\times557.5=449\text{mm}$$

$$\sigma_\text{sk}=\frac{N_\text{k}}{A_\text{s}}\left(\frac{e}{z}-1\right)=\frac{400\times10^3}{1964}\times\left(\frac{757.5}{449}-1\right)=140\text{N/mm}^2$$

$$\rho_\text{te}=\frac{A_\text{s}}{A_\text{te}}=\frac{A_\text{s}}{2a_\text{s}b}=\frac{1964}{2\times42.5\times400}=0.058$$

$$\psi=1-1.1\frac{f_\text{tk}}{\rho_\text{te}\sigma_\text{sk}}=1-1.1\times\frac{1.78}{0.058\times140}=0.76$$

$$w_{\max}=\alpha_\text{cr}\psi\frac{\sigma_\text{sk}-\sigma_0}{E_\text{s}}\left(2.2c+0.09\frac{d}{\rho_\text{te}}\right)\nu$$

$$=1.9\times0.76\times\frac{140}{2\times10^5}\times\left(2.2\times30+0.09\times\frac{25}{0.058}\right)\times1=0.11\text{mm}$$

满足要求。

(2) 按水利《水工混凝土结构设计规范》(SL 191—2008) 计算。

$$w_{\max}=\alpha\frac{\sigma_\text{sk}}{E_\text{s}}\left(30+c+0.07\frac{d}{\rho_\text{te}}\right)$$

$$=2.1\times\frac{140}{2\times10^5}\times\left(30+30+0.07\times\frac{25}{0.058}\right)$$

$$=0.133\text{mm}<[w_{\max}]=0.30\text{mm}$$

满足裂缝宽度要求。

同 [例 8-3] 计算结果一样，水利规范计算值稍大于电力规范。

第三节　受弯构件变形验算

为保证结构的正常使用，对需要控制变形的构件，应进行变形验算。受弯构件的最大挠度应按荷载效应标准组合进行验算，其计算值不应超过附录六附表 6-3 规定的挠度限值。

一、钢筋混凝土受弯构件的挠度试验

由《材料力学》可知，对于均质弹性材料梁，挠度的计算公式为

$$f=S\frac{Ml_0^2}{EI}\qquad\qquad(8-48)$$

式中　S——与荷载形式、支承条件有关的系数，如计算承受均布荷载的单跨简支梁的跨中
　　　　挠度时，$S=5/48$；

l_0、EI——梁的计算跨度和截面抗弯刚度。

当梁的截面尺寸和材料已定，截面的抗弯刚度 EI 就为一常数。所以由上式可知弯矩 M 与挠度 f 成线性关系，如图 8-17 中的虚线 OD 所示。

钢筋混凝土梁不是完全弹性体，具有一定的塑性性质，这主要是因为混凝土材料的应力应变本构关系是非线性的，变形模量不是常数；另外，钢筋混凝土梁随着受拉区裂缝的产生和发展，截面有所削弱而使截面的惯性矩不断地减小，也不再保持为常数。因此，钢筋混凝土梁随着荷载的增加，其刚度值逐渐降低，实际的弯矩与挠度关系曲线（M—f 曲线）如图 8-17 中的 $OA'B'C'D'$ 所示。

钢筋混凝土适筋梁的 M—f 曲线大体上可分为三个阶段（图 8-17）：

（1）荷载较小，裂缝出现之前（阶段Ⅰ），曲线 OA' 与直线 OA 非常接近。临近出现裂缝时，f 值增加稍快，实测曲线微偏离线性。这是由于受拉混凝土出现了塑性变形，变形模量略有降低。

（2）裂缝出现后（阶段Ⅱ），M—f 曲线发生明显的转折，出现了第一个转折点（A'）。配筋率越低的构件，转折越明显。这不仅因为混凝土的塑性发展，变形模量降低，而且由于截面开裂，并随着荷载的增加裂缝不断扩展，混凝土有效受力截面减小，截面的抗弯刚度逐步降低，曲线 $A'B'$ 偏离直线的程度也就随着荷载的增加而非线性增加。正常使用阶段的挠度验算，主要是指这个阶段的挠度验算。

（3）当钢筋屈服时（阶段Ⅲ），M—f 曲线出现第二个明显的转折点（C'）。之后，由于裂缝的迅速扩展和受压区出现明显的塑性变形，截面刚度急剧下降，弯矩稍许增加就会引起挠度的剧增。

对于正常使用状况（属第Ⅰ、Ⅱ阶段）下的钢筋混凝土梁，如果仍采用材料力学公式（8-48）中的刚度 EI 计算挠度，显然不能反映梁的实际情况。因此，对钢筋混凝土梁，用抗弯刚度 B 取代式（8-48）中的 EI，在此 B 为一随弯矩 M 增大而减小的变量。刚度 B 确定后则仍可用材料力学公式计算梁的挠度，即

$$f = S\frac{Ml_0^2}{B} \qquad (8-49)$$

对于钢筋混凝土梁的抗弯刚度 B，不同国家的规范采用不同的计算方法。例如美国混凝土建筑规范 ACI318 采用了有效惯性矩的方法[16]；欧洲混凝土委员会和国际预应力协会 CEB-FIP（1990）模式规范则采用在弹性刚度基础上进行折减的方法，并考虑了截面开裂、混凝土徐变、受拉钢筋与受压钢筋配筋率等因素的影响[46]。

我国电力和水利的水工混凝土结构设计规范一样，对钢筋混凝土梁的抗弯刚度则采用材料力学挠度计算公式基础上的简化计算方法，具体如下。

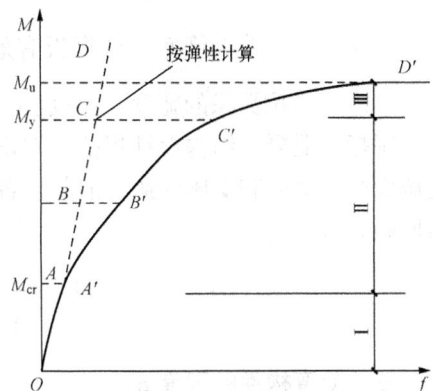

图 8-17　适筋梁实测的 M—f 曲线

二、受弯构件的短期刚度 B_s

1. 不出现裂缝的构件

对于不出现裂缝的钢筋混凝土受弯构件，如同出现裂缝前的梁一样（图 8-17），实际挠度比按弹性体公式（8-48）算得的数值偏大，说明梁的实际刚度比 EI 值低，这是因为混凝土受拉出现塑性变形，实际弹性模量有所降低的缘故。但截面并未削弱，I 值不受影响。所以只需将刚度 EI 稍加修正，即可反映不出现裂缝的钢筋混凝土梁的实际情况。为此，将式（8-48）中的刚度 EI 改用 B_s 代替，并取

$$B_s = 0.85 E_c I_0 \tag{8-50}$$

式中　B_s——不出现裂缝的钢筋混凝土受弯构件的短期刚度，$\text{N} \cdot \text{mm}^2$；

　　　E_c——混凝土的弹性模量；

　　　I_0——换算截面对其重心轴的惯性矩；

　　0.85——考虑混凝土出现塑性变形时弹性模量降低的系数。

2. 出现裂缝的构件

对于出现裂缝的钢筋混凝土受弯构件，确定短期刚度的计算方法仍以材料力学计算梁的挠度公式为基础，根据大量试验数据，反算出构件的实际刚度，再以 $\alpha_E \rho$ 为主要参数进行回归分析。为简化计算，B_s 与 $\alpha_E \rho$ 的关系采用线性模型，即

$$B_s = (K_1 + K_2 \alpha_E \rho) E_c b h_0^3$$

对于矩形截面，线性回归的结果：$K_1 = 0.025$，$K_2 = 0.28$，所以

$$B_s = (0.025 + 0.28 \alpha_E \rho) E_c b h_0^3 \tag{8-51}$$

对于 T 形、倒 T 形及 I 形截面受弯构件的短期刚度 B_s，考虑到与矩形截面简化公式的衔接，故保留矩形截面刚度公式的基本形式，并考虑受拉、受压翼缘对刚度的影响，最后得到规范所给出的矩形、T 形及 I 形截面构件的短期刚度计算公式

$$B_s = (0.025 + 0.28 \alpha_E \rho)(1 + 0.55 \gamma_f' + 0.12 \gamma_f) E_c b h_0^3 \tag{8-52}$$

式中　B_s——出现裂缝的钢筋混凝土受弯构件的短期刚度，$\text{N} \cdot \text{mm}^2$；

　　　ρ——纵向受拉钢筋配筋率，$\rho = \dfrac{A_s}{b h_0}$，$b$ 为截面肋宽；

　　　γ_f'——受压翼缘面积与腹板有效面积的比值，$\gamma_f' = \dfrac{(b_f' - b) h_f'}{b h_0}$，其中 b_f'、h_f' 分别为受压翼缘的宽度、高度，当 $h_f' > 0.2 h_0$ 时，取 $h_f' = 0.2 h_0$；

　　　γ_f——受拉翼缘面积与腹板有效面积的比值，$\gamma_f = \dfrac{(b_f - b) h_f}{b h_0}$，其中 b_f、h_f 分别为受拉翼缘的宽度、高度。

国标《混凝土结构设计规范》（GB 50010—2010）根据截面刚度与曲率的理论关系及裂缝截面受拉钢筋和受压区边缘混凝土各自的应变与相应的平均应变建立关系，再根据试验资料回归，得

$$B_s = \frac{E_s A_s h_0^2}{1.15 \psi + 0.2 + \dfrac{6 \alpha_E \rho}{1 + 3.5 \gamma_f}} \tag{8-53}$$

三、受弯构件的刚度 B

荷载长期作用下，钢筋混凝土受弯构件受压区混凝土将产生徐变，即使荷载不增加，挠

度也将随时间的增加而增大。

混凝土收缩也是造成受弯构件刚度降低的原因之一。尤其是当受弯构件的受拉区配置了较多的受拉钢筋而受压区配筋很少或未配钢筋时（图 8-18），由于受压区未配钢筋，受压区混凝土可以较自由地收缩，即梁的上部缩短。受拉区由于配置了较多的纵向钢筋，混凝土的收缩受到钢筋的约束，使混凝土受拉，甚至可能出现裂缝。因此，混凝土收缩也会引起梁的刚度降低，使挠度增大。

如上所述，荷载长期作用下挠度增加的主要原因是混凝土的徐变和收缩，所以凡是影响混凝土徐变和收缩的因素，如受压钢筋的配筋率、加荷龄期、荷载的大小及持续时间、使用环境的温度和湿度、混凝土的养护条件等都对挠度的增长有影响。

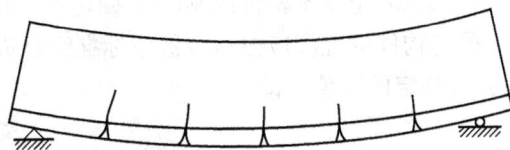

图 8-18　配筋对混凝土收缩的影响

试验表明，在加荷初期，梁的挠度增长较快，以后增长缓慢，后期挠度虽仍继续增大，但增值很小。实际应用中，对一般尺寸的构件，可取 1000d 或 3 年的挠度作为最终值。对于大尺寸的构件，挠度增长可达 10 年后仍未停止。

考虑荷载长期作用对受弯构件挠度影响的方法有多种：

（1）用不同方式在不同程度上考虑混凝土徐变及收缩的影响来计算刚度，或直接计算由于荷载长期作用而产生的挠度增长和由收缩而引起的翘曲；

（2）由试验结果确定荷载长期作用下的挠度增大系数 θ，采用 θ 值来计算刚度。

我国规范采用上述第（2）种方法。根据国内外对受弯构件长期挠度观测结果，θ 值可按下式计算

$$\theta = 2.0 - 0.4\frac{\rho'}{\rho} \tag{8-54}$$

式中　θ——考虑荷载长期作用对挠度增大的影响系数；

ρ'，ρ——受压钢筋和受拉钢筋的配筋率，$\rho' = \dfrac{A'_s}{bh_0}$，$\rho = \dfrac{A_s}{bh_0}$。

由式（8-54）可知，当不配受压钢筋时，$\rho' = 0$，则 $\theta = 2.0$；当 $\rho' = \rho$ 时，$\theta = 1.6$；当 ρ' 为中间数值时，θ 按直线内插法取用。对于受拉区有翼缘的截面，受拉区混凝土参与受力的程度比矩形截面要大。因此，θ 值应在式（8-54）计算的基础上乘以系数 1.2。国标《混凝土结构设计规范》（GB 50010—2010）即按上述规定取 θ 值。

荷载效应标准组合作用（并考虑荷载长期作用的影响）下的矩形、T 形及 I 形截面受弯构件刚度 B 可按下式计算

$$B = \frac{M_k}{M_q(\theta - 1) + M_k}B_s \tag{8-55}$$

式中　M_k，M_q——由荷载效应标准组合及准永久组合计算的弯矩值；

B_s——短期刚度，$N \cdot mm^2$。

《混凝土结构设计规范》（GB 50010—2010）对预应力混凝土结构即按式（8-55）计算 B，而对钢筋混凝土结构，由于采用荷载准永久组合，所以由上式可得

$$B = \frac{B_s}{\theta} \tag{8-56}$$

一般情况下，$\dfrac{M_q}{M_k}=0.4\sim0.7$，以 $\theta=1.6$、1.8、2，分别代入上式，$B=(0.59\sim0.81)B_s$。现行公路桥规的规定为：$B=0.625B_s$。经综合分析简化，水工混凝土结构设计规范采用

$$B = 0.65B_s \tag{8-57}$$

在水工混凝土结构设计中，挠度验算一般都不是控制条件，上述简化是可行的。

四、受弯构件的挠度验算

钢筋混凝土受弯构件的刚度 B 确定后，挠度值就可按式（8-49）求得。

受弯构件的挠度应按荷载效应标准组合进行计算，所得的挠度计算值不应超过附录六附表 6-3 规定的限值。即

$$f \leqslant [f] \tag{8-58}$$

式中　　f——按荷载效应标准组合对应的刚度 B 进行计算求得的挠度值。

应当指出，计算受弯构件的短期刚度 B_s 时，对于简支梁可取跨中截面的刚度，即配筋率 ρ 值按跨中截面选取；对于悬臂梁可取支座截面的刚度，即配筋率 ρ 值按支座截面选取；对于等截面的连续构件，刚度可取跨中截面和支座截面刚度的平均值。

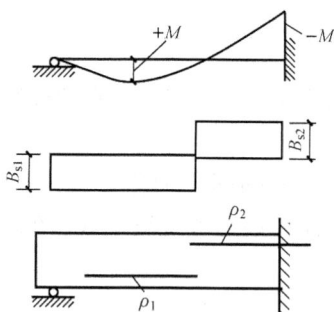

图 8-19　一端简支一端固定梁的弯矩及刚度图

例如图 8-19 所示的一端简支一端固定的梁，承受均布荷载，跨中截面按梁的最大正弯矩配筋，配筋率为 ρ_1。支座截面按梁的最大负弯矩配筋，配筋率为 ρ_2。此时，若按水工混凝土结构设计规范给出的方法，假定各同号弯矩区段内的刚度相等，并取用该段内最大弯矩处的刚度，则此梁成为变刚度 B_{s1} 和 B_{s2} 的梁，需确定反弯点的位置，采用分段积分的方法求该梁的挠度，但计算过于复杂，不便于设计中应用。为方便计算，可取跨中截面和支座截面刚度的平均值作为该梁的刚度，这样就可将梁视为等刚度的梁，直接利用材料力学的公式求出该梁的挠度。

若验算挠度不能满足式（8-58）要求，则表示构件的截面抗弯刚度不足。由式（8-52）或式（8-53）可知，增加截面尺寸、提高混凝土强度等级、增加配筋量及选用合理的截面（如 T 形或 I 形等）都可提高构件的刚度。但合理而有效的措施是增大截面的高度。

【例 8-5】　某水电站副厂房楼盖中一矩形截面简支梁（安全级别为 Ⅱ 级），截面尺寸 $b \times h = 200\text{mm} \times 500\text{mm}$；由承载力计算已配置纵向受拉钢筋 $3\,\Phi\,20$（$A_s = 942\text{mm}^2$）；混凝土为 C25 级；梁的计算跨度 $l_0 = 5.6\text{m}$；承受均布荷载，其中永久荷载（包括自重）标准值 $g_k = 12.4\text{kN/m}$，可变荷载标准值 $q_k = 8\text{kN/m}$，$a_s = 35\text{mm}$。试验算该梁跨中挠度是否满足要求。

解　（1）计算荷载效应标准值。

$$M_k = \gamma_0 \frac{1}{8}(g_k + q_k)l_0^2$$

$$= 1.0 \times \frac{1}{8} \times (12.4 + 8) \times 5.6^2 = 79.97\text{kN} \cdot \text{m}$$

（2）计算梁的短期刚度 B_s。

$$\alpha_E = \frac{E_s}{E_c} = \frac{2.0 \times 10^5}{2.80 \times 10^4} = 7.14 \qquad \rho = \frac{A_s}{bh_0} = \frac{942}{200 \times 465} = 0.0101$$

1) 按电力《水工混凝土结构设计规范》（DL/T 5057—2009）计算：

$$B_s = (0.025 + 0.28\alpha_E\rho)(1 + 0.55\gamma'_f + 0.12\gamma_f)E_cbh_0^3$$

$$= (0.025 + 0.28 \times 7.14 \times 0.0101) \times 2.80 \times 10^4 \times 200 \times 465^3$$

$$= 2.54 \times 10^{13} \text{N} \cdot \text{mm}^2$$

水利《水工混凝土结构设计规范》（SL 191—2008）计算方法同上。

2) 按《混凝土结构设计规范》（GB 50010—2010）计算。

按准永久组合计算，取 $M_q = 0.7M_k = 55.98\text{kN} \cdot \text{m}$

$$\sigma_s = \frac{M_q}{0.87h_0A_s} = \frac{55.98 \times 10^6}{0.87 \times 465 \times 942} = 146.9$$

$$\rho_{te} = \frac{A_s}{A_{te}} = \frac{942}{0.5 \times 200 \times 500} = 1.88\%$$

$$\psi = 1.1 - 0.65\frac{f_{tk}}{\rho_{te}\sigma_s} = 1.1 - 0.65 \times \frac{1.78}{0.0188 \times 146.9} = 0.682$$

$$B_s = \frac{E_sA_sh_0^2}{1.15\psi + 0.2 + \frac{6\alpha_E\rho}{1 + 3.5\gamma_f}} = \frac{2 \times 10^5 \times 942 \times 465^2}{1.15 \times 0.682 + 0.2 + \frac{6 \times 7.14 \times 0.0101}{1 + 0}}$$

$$= 2.88 \times 10^{13} \text{N} \cdot \text{mm}^2$$

（3）计算梁的刚度 B。

1) 按电力和水利规范计算

$$B = 0.65B_s = 0.65 \times 2.54 \times 10^{13} = 1.65 \times 10^{13} \text{N} \cdot \text{mm}^2$$

2) 按国标（工民建）规范计算

因 $\rho' = 0$，所以 $\theta = 2$

$$B = \frac{B_s}{\theta} = \frac{2.88 \times 10^{13}}{2} = 1.44 \times 10^{13} \text{N} \cdot \text{mm}^2$$

（4）验算梁的挠度。

1) 按电力和水利规范计算

由附录六附表 6-3 可知，$[f] = l_0/200$。

$$f = \frac{5}{48} \times \frac{M_kl_0^2}{B} = \frac{5}{48} \times \frac{79.97 \times 10^6 \times 5600^2}{1.65 \times 10^{13}}$$

$$= 15.8\text{mm} < [f] = l_0/200 = 5600/200 = 28.0\text{mm}$$

故挠度满足要求。

2) 按国标（工民建）规范计算

$$f = \frac{5}{48} \times \frac{M_ql_0^2}{B} = \frac{5}{48} \times \frac{55.98 \times 10^6 \times 5600^2}{1.44 \times 10^{13}} = 12.70\text{mm} < [f] = l_0/200$$

$$= 5600/200 = 28.0\text{mm}$$

可见，由于国标（工民建）规范采用准永久组合，所以计算结果小于电力和水利规范计算结果。

第四节　混凝土结构的耐久性

混凝土结构的耐久性，是指在设计使用年限内，结构在正常使用和维护条件下，随时间变化而仍能满足预定功能要求的能力[35]。

一、混凝土结构耐久性的要求

耐久性作为混凝土结构可靠性三大功能指标（安全性、适用性和耐久性）之一，越来越受到工程设计的重视，结构的耐久性设计也成为结构设计的重要内容之一。一些国家和地区的混凝土结构设计规范中已列入耐久性设计的有关规定和要求，如美国和欧洲等规范将耐久性设计单列为一章，我国水工、港工、交通、建筑等规范也将耐久性设计列为基本规定的一节。根据结构所处的环境条件，除了控制结构的裂缝宽度外，还需通过混凝土保护层最小厚度、混凝土最低抗渗等级、混凝土最低抗冻等级、混凝土最低强度等级、最小水泥用量、最大水灰比、最大氯离子含量、最大碱含量、以及结构型式和专门的防护措施等具体规定要求来保证混凝土结构的耐久性。

二、影响混凝土结构耐久性的主要因素

影响混凝土结构耐久性的因素很多，主要有混凝土的碳化、钢筋的锈蚀、混凝土的碱—集料反应、侵蚀性介质的腐蚀、混凝土冻融破坏等。

1. 混凝土材料

混凝土是由水泥、粗细集料、水、掺合料和外加剂等组成的多相多孔复合材料。在混凝土浇筑过程中会有气体侵入而形成气泡和孔穴；在水泥水化期间，水泥浆体中随多余的水分蒸发会形成毛细孔和水隙；同时在水泥水化期间，由于水泥浆体和集料的热膨胀系数及弹模的不同，其界面会产生许多微裂缝。由于混凝土中的这些孔道、微裂缝等原始缺陷，使用环境中的水及侵蚀性介质就可能随之而渗入混凝土内部，产生碳化、冻融、钢筋锈蚀等而影响混凝土的耐久性。因此，提高混凝土材料本身质量是提高混凝土结构耐久性的基本途径。

2. 钢筋的锈蚀

钢筋的锈蚀会引起锈胀，导致混凝土沿钢筋纵向出现裂缝，并使混凝土保护层脱落。钢筋锈蚀过程实质是电化学反应过程，位于电场附近的钢筋还会因电位变化而加速锈蚀。钢筋锈蚀使钢筋有效面积减小，从而使截面承载力降低，最终将使结构破坏或失效。因此，钢筋锈蚀是影响混凝土结构耐久性的最主要因素。

3. 混凝土的碳化

大气中的二氧化碳或其他酸性气体，通过混凝土中的毛细孔隙，渗入到混凝土内，在有水分存在的条件下，与混凝土中的碱性物质发生中性化反应，使混凝土的碱度（即 pH 值）降低，称为混凝土的碳化。混凝土碳化的主要危害是使混凝土中的钢筋保护膜受到破坏，引起钢筋锈蚀。同时碳化还会引起混凝土收缩，使混凝土表面产生微细裂缝，使混凝土表层强度降低。当混凝土构件的裂缝宽度超过一定限值时，将会加速混凝土的碳化。当碳化深度超过混凝土保护层而达到钢筋层时，钢筋表面的氧化膜遭到破坏，钢筋开始生锈，最终导致钢筋混凝土结构的破坏，影响混凝土结构的耐久性。

4. 混凝土的碱—集料反应

混凝土骨料中的碱活性成分与混凝土中的碱性溶液发生化学反应而生成碱活性物质的现象称为碱—集料反应。碱—集料反应生成的碱活性物质在吸水后体积膨胀，引起混凝土开裂、强度降低，甚至导致结构破坏，从而影响混凝土结构的耐久性。

5. 混凝土冻融破坏

混凝土处于冻融交替环境中时，渗入混凝土内部空隙中的水分在低温下结冰后体积膨胀，使混凝土产生胀裂，经多次冻融循环后将导致混凝土疏松剥落，引起混凝土结构的破坏。调查结果表明，在严寒或寒冷地区，水工混凝土的冻融破坏有时是极为严重的，特别是在长期潮湿的建筑物阴面或水位变化部位。例如，我国东北地区的丰满水电站，由于在1943～1947 年浇筑混凝土时，质量不好并对抗冻性注意不够，十几年后，混凝土就发生了大面积的冻融破坏，剥蚀深度一般在 200～300mm，最严重处达到了 600～1000mm 厚。此外，实践还表明，即使在气候温和的地区，如抗冻性不足，混凝土也会发生冻融破坏以致剥蚀露筋。

6. 侵蚀性介质的腐蚀

侵蚀性介质的渗入，造成混凝土中的一些成分被溶解、流失，引起混凝土发生孔隙和裂缝，甚至松散破碎；有的侵蚀性介质与混凝土中的一些成分反应后的生成物体积膨胀，引起混凝土结构胀裂破坏。常见的一些主要侵蚀性介质有：硫酸盐腐蚀、酸腐蚀、海水腐蚀、盐酸类结晶型腐蚀等。海水除对混凝土造成腐蚀外，还会造成钢筋锈蚀或加快钢筋的锈蚀速度。

三、混凝土结构耐久性设计规定

1. 耐久性设计的基本原则

结构的耐久性与结构所处的环境条件、结构使用条件、结构形式和细部构造、结构表面保护措施以及施工质量等均有关系。耐久性设计的基本原则是根据结构或构件所处的环境及腐蚀程度，选择相应技术措施和构造要求，保证结构或构件达到预期的使用寿命。

2. 混凝土结构的使用环境类别

水工混凝土结构设计规范规定，水工混凝土结构应根据所处的环境条件满足相应的耐久性要求。水工混凝土结构所处的环境条件可划分为五个类别，具体见附录一附表 1-1、附表1-2。为了比较，还列出了国标（工民建）规范的五个环境类别，见附录一附表 1-3。

设计永久性水工混凝土结构时，可按结构所处的环境条件类别和设计使用年限提出相应的耐久性要求。也可根据结构表层保护措施的实际情况及预期的施工质量控制水平，将环境类别适当提高或降低。

临时性建筑物及大体积结构的内部混凝土可不提出耐久性要求。

3. 保证耐久性的技术措施及构造要求

（1）混凝土耐久性基本要求。

为保证结构具有良好耐久性，首先应正确选用混凝土原材料。例如环境水对混凝土有硫酸盐侵蚀性时，应优先选用抗硫酸盐水泥；有抗冻要求时，应优先选用大坝水泥及硅酸盐水泥并掺用引气剂；位于水位变化区的混凝土宜避免采用火山灰质硅酸盐水泥等。对于骨料应控制杂质的含量，特别应避免含有活性氧化硅以致会引起碱—集料反应的骨料。

混凝土中掺加粉煤灰或硅粉及使用高效减水剂制成的高性能混凝土具有很高的抗渗性，有利于避免或减轻钢筋锈蚀、渗漏、冲刷磨损和气蚀破坏；掺加粉煤灰可抑制碱—集料反应等。所以，水工混凝土结构耐久性设计中，应注意选用适当的矿物掺合料和外加剂。

影响耐久性的一个重要因素是混凝土本身的质量，因此混凝土的配合比设计、拌和、运输、浇筑、振捣和养护等均应严格遵照施工规范的规定，尽量提高混凝土的密实性和抗渗性，从根本上提高混凝土的耐久性。

规范规定，对于设计使用年限为 50 年的水工结构，混凝土的最低强度等级、最小水泥用量、最大水灰比、最大氯离子含量、最大碱含量等宜符合表 8-1～表 8-4 的耐久性基本要求。

1）混凝土最低强度等级。

根据水工钢筋混凝土结构所处的环境类别和所用钢筋种类，规定了相应的混凝土最低强度等级，见表 8-1。

表 8-1   混凝土最低强度等级

环境类别	素混凝土	钢筋混凝土		预应力混凝土	
		HPB235 HPB300	HRB335、HRB400 RRB400、HRB500	钢棒、螺纹钢筋	钢绞线、消除应力钢丝
一	C15	C20	C20	C30	C40
二	C15	C20	C25	C30	C40
三	C15	C20	C25	C35	C40
四	C20	C25	C30	C35	C40
五	C25	C30	C35	C35	C40

注 1. 桥面及处于露天的梁、柱结构，混凝土强度等级不宜低于 C25。
    2. 有抗冲耐磨要求的部位，其混凝土强度等级应进行专门研究确定，且不宜低于 C30。
    3. 承受重复荷载的钢筋混凝土构件，混凝土强度等级不宜低于 C25。
    4. 大体积预应力混凝土结构的混凝土强度等级不应低于 C30。

2）混凝土最大水灰比与最小水泥用量。

控制混凝土最大水灰比与最小水泥用量是保证混凝土密实性、提高混凝土耐久性的主要措施。根据水工混凝土结构所处的环境类别，《水工混凝土结构设计规范》（DL/T 5057—2009）规定了相应的混凝土最大水灰比与最小水泥用量，见表 8-2 和表 8-3。

表 8-2   钢筋混凝土和预应力混凝土最大水灰比

环境类别	一	二	三	四	五
最大水灰比	0.60	0.55	0.50	0.45	0.40

注 1. 素混凝土结构的最大水灰比可按表中所列数值增大 0.05。
    2. 结构类型为薄壁或薄腹构件时，最大水灰比宜适当减小。
    3. 处于三、四、五类环境条件又受冻严重或受冲刷严重的结构，最大水灰比应按照《水工建筑物抗冰冻设计规范》DL/T 5082 的规定执行。
    4. 承受水力梯度较大的结构，最大水灰比宜适当减小。

表 8-3   混凝土的最小水泥用量   kg/m³

环境类别	最小水泥用量		
	素混凝土	钢筋混凝土	预应力混凝土
一	200	220	280
二	230	260	300
三	260	300	340
四	280	340	360
五	300	360	380

注 当混凝土中加入活性掺合料或能提高耐久性的外加剂时，可适当降低最小水泥用量。

3）混凝土中最大氯离子含量和碱含量。

氯离子是引起混凝土中钢筋锈蚀的主要原因之一，试验和大量工程调查表明，在潮湿环境中，当混凝土中的水溶性氯离子达到凝胶材料重量的约 0.4％时会引起钢筋锈蚀；在干燥环境中，超过 1.0％时没有发现锈蚀的情况。

由于碱—集料反应发生的条件除了碱含量大、有活性骨料外，还需要水的参与。当环境条件干燥时，不会发生碱—集料反应。所以，对于一类环境中的混凝土结构，未限制混凝土的碱含量。

根据水工钢筋混凝土结构所处的环境类别规定了不同的最大氯离子含量和碱含量，见表 8-4。

表 8-4　　　　　　　　　　　混凝土中最大氯离子和最大碱含量

环境类别	最大氯离子含量		最大碱含量/(kg/m³)
	钢筋混凝土/％	预应力混凝土/％	
一	1.0	0.06	不限制
二	0.3	0.06	3.0
三	0.2	0.06	3.0
四	0.1	0.06	2.5
五	0.06	0.06	2.5

注　1. 氯离子含量指水溶性氯离子占水泥用量的百分比。

　　2. 碱含量为可溶性碱在混凝土原材料中含量以 Na_2O 当量。

对于设计使用年限为 100 年的水工结构，混凝土耐久性基本要求除应满足表 8-1～表 8-4 的规定外，尚应符合下列要求：混凝土强度等级宜按表 8-1 的规定提高一级；混凝土中的氯离子含量不应大于 0.06％；未经论证，混凝土不应采用碱活性骨料。

（2）混凝土保护层厚度。

对钢筋混凝土结构来说，耐久性主要决定于钢筋是否锈蚀。而钢筋锈蚀的条件，首先决定于混凝土碳化达到钢筋表面的时间 t，t 大约正比于混凝土保护层厚度 c 的平方。保护层越厚，碳化达到钢筋表面的时间就越长，构件的耐久性就越好。同时，保护层厚度 c 过小会导致混凝土沿钢筋纵向发生劈裂裂缝，严重影响钢筋的锚固。所以，混凝土保护层的厚度及密实性是决定结构耐久性的关键。

钢筋锈蚀与所处的环境条件有关，实践已证明，全处于干燥环境，钢筋不会锈蚀；全处于水下，钢筋也基本不锈；而在水位以上受水汽蒸薰、时干时湿的部位，钢筋最易锈蚀，特别在有氯离子等腐蚀性介质（如海水）存在时，则锈蚀异常迅速。因此，在不同环境条件下的保护层厚度取值应有不同。

按环境类别条件的不同，规范规定：

纵向受力钢筋的混凝土保护层厚度（从钢筋外边缘到最近混凝土表面的距离）不应小于钢筋直径及附录四附表 4-1 所列的数值，同时也不应小于粗骨料最大粒径的 1.25 倍。

板、墙、壳中分布钢筋的混凝土保护层厚度不应小于附录四附表 4-1 中相应数值减 10mm，且不应小于 10mm；梁、柱中箍筋和构造钢筋的保护层厚度不应小于 15mm；钢筋端头保护层厚度不应小于 15mm。

对设计使用年限为 100 年的水工结构，混凝土保护层厚度应按附录四附表 4-1 的规定适当增加，并切实保证混凝土保护层的密实性。

（3）混凝土的抗渗等级。

混凝土越密实，水灰比越小，其抗渗性能越好。混凝土的抗渗性能用抗渗等级表示，水工混凝土抗渗等级可按 28d 龄期的标准试件测定，分为 W2、W4、W6、W8、W10、W12 六级。设计中根据建筑物开始承受水压力的时间，也可利用 60d 或 90d 龄期的试件测定抗渗等级。

规范规定，结构所需的混凝土抗渗等级应根据所承受的水头、水力梯度以及下游排水条件、水质条件和渗透水的危害程度等因素确定，并不应低于表 8-5 的规定值。

表 8-5　混凝土抗渗等级的最小允许值

项次	结构类型及运用条件		抗渗等级
1	大体积混凝土结构的下游面及建筑物内部		W2
2	大体积混凝土结构的挡水面	$H<30$	W4
		$30\leq H<70$	W6
		$70\leq H<150$	W8
		$H\geq 150$	W10
3	素混凝土及钢筋混凝土结构构件的背水面能自由渗水者	$i<10$	W4
		$10\leq i<30$	W6
		$30\leq i<50$	W8
		$i\geq 50$	W10

注　1. 表中 H 为水头，m，i 为水力梯度。
　　2. 当结构表层设有专门可靠的防渗层时，表中规定的混凝土抗渗等级可适当降低。
　　3. 承受侵蚀性水作用的结构，混凝土抗渗等级应进行专门的试验研究，但不应低于 W4。
　　4. 埋置在地基中的结构构件（如基础防渗墙等），可按照表中项次 3 的规定选择混凝土抗渗等级。
　　5. 对背水面能自由渗水的素混凝土及钢筋混凝土结构构件，当水头 H 小于 10m 时，其混凝土抗渗等级可根据表中项次 3 的规定降低一级。
　　6. 对严寒、寒冷地区且水力梯度较大的结构，其抗渗等级应按表中的规定提高一级。

（4）混凝土的抗冻等级。

混凝土的抗冻性用抗冻等级来表示，可按 28d 龄期的试件用快冻试验方法测定，分为 F400、F300、F250、F200、F150、F100、F50 七级。经论证，也可用 60d 或 90d 龄期的试件测定。

对于有抗冻要求的结构，应根据气候分区、冻融循环次数、表面局部小气候条件、水分饱和程度、结构构件重要性和检修条件等按表 8-6 选定抗冻等级。在不利因素较多时，可选用高一级的抗冻等级。

抗冻混凝土必须掺加引气剂等外加剂。其水泥、掺合料、外加剂的品种和数量，水灰比，配合比及含气量等指标应通过试验确定或按照《水工建筑物抗冰冻设计规范》（DL/T 5082）选用。海洋环境中的混凝土即使没有抗冻要求也宜适当掺加引气剂。

表 8 - 6　　　　　　　　　　混 凝 土 抗 冻 等 级

项次	气 候 分 区	严寒		寒冷		温和
	年冻融循环次数/次	≥100	<100	≥100	<100	—
1	受冻严重且难于检修的部位： （1）水电站尾水部位、蓄能电站进出口的冬季水位变化区的构件、闸门槽二期混凝土、轨道基础； （2）冬季通航或受电站尾水位影响的不通航船闸的水位变化区的构件、二期混凝土； （3）流速大于 25m/s、过冰、多沙或多推移质的溢洪道、深孔或其他输水部位的过水面及二期混凝土； （4）冬季有水的露天钢筋混凝土压力水管、渡槽、薄壁充水闸门井	F400	F300	F300	F200	F100
2	受冻严重但有检修条件的部位： （1）大体积混凝土结构上游面冬季水位变化区； （2）水电站或船闸的尾水渠，引航道的挡墙、护坡； （3）流速小于 25m/s 的溢洪道、输水洞（孔）、引水系统的过水面； （4）易积雪、结霜或饱和的路面、平台栏杆、挑檐、墙、板、梁、柱、墩、廊道或竖井的薄壁等构件	F300	F250	F200	F150	F50
3	受冻较重部位： （1）大体积混凝土结构外露的阴面部位； （2）冬季有水或易长期积雪结冰的渠系建筑物	F250	F200	F150	F150	F50
4	受冻较轻部位： （1）大体积混凝土结构外露的阳面部位； （2）冬季无水干燥的渠系建筑物； （3）水下薄壁构件； （4）水下流速大于 25m/s 的过水面	F200	F150	F100	F100	F50
5	水下、土中及大体积内部的混凝土	F50	F50	F50	F50	F50

注　1. 年冻融循环次数分别按一年内气温从＋3℃以上降至－3℃以下，然后回升到＋3℃以上的交替次数和一年中日平均气温低于－3℃期间设计预定水位的涨落次数统计，并取其中的大值。

　　2. 气候分区划分标准为

　　严寒：最冷月平均气温低于－10℃；

　　寒冷：最冷月平均气温高于或等于－10℃，低于或等于－3℃；

　　温和：最冷月平均气温高于－3℃。

　　3. 冬季水位变化区是指运行期内可能遇到的冬季最低水位以下 0.5～1m 至冬季最高水位以上 1m（阳面）、2m（阴面）、4m（水电站尾水区）的部位。

　　4. 阳面指冬季大多为晴天，平均每天有 4h 阳光照射，不受山体或建筑物遮挡的表面，否则均按阴面考虑。

　　5. 最冷月平均气温低于－25℃地区的混凝土抗冻等级宜根据具体情况研究确定。

（5）混凝土的抗化学腐蚀要求。

对处于化学腐蚀性环境中的混凝土，应采用抗腐蚀性水泥，掺用优质活性掺合料，必要时可同时采用特殊的表面涂层等防护措施。

1）海洋环境中混凝土的材料选取、配合比设计及混凝土质量可按照《海港工程混凝土结构防腐蚀技术规范》（JTJ 275）的规定执行。环境条件类别为三、四、五类地区宜采用高性能混凝土。

海洋环境中的重要水工结构或设计使用年限大于 50 年的水工结构，混凝土抗氯离子侵入性指标宜符合表 8-7 所列数值。

表 8-7　　　　　　　　　　　混凝土抗氯离子侵入性指标

环境类别 抗侵入性指标	三	四	五
电量指标（56d 龄期）/库仑（C）	<1500	<1200	<800
氯离子扩散系数 D_{RCM}（28d 龄期）/$(10^{-12}\,m^2/s)$	<10	<7	<4

注　1. 表中的混凝土抗氯离子侵入性指标可根据钢筋保护层厚度和混凝土水灰比的具体特点对表中数据作适当调整。

2. 表中的 D_{RCM} 值，仅适用于较大或大掺量矿物掺和料混凝土；对于胶凝材料中主要成分为硅酸盐水泥熟料的混凝土则适当降低。

当不能满足表 8-7 中的要求时，可采取下列一项或多项措施：混凝土表面涂层；混凝土表面硅烷浸渍；环氧涂层钢筋；钢筋阻锈剂；阴极保护等。

2）环境水对混凝土的腐蚀程度分级，应符合表 8-8 的规定。

表 8-8　　　　　　　　　　　腐 蚀 程 度 分 级

腐蚀程度	一年内腐蚀区混凝土的强度降低 $F/\%$	腐蚀的表面特征
无腐蚀	0	
弱腐蚀	$F<5$	材料表面略有损坏
中等腐蚀	$5\leq F<20$	侧壁表面有明显隆起、剥落
强腐蚀	$F\geq 20$	材料有明显破坏（严重裂开、掉小块）

3）化学腐蚀环境中宜测定水中或土中 SO_4^{2-}、水中 M_g^{2+} 和水中 CO_2 的含量及水的 pH 值，根据其含量和水的酸性按表 8-9 所列数值范围确定化学侵蚀的程度。

表 8-9　　　　　　　　　　　环境水腐蚀判别标准

腐蚀性类型		腐蚀性特征判定依据	腐蚀程度	界 限 指 标
分解类	溶出型	HCO_3^- 含量/(mmol/L)	无腐蚀	$HCO_3^->1.07$
			弱腐蚀	$1.07\geq HCO_3^-<0.70$
			中等腐蚀	$HCO_3^-\leq 0.70$
			强腐蚀	—
	一般酸性型	pH 值	无腐蚀	pH>6.5
			弱腐蚀	$6.5\geq pH>6.0$
			中等腐蚀	$6.0\geq pH>5.5$
			强腐蚀	pH≤5.5
	碳酸性型	游离 CO_2 /(mg/L)	无腐蚀	$CO_2<15$
			弱腐蚀	$15\leq CO_2<30$
			中等腐蚀	$30\leq CO_2<60$
			强腐蚀	$CO_2\geq 60$

续表

腐蚀性类型		腐蚀性特征判定依据	腐蚀程度	界　限　指　标	
分解结晶复合类	硫酸镁型	Mg^{2+} 含量/(mg/L)	无腐蚀	$Mg^{2+}<1000$	
			弱腐蚀	$1000\leqslant Mg^{2+}<1500$	
			中等腐蚀	$1500\leqslant Mg^{2+}<2000$	
			强腐蚀	$2000\leqslant Mg^{2+}<3000$	
结晶类	硫酸盐型	SO_4^{2-} 含量 /(mg/L)		普通水泥	抗硫酸盐水泥
			无腐蚀	$SO_4^{2-}<250$	$SO_4^{2-}<3000$
			弱腐蚀	$250\leqslant SO_4^{2-}<400$	$3000\leqslant SO_4^{2-}<4000$
			中等腐蚀	$400\leqslant SO_4^{2-}<500$	$4000\leqslant SO_4^{2-}<5000$
			强腐蚀	$SO_4^{2-}\geqslant500$	$SO_4^{2-}\geqslant5000$

注　1. 当采用上表进行环境水对混凝土腐蚀性判别时，应符合下列要求：

1）所属场地应是不具有干湿交替或冻融交替作用的地区和具有干湿交替或冻融交替作用的半湿润、湿润地区。

2）混凝土一侧承受静水压力，另一侧暴露于大气中，最大作用水头与混凝土壁厚之比大于5。

3）混凝土建筑物所采用的混凝土抗渗等级不应小于W4，水灰比不应大于0.6。

4）混凝土建筑物不应直接接触污染源。有关污染源对混凝土的直接腐蚀作用应专门研究。

2. 当所属场地为具有干湿交替或冻融交替作用的干旱、半干旱地区以及高程3000m以上的高寒地区应进行专门论证。

（6）结构型式与配筋。

结构的型式应有利于排除积水，避免水汽凝聚和有害物质积聚。当环境类别为四、五类时，结构的外形应力求规整。由于薄壁、薄腹及多棱角的结构型式，暴露面大，比平整表面更易使混凝土碳化从而导致钢筋锈蚀，在四、五类恶劣环境下应尽量避免采用。

对遭受高速水流空蚀的部位，应采用合理的结构型式、改善通气条件、提高混凝土密实度、严格控制结构表面的平整度或设置专门防护面层等措施。在有泥砂磨蚀的部位，应采用质地坚硬的骨料、降低水灰比、提高混凝土强度等级、改进施工方法，必要时还应采用耐磨护面材料。

一般情况下尽可能采用细直径、密间距的配筋方式，以使横向的受力裂缝能分散和变细。但在某些结构部位，如闸门门槽，构造钢筋及预埋件特别多，若又加上过密的配筋，反而会造成混凝土浇筑不易密实的缺陷，不密实的混凝土保护层将严重降低结构的耐久性。因此，配筋方式应全面考虑而不宜片面强调细而密的方式。

当构件处于强腐蚀环境时，普通受力钢筋直径不宜小于16mm，预应力混凝土构件，宜采用密封和防腐性能良好的孔道管，不宜采用抽孔法形成的孔道。如不采用密封护套或孔道管，则不应采用细钢丝作预应力钢筋。

处于强腐蚀环境的构件，暴露在混凝土外的吊环、紧固件、连接件等铁件应与混凝土中的钢筋隔离。预应力锚具与孔道管或护套之间需有防腐连接套管。预应力钢筋的锚头应采用无收缩高性能细石混凝土或水泥基聚合物混凝土封端。

同时，结构构件在正常使用阶段的受力裂缝也应控制在允许的范围内，特别是对于配置高强钢丝的预应力混凝土构件则必须严格抗裂。因为，高强钢丝如稍有锈蚀，就易引发应力腐蚀而脆断。

电力《水工混凝土结构设计规范》（DL/T 5057—2009）对混凝土耐久性规定的较细。水利和国标（工民建）规范是采用一个表格列出了混凝土材料的耐久性基本要求，见《水工混凝土结构设计规范》（SL 191—2008）表 3.3.4 和《混凝土结构设计规范》（GB 50010—2010）表 3.5.3。

思 考 题

1. 设计结构构件时，为什么要进行裂缝宽度验算和变形验算？

2. 为什么正常使用极限状态验算相比承载能力极限状态计算所要求的目标可靠指标可以小一些？在《水工混凝土结构设计规范》（DL/T 5057—2009）中是如何具体体现的？

3. 钢筋混凝土构件裂缝由哪些因素引起？采用什么措施可减小非荷载裂缝？

4. 裂缝的平均间距和平均宽度与哪些因素有关？采用什么措施可减小荷载作用引起的裂缝宽度？

5. 试说明钢筋有效约束区的概念和实际意义。

6. 对于非杆件体系结构，如何控制其裂缝宽度？

7. 钢筋混凝土受弯构件挠度计算与弹性受弯构件挠度计算有何不同？为什么？

8. 影响混凝土结构耐久性的主要因素有哪些？在结构设计时应采取哪些措施来保证混凝土结构的耐久性？

第九章 预应力混凝土结构

第一节 预应力混凝土的基本概念

普通钢筋混凝土的主要缺点是抗裂性能差。混凝土的受拉极限应变只有 $0.1 \times 10^{-3} \sim 0.15 \times 10^{-3}$ 左右，此时的钢筋应力仅有 $20 \sim 30 N/mm^2$，远未达到屈服强度，所以不允许出现裂缝的构件，钢筋的强度不能充分发挥。对于允许出现裂缝的构件，在使用荷载作用下，钢筋的拉应力大致是其屈服强度的 $50\% \sim 60\%$，相应的拉应变为 $0.6 \times 10^{-3} \sim 1.0 \times 10^{-3}$，大大超过了混凝土的受拉极限应变。所以配筋率适中的钢筋混凝土构件在使用阶段总会出现裂缝。虽然在一般情况下，只要裂缝宽度不超过 $0.2 \sim 0.3mm$，并不影响构件的使用和耐久性。但是，对于某些使用上需要严格限制裂缝宽度或不允许出现裂缝的构件，普通钢筋混凝土就无法满足要求。

在普通钢筋混凝土结构中，为了不影响正常使用，常需将裂缝宽度限制在 $0.2 \sim 0.3mm$ 以内，由此钢筋的工作应力要控制在 $150 \sim 200 N/mm^2$ 以下。所以，在普通钢筋混凝土中采用高强度钢筋是不合理的，因为这时高强度钢筋的强度无法充分利用。但采用高强度钢筋却是降低造价和节省钢材的有效措施。对于大跨度结构和承受动力荷载的结构，上述矛盾就更为突出。由上述分析可见，对于使用上需要严格限制裂缝宽度或不允许出现裂缝的普通钢筋混凝土构件，就只能加大构件截面尺寸，从而导致材料的不经济，并且随着自重的增加，也就无法建造大跨度结构。采用预应力混凝土结构是解决上述问题的良好方法。

所谓预应力钢筋混凝土结构，就是在外荷载作用之前，先对混凝土预加压力，造成人为的应力状态，它所产生的预应力能抵消外荷载所引起的部分或全部拉应力。这样，在外荷载作用下，裂缝就能延缓或不致发生，即使发生了，裂缝宽度也不会开展过宽。

预应力的作用原理用图 9-1 的梁来说明。在外荷载作用下，梁下边缘产生拉应力 σ_3，如图 9-1（b）所示。如果在荷载作用以前，给梁施加一偏心压力 N，使得梁的下边缘产生预压应力 σ_1，如图 9-1（a）所示，那么在外荷载作用后，截面的应力分布将是两者的叠加，如图 9-1（c）所示。梁的下边缘应力可为压应力（如 $\sigma_1 - \sigma_3 > 0$）或数值很小的拉应力（如 $\sigma_1 - \sigma_3 < 0$）。

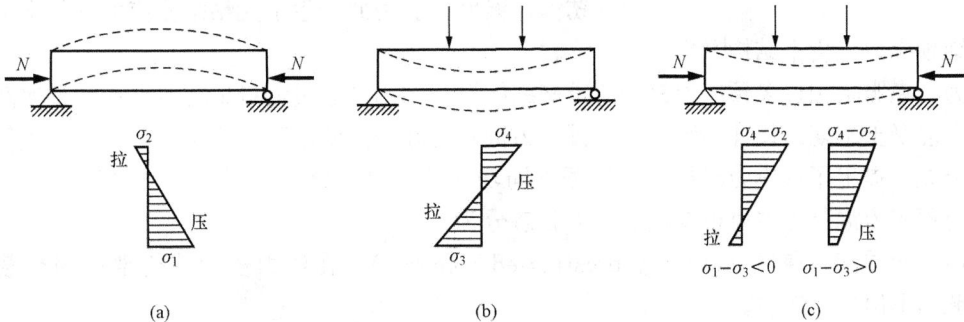

图 9-1 预应力混凝土简支梁的基本受力原理

（a）预压力作用；（b）荷载作用；（c）预压力与荷载共同作用

由此可见，施加预应力能大大提高构件的抗裂性能。由于裂缝很迟才出现或根本不发生，所以就有可能利用高强度钢材，提高经济指标。预应力混凝土结构与普通混凝土结构比较，可节省钢材30%～50%。由于采用的材料强度高，可使截面减小、自重减轻，就有可能建造大跨度承重结构。同时因为混凝土不开裂，也就提高了构件的刚度和耐久性。在预加偏心压力时又有反拱度产生，从而可减少构件的总挠度。由于预先造成了人为应力状态，在重复荷载作用下，钢筋和混凝土的应力变化的幅度减小，因而构件抵抗疲劳的性能也较好。特别是由于可根本解决裂缝问题，对水工建筑物的意义尤为重大。

预应力混凝土结构已广泛地应用于工业与民用建筑及交通运输建筑中。例如预应力空心楼板、Π形屋面板、屋面大梁、屋架、吊车梁、预应力桥梁、铁路轨枕等已大量采用。在水工建筑中也用来修建码头、栈桥、桩、闸门、调压室、压力水管、渡槽、圆形水池、工作桥、水电站厂房的屋面梁及吊车梁等结构构件，也可用预加应力的方法来加固大坝、衬砌隧洞。

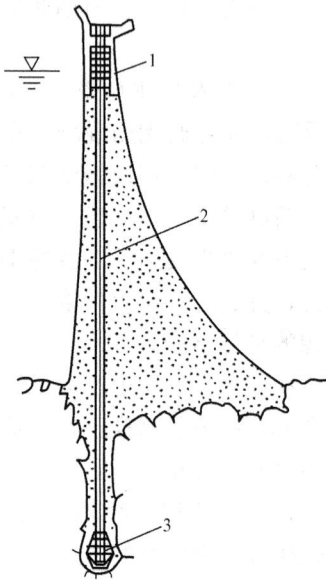

图9-2 预应力混凝土坝示意图
1—坝顶锚定块；2—预应力钢筋；
3—锚固坑

图9-2为一预应力混凝土坝示意图。预应力钢筋的下端锚固在坝基下的岩石中，在坝顶用千斤顶张拉钢筋，然后加以锚固。它能使坝体的上游面产生预压应力，以抵消因水压力作用而产生的拉应力。对坝体施加预应力可以大大缩减坝体截面和增加坝体的稳定性。

对于某些有特殊要求的结构，例如需防止海水腐蚀的海上采油平台，需耐高温高压的核电站大型压力容器等，采用预应力混凝土结构更有它的优越性，可保证混凝土不开裂，而这是非其他结构所能比拟的。

采用预应力混凝土结构也有其自身的缺陷或需要加以解决的问题：如施工工序多，工艺复杂，施工技术要求高，锚具和张拉设备以及预应力钢筋等材料较贵；完全采用预应力钢筋配筋的构件，由于预加应力过大而使得构件的开裂荷载与破坏荷载过于接近，破坏前无明显预兆，延性较差；某些结构构件，如大跨度桥梁结构，施加预压力时产生的过大反拱，在预压力的长期作用下还会增大，以致影响正常使用。后张有粘结预应力混凝土结构由于灌浆不密实，而导致预应力筋锈蚀，梁断裂。为此产生了无粘结预应力混凝土结构和缓粘结预应力混凝土结构[47,48]。

为了克服采用过多预应力钢筋所带来的问题，国内外通过大量试验研究和工程实践，对预应力混凝土早期的设计准则——"预应力混凝土在使用阶段不允许出现拉应力"进行了修正和补充，提出了预应力混凝土可根据不同功能的要求，分成不同的类别进行设计[49]。目前，对预应力混凝土主要根据截面应力状态分为：

（1）全预应力混凝土（Fully prestressed concrete）。在传力过程或全部使用荷载作用下，截面不出现拉应力。

（2）有限预应力混凝土（Limited prestressed concrete）。在传力过程或全部使用荷载作用下，混凝土截面中容许出现拉应力，但截面拉应力不超过混凝土规定的抗拉强度。

（3）部分预应力混凝土（Partially prestressed concrete）。根据结构的种类和暴露条件，在使用荷载下容许出现裂缝，但最大裂缝宽度不得超过允许的限制。

（4）钢筋混凝土（Reinforced concrete）。预压应力为零时的混凝土结构。

在 1984 年制定的《FIP 实用设计建议》中，将预应力混凝土按荷载组合下的应力状态定义为：

（1）"全"预应力混凝土，即沿预应力钢筋方向没有达到消压极限状态。

（2）有限预应力混凝土，即拉应力没有达到混凝土抗拉强度设计值。

（3）部分预应力混凝土，即混凝土拉应力没有限制。

部分预应力混凝土有如下的一些优点：①由于部分预应力混凝土所施加的预应力比较小，可较全预应力混凝土减少预应力钢筋数量，或可用一部分中强度的非预应力钢筋来代替高强度的预应力钢筋（混合配筋），这将使总造价降低，且延性提高；②部分预应力混凝土可以减少过大的反拱度；③从抗震的观点来说，全预应力混凝土的延性较差，而部分预应力混凝土的延性要好些。由于部分预应力混凝土有这些优点，近年来受到普遍重视。

另一种分类方法是按预应力度 δ 的大小来区分。所谓预应力度是指控制截面上的消压内力 M_0 或 N_0 与使用荷载（不包括预加力）标准组合作用下对该截面产生的内力 M 或 N 之比。当 $\delta \geqslant 1$ 时，即为全预应力混凝土；当 $1 > \delta > 0$ 时，为部分预应力混凝土（包括有限预应力混凝土）；当 $\delta = 0$ 时，则为普通钢筋混凝土。

我国《水工混凝土结构设计规范》（DL/T 5057—2009）、（SL 191—2008）[3,4] 规定，预应力混凝土结构构件设计时，应根据环境条件类别选用不同的裂缝控制等级，见附录六附表 6-2。附录六附表 6-2 中将裂缝控制等级分为三级，大体相当于上述的全预应力混凝土、有限预应力混凝土和部分预应力混凝土。

其他的分类方法还有：

按预应力钢筋的张拉方式分为先张法预应力混凝土和后张法预应力混凝土；

按预应力钢筋与混凝土的粘结方式分为：有粘结预应力混凝土（包括缓粘结预应力混凝土）和无粘结预应力混凝土；

按结构的约束条件分为：静定预应力混凝土结构和超静定预应力混凝土结构等。

预应力混凝土构件除与普通混凝土构件一样需要按承载能力和正常使用两种极限状态进行计算外，还需验算施工阶段（制作、运输、安装）混凝土的强度和抗裂性能。因此，设计预应力混凝土构件时，计算内容包括下列几方面。

1. 使用阶段

（1）承载力计算；

（2）抗裂、裂缝宽度验算；

（3）挠度验算。

2. 施工阶段

（1）混凝土强度验算；

（2）抗裂验算。

第二节　施加预应力的方法、预应力混凝土的材料与张拉机具

在构件上建立预应力，一般是通过张拉钢筋来实现的。也就是张拉钢筋，并将其锚固在

混凝土构件上，由于钢筋弹性回缩，使混凝土受到压力。随着预应力技术的发展，预加应力的方法与工艺多种多样，它们之间的技术经济效果不同，计算方法也有区别。因此，根据结构及施工的具体条件，正确选择张拉方法与张拉工艺是设计预应力混凝土结构的一个前提。

一、施加预应力的方法

建立预应力的方法可分为两大类，即先张法与后张法。

1. 先张法

张拉钢筋在浇筑混凝土之前进行的方法称为先张法。先张法是在专门的台座上张拉钢筋，张拉后将钢筋用锚具临时固定在台座的传力架上，这时张拉钢筋所引起的反作用力由台座承受。然后在张拉好的钢筋周围浇筑混凝土，待混凝土养护结硬达到一定强度后（一般不低于设计混凝土强度等级值的75%，以保证预应力钢筋与混凝土之间具有足够的粘结力），再从台座上切断或放松钢筋，简称放张。由于预应力钢筋的弹性回缩，靠钢筋与混凝土之间的粘结力，由端部通过一定长度（传递长度 l_{tr}）挤压混凝土，形成预应力混凝土构件（图9-3）。

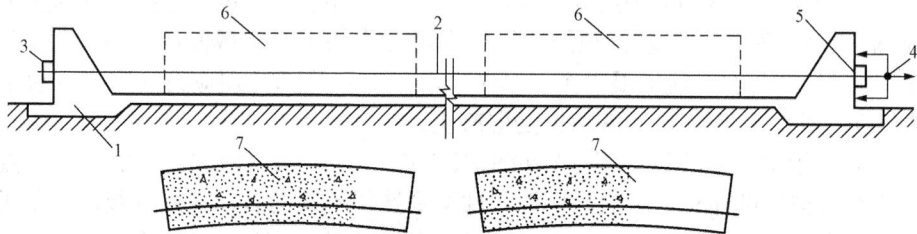

图9-3 先张法示意图

1—长线式固定台座（或钢模）；2—预应力钢筋；3—固定端夹具；
4—千斤顶张拉钢筋示意；5—张拉端夹具；6—浇筑混凝土、蒸养；
7—放张后预应力混凝土构件

在先张法构件中，预应力是靠钢筋与混凝土之间的粘结力传递的。

先张法构件一般采用细钢丝（光面钢丝或刻痕钢丝）或螺纹钢筋作为预应力钢筋。

2. 后张法

张拉预应力钢筋在浇筑混凝土之后，待混凝土达到一定的强度后再进行张拉的方法称为后张法。后张法是先浇筑好混凝土，并在预应力钢筋的设计位置上预留孔道（直线形或曲线形），待混凝土达到充分强度（不低于设计混凝土强度等级值的75%）后，将预应力钢筋穿入孔道（或浇筑混凝土前将预应力钢筋穿入孔道，一般不采用此法，原因是由于漏浆，当两处或多处管道被堵塞，可能导致梁中间无法施加预应力）并利用构件本身作为加力台座进行张拉，一面张拉钢筋，构件一面就被压缩。当张拉力达到设计要求后，用工作锚具将预应力钢筋锚固在构件的两端。然后在孔道内进行灌浆，以防止钢筋锈蚀并使预应力钢筋与混凝土更好地结成一个整体。钢筋内的预应力是靠构件两端的工作锚具传给混凝土的，如图9-4所示。

后张法的预应力钢筋常采用钢绞线、高强钢丝、钢丝束等。

张拉钢筋一般采用千斤顶机械张拉。也有采用电热法，即将钢筋通电，使之发热伸长，然后在钢筋两端用锚具将钢筋锚固在构件或台座上。待停止通电钢筋冷却回缩，即形成预应

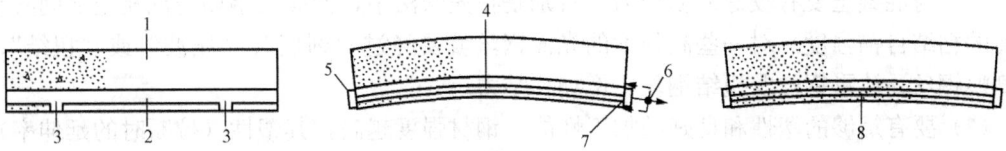

图 9-4　后张法示意图

1—浇筑混凝土、养护；2—预留孔道；3—灌浆孔（通气孔）；4—预应力钢筋；

5—固定端锚具；6—千斤顶张拉钢筋，同时预压构件混凝土；

7—张拉端锚具；8—压力灌浆（水泥浆）

力。电热法只需一套简单的变压设备，操作也方便。但张拉的准确性不易控制，耗电量大，特别是形成的预压应力相对较低，目前没有像机械张拉那样广泛应用。

另外，也有采用化学（自应力）方法或称自张法来施加预应力的，称为自应力混凝土。即采用膨胀水泥或混合料浇筑混凝土，在硬化过程中，构件自身膨胀伸长，与其粘结在一起的钢筋阻止混凝土膨胀，就使混凝土受到预压应力。自应力混凝土主要用来制造压力管道。

二、先张法与后张法优缺点比较

先张法的主要优点是：

(1) 张拉工序比较简单；

(2) 不需在构件上放置永久性锚具；

(3) 能成批生产，特别适宜于量大面广的中小型构件。

先张法的主要缺点是：

(1) 需要较大的台座或成批的钢模、养护池等固定设备，一次性投资较大；

(2) 预应力钢筋布置多数为直线型，曲线布置比较困难。

后张法的主要优点是：

(1) 张拉预应力钢筋可以直接在构件上或整个结构上进行，因而可根据不同荷载性质合理布置各种形状的预应力钢筋；

(2) 适宜于运输不便、只能在现场施工的大型构件、特殊结构或可由块体拼接成的特大构件。

后张法的主要缺点是：

(1) 用于永久性的工作锚具耗钢量很大；

(2) 张拉工序比先张法要复杂，增加了留孔、灌浆等工序，施工周期长；

(3) 灌浆不易饱满。

三、预应力混凝土的材料

预应力混凝土抗裂性的高低，取决于钢筋预拉力的大小和混凝土的强度。钢筋拉力越高，混凝土受到的预压力就越大，构件的抗裂性也就越好；混凝土的强度越高，构件的抗裂性也就越好。为了提高混凝土的抗裂性，必须尽量采用高强度钢材和高强度混凝土。在预应力混凝土构件中对预应力钢筋有下列一些要求：

(1) 强度要高。预应力钢筋的张拉应力在构件的整个制作和使用过程中会出现各种应力损失。这些损失的总和有时可达到 $200N/mm^2$ 以上，如果所用的钢筋强度不高，那么张拉时所建立的应力甚至会损失殆尽。

（2）与混凝土要有较好的粘结力。特别是在先张法中，预应力钢筋与混凝土之间必须有较高的粘结自锚强度。对一些高强度的光面钢丝就要经过"刻痕"、"压波"或"扭结"，形成刻痕钢丝、波形钢丝及扭结钢丝，增加粘结力。

（3）要有足够的塑性和良好的加工性能。钢材强度越高，其塑性（拉断时的延伸率）就越低。钢筋塑性太低时，特别当处于低温和冲击荷载条件下，就有可能发生脆性断裂。良好的加工性能是指焊接性能好，以及采用镦头锚板时，钢筋头部镦粗后不影响原有的力学性能等。

目前我国常用的预应力钢筋有下列几种：

（1）钢绞线。将多股（例如 7 股）平行的碳素钢丝按一个方向绞成的（图 9-5）。用 3 根钢丝捻制的钢绞线，结构为 1×3，公称直径有 6.2～12.9mm。用 7 根钢丝捻制的钢绞线，结构为 1×7，公称直径有 9.5～17.8mm。钢绞线的极限抗拉强度标准值可达 1860N/mm²。钢绞线与混凝土粘结较好，应力松弛小，而且比钢筋或钢丝束柔软，便于运输及施工，端部还可以设法镦头，已在大跨度桥梁等结构中得到广泛应用。

（2）高强钢丝。包括光圆、螺旋肋和三面刻痕的消除应力的钢丝。钢丝直径为 4～9mm。它们的强度设计值为 1000N/mm² 以上，大多应用于大跨度构件中。但因含碳量较高，塑性较差。

（3）螺纹钢筋或钢棒。螺纹钢筋是一种热轧成带有不连续的外螺纹的直条钢筋，该钢筋在任意截面处，均可带有匹配形状的内螺纹的连接器或锚具进行连接或锚固。钢棒按表面形状分为光圆钢棒、螺旋槽钢棒、螺旋肋钢棒、带肋钢棒四种。制造钢棒所用的原材料为低合金钢热轧圆盘条。

（4）钢丝束。后张法构件中，当需要钢丝的数量很多时，钢丝常成束布置，称为钢丝束。钢丝束就是将几根或几十根钢丝按一定的规律平行地排列，用钢丝绑扎在一起。排列的方式有单根单圈、单根双圈、单束单圈等，如图 9-6 所示。

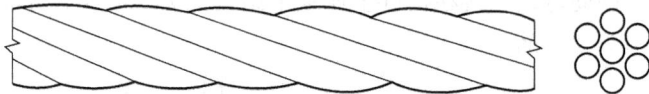

图 9-5　钢绞线

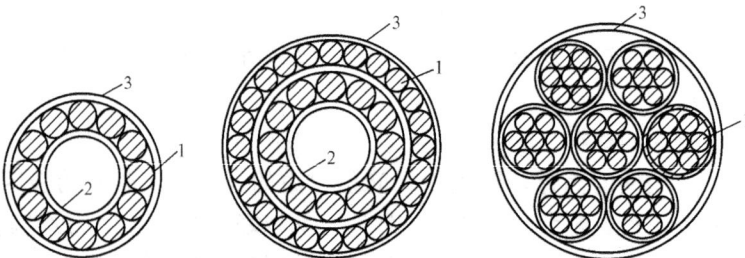

图 9-6　钢丝束的形式
1—钢丝；2—芯子；3—绑扎铁丝

无粘结预应力钢筋分为无粘结预应力钢丝束和无粘结预应力钢绞线两种。它们用的钢丝与有粘结钢筋相同，所不同的是：无粘结预应力钢筋的表面必须涂刷油脂，应用塑料套管或塑料布带作为包裹层加以保护及形成可相互滑动的无粘结状态（图 9-7）。

预应力筋及钢丝的强度标准值与强度设计值见附录二附表 2-5 和附表 2-7。

在预应力混凝土构件中，对混凝土有下列一些要求：

（1）强度要高，以与高强度钢筋相适应，保证钢筋充分发挥作用，并能有效地减小构件截面尺寸和减轻自重。

（2）收缩、徐变要小，以减少预应力损失。

（3）快硬、早强，使能尽早施加预应力，加快施工进度，提高设备利用率。

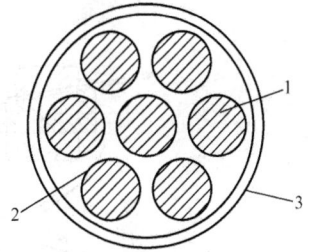

图 9-7 无粘结预应力钢筋
1—钢丝束或钢绞线；2—油脂；
3—塑料薄膜套管

预应力混凝土结构构件的混凝土强度等级不应低于 C30，不宜低于 C40。

四、锚具与夹具

锚具和夹具是锚固及张拉预应力钢筋时所用的工具。在先张法中，张拉钢筋时要用张拉夹具夹持钢筋。张拉完毕后，要用锚固夹具将钢筋临时锚固在台座上。后张法中也要用锚具来张拉及锚固钢筋。通常把锚固在构件端部，与构件连成一起共同受力不再取下的称为锚具（工作锚），在张拉过程中夹持钢筋，以后可取下并重复使用的称为夹具（工具锚）。锚具与夹具有时也能互换使用。锚、夹具的选择与构件的外形、预应力钢筋的品种规格和数量有关，同时还必须与张拉设备配套。

1. 先张法的夹具

如果采用钢丝作为预应力钢筋，则可利用偏心夹具夹住钢筋，用卷扬机张拉（图 9-8），再用锥形锚固夹具或楔形夹具将钢筋临时锚固在台座的传力架上（图 9-9），锥销（或楔块）可用人工锤入套筒（或锚板）内。这种夹具只能张拉单根或双根钢丝，工效较低。

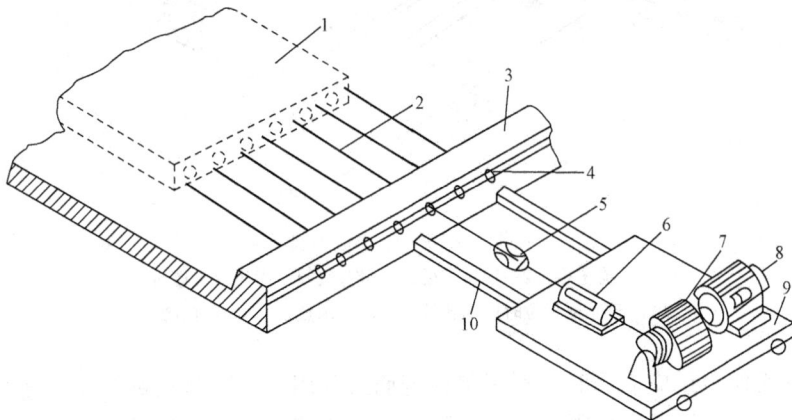

图 9-8 先张法单根钢丝的张拉
1—预制构件（空心板）；2—预应力钢丝；3—台座传力架；4—锥形夹具；
5—偏心夹具；6—弹簧秤（控制张拉力）；7—卷扬机；8—电动机；
9—张拉车；10—撑杆

如果在钢模上张拉多根预应力钢丝时，则可采用梳子板夹具（图 9-10）。钢丝两端用镦头（冷镦）锚定，利用安装在普通千斤顶内活塞上的爪子钩住梳子板上两个孔洞施加力于梳

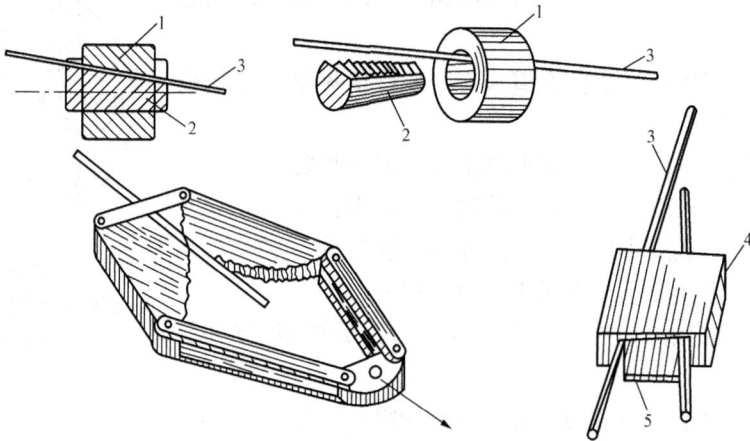

图 9-9 锥形夹具、偏心夹具和楔形夹具

1—套筒；2—锥销；3—预应力钢筋；4—锚板；5—楔块

子板，钢丝张拉完毕立即拧紧螺母，钢丝就临时锚固在钢模横梁上。施工时速度很快。

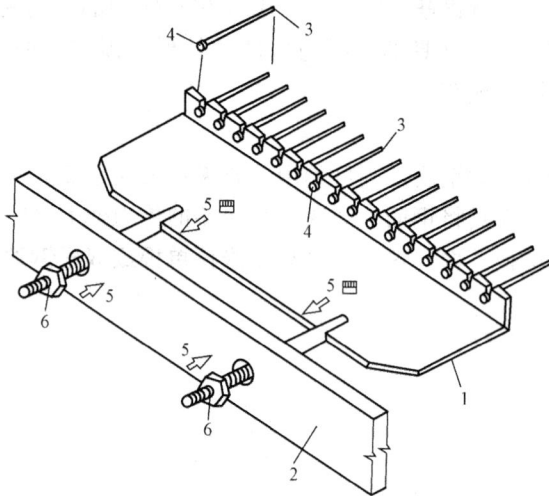

图 9-10 梳子板夹具

1—梳子板；2—钢模横梁；3—钢丝；4—镦头（冷镦）；

5—千斤顶张拉时抓钩孔及支撑位置示意；6—固定用螺母

　　采用粗钢筋作为预应力筋时，对于单根钢筋最常用的办法是在钢筋端部连接一工具式螺杆。螺杆穿过台座的活动钢横梁后用螺母固定，利用普通千斤顶推动活动钢横梁就可以张拉钢筋（图 9-11）。

　　工具式螺杆与预应力钢筋之间可采用焊接连接（图 9-11）或者用套筒式连接器连接（图 9-12）。套筒式连接器是由两个半圆形套筒组成。每个半圆形套筒上焊有两根连接钢筋，使用时将预应力钢筋及工具式螺杆的端头镦粗，再将套筒夹在两个镦粗头之间，套上钢圈将其箍紧，就可把预应力钢筋与螺杆连接起来。采用套筒式连接器不仅连接方便，且可避免用焊接连接时每次切割预应力钢筋（放张）都要损失一段工具式螺杆长度。

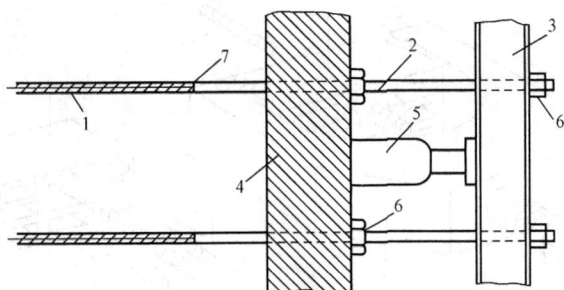

图 9-11　先张法利用工具式螺杆张拉
1—预应力钢筋；2—工具式螺杆；3—活动钢横梁；
4—台座固定传力架；5—千斤顶；6—螺母；7—焊接接头

对于多根钢筋，则可考虑采用螺杆镦粗夹具（图 9-13）或锥形锚块夹具（图 9-14）。

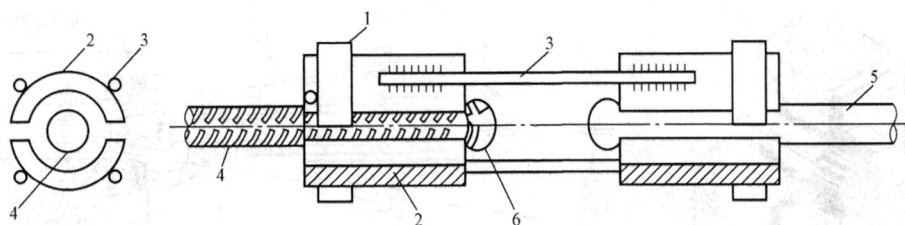

图 9-12　套筒式连接器
1—钢圈；2—半圆形套筒；3—连接钢筋；
4—预应力钢筋；5—工具式螺杆；6—镦粗头

2. 后张法的锚具

钢丝束常采用锥形锚具配用外夹式双作用千斤顶进行张拉（图 9-15）。锥形锚具由锚圈及带齿的圆锥体锚塞组成。锚塞中间有小孔作锚固后灌浆之用。由双作用千斤顶张拉钢丝后再将锚塞顶压入锚圈内，利用钢丝在锚塞与锚圈之间的摩擦力锚固钢丝。锥形锚具可张拉 12～14 根直径为 5mm 的碳素钢丝组成的钢丝束。

张拉钢筋束和钢绞线束时，则可用 JM12 型锚具配用穿心式千斤顶。JM12 型锚具是由锚环和夹片（呈楔形）组成（图 9-16）。夹片可为 3、4、5 或 6 片，用以锚固 3～6 根直径为 12～14mm 的钢筋或 5～6 根 7 股 4mm 钢绞线。

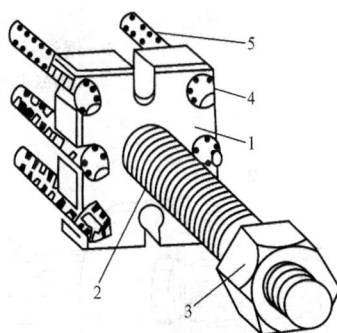

图 9-13　螺杆镦粗夹具
1—锚板；2—螺杆；3—螺母；
4—镦粗头；5—预应力钢筋

后张法中的预应力钢筋如采用单根粗钢筋，也可用螺丝端杆锚具，即在钢筋一端焊接螺丝端杆，螺丝端杆另一端与张拉设备相连。张拉完毕时通过螺帽和垫板将预应力钢筋锚固在构件上。

锚固高强度钢丝束（或多根钢筋束）时，也可采用镦头锚具。图 9-17 是镦头锚具的一种。它由锚杯及固定锚杯位置的螺帽组成。张拉时，先将钢丝穿过锚杯上的孔洞，用镦头器将钢丝端头镦成圆头，与锚杯锚定，然后利用工具式拉杆和连接套筒将千斤顶活塞杆与锚杯

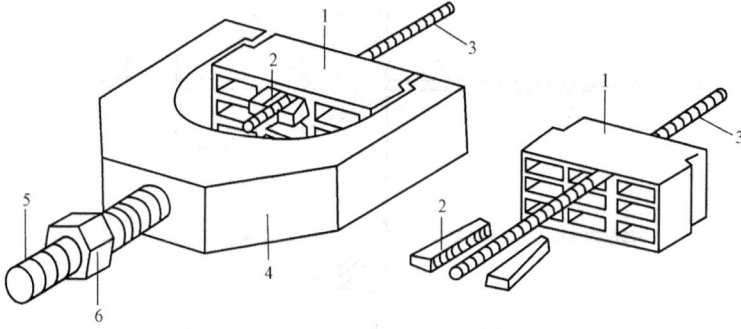

图 9-14　锥形锚块夹具

1—锥形锚块；2—锥形夹片；3—预应力钢筋；

4—张拉连接器；5—张拉螺杆；6—固定用螺母

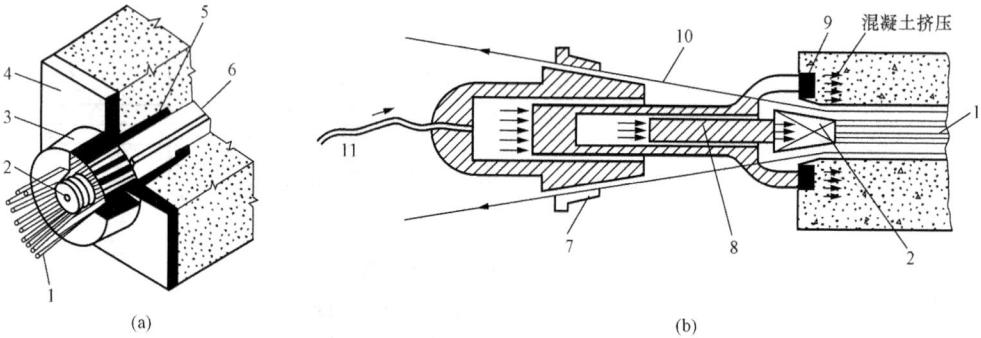

(a)　　　　　　　　　　　　　　　(b)

图 9-15　锥形锚具及外夹式双作用千斤顶

（a）锥形锚具；（b）双作用千斤顶

1—钢丝束；2—锚塞；3—钢锚圈；4—垫板；5—孔道；6—套管；

7—钢丝夹具；8—内活塞；9—锚板；10—张拉钢丝；11—油管

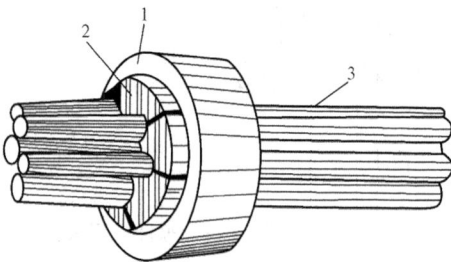

图 9-16　JM12 型锚具

1—锚环；2—夹片；3—钢筋束

相连接进行张拉，边张拉边拧紧螺帽。锚杯上的孔洞数和位置由钢丝束根数及排列方式决定。这种锚具对钢丝（或钢筋）的下料长度要严格控制（避免预应力钢筋受力不均），且不宜用于锚固曲线预应力钢筋。

锚固钢绞线（或钢丝束）时，还可采用 XM、QM 型锚具（图 9-18）。此类锚具由锚环和夹片组成。每根钢绞线（或钢丝束）由三个夹片夹紧，每块夹片由空心锥台按三等分切割而成。XM 型锚具和 QM 型锚具夹片切开的方向不同，前者与锥体母线倾斜而后者平行。一个锚具可夹 3～10 根钢绞线（或钢丝束）。由于对下料长度无严格要求，故施工方便。已大量用于铁路、公路及城市交通的预应力桥梁等大型结构构件。

除了上述一些锚、夹具外，还有帮条锚具、锥形螺杆锚具、大直径精轧螺纹钢筋锚具、铸锚锚具以及大型混凝土锚头等。虽然形式多种多样，但其锚固原理不外乎依靠螺丝扣的剪

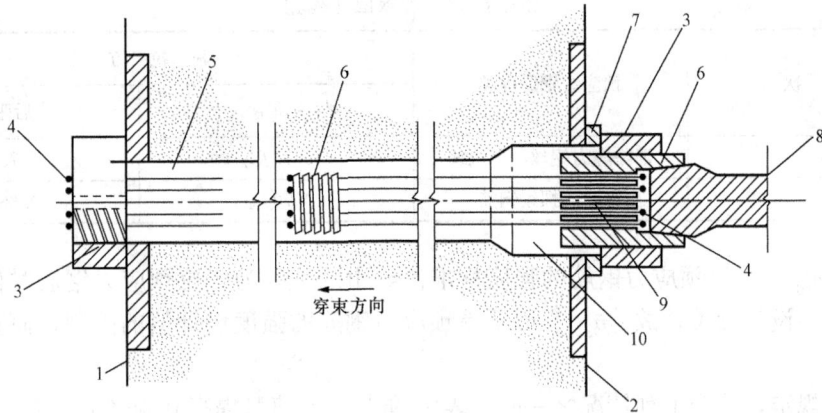

图 9-17　镦头锚具
1—固定端；2—张拉端；3—锚圈（螺帽）；4—钢丝镦头；5—预留孔道；
6—锚杯；7—垫板；8—接千斤顶；9—压浆孔；10—预留孔道扩口

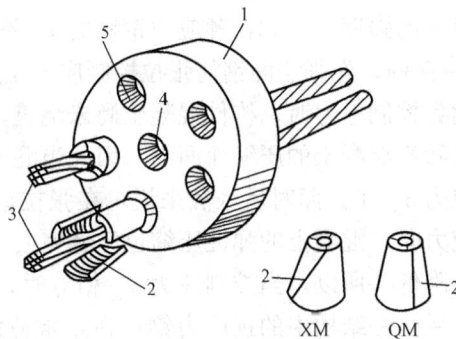

图 9-18　XM 型锚具、QM 型锚具
1—锚环；2—夹片；3—钢绞线；4—灌浆孔；5—锥台孔洞

切作用、夹片的挤压与摩擦作用、镦头的局部承压作用，最终都需要带动锚头（锚杯、锚环、螺母等）挤压构件。

第三节　预应力钢筋张拉控制应力及预应力损失

一、预应力钢筋张拉控制应力

张拉控制应力是指张拉钢筋时预应力钢筋达到的最大应力值，也就是张拉设备（如千斤顶）所控制的张拉力除以预应力钢筋面积所得的应力值，用 σ_{con} 表示。σ_{con} 值定得越高，张拉力就越大，对混凝土所建立的预压应力也越大，从而能提高构件的抗裂性能。但考虑到钢筋强度的离散性、张拉操作中的超张拉等因素，如果将 σ_{con} 定得过高，张拉时可能使钢筋应力进入钢材的屈服阶段，产生塑性变形，反而达不到预期的预应力效果。还考虑到张拉力可能不够准确，焊接质量可能不好，σ_{con} 过高，容易发生安全事故。所以《水工混凝土结构设计规范》（DL/T 5057—2009）规定，在设计时 σ_{con} 值不宜超过表 9-1 规定的张拉控制应力限值。

表 9-1　　　　　　　　　　　张拉控制应力限值 $[\sigma_{con}]$

项　　次	预应力钢筋种类	张 拉 方 法	
		先张法	后张法
1	消除应力钢丝、钢绞线	$0.75f_{ptk}$	$0.75f_{ptk}$
2	钢棒、螺纹钢筋	$0.70f_{ptk}$	$0.65f_{ptk}$

表中 $[\sigma_{con}]$ 是以预应力钢筋的强度标准值给出的。因为张拉预应力钢筋时仅涉及材料本身，与构件设计无关，故 $[\sigma_{con}]$ 可不受预应力钢筋的强度设计值的限制，而直接与标准值相联系。

规范还规定，符合下列情况之一时，表中的 $[\sigma_{con}]$ 值可提高 $0.05f_{ptk}$：

(1) 要求提高构件在施工阶段的抗裂性能而在使用阶段受压区内设置的预应力钢筋。

(2) 要求部分抵消由于应力松弛、摩擦、钢筋分批张拉以及预应力钢筋与张拉台座之间的温差等因素产生的预应力损失。

张拉控制应力允许值 $[\sigma_{con}]$ 不应取得过低，否则会因各种应力损失使预应力钢筋的回弹力减小，不能充分利用钢筋的强度。因此，预应力钢筋的 σ_{con} 不应小于 $0.4f_{ptk}$。

从表 9-1 可见，对同一钢种，先张法的钢筋张拉控制应力 σ_{con} 较后张法大一些。这是由于在先张法中，张拉钢筋达到控制应力时，构件混凝土尚未浇筑，而当从台座上放松钢筋使混凝土受到预压时，钢筋已随着混凝土的压缩而回缩，因此当混凝土受到预压应力时，钢筋的预拉应力已经小于控制应力 σ_{con} 了。而对后张法来说，在张拉钢筋的同时，混凝土即受挤压，当钢筋张拉达到控制应力时，混凝土的弹性压缩也已经完成，不必考虑由于混凝土的弹性压缩而引起钢筋应力值的降低。所以，当控制应力 σ_{con} 相等时，后张法构件所建立的预应力值比先张法大。为了控制后张法结构中的预应力钢筋在正常荷载下的使用应力不至过高，并力争与先张法结构中预应力钢筋的受力大小相近，所以在后张法中所采用的控制应力比先张法小。

从表 9-1 还可见，对第 1 项后张法的张拉控制应力限值较《水工混凝土结构设计规范》（DL/T 5057—1996）提高了 $0.05f_{ptk}$。原因是张拉过程中的高应力在预应力钢筋锚固后降低很快，以及这类钢筋的材质比较稳定，因而一般不会引起预应力钢筋在张拉过程中拉断的事故。我国不少单位在工程实践中已采用比《水工混凝土结构设计规范》（DL/T 5057—1996）限值高的 σ_{con}。国外一些规范，如美国规范 ACI 318 的 σ_{con} 限值也较高。所以为了提高预应力钢筋的经济效益，对 σ_{con} 的限值进行了适当的提高。但是增大后会增加预应力损失值，因此合适的张拉控制应力值应根据构件的具体情况确定。

《水工混凝土结构设计规范》（SL 191—2008）将螺纹钢筋与钢棒分开考虑，其中钢棒的张拉控制应力限值跟《水工混凝土结构设计规范》（DL/T 5057—2009）相同，而螺纹钢筋，先张法和后张法均比《水工混凝土结构设计规范》（DL/T 5057—2009）高 $0.05f_{ptk}$。

《混凝土结构设计规范》（GB 50010—2010）[2]对预应力螺纹钢筋控制应力取 $0.85f_{ptk}$；对中强度预应力钢丝取 $0.7f_{ptk}$。并对预应力螺纹钢筋的控制应力规定不应小于 $0.5f_{ptk}$。

二、预应力损失

实测表明，在没有外荷载的作用情况下，预应力钢筋在构件内各部分的实际预拉应力比张拉时的控制应力要小，其减小的那一部分应力称为预应力损失。预应力损失与张拉工艺、构件制作、配筋方式和材料特性等因素有关。由于各影响因素之间相互制约且有的因素还是时间的函数，因此确切测定预应力损失比较困难。规范通常是以各个主要因素单独造成的预应力损失之和近似作为总损失来进行计算。预应力损失的计算是分析构件在受荷前应力状态和进行预应力构件设计的重要内容及前提。

在设计和施工预应力构件时，应尽量正确地预计预应力损失，并设法减少预应力损失。

预应力损失可以分为下列几种。

1. 预应力直线钢筋由于锚具变形和钢筋内缩引起的预应力损失 σ_{l1}

不论先张法还是后张法施工，张拉端锚、夹具对构件或台座施加挤压力是通过钢筋回缩带动锚、夹具来实现的。由于预应力钢筋回弹方向与张拉时拉伸方向相反。因此，只要卸去千斤顶就会因预应力钢筋在锚、夹具中的滑移（内缩）和锚、夹具受挤压后的压缩变形（包括接触面间的空隙）以及采用垫板时垫板间缝隙的挤紧，使得原来拉紧的预应力钢筋发生内缩。钢筋内缩，应力就会有所降低。由此造成的预应力损失称为 σ_{l1}。

对预应力直线钢筋，σ_{l1} 可按下列公式计算

$$\sigma_{l1} = \frac{a}{l} E_s \qquad (9-1)$$

式中　a——张拉端锚具变形和预应力钢筋内缩值，可按表 9-2 取用；

　　　l——张拉端至锚固端之间的距离；

　　　E_s——预应力钢筋的弹性模量。

表 9-2　　　　　　　锚具变形和预应力钢筋内缩值 a　　　　　　　mm

锚　具　类　别		a
支承式锚具（钢丝束镦头锚具等）	螺帽缝隙	1
	每块后加垫板的缝隙	1
锥塞式锚具（钢丝束的钢质锥形锚具等）		5
夹片式锚具	有顶压时	5
	无顶压时	6~8
单根螺纹钢筋的锥形锚具		5

注　1. 表中的锚具变形和预应力钢筋内缩值也可根据实测数据确定；
　　2. 其他类型的锚具变形和预应力钢筋内缩值应根据实测数据确定。

由于锚固端的锚具在张拉过程中已经被挤紧，所以式（9-1）中的 a 值只考虑张拉端。由式（9-1）可看出，增加 l 可减小 σ_{l1}，因此用先张法生产构件的台座长度 l 超过 100m 时，σ_{l1} 可忽略不计。

后张法构件预应力曲线钢筋或折线钢筋由于锚具变形和预应力钢筋内缩引起的预应力损失值 σ_{l1}，应根据预应力曲线钢筋或折线钢筋与孔道壁之间反向摩擦影响长度 l_f 范围内的预应力钢筋变形值等于锚具变形和钢筋内缩值的条件确定，反向摩擦系数可按表 9-3 中数值采用。

表 9 - 3   **摩擦系数 κ 和 μ 值**

项次	孔道成型方式	κ	μ
1	预埋波纹管	0.0015	0.25
2	预埋钢管	0.0010	0.30
3	橡胶管或钢管抽芯成型	0.0014	0.55
4	预埋铁皮管	0.0030	0.35

注 表中系数也可根据实测数据确定；当采用钢丝束的钢质锥形锚具及类似形式锚具时，尚应考虑锚环口处的附加摩擦损失，其值可根据实测数据确定。

表 9 - 3 较《水工混凝土结构设计规范》（DL/T 5057—1996）适当的扩大了范围，如增加了预埋钢管等。《水工混凝土结构设计规范》（SL 191—2008）表 8.2.4 和《混凝土结构设计规范》（GB 50010—2010）表 10.2.4 关于摩擦系数规定得更详细。

抛物线形预应力钢筋可近似按圆弧形曲线预应力钢筋考虑。当其对应的圆心角 $\theta \leqslant 30°$ 时（图 9 - 19），由于锚具变形和钢筋内缩，在反向摩擦影响长度 l_f 范围内的预应力损失值 σ_{l1} 可按下列公式计算

$$\sigma_{l1} = 2\sigma_{con} l_f \left(\frac{\mu}{r_c} + \kappa \right) \left(1 - \frac{x}{l_f} \right) \qquad (9 - 2)$$

反向摩擦影响长度 l_f（m）可按下式计算

$$l_f = \sqrt{\frac{aE_s}{1000\sigma_{con}\left(\dfrac{\mu}{r_c} + \kappa \right)}} \qquad (9 - 3)$$

式中　l_f——预应力曲线钢筋与孔道壁之间反向摩擦影响长度；

　　　r_c——圆弧曲线预应力钢筋的曲率半径，m；

　　　μ——预应力钢筋与孔道壁的摩擦系数，按表 9 - 3 取用；

　　　κ——考虑孔道每米长度局部偏差的摩擦系数，按表 9 - 3 取用；

　　　x——张拉端至计算截面的距离，m，且应符合 $x \leqslant l_f$ 的规定；

其余符号的意义同前。

端部为直线（直线长度为 l_0），而后由两条圆弧形曲线（圆弧对应的圆心角 $\theta \leqslant 30°$）组成的预应力钢筋（图 9-20），由于锚具变形和钢筋内缩，在反向摩擦影响长度 l_f 范围内的预应力损失值 σ_{l1} 可按下列公式计算：

当 $x \leqslant l_0$ 时

$$\sigma_{l1} = 2i_1(l_1 - l_0) + 2i_2(l_f - l_1) \qquad (9 - 4)$$

当 $l_0 < x \leqslant l_1$ 时

$$\sigma_{l1} = 2i_1(l_1 - x) + 2i_2(l_f - l_1) \qquad (9 - 5)$$

当 $l_1 < x \leqslant l_f$ 时

$$\sigma_{l1} = 2i_2(l_f - x) \qquad (9 - 6)$$

反向摩擦影响长度 l_f 可按下列公式计算

$$l_f = \sqrt{\frac{aE_s}{1000i_2} - \frac{i_1(l_1^2 - l_0^2)}{i_2} + l_1^2} \qquad (9 - 7)$$

$$i_1 = \sigma_a(\kappa + \mu/r_{c1}) \tag{9-8}$$

$$i_2 = \sigma_b(\kappa + \mu/r_{c2}) \tag{9-9}$$

式中　l_1——预应力钢筋张拉端起点至反弯点的水平投影长度；

i_1，i_2——第一、二段圆弧形曲线预应力钢筋中应力近似直线变化的斜率；

r_{c1}，r_{c2}——第一、二段圆弧形曲线预应力钢筋的曲率半径；

σ_a，σ_b——预应力钢筋在 a、b 点的应力。

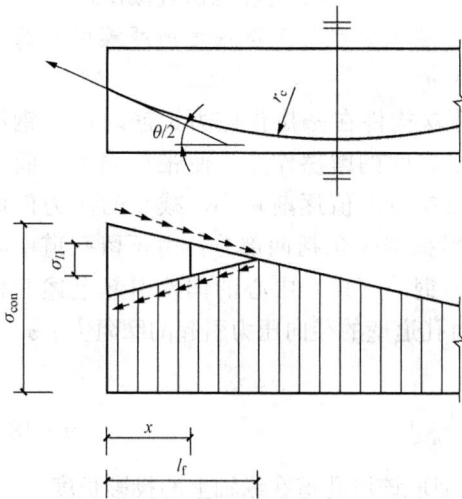

图 9-19　圆弧形曲线预应力钢筋
的预应力损失 σ_{l1}

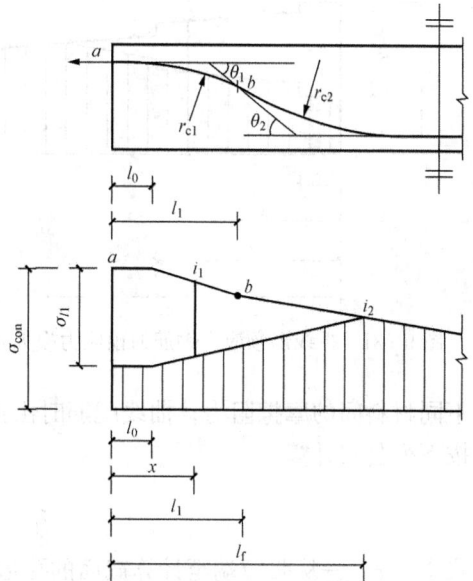

图 9-20　两条圆弧形曲线组成的预应力
钢筋的预应力损失 σ_{l1}

当折线形预应力钢筋的锚固损失消失于折点 c 之外时（图 9-21），由于锚具变形和钢筋内缩，在反向摩擦影响长度 l_f 范围内的预应力损失值 σ_{l1} 可按下列公式计算

当 $x \leqslant l_0$ 时

$$\sigma_{l1} = 2\sigma_1 + 2i_1(l_1 - l_0) + 2\sigma_2 + 2i_2(l_f - l_1) \tag{9-10}$$

当 $l_0 < x \leqslant l_1$ 时

$$\sigma_{l1} = 2i_1(l_1 - x) + 2\sigma_2 + 2i_2(l_f - l_1) \tag{9-11}$$

当 $l_1 < x \leqslant l_f$ 时

$$\sigma_{l1} = 2i_2(l_f - x) \tag{9-12}$$

反向摩擦影响长度 l_f（m）可按下列公式计算

$$l_f = \sqrt{\frac{aE_s}{1000i_2} - \frac{i_1(l_1-l_0)^2 + 2i_1l_0(l_1-l_0) + 2\sigma_1l_0 + 2\sigma_2l_1}{i_2} + l_1^2} \tag{9-13}$$

$$i_1 = \sigma_{con}(1 - \mu\theta)\kappa \tag{9-14}$$

$$i_2 = \sigma_{con}[1 - \kappa(l_1 - l_0)](1 - \mu\theta)^2\kappa \tag{9-15}$$

$$\sigma_1 = \sigma_{con}\mu\theta \tag{9-16}$$

$$\sigma_2 = \sigma_{con}[1 - \kappa(l_1 - l_0)](1 - \mu\theta)\mu\theta \tag{9-17}$$

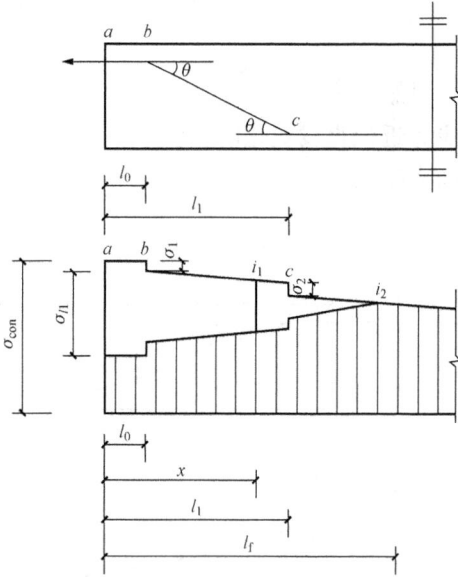

图 9-21　折线形预应力钢筋的预应力损失 σ_{l1}

式中　i_1——预应力钢筋在 bc 段中应力近似直线变化的斜率；

　　　　i_2——预应力钢筋在折点 c 以外应力近似直线变化的斜率；

　　　　l_1——张拉端起点至预应力钢筋折点 c 的水平投影长度。

为了减少锚具变形损失，应尽量减少垫板的块数（每增加一块垫板，a 值就要增加 1mm，见表 9-2）；并在施工时注意认真操作。

2. 预应力钢筋与孔道壁之间摩擦引起的预应力损失 σ_{l2}

后张法构件在张拉预应力钢筋时由于钢筋与孔道壁之间的摩擦作用，使张拉端到锚固端的实际预拉应力值逐渐减小，减小的应力值即为 σ_{l2}。摩擦损失包括两部分：由预留孔道中心与预应力钢筋（束）中心的偏差引起上述两种不同材料间的摩擦阻力；曲线配筋时由预应力钢筋对孔道壁的径向压力引起的摩阻力。σ_{l2} 可按下列公式计算

$$\sigma_{l2} = \sigma_{con}\left(1 - \frac{1}{e^{\kappa x + \mu\theta}}\right) \tag{9-18a}$$

式中　x——从张拉端至计算截面的孔道长度，可近似取该段孔道在纵轴上的投影长度；

　　　　θ——从张拉端至计算截面曲线孔道部分切线的夹角（rad），如图 9-22 所示。

当 $(\mu\theta + \kappa x) \leqslant 0.2$ 时，σ_{l2} 可按下列近似公式计算

$$\sigma_{l2} = (\kappa x + \mu\theta)\sigma_{con} \tag{9-18b}$$

先张法构件当采用折线形预应力钢筋时，应考虑加设转向装置处引起的摩擦损失，其值应按实际情况确定。

减小摩擦损失的办法有：

（1）两端张拉。由图 9-23（a）、（b）可知，两端张拉比一端张拉可减小 1/2 摩擦损失值，所以当构件长度超过 18m 或较长构件的曲线式配筋常采用两端张拉的施工方法。

（2）超张拉。如图 9-23（c）所示，其张拉顺序为：先使张拉端钢筋应力由 $(0 \rightarrow 1.1)\sigma_{con}$（$A$ 点到 E 点），持荷 2min，再卸荷使张拉应力退到 $0.85\sigma_{con}$（E 点到 F 点），持荷 2min，再加荷使张拉应力达到 σ_{con}（F 点到 C 点），这样可使摩擦损失（特别在端部曲线部分处）减小，比一次张拉到 σ_{con} 的预应力分布更均匀，见 $CGHD$ 曲线。

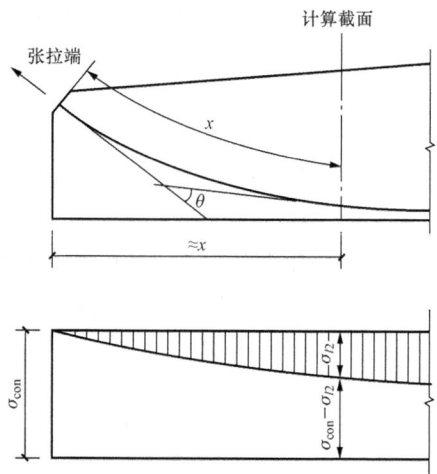

图 9-22　曲线配筋摩阻损失示意图

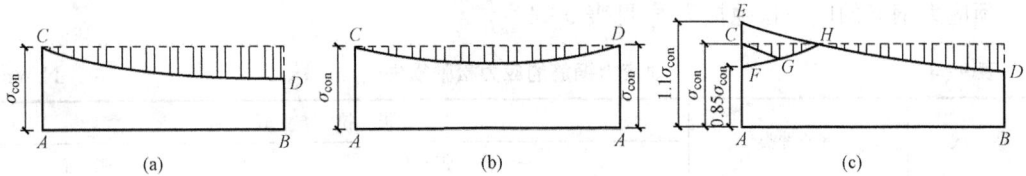

图 9-23　一端张拉、两端张拉及超张拉时曲线预应力钢筋中的应力分布

(a) 一端张拉；(b) 两端张拉；(c) 超张拉（A—张拉端；B—固定端）

3. 预应力钢筋与台座之间的温差引起的预应力损失 σ_{l3}

对于先张法构件，预应力钢筋在常温下张拉并锚固在台座上，为了缩短生产周期，浇筑混凝土后常进行蒸汽养护。在养护的升温阶段，台座长度不变，钢筋因温度升高而伸长，因而钢筋的部分弹性变形就转化为温度变形，钢筋的拉紧程度就有所变松，张拉应力就有所减少，形成的预应力损失即为 σ_{l3}。在降温时，混凝土与钢筋已粘结成整体，能够一起回缩，由于这两种材料温度膨胀系数相近，相应的应力就不再变化。σ_{l3} 仅在先张法中存在。

当预应力钢筋和台座之间的温度差为 Δt，钢筋的线膨胀系数 $\alpha = 0.00001/^{\circ}\text{C}$，则预应力钢筋与台座之间的温差引起的预应力损失为

$$\sigma_{l3} = \alpha E_s \Delta t = 0.00001 \times 2.0 \times 10^5 \times \Delta t = 2\Delta t \quad \text{N/mm}^2 \tag{9-19}$$

如果采用钢模制作构件，并将钢模与构件一同整体入蒸汽室（或池）养护，则不存在温差引起的预应力损失。

为了减少温差引起的预应力损失，可采用二次升温加热的养护制度。先在略高于常温下养护，待混凝土达到一定强度后再逐渐升高温度养护。由于混凝土未结硬前温度升高不多，预应力钢筋受热伸长很小，故预应力损失较小，而混凝土初凝后的再次升温，此时因预应力钢筋与混凝土两者的热膨胀系数相近，故即使温度较高也不会引起应力损失。

4. 预应力钢筋应力松弛引起的预应力损失 σ_{l4}

钢筋在高应力作用下，变形具有随时间而增长的特性。当钢筋长度保持不变（由于先张法台座或后张法构件长度不变）时，则应力会随时间增长而降低，这种现象称为钢筋的松弛（或徐舒）。钢筋应力松弛使预应力值降低，造成的预应力损失称为 σ_{l4}。

试验表明，松弛损失与下列因素有关：

(1) 初始应力。张拉控制应力 σ_{con} 高，松弛损失就大，损失的速度也快。如采用预应力钢丝和钢绞线作预应力钢筋，当 $\sigma_{con}/f_{ptk} \leqslant 0.5$ 时，实际的松弛损失已很小，可近似取 $\sigma_{l4} = 0$；当 $0.5 < \sigma_{con}/f_{ptk} \leqslant 0.7$ 时，松弛值与初应力成线性正比关系；$\sigma_{con}/f_{ptk} > 0.7$ 时，松弛值与初应力成非线性关系，松弛值增大较快。

(2) 钢筋种类。预应力钢筋的极限强度越高，松弛损失越大。

(3) 时间。早期发展较快，随时间增长，逐渐变慢，最后趋于稳定。1h 及 24h 的松弛损失分别约占总松弛损失（以 1000h 计）的 50% 和 80%。

(4) 温度。温度高松弛损失大。

(5) 张拉方式。采用较高的控制应力 $1.05\sigma_{con}$ 张拉钢筋，待持荷 2~5min，卸荷到零，再张拉钢筋使其应力达到 σ_{con} 的超张拉程序可比一次张拉（$0 \rightarrow \sigma_{con}$）的松弛损失减小（2%~10%）$\sigma_{con}$。

预应力钢筋的应力松弛损失 σ_{l4} 见表 9 - 4。

表 9 - 4　　　　　　　　　　　预应力钢筋的应力松弛损失 σ_{l4}　　　　　　　　　　　N/mm²

项　次	钢筋种类		张　拉　方　式	
			一　次　张　拉	超　张　拉
1	预应力钢丝 钢绞线	普通松弛	$0.4(\sigma_{con}/f_{ptk}-0.5)\sigma_{con}$	$0.36(\sigma_{con}/f_{ptk}-0.5)\sigma_{con}$
		低松弛	当 $\sigma_{con}\leqslant0.7f_{ptk}$ 时，$0.125(\sigma_{con}/f_{ptk}-0.5)\sigma_{con}$	
			当 $0.7f_{ptk}<\sigma_{con}\leqslant0.8f_{ptk}$ 时，$0.2(\sigma_{con}/f_{ptk}-0.575)\sigma_{con}$	
2	钢棒、螺纹钢筋		$0.05\sigma_{con}$	$0.035\sigma_{con}$

注　表中超张拉的张拉程序为从应力为零开始张拉至 $1.03\sigma_{con}$，或从应力为零开始张拉至 $1.05\sigma_{con}$，持荷 2min 后，卸载至 σ_{con}。

考虑时间影响的预应力钢筋应力松弛引起的预应力损失值，可由表 9 - 4 计算的预应力损失值乘以表 9 - 5 中相应的系数确定。

表 9 - 5　　　　　　　　　　随时间变化的预应力损失系数

时间（d）	松弛损失系数	收缩徐变损失系数	时间（d）	松弛损失系数	收缩徐变损失系数
2	0.50	—	60		0.50
10	0.77	0.33	90		0.60
20	0.88	0.37	180	1.00	0.75
30	0.95	0.40	365		0.85
40	1.00	0.43	1095		1.00

《混凝土结构设计规范》（GB 50010—2010）在表 9 - 4 第 1 项次未列超张拉情况；将表 9 - 4第 2 项次改为中强度预应力钢丝为 $0.08\sigma_{con}$、预应力螺纹钢筋为 $0.03\sigma_{con}$ 的应力松弛值。

减少松弛损失的措施有：超张拉；采用低松弛损失的钢材。低松弛损失指常温 20℃ 条件下，拉应力为 70% 抗拉极限强度，经 1000h 后测得的松弛损失不超过 2.5%。

5. 混凝土收缩和徐变引起的预应力损失 σ_{l5}

预应力构件由于在混凝土收缩（混凝土结硬过程中体积随时间增加而减小）和徐变（在预应力钢筋回弹压力的持久作用下，混凝土压应变随时间增长而增加）的综合影响下长度缩短，使预应力钢筋也随之回缩，从而引起预应力损失。混凝土的收缩和徐变引起预应力损失的现象是类似的，为了简化计算，将此两项预应力损失合并考虑，即为 σ_{l5}。

《水工混凝土结构设计规范》（DL/T 5057—2009）修订了《水工混凝土结构设计规范》（DL/T 5057—1996）中 σ_{l5} 的计算公式。考虑到现浇后张预应力混凝土施加预应力的时间比 28d 龄期有所提前等因素，按预加力时混凝土龄期，先张法取 7d，后张法取 14d；理论厚度均取 200mm；预加力后至使用荷载作用前延续的时间取 1 年，并与按下面的式（9 - 24）、式（9 - 25）的计算结果进行校核得出。同时，删除了《水工混凝土结构设计规范》（DL/T 5057—1996）中构件从预加应力时至承受外荷载的时间对混凝土收缩和徐变损失值影响的系数 β 的计算公式。调整后，对一般情况下的构件，混凝土收缩、徐变引起受拉区和受压区预应力钢筋的预应力损失 σ_{l5}、σ'_{l5} 可按下列公式计算：

(1) 先张法构件

$$\sigma_{l5} = \frac{45 + 280\frac{\sigma_{pc}}{f'_{cu}}}{1 + 15\rho} \tag{9-20}$$

$$\sigma'_{l5} = \frac{45 + 280\frac{\sigma'_{pc}}{f'_{cu}}}{1 + 15\rho'} \tag{9-21}$$

(2) 后张法构件

$$\sigma_{l5} = \frac{35 + 280\frac{\sigma_{pc}}{f'_{cu}}}{1 + 15\rho} \tag{9-22}$$

$$\sigma'_{l5} = \frac{35 + 280\frac{\sigma'_{pc}}{f'_{cu}}}{1 + 15\rho'} \tag{9-23}$$

式中 σ_{pc}，σ'_{pc}——受拉区、受压区预应力钢筋在各自合力点处的混凝土法向压应力；

           f'_{cu}——施加预应力时的混凝土立方体抗压强度；

           ρ，ρ'——受拉区、受压区预应力钢筋和非预应力钢筋的配筋率，对先张法构件，$\rho = (A_p + A_s)/A_0$、$\rho' = (A'_p + A'_s)/A_0$；对后张法构件，$\rho = (A_p + A_s)/A_n$、$\rho' = (A'_p + A'_s)/A_n$；对于对称配置预应力钢筋和非预应力钢筋的构件，配筋率 ρ、ρ' 应按钢筋总截面面积的一半计算。

《混凝土结构设计规范》（GB 50010—2010）根据欧洲规范 EN 1992—2：《混凝土结构设计—第 1 部分：总原则和对建筑结构的规定》所提供的公式计算将上述公式中先张法的 45 改为 60，280 改为 340；将后张法的 35 改为 55，280 改为 300。

大体积水工预应力混凝土结构中的混凝土收缩和徐变预应力损失值的变化规律，如有论证，可按其他公式进行计算。

采用式（9-20）~式（9-23）计算时需注意：

(1) σ_{pc}、σ'_{pc} 可按本章第四节、第六节公式求得（即详见轴心受拉构件、受弯构件相应的计算公式），此时，预应力损失值仅考虑混凝土预压前（先张法）或卸去千斤顶时（后张法）的第一批损失，非预应力钢筋中的应力 σ_{l5} 及 σ'_{l5} 应取为零；

(2) 为了不使构件混凝土产生非线性徐变，σ_{pc}、σ'_{pc} 值不得大于 $0.5f'_{cu}$；

(3) 当 σ'_{pc} 为拉应力时，式（9-21）及式（9-23）中的 σ'_{pc} 应取为零；

(4) 计算 σ_{pc}、σ'_{pc} 时可根据构件制作情况，考虑自重的影响。

式（9-20）~式（9-23）右边第一项分数和第二项分数分别反映混凝土收缩和徐变对预应力损失的影响。可以看出，后张法构件的 σ_{l5} 与 σ'_{l5} 数值比先张法构件要小，这是由于后张法构件在张拉钢筋前混凝土的部分收缩已经完成。因此，对钢筋应力损失的影响相应地减少了。

应当指出，式（9-20）~式（9-23）仅适合于一般相对湿度环境下的结构构件。对处于干燥环境下的结构，则需将求得的值进行适当增加。规范规定，当构件处于年平均相对湿度低于 40% 的环境下，σ_{l5}、σ'_{l5} 值应增加 30%。实测表明，混凝土收缩和徐变引起的预应力损失很大，约占全部预应力损失的 40%~50%，所以应当采取各种有效措施减少混凝土的收缩和徐变。为了减少此项损失，可采用高标号水泥，减少水泥用量，降低水灰比，振捣密实，加强养护，并应控制混凝土的预压应力 σ_{pc}、σ'_{pc} 值不超过 $0.5f'_{cu}$。当采用泵送混凝土时，宜根据实际情况考虑混凝土收缩、徐变引起预应力损失值的增大。

对重要的结构构件，当需要考虑与时间相关的混凝土收缩、徐变及钢筋应力松弛的预应力损失终极值时，可按下列公式计算：

1）受拉区纵向预应力钢筋的预应力损失终极值 σ_{l5}

$$\sigma_{l5} = \frac{0.9\alpha_E\sigma_{pc}\varphi_\infty + E_s\varepsilon_\infty}{1+15\rho} \tag{9-24}$$

式中　σ_{pc}——受拉区预应力钢筋合力点处由预加力（扣除相应阶段预应力损失）和梁自重产生的混凝土法向压应力，其值不得大于 $0.5f'_{cu}$；对简支梁可取跨中截面与 1/4 跨度处截面的平均值；对于连续梁和框架，可取若干有代表性截面的平均值。

φ_∞——混凝土徐变系数终极值。

ε_∞——混凝土收缩应变终极值。

E_s——预应力钢筋弹性模量。

α_E——预应力钢筋弹性模量与混凝土弹性模量的比值。

当无可靠资料时，φ_∞、ε_∞ 值可按表 9-6 采用。如结构处于年平均相对湿度低于 40% 的环境下，表列数值应增加 30%。

表 9-6　　　　　　　　混凝土收缩应变和徐变系数终极值

终极值	收缩应变终极值 $\varepsilon_\infty/(\times10^{-4})$				徐变系数终极值 φ_∞			
理论厚度 $2A/u$/(mm)	100	200	300	≥600	100	200	300	≥600
预加力时的混凝土龄期/d 　3	2.50	2.00	1.70	1.10	3.0	2.5	2.3	2.0
7	2.30	1.90	1.60	1.10	2.6	2.2	2.0	1.8
10	2.17	1.86	1.60	1.10	2.4	2.1	1.9	1.7
14	2.00	1.80	1.60	1.10	2.2	1.9	1.7	1.5
28	1.70	1.60	1.50	1.10	1.8	1.5	1.4	1.2
≥60	1.40	1.40	1.30	1.00	1.4	1.2	1.1	1.0

注　1. 预加力时的混凝土龄期，对先张法构件可取 3～7d，对后张法构件可取 7～28d；

2. A 为构件截面面积，u 为该截面与大气接触的周边长度；

3. 当实际构件的理论厚度和预加力时的混凝土龄期为表列数值的中间值时，可按线性内插法确定。

《混凝土结构设计规范》（GB 50010—2010）给出的混凝土收缩应变终极值表 K.0.1-1 和徐变系数终极表 K.0.1-2 比上表更详细。

2）受压区纵向预应力钢筋预应力损失终极值 σ'_{l5}

$$\sigma'_{l5} = \frac{0.9\alpha_E\sigma'_{pc}\varphi_\infty + E_s\varepsilon_\infty}{1+15\rho'} \tag{9-25}$$

式中　σ'_{pc}——受压区预应力钢筋合力点处由预加力（扣除相应阶段预应力损失）和梁自重产生的混凝土法向压应力，其值不得大于 $0.5f'_{cu}$，当 σ'_{pc} 为拉应力时，取 $\sigma'_{pc}=0$。

对受压区配置预应力钢筋 A'_p 及非预应力钢筋 A'_s 的构件，在计算式（9-24）、式（9-25）中的 σ_{pc} 及 σ'_{pc} 时，应按截面全部预加力进行计算。

考虑时间影响的混凝土收缩和徐变引起的预应力损失值，可由式（9-24）和式（9-25）计算的预应力损失终极值 σ_{l5}、σ'_{l5} 乘以表9-5中相应的系数确定。

6. 螺旋式预应力钢丝（或钢筋）挤压混凝土引起的预应力损失 σ_{l6}

环形结构构件的混凝土被螺旋式预应力钢筋箍紧，混凝土受预应力钢筋的挤压会发生局部压陷，构件直径将减少 2δ，使得预应力钢筋回缩，引起的预应力损失称为 σ_{l6}，如图9-24所示。σ_{l6} 的大小与构件直径有关，构件直径越小，压陷变形的影响越大，预应力损失也就越大。当结构直径大于3m时，损失就可不计；当结构直径不大于3m时，σ_{l6} 可取为

$$\sigma_{l6} = 30\text{N/mm}^2 \qquad (9-26)$$

后张法构件的预应力钢筋采用分批张拉时，应考虑后批张拉钢筋所产生的混凝土弹性压缩（或伸长）对先批张拉钢筋的影响，将先批张拉钢筋的张拉控制应力值 σ_{con} 增加（或减小）$\alpha_E\sigma_{pci}$。此处，σ_{pci} 为后批张拉钢筋在先批张拉钢筋重心处产生的混凝土法向应力。

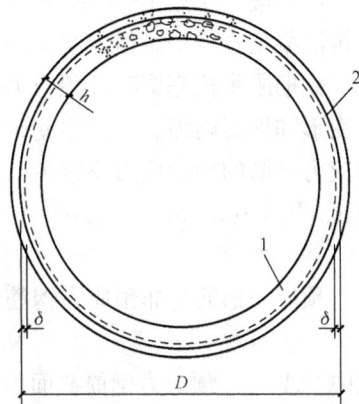

图9-24 环形配筋的预应力构件
1—环形截面构件；2—预应力钢筋；
D、h、δ—直径、壁厚、压陷变形

上述各项预应力损失并不同时发生，而是按不同张拉方式分阶段发生。通常把在混凝土预压前出现的损失称为第一批预应力损失 σ_{lI}（先张法指放张前，后张法指卸去千斤顶前的损失），混凝土预压后出现的损失称为第二批预应力损失 σ_{lII}。总的损失 $\sigma_l = \sigma_{lI} + \sigma_{lII}$。各批的预应力损失的组合见表9-7。

表 9-7　　　　　　　　　　各阶段预应力损失值的组合

项次	预应力损失值的组合	先张法构件	后张法构件
1	混凝土预压前（第一批）的损失	$\sigma_{l1} + \sigma_{l2} + \sigma_{l3} + \sigma_{l4}$	$\sigma_{l1} + \sigma_{l2}$
2	混凝土预压后（第二批）的损失	σ_{l5}	$\sigma_{l4} + \sigma_{l5} + \sigma_{l6}$

注　1. 先张法构件第一批损失值计入 σ_{l2} 是指有折线式配筋的情况；

　　2. 先张法构件，σ_{l4} 在第一批和第二批损失中所占的比例，如需区分，可按实际情况确定。

对预应力构件除应按使用条件进行承载力及抗裂、裂缝宽度、变形验算以外，还需对构件在制作、运输、吊装等施工阶段进行应力验算。不同的受力阶段（即根据构件的实际情况）应考虑相应的预应力损失值的组合。

考虑到预应力损失的计算值与实际值可能有误差，为确保构件的安全，按上述各项损失计算得出的总损失值 σ_l 小于下列数值时，则按下列数值采用：

先张法构件：100N/mm^2；

后张法构件：80N/mm^2。

第四节　预应力混凝土轴心受拉构件的应力分析

本节以轴心受拉构件为例，分别对先张法和后张法构件的施工阶段、使用阶段和破坏阶段进行应力分析，以了解预应力混凝土构件的受力特点，也作为该类构件各阶段设计计算的依据。

一、先张法预应力混凝土轴心受拉构件的应力分析

先张法预应力混凝土轴心受拉构件，从张拉预应力钢筋开始直到构件破坏为止，可分为下列 6 种应力状态（参阅表 9 - 8）。

1. 施工阶段

（1）应力状态 1——预应力钢筋放张前。张拉预应力钢筋并固定在台座（或钢模）上，浇筑混凝土及养护，但混凝土尚未受到压缩的状态。通常称为"预压前"状态。

钢筋刚张拉完毕时，预应力钢筋的应力为张拉控制应力 σ_{con}（表 9 - 8a）。然后，由于锚具变形和钢筋内缩、养护温差、钢筋松弛等原因产生了第一批预应力损失 $\sigma_{l\,\text{I}} = \sigma_{l1} + \sigma_{l3} + \sigma_{l4}$，预应力钢筋的预拉应力将减少 $\sigma_{l\,\text{I}}$。因此，在这一应力状态，预应力钢筋的预拉应力就降低为 $\sigma_{p0\,\text{I}}$[❶]（表 9 - 8b）。

$$\sigma_{p0\,\text{I}} = \sigma_{con} - \sigma_{l\,\text{I}} \tag{9 - 27}$$

预应力钢筋与非预应力钢筋的合力（此时非预应力钢筋应力为零）为

$$N_{p0\,\text{I}} = \sigma_{p0\,\text{I}} A_p = (\sigma_{con} - \sigma_{l\,\text{I}}) A_p \tag{9 - 28}$$

式中 A_p——预应力钢筋截面面积。

由于预应力钢筋仍固定在台座（或钢模）上，预应力钢筋的总预拉力由台座（或钢模）支承平衡，所以混凝土的应力和非预应力钢筋的应力均为零。

（2）应力状态 2——预应力钢筋放张后。从台座（或钢模）上放松预应力钢筋（即放张），混凝土受到预应力钢筋回弹力的挤压而产生预压应力。这一应力状态是混凝土受到预压应力的状态。设混凝土的预压应力为 $\sigma_{pc\,\text{I}}$[❷]，混凝土受压后产生压缩变形 $\sigma_{pc\,\text{I}}/E_c$。钢筋因与混凝土粘结在一起也随之回缩同样数值。按弹性压应变协调关系可得到非预应力钢筋和预应力钢筋均产生压应力 $\alpha_E \sigma_{pc\,\text{I}}$ $[\varepsilon_c E_s = (\sigma_{pc\,\text{I}}/E_c) E_s = \alpha_E \sigma_{pc\,\text{I}}$，$\alpha_E = E_s/E_c$，$\alpha_E$ 称为换算比，即钢筋与混凝土两者弹性模量之比]。所以，预应力钢筋的拉应力将减少 $\alpha_E \sigma_{pc\,\text{I}}$，预拉应力进一步降低为 $\sigma_{pe\,\text{I}}$[❸]（表 9 - 8c）

$$\sigma_{pe\,\text{I}} = \sigma_{p0\,\text{I}} - \alpha_E \sigma_{pc\,\text{I}} = \sigma_{con} - \sigma_{l\,\text{I}} - \alpha_E \sigma_{pc\,\text{I}} \tag{9 - 29}$$

非预应力钢筋受到的是压应力，其值为

$$\sigma_{s\,\text{I}} = \alpha_E \sigma_{pc\,\text{I}} \tag{9 - 30}$$

混凝土的预压应力 $\sigma_{pc\,\text{I}}$ 可由截面内力平衡条件求得

$$\sigma_{pe\,\text{I}} A_p = \sigma_{pc\,\text{I}} A_c + \sigma_{s\,\text{I}} A_s$$

带入 $\sigma_{pe\,\text{I}}$ 和 $\sigma_{s\,\text{I}}$，可得

$$\sigma_{pc\,\text{I}} = \frac{(\sigma_{con} - \sigma_{l\,\text{I}}) A_p}{A_c + \alpha_E A_s + \alpha_E A_p} = \frac{(\sigma_{con} - \sigma_{l\,\text{I}}) A_p}{A_0} \tag{9 - 31a}$$

也可写成

$$\sigma_{pc\,\text{I}} = \frac{N_{p0\,\text{I}}}{A_0} \tag{9 - 31b}$$

---

❶ $\sigma_{p0\,\text{I}}$ 符号下标中的"p"表示预应力，"0"表示预应力钢筋合力点处混凝土法向应力等于零，"I"表示第一批预应力损失出现。即 $\sigma_{p0\,\text{I}}$ 表示第一批预应力损失出现后，混凝土法向应力等于零时的预应力钢筋的应力。

❷ $\sigma_{pc\,\text{I}}$ 符号下标中的"p"表示预应力，"c"表示混凝土，"I"表示第一批预应力损失出现。即 $\sigma_{pc\,\text{I}}$ 表示第一批预应力损失出现后，混凝土受到的预应力。

❸ $\sigma_{pe\,\text{I}}$ 符号下标中的"p"表示预应力，"e"表示有效，"I"表示第一批预应力损失出现。即 $\sigma_{pe\,\text{I}}$ 表示第一批预应力损失出现后，预应力钢筋的有效应力。

式中　N_{p0I}——预应力钢筋的回弹力；

　　　A_s，A_p——非预应力钢筋、预应力钢筋的截面面积；

　　　A_c——构件混凝土截面面积，$A_c = A - A_s - A_p$，此处 A 为构件截面面积；

　　　A_0——换算截面面积，$A_0 = A_c + \alpha_E A_s + \alpha_E A_p$。

公式（9-31b）也可理解为当放松预应力钢筋使混凝土受压时，将预应力钢筋的回弹力 N_{p0I} 看成为外力（轴向压力），作用在整个构件的换算截面 A_0 上，由此混凝土截面产生的预压应力为 σ_{pcI}。

（3）应力状态 3——全部预应力损失完成后。混凝土受压后，随着时间的增长又发生收缩和徐变，使预应力钢筋产生第二批应力损失。对先张法来说，第二批预应力损失为 $\sigma_{lII} = \sigma_{l5}$。此时，总的预应力损失为 $\sigma_l = \sigma_{lI} + \sigma_{lII}$。

在预应力损失全部出现后，预应力钢筋的拉应力又进一步降低为 σ_{peII}，相应的混凝土预压应力降低为 σ_{pdII}（表9-8d）。由于钢筋与混凝土变形一致，它们之间的关系可由下列公式表示

$$\sigma_{peII} = \sigma_{con} - \sigma_l - \alpha_E \sigma_{pcII} = \sigma_{p0II} - \alpha_E \sigma_{pcII} \tag{9-32}$$

$$\sigma_{p0II} = \sigma_{con} - \sigma_l \tag{9-33}$$

对非预应力钢筋而言，混凝土在 σ_{pcII} 作用下产生瞬时压应变 σ_{pcII}/E_c，由于钢筋与混凝土变形一致，该应变就使得非预应力钢筋产生压应力 $\alpha_E \sigma_{pcII}$；随着时间增长，混凝土在 σ_{pcII} 作用下又将产生徐变 σ_{l5}/E_s，同样由于钢筋与混凝土变形一致，该徐变使非预应力钢筋产生 σ_{l5} 的压应力。如此，非预应力钢筋的应力为

$$\sigma_{sII} = \alpha_E \sigma_{pcII} + \sigma_{l5} \tag{9-34}$$

式中　σ_{l5}——因混凝土收缩徐变引起的预应力损失，也就是非预应力钢筋因混凝土收缩和徐变所增加的压应力。

同样可由截面内力平衡条件求得

$$\sigma_{peII} A_p = \sigma_{pcII} A_c + \sigma_{sII} A_s$$

可得　　　$$\sigma_{pcII} = \frac{(\sigma_{con} - \sigma_l)A_p - \sigma_{l5} A_s}{A_0} = \frac{N_{p0II}}{A_0} \tag{9-35}$$

$$N_{p0II} = (\sigma_{con} - \sigma_l)A_p - \sigma_{l5} A_s \tag{9-36}$$

式中　N_{p0II}——预应力损失全部出现后，混凝土预压应力为零时（预应力钢筋合力点处）的预应力钢筋与非预应力钢筋的合力。

式（9-35）同样也可理解为当放松预应力钢筋使混凝土受压时，将钢筋回弹力 N_{p0II} 看成为外力（轴向压力），作用在整个构件的换算截面 A_0 上，截面混凝土产生的压应力 σ_{pcII}。

σ_{peII} 为全部预应力损失完成后，预应力钢筋的有效预拉应力；σ_{pcII} 为在混凝土中所建立的"有效预压应力"。由上可知，在外荷载作用以前，预应力构件中钢筋及混凝土的应力都不等于零，混凝土受到很大的压应力，而钢筋受到很大拉应力，这是预应力混凝土构件与非预应力混凝土构件质的差别。

2. 使用阶段

（1）应力状态 4——消压状态，即加荷至混凝土预压应力为零的状态。构件受到外荷载（轴向拉力 N）作用后，截面要叠加上由于 N 产生的拉应力。当外荷载 $N = N_{p0II}$ 时，它对截面产生的拉应力 N/A_0 刚好全部抵消了混凝土的有效预压应力 σ_{pcII}。因此，截面上混凝土应力由 σ_{pcII} 降为零（表9-8e）。该状态称为消压状态。在消压轴向拉力 $N_0 = N_{p0II}$ 作用下，预

应力钢筋的拉应力由 $\sigma_{pe\mathrm{II}}$ 增加 $\alpha_E\sigma_{pc\mathrm{II}}$，其值为

$$\sigma_{p0} = \sigma_{pe\mathrm{II}} + \alpha_E\sigma_{pc\mathrm{II}} = \sigma_{con} - \sigma_l - \alpha_E\sigma_{pc\mathrm{II}} + \alpha_E\sigma_{pc\mathrm{II}} = \sigma_{con} - \sigma_l \tag{9-37}$$

非预应力钢筋的压应力由 $\sigma_{s\mathrm{II}}$ 减少 $\alpha_E\sigma_{pc\mathrm{II}}$，其值为

$$\sigma_{s0} = \sigma_{s\mathrm{II}} - \alpha_E\sigma_{pc\mathrm{II}} = \alpha_E\sigma_{pc\mathrm{II}} + \sigma_{l5} - \alpha_E\sigma_{pc\mathrm{II}} = \sigma_{l5} \tag{9-38}$$

由平衡方程，消压轴力 N_0 可用下式表示

$$N_0 = \sigma_{p0}A_p - \sigma_{s0}A_s = (\sigma_{con} - \sigma_l)A_p - \sigma_{l5}A_s \tag{9-39}$$

比较式（9-36）和式（9-39）可知，$N_0 = N_{p0\mathrm{II}} = \sigma_{pc\mathrm{II}}A_0$。

应力状态 4 是轴心受拉构件中混凝土应力将由压应力转为拉应力的一个重要标志。如果 $N < N_0$，则构件的混凝土始终处于受压状态；若 $N > N_0$ 则混凝土将出现拉应力，以后拉应力的增量就如同普通钢筋混凝土轴心受拉构件受外荷载后的拉应力增量一样。

（2）应力状态 5——即将开裂与开裂状态。

1）加荷至混凝土即将出现裂缝。随着荷载进一步增加，当混凝土拉应力达到混凝土轴心抗拉强度标准值 f_{tk} 时，裂缝就将出现（表 9-8f）。所以，构件的开裂荷载 N_{cr} 将在 N_0 的基础上增加 $f_{tk}A_0$，即

$$N_{cr} = N_0 + f_{tk}A_0 = (\sigma_{con} - \sigma_l)A_p - \sigma_{l5}A_s + f_{tk}A_0 \tag{9-40a}$$

也可写成

$$N_{cr} = (\sigma_{pc\mathrm{II}} + f_{tk})A_0 \tag{9-40b}$$

$$N_{cr} = N_0 + N'_{cr} \tag{9-40c}$$

式中 $N'_{cr} = f_{tk}A_0$，即为钢筋混凝土轴心受拉构件的开裂荷载。

由上式可见，预应力混凝土构件的抗裂能力由于多了 N_0 一项而比非预应力混凝土构件大大提高。

在裂缝即将出现时，预应力钢筋和非预应力钢筋的应力分别在消压状态的基础上增加了 $\alpha_E f_{tk}$ 的拉应力，即

$$\sigma_p = \sigma_{p0} + \alpha_E f_{tk} = \sigma_{con} - \sigma_l + \alpha_E f_{tk} \tag{9-41}$$

$$\sigma_s = \sigma_{l5} - \alpha_E f_{tk} \tag{9-42}$$

2）开裂后。在开裂瞬间，由于裂缝截面的混凝土应力 $\sigma_c = 0$，由混凝土承担的拉力 $f_{tk}A_c$ 转由钢筋承担。所以，预应力钢筋和非预应力钢筋的拉应力增量则分别较开裂前的应力增加 $f_{tk}A_c/(A_p + A_s)$。此时，预应力钢筋和非预应力钢筋的应力为

$$\sigma_p = \sigma_{p0} + \alpha_E f_{tk} + \frac{f_{tk}A_c}{A_p + A_s} = \sigma_{p0} + \frac{f_{tk}A_0}{A_p + A_s} = \sigma_{p0} + \frac{N_{cr} - N_0}{A_p + A_s} = \sigma_{con} - \sigma_l + \frac{N_{cr} - N_0}{A_p + A_s} \tag{9-43}$$

$$\sigma_s = \sigma_{l5} - \alpha_E f_{tk} - \frac{f_{tk}A_c}{A_p + A_s} = \sigma_{l5} - \frac{f_{tk}A_0}{A_p + A_s} = \sigma_{l5} - \frac{N_{cr} - N_0}{A_p + A_s} \tag{9-44}$$

开裂后，在外荷载 N 作用下，所增加的轴向拉力 $N - N_{cr}$ 将全部由钢筋承担（表 9-8g），预应力钢筋和非预应力钢筋的拉应力增量均为 $(N - N_{cr})/(A_p + A_s)$。因此，这时预应力钢筋和非预应力钢筋的应力分别为

$$\sigma_p = \sigma_{p0} + \frac{N_{cr} - N_0}{A_p + A_s} + \frac{N - N_{cr}}{A_p + A_s} = \sigma_{p0} + \frac{N - N_0}{A_p + A_s} = \sigma_{con} - \sigma_l + \frac{N - N_0}{A_p + A_s} \tag{9-45}$$

同理

$$\sigma_s = \sigma_{l5} - \frac{N - N_0}{A_p + A_s} \tag{9-46}$$

　　上列二式为使用阶段求裂缝宽度时的钢筋应力表达式。

　　式（9-45）、式（9-46）也可以这样理解，消压状态的混凝土应力与构件开裂后裂缝截面上的混凝土应力相等（均为零），而轴向拉力从 N_0 增加到 N，其轴向拉力差 $N-N_0$ 应该由预应力钢筋与非预应力钢筋来平衡。如此，裂缝截面预应力钢筋的拉应力就应为消压状态下的应力加上 $\dfrac{N-N_0}{A_p+A_s}$，非预应力钢筋的压应力就应为消压状态下的应力减去 $\dfrac{N-N_0}{A_p+A_s}$。

　　3. 破坏阶段

　　应力状态 6——加荷至构件破坏。当预应力钢筋、非预应力钢筋的应力达到各自抗拉强度时，构件就发生破坏（表 9-8h）。此时的外荷载为构件的极限承载力 N_u，即

$$N_u = f_{py}A_p + f_yA_s \qquad (9-47)$$

表 9-8　　　　　　　　　先张法预应力轴心受拉构件各阶段的应力状态

		应 力 状 态	应 力 图 形
施工阶段	1	刚张拉好预应力钢筋，浇捣混凝土，并进行养护，第一批预应力损失出现	$\sigma_c = 0$；$\sigma_s = 0$；N_{p0I}，$(\sigma_{con}-\sigma_{l1})A_p$
	2	从台座上放松预应力钢筋，混凝土受到预压	$\sigma_{pc1} = (\sigma_{con}-\sigma_{l1})A_p/A_0$；$(\sigma_{con}-\sigma_{l1}-\alpha_E\sigma_{pc\,1})A_p$；$\alpha_E\sigma_{pc1}A_s$
	3	预应力损失全部出现	$\sigma_{pcII}=[(\sigma_{con}-\sigma_{l\,1})A_p-\sigma_{l5}A_s]/A_0$；$(\sigma_{con}-\sigma_l-\alpha_E\sigma_{pcII})A_p$；$(\alpha_E\sigma_{pcII}+\sigma_{l5})A_s$
使用阶段	4	荷载作用（加载至混凝土应力为零）	$N_0 = N_{p0II}$；$\sigma-\sigma_{pcII}=0$；$\sigma=\dfrac{N_{p0II}}{A_0}$；$(\sigma_{con}-\sigma_l)A_p$；$\sigma_{l5}A_s$
	5	荷载作用（裂缝即将出现）	$N=N_{cr}$；$\sigma-\sigma_{pcII}=f_{tk}$；$(\sigma_{con}-\sigma_l+\alpha_E f_{tk})A_p$；$(\sigma_{l5}-\alpha_E f_{tk})A_s$

续表

应 力 状 态	应 力 图 形
使用阶段 5 荷载作用（开裂后） $N_{cr}<N<N_u$	$\sigma_c=0$ $\quad N_0=N_{p0\,\mathrm{II}}=(\sigma_{con}-\sigma_l)A_p-\sigma_{l5}A_s$ $\left(\sigma_{con}-\sigma_l+\dfrac{N-N_0}{A_p+A_s}\right)A_p$ $\left(\sigma_{l5}-\dfrac{N-N_0}{A_p+A_s}\right)A_s$
破坏阶段 6 破坏时 $N=N_u$	N_u $f_{py}A_p$ f_yA_s

二、后张法预应力混凝土轴心受拉构件的工作特点及应力分析

后张法构件的应力分布除施工阶段因张拉工艺与先张法不同而有所区别外，使用阶段、破坏阶段的应力分布均与先张法相同。从浇筑混凝土、张拉预应力钢筋到构件受荷载作用破坏，可分为下列 5 种应力状态（参阅表 9 - 9）。

表 9 - 9   后张法预应力混凝土轴心受拉构件各阶段的应力状态

应 力 状 态	应 力 图 形
施工阶段 1 构件制作养护，张拉钢筋，第一批预应力损失出现 a b	$\sigma_{pc\,\mathrm{I}}=(\sigma_{con}-\sigma_{l\,\mathrm{I}})A_p/A_n$ $(\sigma_{con}-\sigma_{l\,\mathrm{I}})A_p$ $\alpha_E\sigma_{pc\,\mathrm{I}}A_s$
施工阶段 2 预应力损失全部出现 c	$\sigma_{pc\,\mathrm{II}}=[(\sigma_{con}-\sigma_l)A_p-\sigma_{l5}A_s]/A_n$ $(\sigma_{con}-\sigma_l)A_p$ $(\alpha_E\sigma_{pc\,\mathrm{II}}+\sigma_{l5})A_s$
使用阶段 3 荷载作用（加载至混凝土应力为零） $N_0=N_{p0\,\mathrm{II}}$ d	$\sigma-\sigma_{pc\,\mathrm{II}}=0$ $(\sigma_{con}-\sigma_l+\alpha_E\sigma_{pc\,\mathrm{II}})A_p$ $\sigma_{l5}A_s$

应　力　状　态		应　力　图　形
使用阶段	4	裂缝即将出现 e	
		荷载作用 （开裂后） f	
破坏阶段	5	破坏时 g	

1. 施工阶段

（1）应力状态 1——张拉预应力钢筋至第一批预应力损失出现后（表 9 - 9b）。由于预应力钢筋孔道尚未灌浆，预应力钢筋与混凝土之间没有粘结，在张拉预应力钢筋的同时混凝土已受到弹性压缩，因而预应力钢筋应力 $\sigma_{\text{pe}\,\mathrm{I}}$ 就等于控制应力 σ_{con} 减去第一批预应力损失 $\sigma_{l\mathrm{I}}$，即

$$\sigma_{\text{pe}\,\mathrm{I}} = \sigma_{\text{con}} - \sigma_{l\mathrm{I}} \tag{9 - 48}$$

非预应力钢筋与周围混凝土已有粘结，两者变形一致，因而非预应力钢筋应力为

$$\sigma_{\text{s}\,\mathrm{I}} = \alpha_{\text{E}} \sigma_{\text{pc}\,\mathrm{I}} \tag{9 - 49}$$

混凝土的预压应力 $\sigma_{\text{pc}\,\mathrm{I}}$ 可由截面内力平衡条件求得

$$\sigma_{\text{pe}\,\mathrm{I}} A_{\text{p}} = \sigma_{\text{pc}\,\mathrm{I}} A_{\text{c}} + \sigma_{\text{s}\,\mathrm{I}} A_{\text{s}}$$

$$\sigma_{\text{pc}\,\mathrm{I}} = \frac{(\sigma_{\text{con}} - \sigma_{l\mathrm{I}}) A_{\text{p}}}{A_{\text{n}}} = \frac{N_{\text{p}\,\mathrm{I}}}{A_{\text{n}}} \tag{9 - 50}$$

其中

$$N_{\text{p}\,\mathrm{I}} = \sigma_{\text{pe}\,\mathrm{I}} A_{\text{p}} = (\sigma_{\text{con}} - \sigma_{l\mathrm{I}}) A_{\text{p}} \tag{9 - 51}$$

式中　A_{n}——截面的净截面面积，$A_{\text{n}} = A_{\text{c}} + \alpha_{\text{E}} A_{\text{s}}$，$A_{\text{c}} = A - A_{\text{s}} - A_{\text{孔道面积}}$；

$N_{\text{p}\,\mathrm{I}}$——第一批预应力损失出现后的预应力钢筋的合力。

与先张法放张后相应公式相比，除了非预应力钢筋应力计算公式（9 - 49）与式（9 - 30）相同外，其他两式都不同：

1）后张法在张拉预应力钢筋的同时，混凝土就受到了预压应力，弹性压缩变形已经完成。因此，后张法预应力钢筋的应力比先张法少降低 $\alpha_{\text{E}} \sigma_{\text{pc}\,\mathrm{I}}$，见式（9 - 48）与式（9 - 29）；

2）混凝土的预压应力 $\sigma_{\text{pc}\,\mathrm{I}}$，后张法的式（9 - 50）与先张法的式（9 - 31）相比，前者采用净截面面积 A_{n}，后者采用换算截面面积 A_{0}；前者用 $N_{\text{p}\,\mathrm{I}}$，后者用 $N_{\text{p0}\,\mathrm{I}}$。

（2）应力状态 2——第二批预应力损失出现后（表 9 - 9c）。当预应力钢筋的应力松弛、混凝土的收缩和徐变（对环形构件还有混凝土被挤压的变形）而引起的第二批预应力损失出现后，预应力钢筋、非预应力钢筋的应力及混凝土的有效预压应力为

$$\sigma_{pe\text{II}} = \sigma_{con} - \sigma_l \tag{9 - 52}$$

$$\sigma_{s\text{II}} = \alpha_E \sigma_{pc\text{II}} + \sigma_{l5} \tag{9 - 53}$$

由平衡条件可得混凝土压应力为

$$\sigma_{pc\text{II}} = \frac{(\sigma_{con} - \sigma_l)A_p - \sigma_{l5}A_s}{A_n} = \frac{N_{p\text{II}}}{A_n} \tag{9 - 54}$$

式中　$N_{p\text{II}}$——第二批预应力损失出现后的预应力钢筋和非预应力钢筋的合力。

与先张法相应的公式比较，除了非预应力钢筋应力计算公式（9 - 53）与式（9 - 34）相同外，其他都不同。预应力钢筋的应力，后张法比先张法少降低 $\alpha_E \sigma_{pc\text{II}}$，见式（9 - 52）与式（9 - 32）；混凝土的有效预压应力 $\sigma_{pc\text{II}}$，后张法的式（9 - 54）采用 A_n（先张法为 A_0）。预应力钢筋和非预应力钢筋的合力，后张法用 $N_{p\text{II}}$，先张法用 $N_{p0\text{II}}$。

$$N_{p\text{II}} = \sigma_{pc\text{II}}A_p - \sigma_{l5}A_s = (\sigma_{con} - \sigma_l)A_p - \sigma_{l5}A_s \tag{9 - 55}$$

对于轴心受拉构件，不论是先张法还是后张法，都可直接将相应阶段某一状态的预应力钢筋和非预应力钢筋的合力当作轴向压力作用在构件上，按材料力学公式来求解混凝土预压应力值。先张法预应力钢筋和非预应力钢筋的合力是指混凝土预压应力为零时的情况，后张法则是指混凝土已有预压应力的情况。由于先张法预应力钢筋有混凝土弹性压缩引起的应力降低，故两者相应的公式不同，先张法用 N_{p0}、σ_{p0}、A_0，后张法为 N_p、σ_{pe}、A_n。若先、后张法构件的截面尺寸及所用材料完全相同，则同样大小的控制应力情况下，后张法建立的混凝土有效预压应力比先张法要高。

后张法中预应力钢筋常有好几根或好几束，不能同时张拉而必须分批张拉。此时就要考虑到后批张拉钢筋所产生的混凝土弹性压缩（或伸长），使得先批张拉并已锚固好的钢筋的应力又发生变化。也就相当于先批张拉的钢筋又进一步产生了应力降低（或增加）。这种应力变化的数值为 $\alpha_E \sigma_{pci}$，σ_{pci} 为后批钢筋张拉时，在先批张拉钢筋重心位置所引起的混凝土法向应力。考虑这种应力变化的影响，对先批张拉的那些钢筋，常根据 $\alpha_E \sigma_{pci}$ 值增大（或减小）其张拉控制应力 σ_{con}。

2. 使用阶段

（1）应力状态 3——消压状态，即加荷至混凝土截面应力为零时的状态（表 9 - 9d）。在消压状态，截面上混凝土应力由 $\sigma_{pc\text{II}}$ 降为零，则预应力钢筋的拉应力增加了 $\alpha_E \sigma_{pc\text{II}}$，即

$$\sigma_{p0} = \sigma_{pe\text{II}} + \alpha_E \sigma_{pc\text{II}} = \sigma_{con} - \sigma_l + \alpha_E \sigma_{pc\text{II}} \tag{9 - 56}$$

相应地，非预应力钢筋的压应力减小了 $\alpha_E \sigma_{pc\text{II}}$，即

$$\sigma_{s0} = \sigma_{s\text{II}} - \alpha_E \sigma_{pc\text{II}} = \alpha_E \sigma_{pc\text{II}} + \sigma_{l5} - \alpha_E \sigma_{pc\text{II}} = \sigma_{l5} \tag{9 - 57}$$

消压轴力 N_0 为

$$N_0 = \sigma_{p0}A_p - \sigma_{l5}A_s = (\sigma_{con} - \sigma_l + \alpha_E \sigma_{pc\text{II}})A_p - \sigma_{l5}A_s \tag{9 - 58}$$

后张法应力状态 3 与先张法应力状态 4 相比，除了非预应力钢筋应力计算公式（9 - 57）与（9 - 38）相同外，其他都不同。预应力钢筋的应力，后张法比先张法多了一项 $\alpha_E \sigma_{pc\text{II}}$（表 9 - 9），见式（9 - 56）与式（9 - 37）；消压轴向力后张法比先张法多了 $\alpha_E \sigma_{pc\text{II}}A_p$，见式（9 - 58）与式（9 - 39）。

计算后张法构件外荷载产生的应力时，由于孔道已经灌浆，预应力钢筋与混凝土已粘结在一起，共同变形，所以截面应取用换算截面面积 A_0。当截面上混凝土应力 $\sigma_c = N/A_0 - \sigma_{pcII} = 0$ 时为消压状态，消压轴向拉力 N_0 由内力平衡可得

$$N_0 = \sigma_{pcII}A_n + \alpha_E\sigma_{pcII}A_p = \sigma_{pcII}(A_n + \alpha_E A_p) = \sigma_{pcII}A_0 \qquad (9-59)$$

（2）应力状态 4——即将开裂与开裂状态。

1）加荷至裂缝即将出现时（表 9-9e）。后张法应力状态 4 与先张法应力状态 5 的应力、内力计算公式的形式及符号都完全相同，只是 σ_p 的具体数值两者相差 $\alpha_E\sigma_{pcII}$（表 9-9e），即

$$\sigma_p = \sigma_{p0} + \alpha_E f_{tk} = (\sigma_{con} - \sigma_l + \alpha_E\sigma_{pcII}) + \alpha_E f_{tk} \qquad (9-60)$$

非预应力钢筋的应力在 σ_{s0} 的基础上增加了拉应力 $\alpha_E f_{tk}$，即

$$\sigma_s = \sigma_{l5} - \alpha_E f_{tk} \qquad (9-61)$$

外荷由 N_0 增至开裂荷载 N_{cr}，截面 A_0 的应力增加 f_{tk}，故

$$N_{cr} = N_0 + f_{tk}A_0 = (\sigma_{con} - \sigma_l + \alpha_E\sigma_{pcII})A_p - \sigma_{l5}A_s + f_{tk}A_0 = (\sigma_{pcII} + f_{tk})A_0 \qquad (9-62)$$

2）开裂后（表 9-9f）。在开裂瞬间，混凝土承担的拉力 $f_{tk}A_c$ 转由钢筋承担。所以预应力钢筋和非预应力钢筋的拉应力分别增加 $f_{tk}A_c/(A_p + A_s)$，此时它们的应力为

$$\sigma_p = \sigma_{p0} + \alpha_E f_{tk} + \frac{f_{tk}A_c}{A_p + A_s} = \sigma_{p0} + \frac{f_{tk}A_0}{A_p + A_s} = \sigma_{p0} + \frac{N_{cr} - N_0}{A_p + A_s} \qquad (9-63)$$

$$\sigma_s = \sigma_{l5} - \alpha_E f_{tk} - \frac{f_{tk}A_c}{A_p + A_s} = \sigma_{l5} - \frac{f_{tk}A_0}{A_p + A_s} = \sigma_{l5} - \frac{N_{cr} - N_0}{A_p + A_s} \qquad (9-64)$$

开裂后，外荷载全部由钢筋承担，预应力钢筋和非预应力钢筋的拉应力增量分别为 $(N - N_{cr})/(A_p + A_s)$。因此预应力钢筋和非预应力钢筋的应力分别为

$$\sigma_p = \sigma_{p0} + \frac{N_{cr} - N_0}{A_p + A_s} + \frac{N - N_{cr}}{A_p + A_s} = \sigma_{con} - \sigma_l + \alpha_E\sigma_{pcII} + \frac{N - N_0}{A_p + A_s} \qquad (9-65)$$

$$\sigma_s = \sigma_{l5} - \frac{N_{cr} - N_0}{A_p + A_s} - \frac{N - N_{cr}}{A_p + A_s} = \sigma_{l5} - \frac{N - N_0}{A_p + A_s} \qquad (9-66)$$

式（9-65）和式（9-66）为使用阶段求裂缝宽度时的钢筋应力表达式。

后张法应力状态 4 和先张法应力状态 5 相比，由于二者的消压轴力不同，因而两者的开裂轴力、预应力钢筋和非预应力钢筋应力均不相同。后张法的开裂轴力要比先张法大 $\alpha_E\sigma_{pcII}A_p$。

3. 破坏阶段

应力状态 5——加荷至构件破坏（表 9-9g）。后张法应力状态 5 与先张法应力状态 6 的应力、内力计算公式的形式及符号完全相同。若两者钢筋材料、用量相同，则极限承载力相同，即破坏时预应力钢筋和非预应力钢筋分别达到各自的抗拉强度值 f_{py} 和 f_y，由平衡条件得极限承载力

$$N_u = f_{py}A_p + f_y A_s \qquad (9-67)$$

三、预应力构件与非预应力构件的比较及特点

现以后张法预应力轴心受拉构件和非预应力的钢筋混凝土轴心受拉构件为例（两者的截面尺寸、材料及配筋数量完全相同）作一比较，进一步分析预应力轴心受拉构件的受力特点以及与非预应力构件的异同点。

图 9-25 为上述两类构件在施工阶段、使用阶段和破坏阶段中，预应力钢筋、非预应力钢筋和混凝土的应力与荷载变化示意图。横坐标代表荷载，原点 0 左边为施工阶段预应力钢

筋的回弹力，右边为使用阶段和破坏阶段作用的外力。纵坐标 0 点上、下方代表预应力钢筋、非预应力钢筋和混凝土的拉、压应力。实线为预应力构件，虚线为非预应力构件。由图 9-25 中曲线对比可以看出：

（1）施工阶段（或受外荷载以前）非预应力构件中的钢筋和混凝土应力全为零。而预应力构件中预应力钢筋和混凝土的应力则始终处于高应力状态之中。

（2）在荷载 N_0 以前，普通混凝土早已开裂而预应力混凝土还一直处于受压状态，这样可充分发挥混凝土抗压性能好，预应力钢筋强度高的优点。

（3）使用阶段预应力构件的开裂荷载 N_{cr} 远远大于非预应力构件的开裂荷载 N_{cr}'。开裂荷载与破坏荷载之比，前者可达 0.9 以上，甚至可能发生一开裂就破坏的现象。而后者仅为 0.10～0.15 左右。相比之下，预应力构件破坏显得比较脆。这也是它的缺点。

（4）两类构件的极限荷载相等，即都为 N_u。由图 9-25 中可明显地看出，非预应力构件不能采用高强钢筋，否则就会在不大的拉力下构件因裂缝过宽而不满足正常使用极限状态的要求。只有采用预应力才能发挥高强钢筋的作用。图中在外荷载 $N \leqslant N_{cr}$ 时，预应力构件混凝土及钢筋应力随荷载增加的增量与非预应力构件的增量相同。由于预应力构件开裂荷载大，开裂前钢筋应力变化较小，故预应力构件更适合于受疲劳荷载作用下的构件，例如吊车梁、铁路桥、公路桥等。

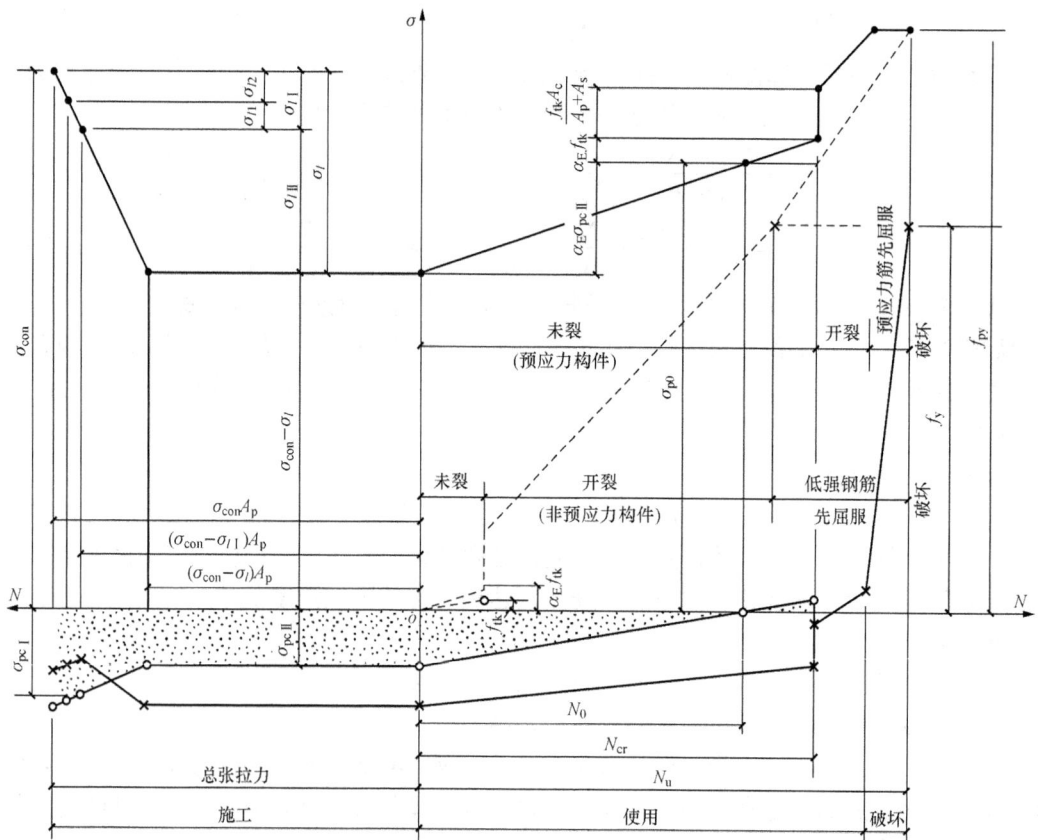

图 9-25　轴心受拉构件各阶段的钢筋和混凝土应力变化曲线示意图

●—预应力钢筋；×—非预应力钢筋；○—混凝土；- - -—非预应力构件；——预应力构件

第五节 预应力混凝土轴心受拉构件的计算[33]

预应力混凝土轴心受拉构件,除了进行使用阶段承载力计算、抗裂验算或裂缝宽度验算以外,还要进行施工阶段张拉(或放松)预应力钢筋时构件的承载力验算,及对采用锚具的后张法构件进行端部锚固区局部受压承载力的验算。

一、使用阶段承载力计算

截面的计算简图如图 9-26 所示,构件正截面受拉承载力按下式计算

$$N \leqslant \frac{1}{\gamma_\mathrm{d}}(f_\mathrm{y}A_\mathrm{s} + f_\mathrm{py}A_\mathrm{p}) \tag{9-68}$$

式中 γ_d——结构系数;

N——轴向拉力设计值;

f_py,f_y——预应力钢筋及非预应力钢筋的抗拉强度设计值;

A_p,A_s——预应力钢筋及非预应力钢筋的截面面积。

而《水工混凝土结构设计规范》(SL 191—2008)给出的预应力混凝土轴心受拉构件的正截面受拉承载力计算公式为

$$KN \leqslant N_\mathrm{u} = f_\mathrm{y}A_\mathrm{s} + f_\mathrm{py}A_\mathrm{p} \tag{9-69}$$

式中 K——承载力安全系数;

N_u——极限承载力。

其余符号同式(9-68)。

去掉式(9-68)中 γ_d 就得到《混凝土结构设计规范》(GB 50010—2010)的预应力混凝土轴心受拉构件的正截面受拉承载力计算公式。

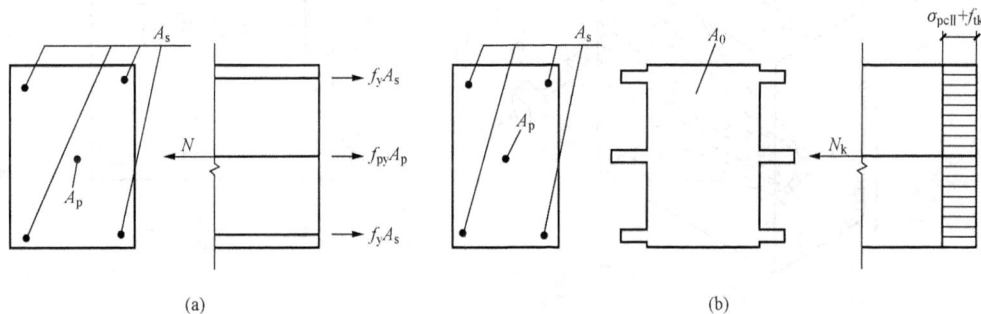

图 9-26 预应力轴心受拉构件使用阶段计算图
(a)预应力轴心受拉构件的承载力计算图;(b)预应力轴心受拉构件的抗裂验算图

预应力混凝土轴心受拉构件的抗裂和裂缝宽度计算见第八节。

二、轴心受拉构件放张或张拉预应力钢筋时混凝土的应力验算

当放张预应力钢筋(先张法)或张拉预应力钢筋完毕(后张法)时,混凝土将受到最大的预压应力 σ_cc,而这时混凝土强度通常仅达到设计强度的 75%,构件承载力是否足够,应予验算,验算包括两个方面。

1. 张拉（或放松）预应力钢筋时构件的承载力验算

为了保证在张拉（或放松）预应力钢筋时，混凝土不被压碎，混凝土的预压应力应符合下列条件

$$\sigma_{cc} \leqslant 0.8 f'_{ck} \tag{9-70}$$

式中 f'_{ck}——张拉（或放松）预应力钢筋时，与混凝土立方体抗压强度 f'_{cu} 相应的轴心抗压强度标准值，可按本教材附录二附表 2-1 以线性内插法取用。

先张法构件在放松（或切断）钢筋时，仅按第一批损失出现后计算 σ_{cc}，即

$$\sigma_{cc} = \frac{(\sigma_{con} - \sigma_{l\mathrm{I}})A_p}{A_0} \tag{9-71}$$

后张法张拉钢筋完毕，应力达到 σ_{con}，即

$$\sigma_{cc} = \frac{\sigma_{con} A_p}{A_n} \tag{9-72}$$

2. 后张法构件端部局部受压承载力计算

后张法构件混凝土的预压应力是由预应力钢筋回缩时通过锚具对构件端部混凝土施加局部挤压力来建立并维持的。在局部挤压力作用下，端部锚具下的混凝土处于高应力状态下的三向受力情况（图 9-27），不仅在纵向有较大压应力 σ_z，而且在径向、环向还产生拉应力 σ_r、σ_θ。加上构件端部钢筋比较集中，混凝土截面被预留孔道削弱较多，混凝土强度又较低，因此，验算构件端部局部受压承载力极为重要。工程中常因疏忽而导致发生质量事故。

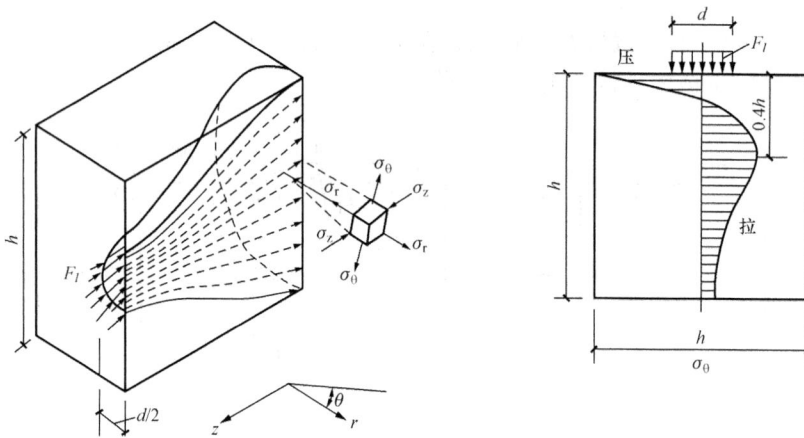

图 9-27 锚具下的混凝土三向受力情况

为了防止混凝土因局部受压强度不足而发生脆性破坏，通常需在局部受压区内配置如图 9-28 所示的方格网式或螺旋式间接钢筋，以约束混凝土的横向变形，从而提高局部受压承载力。

当配置方格网式或螺旋式间接钢筋且符合 $A_{cor} \geqslant A_l$ 的条件时，其局部受压承载力可按下列公式计算

$$F_l \leqslant \frac{1}{\gamma_d}(\beta_l f_c + 2\rho_v \beta_{cor} f_y)A_{ln} \tag{9-73}$$

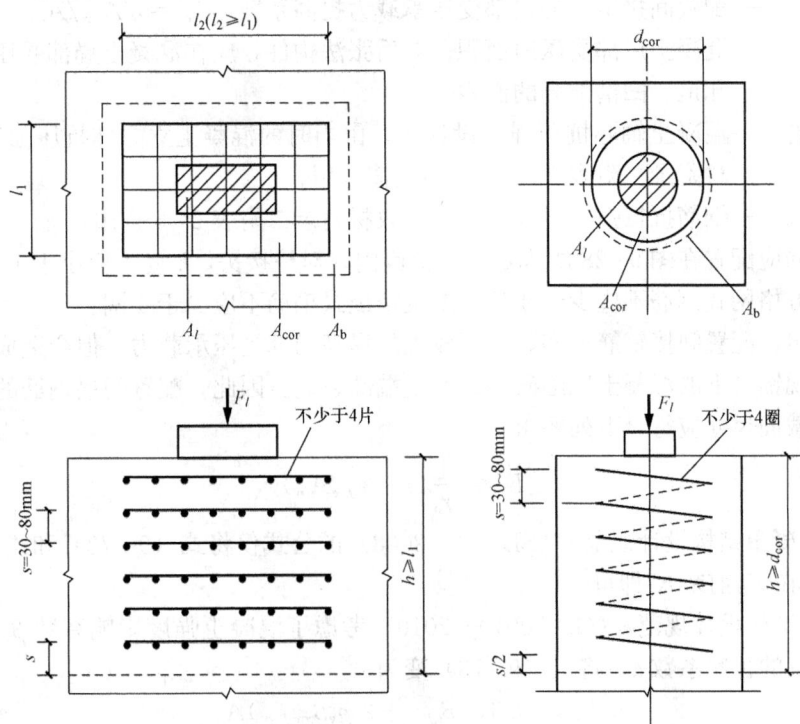

图 9-28　局部受压区配筋图

（a）方格网式配筋；（b）螺旋式配筋

$$\rho_v = \frac{n_1 A_{s1} l_1 + n_2 A_{s2} l_2}{A_{cor} s} （方格网式） \tag{9-74}$$

$$\rho_v = \frac{4 A_{ss1}}{d_{cor} s} （螺旋式） \tag{9-75}$$

式中　　　F_l——局部压力设计值，按 $F_l = 1.05 \sigma_{con} A_p$ 计算。

β_l——混凝土局部受压时的强度提高系数，$\beta_l = \sqrt{A_b/A_l}$，其中 A_l 为混凝土局部受压面积，A_b 为局部受压时的计算底面积。由图 9-29 按与 A_l 面积同心、对称的原则取用，计算 β_l 时，在 A_b 及 A_l 中均不扣除开孔构件的孔道面积。

ρ_v——间接钢筋的体积配筋率（核心面积 A_{cor} 范围内单位混凝土体积中所包含的间接钢筋体积）。

$n_1 A_{s1}$，$n_2 A_{s2}$——方格网沿 l_1、l_2 方向的钢筋根数与单根钢筋的截面面积的乘积，钢筋网两个方向上单位长度内的钢筋截面面积比不宜大于 1.5。

l_1，l_2——钢筋网两个方向的长度。两个方向上钢筋网单位长度的钢筋面积的比值不宜大于 1.5。

s——方格网式或螺旋式间接钢筋的间距。

A_{cor}——钢筋网以内的混凝土核心面积，但不应大于 A_b，且其重心应与 A_l 的重心相重合。

d_{cor}——配置螺旋式间接钢筋范围以内的混凝土直径。

A_{ss1}——螺旋式单根间接钢筋的截面面积。

β_{cor}——配置间接钢筋的局部受压承载力提高系数，$\beta_{cor}=\sqrt{A_{cor}/A_l}$。

A_{ln}——混凝土局部受压净面积；对后张法构件，应在混凝土局部受压面积中扣除孔道、凹槽部分的面积。

f_c——混凝土轴心抗压强度设计值，由当时的混凝土立方体抗压强度 f'_{cu} 按本教材附录二附表 2-1 以线性插值取用。

f_y——钢筋抗拉强度设计值，按本教材附录二附表 2-6 查用。

间接钢筋应配置在图 9-28 所规定的 h 范围内。对柱接头，h 尚不应小于 15 倍纵向钢筋直径。配置方格网式钢筋不应少于 4 片，配置螺旋式钢筋不应少于 4 圈。

应当指出，配置间接钢筋过多，虽可较大的提高局部受压承载力，但会造成在过大的局部压力下出现锚具下的混凝土压陷破坏或产生端部裂缝。因此，配置间接钢筋的构件，其局部受压区的截面尺寸应符合下列要求

$$F_l \leqslant \frac{1}{\gamma_d}(1.5\beta_l f_c A_{ln}) \tag{9-76}$$

《水工混凝土结构设计规范》（SL 191—2008）的公式仅将式（9-73）和式（9-76）中的 γ_d 取消，在 F_l 前乘 K 即可。

《混凝土结构设计规范》（GB 50010—2010）考虑了混凝土强度影响系数 β_c 和间接钢筋对混凝土约束的折减系数 α，将式（9-73）变为

$$F_l \leqslant 0.9(\beta_c\beta_l f_c + 2\alpha\rho_v\beta_{cor}f_{yv})A_{ln} \tag{9-77}$$

将式（9-76）变为

$$F_l \leqslant 1.35\beta_c\beta_l f_c A_{ln} \tag{9-78}$$

式中　β_c——混凝土强度影响系数，当混凝土强度等级≤C50 时，β_c 取 1.0；当混凝土强度等级为 C80 时，β_c 取 0.8；其间按线性内插确定。

α——间接钢筋对混凝土约束的折减系数，当混凝土强度等级≤C50 时，取 1.0；当混凝土强度等级为 C80 时，取 0.85；其间按线性内插确定。

f_{yv}——式（9-73）中的 f_y，间接钢筋的抗拉强度设计值。

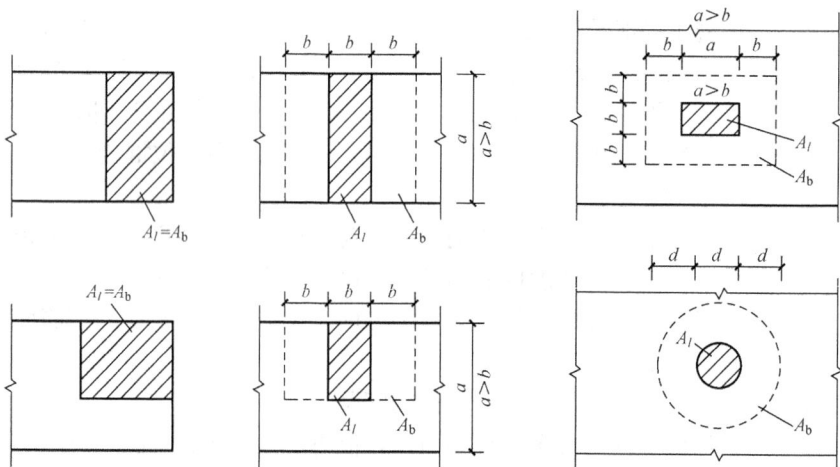

图 9-29　确定局部受压计算底面积 A_b 示意图

【例 9-1】　试按《水工混凝土结构设计规范》（DL/T 5057—2009）设计某预应力混凝

土屋架下弦杆（图 9 - 30）。该下弦杆长度为 24m，截面尺寸为 280mm×180mm；混凝土采用 C60，$f_c = 27.5 \text{N/mm}^2$，$f_t = 2.04 \text{N/mm}^2$，$f_{ck} = 38.5 \text{N/mm}^2$，$f_{tk} = 2.85 \text{N/mm}^2$，$E_c = 3.6×10^4 \text{N/mm}^2$；预应力钢筋采用 $\phi^S 1×7$（$d = 15.2 \text{mm}$）的钢绞线，$f_{ptk} = 1860 \text{N/mm}^2$，$f_{py} = 1320 \text{N/mm}^2$，$E_s = 1.95×10^5 \text{N/mm}^2$；按构造要求布置 4 ⊕ 12（$A_s = 452 \text{mm}^2$）的非预应力钢筋，$f_{yk} = 400 \text{N/mm}^2$，$f_y = 360 \text{N/mm}^2$，$E_s = 2×10^5 \text{mm}^2$；采用后张法，一端张拉，采用 OVM 锚具，孔道采用预埋波纹管形式，孔道直径为 55mm；张拉时混凝土强度 $f'_{cu} = 60 \text{N/m}^2$；张拉控制应力取 $\sigma_{con} = 0.70 f_{ptk} = 0.70×1860 = 1302.0 \text{N/mm}^2$；永久荷载标准值产生的轴向拉力 $N_k = 820.0 \text{kN}$，可变荷载标准值产生的轴向拉力 $N_k = 320.0 \text{kN}$；该构件所在水工建筑物结构安全级别为 II 级，即结构重要性系数为 $\gamma_0 = 1.0$，设计状况对应于持久状况，$\psi = 1.0$，结构系数 $\gamma_d = 1.2$。

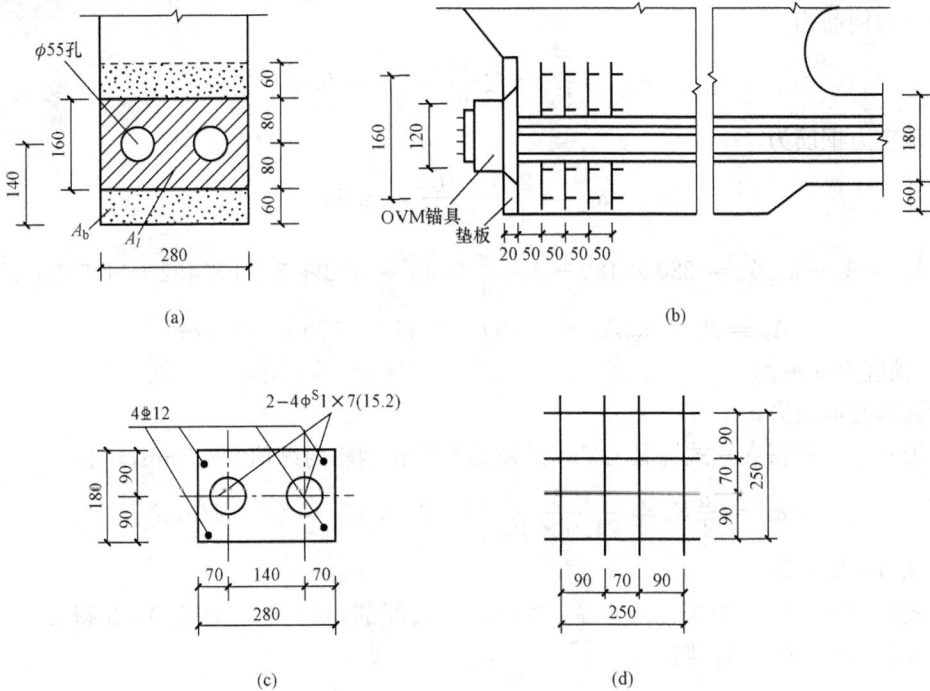

图 9 - 30 屋架下弦

（a）受压面积图；（b）下弦端节点；（c）下弦截面配筋；（d）钢筋网片

解 （1）使用阶段承载力计算。

当按照《水工混凝土结构设计规范》（DL/T 5057—2009）计算时，由式（9 - 68）得

$$A_p = \frac{\gamma_0 \psi \gamma_d N - f_y A_s}{f_{py}}$$

$$= \frac{1.0×1.0×1.2×(1.05×820.0×10^3 + 1.20×320.0×10^3) - 360×452}{1320} = 1009 \text{mm}^2$$

当按照《水工混凝土结构设计规范》（SL 191—2008）计算时，由于承载力安全系数 $K = 1.2$，荷载分项系数与《水工混凝土结构设计规范》（DL/T 5057—2009）相同，则计算所需的预应力钢绞线面积亦相同。

当按照《混凝土结构设计规范》（GB 50010—2010）计算时，所需钢绞线截面面积为

$$A_p = \frac{N - f_y A_s}{f_{py}}$$

$$= \frac{1.2 \times 820.0 \times 10^3 + 1.4 \times 320.0 \times 10^3 - 360 \times 452}{1320} = 962 \text{mm}^2$$

可见，采用水工规范和《混凝土结构设计规范》（GB 50010—2010）计算的结果差别不大，主要是由于荷载分项系数的取值方法不同造成的。

采用 2 束高强低松弛钢绞线，每束 4 $\phi^s 1 \times 7 (d = 15.2 \text{mm})$，每根钢绞线的截面积为 140mm²，共 8 根，$A_p = 1120 \text{mm}^2$，如图 9-30（c）所示。

（2）使用阶段抗裂验算。

1）截面几何特征。

预应力钢筋为

$$\alpha_{E1} = \frac{E_s}{E_c} = \frac{1.95 \times 10^5}{3.6 \times 10^4} = 5.42$$

非预应力钢筋为

$$\alpha_{E2} = \frac{2.0 \times 10^5}{3.6 \times 10^4} = 5.56$$

$$A_n = A_c + \alpha_{E2} A_s = 280 \times 180 - 2 \times \frac{\pi}{4} \times 55^2 - 452 + 5.56 \times 452 = 47709 \text{mm}^2$$

$$A_0 = A_n + \alpha_{E1} A_p = 47709 + 5.42 \times 1120 = 53779 \text{mm}^2$$

2）预应力损失。

①锚具变形损失 σ_{l1}。

由表 9-2，查得夹片式锚具 OVM 的锚具变形和钢筋内缩值 $a = 5 \text{mm}$，则

$$\sigma_{l1} = \frac{a}{l} E_s = \frac{5}{24.0 \times 10^3} \times 1.95 \times 10^5 = 40.6 \text{N/mm}^2$$

②孔道摩擦损失 σ_{l2}。

按锚固端计算该项损失，所以 $l = 24 \text{m}$，直线配筋，$\theta = 0°$，查表 9-3 得 $\kappa = 0.0015$，$\kappa x = 0.0015 \times 24 = 0.036$，则

$$\sigma_{l2} = \sigma_{con} \left(1 - \frac{1}{e^{\kappa x + \mu\theta}} \right) = 1302.0 \times \left(1 - \frac{1}{e^{0.036}} \right) = 46.0 \text{N/mm}^2$$

则第一批预应力损失为

$$\sigma_{lI} = \sigma_{l1} + \sigma_{l2} = 40.6 + 46.0 = 86.6 \text{N/mm}^2$$

③预应力钢筋的应力松弛损失 σ_{l4}。

$$\sigma_{l4} = 0.125 \left(\frac{\sigma_{con}}{f_{ptk}} - 0.5 \right) \sigma_{con} = 0.125 \times \left(\frac{1302}{1860} - 0.5 \right) \times 1302 = 32.6 \text{N/mm}^2$$

④混凝土的收缩和徐变损失 σ_{l5}。

按《水工混凝土结构设计规范》（DL/T 5057—2009）、（SL 191—2008）计算时，有

$$\sigma_{pcI} = \frac{(\sigma_{con} - \sigma_{lI}) A_p}{A_n} = \frac{(1302 - 86.6) \times 1120}{47709} = 28.5 \text{N/mm}^2$$

$$\frac{\sigma_{pcI}}{f'_{cu}} = \frac{28.5}{60} = 0.475 < 0.5$$

$$\rho = \frac{A_p + A_s}{A_n} = \frac{1120 + 452}{47709} = 0.033$$

$$\sigma_{l5} = \frac{35 + 280\dfrac{\sigma_{pcI}}{f'_{cu}}}{1 + 15\rho} = \frac{35 + 280 \times 0.475}{1 + 15 \times \dfrac{1}{2} \times 0.033} = 134.7\text{N/mm}^2$$

则第二批损失为

$$\sigma_{lII} = \sigma_{l4} + \sigma_{l5} = 32.6 + 134.7 = 167.3\text{N/mm}^2$$

总损失

$$\sigma_l = \sigma_{lI} + \sigma_{lII} = 86.6 + 167.3 = 253.9\text{N/mm}^2 > 80\text{N/mm}^2$$

3）抗裂验算。

混凝土有效预压应力

$$\sigma_{pcII} = \frac{(\sigma_{con} - \sigma_l)A_p}{A_n} = \frac{(1302.0 - 253.9) \times 1120}{47709} = 24.6\text{N/mm}^2$$

在荷载效应标准组合下

$$N_k = 820.0 + 320.0 = 1140.0\text{kN}$$

$$\sigma_{ck} = \frac{N_k}{A_0} = \frac{1140 \times 10^3}{53779} = 21.2\text{N/mm}^2$$

$$\sigma_{ck} - \sigma_{pcII} = 21.2 - 24.6 < 0$$

满足要求。

（3）施工阶段验算。

最大张拉力

$$N_p = \sigma_{con}A_p = 1302.0 \times 1120 = 1458.24 \times 10^3\text{N} = 1458.24\text{kN}$$

截面上混凝土可承受的压应力

$$0.8f'_{ck} = 0.8 \times 38.5 = 30.8\text{N/mm}^2$$

$$\sigma_{cc} = \frac{N_p}{A_n} = \frac{1458.24 \times 10^3}{47709} = 30.6\text{N/mm}^2 < 0.8f'_{ck}$$

满足要求。

（4）锚具下局部受压验算。

1）端部受压区截面尺寸验算。

OVM 锚具的直径为 120mm，锚具下垫板厚 20mm，局部受压面积可按压力 F_l 从锚具边缘在垫板中按 45°扩散的面积计算，在计算局部受压计算底面积时，近似地可按图 9 - 30（a）两实线所围的矩形面积代替两个圆面积。

$$A_{ln} = 280 \times (120 + 2 \times 20) = 44800\text{mm}^2$$

锚具下局部受压计算底面积

$$A_b = 280 \times (160 + 2 \times 60) = 78400\text{mm}^2$$

混凝土局部受压净面积

$$A_{ln} = 44800 - 2 \times \frac{\pi}{4} \times 55^2 = 40048\text{mm}^2$$

$$\beta_l = \sqrt{\frac{A_b}{A_l}} = \sqrt{\frac{78400}{44800}} = 1.323$$

按式 (9-76) 得

$$\frac{1}{\gamma_d}(1.5\beta_l f_c A_{ln}) = \frac{1}{1.2} \times (1.5 \times 1.323 \times 27.5 \times 40048) = 1821.31 \times 10^3 \text{N} = 1821.31 \text{kN}$$

$$F_l = 1.05\sigma_{con}A_p = 1.05 \times 1302.0 \times 1120 = 1531.15 \times 10^3 \text{N} = 1531.15\text{kN} < \frac{1}{\gamma_d}(1.5\beta_l f_c A_{ln})$$

满足要求。

2）局部受压承载力计算。

间接钢筋采用 4 片 Φ 8 方格焊接网片，如图 9-30 (b) 所示，间距 $s=50$mm，网片尺寸如图 9-30 (d) 所示。

$$A_{cor} = 250 \times 250 = 62500\text{mm}^2 > 1.25A_l = 1.25 \times 44800 = 56000\text{mm}^2$$

$$\beta_{cor} = \sqrt{\frac{A_{cor}}{A_l}} = \sqrt{\frac{62500}{44800}} = 1.18$$

间接钢筋的体积配筋率

$$\rho_v = \frac{n_1 A_{s1} l_1 + n_2 A_{s2} l_2}{A_{cor}s} = \frac{4 \times 50.3 \times 250 + 4 \times 50.3 \times 250}{62500 \times 50} = 0.032$$

按式 (9-73)，有

$$\frac{1}{\gamma_d}(\beta_l f_c + 2\rho_v\beta_{cor}f_y)A_{ln} = \frac{1}{1.2} \times (1.323 \times 27.5 + 2 \times 0.032 \times 1.18 \times 210) \times 40048$$

$$= 1743.48 \times 10^3 \text{N} = 1743.48\text{kN} > F_l = 1531.15\text{kN}$$

满足要求。

（5）按照《混凝土结构设计规范》（GB 50010—2010）进行抗裂和局部受压计算

第一批预应力损失及预应力钢筋的应力松弛损失 σ_{l4} 跟水工规范相同，这里不再重复计算。而混凝土收缩和徐变引起的预应力损失则有较大的差别，即

$$\sigma_{l5} = \frac{55 + 300\dfrac{\sigma_{pcI}}{f'_{cu}}}{1 + 15\rho} = \frac{55 + 300 \times 0.475}{1 + 15 \times \dfrac{1}{2} \times 0.033} = 158.3\text{N/mm}^2$$

计算得第二批损失为

$$\sigma_{lII} = \sigma_{l4} + \sigma_{l5} = 32.6 + 158.3 = 190.9\text{N/mm}^2$$

总损失

$$\sigma_l = \sigma_{lI} + \sigma_{lII} = 86.6 + 190.9 = 277.5\text{N/mm}^2 > 80\text{N/mm}^2$$

1）抗裂验算。

抗裂验算时混凝土有效预压应力

$$\sigma_{pcII} = \frac{(\sigma_{con} - \sigma_l)A_p}{A_n} = \frac{(1302.0 - 277.5) \times 1120}{47709} = 24.1\text{N/mm}^2$$

$$\sigma_{ck} - \sigma_{pcII} = 21.2 - 24.1 < 0$$

满足要求。

2）局部受压区截面尺寸验算。

锚具下局部受压验算时，锚具下局部受压计算底面积和混凝土局部受压净面积计算结果与水工规范相同，但截面尺寸验算条件需满足式 (9-78)，其中 β_c 对于 C60 混凝土，按线性内插法计算得 $\beta_c = 0.933$，于是

$1.35\beta_c\beta_l f_c A_{ln} = 1.35\times0.933\times1.323\times27.5\times40048 = 1835.22\times10^3\text{N} = 1835.22\text{kN}$

$F_l = 1.2\sigma_{con}A_p = 1.2\times1302.0\times1120 = 1749.9\times10^3\text{N} = 1749.9\text{kN} < 1.35\beta_c\beta_l f_c A_{ln}$

满足要求。

3）局部受压承载力计算。

混凝土核心截面面积、间接钢筋的体积配筋率、局部受压承载力提高系数均与水工规范的计算结果相同。间接钢筋对混凝土约束的折减系数 α 对于 C60 混凝土，按线性内插法得到 $\alpha=0.95$，于是按式（9-77）可得

$$0.9(\beta_c\beta_l f_c + 2\alpha\rho_v\beta_{cor}f_{yv})A_{ln} = 0.9\times(0.933\times1.323\times27.5+2\times0.95\times$$
$$0.032\times1.18\times210)\times40048$$
$$=1766.52\times10^3\text{N}$$
$$=1766.52\text{kN} > 1749.9\text{kN}$$

满足要求。

第六节　预应力混凝土受弯构件的应力分析

预应力混凝土受弯构件各阶段的应力变化规律基本上与第四节轴心受拉构件所述类同。但因受力方式不同，因而也有其自己的特点：与轴心受拉构件预应力钢筋的重心位于截面中心不同，受弯构件预应力钢筋的重心应尽可能靠近梁的底部（即偏心布置），因此预应力钢筋回缩时的压力对受弯构件截面是偏心受压作用，故截面上的混凝土不仅有预压应力（在梁底部），而且有可能有预拉应力（在梁顶部，又称预拉区）。为充分发挥预应力钢筋对梁底受拉区混凝土的预压作用，以及减小梁顶混凝土的拉应力，受弯构件的截面经常设计成上、下翼缘不对称的Ⅰ形截面。对施工阶段要求在预拉区不能开裂的构件，通常还在梁上部设置预应力钢筋 A_p'，以防止放张预应力钢筋时截面上部开裂。同时在受拉区和受压区设置非预应力钢筋 A_s 和 A_s'，其作用是：适当减少预应力钢筋的数量，增加构件的延性，满足施工、运输和吊装各阶段的受力及控制裂缝宽度的需要。

现以配有预应力钢筋 A_p、A_p' 和非预应力钢筋 A_s、A_s' 的非对称Ⅰ形截面预应力混凝土受弯构件为例（图9-31），分析先张法、后张法各阶段截面应力及内力。

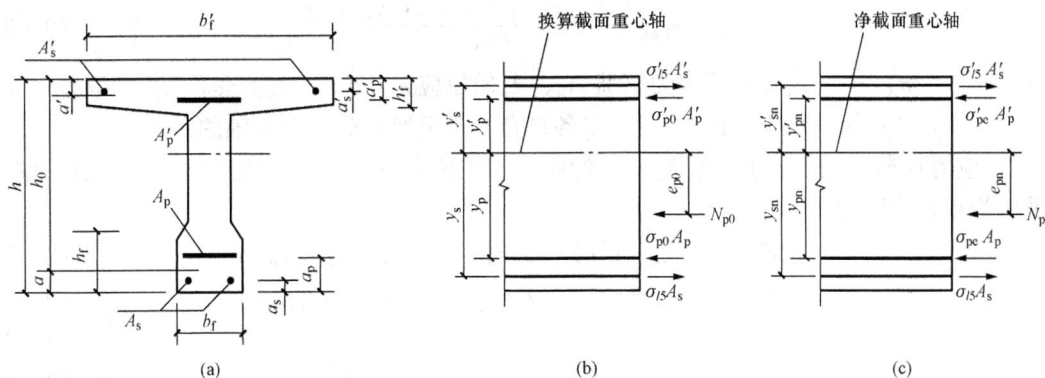

图9-31　Ⅰ形截面预应力构件和预应力钢筋、非预应力钢筋合力位置

（a）Ⅰ形截面；（b）先张法构件；（c）后张法构件

一、先张法受弯构件的应力分析

先张法受弯构件从张拉钢筋开始直到破坏为止的整个应力变化情况，与轴心受拉构件完全类似，也可分为 6 种应力状态（参阅表 9-10）。

1. 施工阶段

（1）应力状态 1——预应力钢筋放张前的应力状态。

张拉钢筋时（表 9-10a），A_p 的控制应力为 σ_{con}，A'_p 的控制应力为 σ'_{con}。当第一批应力损失出现后（表 9-10b），预应力钢筋的张拉力分别 $(\sigma_{con}-\sigma_{lI})A_p$ 及 $(\sigma'_{con}-\sigma'_{lI})A'_p$。预应力钢筋和非预应力钢筋的合力 N_{p0I}（此时非预应力钢筋应力为零）为

$$N_{p0I} = (\sigma_{con}-\sigma_{lI})A_p + (\sigma'_{con}-\sigma'_{lI})A'_p \tag{9-79}$$

它由台座（或钢模）支承平衡。在此状态，混凝土尚未受到压缩，应力为零。

（2）应力状态 2——预应力钢筋放张后的应力状态。

在从台座（或钢模）上放松预应力钢筋时（表 9-10c），总拉力（即 N_{p0I}）反过来作用在混凝土截面上，为一偏心压力，使混凝土产生法向应力。由于出现裂缝之前，预应力钢筋与混凝土粘结在一起能共同变形，和轴心受拉构件类似，可把 N_{p0I} 视为外力（偏心压力），作用在换算截面 A_0 上，按偏心受压公式计算截面上、下各点的混凝土法向应力

$$\begin{matrix}\sigma_{pcI} \\ \sigma'_{pcI}\end{matrix} = \frac{N_{p0I}}{A_0} \pm \frac{N_{p0I}e_{p0I}}{I_0}y_0 \tag{9-80}$$

式中　A_0——换算截面面积，$A_0 = A_c + \alpha_E A_p + \alpha_E A_s + \alpha_E A'_p + \alpha_E A'_s$，不同品种钢筋应分别取用不同的弹性模量计算 α_E 值；

　　　A_c——混凝土截面面积；

　　　I_0——换算截面 A_0 的惯性矩；

　　　e_{p0I}——预应力钢筋和非预应力钢筋合力至换算截面重心轴的距离；

　　　y_0——换算截面重心轴至所计算的纤维层的距离。

在利用式（9-80）求换算截面重心轴以下和以上各点混凝土预应力值时，对公式右边第二项前分别取相应的加号和减号，所求得的混凝土预应力值以压应力为正。

偏心力 N_{p0I} 的偏心距 e_{p0I} 可按下式求得

$$e_{p0I} = \frac{\sigma_{p0I}A_p y_p - \sigma'_{p0I}A'_p y'_p}{N_{p0I}} \tag{9-81}$$

式中　σ_{p0I}、σ'_{p0I}——放张前预应力钢筋 A_p、A'_p 的拉应力，$\sigma_{p0I} = \sigma_{con}-\sigma_{lI}$，$\sigma'_{p0I} = \sigma'_{con}-\sigma'_{lI}$；

　　　y_p、y'_p——预应力钢筋 A_p、A'_p 各自合力点至换算截面重心轴的距离。

在应力状态 2，预应力钢筋 A_p、A'_p 的应力（受拉为正）和非预应力钢筋 A_s、A'_s 的应力（受压为正）分别为

$$\sigma'_{peI} = (\sigma'_{con}-\sigma'_{lI}) - \alpha_E \sigma'_{pcIp} = \sigma'_{p0I} - \alpha_E \sigma'_{pcIp} \tag{9-82}$$

$$\sigma_{peI} = (\sigma_{con}-\sigma_{lI}) - \alpha_E \sigma_{pcIp} = \sigma_{p0I} - \alpha_E \sigma_{pcIp} \tag{9-83}$$

$$\sigma'_{sI} = \alpha_E \sigma'_{pcIs} \tag{9-84}$$

$$\sigma_{sI} = \alpha_E \sigma_{pcIs} \tag{9-85}$$

上列式中 σ'_{pcIp}、σ_{pcIp} 和 σ'_{pcIs}、σ_{pcIs} 分别为第一批预应力损失出现后 A'_p、A_p 和 A'_s、A_s 重心处混凝土法向应力值。它们可由式（9-80）求出，只需将式中的 y_0 分别代以 y'_p、y_p 及 y'_s、y_s。

（3）应力状态 3——全部预应力损失出现后的应力状态。

先张法第二批预应力损失仅为混凝土收缩和徐变引起的预应力损失。这一损失不仅对预应力钢筋的应力有影响，同时对非预应力钢筋 A_s、A_s' 的应力也有影响。全部预应力损失出现后（表 9-10d），当混凝土法向应力为零时（预应力钢筋合力点处），预应力钢筋和非预应力钢筋的合力 $N_{p0\rm{II}}$ 为

$$N_{p0\rm{II}} = (\sigma_{con} - \sigma_l)A_p + (\sigma_{con}' - \sigma_l')A_p' - \sigma_{l5}A_s - \sigma_{l5}'A_s' \tag{9-86}$$

此时在 $N_{p0\rm{II}}$ 作用下，截面上、下各点的混凝土法向应力为

$$\begin{matrix}\sigma_{pc\rm{II}} \\ \sigma_{pc\rm{II}}'\end{matrix} = \frac{N_{p0\rm{II}}}{A_0} \pm \frac{N_{p0\rm{II}}e_{p0\rm{II}}}{I_0}y_0 \tag{9-87}$$

偏心力 $N_{p0\rm{II}}$ 的偏心距 $e_{p0\rm{II}}$ 可按下式求得

$$e_{p0\rm{II}} = \frac{\sigma_{p0\rm{II}}A_p y_p - \sigma_{p0\rm{II}}'A_p'y_p' - \sigma_{l5}A_s y_s + \sigma_{l5}'A_s'y_s'}{N_{p0\rm{II}}} \tag{9-88}$$

式中　$\sigma_{p0\rm{II}}$、$\sigma_{p0\rm{II}}'$——第二批预应力损失出现后，当混凝土法向应力为零时，预应力钢筋 A_p、A_p' 的拉应力，$\sigma_{p0\rm{II}} = (\sigma_{con} - \sigma_l)$、$\sigma_{p0\rm{II}}' = (\sigma_{con}' - \sigma_l')$；

　　y_s、y_s'——非预应力钢筋 A_s、A_s' 各自合力点至换算截面重心轴的距离。

当截面受压区不配置预应力钢筋 $A_p'(A_p'=0)$ 时，则上述式中的 σ_{l5}' 取等于零。式（9-87）右边第二项前的正负号的确定与式（9-80）相同。

在应力状态 3，相应的预应力钢筋 A_p、A_p' 的拉应力和非预应力钢筋 A_s、A_s' 的压应力为

$$\sigma_{pe\rm{II}} = (\sigma_{con} - \sigma_l) - \alpha_E\sigma_{pc\rm{II}p} = \sigma_{p0\rm{II}} - \alpha_E\sigma_{pc\rm{II}p} \tag{9-89}$$

$$\sigma_{pe\rm{II}}' = (\sigma_{con}' - \sigma_l') - \alpha_E\sigma_{pc\rm{II}p}' = \sigma_{p0\rm{II}}' - \alpha_E\sigma_{pc\rm{II}p}' \tag{9-90}$$

$$\sigma_{s\rm{II}} = \sigma_{l5} + \alpha_E\sigma_{pc\rm{II}s} \tag{9-91}$$

$$\sigma_{s\rm{II}}' = \sigma_{l5}' + \alpha_E\sigma_{pc\rm{II}s}' \tag{9-92}$$

上列式中 $\sigma_{pc\rm{II}p}$、$\sigma_{pc\rm{II}p}'$ 和 $\sigma_{pc\rm{II}s}$、$\sigma_{pc\rm{II}s}'$ 值可由式（9-87）求得。

2. 使用阶段

（1）应力状态 4——加荷至消压弯矩时的消压状态。

在消压弯矩 M_0 作用下（表 9-10e），截面下边缘拉应力刚好抵消下边缘混凝土的预压应力，即

$$\frac{M_0}{W_0} - \sigma_{pc\rm{II}} = 0$$

所以

$$M_0 = \sigma_{pc\rm{II}}W_0 \tag{9-93}$$

式中　W_0——换算截面对受拉边缘弹性抵抗矩。

与轴心受拉构件不同的是，消压弯矩 M_0 仅使受拉边缘处的混凝土应力为零，截面上其他部位的应力均不为零。

此时预应力钢筋 A_p 的拉应力 σ_{p0} 由 $\sigma_{pe\rm{II}}$ 增加 $\alpha_E M_0 y_p/I_0$，A_p' 的拉应力 σ_{p0}' 由 $\sigma_{pe\rm{II}}'$ 减少 $\alpha_E M_0 y_p'/I_0$，即

$$\sigma_{p0} = \sigma_{pe\rm{II}} + \alpha_E\frac{M_0}{I_0}y_p = \sigma_{p0\rm{II}} - \alpha_E\sigma_{pc\rm{II}p} + \alpha_E\frac{M_0}{I_0}y_p \approx \sigma_{p0\rm{II}} \tag{9-94}$$

$$\sigma_{p0}' = \sigma_{pe\rm{II}}' - \alpha_E\frac{M_0}{I_0}y_p' = \sigma_{p0\rm{II}}' - \alpha_E\sigma_{pc\rm{II}p}' - \alpha_E\frac{M_0}{I_0}y_p' \tag{9-95}$$

相应的非预应力钢筋 A_s 的压应力 σ_s 则由 $\sigma_{sⅡ}$ 减少 $\alpha_E M_0 y_s / I_0$，A'_s 的压应力 σ'_s 由 $\sigma'_{sⅡ}$ 增加 $\alpha_E M_0 y'_s / I_0$，具体公式不再列出。

（2）应力状态 5——截面下边缘混凝土即将开裂的应力状态。

如外荷载继续增加至 $M > M_0$，则截面下边缘混凝土将转化为受拉，当混凝土拉应力达到混凝土轴心抗拉强度标准值 f_{tk} 时，混凝土即将出现裂缝（表 9-10f），此时截面上受到的弯矩即为开裂弯矩 M_{cr}。

$$M_{cr} = M_0 + \gamma_m f_{tk} W_0 = (\sigma_{pcⅡ} + \gamma_m f_{tk}) W_0 \tag{9-96a}$$

也可表示为
$$\sigma_{cr} = \sigma_{pcⅡ} + \gamma_m f_{tk} \tag{9-96b}$$

式中　γ_m——受弯构件的截面抵抗矩塑性系数，其值可和普通钢筋混凝土构件一样取用，见本教材附录五附表 5-1。

在裂缝即将出现的瞬间，受拉区预应力钢筋 A_p 的拉应力由 σ_{p0} 增加 $\alpha_E \gamma_m f_{tk}$（因 f_{tk} 为截面下边缘混凝土的应力，而预应力钢筋距下边缘的距离为 a_p，所以增加的应力要小于 $\alpha_E \gamma_m f_{tk}$），即

$$\sigma_{pcr} \approx \sigma_{p0Ⅱ} + \alpha_E \gamma_m f_{tk} \tag{9-97}$$

而受压区预应力钢筋 A'_p 的拉应力则由 σ'_{p0} 减少 $\alpha_E \dfrac{M_{cr} - M_0}{I_0} y'_p$，即

$$\sigma'_{pcr} = \sigma'_{p0} - \alpha_E \frac{M_{cr} - M_0}{I_0} y'_p \tag{9-98}$$

此时，相应非预应力钢筋 A_s 的压应力 σ_{scr} 则由 σ_{s0} 减少 $\alpha_E \gamma_m f_{tk}$，A'_s 的压应力 σ'_{scr} 由 σ'_{s0} 增加 $\alpha_E (M_{cr} - M_0) y'_s / I_0$。

此状态为预应力混凝土受弯构件抗裂验算的应力计算模型和理论依据。

3. 破坏阶段

应力状态 6——荷载继续增大至构件破坏时的应力状态。

当外荷载继续增大至 $M > M_{cr}$，受拉区出现裂缝，裂缝截面受拉混凝土退出工作，全部拉力由钢筋承担。当外荷载增大至构件破坏时，截面受拉区预应力钢筋 A_p 和非预应力钢筋 A_s 的应力先达到屈服强度，然后受压区边缘混凝土应变达到极限压应变致使混凝土被压碎，构件达到极限承载力（表 9-10g）。此时，受压区非预应力钢筋 A'_s 的应力可达到受压屈服强度 f'_y。而预应力钢筋 A'_p 的应力 σ'_p 可能是拉应力，也可能是压应力，但不可能达到受压屈服强度 f'_{py}，详见后述。

表 9-10　　　　　　　　　　先张法预应力梁的应力变化情况

		应 力 状 态	应 力 图 形
施工阶段	1	刚张拉好预应力钢筋	$\sigma'_{con} A'_p$ 　 $\sigma_{con} A_p$
		浇捣混凝土，并进行养护，第一批预应力损失出现	$N_{p0Ⅰ}$ 　 $(\sigma'_{con} - \sigma'_{l1}) A'_p$ 　 $(\sigma_{con} - \sigma_{l1}) A_p$

应 力 状 态			应 力 图 形
施工阶段	2	从台座上放松预应力钢筋，混凝土受到预压 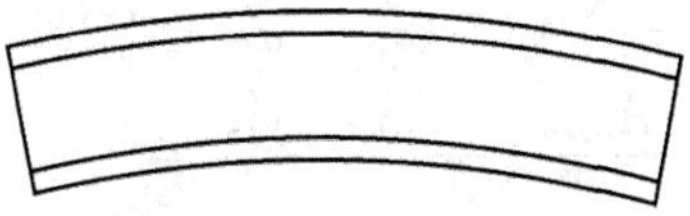 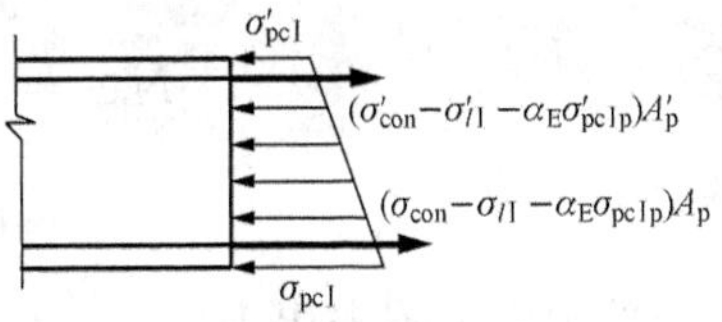	$\sigma'_{pc\,I}$；$(\sigma'_{con}-\sigma'_{l1}-\alpha_E\sigma'_{pc1p})A'_p$；$(\sigma_{con}-\sigma_{l1}-\alpha_E\sigma_{pc1p})A_p$；$\sigma_{pc\,I}$
	3	预应力损失全部出现 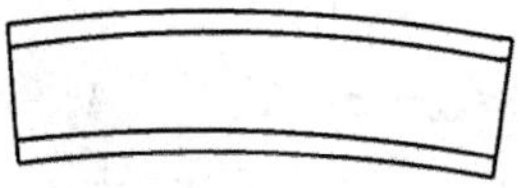 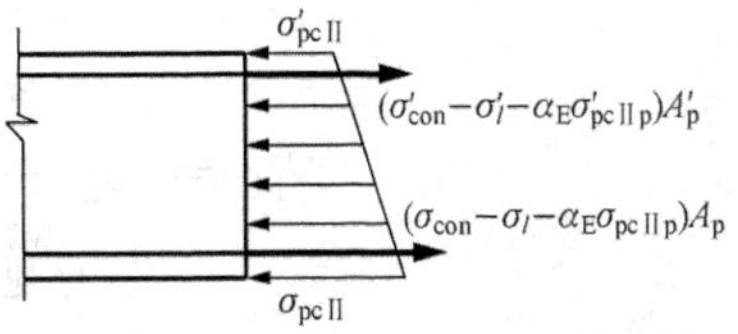	$\sigma'_{pc\,II}$；$(\sigma'_{con}-\sigma'_l-\alpha_E\sigma'_{pc\,IIp})A'_p$；$(\sigma_{con}-\sigma_l-\alpha_E\sigma_{pc\,IIp})A_p$；$\sigma_{pc\,II}$
使用阶段	4	荷载作用（加载至受拉边缘混凝土应力为零） 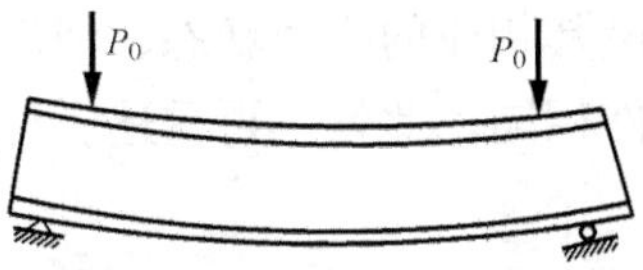 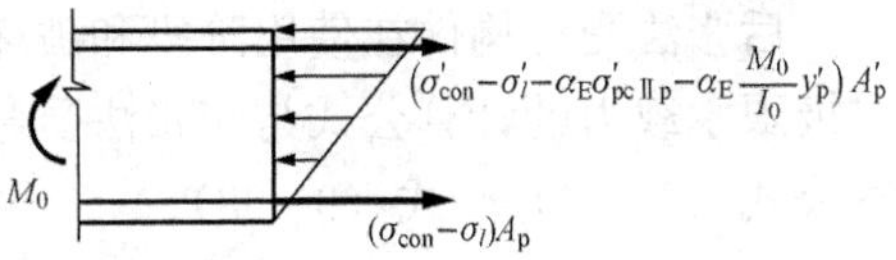	M_0；$(\sigma'_{con}-\sigma'_l-\alpha_E\sigma'_{pc\,IIp}-\alpha_E\dfrac{M_0}{I_0}y'_p)A'_p$；$(\sigma_{con}-\sigma_l)A_p$
	5	受拉区裂缝即将出现 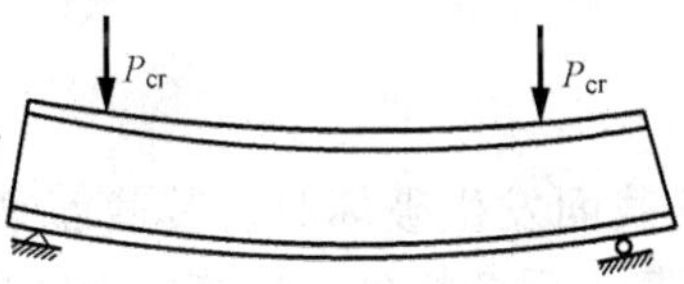 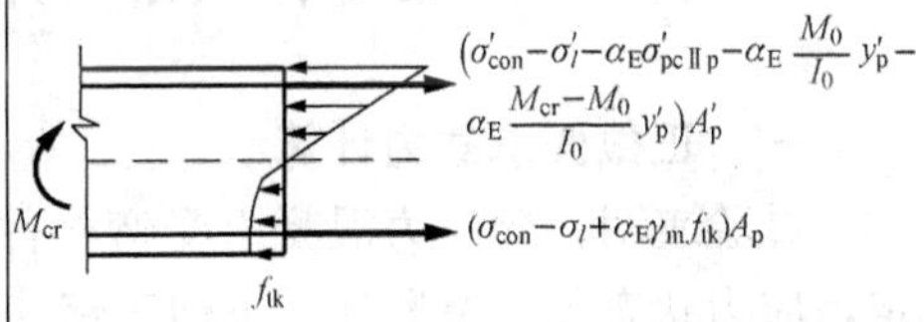	M_{cr}；$\left(\sigma'_{con}-\sigma'_l-\alpha_E\sigma'_{pc\,IIp}-\alpha_E\dfrac{M_0}{I_0}y'_p-\alpha_E\dfrac{M_{cr}-M_0}{I_0}y'_p\right)A'_p$；$(\sigma_{con}-\sigma_l+\alpha_E\gamma_m f_{tk})A_p$；$f_{tk}$
破坏阶段	6	破坏时 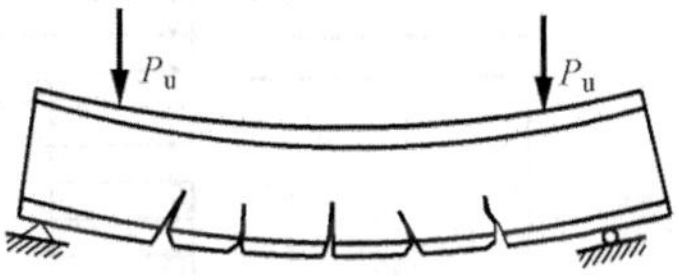 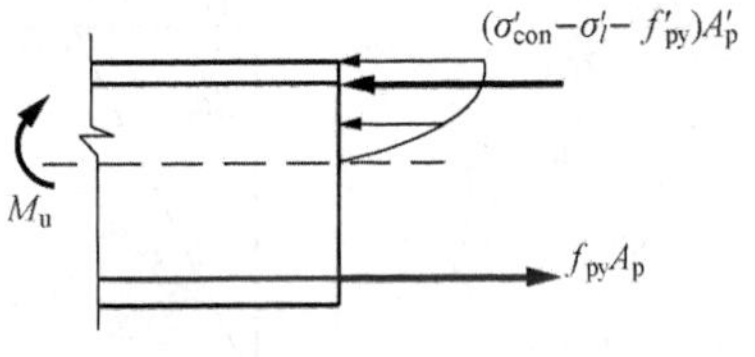	M_u；$(\sigma'_{con}-\sigma'_l-f'_{py})A'_p$；$f_{py}A_p$

注　为清晰起见，图中未表示出非预应力钢筋 A_s、A'_s 及其应力。

二、后张法受弯构件的应力分析

后张法受弯构件的应力分析方法与后张法轴心受拉构件类似，此处不再重述，仅指出它与先张法受弯构件计算公式不同之处。

1. 施工阶段

（1）在求混凝土法向应力的计算公式中，后张法一律采用净截面面积 A_n，惯性矩 I_n，计算纤维层至净截面重心轴的距离 y_n，如图 9-31（c）所示。

（2）计算第一批预应力损失和全部预应力损失出现后的混凝土法向应力，仍可按偏心受压求应力的公式计算，见式（9-99）、式（9-102）。但与先张法计算公式不同的是：预应力钢筋和非预应力钢筋的合力应改为 N_{pI}，N_{pII}，见式（9-100）、式（9-103）；合力至净截面重心轴的偏心距应改为 e_{pnI}，e_{pnII}，见式（9-101）、式（9-104）。

第一批预应力损失出现后

$$\begin{matrix} \sigma_{\mathrm{pc\,I}} \\ \sigma'_{\mathrm{pc\,I}} \end{matrix} = \frac{N_{\mathrm{p\,I}}}{A_{\mathrm{n}}} \pm \frac{N_{\mathrm{p\,I}} e_{\mathrm{pn\,I}}}{I_{\mathrm{n}}} y_{\mathrm{n}} \qquad (9\text{-}99)$$

$$N_{\mathrm{p\,I}} = (\sigma_{\mathrm{con}} - \sigma_{l\,\mathrm{I}})A_{\mathrm{p}} + (\sigma'_{\mathrm{con}} - \sigma'_{l\,\mathrm{I}})A'_{\mathrm{p}} \qquad (9\text{-}100)$$

$$e_{\mathrm{pn\,I}} = \frac{\sigma_{\mathrm{pe\,I}} A_{\mathrm{p}} y_{\mathrm{pn}} - \sigma'_{\mathrm{pe\,I}} A'_{\mathrm{p}} y'_{\mathrm{pn}}}{N_{\mathrm{p\,I}}} \qquad (9\text{-}101)$$

全部预应力损失出现后

$$\begin{matrix} \sigma_{\mathrm{pc\,II}} \\ \sigma'_{\mathrm{pc\,II}} \end{matrix} = \frac{N_{\mathrm{p\,II}}}{A_{\mathrm{n}}} \pm \frac{N_{\mathrm{p\,II}} e_{\mathrm{pn\,II}}}{I_{\mathrm{n}}} y_{\mathrm{n}} \qquad (9\text{-}102)$$

$$N_{\mathrm{p\,II}} = (\sigma_{\mathrm{con}} - \sigma_{l})A_{\mathrm{p}} + (\sigma'_{\mathrm{con}} - \sigma'_{l})A'_{\mathrm{p}} - \sigma_{l5}A_{\mathrm{s}} - \sigma'_{l5}A'_{\mathrm{s}} \qquad (9\text{-}103)$$

$$e_{\mathrm{pn\,II}} = \frac{\sigma_{\mathrm{pe\,II}} A_{\mathrm{p}} y_{\mathrm{pn}} - \sigma'_{\mathrm{pe\,II}} A'_{\mathrm{p}} y'_{\mathrm{pn}} - \sigma_{l5}A_{\mathrm{s}} y_{\mathrm{sn}} + \sigma'_{l5}A'_{\mathrm{s}} y'_{\mathrm{sn}}}{N_{\mathrm{p\,II}}} \qquad (9\text{-}104)$$

2. 使用阶段、破坏阶段

后张法受弯构件在使用阶段和破坏阶段其相应的应力状态、消压弯矩、开裂弯矩和破坏时极限承载力的计算公式与先张法受弯构件相同。此处不再重述。可详见先张法构件相应计算公式（9-93）～式（9-98）。

第七节　预应力混凝土受弯构件的承载力计算

一、正截面承载力计算

试验表明，预应力混凝土受弯构件正截面发生破坏时，其截面平均应变符合平截面假定，应力状态如上节所述，类似于钢筋混凝土受弯构件。计算应力图形如图 9-32 所示。

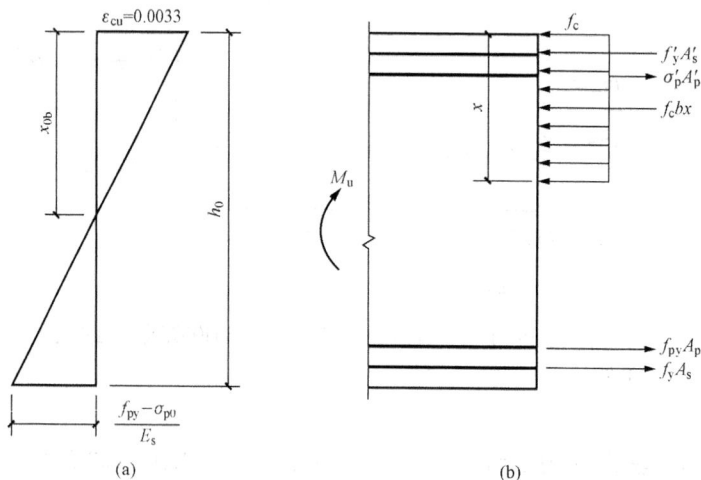

图 9-32　界限受压区高度及计算应力图形

预应力混凝土受弯构件正截面承载力的计算，与钢筋混凝土受弯构件基本相同。但由于预应力混凝土受弯构件在加荷前，混凝土和钢筋已处于自相平衡的高应力状态，截面已经有了应变。所以与钢筋混凝土受弯构件的差别是：

（1）界限破坏时的相对界限受压区计算高度 ξ_b 值不同；

（2）破坏时受压区预应力钢筋 A'_p 的应力 σ'_p 值为 $(\sigma'_{p0\,\mathrm{II}} - f'_{py})$，达不到其抗压强度设计值 f'_{py}。这两点差异将在下面作具体介绍。

1. 相对界限受压区计算高度 ξ_b

对于预应力混凝土受弯构件，相对界限受压区计算高度 ξ_b 仍由平截面假定求得。当受拉区预应力钢筋 A_p 的合力点处混凝土法向应力为零时，预应力钢筋中已存在拉应力 σ_{p0}，相应的应变为 $\varepsilon_{p0} = \sigma_{p0}/E_s$。从 A_p 合力点处的混凝土应力为零到界限破坏，预应力钢筋的应力增加了 $(f_{py} - \sigma_{p0})$，相应的应变增量为 $(f_{py} - \sigma_{p0})/E_s$。在 A_p 的应力达到 f_{py} 时，受压区边缘混凝土应变也同时达到极限压应变 $\varepsilon_{cu} = 0.0033$。等效矩形应力图形受压区高度与中和轴高度的比值仍取为 0.8。当截面受拉区内配有不同种类或不同预应力值的钢筋时，应分别按下列公式计算，并取其较小值。

根据平截面假定，对非预应力有屈服点钢筋（热轧钢筋），可写出

$$\xi_b = \frac{x_b}{h_0} = \frac{0.8x_{0b}}{h_0} = \frac{0.8\varepsilon_{cu}}{\varepsilon_{cu} + \dfrac{f_y}{E_s}} = \frac{0.8}{1.0 + \dfrac{f_y}{0.0033E_s}} \qquad (9\text{-}105a)$$

对非预应力无明显屈服点钢筋（钢丝、钢绞线、钢棒、螺纹钢筋），因钢筋达到"协定流限"（$\sigma_{0.2}$）时的应变为 $\varepsilon_{py} = 0.002 + f_{py}/E_s$，故对非预应力无屈服点钢筋，由图 9-32（a）所示几何关系，可得到

$$\xi_b = \frac{x_b}{h_0} = \frac{0.8x_{0b}}{h_0} = \frac{0.8\varepsilon_{cu}}{\varepsilon_{cu} + \left(0.002 + \dfrac{f_{py}}{E_s}\right)} = \frac{0.8}{1.6 + \dfrac{f_{py}}{0.0033E_s}} \qquad (9\text{-}105b)$$

而对预应力无屈服点的钢筋，式（9-105b）应改为

$$\xi_b = \frac{0.8 \times 0.0033}{0.0033 + \left(0.002 + \dfrac{f_{py} - \sigma_{p0}}{E_s}\right)} = \frac{0.8}{1.6 + \dfrac{f_{py} - \sigma_{p0}}{0.0033E_s}} \qquad (9\text{-}105c)$$

式（9-105b）、式（9-105c）中 f_{py} 为预应力钢筋的抗拉强度设计值，可根据预应力钢筋的种类，按本教材附录二附表 2-7 确定；σ_{p0} 为受拉区预应力钢筋合力点处混凝土法向应力为零时的预应力钢筋的应力，先张法 $\sigma_{p0} = \sigma_{con} - \sigma_l$，后张法 $\sigma_{p0} = \sigma_{con} - \sigma_l + \alpha_E \sigma_{pc\,\mathrm{II}\,p}$。

可以看出，预应力构件的 ξ_b 除与钢材性质有关外，还与预应力值 σ_{p0} 大小有关。

《混凝土结构设计规范》（GB 50010—2010）用 β_1 和 ε_{cu} 分别代替上述公式中的 0.8 和 0.0033，且当混凝土强度等级不超过 C50 时，β_1 取为 0.8；当混凝土强度等级为 C80 时，β_1 取为 0.74，其间按线性内插法确定。ε_{cu} 按下式计算

$$\varepsilon_{cu} = 0.0033 - (f_{cu,k} - 50) \times 10^{-5} \qquad (9\text{-}106)$$

当按式（9-106）计算的 ε_{cu} 大于 0.0033 时，取为 0.0033。

2. 预应力钢筋和非预应力钢筋的应力

由于受拉区的预应力钢筋或非预应力钢筋可能配置几排，在最外排的钢筋屈服后，内排的钢筋可能未屈服，所以需计算钢筋的应力。此时以受压区混凝土边缘达到极限压应变 ε_{cu} 作为构件达到承载能力极限状态，而按平截面假定，就可给出截面任意位置处的普通钢筋应力 σ_{si} 和预应力钢筋应力 σ_{pi}。

(1) 按平截面假定计算。

$$\sigma_{\mathrm{p}i} = 0.0033E_{\mathrm{s}}\left(\frac{0.8h_{0i}}{x}-1\right)+\sigma_{\mathrm{p}0i} \tag{9-107}$$

$$\sigma_{\mathrm{s}i} = 0.0033E_{\mathrm{s}}\left(\frac{0.8h_{0i}}{x}-1\right) \tag{9-108}$$

(2) 按近似公式计算。

为了简化计算，根据我国大量的试验资料及计算分析，小偏心受压情况下实测受拉边或受压较小边的钢筋应力 σ_{s} 与 ξ 接近直线关系。取 σ_{s} 与 ξ 之间为线性关系，并考虑到 $\xi=\xi_{\mathrm{b}}$ 及 $\xi=0.8$ 作为界限条件，就可得到

$$\sigma_{\mathrm{p}i} = \frac{f_{\mathrm{py}}-\sigma_{\mathrm{p}0i}}{\xi_{\mathrm{b}}-0.8}\left(\frac{x}{h_{0i}}-0.8\right)+\sigma_{\mathrm{p}0i} \tag{9-109}$$

$$\sigma_{\mathrm{s}i} = \frac{f_{\mathrm{y}}}{\xi_{\mathrm{b}}-0.8}\left(\frac{x}{h_{0i}}-0.8\right) \tag{9-110}$$

由以上公式求得的钢筋应力应满足下列条件

$$\sigma_{\mathrm{p}0i}-f'_{\mathrm{py}} \leqslant \sigma_{\mathrm{p}i} \leqslant f_{\mathrm{py}} \tag{9-111}$$

$$-f'_{\mathrm{y}} \leqslant \sigma_{\mathrm{s}i} \leqslant f_{\mathrm{y}} \tag{9-112}$$

式中　$\sigma_{\mathrm{p}i}$, $\sigma_{\mathrm{s}i}$——第 i 层预应力钢筋、非预应力钢筋的应力（正值为拉应力，负值为压应力）；

$\qquad\sigma_{\mathrm{p}0i}$——第 i 层预应力钢筋截面重心处混凝土法向应力为零时，预应力钢筋的应力；

$\qquad h_{0i}$——第 i 层钢筋截面重心至混凝土受压区边缘的距离；

$\qquad f'_{\mathrm{py}}$, f'_{y}——预应力钢筋、非预应力钢筋的抗压强度设计值，按本教材附录二附表 2-7 和附表 2-6 确定。

3. 破坏时受压区预应力钢筋 A'_{p} 的应力 σ'_{p}

构件未受到荷载作用前，受压区预应力钢筋 A'_{p} 的拉应变为 $\sigma'_{\mathrm{pe}\mathrm{II}}/E_{\mathrm{s}}$。$A'_{\mathrm{p}}$ 处混凝土压应变为 $\sigma'_{\mathrm{pc}\mathrm{II}\mathrm{p}}/E_{\mathrm{c}}$。当加荷至受压区边缘混凝土应变达到极限压应变 $\varepsilon_{\mathrm{cu}}=0.0033$ 时，构件破坏。此时若满足 $x>2a'$ 条件（a' 为纵向受压钢筋合力点至受压区边缘的距离），A'_{p} 处混凝土压应变可按 $\varepsilon'_{\mathrm{c}}=0.002$ 取值。那么，从加载前至构件破坏时，A'_{p} 处混凝土压应变的增量为 $\varepsilon'_{\mathrm{c}}-\dfrac{\sigma'_{\mathrm{pc}\mathrm{II}\mathrm{p}}}{E_{\mathrm{c}}}$。由于 A'_{p} 和混凝土变形一致，也产生 $\varepsilon'_{\mathrm{c}}-\dfrac{\sigma'_{\mathrm{pc}\mathrm{II}\mathrm{p}}}{E_{\mathrm{c}}}$ 的压应变，则受压区预应力钢筋 A'_{p} 在构件破坏时的应变为 $\varepsilon'_{\mathrm{p}}=\dfrac{\sigma'_{\mathrm{pe}\mathrm{II}}}{E_{\mathrm{s}}}-\left(\varepsilon'_{\mathrm{c}}-\dfrac{\sigma'_{\mathrm{pc}\mathrm{II}\mathrm{p}}}{E_{\mathrm{c}}}\right)$，所以对先张法构件有

$$\sigma'_{\mathrm{p}} = \varepsilon'_{\mathrm{p}}E_{\mathrm{s}} = \sigma'_{\mathrm{pe}\mathrm{II}}+\alpha_{\mathrm{E}}\sigma'_{\mathrm{pc}\mathrm{II}\mathrm{p}}-\varepsilon'_{\mathrm{c}}E_{\mathrm{s}}$$

$$= \sigma'_{\mathrm{p}0\mathrm{II}}-\alpha_{\mathrm{E}}\sigma'_{\mathrm{pc}\mathrm{II}\mathrm{p}}+\alpha_{\mathrm{E}}\sigma'_{\mathrm{pc}\mathrm{II}\mathrm{p}}-\varepsilon'_{\mathrm{c}}E_{\mathrm{s}} = \sigma'_{\mathrm{p}0\mathrm{II}}-\varepsilon'_{\mathrm{c}}E_{\mathrm{s}}$$

而 $\varepsilon'_{\mathrm{c}}E_{\mathrm{s}}$ 即为预应力钢筋的抗压强度设计值 f'_{py}，因此可得

$$\sigma'_{\mathrm{p}} = \sigma'_{\mathrm{p}0}-f'_{\mathrm{py}} \tag{9-113}$$

式中，$\sigma'_{\mathrm{p}0}=\sigma'_{\mathrm{p}0\mathrm{II}}$，$\sigma'_{\mathrm{p}0}$ 为受压区预应力钢筋 A'_{p} 合力点处混凝土法向应力为零时的预应力钢筋的应力，先张法 $\sigma'_{\mathrm{p}0}=\sigma'_{\mathrm{con}}-\sigma'_{l}$；后张法 $\sigma'_{\mathrm{p}0}=\sigma'_{\mathrm{con}}-\sigma'_{l}+\alpha_{\mathrm{E}}\sigma'_{\mathrm{pc}\mathrm{II}\mathrm{p}}$。

由于 $\sigma'_{\mathrm{p}0}$ 为拉应力，所以 σ'_{p} 在构件破坏时可以为拉应力，也可以是压应力（但一定比 f'_{py} 要小）。对受压区钢筋施加预应力相当于在受压区施加了一个拉力，这个拉力的存在会使构

件截面的承载力有所降低，也减弱了使用阶段的截面抗裂性。因此，A'_p只是为了保证在预压时构件上边缘不发生裂缝才配置的。

可以证明，式（9-113）对后张法同样适用。

4. 正截面承载力计算公式

预应力混凝土 I 形截面受弯构件的计算方法和普通钢筋混凝土 T 形截面计算方法相同，首先应判别属于哪一类 T 形截面，然后再按第一类 T 形截面公式或第二类 T 形截面公式进行计算，并满足适筋构件的条件。

（1）判别 T 形截面的类别。

当满足下列条件时为第一类 T 型截面，其中截面设计时采用式（9-114）判别，截面承载力复核时采用式（9-115）判别。

$$M \leqslant \frac{1}{\gamma_d}\Big[f_c b'_f h'_f\Big(h_0 - \frac{h'_f}{2}\Big)+f'_y A'_s(h_0-a'_s)-(\sigma'_{p0}-f'_{py})A'_p(h_0-a'_p)\Big] \quad (9-114)$$

$$f_y A_s + f_{py} A_p \leqslant f_c b'_f h'_f + f'_y A'_s - (\sigma'_{p0}-f'_{py})A'_p \quad (9-115)$$

式中 M——弯矩设计值；

A_p，A'_p——受拉区、受压区预应力钢筋的截面面积；

A_s，A'_s——受拉区、受压区非预应力钢筋的截面面积；

γ_d——预应力混凝土结构的结构系数；

a'_p，a'_s——受压区预应力钢筋、非预应力钢筋各自合力点至受压区边缘的距离。

（2）第一类 T 形截面承载力计算公式。

当满足式（9-114）或式（9-115），即受压区计算高度 $x \leqslant h'_f$ 时，承载力计算公式为

$$M \leqslant \frac{1}{\gamma_d}\Big[f_c b'_f x\Big(h_0 - \frac{x}{2}\Big)+f'_y A'_s(h_0-a'_s)-(\sigma'_{p0}-f'_{py})A'_p(h_0-a'_p)\Big] \quad (9-116)$$

$$f_c b'_f x = f_y A_s - f'_y A'_s + f_{py} A_p + (\sigma'_{p0}-f'_{py})A'_p \quad (9-117)$$

（3）第二类 T 形截面承载力计算公式。

当不满足式（9-114）或式（9-115），即受压区高度 $x > h'_f$ 时，承载力计算公式为

$$M \leqslant \frac{1}{\gamma_d}\Big[f_c bx\Big(h_0 - \frac{x}{2}\Big)+f_c(b'_f-b)h'_f\Big(h_0 - \frac{h'_f}{2}\Big)$$
$$+f'_y A'_s(h_0-a'_s)-(\sigma'_{p0}-f'_{py})A'_p(h_0-a'_p)\Big] \quad (9-118)$$

$$f_c[bx+(b'_f-b)h'_f] = f_y A_s - f'_y A'_s + f_{py} A_p + (\sigma'_{p0}-f'_{py})A'_p \quad (9-119)$$

（4）适用条件。

为保证适筋破坏和受压钢筋的应变不小于 $\varepsilon'_c=0.002$，受压区计算高度 x 应符合下列要求

$$x \leqslant \xi_b h_0 \quad (9-120)$$
$$x \geqslant 2a' \quad (9-121)$$
$$h_0 = h - a$$

式中 a'——纵向受压钢筋合力点至受压区边缘的距离，当受压区未配置纵向预应力钢筋或受压区纵向预应力钢筋的应力（$\sigma'_{p0}-f'_{py}$）为拉应力时，式（9-121）中的 a' 应用 a'_s 代替；

a——纵向受拉钢筋合力点至受拉区边缘的距离。

受弯构件正截面受弯承载力的计算，应符合 $x \leqslant \xi_b h_0$ 的要求。当由构造要求或按正常使

用极限状态计算要求所配置的纵向受拉钢筋截面面积大于受弯承载力要求时，则在验算 $x \leqslant \xi_b h_0$ 时，可仅取受弯承载力条件所需要的纵向受拉钢筋截面面积。

当计算中考虑非预应力受压钢筋且不满足式（9-121）的条件时，正截面受弯承载力应符合下列规定

$$M \leqslant \frac{1}{\gamma_d} \left[f_{py} A_p (h - a_p - a'_s) + f_y A_s (h - a_s - a'_s) + (\sigma'_{p0} - f'_{py}) A'_p (a'_p - a'_s) \right]$$

$$(9 - 122)$$

式中　a_s，a_p——受拉区纵向非预应力钢筋、纵向预应力钢筋至受拉边缘的距离。

将上述公式中的 γ_d 去掉，在 M 前乘 K，在 $x \leqslant \xi_b h_0$ 式中的 ξ_b 前乘 0.85，即得《水工混凝土结构设计规范》（SL 191—2008）的相应公式。

将上述公式中的 γ_d 去掉，即得《混凝土结构设计规范》（GB 50010—2010）的相应公式。

二、斜截面承载力计算

试验表明，由于混凝土的预压应力和剪应力的复合作用可使斜裂缝的出现推迟，骨料咬合力增强，裂缝开展延缓，混凝土剪压区高度加大。因此，预应力混凝土构件斜截面受剪承载力比钢筋混凝土构件要高。《水工混凝土结构设计规范》（DL/T 5057—2009）给出了预应力受弯构件受剪承载力计算公式

当仅配有箍筋时

$$V \leqslant \frac{1}{\gamma_d} (V_c + V_{sv} + V_p) \qquad (9 - 123)$$

$$V_p = 0.05 N_{p0} \qquad (9 - 124)$$

当配有箍筋及弯起钢筋时（图9-33）

$$V \leqslant \frac{1}{\gamma_d} (V_c + V_{sv} + V_p + f_y A_{sb} \sin\alpha_s + f_{py} A_{pb} \sin\alpha_p) \qquad (9 - 125)$$

以上式中　γ_d——预应力混凝土结构的结构系数；

　　　　　V——构件斜截面上的剪力设计值；

　　　　　V_p——由预应力所提高的受剪承载力，由于预应力所提高的构件受剪承载力是根据使用阶段不出现裂缝的简支梁的试验结果得出的，所以当混凝土法向应力等于零时，纵向预应力钢筋及非预应力钢筋的合力 N_{p0} 引起的截面弯矩与外荷载引起的弯矩方向相同的情况，以及预应力混凝土连续梁和允许出现裂缝的预应力混凝土简支梁，均取 $V_p = 0$；

　　　　　A_{pb}——同一弯起平面内预应力弯起钢筋的截面面积；

　　　　　α_p——斜截面上预应力弯起钢筋的切线与构件纵向轴线的夹角；

　　　　　N_{p0}——计算截面上混凝土法向应力为零时的纵向预应力钢筋及非预应力钢筋的合力，$N_{p0} = \sigma_{p0} A_p + \sigma'_{p0} A'_p - \sigma_{l5} A_s - \sigma'_{l5} A'_s$，其中，先张法 $\sigma_{p0} = \sigma_{con} - \sigma_l$，$\sigma'_{p0} = \sigma'_{con} - \sigma'_l$；后张法 $\sigma_{p0} = \sigma_{con} - \sigma_l + \alpha_E \sigma_{pc \, II \, p}$，$\sigma'_{p0} = \sigma'_{con} - \sigma'_l + \alpha_E \sigma'_{pc \, II \, p}$，当 $N_{p0} > 0.3 f_c A_0$ 时，取 $N_{p0} = 0.3 f_c A_0$。注意：当 N_{p0} 很大时，这种规定是危险的；当配有预应力弯起钢筋，按 $V_p = 0.05 N_{p0}$ 计算时，N_{p0} 中不考虑预应力弯起钢筋的作用。

式（9-123）、式（9-125）中，V_c、V_{sv}、V_{sb} 的意义及计算公式均见第四章。

判别是否只需按构造要求配置箍筋可按下列公式计算

$$V \leqslant \frac{1}{\gamma_d}(V_c + V_p) \quad (9-126)$$

如符合上式要求，则不需进行斜截面受剪承载力计算，而只需按构造要求配置箍筋。

斜截面受剪承载力计算中的截面尺寸验算，斜截面计算位置的选取，箍筋、弯起钢筋、纵向钢筋的弯起及切断等相应构造要求均同第四章。

对于《水工混凝土结构设计规范》（SL 191—2008），仅需将上述公式中的 γ_d 去掉，在 V 前面乘 K，按第四章的规定计算即可。

图 9-33 预应力混凝土受弯构件斜截面受剪承载力计算图

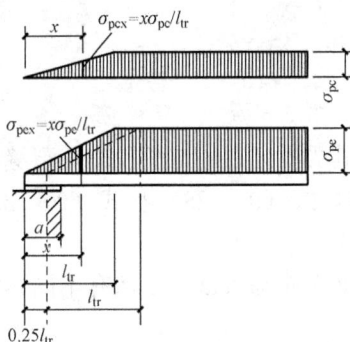

对于《混凝土结构设计规范》（GB 50010—2010），仅需将上述公式中的 γ_d 去掉，按第四章的规定计算即可。

先张法预应力混凝土受弯构件，采用刻痕钢丝或钢绞线作为预应力钢筋时，在计算 N_{p0} 时应考虑端部存在预应力钢筋的预应力传递长度 l_{tr} 的影响（图 9-34）。在构件端部，预应力钢筋和混凝土的有效预应力值均为零。通过一段 l_{tr} 长度上粘结应力的积累以后两者应变相等时，应力才由零逐步分别达到 σ_{pe} 和 σ_{pc}（如采用骤然放松的张拉工艺，则 l_{tr} 应由端部 $0.25l_{tr}$ 处开始算起，如图 9-34 虚线所示）。为计算方便，在传递长度 l_{tr} 范围内假定应力为线性变化，则在 $x \leqslant l_{tr}$ 处，预应力钢筋和混凝土的实际应力分别为 $\sigma_{pex} = \frac{x}{l_{tr}}\sigma_{pe}$ 和 $\sigma_{pcx} = \frac{x}{l_{tr}}\sigma_{pc}$。因此，在 l_{tr} 范围内求得的 N_{p0} 及 V_p 值也应按 x/l_{tr} 的比例降低。

图 9-34 预应力钢筋和混凝土的有效预应力在传递长度范围内的变化示意图

预应力钢筋的预应力传递长度 l_{tr} 值按下式计算

$$l_{tr} = \alpha \frac{\sigma_{pe}}{f'_{tk}}d \quad (9-127)$$

式中 σ_{pe}——放张时预应力钢筋的有效预应力；

d——预应力钢筋的公称直径；

α——预应力钢筋的外形系数，按表 9-11 取用；

f'_{tk}——与放张时混凝土立方体抗压强度 f'_{cu} 相应的轴心抗拉强度标准值。

表 9-11　　　　　　　　　　预应力钢筋的外形系数

钢筋类型	刻痕钢丝、螺旋槽钢棒	螺旋肋钢丝、螺旋肋钢棒	二、三股钢绞线	七股钢绞线	螺纹钢筋
α	0.19	0.13	0.16	0.17	0.14

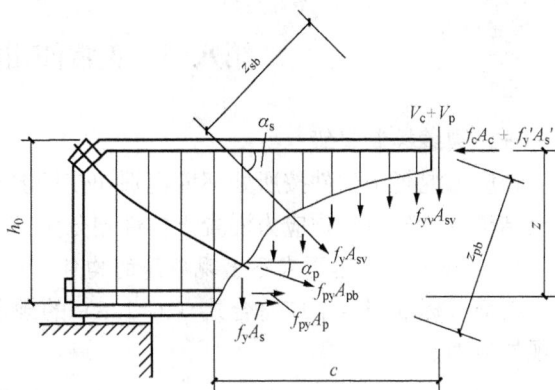

第八节　正常使用极限状态验算

一、裂缝控制等级

预应力混凝土构件按所处环境类别和使用要求，应有不同的裂缝控制要求。现行水工混凝土结构设计规范将预应力混凝土构件划分为三个裂缝控制等级进行验算。

1. 一级——严格要求不出现裂缝的构件

在荷载标准组合下应符合式（9-128）的规定，也就是要求在任何情况下，构件都不会出现拉应力。

$$\sigma_{ck} - \sigma_{pc} \leqslant 0 \tag{9-128}$$

式中　σ_{ck}——荷载标准组合下抗裂验算边缘的混凝土法向应力；

σ_{pc}——扣除全部预应力损失后，在抗裂验算边缘混凝土的预压应力，先张法构件按式（9-35）或式（9-87）计算，后张法构件按式（9-54）或式（9-102）计算。

2. 二级——一般要求不出现裂缝的构件

在荷载标准组合下应满足条件

$$\sigma_{ck} - \sigma_{pc} \leqslant \alpha_{ct} \gamma f_{tk} \tag{9-129}$$

式中　f_{tk}——混凝土轴心抗拉强度标准值；

α_{ct}——混凝土拉应力限制系数，$\alpha_{ct}=0.7$；

γ——受拉区混凝土塑性影响系数，按表9-12采用。

需要注意，对受弯和大偏心受压的预应力混凝土构件，其受拉区在施工阶段出现裂缝的区段，会降低使用阶段正截面的抗裂能力，因此，在验算时，式（9-128）和式（9-129）中的 σ_{pcII} 和 $\alpha_{ct}\gamma f_{tk}$ 应乘以系数0.9。

《水工混凝土结构设计规范》（SL 191—2008）的 γ 值表8.7.1与表9-12略有不同，它更简单些。

对于《混凝土结构设计规范》（GB 50010—2010），取消式（9-129）中的 α_{ct} 和 γ，即得《混凝土结构设计规范》（GB 50010—2010）的二级裂缝控制等级的公式。

表9-12　　　　　　　　　　　受拉区混凝土塑性影响系数

项　　次	构　件　类　别		γ
1	受弯、偏心受压		γ_m
2	偏心受拉	当 $\sigma_m \leqslant 0$ 时	γ_m
		当 $\sigma_m > 0$ 时	$\gamma_m - (\gamma_m - 1)\sigma_m / f_{tk}$
3	轴　心　受　拉		1

注　γ_m 为截面抵抗矩塑性系数，按附录五取用；σ_m 为抗裂验算时截面上混凝土的平均应力，按式（9-131）或式（9-132）计算；对项次2的偏心受拉构件，当 $\gamma < 1.0$ 时，取 $\gamma = 1.0$。

3. 三级——允许出现裂缝的构件

对于允许出现裂缝的预应力混凝土构件，荷载标准组合下的最大计算裂缝宽度 ω_{max} 应符合下列规定

$$w_{max} \leqslant w_{lim} \tag{9-130}$$

式中 w_{lim}——预应力混凝土构件最大裂缝宽度限值，按附录六附表 6-2 查用。

二、正截面抗裂验算

荷载标准组合下抗裂验算边缘的混凝土法向应力 σ_{ck} 满足式（9-128）或式（9-129）的要求，构件即抗裂。

1. 混凝土平均应力的计算

在确定式（9-129）中的 γ 时，表中的截面上混凝土的平均应力 σ_m 应按下列公式计算。

（1）先张法构件

$$\sigma_m = \frac{N_k - N_{p0}}{A_0} \tag{9-131}$$

（2）后张法构件

$$\sigma_m = \frac{N_k}{A_0} - \frac{N_p}{A_n} \tag{9-132}$$

式中 N_{p0}，N_p——先张法和后张法受弯构件混凝土法向应力为零时，预应力钢筋和非预应力钢筋的合力。

2. 混凝土法向应力的计算

在标准组合下，抗裂验算边缘混凝土的法向应力应按下列公式计算。

（1）轴心受拉构件

$$\sigma_{ck} = \frac{N_k}{A_0} \tag{9-133}$$

（2）受弯构件

$$\sigma_{ck} = \frac{M_k}{W_0} \tag{9-134}$$

（3）偏心受拉和偏心受压构件

$$\sigma_{ck} = \frac{M_k}{W_0} \pm \frac{N_k}{A_0} \tag{9-135}$$

式中 N_k，M_k——按荷载标准组合计算的轴向力值、弯矩值；

A_0——构件的换算截面面积；

W_0——构件换算截面受拉边缘的弹性抵抗矩。

式（9-135）中的右边项，当轴向力为拉力时取加号，为压力时取减号。

三、斜截面抗裂验算

预应力混凝土受弯构件在使用阶段的斜截面抗裂验算，实质上是根据裂缝控制等级的不同要求对截面上混凝土主拉应力和主压应力进行验算，即分别按下列条件验算：

对一级——严格要求不出现裂缝的构件

$$\sigma_{tp} \leqslant 0.85 f_{tk} \tag{9-136}$$

对二级——一般要求不出现裂缝的构件

$$\sigma_{tp} \leqslant 0.95 f_{tk} \tag{9-137}$$

对以上两类构件

$$\sigma_{cp} \leqslant 0.6 f_{ck} \tag{9-138}$$

式中 σ_{tp}，σ_{cp}——在荷载标准组合下混凝土的主拉应力和主压应力。

如满足上述条件，则认为满足斜截面抗裂。否则应加大构件的截面尺寸。

由于斜裂缝出现以前，构件基本上还处于弹性阶段工作，故可用材料力学公式计算主拉应力和主压应力。即

$$\begin{matrix} \sigma_{tp} \\ \sigma_{cp} \end{matrix} = \frac{\sigma_x + \sigma_y}{2} \pm \sqrt{\left(\frac{\sigma_x - \sigma_y}{2}\right)^2 + \tau^2} \qquad (9 - 139)$$

$$\sigma_x = \sigma_{pc} + \frac{M_k y_0}{I_0} \qquad (9 - 140)$$

$$\tau = \frac{(V_k - \sum \sigma_{pe} A_{pb} \sin \alpha_p) S_0}{I_0 b} \qquad (9 - 141)$$

上三式中 M_k——按标准组合计算的弯矩值；

V_k——按标准组合计算的剪力值；

σ_x——由预应力和弯矩值 M_k 在截面计算纤维处产生的混凝土法向应力；

σ_y——由集中荷载标准值 F_k 产生的混凝土竖向压应力；

τ——由剪力值 V_k 和预应力弯起钢筋的预应力在截面计算纤维处产生的混凝土剪应力；当计算截面上作用有扭矩时，尚应考虑扭矩引起的剪应力；对后张法预应力混凝土超静定结构构件，在计算剪应力时尚应计入预应力引起的次剪力；

σ_{pc}——扣除全部预应力损失后，在截面计算纤维处由预应力产生的混凝土法向应力，先、后张法构件分别按式（9-87）、式（9-102）计算；

σ_{pe}——预应力钢筋的有效预应力；

y_0——换算截面重心至截面计算纤维处的距离；

S_0——截面计算纤维以上部分的换算截面面积对构件换算截面重心的面积矩；

I_0——换算截面惯性矩；

A_{pb}——计算截面处同一弯起平面内的预应力弯起钢筋的截面面积；

α_p——计算截面处预应力弯起钢筋的切线与构件纵向轴线的夹角。

式（9-139）、式（9-140）中，σ_x、σ_y、σ_{pc}、$\frac{M_k y_0}{I_0}$ 当为拉应力时，以正值代入；当为压应力时，以负值代入。

验算斜截面抗裂时，应选取 M 及 V 都比较大的截面或外形有突变的截面（如 I 形截面腹板厚度变化处）。沿截面高度则选取截面宽度有突变处（如 I 形截面上、下翼缘与腹板交接处）和换算截面重心处。

应当指出，对先张法预应力混凝土构件，在验算构件端部预应力传递长度 l_{tr} 范围内的正截面及斜截面抗裂时，也应考虑 l_{tr} 范围内实际预应力值的降低。在计算 σ_{pc} 时，要用降低后的实际预应力值。

四、裂缝宽度验算

使用阶段允许出现裂缝的预应力混凝土构件（裂缝控制等级为三级）应验算裂缝宽度，规范要求按荷载标准组合并考虑长期作用影响的最大裂缝宽度计算值 w_{max} 不应超过附录六附表 6-2 规定的限值。

1. 裂缝宽度计算公式

《水工混凝土结构设计规范》（DL/T 5057—2009）规定，矩形、T 形和 I 形截面的预应力混凝土轴心受拉和受弯构件，按荷载标准组合并考虑长期作用影响的最大裂缝宽度可按下列公式计算

$$w_{\max} = \alpha_{cr} \psi \frac{\sigma_{sk} - \sigma_0}{E_s} l_{cr} \qquad (9 - 142)$$

式中　α_{cr}——考虑构件受力特征的系数，对于预应力混凝土受弯构件，取 $\alpha_{cr} = 1.90$，对于预应力混凝土轴心受拉构件，取 $\alpha_{cr} = 2.35$；

ψ——裂缝间纵向受拉钢筋应变不均匀系数，当 $\psi < 0.2$ 时，取 $\psi = 0.2$，对直接承受重复荷载的构件，取 $\psi = 1$；

l_{cr}——平均裂缝间距；

σ_0——钢筋的初始应力，见第八章；

σ_{sk}——按荷载标准组合计算的预应力混凝土构件纵向受拉钢筋的等效应力。

l_{cr} 中的 ν、ρ_{te} 和 A_{te} 的含义如下：

ν——考虑钢筋表面形状和预应力张拉方法的系数，按表 9-13 采用。

ρ_{te}——纵向受拉钢筋（非预应力钢筋 A_s 及预应力钢筋 A_p）的有效配筋率，按下列规定计算：$\rho_{te} = \dfrac{A_s + A_p}{A_{te}}$，当 $\rho_{te} < 0.03$ 时，取 $\rho_{te} = 0.03$。

A_{te}——有效受拉混凝土截面面积，对受弯构件，取为其重心与 A_s 及 A_p 重心相一致的混凝土面积，即 $A_{te} = 2ab$，其中，a 为受拉钢筋（A_s 及 A_p）重心距截面受拉边缘的距离，b 为矩形截面的宽度，对有受拉翼缘的倒 T 形和 I 形截面，b 为受拉翼缘宽度；对轴心受拉构件，当预应力钢筋配置在截面中心范围时，则 A_{te} 取为构件全截面面积；式中其他符号的计算和含义同式（8 - 30）～式（8 - 32）。

表 9 - 13　　　　　　　　　　考虑预应力张拉方法的钢筋表面形状系数 ν

钢筋类别	非预应力钢筋		先张法预应力钢筋			后张法预应力钢筋		
	光圆钢筋	带肋钢筋	螺旋肋钢棒	螺纹钢筋	钢绞线、钢丝、螺旋槽钢棒	螺旋肋钢棒	螺纹钢筋	钢绞线、钢丝、螺旋槽钢棒
ν	1.4	1.0	1.0	1.0	1.2	1.1	1.2	1.5

《水工混凝土结构设计规范》（SL 191—2008）的公式为

$$w_{\max} = \alpha \alpha_1 \frac{\sigma_{sk}}{E_s} \left(30 + c + 0.07 \frac{d}{\rho_{te}} \right) \qquad (9 - 143)$$

式中　α_1——含义同式（9 - 142）中的 ν，取值大部分同表 9 - 13，仅后张法预应力钢筋中的螺纹钢筋取 1；钢绞线等一栏取 1.4。式中 α 和 c 同式（8 - 42）；其他符号同式（9 - 142）。

《混凝土结构设计规范》（GB 50010—2010）的裂缝宽度计算公式同式（8 - 43）。但对环境类别为二 a 类的预应力混凝土构件，允许的裂缝宽度为 0.1mm，且在荷载准永久组合下，受拉边缘应力尚应符合下列规定

$$\sigma_{cq} - \sigma_{pc} \leqslant f_{tk} \qquad (9-144)$$

式中　σ_{cq}——荷载准永久组合下抗裂验算边缘的混凝土法向应力。

2. 预应力混凝土构件受拉区纵向钢筋的等效应力

对预应力混凝土构件，式（9-142）中的 σ_{sk} 相当于混凝土法向应力为零时预应力钢筋和非预应力钢筋合力 N_{p0} 和外轴向拉力 N_k 或外弯矩 M_k 共同作用下受拉区钢筋的应力增加量。对轴心受拉构件为

$$\sigma_{sk} = \frac{N_k - N_{p0}}{A_s + A_p} \qquad (9-145)$$

对受弯构件，可由图 9-35 对受压区合力点取矩求得，即

$$\sigma_{sk} = \frac{M_k \pm M_2 - N_{p0}(z - e_p)}{(A_s + A_p)z} \qquad (9-146)$$

$$z = [0.87 - 0.12(1 - \gamma'_f)(h_0/e)^2]h_0 \qquad (9-147)$$

$$e = \frac{M_k \pm M_2}{N_{p0}} + e_p \qquad (9-148)$$

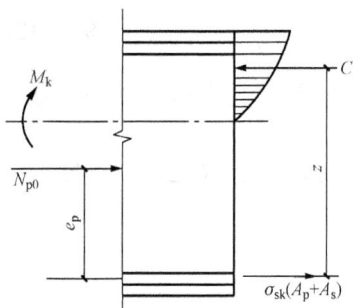

图 9-35　预应力混凝土受弯构件裂缝截面处的应力图形

式中　z——受拉区纵向非预应力钢筋和预应力钢筋合力点至截面受压区合力点的距离；

e_p——N_{p0} 的作用点至受拉区纵向预应力和非预应力钢筋合力点的距离；

M_2——后张法预应力混凝土超静定结构构件中的次弯矩。

对于《混凝土结构设计规范》（GB 50010—2010），上述公式均适用，仅式（9-146）中 A_p 前乘 α_1，α_1 为无粘结预应力筋的等效折减系数，取 0.3；对有粘结预应力混凝土构件取 1.0。

五、挠度验算

预应力混凝土受弯构件使用阶段的挠度由两部分组成：

（1）外荷载产生的挠度；

（2）预加应力引起的反拱值。两者可以互相抵消一部分，故预应力混凝土构件的挠度比非预应力混凝土构件小。

1. 外荷载作用下产生的挠度 f_1

计算外荷载作用下产生的挠度，仍可利用材料力学的公式进行计算

$$f_1 = S\frac{M_k l_0^2}{B} \qquad (9-149)$$

$$B = 0.65B_{ps} \qquad (9-150)$$

式中　B——荷载标准组合作用下预应力混凝土受弯构件的刚度；

B_{ps}——荷载标准组合作用下预应力混凝土受弯构件的短期刚度。

B_{ps} 可按下列公式计算：

要求不出现裂缝的构件

$$B_{ps} = 0.85E_c I_0 \qquad (9-151)$$

允许出现裂缝的构件

$$B_{ps} = \frac{B_s}{1 - 0.8\delta} \qquad (9-152)$$

$$\delta = \frac{M'_{p0}}{M_k} \qquad (9-153)$$

$$M'_{p0} = N_{p0}(\eta_0 h_0 - e_p) \tag{9-154}$$

$$\eta_0 = \frac{1}{1.5 - 0.3\sqrt{\gamma'_f}} \tag{9-155}$$

式中　B_s——出现裂缝的钢筋混凝土受弯构件的短期刚度，可按第八章公式求得。但需注意式中纵向受拉钢筋配筋率 ρ 包括非预应力钢筋 A_s 及预应力钢筋 A_p 在内（$\rho = (A_s + A_p)/(bh_0)$）；

　　　　δ——消压弯矩与按荷载标准组合计算的弯矩值的比值，简称预应力度；

　　　　M'_{p0}——非预应力钢筋及预应力钢筋合力点处混凝土法向应力为零时的消压弯矩；

　　　　η_0——纵向受拉钢筋重心处混凝土法向应力为零时的截面内力臂系数；

　　　　γ'_f——受压翼缘面积与腹板有效面积的比值，$\gamma'_f = (b'_f - b)h'_f/(bh_0)$，当 $h'_f > 0.2h_0$ 时，取 $h'_f = 0.2h_0$。

　　对预压时预拉区允许出现裂缝的构件，B_{ps} 应降低 10%。

　　对于《混凝土结构设计规范》（GB 50010—2010）

$$B = \frac{M_k}{M_q(\theta - 1) + M_k} B_s \tag{9-156}$$

对于要求不出现裂缝的构件，B_s 同式（9-151）；对于允许出现裂缝的构件

$$B_s = \frac{0.85 E_c I_0}{\kappa_{cr} + (1 - \kappa_{cr})\omega} \tag{9-157}$$

$$\kappa_{cr} = \frac{M_{cr}}{M_k} \tag{9-158}$$

$$\omega = \left(1 + \frac{0.21}{\alpha_E \rho}\right)(1 + 0.45\gamma_f) - 0.7 \tag{9-159}$$

$$M_{cr} = (\sigma_{pc} + \gamma f_{tk})W_0 \tag{9-160}$$

$$\gamma_f = \frac{(h_f - b)h_f}{bh_0} \tag{9-161}$$

$$\gamma = \left(0.7 + \frac{120}{h}\right)\gamma_m \tag{9-162}$$

式中　ρ——纵向受拉钢筋配筋率，取为 $(\alpha_1 A_p + A_s)/(bh_0)$，对灌浆的后张预应力筋取 $\alpha_1 = 1.0$；对无粘结后张预应力筋取 $\alpha_1 = 0.3$；

　　　　κ_{cr}——预应力构件开裂弯矩和标准组合下的弯矩的比值，大于 1 时取 1。

　　式（9-162）中，当 $h < 400$ 时，取 400；当 $h > 1600$ 时，取 1600；对圆形、环形截面，取 $h = 2r$，此处，r 为圆形截面半径或环形截面的外半径。

　　2. 预应力产生的反拱值 f_2

　　计算预加应力引起的反拱值，可用结构力学方法按刚度为 $E_c I_0$ 的偏心受压构件求挠度的公式进行计算

$$f_2 = \frac{N_p e_p l_0^2}{8 E_c I_0} \tag{9-163}$$

式中　N_p——扣除全部预应力损失后的预应力钢筋和非预应力钢筋的合力（预压力），先张法为 N_{p0II}，后张法为 N_{pII}；

　　　　e_p——N_p 对截面重心轴的偏心矩，先张法为 e_{p0II}，后张法 e_{pnII}；

　　　　l_0——构件跨度。

考虑到预压应力这一因素是长期存在的，所以反拱值可取为 $2f_2$。

对永久荷载所占比例较小的构件，应考虑反拱过大对使用上的不利影响。

3. 荷载作用时的总挠度 f

$$f = f_1 - 2f_2 \tag{9-164}$$

f 计算值应不大于附录六附表 6-3 所列的挠度限值。

第九节 施 工 阶 段 验 算

预应力混凝土受弯构件的施工阶段是指构件制作、运输和吊装阶段。施工阶段验算包括混凝土法向应力的验算与后张法构件锚固端局部受压承载力计算。后张法构件锚固端局部受压承载力计算和轴心受拉构件相同，可参见第五节，这里只介绍混凝土法向预应力的验算。

预应力受弯构件在制作时，混凝土受到偏心的预压力，使构件处于偏心受压状态，如图 9-36（a）所示，构件的下边缘受压，上边缘可能受拉，这就使预应力受弯构件在施工阶段所形成的预压区和预拉区位置正好与使用阶段的受拉区和受压区相反。在运输、吊装时，如图 9-36（b）所示，自重及施工荷载在吊点截面产生负弯矩，如图 9-36（d）所示，与预压力产生的负弯矩方向相同，如图 9-36（c）所示，使吊点截面成为最不利的受力截面。因此，预应力混凝土受弯构件必须进行施工阶段混凝土法向应力的验算，并控制验算截面边缘的应力值不超过规范规定的允许值。

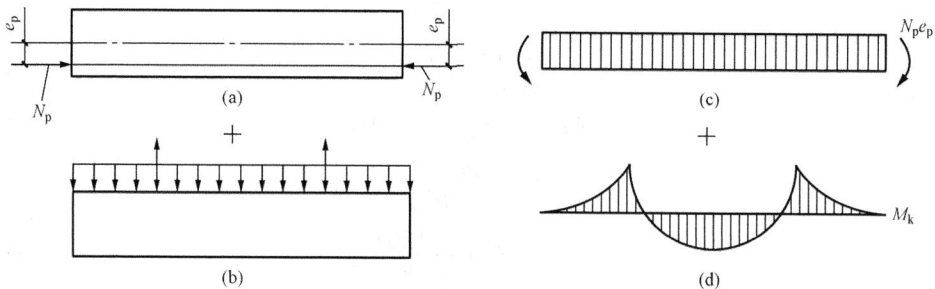

图 9-36　预应力受弯构件制作、吊装时的弯矩图
（a）制作阶段；（b）运输和吊装；（c）制作阶段预压力产生的弯矩图；
（d）运输吊装时自重产生的弯矩图

施工阶段截面应力验算，一般是在求得截面应力值后，按是否允许出现裂缝而分为两类，分别对混凝土应力进行控制。

（1）施工阶段预拉区不允许出现裂缝的构件，或预压时全截面受压的构件，在预加应力、自重及施工荷载标准值作用下（必要时应考虑动力系数）截面边缘的混凝土法向应力应符合下列条件（图 9-37）

$$\sigma_{ct} \leqslant f'_{tk} \tag{9-165}$$

$$\sigma_{cc} \leqslant 0.8 f'_{ck} \tag{9-166}$$

截面边缘的混凝土法向应力按下式计算

$$\begin{aligned}\sigma_{cc}\\\sigma_{ct}\end{aligned} = \sigma_{pc} + \frac{N_k}{A_0} \pm \frac{M_k}{W_0} \tag{9-167}$$

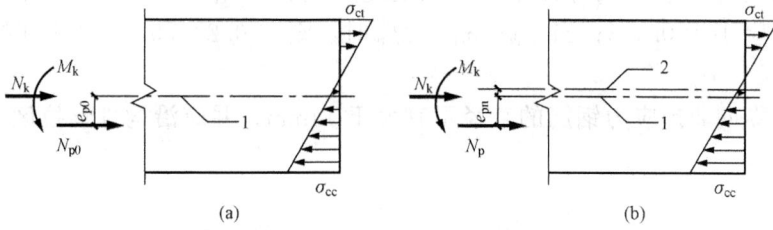

图 9 - 37　预应力混凝土构件施工阶段验算

(a) 先张法构件；(b) 后张法构件

1—换算截面重心轴；2—净截面重心轴

以上式中　　σ_{cc}，σ_{ct}——相应施工阶段计算截面边缘纤维的混凝土压应力、拉应力；

　　　　　　f'_{ck}，f'_{tk}——与各施工阶段混凝土立方体抗压强度 f'_{cu} 相应的轴心抗压、抗拉强度标准值，可由附录二附表 2 - 1 用直线内插法查得；

　　　　　　σ_{pc}——由预加力产生的混凝土法向应力，压应力时取正值，拉应力时取负值；

　　　　　　N_k，M_k——构件自重及施工荷载的标准组合在计算截面产生的轴向力值、弯矩值，N_k 为压力时取正值，为拉力时取负值，M_k 产生的边缘纤维应力为压应力时，式中符号取加号，为拉应力时取减号。

　　下列构件应按施工阶段不允许出现裂缝的情况来考虑：

　　使用荷载作用下，受拉区允许出现裂缝的构件，预拉区不宜再有裂缝，以免裂缝上下贯通；需作疲劳验算的构件，预拉区宜按不允许出现裂缝的条件设计，以免影响构件使用阶段的工作性能；预拉区有较大翼缘的构件，施工阶段翼缘混凝土对形成抗裂弯矩的作用较大，一旦出现裂缝，其发展较快，故在一般情况下宜按预拉区不允许出现裂缝的条件设计。

　　除了从计算上应满足式（9 - 165）、式（9 - 166）外，为了防止由于混凝土收缩、温度变形等原因在预拉区产生竖向裂缝，要求预拉区还需配置一定数量的纵向钢筋，其配筋率 $(A'_s+A'_p)/A$ 不应小于 0.2%，其中 A 为构件截面面积。对后张法构件，则仅考虑 A'_s 而不计入 A'_p 的面积，因为在施工阶段，后张法预应力钢筋和混凝土之间没有粘结力或粘结力尚不可靠。对板类构件，预拉区纵向钢筋配筋率可根据构件的具体情况，按实践经验确定。

　　(2) 对施工阶段预拉区允许出现裂缝而在预拉区不配置纵向预应力钢筋的构件（$A'_p=0$），其截面边缘的混凝土法向应力应符合下列规定

$$\sigma_{ct} \leqslant 2f'_{tk} \qquad (9 - 168)$$

$$\sigma_{cc} \leqslant 0.8f'_{ck} \qquad (9 - 169)$$

式中，σ_{ct} 和 σ_{cc} 按式（9 - 167）进行计算。

　　预拉区允许出现裂缝的构件，预拉区混凝土已不参加工作，所以按式（9 - 167）计算的整个截面上边缘的应力值 σ_{ct} 实际上已不存在，但 σ_{ct}（可称为名义拉应力）值仍可用来说明受拉的程度。预拉区出现裂缝后，拉力主要由布置在截面上边缘（预拉区）的非预应力纵向钢筋来承担。纵向钢筋数量的多少影响裂缝宽度的大小。为了控制裂缝宽度和裂缝高度同时

不使纵向钢筋数量配置过多，因此限制 σ_{ct} 不超过 $2f'_{tk}$。当 $\sigma_{ct}=2f'_{tk}$ 时，预拉区纵向钢筋的配筋率 A'_s/A 不应小于 0.4%；当 $f'_{tk}<\sigma_{ct}<2f'_{tk}$ 时，则在 0.2% 和 0.4% 之间按线性内插法确定。

预拉区的纵向非预应力钢筋的直径不宜大于 14mm，并应沿构件预拉区的外边缘均匀配置。

第十节　一般构造要求

预应力混凝土构件除需满足按受力要求以及有关钢筋混凝土构件的构造要求以外，还必须满足由张拉工艺、锚固方式、配筋种类、数量、布置形式、放置位置等方面提出的构造要求。

预应力混凝土梁，通常采用非对称 I 形截面（板或较小截面的梁可采用矩形截面）。受一般荷载作用下梁的截面高度 h 可取跨度 l_0 的（1/20～1/14），约为普通钢筋混凝土梁的截面高度的 0.7 倍。截面肋宽 b 取 $(1/15\sim1/8)h$，剪力较大的梁 b 也可取 $(1/8\sim1/5)h$。上翼缘宽度 b'_f 可取 $(1/3\sim1/2)h$，厚度 h'_f 可取 $(1/10\sim1/6)h$。为便于拆模，上、下翼缘靠近肋处应做成斜坡，上翼缘底面斜坡为 1/15～1/10，下翼缘顶面斜坡通常取 1:1。下翼缘宽度和厚度 b_f、h_f 应根据预应力钢筋的多少、钢筋的净距、孔洞的净距、保护层厚度、锚具及承力架的尺寸等予以确定。

对施工时预拉区不允许出现裂缝的构件（如吊车梁），在受压区配置预应力钢筋的截面面积 A'_p：先张法构件中为受拉区预应力钢筋截面面积 A_p 的（1/6～1/4）；后张法构件中为 A_p 的（1/8～1/6）。

当受拉区预应力钢筋已满足抗裂或裂缝宽度的限值时，按承载力要求不足的部分允许采用非预应力钢筋。

后张法预应力钢筋在构件端部全部弯起的受弯构件或直线配筋的先张法构件，当其端部与下部支承结构焊接时，应考虑混凝土收缩、徐变及温度变化引起的不利影响，在端部可能产生裂缝的部位应设置足够的非预应力纵向构造钢筋。

当先张法预应力钢丝按单根方式配筋困难时，可采用相同直径钢丝并筋的配筋方式，并筋的等效直径，对双并筋应取为单筋直径的 1.42 倍，对三并筋应取为单筋直径的 1.73 倍。并筋的保护层厚度、锚固长度、预应力传递长度及正常使用极限状态验算均应按等效直径考虑。当预应力钢绞线采用并筋方式时，应有可靠的构造措施。

在先张法构件中，预应力钢筋一般为直线形，必要时也可采用折线配筋，如双坡屋面梁受压区的预应力钢筋。

先张法构件中的预应力钢筋的净间距，应以方便浇筑混凝土、张拉预应力钢筋和锚固可靠、夹具使用方便的原则确定。通常预应力钢筋的净距不应小于其公称直径或有效直径的 1.5 倍，且应符合下列规定：对预应力钢丝不应小于 15mm；对 3 股钢绞线不应小于 20mm，对 7 股钢绞线不应小于 25mm。

先张法预应力钢筋宜采用变形钢筋、刻痕钢丝、钢绞线等，以增强与混凝土之间的粘结力。当采用光面钢丝作预应力钢筋时，应根据其强度、直径及构件受力特点采用适当措施，确保钢丝在混凝土中锚固可靠、无滑动，并应考虑预应力传递长度范围内抗裂性较低的不利影响。

先张法构件放张时，钢筋对周围混凝土产生挤压，端部混凝土有可能沿钢筋周围产生裂缝。为防止这种裂缝，除要求预应力钢筋有一定的保护层外，尚应局部加强，其措施为：

（1）对单根预应力钢筋（如板肋配筋），其端部宜设置长度不小于 150mm 且不小于 4 圈的螺旋钢筋，如图 9-38（a）所示。当有可靠经验时，也可利用支座垫板上的插筋代替螺旋筋，但其数量不应小于 4 根，高度不宜小于 120mm，如图 9-38（b）所示；

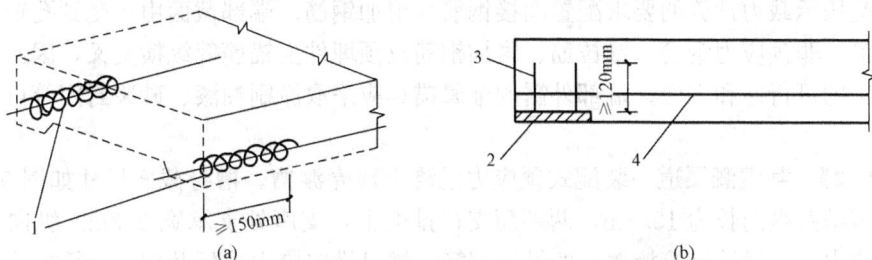

图 9-38　单根预应力钢筋端部混凝土的局部加强措施
1—螺旋钢筋；2—预埋铁件；3—插筋，不少于 4 根；4—预应力钢筋 $d \leqslant 16mm$

（2）对分散布置的多根预应力钢筋，在构件端部 $10d$（d 为预应力钢筋直径）范围内，应设置 3～5 片与预应力钢筋垂直的钢筋网片；

（3）对采用钢丝配筋的薄板，宜在板端 100mm 范围内沿构件设置附加的横向钢筋或适当加密横向钢筋。

后张法构件中，当预应力钢筋为曲线配筋时，为了减少摩擦损失，曲线段的夹角不宜过大（等截面吊车梁，不大于 30°）；对钢丝束、钢绞线以及钢筋直径 $d \leqslant 12mm$ 的钢筋束，曲率半径不宜小于 4m；$12mm \leqslant d \leqslant 25mm$ 的钢筋，不宜小于 12m；对 $d > 25mm$ 的钢筋，不宜小于 15m；对折线配筋的构件，在折线预应力钢筋弯折处的曲率半径可适当减小（折线形吊车梁预应力钢筋弯折处的曲率半径大于 2m）。

后张法预应力钢筋的预留孔道间的净距不应小于 50mm，孔道至构件边缘的净距也不应小于 30mm，且不宜小于孔道直径的一半。预留孔道的直径应比预应力钢筋束及连接器的外径大 10～15mm。构件两端或跨中应设置灌浆孔或排气孔，孔距不宜大于 12m。制作时有预先起拱要求的构件，预留孔道宜随构件同时起拱。

孔道灌浆要求密实，水泥浆强度不宜低于 M20，水灰比宜控制在 0.40～0.45 范围内。为减少收缩，水泥浆内宜适当掺入外加剂。

在后张法预应力混凝土构件的预拉区或预压区中，应设置纵向非预应力构造钢筋；在预应力钢筋弯折处，应加密箍筋或沿弯折处内侧设置钢筋网片。

在构件端部有局部凹进时，为防止施加预应力时在端部转折处产生裂缝，应增设折线构造钢筋。后张法预应力钢筋在构件端部全部弯起时（如鱼腹式吊车梁）或直线配筋的先张法构件，当其端部与下部支承结构焊接时，为考虑混凝土收缩、徐变及温度变化引起的不利影响，在端部可能产生裂缝的部位应设置足够的非预应力纵向构造钢筋。

在后张法预应力混凝土构件的端部宜按下列规定布置钢筋：

（1）宜将一部分预应力钢筋在靠近支座处弯起，弯起的预应力钢筋宜沿构件端部均匀布置；

（2）当构件端部预应力钢筋需集中布置在截面下部或集中布置在上部和下部时，应在构件端部 $0.2h$（h 为构件端部截面高度）范围内设置附加竖向焊接钢筋网、封闭式箍筋或其他形式的构造钢筋。

构件端部的尺寸必须兼顾锚具、张拉设备的尺寸和满足局部受压承载力各方面的要求综合确定，必要时应适当加大。在预应力钢筋锚具下及张拉设备的支撑部位应埋设钢垫板，并应按局部受压承载力计算的要求配置间接钢筋和附加钢筋。端部截面由于受到孔道削弱，且预应力钢筋、非预应力钢筋、锚拉筋、附加钢筋及预埋件上锚筋等纵横交叉，因此设计时必须考虑施工的可行性和方便。端部外露的金属锚具应采取涂刷油漆、砂浆封闭等可靠的防锈措施。

【例 9 - 2】 某灌溉渠道一装配式预应力混凝土薄壳渡槽。槽身截面尺寸如图 9 - 39（a）所示。一节槽身纵向长为 15.4m，两端简支在排架上，支座处支承宽 0.3m。纵向采用先张法施加预应力。试设计该渡槽槽身的纵向配筋。槽身横向应力分析及配筋计算方法在本题内省略。

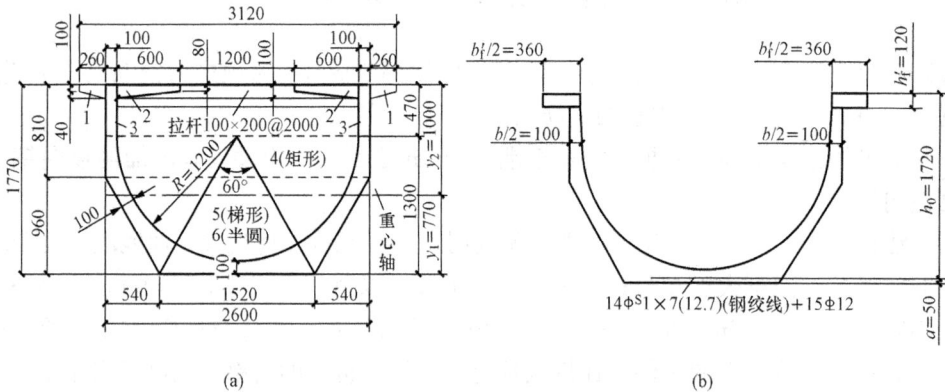

图 9 - 39　预应力薄壳渡槽槽身截面图

解　（1）基本数据。

1）结构安全级别。该渡槽为 3 级建筑物，由第二章可知，结构安全级别为 Ⅱ 级，对应的结构重要性系数 $\gamma_0 = 1.0$。

通过查表可得，设计状况系数 $\psi = 1.0$，结构系数 $\gamma_d = 1.2$。

按照《水工混凝土结构设计规范》（SL 191—2008），对应荷载效应基本组合情况下的承载力安全系数 $K = 1.2$。从数值上来看，两种规范承载力计算的结果将是相同的。因此，以下计算主要以《水工混凝土结构设计规范》（DL/T 5057—2009）为依据，仅就《水工混凝土结构设计规范》（SL 191—2008）与其不同之处给予说明。

2）荷载分项系数。槽身自重 $\gamma_G = 1.05$；行人荷载取为 $q_k = 2.5 \text{kN/m}^2$，$\gamma_Q = 1.20$；渡槽水位是可以控制的，现按满槽水计算，取用 $\gamma_Q = 1.10$。

3）环境条件类别。因渡槽处于露天，故环境类别为二类。查附录四附表 4 - 1 查得槽壳混凝土保护层最小厚度 $c = 25\text{mm}$。

4) 材料。混凝土强度等级为 C40，但渡槽在现场浇筑，考虑到施工工艺等具体条件，槽身计算中混凝土强度等级采用 C30。$f_c = 14.3 \text{N/mm}^2$，$f_t = 1.43 \text{N/mm}^2$，$f_{ck} = 20.1 \text{N/mm}^2$，$f_{tk} = 2.01 \text{N/mm}^2$，$E_c = 3.0 \times 10^4 \text{N/mm}^2$。放张时及施工阶段验算中混凝土实际强度取 $f'_{cu} = 75\% \times f_{cu} = 0.75 \times 30 = 22.5 \text{N/mm}^2$，即 C22.5。相应 $f'_{ck} = 15.08 \text{N/mm}^2$，$f'_{tk} = 1.63 \text{N/mm}^2$。

预应力钢筋采用 $14\phi^S1 \times 7$ 的钢绞线（$d = 12.7\text{mm}$），（$A_p = 1382 \text{mm}^2$）。$f_{py} = 1220 \text{N/mm}^2$，$f_{ptk} = 1720 \text{N/mm}^2$，$E_p = 1.95 \times 10^5 \text{N/mm}^2$。非预应力钢筋采用 HRB335 钢筋，配置 15 Φ12（$A_s = 1696.5 \text{mm}^2$）；箍筋为 HPB235 钢筋。$f_y = 300 \text{N/mm}^2$，$f_{yv} = 210 \text{N/mm}^2$，$E_s = 2.0 \times 10^5 \text{N/mm}^2$。钢筋排列如图 9-40 所示。

预应力钢筋、非预应力钢筋和混凝土弹性模量之比分别为

$$\alpha_{Ep} = \frac{E_p}{E_c} = \frac{1.95 \times 10^5}{3.0 \times 10^4} = 6.5$$

$$\alpha_{Es} = \frac{E_s}{E_c} = \frac{2.0 \times 10^5}{3.0 \times 10^4} = 6.7$$

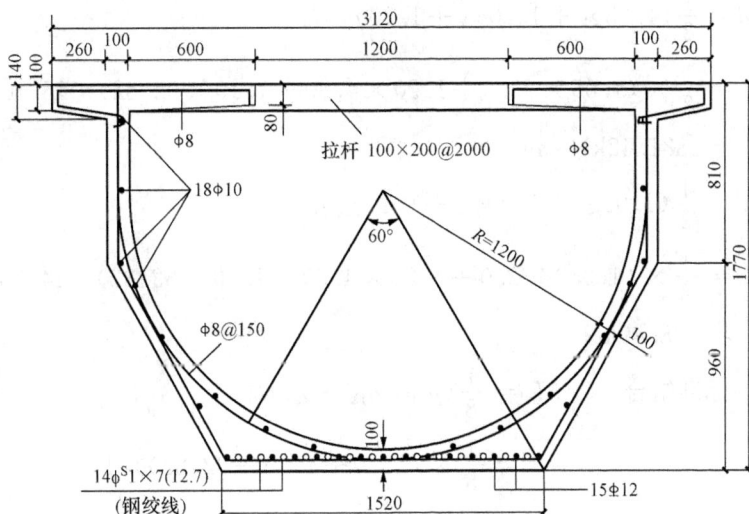

图 9-40 槽身截面配筋图

5) 裂缝控制等级。按二级控制，$\alpha_{ct} = 0.7$。

（2）内力计算。

1) 荷载标准值。

① 槽身自重。

$$g_k = (0.47 \times 0.1 \times 2 \times 25) + (0.09 \times 0.6 \times 2 \times 25) + (0.24 \times 0.26 \times 25)$$
$$+ \frac{0.1 \times 0.2 \times 2.4 \times 25}{2} + 25 \times \left[(0.81 - 0.47) \times 2.6 + (1.52 + 2.6) \times \right.$$
$$\left. 0.96 \times 0.5 - \frac{\pi}{2} \times 1.2^2 \right]$$

$= 22.20 \text{kN/m}$，加上栏杆重取 23.0kN/m

②行人重。

$$q_{1k} = 0.96 \times 2 \times 2.50 = 4.80 \text{kN/m}$$

③满槽水重。

$$q_{2k} = 0.47 \times 2.4 \times 10 - (0.09 \times 0.6 \times 2) \times 10 + \frac{\pi}{2} \times 1.2^2 \times 10 = 32.82 \text{kN/m}$$

2）计算跨度。

净跨 $l_n = 15.4 - 0.3 - 0.3 = 14.80 \text{m}$

支座中心距 $l_c = 15.4 - 0.3 = 15.10 \text{m}$

①计算弯矩时

$$l_2 = 1.05 l_n = 1.05 \times (15.4 - 0.3 - 0.3) = 15.54 \text{m}$$

取 $$l_0 = \min(l_2, l_c) = \min(15.54, 15.10) = 15.10 \text{m}$$

②计算剪力时

$$l_0 = l_n = 15.4 - 0.3 - 0.3 = 14.8 \text{m}$$

3）弯矩及剪力设计值与标准值。

$$M = \frac{1}{8} (1.05 g_k + 1.20 q_{1k} + 1.10 q_{2k}) l_0^2$$

$$= \frac{1}{8} \times (1.05 \times 23.0 + 1.20 \times 4.80 + 1.10 \times 32.82) \times 15.10^2$$

$$= 1881.42 \text{kN} \cdot \text{m}$$

$$V = \frac{1}{2} (1.05 g_k + 1.20 q_{1k} + 1.10 q_{2k}) l_n$$

$$= \frac{1}{2} \times (1.05 \times 23.0 + 1.20 \times 4.80 + 1.10 \times 32.82) \times 14.80$$

$$= 488.49 \text{kN}$$

荷载效应的标准组合 $$M_k = \frac{1}{8} (g_k + q_{1k} + q_{2k}) l_0^2$$

$$= \frac{1}{8} \times (23.0 + 4.80 + 32.82) \times 15.10^2$$

$$= 1727.75 \text{kN} \cdot \text{m}$$

$$V_k = \frac{1}{2} (g_k + q_{1k} + q_{2k}) l_n$$

$$= \frac{1}{2} \times (23.0 + 4.80 + 32.82) \times 14.80$$

$$= 448.59 \text{kN}$$

（3）截面几何特性（参考图 9 - 39）。

换算截面面积 A_0 及惯性矩 I_0 见表 9 - 14 和表 9 - 15。

换算截面重心轴至槽身顶边和底边的距离分别为

$$y_2 = \frac{S_0}{A_0} = \frac{879.855 \times 10^6}{881.4 \times 10^3} = 998 \text{mm}, \text{取} \ y_2 = 1000 \text{mm}$$

$$y_1 = 1770 - 1000 = 770 \text{mm}$$

表 9 - 14   **换算截面面积 A_0**

面积符号	算 式	面积$\times 10^3/\text{mm}^2$	离槽顶 0—0 轴距离 y/mm	面积矩$\times 10^6/\text{mm}^3$
A_1	$260\times 120\times 2$	62.4	60	3.744
A_2	$600\times 90\times 2$	108.0	45	4.860
A_3	$470\times 100\times 2$	94.0	235	22.090
A_4	$(810-470)\times 2600$	884.0	$340/2+470=640$	565.760
A_5	$\frac{1}{2}\times(1520+2600)\times 960$	1977.6	$\frac{960(2600+2\times 1520)}{3(2600+1520)}+810=1248$	2468.045
A_6	$-\frac{\pi}{2}\times 1200^2$	-2261.9	$0.4244\times 1200+470=979$	-2214.40
A_7	$(6.5-1)\times 1382$	7.6	1720	13.072
A_8	$(6.7-1)\times 1696$	9.7	1720	16.684
Σ		$A_0=881.4$		879.855

注 A_7、A_8 为钢筋面积。

表 9 - 15   **换算截面惯性矩 I_0** mm^4

惯性矩符号	算 式	惯性矩($\times 10^9$)
1	$\left[\frac{1}{12}\times 260\times 120^3+260\times 120\times(1000-60)^2\right]\times 2$	55.212
2	$\left[\frac{1}{12}\times 600\times 90^3+600\times 90\times(1000-45)^2\right]\times 2$	98.572
3	$\left[\frac{1}{12}\times 100\times 470^3+100\times 470\times(1000-235)^2\right]\times 2$	56.742
4	$\left[\frac{1}{12}\times 2600\times 340^3+2600\times 340\times(1000-470-170)^2\right]$	123.082
5	$\frac{960^3\times(2600^2+4\times 2600\times 1520+1520^2)}{36\times(2600+1520)}+1977600\times(1248-1000)^2$	270.031
6	$-[0.00686\times(2\times 1200)^4+2261900\times(1000-979)^2]$	-228.568
7	$(6.5-1)\times 1382\times(1720-1000)^2$	2.962
8	$(6.7-1)\times 1696\times(1720-1000)^2$	5.011
Σ		383.044

（4）预应力钢筋张拉控制应力 σ_{con}。

张拉控制应力 σ_{con} 参照表 9 - 1，取张拉控制应力 $\sigma_{con}=0.75 f_{ptk}=0.75\times 1720=1290\text{N/mm}^2$。

（5）预应力损失值。

1）锚具变形损失 σ_{l1}。

现采用锥塞式锚具，表 9 - 2 得锚具变形和钢筋内缩值 $a=5\text{mm}$。

$$\sigma_{l1}=\frac{a}{l}E_p=\frac{5}{15400}\times 1.95\times 10^5=63.3\text{N/mm}^2$$

2）温差损失 σ_{l3}。

由于在钢模上张拉预应力钢筋，钢模与构件一起进行蒸汽养护，所以 $\sigma_{l3}=0$。

3）预应力钢筋应力松弛损失 σ_{l4}。

厂家供应的钢材是普通松弛的钢绞线，张拉预应力钢筋采用一次张拉到控制应力 σ_{con}，由表 9-4 知

$$\sigma_{l4} = 0.4\left(\frac{\sigma_{\mathrm{con}}}{f_{\mathrm{ptk}}} - 0.5\right)\sigma_{\mathrm{con}}$$

$$= 0.4 \times \left(\frac{1290}{1720} - 0.5\right) \times 1290 = 129.0\mathrm{N/mm^2}$$

所以 $\qquad \sigma_{l\mathrm{I}} = \sigma_{l1} + \sigma_{l3} + \sigma_{l4} = 63.3 + 0 + 129.0 = 192.3\mathrm{N/mm^2}$

4）收缩与徐变损失 σ_{l5}。

先求 σ_{pcI}，得

$$N_{\mathrm{p0I}} = (\sigma_{\mathrm{con}} - \sigma_{l\mathrm{I}})A_{\mathrm{p}} = (1290 - 192.3) \times 1382 = 1517.02\mathrm{kN}$$

$$e_{\mathrm{p0I}} = y_{\mathrm{p}} = y_1 - a_{\mathrm{p}} = 770 - 50 = 720\mathrm{mm}$$

在预应力钢筋重心处的混凝土法向应力为

$$\sigma_{\mathrm{pcI}} = \frac{N_{\mathrm{p0I}}}{A_0} + \frac{N_{\mathrm{p0I}}\, e_{\mathrm{p0I}}^2}{I_0}$$

$$= \frac{1517.02 \times 10^3}{881.4 \times 10^3} + \frac{1517.02 \times 10^3 \times 720^2}{383.044 \times 10^9} = 3.77\mathrm{N/mm^2}$$

求 σ_{l5}，得

$$\rho = \frac{A_{\mathrm{p}} + A_{\mathrm{s}}}{A_0} = \frac{1382 + 1696}{881.4 \times 10^3} = 0.00349$$

$$\sigma_{l5} = \frac{45 + \left(280\dfrac{\sigma_{\mathrm{pcI}}}{f_{\mathrm{cu}}'}\right)}{1 + 15\rho}$$

$$= \frac{45 + \left(280 \times \dfrac{3.77}{22.5}\right)}{1 + 15 \times 0.00349} = 87.3\mathrm{N/mm^2}$$

所以

$$\sigma_{l\mathrm{II}} = \sigma_{l5} = 87.3\mathrm{N/mm^2}$$

总损失为

$$\sigma_l = \sigma_{l\mathrm{I}} + \sigma_{l\mathrm{II}} = 192.3 + 87.3 = 279.6\mathrm{N/mm^2}$$

（6）使用阶段正截面受弯承载力计算。

槽身简化为 T 形截面计算如图 9-39（b）所示。

1）鉴别中和轴位置。

$$f_c b_{\mathrm{f}}' h_{\mathrm{f}}' = 14.3 \times 720 \times 120 = 1235.52\mathrm{kN}$$

$$f_{\mathrm{y}} A_{\mathrm{s}} + f_{\mathrm{py}} A_{\mathrm{p}} = 300 \times 1696 + 1220 \times 1382 = 2194.84\mathrm{kN}$$

$$f_{\mathrm{y}} A_{\mathrm{s}} + f_{\mathrm{py}} A_{\mathrm{p}} > f_c b_{\mathrm{f}}' h_{\mathrm{f}}'$$

所以属于第二类 T 形截面（$x > h_{\mathrm{f}}'$）。

2）求受压区高度。

$$x = \frac{f_y A_s + f_{py} A_p - f_c (b'_f - b) h'_f}{f_c b}$$

$$= \frac{300 \times 1696 + 1220 \times 1382 - 14.3 \times (720 - 200) \times 120}{14.3 \times 200}$$

$$= 455.4 \text{mm}$$

3）求相对界限受压区高度 ξ_b，预应力钢筋为钢绞线。

$$\sigma_{p0} = \sigma_{con} - \sigma_l = 1290 - 279.6 = 1010.4 \text{N/mm}^2$$

$$\xi_b = \frac{0.8}{1.6 + \dfrac{f_{py} - \sigma_{p0}}{0.0033 E_p}} = \frac{0.8}{1.6 + \dfrac{1220 - 1010.4}{0.0033 \times 1.95 \times 10^5}} = 0.415$$

非预应力钢筋为 HRB335 钢筋，$\xi_b = 0.550$。

比较预应力钢筋与非预应力钢筋的 ξ_b 值，并取其较小者，故 $\xi_b = 0.415$。

4）检查是否满足适用条件式（9-120），纵向受拉钢筋合力点至槽底边的距离 $a = 50 \text{mm}$，则 $h_0 = h - a = 1770 - 50 = 1720 \text{mm}$。

$x = 455.4 \text{mm} < \xi_b h_0 = 0.415 \times 1720 = 713.8 \text{mm}$，符合要求。

对于《水工混凝土结构设计规范》（SL 191—2008），

$x = 455.4 \text{mm} < 0.85 \xi_b h_0 = 0.85 \times 0.415 \times 1720 = 606.7 \text{mm}$，也符合要求。

5）受弯承载力复核。

$$\frac{1}{\gamma_d} \left[f_c b x \left(h_0 - \frac{x}{2} \right) + f_c (b'_f - b) h'_f \left(h_0 - \frac{h'_f}{2} \right) \right]$$

$$= \frac{1}{1.2} \times \left[14.3 \times 200 \times 455.4 \times \left(1720 - \frac{455.4}{2} \right) + 14.3 \times (720 - 200) \times 120 \times \left(1720 - \frac{120}{2} \right) \right]$$

$$= 2854.07 \text{kN} \cdot \text{m} > M = 1881.42 \text{kN} \cdot \text{m}$$

正截面受弯承载力满足要求。

对于《水工混凝土结构设计规范》（SL 191—2008），计算结果类似，只是将上面的 γ_d 改成 K，乘在不等式的右边。

（7）使用阶段抗裂验算。

1）正截面抗裂验算，求槽底边缘 σ_{pcII}。

$$N_{p0II} = (\sigma_{con} - \sigma_l) A_p - \sigma_{l5} A_s$$

$$= (1290 - 279.6) \times 1382 - 87.3 \times 1696 = 1248.3 \text{kN}$$

$$e_{p0II} = y_p = y_1 - 50 = 770 - 50 = 720 \text{mm}$$

$$\sigma_{pcII} = \frac{N_{p0II}}{A_0} + \frac{N_{p0II} e_{p0II} y_1}{I_0}$$

$$= \frac{1248.3 \times 10^3}{881.4 \times 10^3} + \frac{1248.3 \times 10^3 \times 720 \times 770}{383.044 \times 10^9}$$

$$= 3.22 \text{N/mm}^2$$

求槽底边缘 σ_{ck}。

$$\sigma_{ck} = \frac{M_k y_1}{I_0} = \frac{1727.75 \times 10^6 \times 770}{383.044 \times 10^9} = 3.47 \text{N/mm}^2$$

查附录五附表 5-1，$\gamma_{\mathrm{m}} = 1.35 \times \left(0.7 + \dfrac{300}{1770}\right) = 1.174$，则 $\gamma = \gamma_{\mathrm{m}} = 1.174$

$$\alpha_{\mathrm{ct}} \gamma f_{\mathrm{tk}} = 0.7 \times 1.174 \times 2.01 = 1.65 \mathrm{N/mm^2}$$

$$\sigma_{\mathrm{ck}} - \sigma_{\mathrm{pcII}} = 3.47 - 3.22 = 0.25 \mathrm{N/mm^2} \quad (\text{拉})$$

所以

$$\sigma_{\mathrm{ck}} - \sigma_{\mathrm{pcII}} < \alpha_{\mathrm{ct}} \gamma f_{\mathrm{tk}}$$

满足荷载效应标准组合下的正截面抗裂条件。

2）斜截面抗裂验算。

支座边截面重心轴处主应力计算：

求外荷剪力 V_{k} 产生的剪应力。

$$S_0 = 260 \times 120 \times (1000 - 60) \times 2 + 600 \times 90 \times (1000 - 45) \times 2 +$$
$$100 \times 1000 \times 500 \times 2 = 0.262 \times 10^9 \mathrm{mm^2}$$

$$\tau = \frac{V_{\mathrm{k}} S_0}{b I_0} = \frac{448.59 \times 10^3 \times 0.262 \times 10^9}{200 \times 383.044 \times 10^9} = 1.53 \mathrm{N/mm^2}$$

支座边截面弯矩近似为零，故正应力为零。

求预加压力在支座边截面重心轴处的正应力，需考虑预应力钢筋在预应力传递长度 l_{tr} 范围内实际应力值的变化。$\sigma_{\mathrm{peII}} = \sigma_{\mathrm{con}} - \sigma_l - \alpha_{\mathrm{Ep}} \sigma_{\mathrm{pcII}} = 1290 - 279.6 - 6.5 \times 3.22 = 989.47$ $\mathrm{N/mm^2}$，由式（9-127）可得 $l_{\mathrm{tr}} = \alpha \dfrac{\sigma_{\mathrm{pe}}}{f_{\mathrm{tk}}} d = 0.17 \times \dfrac{989.47}{1.63} \times 12.7 = 1310.59 \mathrm{mm}$，支座边长为 300mm，则支座边预应力钢筋的实际应力值为

$$\frac{300}{1310.59} \times (\sigma_{\mathrm{con}} - \sigma_l) = \frac{300}{1310.59} \times (1290 - 279.6) = 231.29 \mathrm{N/mm^2}$$

支座边缘处

$$N_{\mathrm{p0II}} = \frac{300}{1310.59} \times (\sigma_{\mathrm{con}} - \sigma_l) A_{\mathrm{p}} - \sigma_{l5} A_{\mathrm{s}}$$
$$= 231.29 \times 1382 - 87.3 \times 1696 = 171.6 \mathrm{kN}$$

$$\sigma_{\mathrm{x}} = \sigma_{\mathrm{pcII}} = \frac{N_{\mathrm{p0II}}}{A_0} \pm \frac{N_{\mathrm{p0II}} e_{\mathrm{p0II}} y_0}{I_0}$$

因为 $y_0 = 0$，故 $\sigma_{\mathrm{x}} = \sigma_{\mathrm{pcII}} = \dfrac{N_{\mathrm{p0II}}}{A_0} = \dfrac{171.6 \times 10^3}{881.4 \times 10^3} = 0.195 \mathrm{N/mm^2}$

主应力可由式（9-137）求得

$$\begin{aligned} \sigma_{\mathrm{tp}} \\ \sigma_{\mathrm{cp}} \end{aligned} = \frac{\sigma_{\mathrm{x}} + \sigma_{\mathrm{y}}}{2} \mp \sqrt{\left(\frac{\sigma_{\mathrm{x}} - \sigma_{\mathrm{y}}}{2}\right)^2 + \tau^2} = \frac{0.195 + 0}{2} \mp \sqrt{\left(\frac{0.195 - 0}{2}\right)^2 + 1.53^2}$$

$$= \begin{matrix} -1.44 \\ +1.63 \end{matrix} \mathrm{N/mm^2} \begin{matrix} (\text{拉}) \\ (\text{压}) \end{matrix}$$

按一般要求不出现裂缝的构件验算

$$0.95 f_{\mathrm{tk}} = 0.95 \times 2.01 = 1.91 \mathrm{N/mm^2}$$

所以

$$\sigma_{\mathrm{tp}} \leqslant 0.95 f_{\mathrm{tk}} \quad (\text{满足要求})$$

$$0.60 f_{\mathrm{ck}} = 0.60 \times 20.1 = 12.1 \mathrm{N/mm^2}$$

所以

$$\sigma_{\mathrm{cp}} \leqslant 0.60 f_{\mathrm{ck}} \quad (\text{满足要求})$$

（8）使用阶段斜截面承载力计算。

1）截面尺寸验算。

$$h_w = h_0 - h'_f = 1720 - 120 = 1600 \text{mm}$$

$$\frac{h_w}{b} = \frac{1600}{200} = 8 > 6$$

$$\frac{1}{\gamma_d}(0.2f_cbh_0) = \frac{1}{1.2} \times (0.2 \times 14.3 \times 200 \times 1720) = 819.87 \text{kN} > V = 488.49 \text{kN}$$

截面尺寸满足要求。

按《水工混凝土结构设计规范》（SL 191—2008）同样满足要求。

2）确定是否按计算配置箍筋。

$$V_c = 0.7f_tbh_0 = 0.7 \times 1.43 \times 200 \times 1720 = 344.34 \text{kN}$$

$$N_{p0} = N_{p0 \text{ II}} = \frac{300}{1310.59}(\sigma_{con} - \sigma_l)A_p - \sigma_{l5}A_s = 171.6 \text{kN}$$

$$\frac{1}{\gamma_d}(V_c + 0.05N_{p0}) = \frac{1}{1.2}(344.34 + 0.05 \times 171.6)$$

$$= 294.1 \text{kN} < V = 488.89 \text{kN}$$

需按计算配置箍筋。

3）配置箍筋计算。

按构造选用 φ 8@150，沿槽身全长配置。

$$\frac{1}{\gamma_d}(V_c + V_{sv} + V_p) = \frac{1}{\gamma_d}\left(0.7f_tbh_0 + 1.25f_{yv}\frac{A_{sv}}{s}h_0 + 0.05N_{p0}\right)$$

$$= \frac{1}{1.2} \times \left(344.34 + 1.25 \times 210 \times \frac{2 \times 50.3}{150} \times 1720 \times 10^{-3} + 0.05 \times 171.6\right)$$

$$= 546.44 \text{kN} > V = 488.89 \text{kN}$$

满足承载力要求。

配箍率 $\rho_{sv} = \dfrac{A_{sv}}{bs} = \dfrac{2 \times 50.3}{200 \times 150} = 0.34\% > \rho_{svmin} = 0.15\%$（HPB235 钢筋）满足最小配筋率要求。

（9）挠度验算。

1）荷载效应标准组合下的受弯刚度计算。

不出现裂缝构件的短期刚度。

$$B_{ps} = 0.85E_cI_0 = 0.85 \times 3.0 \times 10^4 \times 383.044 \times 10^9$$

$$= 9.768 \times 10^{15} \text{N} \cdot \text{mm}^2$$

荷载效应标准组合作用下预应力混凝土受弯构件的刚度

$$B = 0.65B_{ps} = 0.65 \times 9.768 \times 10^{15} = 6.349 \times 10^{15} \text{N} \cdot \text{mm}^2$$

2）外荷载作用下的挠度计算。

荷载效应标准组合作用下的挠度

$$f_{1k} = \frac{5p_kl_0^4}{384B} = \frac{5 \times (23 + 32.82 + 4.8) \times (15.1 \times 10^3)^4}{384 \times 6.349 \times 10^{15}} = 6.46 \text{mm}$$

3）预加应力产生的反拱值计算。

$$f_2 = \frac{N_p e_p l_0^2}{8 E_c I_0} = \frac{1248.3 \times 10^3 \times 720 \times (15.1 \times 10^3)^2}{8 \times 3.0 \times 10^4 \times 383.044 \times 10^9} = 2.23\text{mm}$$

4）在外荷载及预应力共同作用下的总挠度计算。

$$f = f_{1k} - 2f_2 = 6.46 - 2 \times 2.23 = 2.0\text{mm}$$

由附录六附表 6-3 得挠度限值 $f_{\lim} = \dfrac{l_0}{500} = \dfrac{15100}{500} = 30.2\text{mm}$，因 $f < f_{\lim}$，满足要求。

槽身还应按横向受力分析配置相应横向受力钢筋，本例题计算从略。图 9-40 中仅绘出了纵向受剪承载力所要求的箍筋 $\phi 8@150$，未给出横向受力钢筋。

（10）施工阶段验算。

施工阶段不允许出现裂缝的构件，对放张、吊装运输及安装时的截面应力应进行验算。

1）放张时。

截面上边缘的应力

$$\sigma_{ct} = \frac{N_{p0\,I}}{A_0} - \frac{N_{p0\,I} e_{p0\,I} y_2}{I_0}$$

$$= \frac{1517.02 \times 10^3}{881.4 \times 10^3} - \frac{1517.02 \times 10^3 \times 720 \times 1000}{383.044 \times 10^9}$$

$$= -1.13\text{N/mm}^2 \quad (\text{拉})$$

$$\sigma_{ct} = 1.13\text{N/mm}^2 < f'_{tk} = 1.63\text{N/mm}^2 \quad (\text{满足要求})$$

截面下边缘应力

$$\sigma_{cc} = \frac{N_{p0\,I}}{A_0} + \frac{N_{p0\,I} e_{p0\,I} y_1}{I_0} = \frac{1517.02 \times 10^3}{881.4 \times 10^3} + \frac{1517.02 \times 10^3 \times 720 \times 770}{383.044 \times 10^9}$$

$$= 3.92\text{N/mm}^2 \quad (\text{压})$$

$$0.8 f'_{ck} = 0.8 \times 15.08 = 12.06\text{N/mm}^2$$

$$\sigma_{cc} = 3.92\text{N/mm}^2 < 0.8 f'_{ck} = 12.06\text{N/mm}^2 (\text{满足要求})$$

2）吊装运输及安装时。

取吊装时的受力验算。槽身自重为 23.0kN/m，动力系数采用 1.50，吊点设在距构件两端各 $0.1l$ 处。吊点处构件自重标准值在计算截面上产生的弯矩值

$$M_k = 1.5 \times \frac{1}{2} g_k (0.1l)^2 = 1.5 \times \frac{1}{2} \times 23.0 \times (0.1 \times 15.4)^2 = 40.91\text{kN} \cdot \text{m}$$

截面上边缘的应力

$$\sigma_{ct} = \sigma'_{pc\,I} - \frac{M_k y_2}{I_0} = \frac{N_{p0I}}{A_0} - \frac{N_{p0I} e_{p0I} y_2}{I_0} - \frac{M_k y_2}{I_0}$$

$$= \frac{1517.02 \times 10^3}{881.4 \times 10^3} - \frac{1517.02 \times 10^3 \times 720 \times 1000}{383.044 \times 10^9} - \frac{40.91 \times 10^6 \times 1000}{383.044 \times 10^9}$$

$$= -1.25\text{N/mm}^2 \quad (\text{拉})$$

$$\sigma_{ct} = 1.25\text{N/mm}^2 < f'_{tk} = 1.63\text{N/mm}^2 (\text{满足要求})$$

截面下边缘应力

$$\sigma_{cc} = \sigma_{pc\,I} + \frac{M_k y_1}{I_0} = \frac{N_{p0I}}{A_0} + \frac{N_{p0I} e_{p0I} y_1}{I_0} + \frac{M_k y_1}{I_0}$$

$$= \frac{1517.02 \times 10^3}{881.4 \times 10^3} + \frac{1517.02 \times 10^3 \times 720 \times 770}{383.044 \times 10^9} + \frac{40.91 \times 10^6 \times 770}{383.044 \times 10^9}$$

$$= 4.0 \text{N/mm}^2 \quad （压）$$

$$\sigma_{cc} = 4.0 \text{N/mm}^2 < 0.8 f'_{ck} = 12.06 \text{N/mm}^2 \quad （满足要求）$$

配筋如图 9-40 所示。

如果该例题采用《混凝土结构设计规范》（GB 50010—2010）进行计算，由于荷载分项系数不同，计算得到的内力设计值也与水工规范不同。按《建筑结构荷载规范》计算得到弯矩设计值 $M = 1894.87 \text{kN} \cdot \text{m}$（取水槽水重的准永久系数为 0.7），剪力设计值 $V = 491.98 \text{kN}$。由于《混凝土结构设计规范》（GB 50010—2010）并不存在水工规范的 γ_d、K 等系数，因此前面按水工规范的配筋也满足《混凝土结构设计规范》（GB 50010—2010）的承载力要求。正常使用极限状态的验算中，仅有混凝土收缩与徐变损失 σ_{l5} 的结果不同（见第三节），其他方法与水工规范均一致，经过计算均满足抗裂、挠度限值及施工阶段的要求，计算过程省略，读者可自行验算补充。

思 考 题

1. 对混凝土构件施加预应力的目的是什么？主要解决混凝土哪方面性能的不足？

2. 预应力混凝土结构的优点和缺点各有哪些？

3. 施加预应力的方法有哪些？分别靠什么方式传递预应力？

4. 先张法和后张法施工的工艺方法各有什么优缺点？适用范围各是什么？

5. 什么是张拉控制应力？为什么张拉控制应力不能取得太高，也不能过低？在达到相同预压效果的前提下，为什么先张法施工的张拉控制应力要略高于后张法？

6. 预应力损失通常有哪些？分别是怎么产生的？如何采取措施减小这些预应力损失？

7. 先张法和后张法的预应力损失各有哪些？将这些预应力损失划分为第一批和第二批的依据是什么？哪些属于第一批，哪些属于第二批？

8. 试述先张法、后张法预应力轴心受拉构件在施工阶段、使用阶段各自的应力变化过程及相应混凝土、预应力钢筋和非预应力钢筋应力值的计算公式。

9. 预应力轴心受拉构件，在施工阶段计算预加应力产生的混凝土法向应力 σ_{pc} 时，为什么先张法构件用 A_0，而后张法构件用 A_n？而在使用阶段却都采用 A_0？先张法、后张法的 A_0、A_n 是如何计算的？

10. 如采用相同的张拉控制应力 σ_{con}，预应力损失值也相同，当加载至混凝土预压应力 $\sigma_{pc} = 0$ 时，先张法和后张法两种构件中预应力钢筋的应力是否相同，哪个大？

11. 什么是预应力钢筋的传递长度 l_{tr}？为什么要分析预应力的传递长度，如何进行计算？

12. 后张法预应力混凝土构件，为什么要控制局部受压区的截面尺寸，并需在锚具处配置间接钢筋？

13. 施加预应力后能否提高受弯构件的正截面受弯承载力、斜截面受剪承载力？为什么？

14. 预应力混凝土受弯构件正截面的界限相对受压区高度 ξ_b 与钢筋混凝土受弯构件正截面的界限相对受压区高度 ξ_b 是否相同，为什么？

15. 为什么要在预应力混凝土受弯构件中配置受压预应力钢筋 A'_p？它对正截面受弯承载力有什么影响？

16. 预应力混凝土构件为什么要进行施工阶段验算？预应力轴心受拉构件在施工阶段的正截面承载力验算、抗裂度验算与预应力受弯构件相比较，有什么不同？

17. 预应力受弯构件为什么要在使用阶段进行斜截面抗裂验算？规范给出的验算方法的本质是什么？

18. 预应力混凝土受弯构件的变形是如何进行计算的？与钢筋混凝土受弯构件的变形相比有何异同？

19. 预应力混凝土构件的主要构造要求有哪些？

第十章　钢筋混凝土构件的抗震设计

我国是一个多地震国家，地处世界上两个最活跃的地震带之间，东濒环太平洋地震带，西部和西南部是欧亚地震带所经过的地区。我国历史上曾经多次发生强烈地震，给社会带来极大的灾难，造成大量的人员伤亡和严重的经济损失。为了减轻或避免地震灾害，应对工程构筑物进行抗震设防。

水工建筑物的抗震设计主要依据电力和水利行业标准《水工建筑物抗震设计规范》（DL 5073—2000），（SL 203—1997）[50,51]。对于钢筋混凝土结构还需满足《水工混凝土结构设计规范》（DL/T 5057—2009）（第十五章），（SL 191—2008）（第十三章）[3,4]关于抗震设计的有关规定。《水工建筑物抗震设计规范》（DL 5073—2000）对结构整体的抗震规划、场地的选择以及地震作用计算等内容作了规定，《水工混凝土结构设计规范》（DL/T 5057—2009）对钢筋混凝土框架梁、框架柱和排架柱等构件的抗震承载力计算以及为满足延性要求的配筋构造做了具体规定。

第一节　抗震设计的一般概念

一、构造地震、震级与烈度

地震按成因可分为构造地震、火山地震、陷落地震和诱发地震等。构造地震是指由于地壳的构造运动（岩层构造状态的变动）使岩层发生断裂、错动而引起的地面震动。火山地震是由于火山爆发，岩浆猛烈冲出地面而引起的地震。陷落地震是指由于地表或地下岩层，如石灰岩地区较大的地下溶洞或古旧矿坑等，突然发生大规模的陷落和崩塌所引起的小范围的地面震动。诱发地震是指由于水库蓄水或深井注水等引起的地面震动。其中构造地震破坏性大，影响范围广，因此工程结构的抗震设计主要针对的是构造地震。

一次地震本身强弱程度和大小的尺度用地震震级描述，用 M 表示。目前国际上比较通用的是里氏震级。里氏震级的定义为标准地震仪在距震中 100km 处记录下来的以 μm 为单位的最大水平地面位移 A（$1\mu m = 10^{-6} m$）的常用对数值，其表达式为

$$M = \lg A \tag{10-1}$$

一般来说，震级小于二级的地震人是感觉不到的，称为无感地震或微震；二级到五级地震称为有感地震；五级以上的地震为破坏性地震；七级以上的地震为强烈地震；八级以上的地震称为特大地震。至今记录到的世界上最大震级地震是 2011 年 3 月 11 日发生在日本本州东海岸附近海域的里氏 9.0 级地震。

一次地震对周围地面造成的破坏情况用地震烈度来描述。地震烈度是指地震时某一地区的地面和各类建筑物遭受到一次地震影响的强弱程度，用 I 表示。震级表示一次地震释放能量的多少，是表示地震强度大小的指标，所以一次地震只有一个震级。对应于一次地震，虽然震级只有一个，但由于各地区距震源远近不同，地质情况及建筑物条件不同，地震烈度是不同的。一般来说，离震中越近，烈度越大。震中区的烈度最大，称为震中烈度。为评价地震烈度而建立起来的标准称为地震烈度表。不同国家所规定的烈度表是不同的，我国目前采

用Ⅰ～Ⅻ度的烈度表。烈度是根据人的感觉、器物的反应、房屋和构筑物的破坏情况以及地貌变化特征等方面的表观现象,并参考观测到的地面运动参数(加速度、速度)进行判定的。

　　基本烈度是指某一地区在一定时期(我国取 50 年)内,在一般场地条件下按一定的概率(我国取 10%)可能遭遇到的最大地震烈度,用 I_0 表示。国家地震局根据当地的历史地震、地震地质构造和地震观测等资料编制的上一代《中国地震烈度区划图(1990)》直接给出了各地的基本烈度。在新一代的《中国地震动参数区划图(2001)》中,给出了地震动峰值加速度和地震动反应谱特征周期,并以此作为抗震设防的依据。

　　二、设计烈度和设计地震加速度代表值

　　设计烈度是指在基本烈度基础上确定的作为工程设防依据的地震烈度。对各类水工建筑物进行抗震设计时,一般取基本烈度 I_0 作为设计烈度。对一级壅水建筑物,其设计烈度按基本烈度提高 1 度采用。例如 1 级挡水建筑物,其设计烈度可较基本烈度提高 1 度。

　　对基本烈度为 6 度及 6 度以上地区坝高超过 200m 或库容大于 100 亿 m^3 的大型工程,以及基本烈度为 7 度及 7 度以上地区坝高超过 150m 的一级工程,设防依据应根据专门的地震危险性分析评定,其设计地震加速度代表值的概率水准,对壅水建筑物应取基准期 100 年内超越概率 p_{100} 为 0.02,对非壅水建筑物应取基准期 50 年内超越概率 p_{50} 为 0.05。其他特殊情况需要采用高于基本烈度的设计烈度时,应经主管部门批准。

　　对结构直接进行动力分析时,需输入相关的地震动参数,其中最主要的是地震地面(或基岩)加速度峰值。基本烈度与地面加速度峰值之间的关系为:相对于 7 度、8 度及 9 度基本烈度,其加速度峰值约为 $0.1g$、$0.2g$ 及 $0.4g$,其中 g 为重力加速度。

　　三、抗震设防要求

　　对一般建筑结构而言,在遭遇到强烈地震后仍要求处于弹性状态不仅是不经济的,而且在技术上也存在一定困难。考虑到强烈地震并非经常发生,因此工民建《建筑抗震设计规范》(GB 50011—2010)采用"小震不坏,中震可修,大震不倒"的三水准设防目标。当遭受小震烈度影响时,要求结构不受损坏或不需修理仍可继续使用,此时结构处于弹性状态;当遭受中震烈度影响时,结构允许进入承载力极限状态,这时结构有可能发生局部破坏,但应控制在可修复的范围内;当遭受大震烈度影响时,允许结构有较大的塑性变形,但应控制其变形,以防止倒塌或发生危及生命安全的严重破坏。根据"三水准"设防目标,建筑物在使用期间对不同程度的地震影响应具有不同的抵抗能力。根据我国几个重要地震区的地震危险性分析结果,我国地震烈度的概率分布基本上符合极值Ⅲ型分布,如图 10 - 1 所示,其中出现概率最大的称为众值烈度 I_1,即小震烈度,其超越概率约为 63.2%,重现期为 50 年;基本烈度 I_0 的超越概率约为 10%,即中震烈度,其重现期为 475 年,I_1 比 I_0 约小 1.55 度;超越概率为 2%～3% 的烈度称为罕遇烈度或大震烈度

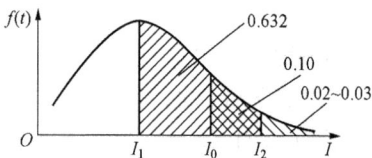

图 10 - 1　烈度 I 的概率分布曲线

I_2,重现期约为 2000 年左右,I_2 比 I_0 约大 1 度。

　　为了满足上述"三水准"设防要求,《建筑抗震设计规范》(GB 50011—2010)采用二阶段的抗震设计方法。第一阶段设计是承载力验算和弹性变形验算,取小震下的地震动参数计算结构的弹性地震作用标准值和相应的地震作用效应,进行构件截面承载力验算和变形验算。这样,既满足了第一水准下必要的承载力可靠度(小震不坏),又兼顾考虑了第二水准

的损坏可修设防要求（中震可修）。对于大多数结构，一般可只进行第一阶段设计，而通过概念设计和抗震构造措施来满足第三水准的设计要求（大震不倒）。但对于少数结构，例如有特殊要求的建筑和地震时易倒塌或有明显薄弱层的不规则结构，除了应进行第一阶段的设计外，还应进行第二阶段设计，即按罕遇烈度（大震）验算结构的弹塑性层间变形，并采取相应的抗震构造措施，以满足第三水准的设防要求。

与建筑工程的抗震设计不同，进行水工建筑物抗震设计时不区分小震、中震和大震三个水准要求，而只按设计烈度考虑。即在遭遇到相当于设计烈度（一般取基本烈度）的地震影响时，允许结构有一定的塑性变形或损坏，但要求经一般修理仍可正常使用。根据工程实践经验，这一设计原则隐含了"小震不坏"的要求。此外，建筑结构的"大震不倒"要求主要靠构造措施来保证，而水工建筑物中的混凝土坝体等构筑物，很难给出与"大震不倒"要求相适应的弹塑性变形极限状态和判断准则，因此在水工建筑物的抗震设计中并未采用《建筑抗震设计规范》（GB 50011—2010）的"三水准"要求。

一般而言，当设计烈度小于 6 度时，地震作用对建筑物的损坏影响较小，可以不进行抗震设防。9 度以上的地区，地震作用过于强烈，即使采取了很多措施、花费了大量投资，仍难以保证安全。因此，在该地区一般应避免建造重要建筑物。这样，抗震设防的重点只放在 6～9 度地区。

第二节　概　念　设　计

在强烈地震作用下，建筑物的破坏机理和过程十分复杂。此外由于震源机制、地层地质条件及地面扰动等的复杂性，地震作用的大小和特性以及它所引起的结构反应就很难正确估算。所以，在抗震设防时不能完全依赖于计算，更重要的是要有一个良好正确的概念设计。概念设计主要有以下内容。

一、选择对抗震有利的场地、地基和基础

水工建筑物场地选择的原则是，尽量选择对建筑物抗震相对有利的地段，避开不利地段，未经充分论证不应在危险地段进行建设。电力《水工建筑物抗震设计规范》（DL 5073—2000）按构造活动性、边坡稳定性和场地地基条件等对场地进行综合评价，各类地段划分见表 10 - 1。工民建《建筑抗震设计规范》（GB 50011—2010）对场地按有利、不利和危险地段进行划分，见表 10 - 2。

表 10 - 1　　　《水工建筑物抗震设计规范》（DL 5073—2000）对各类地段的划分

地段类别	构造活动性	边坡稳定性	场地地基条件
有利地段	距坝址 8km 范围内无活动断层；库区无大于等于 5 级的地震活动	岩体完整，边坡稳定	抗震稳定性好
不利地段	枢纽区内有长度小于 10km 的活动断层，库区有长度大于 10km 的活动断层，或有过大于等于 5 级但小于 7 级的地震活动，或有诱发强水库地震的可能	枢纽区、库区边坡稳定条件较差	抗震稳定性差
危险地段	枢纽区内有长度大于等于 10km 的活动断层；库区有过大于等于 7 级的地震活动，有伴随地震产生地震断裂的可能	枢纽区边坡稳定条件极差，可产生大规模崩塌、滑坡	地基可能失稳

表 10-2	《建筑抗震设计规范》（GB 50011—2010）对各类地段的划分
地段类别	地质、地形、地貌
有利地段	稳定基岩，坚硬土，开阔、平坦、密实、均匀的中硬土等
一般地段	不属于有利、不利和危险的地段
不利地段	软弱土，液化土，条状突出的山嘴，高耸孤立的山丘，陡坡，陡坎，河岸和边坡的边缘，平面分布上成因、岩性、状态明显不均匀的土层（含故河道、疏松的断层破碎带、暗埋的塘浜沟谷和半填半挖地基），高含水量的可塑黄土，地表存在结构性裂缝等
危险地段	地震时可能发生滑坡、崩塌、地陷、地裂、泥石流等及发震断裂带上可能发生地表错位的部位

当无法避开不利地段而必须在其上建造工程时，应加强基础的整体性和刚度，对可能发生液化的土层或淤泥、淤泥质土等软土层，则应采取挖除、人工密实、砂井排水等工程措施。

《建筑抗震设计规范》（GB 50011—2010）对地基及基础设计的要求是，同一建筑单元不宜设置在性质截然不同的地基上。同一建筑单元不宜部分采用天然地基部分采用桩基；当采用不同基础类型或基础埋深显著不同时，应根据地震时两部分地基基础的沉降差异，在基础和上部结构的相关部位采取相关措施；基础底下如为软弱粘性土、液化土、新近填土或严重不均匀土时，应根据地震时地基不均匀沉降和其他不利影响，采取相应的措施。

地震还会产生一些次生灾害。如房屋规划过密，地震时房屋倒塌将道路堵塞，造成在地震发生时人员无法疏散，增加伤亡；地震时水管破裂、消防设施失效，会造成火灾发生；煤气罐、油库、化工厂、核反应装置等损坏，更会引起爆炸、毒气外逸和核辐射渗漏；水利工程中的挡水建筑物如有损坏，就会造成下游城镇农田的严重淹没，其后果比建筑物本身的损坏更为严重。

二、建筑物的形体和结构力求规整和对称

在抗震设计中，选择合理的建筑形体和结构布置是非常重要的。规则结构具有良好的抗震性能，地震反应易于计算，容易采取地震构造措施和进行局部处理。不规则结构则容易发生加大的扭转效应或应力集中，从而在地震中发生破坏。

设计时应优先选择规则结构方案，选择不规则结构方案时，地震作用计算和构造措施应采取专门的措施，应避免采用严重不规则的设计方案。

规则性主要体现在建筑体型（平、立面的形状）简单、对称，抗侧力体系（抵抗水平地震作用的构件）的刚度和承载力上下变化连续、均匀，平面布置基本对称。即在平立面和竖向剖面或抗侧力体系上，没有明显的、实质的不连续（突变）。

三、选择合理的抗震结构体系

抗震结构体系应根据建筑物的重要性、设防烈度、场地条件、建筑高度、地基基础及材料、施工状况等，把技术、经济条件综合起来考虑确定。

抗震结构体系应具有明确的计算简图和合理的地震作用传递途径，宜有多道抗震防线。应避免因部分结构或构件失效而导致整个结构丧失抗震能力或对重力荷载的承载能力；抗震结构体系还应具备必要的强度、良好的变形能力和耗能能力。结构宜具有合理的刚度和强度分布，避免因局部削弱或突变形成薄弱部位，产生过大的应力集中或塑性变形集中。对可能出现的薄弱部位应采取措施提高其抗震能力。此外，结构在两个主轴方向的动力特性宜相近。

四、增强结构构件的延性

延性是结构构件在超过弹性变形后能保持继续变形的能力。延性好的结构构件能大量吸收地震能量，减小作用在结构上的地震作用。因此，抗震设计中保证结构构件的延性与承载力具有同等重要的意义。

对钢筋混凝土结构构件，为保证其具有较好的延性，应避免混凝土压碎、锚固失效、剪切破坏等脆性破坏的发生。因此，在钢筋混凝土结构构件的抗震设计中，应限制受拉纵向钢筋配筋率、增加受压纵向钢筋、增配箍筋、加大钢筋锚固长度，对受压构件应控制其轴压比 $\left(\dfrac{\gamma_d N}{f_c A}\right)$ 不宜过大，对受弯构件应体现"强剪弱弯"原则等。同时，不应选用强度过低的混凝土，宜优先选用延性、韧性和可焊性好的钢筋。施工中，当需要以强度等级较高的钢筋替代原设计中的纵向受力钢筋时，应按照钢筋受拉承载力设计值相等的原则换算，并满足最小配筋率要求。

五、设置多道抗震防线

在强烈地震作用下，框架结构的梁和柱端会产生塑性铰。在抗震设计时，应使其形成图 10-2（a）所示的梁铰机构，而避免形成图 10-2（b）所示的柱铰机构。这是因为若形成柱铰机构而又要求它不发生过大的塑性变形，不使结构倒塌，势必要求构件具有极大的延性，事实上是不可能做到的。为了使塑性铰发生在框架梁梁端而不发生在框架柱柱端，设计时应体现"强柱弱梁"的原则。

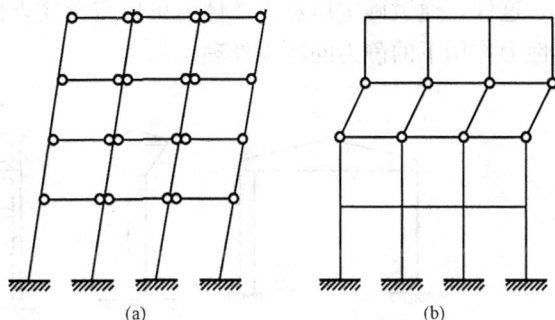

图 10-2 梁铰机构与柱铰机构
(a) 梁铰机构；(b) 柱铰机构

第三节 地震作用效应计算

水工结构的地震作用及其效应计算方法可分为动力法和拟静力法两大类。动力法是指按结构动力学原理求解结构地震作用效应的方法；拟静力法是将地震引起的结构惯性力看作是静力作用于结构进而求出地震效应的一种方法。动力法包括时程分析法和振型分解反应谱法。时程分析法是将地面地震加速度记录 $a_0(t)$ 直接输入结构的动力方程，求解结构地震响应的方法。时程分析法的计算精确度高，但计算复杂。目前虽已在大型水工建筑物的抗震设计中普遍采用，但对量大面广的中小型水工结构还不够方便。振型分解反应谱法是指按标准反应谱计算各阶振型下的地震作用效应后再组合成总地震作用效应的方法。拟静力法又称为底部剪力法，它是指在振型分解反应谱法的基础上，仅考虑结构第一阶振型影响，并假定结构的一阶振型为已知进而得出地震作用的简化计算方法。

本节主要介绍反应谱理论、底部剪力法的计算原理和《水工建筑物抗震设计规范》（DL 5073—2000）中的拟静力法计算方法，关于时程分析法和振型分解反应谱法的内容可参阅有关专著。

一、底部剪力法

底部剪力法是一种简化的地震作用计算方法。它适用于高度不超过 40m，以剪切变形为主，且质量与刚度沿高度分布比较均匀的结构，以及近似于单质点体系的结构（如水塔、单层厂房等）。一般中小型水工建筑也可用底部剪力法进行计算。

1. 单质点体系

图 10-3 所示的单层厂房、水塔一类结构，因其质量大部分集中在屋盖和塔顶的水箱处，故在进行结构的动力计算时，可将结构中参与振动的所有质量折算至屋盖处和塔顶，而将厂房柱和水塔的支承结构视为无质量的弹性杆，这样就形成了一个单质点体系。在地面加速度 $a(t)$ 作用下单质点体系的质点相对位移 $x(t)$ 可近似地看成单质点体系在质点惯性力 $F(t)$ 作用下产生的位移。质点的惯性力可表示为

$$F(t) = ma(t) \qquad (10-2)$$

式中　$a(t)$——质点加速度；

　　　　m——质点质量。

这样，通过确定质点上惯性力可以将单质点体系在地震作用下的动力问题转化为体系在惯性力作用下的静力问题来处理。

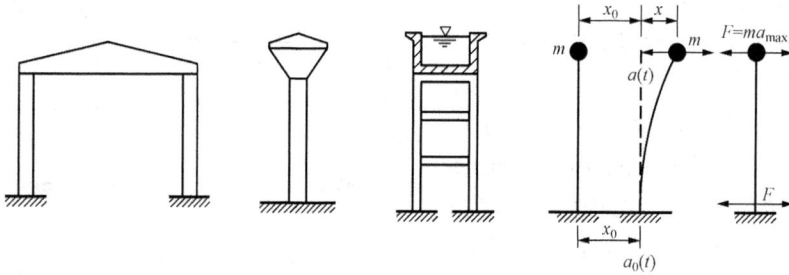

图 10-3　单层厂房、水塔类结构简化为单质点体系

在抗震设计中，所关心的是在地震持续过程中的最大地震作用。惯性力的最大值为

$$F = ma_{\max} \qquad (10-3)$$

式中　$a_{\max}$——质点的加速度最大值，该值不仅与地面水平方向地震加速度有关，还与体系的动力特性有关。质点的加速度最大值可用下式表示

$$a_{\max} = \beta a_h \qquad (10-4)$$

式中　a_h——水平向设计地震加速度代表值。在水工结构抗震设计中，a_h 为设计烈度下的水平向设计地震加速度代表值，相应的取值见表 10-3。

表 10-3　　　　　　　　　　　　水平地震加速度代表值 a_h

设 计 烈 度	7 度	8 度	9 度
水平向设计地震加速度代表值	0.1g	0.2g	0.4g

注　g 为重力加速度。

式（10-4）中的 β 为动力系数，又称为放大系数。它表示由于动力效应，质点的最大加速度对地面最大加速度的放大倍数。利用结构动力学知识，当不考虑结构阻尼比的变化时，对于一条给定的地震地面加速度记录曲线，可以得出单质点体系的 $\beta - T$ 关系曲线（T

为单质点体系的自振周期），称为反应谱曲线。

　　由于地震的随机性，即使在同一地点、同一设计烈度下，每次地震的地面加速度记录也很不一致，因此需要根据大量的强震记录计算出对应于每一条强震记录的反应谱曲线，然后在大量的强震记录计算结果统计资料基础上给出了具有代表性的平均反应谱曲线作为设计反应谱，如图10-4所示。《建筑抗震设计规范》（GB 50010—2010）将特征周期延长至6s，见其中的5.1.5条。

　　在反应谱中，设计反应谱最大值 β_{max} 对阻尼比为0.05的水工钢筋混凝土结构（如水闸、进水塔等）可取 $\beta_{max}=2.25$。T_g 为场地特征周期，与场地类别有关，可按表10-4取用。

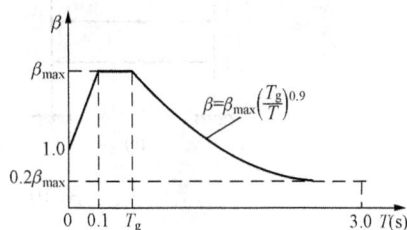

图 10-4　设计反应谱

表 10-4		特 征 周 期 T_g			s
场地类别	Ⅰ	Ⅱ	Ⅲ	Ⅳ	
特征周期	0.20	0.30	0.40	0.65	

注　1. 场地类别的划分见《水工建筑物抗震设计规范》（DL 5073—2000）；
　　2. 设计烈度不大于8度且基本周期 T_1 大于1.0s的结构，T_g 宜延长0.5s。

　　将式（10-4）中的 a_{max} 代入式（10-3），可以得出质点的惯性力最大值，在抗震设计中称为地震作用代表值

$$F_k = m\beta a_h$$

即

$$F_k = \beta a_h G/g \tag{10-5}$$

式中　G——质点的重量，$G=mg$。

　　在结构设计中，通常将结构视为弹性体系，进行弹性内力和变形分析。式（10-5）中的 a_h 取值对应于设计烈度，即中震烈度。根据抗震设防要求，在设计烈度下允许结构进入塑性变形阶段，因此，为了与结构设计中所采用的弹性分析方法相适应，需将由式（10-5）计算的作用于结构上的地震惯性力折减至结构处于弹性状态下的惯性力水平。于是有

$$F_k = \beta a_h \xi G/g \tag{10-6}$$

式中　ξ——地震效应折减系数，对于钢筋混凝土结构，可取 $\xi=0.35$。

　　由式（10-6）可知，地震作用惯性力和其他外力荷载是不同的。它不仅取决于地震烈度（a_h），还与结构本身的动力特性（自振周期 T）及结构的质量（$m=G/g$）有关。

　　2. 多质点体系

　　对工程中较常见的多层框架结构进行动力分析时，一般可将其简化为多质点体系。如图10-5所示，将每层的梁、板、柱的质量均集中于楼层处作为一个质点处理。这样，n 层框架就有 n 个质点支承在无质量的弹性直杆上。n 个质点体系在振动时就有 n 个自由度，也就有 n 个振型。按底部剪力法计算时，只考虑第一阶振型时的质点位移。

　　多质点体系受到的总水平地震作用 F_{Ek} 表示为

$$F_{Ek} = \beta a_h \xi G_{eq}/g \tag{10-7}$$

式中　G_{eq}——结构的等效总重力荷载，取 $G_{eq}=0.85G$；

　　　　ξ——地震效应折减系数，对于钢筋混凝土结构取 $\xi=0.35$。

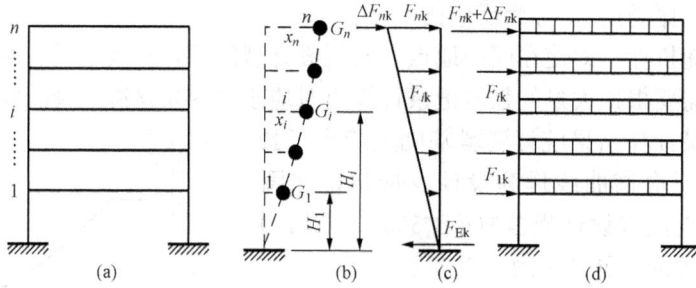

图 10-5 多层框架简化为多质点体系

由体系的平衡关系可知，底层的层间剪力即为总水平地震作用 F_{Ek}，因此又称为底部剪力法。

对于多质点体系，底部剪力 F_{Ek} 求得后，可按倒三角形分布规律，如图 10-5（c）所示，求出作用于每一质点（每一楼层）上的水平地震作用代表值 F_{ik}，具体为

$$F_{ik} = \frac{G_i H_i}{\sum\limits_{j=1}^{n} G_j H_j} F_{Ek} \tag{10-8}$$

式中　G_i——质点 i 的重力荷载代表值；

　　　H_i——质点 i 的计算高度。

由式（10-8）计算的地震作用分布仅考虑了第一阶振型影响，并且假定第一振型为直线。当结构基本周期（即第一阶振型对应的周期）较长时，由于高阶振型的影响，根据式（10-8）计算的结构顶层地震作用偏小，因此需加以修正。具体方法是：在顶端质点 n 处附加一地震力 ΔF_{nk}，取 $\Delta F_{nk} = \delta_n F_{Ek}$，这样，再根据各质点上的地震力总和（$F_{1k} + F_{2k} + \cdots + F_{n-1k} + F_{nk} + \Delta F_{nk}$）应等于底部剪力 F_{Ek} 的条件，把式（10-8）修正为

$$F_{ik} = \frac{G_i H_i}{\sum\limits_{j=1}^{n} G_j H_j} F_{Ek} (1 - \delta_n) \tag{10-9}$$

式中　δ_n——顶部附加地震作用系数，对多层钢筋混凝土结构，可按表 10-5 取用。

表 10-5　　　　　　　　　　顶部附加地震作用系数

T_g	$T_1 > 1.4 T_g$	$T_1 \leqslant 1.4 T_g$
$\leqslant 0.35$	$0.08 T_1 + 0.07$	不考虑 （内框架房屋取 0.2）
$0.35 \sim 0.55$	$0.08 T_1 + 0.01$	
> 0.55	$0.08 T_1 - 0.02$	

注　T_1 为结构基本自振周期。

各 F_{ik} 值得出后，如图 10-5（d）所示，将其施加在框架各层楼面标高处，顶部的地震力为 $F_{nk} + \Delta F_{nk}$，再和其他荷载产生的内力相组合，就可得到抗震设计时的结构内力值。

3. 结构自振周期

在底部剪力法计算中，由反应谱求动力系数 β 时，必须先知道结构的基本自振周期 T_1。自振周期可由能量法、顶点位移法或经验公式确定。

（1）能量法。

对于单质点体系，根据质点在振动过程中最大位能和最大动能相等的原理，即可求得自振周期为

$$T = 2\pi\sqrt{m\delta} = 2\pi\sqrt{\frac{G}{g}\delta} \qquad (10-10)$$

或

$$T = 2\pi\sqrt{\frac{\Delta}{g}} \approx 2\sqrt{\Delta} \qquad (10-11)$$

式中　δ——振动体系的柔度系数，即作用在质点上单位水平力使质点产生的位移；

　　　Δ——假设质点重量 G 水平作用于质点上，使质点产生的水平静力位移，如图 10-6（a）所示。

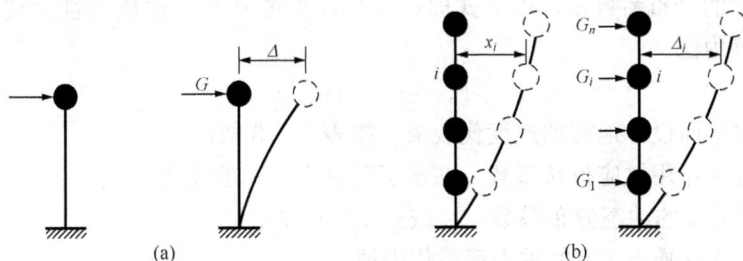

图 10-6　质点的振幅及侧移

对于多质点体系，同样道理可求得其基本自振周期为

$$T_1 = 2\pi\sqrt{\frac{\sum G_i x_i^2}{g\sum G_i x_i}} \qquad (10-12)$$

或

$$T_1 = 2\sqrt{\frac{\sum G_i \Delta_i^2}{\sum G_i \Delta_i}} \qquad (10-13)$$

式中　x_i——质点 i 振动时的振幅，如图 10-6（b）所示；

　　　G_i——质点 i 的重量；

　　　Δ_i——假设各质点的重量 G_i 水平作用于相应质点上，质点 i 的侧移。

在按式（10-11）求基本自振周期时，需要给出各质点的振幅 x_i，即在计算前先要假定体系的第一振型曲线。但实际上，为了方便常以各质点在重量 G_i 水平作用于相应质点时的结构静力侧移曲线作为振型曲线，即使 $x_i = \Delta_i$，如图 10-6（b）所示。而静力侧移值则可由结构力学方法求得。

（2）顶点位移法。

顶点位移法的基本思想是，将框架结构视为悬臂杆，其基本周期用将结构重力荷载作为水平荷载所产生的顶点位移 Δ 来表示。若体系为弯曲型振动，则基本周期为

$$T_1 = 1.6\sqrt{\Delta} \qquad (10-14)$$

若体系为剪切型振动，则基本周期为

$$T_1 = 1.8\sqrt{\Delta} \qquad (10-15)$$

当结构为弯剪型时，基本周期为

$$T_1 = 1.7\sqrt{\Delta} \qquad (10-16)$$

式（10-14）～式(10-16)中结构顶点位移 Δ 的单位为 m。

（3）经验公式。

结构的基本自振周期也常可用经验公式求得。例如对于重量和刚度沿高度分布比较均匀、具有抗震墙（剪力墙）或实心砖填充墙的多层钢筋混凝土框架，T_1 可按下式计算

$$T_1 = 0.22 + 0.035 \frac{H}{\sqrt[3]{B}} \quad (\text{s}) \tag{10-17}$$

式中　H——框架高度，m；

　　　B——验算方向的框架宽度，m。

二、拟静力法计算

为方便应用，《水工建筑物抗震设计规范》(DL 5073—2000)，直接给出了各类结构的地震加速度沿高度的分布系数 α_i，由下式即可计算质点的水平向地震惯性力代表值 F_i，这种方法也称为拟静力法。

$$F_i = a_{\text{h}}\xi\alpha_i G_{\text{E}i}/g \tag{10-18}$$

式中　a_{h}——水平向设计地震加速度代表值，按表10-3取用；

　　　ξ——地震作用效应折减系数，在水工建筑中，一般取为 1/4；

　　　α_i——质点 i 的动态分布系数，可按表10-6取用；

　　　$G_{\text{E}i}$——集中在质点 i 上的重力荷载代表值。

表 10-6　　　　　　　　　　水平向地震质点的动态分布系数 α_i

	竖向及顺河流向	垂直河流向
水闸闸墩		
	进水塔塔体水平向	塔顶排架水平向
进水塔、排架		
	顺河流向	垂直河流向
闸顶机架		

	顺河流向	垂直河流向
岸墙、翼墙	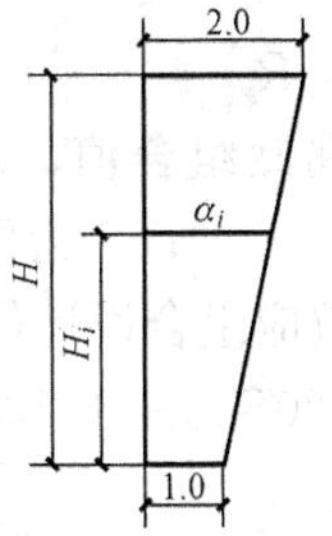	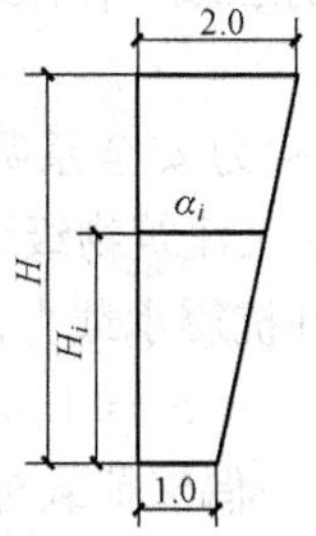

注　水闸墩底以下 α_i 取 1.0；H 为建筑物高度。

三、地震作用计算的有关规定

一般情况下，水工混凝土结构只需考虑结构两个主轴方向的水平向地震作用。对大跨度、长悬臂或高耸的水工混凝土结构，应同时计入水平和竖向地震作用。当对两个互相正交方向的水平向地震作用进行计算时，其地震作用效应可按平方总和平方根法进行组合。

当需要计算竖向地震作用时，竖向地震作用仍可按式（10 - 18）计算，但应以竖向地震加速度代表值 a_v 代替式中的 a_h。a_v 可取为 $\frac{2}{3}a_h$。当同时计入水平向和竖向地震作用时，竖向地震作用效应可乘以遇合系数 0.5 后与水平向地震作用效应直接相加。

水工建筑物抗震设计时，对水压力及土压力应考虑其动水压力和动土压力。竖向地震作用中可不计动水压力。

水工建筑物的抗震强度和稳定应满足下列承载能力极限状态设计式

$$\gamma_0 \psi S(\gamma_G G_k, \gamma_Q Q_k, \gamma_E E_k, a_k) \leqslant \frac{1}{\gamma_d} R\left(\frac{f_k}{\gamma_m}, a_k\right) \qquad (10 - 19)$$

式中　　γ_0——结构重要性系数，结构安全级别为 Ⅰ、Ⅱ、Ⅲ 级时，γ_0 分别取 1.1、1.0、0.9；

ψ——设计状况系数，可取 0.85；

$S(\cdot)$——结构的作用效应函数；

γ_G——永久作用的分项系数；

G_k——永久作用的标准值；

γ_Q——可变作用的分项系数；

Q_k——可变作用的标准值；

γ_E——地震作用的分项系数，取 1.0；

E_k——地震作用的代表值；

a_k——几何参数的标准值；

γ_d——承载能力极限状态的结构系数；

$R(\cdot)$——结构的抗力函数；

f_k——材料性能的标准值；

γ_m——材料性能的分项系数。

上式是《水工建筑物抗震设计规范》（DL 5073—2000）、（SL 203—97）和《水工混凝土结构设计规范》（DL/T 5057—2009）中规定的设计表达式。《水工混凝土结构设计规范》（SL 191—2008）将 γ_d、γ_0 和 ψ 合并为一个系数 K（即 $K = \gamma_d \cdot \gamma_0 \cdot \psi$），并给出了由单一安全系数表达的承载力极限状态表达式，即

$$KS \leqslant R \tag{10-20}$$

式中 K 为承载力安全系数。抗震设计时，取偶然组合值，水工建筑物级别为 1 级时，取 $K = 1.15$；水工建筑物级别为 2~5 级时，取 $K = 1.0$；S 为偶然组合下的荷载效应组合值；R 为结构构件抗震承载力。偶然组合下，荷载效应组合设计值按下列公式计算

$$S = 1.05S_{G1k} + 1.20S_{G2k} + 1.20S_{Q1k} + 1.10S_{Q2k} + 1.0S_{AK} \tag{10-21}$$

式中 S_{AK}——偶然荷载标准值产生的荷载效应。

式中参与组合的某些可变荷载标准值，可根据有关标准作适当折减。在一般情况下，与地震作用组合的雪荷载的组合系数可取为 0.5；水电站吊车荷载及风荷载的组合系数可取为零；对于高耸结构，风荷载的组合系数应取为 0.2。当采用动力法计算地震作用效应时，应对地震作用效应进行折减，折减系数可取为 0.35。

工民建《混凝土结构设计规范》（GB 50010—2010）抗震设计时，将结构构件的抗力函数除以抗震调整系数 γ_{RE}，即

$$\gamma_0 S \leqslant R \tag{10-22}$$

$$R = R(f_c, f_s, a_k \cdots) / \gamma_{RE} \tag{10-23}$$

γ_{RE} 取值如下：受弯构件 0.75；偏心受压柱 0.75（轴压比小于 0.15），0.8（轴压比不小于 0.15）；偏心受拉构件、剪力墙、斜截面承载力计算、冲切均为 0.85；局部受压 1.0。

从上述各式可见，抗震设计中，电力《水工混凝土结构设计规范》（DL/T 5057—2009）中的设计状况系数 ψ 就相当于工民建《混凝土结构设计规范》（GB 50010—2010）中的抗震调整系数 γ_{RE}，而水利《水工混凝土结构设计规范》（SL 191—2008）的抗震设计系数含在 K 中。

第四节 钢筋混凝土构件抗震设计的一般规定

一、设计要求

水工钢筋混凝土结构构件抗震设计时，应根据建筑物的设计烈度提出相应的抗震验算要求和配筋构造要求。设计烈度为 6 度地区的钢筋混凝土结构（建造于 Ⅳ 类场地上较高的高耸结构除外），可以不进行截面抗震验算，但应符合有关的抗震措施及配筋构造要求。设计烈度为 6 度时建造于 Ⅳ 类场地上较高的高耸结构，以及设计烈度为 7 度和 7 度以上的钢筋混凝土结构，应进行截面抗震验算。

基本烈度为 8 度地区的框架结构，当高度不大于 12m 且体形规则时，可按 7 度设防。基本烈度为 6 度以上的地区的次要建筑物可相应地按基本烈度降低一度进行抗震设计。

二、材料要求

对于钢筋混凝土框架及铰接排架等结构，为增加结构的延性，当设计烈度为 9 度时，混凝土的强度等级不宜低于 C30，也不宜超过 C60；当设计烈度为 7 度、8 度时，不应低于 C25。

钢筋的性能对构件的延性有较大影响。HPB235 级、HRB335 级和 HRB400 级钢筋的塑性性能较好，因此规范规定，纵向受力钢筋宜优先选用 HRB335 级、HRB400 级钢筋；箍

筋宜选用 HRB335 级或 HPB235 级钢筋。用高强钢丝配筋的预应力混凝土结构，其延性较差，当有抗震要求时，宜配置适量的非预应力受拉及受压热轧钢筋。

结构在遭遇设计烈度地震时，允许其进入塑性变形阶段。为了保证构件钢筋屈服出现塑性铰以后有足够的转动能力，对设计烈度为 8 度、9 度的框架结构，在施工时必须检验钢筋的实际强度，要求纵向受力钢筋的实测抗拉强度与屈服强度的比值不应小于 1.25。

同时，为了保证框架结构"强柱弱梁、强剪弱弯"设计原则的实现，要求钢筋的屈服强度实测值与钢筋强度标准值 f_{yk} 的比值不应大于 1.3。抗震设计中希望框架的塑性发展在梁内，以避免形成柱铰型破坏机制。因此在施工中，不宜以强度等级较高的钢筋替换原设计中梁内强度较低的纵向受力钢筋，以避免原定在梁内发生的塑性铰不适当地转移到柱内。当必须替换时，应按钢筋受拉承载力设计值相等的原则进行代换。

三、钢筋锚固与连接

为避免地震反复作用下钢筋发生锚固失效而导致脆性破坏，抗震设计时的钢筋锚固长度应适当增加。当设计烈度为 8 度和 9 度时，纵向受拉钢筋抗震锚固长度 l_{aE} 应取为 $l_{aE} = 1.15l_a$；7 度时，$l_{aE} = 1.05l_a$；6 度时，$l_{aE} = l_a$。

纵向受力钢筋的接头宜按不同情况选用绑扎搭接、机械连接或焊接。当利用绑扎搭接时，抗震搭接长度 $l_{lE} = \zeta l_{aE}$，ζ 为钢筋搭接长度修正系数，取值见表 10 - 7。

表 10 - 7　　　　　　　　　　纵向受拉钢筋搭接长度修正系数 ζ

纵向受拉钢筋搭接接头百分率/%	≤25	50	100
ζ	1.2	1.4	1.6

第五节　钢筋混凝土框架的抗震设计

钢筋混凝土框架结构的抗震设计应遵循延性框架的基本原则，即"强柱弱梁"、"强剪弱弯"和"强节点弱构件"的设计原则，并采取适当的构造措施，提高框架梁柱的延性和变形能力。

一、框架梁

框架梁的正截面受弯承载力计算仍按第三章受弯构件的公式进行。但在抗震设计时，为增强梁的延性，使塑性铰截面有足够的转动能力，计入纵向受压钢筋的梁端部截面受压区计算高度 x 应满足下列要求：

设计烈度为 9 度时：　　　　　　$x \leqslant 0.25h_0$

设计烈度为 7 度、8 度时：　　　$x \leqslant 0.35h_0$　　　　　　　　　　　　　　　(10 - 24)

为了保证强剪弱弯，使框架梁不发生剪切破坏，在框架梁的斜截面受剪承载力计算时，增大梁的剪力设计值 V_b。设计烈度为 8 度和 9 度的框架，框架梁梁端的剪力设计值 V_b 应按下式计算（图 10 - 7）

$$V_b = \frac{\eta_v(M_b^l + M_b^r)}{l_n} + V_{Gb} \qquad (10 - 25)$$

式中　V_{Gb}——地震作用组合下，重力荷载产生的剪力设计值，可按简支梁计算。

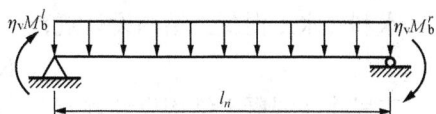

图 10 - 7　框架梁梁端剪力设计值计算简图

l_n——框架梁的净跨。

$M_b^l + M_b^r$——梁端弯矩设计值之和，应分别按顺时针方向和逆时针方向计算，并取其较大值。

η_v——剪力增大系数，设计烈度为 9 度、8 度、7 度和 6 度时，η_v 分别取为电力：1.25、1.1、1.05、1.0；水利：1.4、1.2、1.1 和 1.0；工民建：一～四级框架梁分别取 1.3、1.2、1.1、1.0。

同时，工民建《混凝土结构设计规范》（GB 50010—2010）还要求对一级抗震等级的框架结构和 9 度设防烈度的一级抗震等级框架

$$V_b = 1.1 \frac{M_{bua}^l + M_{bua}^r}{l_n} + V_{Gb} \tag{10-26}$$

式中 M_{bua}^l、M_{bua}^r——框架梁左、右端按实配钢筋截面面积（计入受压钢筋及梁有效翼缘宽度范围内的楼板钢筋）、材料强度标准值，且考虑承载力抗震调整系数的正截面抗震受弯承载力所对应的弯矩值。

地震作用下构件的剪力会变号，导致框架梁端部产生相互正交的斜裂缝，将混凝土分割成碎块，梁的受剪承载力将会随之下降，因此框架梁受地震作用时的斜截面受剪承载力仍可按第四章计算，但应将混凝土项抗剪承载力乘以 0.6 的承载力降低系数，即应满足下列各式要求：

电力《水工混凝土结构设计规范》（DL/T 5057—2009）的公式为

$$V_b \leqslant \frac{1}{\gamma_d} \left(0.42 f_t b h_0 + f_{yv} \frac{A_{sv}}{s} h_0 \right) \tag{10-27}$$

式中 V_b——考虑地震作用组合时框架梁梁端的剪力设计值，按式（10-25）计算；对集中荷载作用为主的独立梁，式（10-27）中的系数 0.42 应改为 0.3。

水利《水工混凝土结构设计规范》（SL 191—2008）的公式为

$$KV_b \leqslant 0.42 f_t b h_0 + 1.25 f_{yv} \frac{A_{sv}}{s} h_0 \tag{10-28}$$

对承受集中力为主的重要的独立梁，式（10-28）中的系数 0.42 应改为 0.3，系数 1.25 改为 1.0。

工民建《混凝土结构设计规范》（GB 50010—2010）的公式为

$$V_b \leqslant \frac{1}{\gamma_{RE}} \left(0.6 \alpha_{cv} f_t b h_0 + f_{yv} \frac{A_{sv}}{s} h_0 \right) \tag{10-29}$$

由上述三式可见，三本规范的框架梁斜截面抗震受剪承载力是不同的，设计时应根据具体工程情况选取。三本规范均为承受集中力为主的重要的独立梁的斜截面抗震承载力最小。

为防止发生斜压破坏，对设计烈度为 7 度、8 度、9 度的框架梁，其截面尺寸应符合下列规定：

电力《水工混凝土结构设计规范》（DL/T 5057—2009）的公式为

$$V_b \leqslant \frac{1}{\gamma_d} (0.2 f_c b h_0) \tag{10-30}$$

水利《水工混凝土结构设计规范》（SL 191—2008）的公式为

$$KV_b \leqslant 0.2 f_c b h_0 \tag{10-31}$$

工民建《混凝土结构设计规范》（GB 50010—2010）的公式为

当跨高比大于 2.5 时

$$V_b \leqslant \frac{1}{\gamma_{RE}}(0.20\beta_c f_c bh_0) \tag{10-32}$$

当跨高比不大于 2.5 时

$$V_b \leqslant \frac{1}{\gamma_{RE}}(0.15\beta_c f_c bh_0) \tag{10-33}$$

为增大延性及避免裂缝开展过宽，《水工混凝土结构设计规范》（DL/T 5057—2009、SL 191—2008)、《混凝土结构设计规范》（GB 50010—2010）规定，框架梁竖端的纵向受拉钢筋的配筋率不宜大于 2.5%，同时全梁纵向受拉钢筋的配筋率也不应小于表 10-8 规定的数值。

表 10-8　　　　　　　　　框架梁纵向受拉钢筋最小配筋率　　　　　　　　　%

设计烈度	截 面 位 置		设计烈度	截 面 位 置	
	支座	跨中		支座	跨中
9 度	0.40	0.30	7 度	0.25	0.20
8 度	0.30	0.25	6 度	0.25	0.20

工民建《混凝土结构设计规范》（GB 50010—2010）除按上表外，还要按 af_t/f_y 取值，并与上表比较，取较大值。a 值按抗震等级一、二、三（四）级，支座分别为 80、65 和 55；跨中分别为 65、55 和 45。

为增大塑性铰区的延性，在框架梁两端的箍筋加密区范围内，纵向受压钢筋和纵向受拉钢筋的截面面积比值 A_s'/A_s 不应过小，在设计烈度 9 度时不应小于 0.5；设计烈度 7 度、8 度时，不应小于 0.3。

有抗震要求时，框架梁的纵向钢筋的直径不应小于 14mm。梁的截面上部和下部至少各配两根贯通全梁的纵向钢筋，其截面面积应分别不小于梁两端上、下部纵向受力钢筋中较大截面面积的 1/4。

有抗震要求时，框架梁的纵向钢筋在中间节点及端节点内的锚固长度应满足图 10-8 的要求。

有抗震要求的框架梁，为增大塑性铰区段的延性，应在梁端加密箍筋。加密区长度及加密区内箍筋的间距和直径按表 10-9 的规定采用，并参见图 10-9。

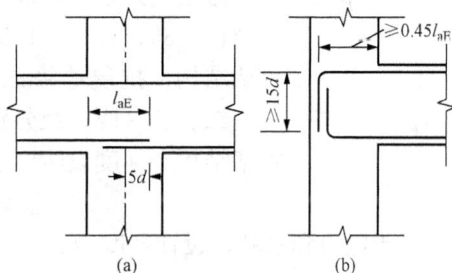
图 10-8　框架梁纵筋的锚固
(a) 中间节点；(b) 端节点

表 10-9　　　　　　　　框架梁梁端箍筋加密区的构造要求

设计烈度	箍筋加密区长度	箍 筋 间 距	箍 筋 间 距
9 度	≥2h；≥500mm	≤6d；≤h/4；≤100mm	≥10mm；≥d/4
8 度		≤8d；≤h/4；≤100mm	≥8mm；≥d/4
7 度	≥1.5h；≥500mm		≥8mm；≥d/4
6 度		≤8d；≤h/4；≤150mm	≥6mm；≥d/4

注　1. h 为梁高，d 为纵向钢筋直径。

2. 梁端纵向受力钢筋配筋率大于 2% 时，箍筋直径应增大 2mm。

第一个箍筋应设置在距节点边缘不大于 50mm 处。当设计烈度为 8 度、9 度时，箍筋加密区内的箍筋肢距不应大于 200mm 和 $20d_s$（d_s 为箍筋直径）；设计烈度为 6 度和 7 度时，不应大于 250mm 和 $20d_s$。箍筋端部应有 135° 弯钩，弯钩的平直段长度不宜小于 $10d_s$。

非加密区的箍筋间距不应大于加密区箍筋间距的 2 倍。沿框架梁全长的箍筋配筋率还不应小于表 10-10 所列数值。

表 10-10　　　　　　　　　　　沿框架梁全长的箍筋最小配筋率　　　　　　　　　　　%

设　计　烈　度		9 度	8 度	7 度	6 度
钢筋种类	HPB235 级	0.20	0.18	0.17	0.16
	HPB300 级	0.18	0.15	0.13	0.12
	HRB335 级	0.15	0.13	0.12	0.11

二、框架柱

1. 框架柱的计算

（1）保证强柱弱梁。

为实现"强柱弱梁"原则，抗震设计时，除顶层和轴压比 $\dfrac{\gamma_d N}{f_c A}$ 小于 0.15 的柱外，框架节点的上、下端的弯矩设计值总和应按下式计算

$$\sum M_c = \eta_c \sum M_b \tag{10-34}$$

式中　$\sum M_c$——考虑地震作用组合的节点上、下柱端的弯矩设计值之和。

$\sum M_b$——同一节点左、右梁端，按顺时针和逆时针方向计算的两端考虑地震作用组合的弯矩设计值之和的较大值；设计烈度为 9 度时，当两端弯矩均为负弯矩时，绝对值较小的弯矩值应取为零。

η_c——柱端弯矩增大系数，设计烈度为 9 度、8 度、7 度和 6 度时，η_c 分别取为：电力：1.30、1.15、1.05 和 1.00；水利：1.4、1.2、1.1 和 1.0。工民建：框架结构，抗震等级二、三、四级分别为：1.5、1.3 和 1.2；其他情况，一、二、三（四）级分别为：1.4、1.2 和 1.1；还要求对一级抗震等级的框架结构和 9 度设防烈度的一级抗震等级框架符合下列要求

$$\sum M_c = 1.2 \sum M_{bua} \tag{10-35}$$

对于电力和水利，设计烈度为 9 度、8 度和 7 度的框架结构底层柱的下端截面，应分别按考虑地震作用组合的弯矩设计值的 1.5 倍、1.25 倍和 1.15 倍进行柱截面配筋设计；对工民建，相应一、二、三、四级分别为 1.7、1.5、1.3 和 1.2。抗震设计时框架柱的正截面承载力，对于电力和水利，按第五章偏心受压构件的公式计算；对于工民建，尚应在相应承载力公式后除以抗震调整系数。

（2）保证强剪弱弯。

为保证框架柱在弯曲破坏之前不发生剪切破坏，设计时将柱的剪力值适当放大，以实现柱的"强剪弱弯"。框架柱考虑地震作用组合的剪力设计值 V_c 按下式计算

$$V_c = \eta_v (M_c^b + M_c^t)/H_n \tag{10-36}$$

式中　H_n——柱的净高；

M_c^b，M_c^t——考虑地震作用组合，且按强柱弱梁原则调整后的柱上、下端截面弯矩设计值；

η_v——剪力增大系数。设计烈度为 9 度、8 度、7 度和 6 度，η_v 分别取电力：1.30、

1.15、1.05 和 1.00；水利：1.4、1.2、1.1 和 1.0；工民建：框架结构，二、三、四级分别为：1.3、1.2 和 1.1；其他情况，一、二、三（四）级分别为：1.4、1.2 和 1.1；还要求一级抗震等级的框架结构和 9 度设防烈度的一级抗震等级框架符合下列要求

$$V_{\mathrm{c}} = 1.2 \frac{M_{\mathrm{cua}}^{\mathrm{t}} + M_{\mathrm{cua}}^{\mathrm{b}}}{H_{\mathrm{n}}} \qquad (10\text{-}37)$$

（3）受剪截面尺寸限制条件。

为防止发生斜压破坏，对设计烈度为 7 度、8 度、9 度的框架柱，其受剪截面尺寸应符合下式规定：

水利《水工混凝土结构设计规范》（SL 191—2008）：

当剪跨比 $\lambda > 2$ 时

$$KV_{\mathrm{b}} \leqslant 0.2 f_{\mathrm{c}} b h_0 \qquad (10\text{-}38)$$

当剪跨比 $\lambda \leqslant 2$ 时

$$KV_{\mathrm{b}} \leqslant 0.15 f_{\mathrm{c}} b h_0 \qquad (10\text{-}39)$$

工民建《混凝土结构设计规范》（GB 50010—2010）：

当剪跨比 $\lambda > 2$ 时

$$V_{\mathrm{c}} \leqslant \frac{1}{\gamma_{\mathrm{RE}}} (0.20 \beta_{\mathrm{c}} f_{\mathrm{c}} b h_0) \qquad (10\text{-}40)$$

框支柱和剪跨比 $\lambda \leqslant 2$ 的框架柱

$$V_{\mathrm{c}} \leqslant \frac{1}{\gamma_{\mathrm{RE}}} (0.15 \beta_{\mathrm{c}} f_{\mathrm{c}} b h_0) \qquad (10\text{-}41)$$

（4）斜截面受剪承载力计算。

考虑地震作用组合的框架柱，斜截面受剪承载力应符合下式规定：

电力《水工混凝土结构设计规范》（DL/T 5057—2009）

$$V \leqslant \frac{1}{\gamma_{\mathrm{d}}} \left(0.3 f_{\mathrm{t}} b h_0 + f_{\mathrm{yv}} \frac{A_{\mathrm{sv}}}{s} h_0 \right) + 0.07 N \quad （N \text{ 为压力}） \qquad (10\text{-}42)$$

$$V \leqslant \frac{1}{\gamma_{\mathrm{d}}} \left(0.3 f_{\mathrm{t}} b h_0 + f_{\mathrm{yv}} \frac{A_{\mathrm{sv}}}{s} h_0 \right) - 0.2 N \quad （N \text{ 为拉力}） \qquad (10\text{-}43)$$

水利《水工混凝土结构设计规范》（SL 191—2008）

$$KV_{\mathrm{c}} \leqslant 0.30 f_{\mathrm{t}} b h_0 + f_{\mathrm{yv}} \frac{A_{\mathrm{sv}}}{s} h_0 + 0.056 N \quad （N \text{ 为压力}） \qquad (10\text{-}44)$$

$$KV_{\mathrm{c}} \leqslant 0.30 f_{\mathrm{t}} b h_0 + f_{\mathrm{yv}} \frac{A_{\mathrm{sv}}}{s} h_0 - 0.2 N \quad （N \text{ 为拉力}） \qquad (10\text{-}45)$$

工民建《混凝土结构设计规范》（GB 50010—2010）

$$V_{\mathrm{c}} \leqslant \frac{1}{\gamma_{\mathrm{RE}}} \left(\frac{1.05}{\lambda+1} f_{\mathrm{t}} b h_0 + f_{\mathrm{yv}} \frac{A_{\mathrm{sv}}}{s} h_0 + 0.056 N \right) （N \text{ 为压力}） \qquad (10\text{-}46)$$

$$V_{\mathrm{c}} \leqslant \frac{1}{\gamma_{\mathrm{RE}}} \left(\frac{1.05}{\lambda+1} f_{\mathrm{t}} b h_0 + f_{\mathrm{yv}} \frac{A_{\mathrm{sv}}}{s} h_0 - 0.2 N \right) \quad （N \text{ 为拉力}） \qquad (10\text{-}47)$$

式中　N——考虑地震作用组合的框架柱的轴向力设计值，当 N 为压力且 $N > 0.3 f_{\mathrm{c}} A$，取 $N = 0.3 f_{\mathrm{c}} A$（注意：这一规定，在 N 很大时是不合理的）；当 N 为拉力时，相应公式右边的计算值之和小于 $f_{\mathrm{yv}} \frac{A_{\mathrm{sv}}}{s} h_0$ 时，取等于 $f_{\mathrm{yv}} \frac{A_{\mathrm{sv}}}{s} h_0$，且 $f_{\mathrm{yv}} \frac{A_{\mathrm{sv}}}{s} h_0$ 值不

应小于 $0.36 f_t b h_0$。

上述各式，由于各规范斜截面抗剪公式不同，所以相应的抗震公式也不同。

2. 框架柱的构造

（1）轴压比。

轴压比是指地震作用组合下的柱组合轴压力设计值与柱的全截面面积和混凝土轴心抗压强度设计值乘积的比值，即 $\dfrac{N}{f_c A}$。轴压比是影响柱破坏形态和延性的主要因素之一。试验表明，柱的位移延性随轴压比增大而急剧下降。因此抗震设计时，应对轴压比加以限制。考虑地震组合的框架柱，设计烈度为 9 度、8 度和 7 度时，轴压比分别不宜大于 0.7、0.8 和 0.9。工民建《混凝土结构设计规范》（GB 50010—2010）的轴压比限制比电力和水利《水工混凝土结构设计规范》（DL/T 5057—2009、SL 191—2008）偏高些，如框架结构，对于一、二、三、四级分别为 0.65、0.75、0.85 和 0.90。

（2）纵向受力钢筋的配筋率。

考虑地震作用组合的框架柱全部纵向受力钢筋的配筋率不应小于表 10 - 11 规定的数值。同时，每一侧的配筋率不应小于 0.2%。截面边长大于 400mm 的柱，纵向钢筋的间距不应大于 200mm。

表 10 - 11　　　　　　　　框架柱全部纵向钢筋最小配筋率　　　　　　　　　　%

柱 类 型	设计烈度				柱 类 型	设计烈度			
	9 度	8 度	7 度	6 度		9 度	8 度	7 度	6 度
中柱、边柱	1.0	0.8	0.7	0.6	角柱、框支柱	1.2	1.0	0.9	0.8

注　当采用 HRB400 级钢筋时，柱全部纵向受力钢筋最小配筋率可按表中数值减小 0.1。工民建《混凝土结构设计规范》（GB 50010—2010）是按 500 级钢筋制定的表格，对于 335MPa 级钢筋与表 10 - 11 相同，仅框架结构的中柱和边柱比表 10 - 11 增加了 0.1。400MPa 级钢筋比表 10 - 11 增加了 0.05，《混凝土结构设计规范》（GB 50010—2010）表 11.4.12 - 1。

（3）箍筋加密区的构造。

采用加密箍筋的措施来约束柱端，能够有效提高框架柱的延性。框架柱的箍筋加密范围应符合下列规定：

1）各层柱的上、下两端的箍筋应加密，加密区的高度应取柱截面长边尺寸 h（或圆形截面直径 d），层间柱净高 H_n 的 1/6 和 500mm 三者中的最大值。

2）柱根加密区高度应取不小于该层净高的 1/3；刚性地坪上、下各 500mm 范围。

3）剪跨比 $\lambda \leq 2$ 的框架柱和设计烈度为 8 度、9 度的角柱应取柱全高加密箍筋。剪跨比 $\lambda \leq 2$ 的框架柱，加密区箍筋间距不应大于 100mm。

4）箍筋加密区内，箍筋的间距和直径按表 10 - 12 采用，并参见图 10 - 9。

表 10 - 12　　　　　　　　框架柱柱端箍筋加密区的构造要求

设计烈度	箍筋间距/mm	箍筋直径/mm	设计烈度	箍筋间距/mm	箍筋直径/mm
9 度	$\leq 6d$；≤ 100mm	≥ 10	7 度	$\leq 8d$；≤ 150mm（柱根 ≤ 100mm）	≥ 8
8 度	$\leq 8d$；≤ 100mm	≥ 8	6 度		≥ 6（柱根 ≥ 8）

注　d 为纵向钢筋直径。

5）设计烈度为 8 度时，当箍筋直径不小于 10mm 且肢距不大于 200mm 时，除柱根外，箍筋间距可增至 150mm；设计烈度为 7 度的框架柱，当截面边长不大于 400mm 时，箍筋最小直径可采用 6mm；设计烈度为 6 度的框架柱，当剪跨比 $\lambda \leqslant 2$ 时，箍筋直径应不小于 8mm。

（4）箍筋的其他要求。

在箍筋加密区内，框架柱的箍筋体积配筋率不应小于表 10 - 13 所列的最小体积配筋率。

复合箍筋中箍筋相重叠的部分在体积配筋率计算中应扣除。

在箍筋加密区以外，框架柱的箍筋体积配筋率应小于表 10 - 13 所列数值的一半。箍筋的间距不应大于 10d（设计烈度为 8 度、9 度）或 15d（设计烈度为 7 度、6 度），d 为纵向钢筋直径。

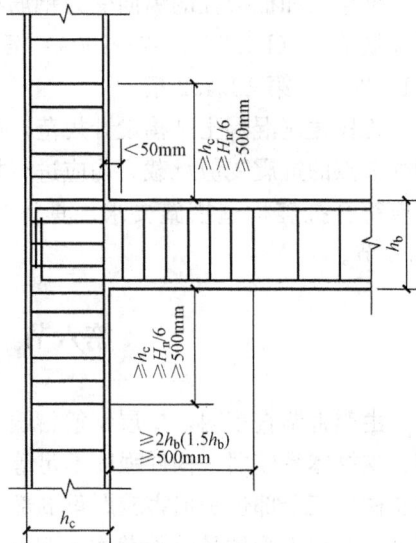

图 10 - 9　框架梁、柱端部箍筋加密区

在箍筋加密区内，箍筋的肢距不应大于 200mm（设计烈度为 9 度）、250mm（设计烈度为 8 度、7 度）和 20 倍箍筋直径中的较小值及 300mm（设计烈度为 6 度）。

表 10 - 13　　　　　　　框架柱箍筋加密区内的箍筋最小体积配筋率　　　　　　　　　%

设计烈度	轴 压 比							
	0.30	0.40	0.50	0.60	0.70	0.80	0.90	1.00
9 度	0.80	0.90	1.05	1.20	1.35	1.60	—	—
8 度	0.65	0.70	0.90	1.05	1.20	1.35	1.50	—
7 度	0.50	0.55	0.70	0.90	1.05	1.20	1.35	1.60

注　表中数值用于 HPB235 级钢筋制成的普通箍或复合箍。当箍筋用 HRB335 级钢筋时，表列数值可乘以 0.7，但配筋率不宜小于 0.4%。《水工混凝土结构设计规范》（DL/T 5057—2009）未列表中最后一项 1.6、1.5、1.6。《混凝土结构设计规范》（GB 50010—2010）箍筋的最小体积配筋率按计算确定，见 11.4.17 条。

当剪跨比不大于 2 时，设计烈度为 7 度、8 度、9 度的柱宜采用复合螺旋箍或井字复合箍。设计烈度为 7 度、8 度时，其箍筋体积配筋率不应小于 1.2%；设计烈度为 9 度时，不应小于 1.5%。

当柱中全部纵向受力钢筋的配筋率超过 3% 时，箍筋应焊成封闭环式。

三、框架节点

节点核芯区是保证框架承载力和抗倒塌能力的关键部位。由大量的震害调查得知，框架节点破坏的原因一般是抗剪强度不足。因此，梁柱节点的水平箍筋的体积配筋率不宜小于 1.0%（设计烈度为 9 度）、0.8%（设计烈度为 8 度）和 0.6%（设计烈度为 7 度）。但当轴压比小于或等于 0.4 时，可按表 10 - 13 的规定取值。梁柱节点的水平箍筋最大间距和最小直径宜按表 10 - 12 取用。

柱中纵向受力钢筋不宜在节点中切断。抗震设计时，构件节点的承载力不应低于其连接构件的承载力。

框架梁和框架柱的纵向受力钢筋在框架节点的锚固和搭接可参见电力《水工混凝土结构设计规范》（DL/T 5057—2009）第 15.4.2 条、水利《水工混凝土结构设计规范》（SL 191—2008）第 13.4.2 条。

工民建《混凝土结构设计规范》（GB 50010—2010）对于一、二、三级抗震等级的框架梁柱节点的抗震受剪承载力均应进行抗震验算，四级框架的节点核心区可不进行抗震验算，但应符合抗震构造措施要求。具体参见《混凝土结构设计规范》（GB 50010—2010）第 11.6 节。

第六节　铰接排架柱的抗震设计

由震害调查表明，单层钢筋混凝土厂房存在着纵向抗震能力差，以及构件连接构造单薄、支撑体系较弱、构件强度不足等薄弱环节，尤其对单层厂房铰接排架柱的柱顶、吊车梁顶及柱根三个部位是损害较严重的部位。柱顶常因与屋架连接处联结螺栓的锚固和抗拉强度不足，及柱头受拉受剪承载力不足而破坏。吊车梁顶及柱根部位因截面尺寸突变和弯矩较大，因而震害也较为严重。

一、箍筋加密区的范围

为了有效地提高钢筋混凝土铰接排架柱的抗侧力能力和结构的延性，加密箍筋是行之有效的办法。对于有抗震要求的铰接排架柱，柱顶区段、吊车梁区段、牛腿区段、柱根区段、柱间支撑与柱连接处和柱变位受约束的部位箍筋应加密，加密范围如下（图 10-10）：

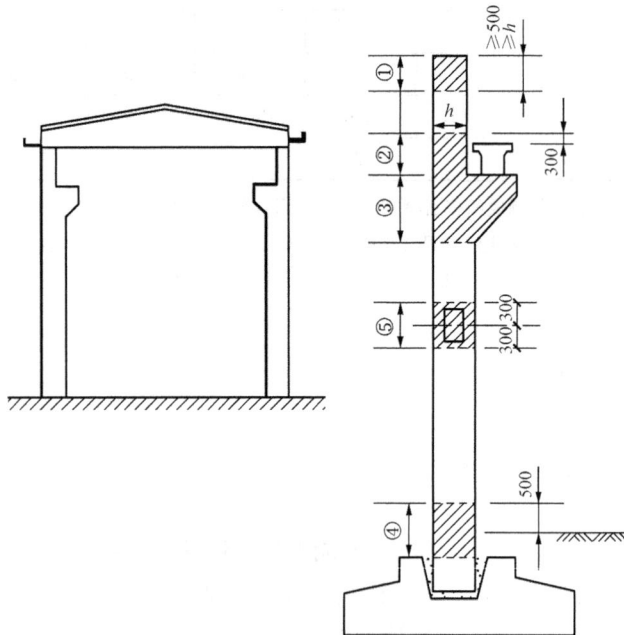

图 10-10　铰接排架柱箍筋加密区段

（1）对柱顶区段，取柱顶以下 500mm，且不小于柱顶截面高度；

（2）对吊车梁区段，取上柱根部至吊车梁顶面以上 300mm；

（3）对牛腿区段，取牛腿全高；

（4）对柱根区段，取基础顶面至地坪以上 500mm；

（5）对柱间支撑与柱连接的节点和柱变位受约束的部位，取节点上、下各 300mm。

二、箍筋加密区内箍筋的最大间距和最小直径

在箍筋加密区内，箍筋的最大间距为 100mm；箍筋最小直径应符合表 10 - 14 的规定。

表 10 - 14　　　　　　　　　铰接排架柱箍筋加密区的箍筋最小直径

加密区区段	抗震设计烈度和场地类别					
	9 度	8 度	8 度	7 度	7 度	6 度
	各类场地	Ⅲ、Ⅳ类场地	Ⅰ、Ⅱ类场地	Ⅲ、Ⅳ类场地	Ⅰ、Ⅱ类场地	各类场地
一般柱顶、柱根区段	8 (10)			8		6
角柱柱顶	10			10		8
吊车梁、牛腿区段、有支撑的柱根区段	10			8		8
有支撑的柱顶区段、柱变位受约束的部位	10			10		8

注　括号内数值用于柱根。

三、柱顶预埋钢板和箍筋加密区的构造

当铰接排架柱侧向受约束且约束点至柱顶的长度 l 不大于柱截面在该方向边长的两倍（排架平面：$l \leqslant 2h$；垂直排架平面：$l \leqslant 2b$）时，柱顶预埋钢板和柱顶箍筋加密区的构造尚应符合下列要求：

（1）柱顶预埋钢板沿排架平面方向的长度，宜取柱顶的截面高度 h，但在任何情况下不得小于 $h/2$ 及 300mm。

（2）柱顶轴向力在排架平面内的偏心距 e_0 在 $h/6 \sim h/4$ 范围内时，柱顶箍筋加密区内箍筋体积配筋率不宜小于 1.2%（设计烈度为 9 度）、1.0%（设计烈度为 8 度）和 0.8%（设计烈度为 7 度、6 度）。

四、柱牛腿

在地震作用组合的竖向力和水平拉力作用下，支承不等高厂房低跨屋面梁、屋架等屋盖结构的柱牛腿，除应按独立牛腿的规定进行计算和配筋外，尚应符合下列要求：

（1）承受水平拉力的锚筋：不应少于 2 根直径为 16mm 的钢筋（设计烈度为 9 度）；不应少于 2 根直径为 14mm 的钢筋（设计烈度为 8 度）；不应少于 2 根直径为 12mm 的钢筋（设计烈度为 6 度和 7 度）。

（2）牛腿中的纵向受拉钢筋和锚筋的锚固措施及锚固长度应符合独立牛腿的规定，但其中的受拉钢筋锚固长度 l_a 应以 l_{aE} 代替。

（3）牛腿水平箍筋最小直径为 8mm，最大间距为 100mm。

第七节　桥跨结构的抗震设计

一、桥跨结构抗震的一般规定

水工建筑中，如跨度不大的渡槽、工作桥等桥跨结构，一般只考虑水平向地震作用。因

此，主要验算其支承结构（墩、台、排架、拱等）的抗震承载力及稳定性。

支承结构的地震作用效应的计算可按电力，水利《水工建筑物抗震设计规范》（DL 5073—2000、SL 203—1997）的有关规定进行。

大跨度拱式渡槽在拱平面及出拱平面上的水平地震效应可按有关抗震设计规范计算。

桥跨结构在下列情况下可不进行抗震承载力和稳定性验算，但应采取抗震构造措施：

（1）设计烈度为 6 度的桥梁；

（2）简支桥梁的上部结构；

（3）设计烈度低于 9 度，基础位于坚硬和中硬场地土上的跨径不大于 30m 的单孔板拱圈；

（4）设计烈度低于 8 度，位于非液化土和非软弱粘土地基上的实体墩台。

在软粘土层、液化土层和不稳定河岸处建造大型渡槽时，可适当增加槽身长度，合理布置孔径，使墩、台避开地震时可能发生滑动的岸坡或地形突变的不稳定地段，必要时应增强基础抗侧移的刚度和加大基础埋置深度。

对重要桥跨结构的地基基础还应进行天然地基的抗震承载力验算，判别地基液化的可能性和采取消除液化的措施。这方面的内容可参阅有关抗震设计规范。

同一建筑中的上部结构不宜采用拱式和梁式的混合结构形式，必须采用时，应将拱式和梁式结构衔接部位的墩台做成实体推力墩台。

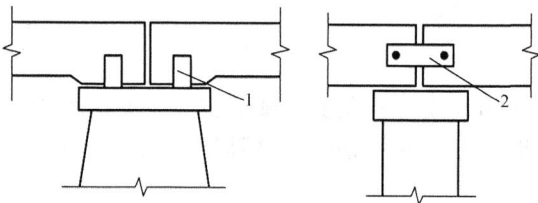

图 10-11　防止落梁措施示意图
1—挡块；2—螺栓钢板连接

二、简支梁式上部结构的抗震措施

桥跨结构的上部结构为简支梁时，为防止地震时梁纵向或横向跌落，梁的活动支座端应采用挡块、螺栓连接或钢夹板连接等措施（图 10-11）。

梁的支座边缘至墩台帽边缘的距离 d 不应小于表 10-15 所列数值（图 10-12）。

表 10-15　　　　　　　　支座边缘至墩台帽边缘的最小距离 d

桥跨 L/m	10～15	16～20	21～30	31～40
最小距离 d/mm	250	300	350	400

注　当支承墩柱高度大于 10m 时，表列 d 值宜适当增大。

对设计烈度为 8 度、9 度的工作桥，当采用简支梁式时，梁与梁之间及梁与边墩之间，宜加装橡胶垫块或其他弹性衬垫等以缓冲地震时的冲击作用和限制梁的位移（图 10-13）。

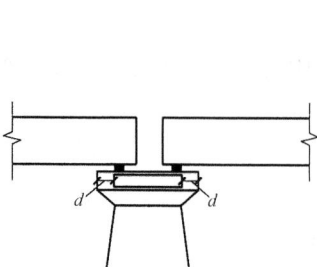

图 10-12　梁支座边缘至墩帽
边缘的距离 d

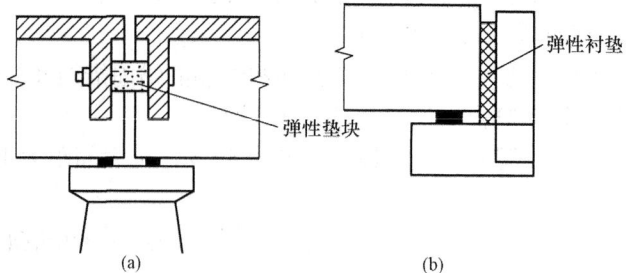

图 10-13　缓冲措施
（a）梁间设置弹性垫块；（b）梁与边墩间设置弹性衬垫

上部结构为连续梁式时，应采取措施以防止横向产生较大位移。

当采用连续梁式时，宜采取使上部结构所产生的水平地震作用能由各个墩台共同承担的措施，以避免固定支座墩受力过大。

三、拱式桥跨结构的抗震措施

拱式渡槽等结构的拱座基础宜置于地质条件一致、两岸地形相似的坚硬土层下。

空腹式拱宜减少拱上填料厚度，并采用轻质填料。

渡槽下部结构采用钢筋混凝土肋拱或桁架拱时，应加强横向联系。采用双曲拱时，应尽量减少预制块数量及接头数量，增设横隔板，加强拱波和拱肋之间的连接强度，增设拱波横向钢筋网并与拱肋锚固钢筋连成整体。主拱圈的纵向钢筋应锚固于墩台拱座内，并适当加强主拱圈与墩台的连接。

设计烈度为 8 度和 9 度时，墩台高度超过 3m 的多跨连拱，不宜采用双柱式支墩或排架桩墩。当多跨连拱跨数过多时，不超过 5 孔且总长不超过 200m 设置一个实体推力墩。

四、竖向支承结构的抗震要求

桥跨结构的竖向支承，应按其结构形式的不同分别考虑其抗震设防（图 10-14）。

（1）当支承结构采用框架结构时，其抗震设计与构造措施应按框架结构抗震设计的有关规定进行。

（2）当支承结构采用墩式结构，墩的净高与最大平面尺寸之比大于 2.5 时，可作为柱式墩考虑，其抗震设计应满足下列要求：

1）考虑地震作用组合的柱式墩的正截面承载力按偏心受压柱的公式计算。

2）考虑地震作用组合的柱式墩的斜截面受剪承载力可在式（10-42）～式(10-47) 中选取合适的规范计算。

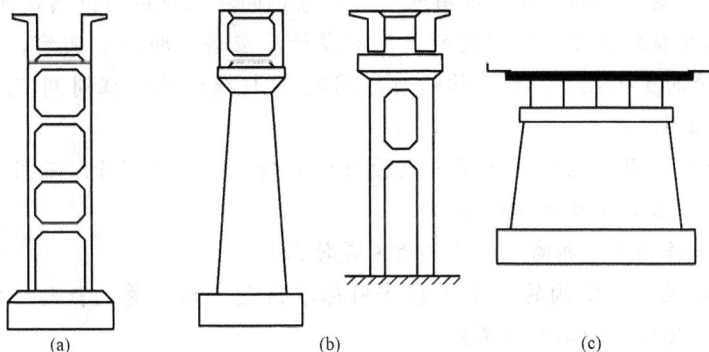

图 10-14　竖向支承结构
(a) 框架；(b) 柱式墩；(c) 墩墙

3）在柱的顶部及底部，应设置箍筋加密区，加密区高度同框架柱规定。对于采用桩基础的柱式墩或排架桩墩，底部加密区高度指的是桩在地面或一般冲刷线以上一倍桩径到最大弯矩截面以下三倍桩径的范围。加密区的箍筋最小直径和最大间距可参考框架柱的规定。矩形截面柱式墩的箍筋配筋率（$\rho_s = A_{sv}/bs$）不应小于 0.3%。

4）高度大于 7m 的双柱式墩和排架桩墩应设置横向连系梁，并宜加大柱（桩）截面尺寸或采用双排柱式墩，以提高其纵向刚度。

5）柱（桩）与盖梁、承台连接处的配筋不应少于柱（桩）身的最大配筋。

6）柱式墩的截面变化部位宜做成渐变截面或在截面变化处适当增加配筋。

（3）当支承结构采用墩式结构，但其净高与最大平面尺寸之比小于 2.5 时，可作为墩墙考虑。其抗震设计与构造措施应满足下列要求：

1）考虑地震作用组合的钢筋混凝土墩墙的正截面受压承载力按偏心受压构件的公式计算。其斜截面受剪承载力则按剪力墙的公式计算，参见水工混凝土规范。

2）考虑地震作用组合的钢筋混凝土墩墙的水平和竖向钢筋的配筋率不宜小于 0.20%（设计烈度为 9 度、8 度）和 0.15%（设计烈度为 7 度、6 度）。

（4）桥跨结构的桥台宜采用 U 形、箱形和支撑式等整体性强的结构形式。桥台的胸墙宜适当加强。桥台与填土连接处应采取措施，防止因地震作用而引起填土的坍裂与渗漏。

思 考 题

1. 什么是基本烈度？什么是设计烈度？它们是如何确定的？

2. 什么是抗震概念设计？为什么要进行概念设计，它包括哪几方面的内容？

3. 抗震设防目标"三水准"的具体要求是什么？在建筑物抗震设计中，如何满足"三水准"要求？

4. 延性对结构抗震有何影响？怎样才能使钢筋混凝土构件有较大的延性？

5. 为什么要在框架的抗震设计中贯彻"强剪弱弯"、"强柱弱梁"和"强结点，弱构件"的原则？

6. 计算结构地震作用的方法主要有哪几种？它们的特点及适用范围是什么？

7. 画出水工建筑物抗震设计规范所采用的设计反应谱，即 β-T 曲线，并说明当结构较柔或较刚时，β 值的变化规律。当结构的自振周期 T 与场地的特征周期 T_g 相接近时，β 值又会发生怎样的变化？

8. 什么是地震作用惯性力 F_k？它与其他外力荷载在性质上有什么不同？

9. 什么情况下需考虑竖向地震作用？

10. 考虑地震作用效应折减系数 ξ 的原因是什么？

11. 水工钢筋混凝土结构的水平地震作用标准值是如何计算的？与《建筑抗震设计规范》（GB 50011—2010）相比有何不同？

12. 对 8 度、9 度设防的框架结构，为什么对钢筋实测抗拉强度和屈服强度实测值的比值加以限制？同时又要求实测屈服强度不能超过钢筋屈服强度标准值太大？

13. 什么是轴压比？为什么要限制轴压比？

14. 考虑地震作用的铰接排架柱，箍筋一般在哪些区段应加密加粗？

15. 对于一般简支梁，要不要与框架梁一样，在梁的两端加密箍筋？为什么？

16. 什么是桥跨结构？桥跨结构的抗震要点有哪些？

第十一章　钢筋混凝土肋形结构及刚架结构

第一节　概　　述

钢筋混凝土肋形结构及刚架结构是水工结构中应用较为广泛的结构形式。图 11-1 为一水电站厂房结构示意图，其楼（屋）盖采用整体式钢筋混凝土肋形结构，包括楼（屋）面板、次梁（纵梁）、主梁（屋面大梁）等，而竖向承重结构则由带牛腿的柱等构件组成。作用在屋面上的荷载，经由屋面板传给纵梁和屋面大梁，再传给柱，最后由柱传给厂房的下部结构或基础。

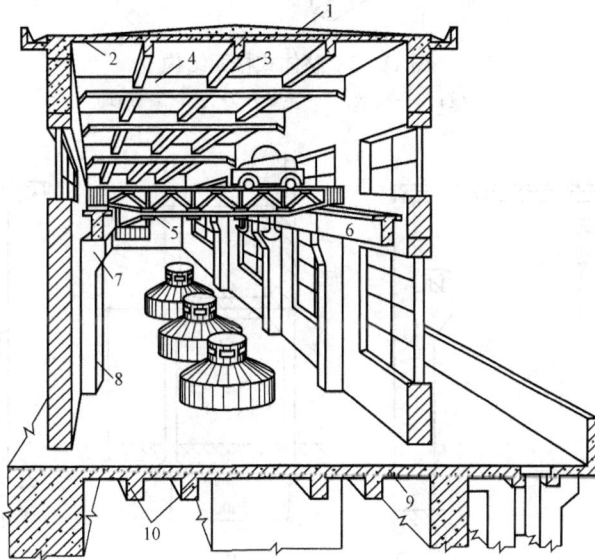

图 11-1　水电站厂房示意图

1—屋面构造层；2—屋面板；3—纵梁；4—屋面大梁；5—吊车

6—吊车梁；7—牛腿；8—柱；9—楼板；10—楼面纵梁

严格来说，上述水电站厂房结构为一空间受力结构，但当采用手算方法设计时，一般可将空间结构分解简化为平面结构进行内力计算。例如，水电站厂房的上部结构，可以分别简化为由梁与板组成的肋形结构和由屋面大梁与柱组成的刚架结构分别进行计算。

所谓肋形结构，就是由板和支承板的梁所组成的板梁结构。图 11-2 是常见的整体式肋形结构楼面，它由板、次梁和主梁所组成。

在水工结构中，除水电站厂房中的屋面和楼面外，隧洞进水口的工作平台、闸坝上的工作桥和交通桥、扶壁式挡土墙、板梁式渡槽的槽身、码头的上部结构等，也都可做成肋形结构形式。

刚架是由横梁和立柱刚性连接（刚节点）所组成的承重结构，在水工结构中应用也比较广泛，如水电站厂房刚架 [图 11-3（a）]、支承渡槽槽身的刚架 [图 11-3（b）] 和支承工作桥桥面的刚架［图 11-3（c）］等。当刚架高度 H 在 5m 以下时，一般采用单层刚架，在 5m 以上时，则宜采用双层刚架或多层刚架。根据使用要求，刚架结构也可设计为单层多跨，或多层多跨。刚架结构通常也称为框架结构。

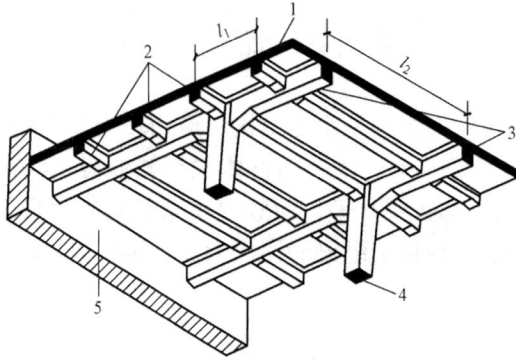

图 11-2　整体式楼面结构
1—板；2—次梁；3—主梁；4—柱；5—墩墙

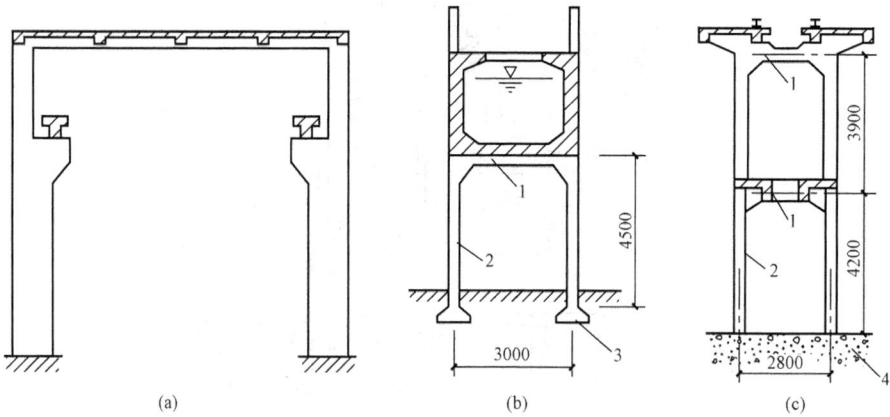

(a)　　　　　　　　　　　(b)　　　　　　　　　　　(c)

图 11-3　刚架结构实例
1—横梁；2—柱；3—基础；4—闸墩

　　对于肋形结构，由于梁格布置方案的不同，板上荷载传给支承梁的途径不一样，板的受力情况也就不同。四边支承矩形板两个方向跨度之比对荷载传递的影响很大。假定图 11-4 为一四边简支的矩形板，板在两个方向的跨度分别为 l_1 和 l_2，板上作用有均布荷载 p，若设想从板的中部沿长跨、短跨方向取出两个相互垂直的单位宽度的板带，那么板上的荷载就由这些交叉的板带沿互相垂直的两个方向传给支承梁。将荷载 p 分为 p_1 及 p_2。p_1 由 l_1 方向的板带承担，p_2 由 l_2 方向的板带承担。若不计相邻板带对它们的影响，上述两个板带的受力如同简支梁，由两个板带中点挠度相等的条件可得 $p_2/p_1 = (l_1/l_2)^4$。当板的长边与短边的跨度比 $l_2/l_1 > 2$ 时，沿长跨方向传递的荷载仅为全部荷载的 6% 以下，为简化计算，可不考虑沿长跨方向传递荷载。但当 $l_2/l_1 \leqslant 2$ 时，计算时就应考虑板上荷载沿两个方向的传递。因此，根据梁格布置情况的不同，整体式肋形结构可分为单向板肋形结构及双向板肋形结构两种类型。

1. 单向板肋形结构

当梁格布置使板的长、短跨之比 $l_2/l_1 \geqslant 2$ 时，则板上荷载绝大部分沿短跨 l_1 方向传到次梁上，因此，可仅考虑板在短跨方向受力，故称为单向板。

2. 双向板肋形结构

当梁格布置使板的长、短跨之比 $l_2/l_1 < 2$ 时，板上荷载将沿两个方向传到四边的支承梁上，计算时应考虑两个方向受力，故这种板称为双向板。

当 $2 < l_2/l_1 < 3$ 时，宜按双向板计算，当将其作为沿短跨方向受力的单向板计算时，沿长跨方向应配置足够数量的构造钢筋。

钢筋混凝土肋形结构的设计步骤是：结构的梁格布置；板和梁的计算简图确定；板和梁的内力计算；截面设计；配筋图绘制。

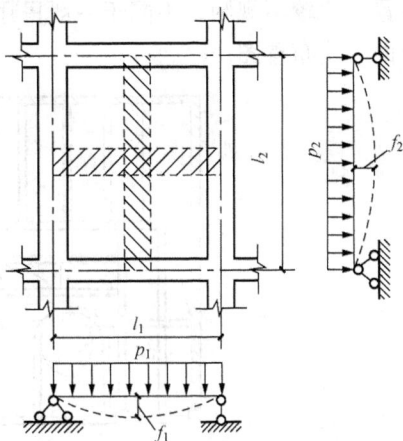

图 11-4　受均布荷载作用的
四边支承矩形板

第二节　单向板肋形结构的结构布置和计算简图

一、梁格布置

在肋形结构中，应根据建筑物的平面尺寸、柱网布置、洞口位置以及荷载大小等因素进行梁格布置。

在民用与工业建筑中，单向板肋形楼盖结构平面布置方案通常有以下三种：

（1）主梁横向布置，次梁纵向布置，如图 11-5（a）所示。它的优点是主梁和柱可形成横向框架，横向抗侧移刚度大，各榀横向框架间由纵向次梁相连，房屋的整体性较好。此外，由于外纵墙处仅设次梁，故窗户高度可开得大一些，对采光有利。

（2）主梁纵向布置，次梁横向布置，如图 11-5（b）所示。这种布置适用于横向柱距比纵向柱距大得多或房屋有集中通风要求的情况。它的优点是增加了室内净空，但房屋的横向刚度较差，而且常由于次梁支承在窗过梁上而限制窗洞的高度。

（3）只布置次梁，不设主梁，如图 11-5（c）所示。它适用于有中间走廊的砌体承重的混合结构房屋。

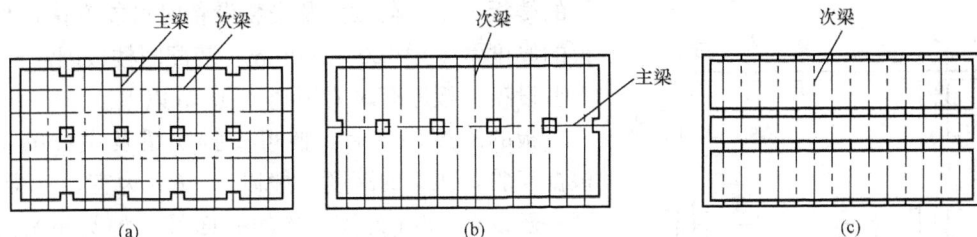

图 11-5　民用与工业建筑单向板肋形楼盖的梁格布置

在水电站厂房中，梁格布置时首先要使柱子的间距满足机组布置的要求，楼板上还要留出许多大小不一、形状不同的孔洞，以安装机电设备及管道线路。为了满足这些要求，梁格布置就比较不规则，不同于一般民用与工业建筑的梁格布置。图 11-6 为某水电站主副厂房楼面梁格布置图。

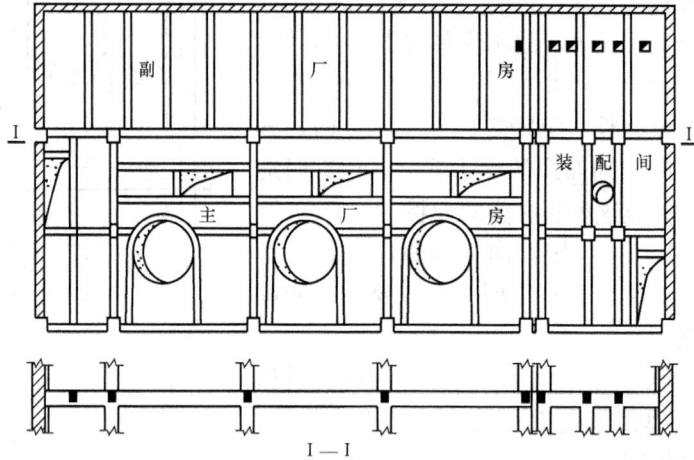

图 11-6　某水电站主副厂房楼面梁格布置

在肋形结构中，板的面积较大，其混凝土用量约占整个结构混凝土用量的 50%～70%，所以一般情况是板较薄时，材料较省，造价也较低。梁格布置时应尽量避免集中荷载直接作用在板上，如图 11-6 所示，在机器支座与隔墙的下面都设置了梁，使集中荷载直接作用在梁上。当板上设有孔洞并承受均布荷载时，板和梁宜尽量布置成等跨度或接近等跨，这样材料用量较省，造价较经济，设计计算和配筋构造也较简便。对于水电站厂房，为了满足使用要求，梁和板往往不得不布置成不等跨。

梁格尺寸确定要综合考虑材料用量与施工难易之间的平衡。如果梁布置得比较稀，施工时可省模板和省工，但板的跨度加大，板厚也随之增加，这就要多用混凝土，结构自重也相应增大。如果梁布置得比较密，可使板的跨度减小，板厚减薄，结构自重减轻，但施工时要费模板和费工。

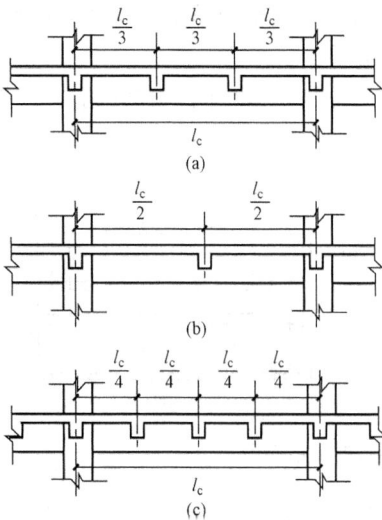

图 11-7　次梁布置方式

在一般肋形结构中，板的跨度以 1.7～2.5m 为宜，一般不宜超过 3.0m；板的常用厚度为 60～120mm。按刚度要求，板厚不宜小于其跨长的 1/40（连续板）、1/35（简支板）和 1/12（悬臂板）。水电站厂房发电机层的楼板，由于荷载大及安装设备时可能有撞击作用，板的厚度常采用 120～200mm；装配间楼板因需要搁置大型设备，板厚有时要用到 250mm 以上。

板的跨度确定后，便可安排次梁及主梁的位置。根据经验，次梁的跨度一般以 4～6m 为宜，主梁的跨度一般以 5～8m 为宜。梁的截面尺寸种类不宜过多，梁高与跨长的比值，次梁为 1/18～1/12，主梁为 1/15～1/10，梁截面宽度为高度的 1/3～1/2。结构布置应使结构受力合理，在图 11-7 所示三种次梁布置方式中，从主梁受力情况来说，图 11-7（a）、图 11-7

（c）的布置方式比图 11 - 7 （b）的布置方式要好，因为前者所引起的主梁跨中弯矩较小。当建筑物的宽度不大时，也可只在一个方向布置梁，图 11 - 5 （c）和图 11 - 6 中的副厂房楼面就是只在一个方向布置梁。

建筑物的平面尺寸很大时，为避免由于温度变化及混凝土干缩而引起裂缝，应设置永久的伸缩缝将建筑物分成几个部分。伸缩缝的间距宜根据气候条件、结构形式和地基特性等情况确定。

结构的建筑高度不同，或上部结构各部分传到地基上的压力相差过大，以及地基情况变化显著时，应设置沉降缝，以避免地基的不均匀沉降。图 11 - 6 所示的主厂房机组段与装配间之间，由于基础开挖深度不同，所承受的荷载也不同，故必须设置沉降缝。沉降缝应从基础直至屋顶全部分开，而伸缩缝则只需将梁、柱分开，基础可不分开。沉降缝可同时起伸缩缝的作用。

肋形结构也可以采用装配式，即在现浇的主梁（次梁）上搁置预制的空心楼板或大型屋面板形成肋形结构。装配式结构虽然可以节省模板，加快施工进度，但由于预制板与梁之间的连接十分单薄，结构的整体性不强，不利于抗震。万一发生地震，预制板容易坍落，目前已较少采用。若需采用预制板，也宜设计成装配整体式结构，即利用预制板作为模板，在预制板上再整浇一层配筋的后浇混凝土，形成叠合式结构构件。

二、计算简图

整体式单向板肋形结构，是由板、次梁和主梁整体浇筑而成。设计时可把它分解为板、次梁及主梁分别进行计算。内力计算时，应先画出计算简图，表示出梁（板）的跨数，支座的性质，荷载的形式、大小及作用位置，各跨的计算跨度等。

1. 支座的简化

图 11 - 8 所示为单向板肋形楼盖，其周边搁置在墩墙上或浇筑在框架梁上，可假定为铰支座或固定支座。板的中间支承为次梁，次梁的中间支承为主梁，计算时一般也可假定为铰支座。这样，板可以看作是以墩墙或框架梁和次梁为铰支座或固定支座的多跨连续板 ［图 11 - 8 （b）］；次梁可以看作是以墩墙或框架梁和主梁为铰支座或固定支座的多跨连续梁 ［图 11 - 8 （c）］。主梁的中间支承是柱，当主梁与柱的线刚度之比大于 4 时，柱对主梁的约束作用较小，可把主梁看作是以柱为铰支座的连续梁 ［图 11 - 8 （d）］；当主梁与柱的线刚度之比小于 4 时，柱对主梁的约束作用较大，则应把主梁和柱的连接视为刚性连接，按刚架结构设计主梁。

将板与次梁的支座简化为铰支座，可以自由转动，实际上是忽略了次梁对板、主梁对次梁的转动约束能力。在现浇混凝土楼盖中，梁和板是整浇在一起的，当板在隔跨活载作用下产生弯曲变形时，将带动作为支座的次梁产生扭转，而次梁的抗扭刚度将约束板的弯曲转动，使板在支承处的实际转角 θ' 比铰支承时的转角 θ 小，如图 11 - 9 所示。其效果是相当于降低了板的弯矩值，也就是说，如果假定板的中间支座为铰支座，就把板的弯矩值算大了。类似情况也会发生在次梁与主梁之间。

精确计算这种次梁（或主梁）的抗扭刚度对连续板（或次梁）内力的有利影响颇为复杂，故实际上都是采用调整荷载的办法来加以考虑。

作用于肋形结构上的荷载一般有永久荷载和可变荷载两种。永久荷载，如构件自重、面层重及固定设备重等，其设计值常用符号 g（均布）和 G（集中）表示。可变荷载，如人群

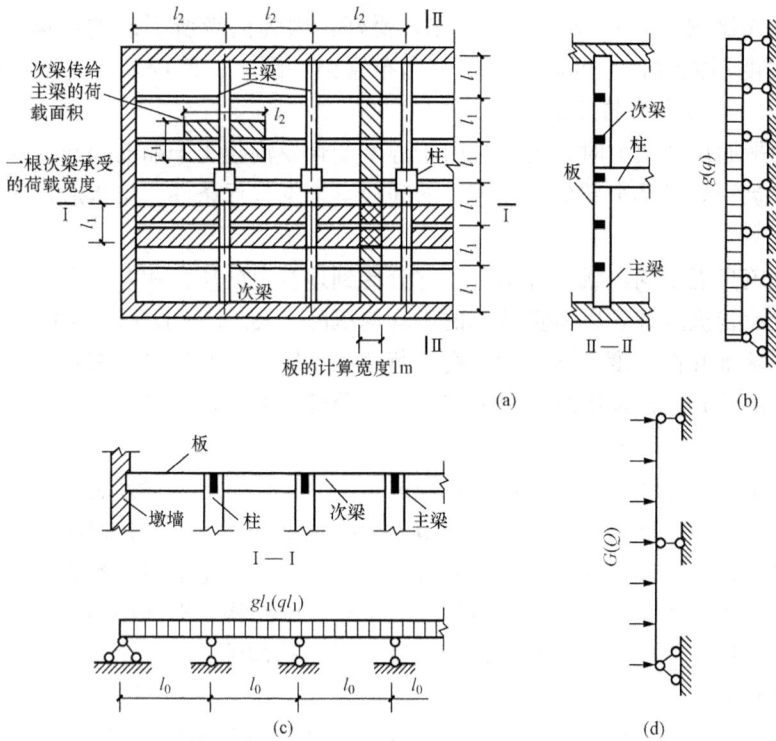

图 11-8 单向板肋形楼盖与计算简图

荷载和可移动的设备荷载等，其设计值常用符号 q（均布）和 Q（集中）表示。

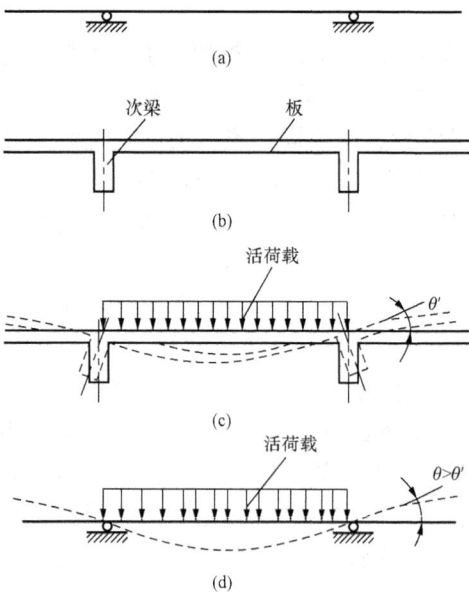

图 11-9 支座抗扭刚度的影响

永久荷载是经常作用的，也称为恒载；可变荷载则有时作用，有时可能并不存在，也称为活载，设计时应考虑其最不利的布置方式。

调整荷载就是加大恒载减小活载，以调整后的折算荷载代替实际作用的荷载进行荷载最不利组合和内力计算。折算荷载可按下列规定取值：

（1）板的折算荷载

$$\left.\begin{aligned} g' &= g + \frac{1}{2}q \\ q' &= \frac{1}{2}q \end{aligned}\right\} \tag{11-1}$$

（2）次梁的折算荷载

$$\left.\begin{aligned} g' &= g + \frac{1}{4}q \\ q' &= \frac{3}{4}q \end{aligned}\right\} \tag{11-2}$$

式中　g'，q'——折算永久荷载及折算可变荷载；

　　　g，q——实际的永久荷载及可变荷载。

（3）对于主梁可不作调整，即 $g'=g$，$q'=q$。

2. 荷载计算

永久荷载主要是结构的自重，结构自重的标准值可由结构体积乘以材料重度得出。材料的重度及可变荷载的标准值可从相关荷载规范中查到。

作用在板和梁上的荷载分配范围如图 11-8（a）所示。板通常是取单位宽度的板带来计算，这样沿板跨方向单位长度上的荷载即均布荷载 g 或 q ［图 11-8（b）］；次梁承受由板传来的均布荷载 gl_1 和 ql_1，及次梁自重 ［图 11-8（c）］；主梁则承受由次梁传来的集中荷载 $G=gl_1l_2$ 和 $Q=ql_1l_2$、次梁自重及主梁自重，主梁自重比次梁传来的荷载要小得多，因此可折算成集中荷载后与 G、Q 一并计算 ［图 11-8（d）］。

3. 计算跨度

梁（板）在支承处有的与其支座整体连接 ［图 11-10（a）］，有的搁置在墩墙上 ［图 11-10（b）］，在计算时都可作为铰支座 ［图 11-10（c）］。但实际上支座具有一定的宽度 b，有时支承宽度还比较大，这就提出了计算跨度的问题。

当按弹性方法计算内力值时，计算弯矩用的计算跨度 l_0 一般取支座中心线间的距离 l_c。当支座宽度 b 较大时，按下列数值采用：对于板，当 $b>0.1l_c$ 时，取 $l_0=1.1l_n$；对于梁，当 $b>0.05l_c$ 时，取 $l_0=1.05l_n$。其中，l_n 为净跨度；b 为支座宽度。

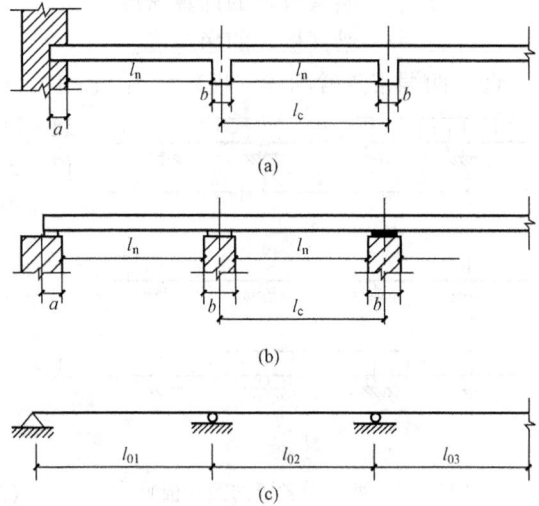

图 11-10　计算跨度
(a) 弹性嵌固支座；(b) 自由支座；(c) 计算简图

当按塑性方法计算内力值时，计算弯矩用的计算跨度 l_0 按下列数值采用：

对于板，当两端与梁整体连接时，取 $l_0=l_n$；当两端搁置在墩墙上时，取 $l_0=l_n+h$，且 $l_0\leqslant l_c$；当一端与梁整体连接，另一端搁置在墩墙上时，取 $l_0=l_n+h/2$，且 $l_0\leqslant l_n+a/2$。其中，h 为板厚；a 为板在墩墙上的搁置宽度。

对于梁，当两端与梁或柱整体连接时，取 $l_0=l_n$；当两端搁置在墩墙上时，取 $l_0=1.05l_n$，且 $l_0\leqslant l_c$；当一端与梁或柱整体连接，另一端搁置在墩墙上时，取 $l_0=1.025l_n$，且 $l_0\leqslant l_n+a/2$。

计算剪力时，计算跨度取 l_n。

第三节　单向板肋形结构按弹性理论的计算

钢筋混凝土连续梁（板）的内力计算方法有按弹性理论计算和考虑塑性内力重分布计算两种。水工建筑中连续梁（板）的内力一般是按弹性理论方法计算，就是把钢筋混凝土梁（板）看作匀质弹性构件用结构力学的方法进行内力计算。

一、利用图表计算连续梁（板）的内力

按弹性理论计算连续梁（板）的内力可采用力法或弯矩分配法。实际工程设计中为了节省时间，多利用现成图表或计算机程序进行计算。计算图表的类型很多，这里仅介绍几种等

跨度等刚度连续梁（板）的内力计算表格，供设计时查用。

（1）对于承受均布荷载的等跨连续梁（板），弯矩和剪力可利用附录七的表格按下列公式计算：

$$M = \alpha g l_0^2 + \alpha_1 q l_0^2 \qquad (11 - 3)$$

$$V = \beta g l_n + \beta_1 q l_n \qquad (11 - 4)$$

式中　α，α_1——弯矩系数；

　　　β，β_1——剪力系数；

　　　l_0——梁（板）的计算跨度；

　　　l_n——梁（板）的净跨度。

（2）两端带悬臂的梁（板）如图 11 - 11（a）所示，其内力可用叠加方法确定，即将图 11 - 11（b）和图 11 - 11（c）所示的内力相加而得。仅一端悬臂上有荷载时，连续梁（板）的弯矩和剪力可利用附录八的表格按下列公式计算：

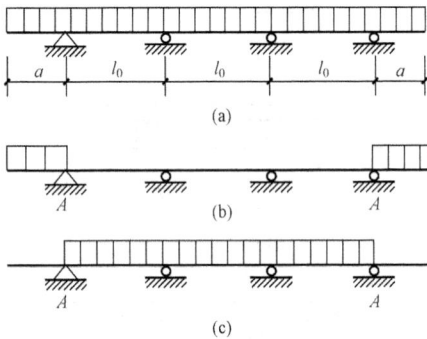

$$M = \alpha' M_A \qquad (11 - 5)$$

$$V = \beta' \frac{M_A}{l_0} \qquad (11 - 6)$$

式中　α'，β'——弯矩系数和剪力系数；

　　　M_A——由悬臂上的荷载所产生的端支座负弯矩。

图 11 - 11　两端带悬臂的梁（板）

（3）对于承受固定或移动的集中荷载的等跨连续梁，其弯矩和剪力可利用附录九的内力影响线系数表，按下列公式计算

$$M = \alpha Q l_0 （\text{或} \alpha G l_0） \qquad (11 - 7)$$

$$V = \beta Q （\text{或} \beta G） \qquad (11 - 8)$$

式中　α，β——弯矩系数和剪力系数；

　　　G，Q——固定和移动的集中力。

上面介绍的承受均布荷载的等跨连续梁（板）的内力系数计算图表，跨数最多为五跨。对于超过五跨的等刚度连续梁（板），由于中间各跨的内力与第三跨的内力非常接近，设计时可按五跨连续梁（板）计算，将所有中间跨的内力和配筋都按第三跨来处理，这样既简化了计算，又可得到足够精确的结果。例如图 11 - 12（a）所示的九跨连续梁，可按图 11 - 12（b）所示的五跨连续梁进行计算。中间支座（D，E）的内力数值取与 C 支座的相同；中间各跨（4、5 跨）的跨中内力，取与第 3 跨的相同。梁的配筋构造则按图 11 - 12（c）确定。

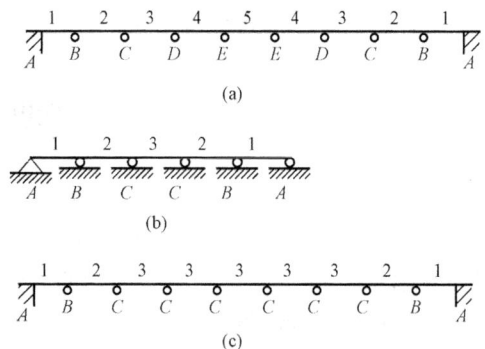

(a)

(b)

(c)

图 11 - 12　连续梁（板）的简图

（a）实际图形；（b）计算简图；（c）构造图

如果连续梁（板）的跨度不相等，但跨度相差不超过 10％时，也可采用等跨度的图表计算内力。当求支座弯矩时，计算跨度取该支座相邻两跨计算跨度的平均值；当求跨中弯矩时，则用该跨的计算跨度。如梁（板）各跨的截面尺寸不同，但相邻跨截面惯性矩的比值不大于

1.5 时，可作为等刚度梁计算内力，即可不考虑不同刚度对内力的影响。

二、连续梁的内力包络图

由于作用在连续梁上的荷载有永久荷载（恒载）和可变荷载（活载）两种，恒载的作用位置是不变的，而活载的作用位置则是可变的，因而梁截面上的内力是变化的。只有按截面可能产生的最大或最小内力（M、V）进行设计，连续梁才是可靠的，这就需要求出连续梁的内力包络图。要求连续梁的内力包络图，首先要确定活载最不利布置方式。利用结构力学影响线的原理，可得到多跨连续梁活载最不利布置方式是：

（1）求某跨跨中最大正弯矩时，活载在本跨布置，然后再隔跨布置。

（2）求某跨跨中最小弯矩时，活载在本跨不布置，在其邻跨布置，然后再隔跨布置。

（3）求某支座截面的最大负弯矩时，活载在该支座左右两跨布置，然后再隔跨布置。

（4）求某支座截面的最大剪力时，活载的布置与求该支座最大负弯矩时的布置相同。

为了计算方便，当承受均布荷载时，假定活载在一跨内整跨布满，不考虑一跨内局部布置的情况。五跨连续梁在求各截面最大（或最小）内力时均布活载的可能布置方式见表 11 - 1。梁上恒载应按实际情况考虑。

表 11 - 1　　　　　　　　　五跨连续梁求最不利内力时均布活载布置图

活荷载布置图	最不利内力		
	最大弯矩	最小弯矩	最大剪力
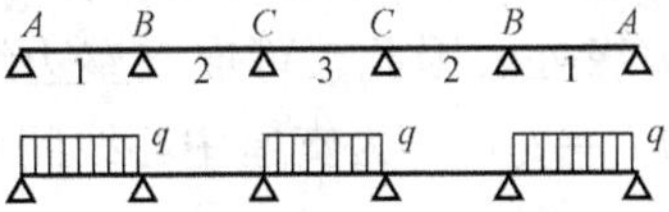	M_1，M_3	M_2	V_A
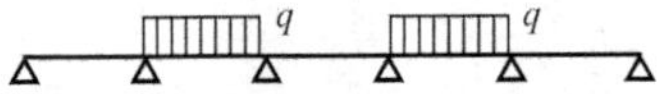	M_2	M_1，M_3	
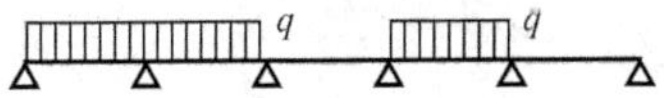		M_B	V_B^l、V_B^r
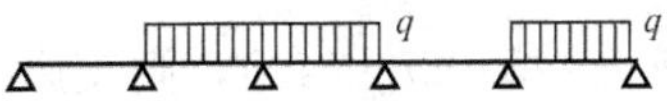		M_C	V_C^l、V_C^r

注　表中 M、V 的下标 1、2、3、A、B、C 分别为截面代号，上标 l、r 分别为截面左、右代号，下同。

活载最不利布置确定后，对于每一种荷载布置情况，都可绘出其内力图（弯矩图或剪力图）。以恒载所产生的内力图为基础，叠加某截面最不利布置活载所产生的内力，便得到该截面的最不利内力图。例如图 11 - 13 所示的三跨连续梁，在均布恒载 g 作用下可绘出一个弯矩图，在均布活载 q 的各种不利布置情况下可分别绘出弯矩图。将图 11 - 13（a）与图 11 - 13（b）两种荷载所产生的弯矩图叠加，便得到边跨最大弯矩和中间跨最小弯矩的图线 1 [图 11 - 13（e）]；将图 11 - 13（a）与图 11 - 13（c）两种荷载所形成的弯矩图叠加，便得到边跨最小弯矩和中间跨最大弯矩的图线 2；将图 11 - 13（a）与图 11 - 13（d）两种荷载所形成的弯矩图叠加，便得到支座 B 最大负弯矩图线 3。显然，外包线 4 就代表各截面在各种可能的活载布置下产生的弯矩上下限。不论活载如何布置，梁各截面上产生的弯矩值均不会超出此外包线所表示的弯矩值。这个外包线就称为弯矩包络图 [图 11 - 13（e）]。用同样的方法可绘出梁的剪力包络图 [图 11 - 13（f）]。弯矩包络图用来计算和配置梁的各截面的纵向配筋；剪力包络图则用来计算和配置箍筋及弯起钢筋。

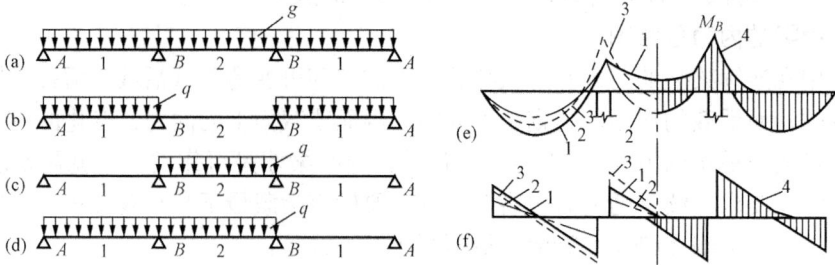

图 11-13　连续梁的内力包络图

绘制每跨弯矩包络图时，可根据最不利布置的荷载求出相应的两边支座弯矩，以支座弯矩间连线为基线，绘制相应荷载作用下的简支梁弯矩图，将这些弯矩图逐个叠加，其外包线即为所求的弯矩包络图。

承受均布荷载的等跨连续梁，也可利用附录十的表格直接绘出弯矩包络图。该表格中已给出每跨 10 个截面的最大及最小弯矩的系数值，应用时很方便。承受集中荷载的等跨连续梁，其弯矩包络图可利用附录九的影响线系数表绘制（具体方法可参阅［例 11-1］）。连续板一般不需要绘制内力包络图。

还应注意，用上述方法求得的支座弯矩 M_C 一般为支座中心处的弯矩值。当连续梁（板）与支座整体浇筑时［图 11-14（a）］，在支座范围内的截面高度很大，梁（板）在支座内破坏的可能性很小，故其最危险的截面应在支座边缘处。因此，可取支座边缘处的弯矩 M 作为配筋计算的依据。若弯矩计算时计算跨度取为 $l_0=l_c$，l_c 为支座中心线间的距离则支座边缘截面的弯矩的绝对值可近似按下列公式计算

$$M = |M_C| - |V_0|\frac{b}{2} \tag{11-9}$$

式中　V_0——支座边缘处的剪力，可近似按单跨简支梁计算；

　　　b——支承宽度。

若弯矩计算时，计算跨度取为 $l_0=1.1l_n$（板）或 $l_0=1.05l_n$（梁），则支座边缘处的弯矩计算值可近似按下列公式计算

$$\left.\begin{array}{l} 板 \quad M = |M_C| - 0.05l_n|V_0| \\ 梁 \quad M = |M_C| - 0.025l_n|V_0| \end{array}\right\} \tag{11-10}$$

如果梁（板）直接搁置在墩墙上时［图 11-14（b）］，则不存在上述支座弯矩的削减问题。

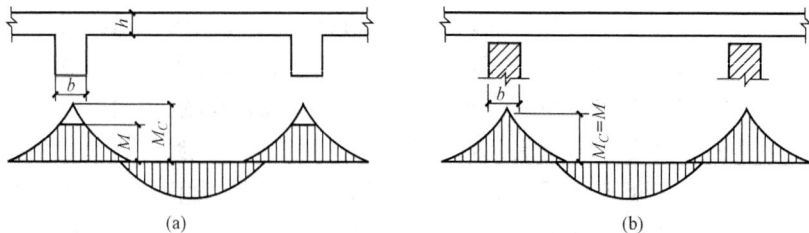

图 11-14　连续梁（板）支座弯矩取值

第四节 单向板肋形结构考虑塑性内力重分布的计算

按弹性方法计算连续梁（板）的内力是能够保证结构安全的。因为它的出发点是认为结构中任一截面的内力达到其极限承载力时，即导致整个结构的破坏。对于静定结构以及脆性材料制成的结构来说，这种出发点是完全合理的。但对于具有一定塑性性能的钢筋混凝土超静定结构，当结构中某一截面的内力达到其极限承载力时，结构并不破坏而仍可承担继续增加的荷载。这说明按弹性方法计算钢筋混凝土连续梁（板）的内力，设计结果偏于安全且有多余的承载力储备。

目前，在民用建筑肋形楼盖的板和次梁设计中，已普遍采用考虑塑性变形内力重分布的方法计算内力。水工建筑物水面以上的肋形结构若采用考虑塑性变形内力重分布的方法计算内力，也将会收到一定的经济效益。

一、基本原理

试验研究表明，在钢筋混凝土适筋梁纯弯段截面上，弯矩 M 与曲率 φ 之间的关系如图 11-15 所示。由图可见，从钢筋开始屈服（b 点）到截面最后破坏（c 点），M—φ 关系接近水平直线，可以认为这个阶段（bc 段）是梁的屈服阶段。在这个阶段中，截面所受的弯矩基本上等于截面的极限承载力 M_u。由图 11-15 还可以看出，配筋率越高，这个屈服阶段的过程就越短；如果配筋过多，截面将呈脆性破坏，就没有这个屈服阶段。

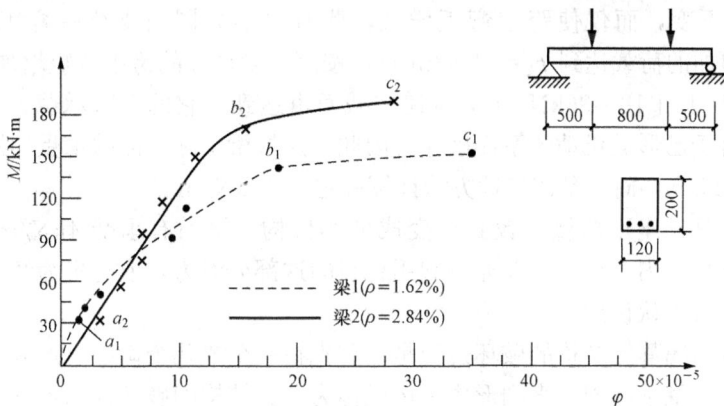

图 11-15 弯矩与曲率的关系

a_1、a_2—出现裂缝；b_1、b_2—钢筋屈服；c_1、c_2—截面破坏

试验表明，当钢筋混凝土梁某一截面的内力达到其极限承载力 M_u 时，只要截面中配筋率不是太高，钢筋不采用高强钢筋，则截面中的受拉钢筋将首先屈服，截面开始进入屈服阶段，梁就会围绕该截面发生相对转动，好像出现一个铰一样（图 11-16），称这个铰为"塑性铰"。塑性铰与理想铰的不同之处在于：①理想铰不能传递弯矩，而塑性铰能承担相当于该截面极限承载力 M_u 的弯矩。②理想铰可以在两个方面自由转动，而塑性铰却是单向铰，不能反向转动，只是在弯矩 M_u 作用下沿弯矩作用方向作有限的转动。塑性铰的转动能力与配筋率 ρ 及混凝土极限压应变 ε_{cu} 有关，ρ 越小塑性铰转动能力越大；塑性铰不能无限制地转动，当截面受压区混凝土被压碎时，转动幅度也就达到其极限值（图 11-15 中的 c 点）。

③理想铰集中于一点，而塑性铰是一个塑性铰区。

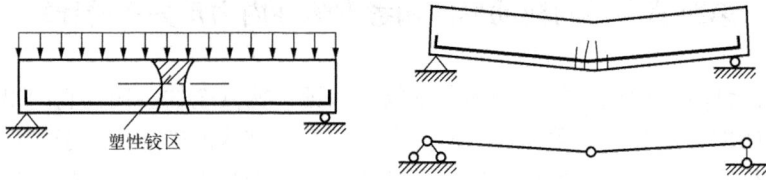

图 11-16　塑性铰区

在静定结构中，只要有一个截面形成塑性铰便不能再继续加载，因为此时静定结构已变成破坏机构（图 11-16）。但在超静定结构中则不然，每出现一个塑性铰仅意味着减少一次超静定次数，荷载仍可继续增加，直到塑性铰陆续出现使结构变成几何可变的破坏机构为止。

图 11-17 （a）为承受均布荷载的单跨固端梁，长度 $l=6\text{m}$，梁各截面的尺寸及上下配筋量均相同，所能承受的正负极限弯矩均为 $M_u=36\text{kN·m}$。当荷载 $p_1=12\text{kN/m}$ 时，按弹性方法计算，支座弯矩 $M_A=M_B=36\text{kN·m}$，跨中弯矩 $M_C=18\text{kN·m}$，如图 11-17 （b）所示。此时支座截面的弯矩已等于该截面的极限弯矩 M_u，即按弹性方法进行设计时，该梁能够承受的最大均布荷载为 $p_1=12\text{kN/m}$。

但实际上，在 p_1 作用下梁并未破坏，而仅使支座截面 A 及 B 形成塑性铰，梁上荷载还可继续增加。在继续加载的过程中，由于支座截面已经形成塑性铰，其承担的弯矩保持 $M_u=36\text{kN·m}$ 不变，而仅使跨中弯矩增大，此时的梁如同简支梁一样工作［图 11-17 （c）］。当继续增加的荷载达到 $p_2=4\text{kN/m}$ 时，按简支梁计算的跨中弯矩增加 18kN·m，此时跨中弯矩 $M_C=18+18=36\text{kN·m}$，即跨中截面也达到了它的极限承载力 M_u 而形成塑性铰，此时全梁由于已形成机动体系而破坏。因此，这根梁实际上能够承受的极限均布荷载应为 $p_1+p_2=16\text{kN/m}$，而不是按弹性方法计算确定的 12kN/m。

由此可见，从支座形成塑性铰到梁变成破坏机构，梁尚有承受 4kN/m 均布荷载的潜力。考虑塑性变形的内力计算就能充分利用材料的这部分潜力，取得更为经济的效果。

从上述例子可以认识到：

（1）塑性材料超静定结构的破坏过程是，首先在一个或几个截面上形成塑性铰，随着荷载的增加，塑性铰继续出现，直到形成破坏机构为止。结构的破坏标志不是一个截面的屈服而是破坏机构的形成。

（2）在支座截面形成塑性铰以前，支座弯矩 M_A 与跨中弯矩 M_C 之比为 2∶1，在支座截面形成塑性铰以后，上述比值就逐渐改变，最后成为 1∶1（两者都等于 M_u），这说明材料的塑性变形会引起内力的重分布。所以，这种内力计算方法就称为"考虑塑性变形内力重分布的计算方法"。

（3）虽然支座截面出现塑性铰后，支座弯矩与跨中弯矩的比例发生改变，但始终遵守力的平衡条件，即跨中弯矩加上两个支座弯矩的平均值始终等于简支梁的跨中弯矩 M_0［图 11-18 （a）］。对均布荷载作用下的梁，有

$$M_C+\frac{1}{2}(M_A+M_B)=M_0=\frac{1}{8}(p_1+p_2)l_0^2 \tag{11-11}$$

（4）超静定结构塑性变形的内力重分布在一定程度上可以由设计者通过控制截面的极限

弯矩 M_u（即调整配筋数量）来掌握。控制截面的弯矩值可以由设计者在一定程度内自行指定，这就为有经验的设计人员提供了一个计算混凝土超静定结构内力的简捷手段。

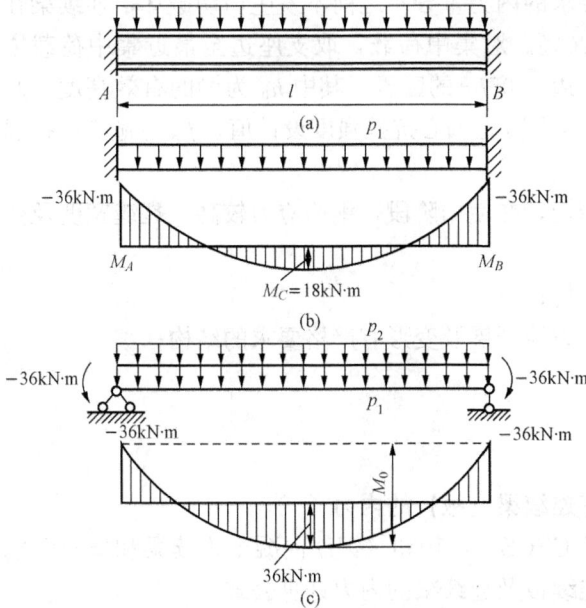

图 11 - 17　固端梁的塑性内力重分布　　　　　　图 11 - 18　弯矩调幅

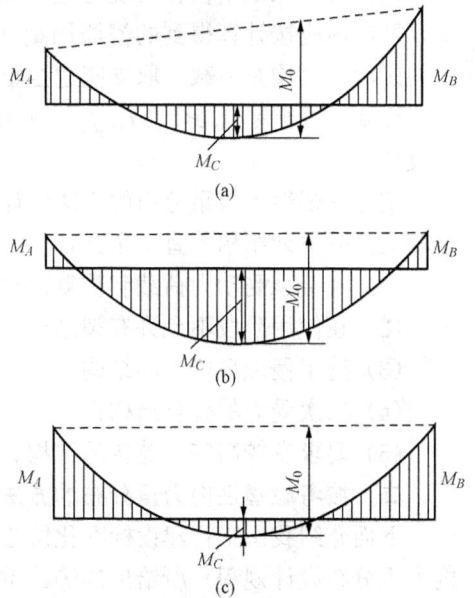

如前所述，若把支座截面的极限弯矩指定为 36kN·m，则在 $p_1 = 12$kN/m 时就开始产生塑性内力重分布。假如支座截面的极限弯矩指定得比较低，则塑性铰就出现较早，为了满足力的平衡条件，跨中截面的极限弯矩就必须调整得比较高 [图 11 - 18（b）]；反之，如果支座截面的极限弯矩指定得比较高，则跨中截面的弯矩就可调整得低一些 [图 11 - 18（c）]。这种按照设计需要调整控制截面弯矩的计算方法通常称为"弯矩调幅法"。

应该指出的是，弯矩的调整也不能是随意的。如果指定的支座截面弯矩值比按弹性方法计算的支座截面弯矩值小得太多，则该截面的塑性铰就会出现得太早，内力重分布的过程就会太长，导致塑性铰转动幅度过大，裂缝开展过宽，不能满足正常使用的要求。甚至还有可能出现截面受压区混凝土被压坏，无法形成完全的塑性内力重分布。所以，按考虑塑性变形内力重分布的方法计算内力时，弯矩的调整幅度应有所控制。截面弯矩调整的幅度采用弯矩调幅系数 β 来表示。即 $\beta = 1 - M_a/M_e$，M_a、M_e 分别为调幅后的弯矩和按弹性方法计算的弯矩。

综上所述，采用塑性内力重分布的方法计算钢筋混凝土连续梁（板）的内力时，应遵守以下原则：

（1）为保证先形成的塑性铰具有足够的转动能力，但又不转动过大，以保证满足正常使用极限状态的要求，必须限制截面的配筋率，即要求调幅截面的相对受压区高度 $0.10 \leqslant \xi \leqslant 0.35$。同时宜采用塑性较好的 HPB235、HPB300、HRB335 和 HRB400 热轧钢筋，混凝土强度等级宜在 C20～C45 范围内。同时为防止塑性铰过早出现而使裂缝过宽，截面的弯矩调幅系数 β 不宜超过 0.25，即调整后的截面弯矩不宜小于按弹性方法计算所得弯矩的 75%。钢筋混凝土板的负弯矩调幅度不宜大于 20%。

（2）弯矩调幅后，在每一跨内，板、梁两支座弯矩平均值的绝对值与跨中弯矩之和，不应小于按简支梁计算的跨中最大弯矩 M_0 的 1.02 倍，各支座与跨中截面的弯矩值不宜小于 $M_0/3$，以保证结构在形成破坏机构前能达到设计要求的承载力。

（3）为了保证结构在实现弯矩调幅所要求的内力重分布之前不发生剪切破坏，连续梁在下列区段内应按计算得到的箍筋用量增大 20%。对集中荷载，取支座边至最近集中荷载之间的区段；对均布荷载，取支座边至距支座边 $1.05h_0$ 的区段，其中 h_0 为梁的有效高度。此外，还要求配箍率 $\rho_{sv} \geqslant 0.3 f_t / f_{yv}$，其中 f_t 为混凝土轴心抗拉强度设计值，f_{yv} 为箍筋抗拉强度设计值。

按考虑塑性内力重分布的方法设计的结构，在使用阶段，钢筋应力较高，裂缝宽度及变形较大。故下列结构不宜采用这种方法：

（1）直接承受动力荷载和重复荷载的结构；

（2）在使用阶段不允许有裂缝产生或对裂缝开展及变形有严格要求的结构；

（3）处于侵蚀环境中的结构；

（4）二次受力的叠合结构；

（5）要求有较高安全储备的结构。

二、按考虑塑性内力重分布的方法计算连续梁（板）的内力

下面介绍我国工程建设标准化协会标准 CECS51：1993《钢筋混凝土连续梁和框架考虑内力重分布设计规程》所给出的等跨单向连续板及连续梁的内力计算公式。

1. 均布荷载作用下的等跨连续板的弯矩

$$M = \alpha_{mp}(g+q)l_0^2 \qquad (11-12)$$

式中　α_{mp}——板的弯矩系数，按表 11-2 查用；

　　　l_0——计算跨度，当两端与梁整体连接时，取净跨 l_n；当两端搁置在墩墙上时，取 $l_n + h$，h 为板厚，并不得大于支座中心线间的距离 l_c；当一端与梁整体连接，另一端搁置在墩墙上时，取 $l_n + h/2$，并不得大于 $l_n + a/2$，a 为墩墙支承宽度。

2. 均布荷载或集中荷载作用下的等跨连续梁的弯矩和剪力

（1）承受均布荷载时

$$\left. \begin{array}{l} M = \alpha_{mb}(g+q)l_0^2 \\ V = \alpha_{vb}(g+q)l_n \end{array} \right\} \qquad (11-13)$$

式中　α_{mb}，α_{vb}——梁的弯矩系数和剪力系数，分别按表 11-3、表 11-4 查用；

　　　l_n——净跨度；

　　　l_0——计算跨度，当两端与梁或柱整体连接时，取净跨 l_n；当两端搁置在墩墙上时，取 $1.05l_n$，并不得大于支座中心线间的距离 l_c；当一端与梁或柱整体连接，另一端搁置在墩墙上时，取 $1.025l_n$，并不得大于 $l_n + a/2$，a 为墩墙支承宽度。

（2）承受间距相同、大小相等的集中荷载时

$$\left. \begin{array}{l} M = \eta \alpha_{mb}(G+Q)l_0 \\ V = \alpha_{vb} n(G+Q) \end{array} \right\} \qquad (11-14)$$

式中　α_{mb}，α_{vb}——梁的弯矩系数和剪力系数，分别按表 11-3、表 11-4 查用；

　　　η——集中荷载修正系数，依据　跨内集中荷载的不同情况按表 11-5 确定；

　　　n——一跨内集中荷载的个数。

表 11-2　　　　　　　　　　　连续板考虑塑性内力重分布的弯矩系数 α_{mp}

端支座 支承情况	跨中弯矩			支座弯矩		
	M_1	M_2	M_3	M_A	M_B	M_C
搁置在墩墙上	1/11	1/16	1/16	0	−1/10（用于两跨连续板）	−1/14
与梁整体连接	1/14			−1/16	−1/11（用于多跨连续板）	

表 11-3　　　　　　　　　　　连续梁考虑塑性内力重分布的弯矩系数 α_{mb}

端支座 支承情况	跨中弯矩			支座弯矩		
	M_1	M_2	M_3	M_A	M_B	M_C
搁置在墩墙上	1/11	1/16	1/16	0	−1/10（用于两跨连续梁）	−1/14
与梁整体连接	1/14			−1/24	−1/11（用于多跨连续梁）	
与柱整体连接	1/14			−1/16		

表 11-4　　　　　　　　　　　连续梁考虑塑性内力重分布的剪力系数 α_{vb}

荷载情况	端支座支承情况	剪力				
		Q_A	Q_B^l	Q_B^r	Q_c^l	Q_C^r
均布荷载	搁置在墩墙上	0.45	0.60	0.55	0.55	0.55
	梁与梁或梁与柱整体连接	0.50	0.55			
集中荷载	搁置在墩墙上	0.42	0.65	0.60	0.55	0.55
	梁与梁或梁与柱整体连接	0.50	0.60			

表 11-5　　　　　　　　　　　集中荷载修正系数 η

荷载情况	M_1	M_2	M_3	M_A	M_B	M_C
跨中中点处作用一个集中荷载时	2.2	2.7	2.7	1.5	1.5	1.6
跨中三分点处作用两个集中荷载时	3.0	3.0	3.0	2.7	2.7	2.9
跨中四分点处作用有三个集中荷载时	4.1	4.5	4.8	3.8	3.8	4.0

表 11-2、表 11-3 中的弯矩系数，适用于荷载比 $q/g>0.3$ 的等跨连续梁（板）。表中系数也适用于跨度相差不大于 10% 的不等跨连续梁（板），但在计算跨中弯矩和支座剪力时应取本跨的跨度值，计算支座弯矩时应取相邻两跨的较大跨度值。

当单向连续板的周边与钢筋混凝土梁整体连接时，可考虑内拱的有利作用，除边跨和离端部第二支座外，中间各跨的跨中和支座弯矩值可减少 20%。

在设计中，若遇到不等跨或各跨荷载相差较大的等跨连续梁（板），采用内力重分布方法计算时，可按上述设计规程中介绍的步骤进行，这里不再赘述。

第五节　单向板肋形结构的截面设计和构造要求

一、连续梁（板）的截面设计

连续板或连续梁均为受弯构件，因此连续梁（板）的正截面及斜截面承载力计算，抗裂、裂缝宽度和变形验算等，均可按前面几章介绍的方法进行。下面仅指出在进行连续梁（板）截面设计时应注意的几个问题。

计算连续梁（板）的钢筋用量时，一般只需根据各跨跨中的最大正弯矩和各支座的最大负弯矩进行计算，其他各截面则可通过绘制抵抗弯矩图来校核是否满足要求。连续梁（板）的抵抗弯矩图，可按第四章所讲的方法绘制。对于承受均布荷载的等跨连续板，当相邻各跨跨度相差不超过 20% 时，则一般可不画抵抗弯矩图，钢筋布置方式可按构造要求处理。

肋形结构中的连续板可不进行受剪承载力计算，即板的剪力由混凝土承受，不设置腹筋。对于连续梁，则需对每一支座左、右两侧分别进行斜截面承载力计算，以确定箍筋、弯起钢筋的用量和弯起钢筋的位置。

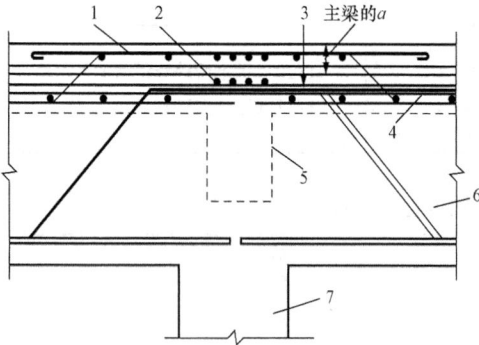

图 11 - 19　主梁支座处钢筋相交示意图
1—板的支座钢筋；2—次梁支座钢筋；
3—主梁支座钢筋；4—板；5—次梁；
6—主梁；7—柱

整体式肋形结构中次梁和主梁是以板为翼缘的连续 T 形梁。但在支座截面承受负弯矩，上面受拉、下面受压，受压区在梁肋内，因此应按矩形截面进行设计；而跨中截面大多承受正弯矩，所以应按 T 形截面设计。

计算主梁支座截面时，由于在柱上次梁和主梁纵横相交，而且板、次梁及主梁的支座钢筋又互相交叉重叠（图 11 - 19），主梁钢筋位于最下层，所以主梁支座截面的有效高度 h_0 应根据实际配筋的情况来确定。当支座负弯矩钢筋为单层时，取 $h_0 = h - a = h - 60\text{mm}$；当为双层时，取 $h_0 = h - a = h - 80\text{mm}$。

二、连续梁（板）的构造要求

第三章、第四章中有关受弯构件的各项构造要求对于连续梁（板）也完全适用。在此仅就连续梁（板）的配筋构造作一介绍。

1. 连续板

（1）连续板的配筋形式有两种：弯起式（图 11 - 20）和分离式（图 11 - 21）。

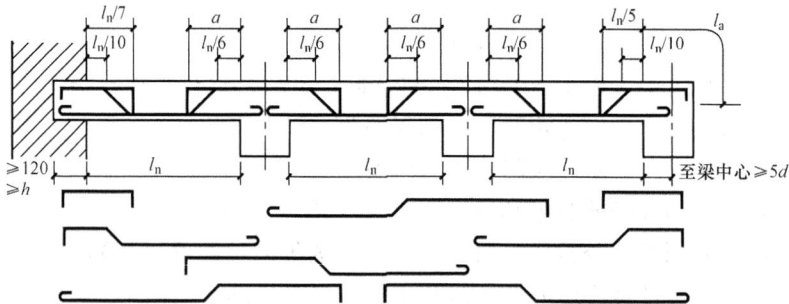

图 11 - 20　连续板的弯起式配筋

1）弯起式。在配筋时可先选配跨中钢筋，然后将跨中钢筋的一半（最多不超过 2/3）在支座附近弯起并伸过支座。这样在中间支座就由从相邻两跨弯起的钢筋承担负弯矩，如果还不能满足要求，则可另加直钢筋。为了受力均匀和施工方便，板中钢筋排列要有规律，这就要求相邻两跨跨中钢筋的间距相等或成倍数，另加直钢筋的间距也应如此。为了使间距能

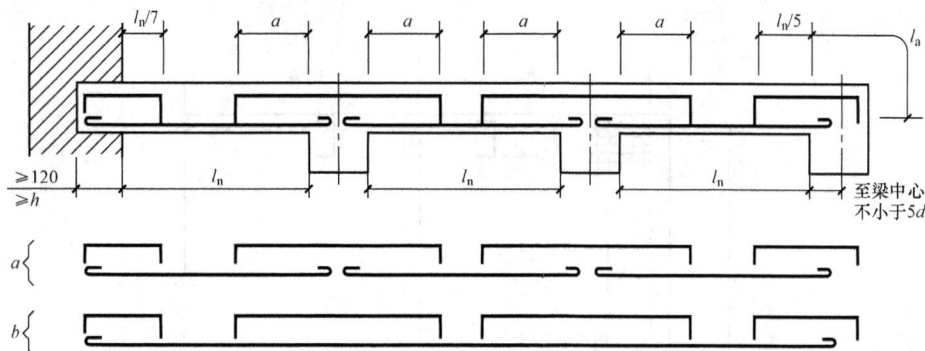

图 11-21　连续板的分离式配筋

够协调，可以采用不同直径的钢筋，但直径的种数也不宜过多，否则规格复杂，施工中容易出错。板中钢筋的弯起角度一般采用 30°，当板厚不小于 120mm 时，可采用 45°。垂直于受力钢筋方向还要配置分布钢筋，分布钢筋应布置在受力钢筋的内侧，在受力钢筋的弯折处一般都应布置分布钢筋。弯起式配筋锚固性能好，可节约一些钢筋，但设计和施工制作较为复杂。

2）分离式。配筋时将跨中正弯矩钢筋和支座负弯矩钢筋分别配置，并全部采用直钢筋。支座钢筋向跨内的延伸长度应由抵抗弯矩图确定，对于常规的肋形结构，延伸长度 a 也可按图 11-21 的规定取值。跨中钢筋宜全部伸入支座，可每跨断开［图 11-21（a）］，也可连续几跨不切断［图 11-21（b）］。

分离式配筋耗钢量略高，但设计和施工比较方便，目前工程中大多采用分离式配筋。

图 11-20 和图 11-21 中的 a 值，当 $q/g \leqslant 3$ 时，取 $a = l_n/4$；当 $q/g > 3$ 时，取 $a = l_n/3$，其中 g、q 和 l_n 分别是恒载、活载和板的净跨度。

（2）在肋形结构中，板中受力钢筋的常用直径为 6mm、8mm、10mm、12mm 等，为了施工中钢筋不易被踩下，支座上部承受负弯矩的钢筋直径一般不宜小于 8mm。受力钢筋的间距不宜大于 200mm。

板下部受力钢筋伸入支座的锚固长度不应小于 $5d$，d 为伸入支座的钢筋直径。当连续板内温度收缩应力较大时，伸入支座的锚固长度宜适当增加。

当板较薄时，支座上部承受负弯矩的钢筋端部可做成直角弯钩，向下直伸到板底，以便固定钢筋。

（3）在单向板肋形结构中，板中单位长度上的分布钢筋截面面积不宜小于单位长度上的受力钢筋截面面积的 15%，且不宜小于该方向板截面面积的 15%，分布钢筋的间距不宜大于 250mm，直径不宜小于 6mm。当连续板处于温度变幅较大或处于不均匀沉降的复杂条件，且在与受力钢筋垂直的方向所受约束很大时，分布钢筋宜适当增加。当集中荷载较大时，分布钢筋应适当增加，间距不宜大于 200mm。

（4）板边嵌固于墩墙内的板，实际上有部分嵌固作用，在支承处会产生一定的负弯矩。若计算时按简支考虑，则在嵌固支承处，板顶面应沿板边布置垂直板边的附加短钢筋，伸出支座边界的长度不宜小于 $l_{1n}/7$，如图 11-22 所示；在墩墙角附近，板顶面往往产生与墙大约成 45° 角的弧形裂缝，故在其 $l_{1n}/4$ 范围内，应在板顶面沿双向配置构造钢筋网。沿板的受力方向配置的上部构造钢筋，直径不宜小于 8mm，间距不宜大于 200mm，其截面面积不宜小于该方向跨中受力钢筋截面面积的 1/3；钢筋直径也不宜小于 8mm，间距也不宜大于 200mm。

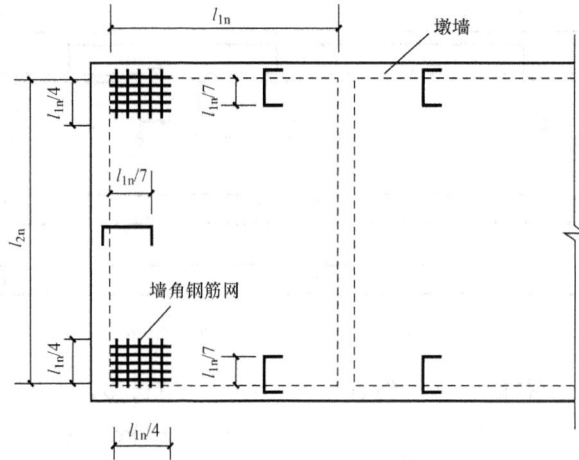

图 11-22 嵌固于墩墙内的板边及板角处的配筋构造

（5）板与主梁梁肋连接处实际上也会产生一定的负弯矩，计算时却没有考虑。故应在与主梁连接处板的顶面，沿与主梁垂直方向配置附加钢筋。其单位长度内的总截面面积不宜少于板中单位长度内受力钢筋截面面积的 1/3，直径不宜小于 8mm，间距不宜大于 200mm，伸过主梁边缘的长度不宜小于板计算跨度的 1/4（图 11-23）。

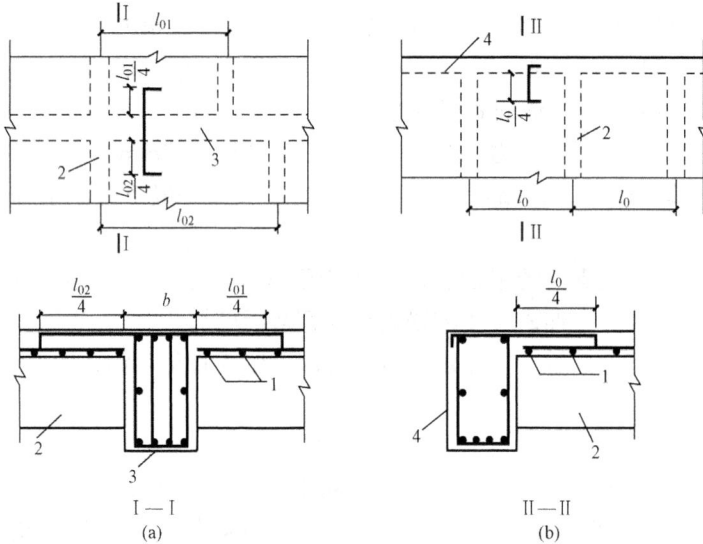

图 11-23 板与主梁梁肋连接处的附加钢筋
1—板内受力钢筋；2—次梁；3—主梁；4—边梁

（6）在温度、收缩应力较大的现浇板区域内，钢筋间距宜取为 150～200mm，并应在板的未配筋表面布置温度收缩钢筋，板的上、下表面沿纵、横两个方向的配筋率不宜小于 0.1%。

温度收缩钢筋可利用原有钢筋贯通布置，也可另行设置构造钢筋网，并与原有钢筋按受拉钢筋的要求搭接或在周边构件中锚固。

（7）前已述及，在水电站厂房的楼板上，由于使用要求往往要开设一些孔洞，这些孔洞削弱了板的整体作用，因此在洞口周围应布置钢筋予以补强。通常可按以下方式进行构造处理：

1）当 b 或 d（b 为垂直于板的受力钢筋方向的孔洞宽度，d 为圆孔直径）小于 300mm 且小于板宽的 1/3 时，可不设附加钢筋，只将受力钢筋间距作适当调整，或将受力钢筋绕过孔洞周边，不予切断。

2）当 b 或 d 等于 300～1000mm 时，应在洞边每侧配置附加钢筋，每侧的附加钢筋截面面积不应小于洞口宽度内被切断的钢筋截面面积的 1/2，且不应少于 2 根直径为 10mm 的钢筋；当板厚大于 200mm 时，宜在板的顶、底部均配置附加钢筋。

3）当 b 或 d 大于 1000mm 时，除按上述规定配置附加钢筋外，在矩形孔洞四角尚应配置 45°方向的构造钢筋（图 11-24）；在圆孔周边尚应配置不少于 2 根直径为 10mm 的环向钢筋，搭接长度为 30d，并设置直径不小于 8mm、间距不大于 300mm 的放射形径向钢筋（图 11-25）。

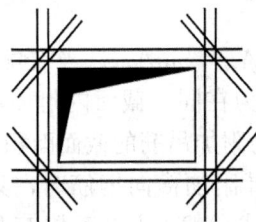

图 11-24　矩形孔构造钢筋　　　　　　　图 11-25　圆孔构造钢筋

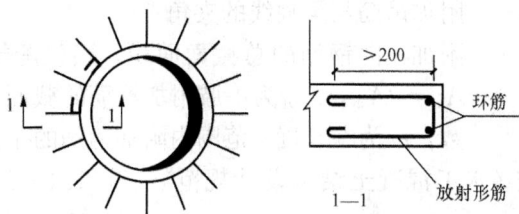

4）当 b 或 d 大于 1000mm，并在孔洞附近有较大的集中荷载作用时，宜在洞边加设肋梁。当 b 或 d 大于 1000mm，而板厚小于 0.3b 或 0.3d 时，也宜在洞边加设肋梁；当板厚大于 300mm 时，宜在洞边加设暗梁或肋梁。

2. 连续梁

连续梁配筋时，一般是先选配各跨跨中的纵向受力钢筋，然后将其中部分钢筋根据斜截面受剪承载力的需要，在支座附近弯起后伸入支座，并用以承担支座负弯矩。如两相邻跨弯起伸入支座的钢筋尚不能满足支座正截面受弯承载力的需要时，可在支座上另加直钢筋。当所配箍筋及从跨中弯起的钢筋不能满足斜截面受剪承载力的需要时，可另加斜筋或鸭筋。钢筋弯起的位置，一般应根据剪力包络图来确定，然后绘制抵抗弯矩图来校核弯起位置是否合适，并确定支座顶面纵向受力钢筋的切断位置。在端支座处，虽有时按计算不需要弯起钢筋，但仍应弯起部分钢筋，伸入支座顶面，以承担可能产生的负弯矩。伸入支座内的跨中纵向钢筋根数不得少于 2 根。如跨中也可能产生负弯矩时，则还需在梁的顶面另设纵向受力钢筋，否则在跨中顶面只需配置架立钢筋。

在主梁与次梁交接处，主梁的两侧承受次梁传来的集中荷载，因而可能在主梁的中下部引起斜向裂缝。为了防止这种破坏，应在次梁两侧设置附加横向钢筋（箍筋或吊筋）。附加横向钢筋的数量根据集中荷载全部由附加横向钢筋承担的原则来确定。考虑到主梁与次梁交接处的破坏面大体上在图 11-26 中的虚线范围内，故附加的钢筋应布置在 $s=2h_1+3b$ 的范围内（若采用附加箍筋，附加箍筋布置于次梁两侧），其数量可按下式计算

$$A_{sv} = \frac{\gamma_d F}{f_{yv}\sin\alpha} \tag{11-15}$$

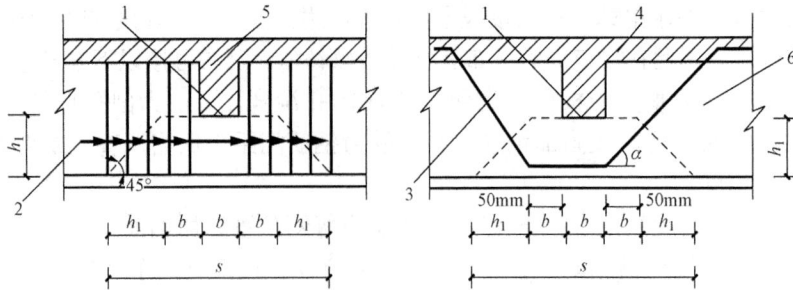

图 11 - 26　主次梁交接处附加箍筋或吊筋

1—传递集中荷载的位置；2—附加箍筋；3—附加吊筋；4—板；5—次梁；6—主梁

式中　γ_d——结构系数，对于钢筋混凝土结构，取 1.2；

F——作用在梁下部或梁截面高度范围内的集中荷载设计值；

f_{yv}——附加横向钢筋的抗拉强度设计值；

α——附加吊筋与梁轴线的夹角；

A_{sv}——附加横向钢筋的总截面面积，当仅配箍筋时，$A_{sv}=mnA_{sv1}$；当仅配吊筋时，$A_{sv}=2A_{sb}$，A_{sv1} 为一肢附加箍筋的截面面积，n 为在同一截面内附加箍筋的肢数，m 为在长度 s 范围内附加箍筋的排数，A_{sb} 为附加吊筋的截面面积。

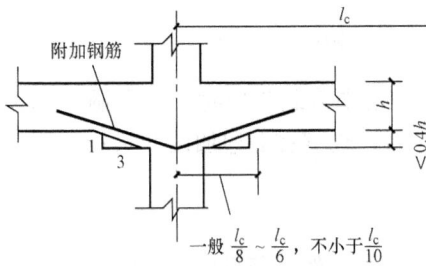

图 11 - 27　梁支座处的支托尺寸

当按《水工混凝土结构设计规范》（SL 191—2008）设计附加横向钢筋时，只需将式（11 - 15）中的 γ_d 换成承载力安全系数 K 即可；当按《混凝土结构设计规范》（GB 50010—2010）进行设计时，式（11 - 15）中的 γ_d 取为 1 即可。

当梁支座处的剪力较大时，可以加做支托（图 11 - 27），将梁局部加高，以满足斜截面受剪承载力的要求。支托的长度一般为 $l_c/8\sim l_c/6$，且不宜小于 $l_c/10$。支托的高度不宜超过 $0.4h$，且应满足斜截面受剪承载力的最小截面尺寸的要求。支托的附加钢筋一般采用 2～4 根，其直径与纵向受力钢筋的直径相同。

第六节　三跨连续梁设计例题

某水闸的工作桥由两根三跨连续 T 形梁组成。每扇闸门由一台 2×160kN 绳鼓式启闭机控制启闭。图 11 - 28 为工作桥及启闭机位置示意图。Ⅱ级水工建筑物。要求设计甲梁。

T 形梁截面（图 11 - 29）：$b'_f = 800 - 50 = 750mm$，$h'_f = 120mm$，$b = 250mm$，$h = 700mm$。梁的净跨度 $l_n = 8m$，支座宽度 $a = 1.1m > 0.05l_c = 0.05 \times 9.1 = 0.455mm$，故计算弯矩时梁的计算跨度 $l_0 = 1.05l_n = 8.4m$。两根梁之间铺放长为 800mm 的预制钢筋混凝土板，两根梁的净距为 700mm，板厚 50mm。

分配给甲梁承受的荷载是：

机墩及绳鼓重

$$G_{1k} = 15.0kN$$

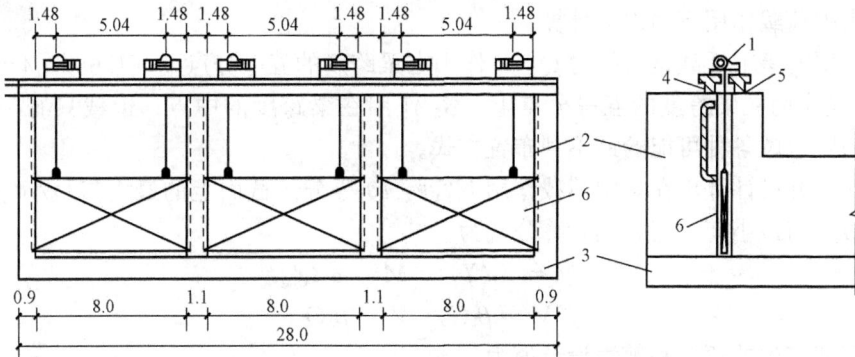

图 11-28 工作桥及启闭机位置示意图（单位：m）

1—160kN绳鼓式启闭机；2—闸墩；3—闸底板；4—甲梁；5—乙梁；6—闸门

减速箱及电机重

$$G_{2k} = 15.0 \text{kN}$$

启门力

$$Q_k = 105.0 \text{kN}$$

甲梁自重及预制板重

$$g_k = \left(0.8 \times 0.12 + 0.58 \times 0.25 + \frac{0.05 \times 0.7}{2}\right) \times 25 = 6.46 \text{kN/m}$$

人群荷载

$$q_k = 3.0 \text{kN/m}$$

工作桥纵梁混凝土采用 C25，纵筋采用 HRB335，箍筋采用 HPB235。由附录二附表 2-2 和附表 2-6 查得材料强度设计值 f_c = 11.9N/mm²，f_y = 300N/mm²，f_{yv} = 210N/mm²。水工建筑物级别为Ⅱ级，故结构重要性系数 γ_0=1.0，正常运行期为持久状况，因此，设计状况系数 ψ=1.0，查附录得结构系数 γ_d=1.20［对应《水工混凝土结构设计规范》（SL 191—2008）中的基本组合承载力安全系数 K=1.20］。

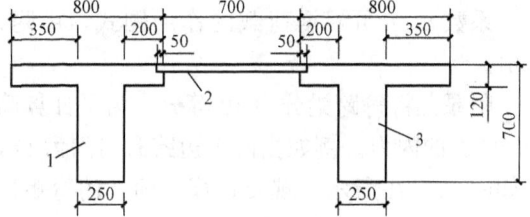

图 11-29 梁截面各部分尺寸

1—甲梁；2—预制板厚50mm；3—乙梁

解 1. 内力计算

梁的计算简图如图 11-30 所示。

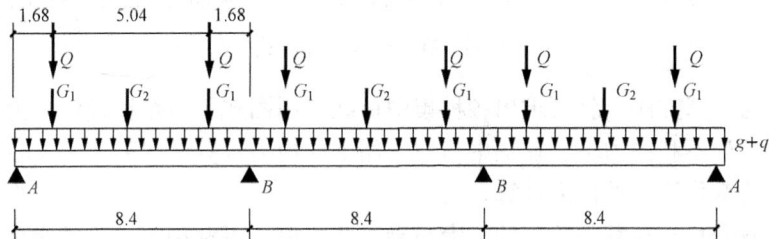

图 11-30 梁的计算简图（长度单位：m）

（1）集中荷载作用下的内力计算。

梁上作用的集中活载是启闭力 Q，Q 作用在梁跨度的五等分点上（1.68/8.4＝1/5）。集中恒载 G_1 也作用在梁跨度的五等分点上，G_2 作用在梁跨度的中点。恒载只有一种作用方式，活载则要考虑各种可能的最不利布置方式。

利用附录九可计算出在集中荷载作用下各跨 10 等分点截面上的最大与最小弯矩值及支座截面的最大与最小剪力值，其计算公式为

$$M = \alpha_1 G l_0, \quad M = \alpha_2 Q l_0$$
$$V = \beta_1 G, \quad V = \beta_2 Q$$

集中荷载产生的弯矩和剪力设计值为

$$M = 1.05 M_{Gk} + 1.20 M_{Qk}$$
$$V = 1.05 V_{Gk} + 1.20 V_{Qk}$$

则

$$M = 1.05\alpha_1 G_k l_0 + 1.20\alpha_2 Q_k l_0 = \alpha_1(1.05 G_k l_0) + \alpha_2(1.20 Q_k l_0)$$
$$V = 1.05\beta_1 G_k + 1.20\beta_2 Q_k = \beta_1(1.05 G_k) + \beta_2(1.20 Q_k)$$

而

$$1.05 G_{1k} = 1.05 \times 15.0 = 15.75 \text{kN}$$
$$1.05 G_{2k} = 1.05 \times 15.0 = 15.75 \text{kN}$$
$$1.20 Q_k = 1.20 \times 105.0 = 126.0 \text{kN}$$
$$1.05 G_k l_0 = 15.75 \times 8.40 = 132.30 \text{kN} \cdot \text{m}$$
$$1.20 Q_k l_0 = 126.0 \times 8.40 = 1058.40 \text{kN} \cdot \text{m}$$

系数 α、β 可根据荷载的作用图式，由附录九查得，然后叠加求出荷载作用点处的内力值。

附录九将每跨梁分为 10 等分。为了计算简单，在本例中只计算 2、5、8、B、12、15 等 6 个截面的内力。例如当两个边跨有启门力 Q 作用，中间跨没有启闭力作用时，荷载计算图式如图 11-31 所示。现要计算截面 2 的弯矩值，则从附录九查得：Q 作用在位置 2 时，$\alpha_{2,2}$＝0.1498；Q 作用在位置 8 时，$\alpha_{2,8}$＝0.0246；Q 作用在位置 22 时，$\alpha_{2,22}$＝0.0038；Q 作用在位置 28 时，$\alpha_{2,28}$＝0.0026。则 α_2＝0.1498＋0.0246＋0.0038＋0.0026＝0.1808。从而在这种荷载图式作用下，截面 2 的弯矩 $M = \alpha_2(1.2 Q l_0) = 0.1808 \times 1058.4 = 191.36 \text{kN} \cdot \text{m}$。

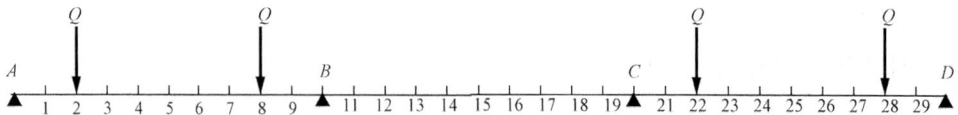
图 11-31 荷载计算图式

采用类似的计算方法，就可求出各种集中荷载作用图式下每个截面的内力值，组合后就可得出各截面的最不利内力值。在集中荷载作用下的内力计算结果列入表 11-6。

（2）均布荷载作用下的内力计算。

在均布恒载和均布活载作用下的最大与最小弯矩值，可利用附录十的表格计算。为了与集中荷载作用下的弯矩值组合，本例也只计算相应的几个截面弯矩值。计算公式

$$M_{max} = \alpha g l_0^2 + \alpha_1 q l_0^2$$

$$M_{\min} = \alpha g l_0^2 + \alpha_2 q l_0^2$$

与集中荷载类似，均布荷载产生的弯矩设计值可写为

$$M_{\max} = 1.05 \alpha g_k l_0^2 + 1.20 \alpha_1 q_k l_0^2 = \alpha (1.05 g_k l_0^2) + \alpha_1 (1.20 q_k l_0^2)$$

$$M_{\min} = 1.05 \alpha g_k l_0^2 + 1.20 \alpha_2 q_k l_0^2 = \alpha (1.05 g_k l_0^2) + \alpha_2 (1.20 q_k l_0^2)$$

而

$$1.05 g_k l_0^2 = 1.05 \times 6.46 \times 8.40^2 = 478.61 \text{kN} \cdot \text{m}$$

$$1.20 q_k l_0^2 = 1.20 \times 3.0 \times 8.40^2 = 254.02 \text{kN} \cdot \text{m}$$

计算结果列入表 11 - 7。

在均布荷载作用下的最大与最小剪力可利用附录七的表格计算。

计算公式　　　　　　　　$V = \beta g l_n + \beta_1 q l_n$

同样，均布荷载产生的剪力设计值可写为

$$V = \beta (1.05 g_k l_n) + \beta_1 (1.20 q_k l_n)$$

$$1.05 g_k l_n = 1.05 \times 6.46 \times 8.0 = 54.26 \text{kN}$$

$$1.20 q_k l_n = 1.20 \times 3.0 \times 8.0 = 28.80 \text{kN} \cdot \text{m}$$

计算结果列入表 11 - 8。

（3）最不利内力组合。

各截面的最不利内力，是由集中荷载和均布荷载产生的最不利内力相叠加并乘以系数 γ_0 和 ψ 后而得〔注意：《水工混凝土结构设计规范》（SL 191—2008）不乘这两个系数，因已含在 K 中了；《混凝土结构设计规范》（GB 50010—2010）仅乘以 γ_0 即可〕。计算结果列入表 11 - 9。

弯矩包络图可根据表 11 - 9 各截面的最大、最小弯矩设计值绘制而得，如图 11 - 32 所示。

剪力包络图可根据表 11 - 9 的支座截面最大与最小剪力设计值，按作用相应荷载的简支梁求出各截面的剪力设计值绘得，如图 11 - 33 所示。

2. 配筋计算

（1）纵向钢筋计算。

第一跨跨中

$$M_{1\max} = 268.50 \text{kN} \cdot \text{m}$$

经判别属第一类 T 形截面，按 $b_f' \times h = 750 \text{mm} \times 700 \text{mm}$ 矩形截面计算，估计钢筋要排两层，取 $a = 70 \text{mm}$。

$$h_0 = h - a = 700 - 70 = 630 \text{mm}$$

$$\alpha_s = \frac{\gamma_d M}{f_c b_f' h_0^2} = \frac{1.20 \times 268.50 \times 10^6}{11.90 \times 750 \times 630^2} = 0.091$$

$$\xi = 1 - \sqrt{1 - 2\alpha_s} = 1 - \sqrt{1 - 2 \times 0.091} = 0.096$$

$$A_s = \frac{f_c \xi b_f' h_0}{f_y} = \frac{11.90 \times 0.096 \times 750 \times 630}{300} = 1799 \text{mm}^2$$

选用 4 Φ 20 + 2 Φ 18 （$A_s = 1765 \text{mm}^2$）。

第二跨跨中

$$M_{2\max} = 155.38 \text{kN} \cdot \text{m}$$

$$M_{2\min} = -88.05 \text{kN} \cdot \text{m}$$

表 11-6 　　　　　　　　　　　　　　　　　　　　　　　　　　集中荷载作用下的

序号	荷 载 简 图	计算截面的			
		2	5	8	B
1		$(0.1498 + 0.0800 + 0.0246 - 0.0128 - 0.0150 - 0.0064 + 0.0038 + 0.0050 + 0.0026) \times 132.30 = 30.64$	$(0.0744 + 0.2000 + 0.0616 - 0.0320 - 0.0375 - 0.0160 + 0.0096 + 0.0125 + 0.0064) \times 132.30 = 36.91$	$(-0.0010 + 0.0200 + 0.0986 - 0.0512 - 0.0600 - 0.0256 + 0.0154 + 0.0200 + 0.0102) \times 132.30 = 3.49$	$(-0.0512 - 0.1000 - 0.0768 - 0.0640 - 0.0750 - 0.0320 + 0.0192 + 0.0250 + 0.0128) \times 132.30 = -45.25$
2		$(0.1498 + 0.0246 + 0.0038 + 0.0026) \times 1058.40 = 191.36$	$(0.0744 + 0.0616 + 0.0096 + 0.0064) \times 1058.40 = 160.88$	$(-0.0010 + 0.0986 + 0.0154 + 0.0102) \times 1058.40 = 130.39$	$(-0.0512 - 0.0768 + 0.0192 + 0.0128) \times 1058.40 = -101.61$
3		$(-0.0128 - 0.0064) \times 1058.40 = -20.32$	$(-0.0320 - 0.0160) \times 1058.40 = -50.80$	$(-0.0512 - 0.0256) \times 1058.40 = -81.29$	$(-0.0640 - 0.0320) \times 1058.40 = -101.61$
4		$(0.1498 + 0.0246 - 0.0128 - 0.0064) \times 1056.40 = 164.26$	$(0.0744 + 0.0616 - 0.0320 - 0.0160) \times 1058.40 = 93.14$	$(-0.0010 + 0.0986 - 0.0512 - 0.0256) \times 1058.40 = 22.01$	$(-0.0512 - 0.0768 - 0.0640 - 0.0320) \times 1058.40 = -237.08$
5	最不利内力设计值	(1)+(2) $M_{max}=222.00$ (1)+(3) $M_{min}=10.32$	(1)+(2) $M_{max}=197.79$ (1)+(3) $M_{min}=-13.89$	(1)+(2) $M_{max}=133.88$ (1)+(3) $M_{min}=-77.80$	(1)+(2) $M_{max}=146.86$ (1)+(4) $M_{min}=-282.33$

内力计算表

弯矩值/(kN·m)		支座剪力值/kN		
12	15	V_A	V_B^l	V_B^r
$(-0.0384-0.0750-0.0576+0.1024+0.0250+0.0016+0+0+0)\times132.30=-5.56$	$(-0.0192-0.0375-0.0288+0.0520+0.1750+0.0520-0.0288-0.0375-0.0192)\times132.30=14.29$	$(0.7488+0.4000+0.1232-0.0640-0.0750-0.0320+0.0192+0.0250+0.0128)\times15.75=18.24$	$(-0.2512-0.6000-0.8768-0.0640-0.0750-0.0320+0.0192+0.0250+0.0128)\times15.75=-29.01$	$(0.0640+0.1250+0.0960+0.8320+0.5000+0.1680-0.0960-0.1250-0.0640)\times15.75=23.63$
$(-0.0384-0.0576)\times1058.40=-101.61$	$(-0.0192-0.0288-0.0288-0.0192)\times1058.40=-101.61$	$(0.7488+0.1232+0.0192+0.0128)\times126.00=113.90$	$(-0.2512-0.8768+0.0192+0.0128)\times126.00=-138.10$	$(0.0640+0.0960+0.0960-0.0640)\times126.00=0$
$(0.1024+0.0016)\times1058.40=110.07$	$(0.0520+0.0520)\times1058.40=110.07$	$(-0.0640-0.0320)\times126.00=-12.10$	$(-0.0640-0.0320)\times126.00=-12.10$	$(0.8320+0.1680)\times126.00=126.00$
$(-0.0384-0.0576+0.1024+0.0016)\times1058.40=8.47$	$(-0.0192-0.0288+0.0520+0.0520)\times1058.40=59.27$	$(0.7488+0.1232-0.0640-0.0320)\times126.00=97.78$	$(-0.2512-0.8768-0.0640-0.0320)\times126.00=-154.22$	$(0.0640+0.0960+0.8320+0.1680)\times126.00=146.16$
(1)+(3) $M_{max}=104.51$ (1)+(2) $M_{min}=-107.17$	(1)+(3) $M_{max}=124.36$ (1)+(2) $M_{min}=-87.32$	(1)+(2) $V_{max}=132.14$ (1)+(3) $V_{min}=6.14$	(1)+(3) $V_{max}=-41.11$ (1)+(4) $V_{min}=-183.23$	(1)+(4) $V_{max}=169.79$ (1)+(2) $V_{min}=23.63$

表 11-7　　　　　　　　　　　　均布荷载作用下的弯矩计算表

截面	系　　数			弯矩值/(kN·m)			最大与最小弯矩设计值/(kN·m)	
	α	α_1	α_2	$\alpha\,(1.05g_k l_0^2)$	$\alpha_1\,(1.2q_k l_0^2)$	$\alpha_2\,(1.2q_k l_0^2)$	M_{max}	M_{min}
2	0.060	0.070	−0.010	28.72	17.78	−2.54	46.50	26.18
5	0.075	0.100	−0.025	35.90	25.40	−6.35	61.30	29.55
8	0	0.0402	−0.0402	0	10.21	−10.21	10.21	−10.21
B	−0.100	0.0167	−0.1167	−47.86	4.24	−29.64	−43.62	−77.50
12	−0.020	0.030	−0.050	−9.57	7.62	−12.70	−1.95	−22.27
15	0.025	0.075	−0.050	11.97	19.05	−12.70	31.02	−0.73

表 11-8　　　　　　　　　　　　均布荷载作用下的剪力计算表

项次	荷载简图	剪力/kN		
		V_A	V_B^l	V_B^r
(1)	g 图 A B B A	0.0400×54.26=21.70	−0.600×54.26=−32.56	0.500×54.26=27.13
(2)	q q 图 A B B A	0.450×28.80=12.96	−0.550×28.80=−15.84	0.0×28.80=0
(3)	q 图 A B B A	−0.050×28.80=−1.44	−0.050×28.80=−1.44	0.500×28.80=14.40
(4)	q 图 A B B A	0.383×28.8=11.03	−0.617×28.8=−17.77	0.583×28.80=16.79
(5)	最大剪力设计值 最小剪力设计值	(1)+(2) V_{max}=34.66 (1)+(3) V_{min}=20.26	(1)+(3) V_{max}=−34.0 (1)+(4) V_{min}=−50.33	(1)+(4) V_{max}=43.92 (1)+(2) V_{min}=27.13

表 11-9　　　　　　　　　　　　最不利内力设计值组合表

荷载		计算截面的弯矩设计值/(kN·m)						支座截面剪力设计值/kN		
		2	5	8	B	12	15	V_A	V_B^l	V_B^r
由集中荷载 产生的内力	最大值	222.00	197.79	133.88	−146.86	104.51	124.36	132.14	−41.11	169.79
	最小值	10.32	−13.89	−77.8	−282.33	−107.17	−87.32	6.14	−183.23	23.63
由均布荷载 产生的内力	最大值	46.50	61.30	10.21	−43.62	−1.95	31.02	34.66	−34.00	43.92
	最小值	26.18	29.55	−10.21	−77.50	−22.27	−0.73	20.26	−50.33	27.13
总的最不 利内力	最大值	268.50	259.09	144.09	−190.48	102.56	155.38	166.8	−75.11	213.71
	最小值	36.50	15.66	−88.01	−359.83	−129.44	−88.05	26.40	−233.56	50.76

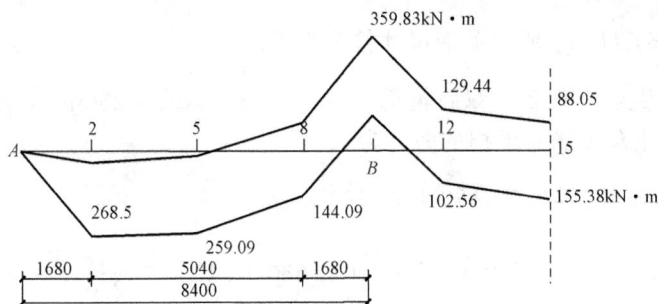

图 11 - 32　弯矩包络图

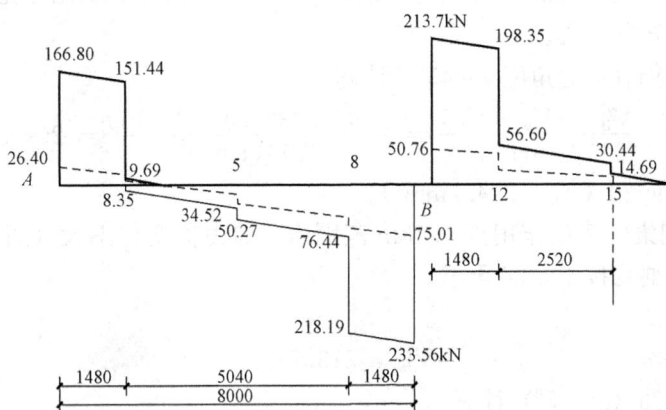

图 11 - 33　剪力包络图

对于 M_{2max}，取 $a=40mm$，可算得 $A_s=962mm^2$，4 Φ 20（$A_s=1257mm^2$）。

对于 M_{2min} 所需的钢筋截面面积，可在绘制抵抗弯矩图时解决。

支座 B

$$M_{Bmin}=-359.83kN \cdot m$$

因为梁和支座整体连接，所以支座 B 的计算弯矩为

$$M_B=|M_{Bmin}|-0.025l_n|V_B^t|$$
$$=359.83-0.025 \times 8.0 \times 213.71=317.09kN \cdot m$$

支座为倒 T 形截面（翼缘在受拉区），故按 $b \times h=250mm \times 700mm$ 的矩形截面计算，取 $a=80mm$，求得 $A_s=2594mm^2$。

由第一跨弯起 2 Φ 20 和第二跨弯起 2 Φ 20，另加直钢筋 4 Φ 20，共 8 Φ 20（$A_s=2513mm^2$，$\rho=1.62\% > \rho_{min}=0.20\%$）

（2）横向钢筋计算。

支座 B 左

$$V_B^l=233.56kN$$

$$\frac{h_w}{b}=\frac{630-120}{250}=2.04 < 4$$

$$\frac{1}{\gamma_d}(0.25f_cbh_0)=\frac{1}{1.2} \times (0.25 \times 11.9 \times 250 \times 630)=390.47 \times 10^3N=390.47kN$$

$V_B^l < \dfrac{1}{\gamma_d}(0.25 f_c b h_0)$，所以截面尺寸符合要求。

设沿梁全长配置 ϕ 10@250 双肢箍筋，$s = 250\text{mm} \leqslant s_{\max} = 250\text{mm}$，$\rho_{sv} = 0.25 > \rho_{sv,\min} = 0.15\%$，计算混凝土和箍筋能承担的剪力为

$$V_c + V_{sv} = 0.7 f_t b h_0 + f_{yv} \frac{A_{sv}}{s} h_0$$

$$= 0.7 \times 1.27 \times 250 \times 630 + 210 \times \frac{2 \times 78.5}{250} \times 630$$

$$= 223.10 \times 10^3 = 223.10\text{kN}$$

$$V_B^l = 233.56\text{kN} > (V_c + V_{sv})/\gamma_d = 223.10/1.20 = 185.92\text{kN}$$

所以还需配置弯起钢筋。

第一排弯起钢筋（弯起角度 $\alpha = 45°$）计算

$$A_{sb1} = \frac{\gamma_d V_B^l - (V_c + V_{sv})}{f_y \sin\alpha} = \frac{1.20 \times 233560 - 223100}{300 \times \sin 45°} = 269.51\text{mm}^2$$

第一跨弯起 $1 \, \Phi \, 20$（$A_{sb} = 314.2\text{mm}^2$）。

从支座 B 左到集中荷载作用点 1.48m 范围内，剪力值变化不大（图 11 - 33），故第二排、第三排弯起钢筋均按 $1 \, \Phi \, 20$ 配置。

支座 B 右

$$V_B^r = 213.79\text{kN}$$

第一排弯起钢筋（$\alpha = 45°$）计算

$$A_{sb1} = \frac{\gamma_d V_B^r - (V_c + V_{sv})}{f_y \sin\alpha} = \frac{1.20 \times 213790 - 223100}{300 \times \sin 45°} = 157.22\text{mm}^2$$

第一跨弯起 $1 \, \Phi \, 20$（$A_{sb} = 314.2\text{mm}^2$），第二、三排弯起钢筋均按 $1 \, \Phi \, 20$ 配置。

在本例中，支座 B 左右边第一排弯起钢筋改用吊筋 $1 \, \Phi \, 20$。支座 A

$$V_A = 166.80\text{kN}$$

$$\gamma_d V_A = 1.2 \times 166.80 = 200.16\text{kN} < (V_c + V_{sv}) = 223.10\text{kN}$$

按计算不需配置弯起钢筋，考虑到支座 A 可能产生负弯矩，仍弯起 $2 \, \Phi \, 20$。

[注意]　（1）以上计算均按照《水工混凝土结构设计规范》（DL/T 5057—2009）得出，若按照《水工混凝土结构设计规范》（SL 191—2008）计算，则将公式中的结构系数 γ_d 改成承载力安全系数 K；计算箍筋承担剪力时，$V_{sv} = 1.25 f_{sv} \dfrac{A_{sv}}{s} h_0$。

（2）若按照《混凝土结构设计规范》（GB 50010—2010）计算，在计算截面限制条件时，需计算 $0.25\beta_c f_c b h_0$，其中 β_c 为混凝土强度系数：当混凝土强度等级不超过 C50 时，β_c 取 1.0；当混凝土强度等级为 C80 时，β_c 取 0.8；其间按线性内插法取值；计算混凝土承担剪力时，$V_c = \alpha_{cv} f_t b h_0$，$\alpha_{cv}$ 为斜截面混凝土受剪承载力系数，对于一般受弯构件取 0.7，对集中荷载作用下的独立梁，取 α_{cv} 为 $\dfrac{1.75}{\lambda + 1}$，$\lambda$ 为计算截面的剪跨比。

3. 裂缝开展宽度及变形验算

裂缝开展宽度及变形验算从略。

4. 绘制配筋图

如图 11 - 34 所示。

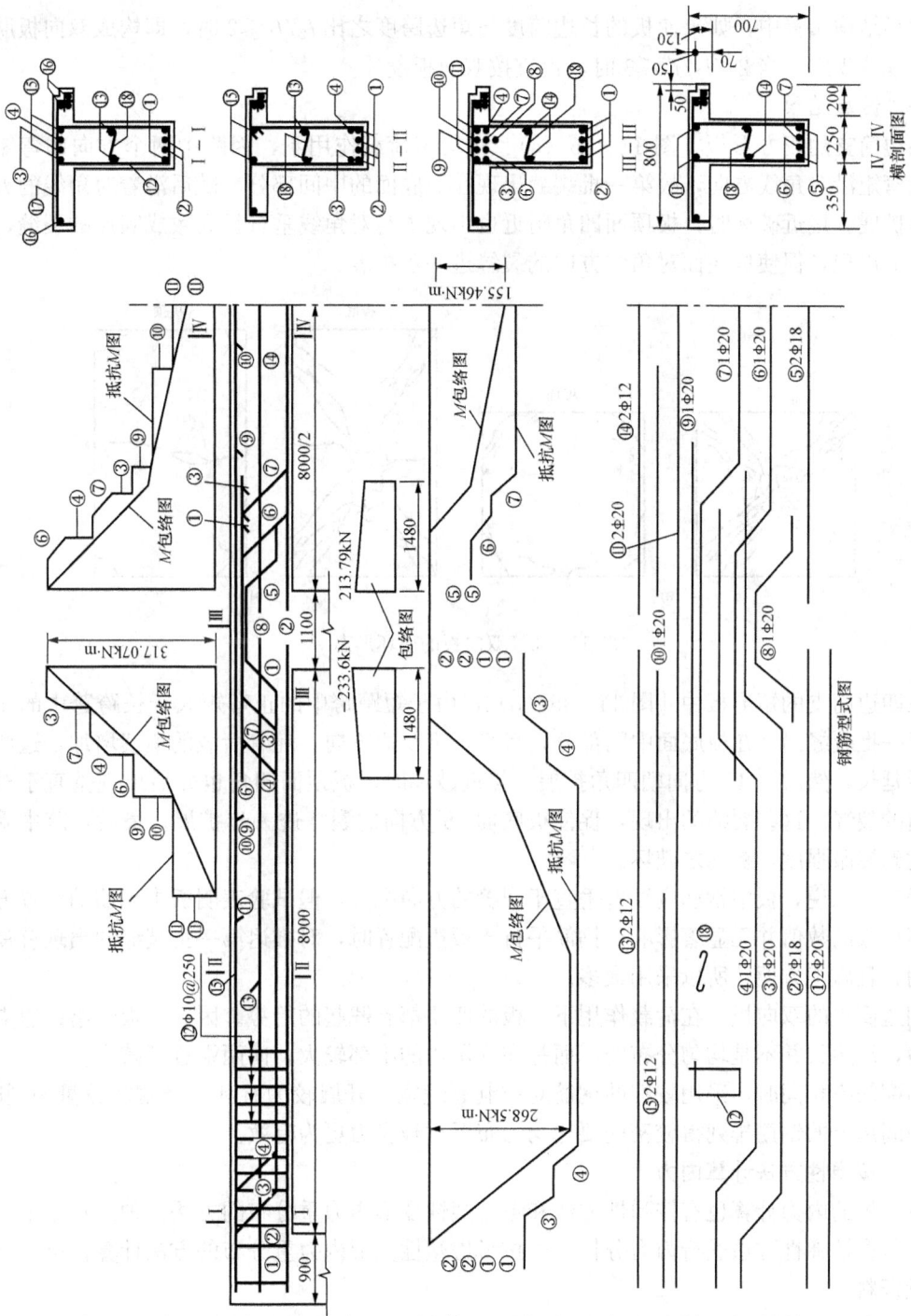

图 11 - 34　梁的配筋图

第七节　双向板肋形结构的设计

肋形结构布置中，如果使板的长边跨度与短边跨度之比 $l_2/l_1 \leqslant 2$ 时，即构成双向板肋形结构。规范规定，当 $2 < l_2/l_1 \leqslant 3$ 时，也宜按双向板设计。

一、试验结果

四边简支的正方形板 [图 11-35 (a)] 在均布荷载作用下，因跨中两个方向的弯矩相等，主弯矩沿对角线方向，故第一批裂缝出现在板底面的中间部分，随后沿着对角线的方向朝四角扩展。接近破坏时，板顶面四角附近也出现了与对角线垂直且大致成圆形的裂缝，这种裂缝的出现，促使板底面对角线方向的裂缝进一步扩展。

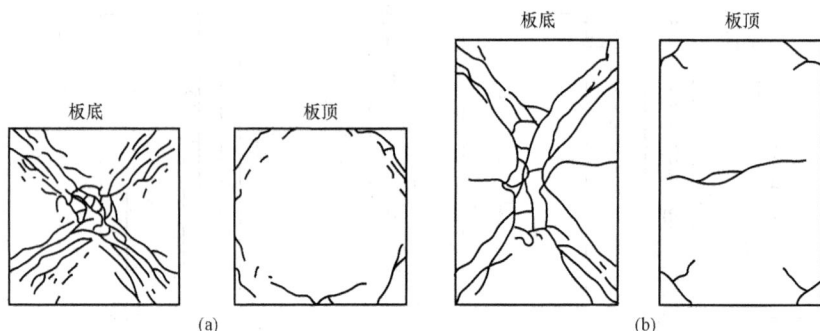

图 11-35　双向板的破坏形态

在四边简支的矩形板中 [图 11-35 (b)]，由于短跨跨中的正弯矩大于长跨跨中的正弯矩，第一批裂缝出现在板底面中间部分，且平行于长边方向，随着荷载的继续增加，这些裂缝逐渐延长，然后沿 45°方向朝四角扩展。接近破坏时，板顶面四角也先后出现垂直于对角线方向的裂缝。这些裂缝的出现，促使板底面 45°方向的裂缝进一步扩展。最后，跨中受力钢筋达到屈服强度，板随之破坏。

理论上来说，板中钢筋应沿着垂直于裂缝的方向配置，但试验表明板中钢筋的布置方向对破坏荷载的数值并无显著影响。钢筋平行于板边配置时，对推迟第一批裂缝的出现有良好的作用，且施工方便，所以采用最多。

四边简支的双向板，在荷载作用下，板的四角都有翘起的趋势。因此，板传给四边支座的压力，沿边长并不是均匀分布的，而是在支承边的中部较大，向两端逐渐减小。

当配筋率相同时，采用较细的钢筋对控制裂缝宽度开展较为有利；当钢筋数量相同时，将板中间部分的钢筋排列得较密些要比均匀布置对板受力更为有效。

二、按弹性方法计算内力

双向板的内力计算也有按弹性方法和考虑塑性变形内力重分布的方法两种。对于水工结构，一般多按弹性方法进行内力分析，若按考虑塑性变形内力重分布的方法计算，可参阅其他文献资料。

按弹性方法计算双向板的内力是根据弹性薄板小挠度理论的假定进行的。在工程设计中，大多根据板的荷载及支承情况利用已制成的表格进行计算。

1. 单块双向板的内力计算

对于承受均布荷载的单块矩形双向板，可根据板的四边支承情况及沿 x 方向和 y 方向板的跨度之比，利用附录十一的表格按下式计算

$$M = \alpha p l_x^2 \qquad\qquad (11-16)$$

式中　M——相应于不同支承情况的单位板宽内跨中的弯矩值或支座中点的弯矩值；

　　　α——弯矩系数，根据板的支承情况和板跨比 l_x/l_y 由附录十一查得；

　　　l_x——板沿短跨方向的跨长，见附录十一；

　　　p——作用在双向板上的均布荷载。

附录十一的表格适用于泊松比 $\nu = 1/6$ 的钢筋混凝土板。

2. 连续双向板的内力计算

多跨连续双向板的内力计算时，也需考虑活载的最不利布置方式，并将连续的双向板简化为单块双向板来计算。

（1）跨中最大弯矩。

当板作用有均布恒载 g 和均布活载 q 时，对于板块的跨中弯矩来说，最不利的荷载应按图 11-36（a）的方式布置，此时可将活载转化为满布的 $q/2$ 和一上一下作用的 $q/2$ 两种荷载情况之和。假设全部荷载 $p = g + q$ 是由 p' [图 11-36（c）] 和 p'' [图 11-36（d）] 组成，$p' = g + q/2$，$p'' = \pm q/2$。在满布的荷载 p' 作用下，因为荷载是正对称的，可近似地认为连续双向板的中间支座都是固定支座；在一上一下的荷载 p'' 作用下，荷载近似符合反对称关系，可认为中间支座的弯矩等于零，也即连续双向板的中间支座都可近似地看作简支支座；至于边支座则可根据实际情况确定。这样，就可将连续双向板分解成作用有 p' 及 p'' 的单块双向板来计算，将上述两种情况下求得的跨中弯矩相叠加，便可得到活载在最不利位置时所产生的跨中最大和最小弯矩。

（2）支座中点最大弯矩。

求连续双向板的支座弯矩时，可将全部荷载 $p = g + q$ 布满各跨来计算，并近似认为板的中间支座都是固定支座，周边仍按实际支承条件考虑。这样，连续双向板的支座弯矩系数，也可由附录十一查得。当相邻两跨板的另一端支承情况不一样，或两跨跨度不相等时，则可取相邻两跨板的同一支座弯矩的平均值作为该支座的计算弯矩值。

例如，图 11-36（a）所示两列三跨双向板，当周边均为简支时 [图 11-36（e）]，在一上一下的荷载 p'' 作用下，每块板均可看作是四边简支板。而在满布的荷载 p'（或 p）作用下，角跨板可看作是两邻边固定、两邻边简支的双向板；中跨板则可看作是三边固定、一边简支的双向板。

对于周边与梁整体连接的双向板，由于在两个方向受到支承构件的变形约束，整块板内存在穹顶作用，使板内弯矩大大减小，因而其弯矩设计值可按下

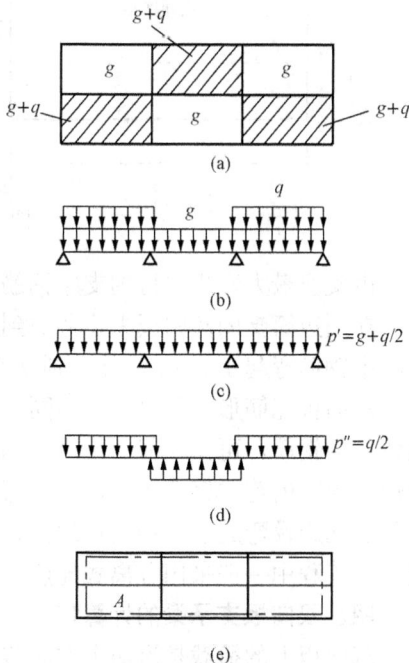

图 11-36　连续双向板简化为单块板计算

列规定折减：

(1) 对于连续板的中间区格的跨中截面及中间支座，弯矩减小 20%。

(2) 对于边区格的跨中截面及从楼板边缘算起的第二支座截面，当 $l_b/l_0 < 1.5$ 时，弯矩减小 20%；当 $1.5 \leqslant l_b/l_0 < 2$ 时，弯矩减小 10%。在此，l_0 为垂直于楼板边缘方向的计算跨度，l_b 为沿楼板边缘方向的计算跨度。

(3) 对于角区格各截面，弯矩不折减。

三、双向板的截面设计与构造

求得双向板跨中和支座的最大弯矩值后，即可按一般受弯构件计算其钢筋用量。但需注意，双向板跨中两个方向均需配置受力钢筋。短跨方向的弯矩较大，钢筋应排在下层；长跨方向的弯矩较小，钢筋应排在上层。

按弹性方法计算出的板跨中最大弯矩是板中点板带的弯矩，故所求出的钢筋用量是中间板带单位宽度内所需要的钢筋用量。四边支承板在破坏时的形状好像一个倒置的四面落水的坡屋面，各板条之间不但受弯而且受扭，靠近支座的板带，其弯矩比中间板带的弯矩要小，其钢筋用量也可减少。为方便施工，可按图 11-37 处理，即将板在两个方向各划分为三个板带，两个方向边缘板带的宽度均为 $l_1/4$，其余为中间板带。在中间板带，按跨中最大弯矩值配筋；而在边缘板带上，单位宽度内的钢筋用量则为按其相应中间板带单位宽度内钢筋用量的一半配置。但在任何情况下，每米宽度内的钢筋不应少于 3 根。

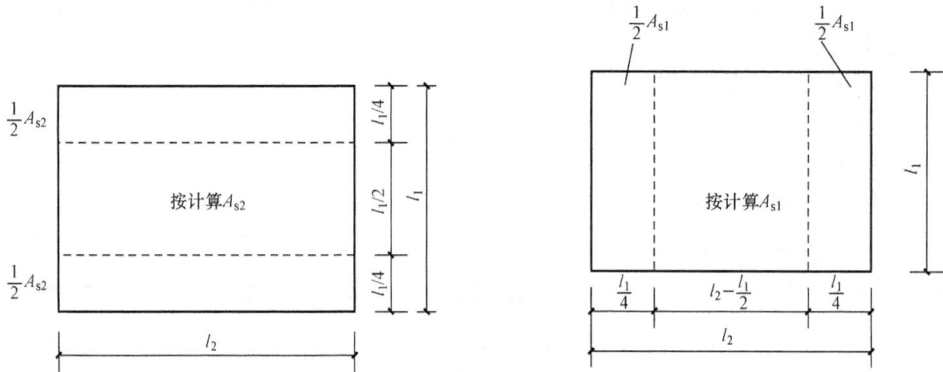

图 11-37　配筋板带的划分

由支座最大弯矩求得的支座钢筋数量，需沿支座全长均匀布置，不应分板带减少。

在周边简支的双向板中，考虑到简支支座实际上仍可能有部分嵌固作用，可将每一方向的跨中钢筋弯起 1/3~1/2 伸入到支座上面去，以承担可能产生的负弯矩。

双向板配筋形式与单向板相同，仍有弯起式和分离式两种。在连续双向板中，承担支座负弯矩的钢筋，可由相邻两跨跨中钢筋各弯起 1/3~1/2 来承担，不足部分另加直钢筋。由于边缘板带内跨中钢筋较少，而且弯起也较困难，可在支座上面另设附加钢筋。受力钢筋的直径、间距及弯起点、切断点的位置等，与单向板的规定相等。双向板采用弯起式配筋比较复杂，工程中一般采用分离式配筋。

四、双向板支承梁的计算特点

双向板上的荷载是沿两个方向传递到四边的支承梁上，精确地计算双向板传递给支承梁的荷载较为困难，在设计中多采用近似方法分配，即对每一区格，从四角作与板边成 45°角的斜线与平行于长边的中线相交（图11-38），将板的面积分为四小块，每小块面积上的荷载认为就近传递到相邻的梁上。因此，短跨方向的支承梁将承受板传来的三角形分布荷载，长跨方向的支承梁将承受板传来的梯形分布荷载。对于梁的自重或直接作用在梁上的荷载应按实际情况考虑。梁上的荷载确定后，即可计算梁的内力。

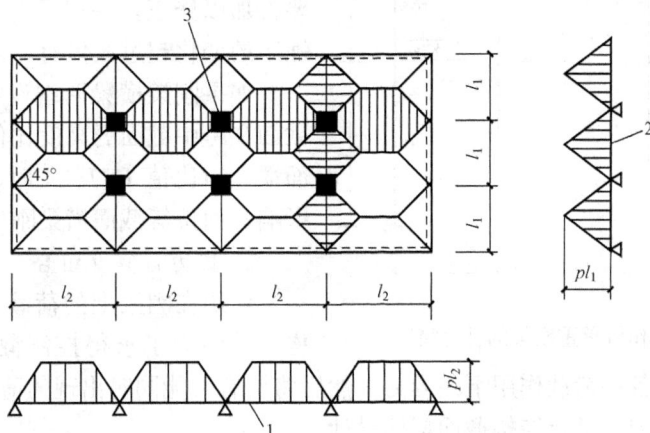

图11-38　双向板传给梁的荷载
1—次梁；2—主梁；3—柱

　　按弹性方法计算梯形（或三角形）分布荷载作用下的连续梁的内力时，计算跨度可仍按一般连续梁的规定取用。当跨度相等或相差不超过 10％时，可将梯形（或三角形）分布荷载折算成能产生相等支座弯矩的等效均布荷载 p_E（参看附录十二），然后利用附录七求出最不利荷载布置情况下的各支座弯矩 $M_\text{支}$，最后根据静力平衡条件，分别由承受梯形（或三角形）分布荷载和支座弯矩 $M_\text{支}$ 的简支梁，求出各跨跨中弯矩和支座剪力。

　　双向板支承梁的截面设计、裂缝和变形验算以及配筋构造等，与支承单向板的梁完全相同。

第八节　钢筋混凝土刚架结构的设计

一、刚架结构的设计要点

　　整体式刚架结构中，纵梁、横梁与柱整体相连，实际上构成一个空间结构。但由于结构的刚度在两个方向是不一样的，同时为了设计的方便，一般可忽略刚度较小方向的整体影响，而把结构偏于安全地当作一系列平面刚架进行分析。

　　1. 计算简图

　　平面刚架的计算简图一般应反映下列主要因素：刚架的跨度和高度，节点和支承的形式，各构件的截面尺寸或惯性矩，以及荷载的形式、数值和作用位置。

　　图11-39中绘出了支承工作桥桥面承重刚架的计算简图。刚架的轴线采用构件截面重心的连线，立柱和横梁均为刚性连接，柱子和闸墩整体浇筑，可看作固端支承。荷载的形式、数值和作用位置根据实际资料确定。刚架中横梁的自重是均布荷载，如果上部结构传来的荷载主要是集中荷载，为了简化计算，也可将横梁自重转化为集中荷载处理。

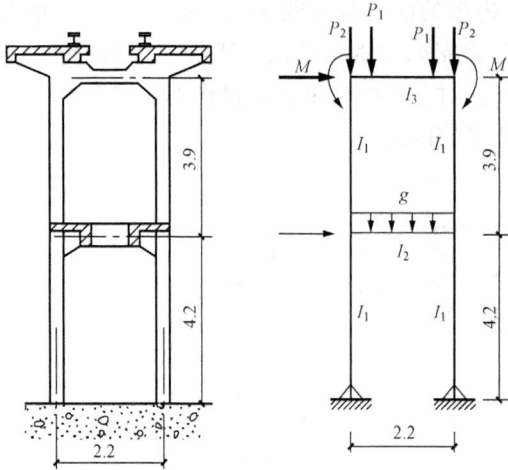

图 11-39　工作桥承重刚架的计算简图

刚架属超静定结构，在内力计算时，要用到截面惯性矩，同时确定自重时也需要知道截面尺寸。因此，在内力计算之前，必须先假定构件的截面尺寸。内力计算后如有必要再加以修正，一般只有当各杆件的相对惯性矩的变化超过 3 倍时，才需重新计算内力。

如果刚架横梁两端设有支托，但其支托截面和跨中截面的高度比值 $h_c/h_0 < 1.6$ 或截面惯性矩比值 $I_c/I < 4$ 时，可不考虑支托的影响，而按等截面横梁刚架计算。

2. 内力计算及组合

作用在刚架上的荷载有恒载和活载，结构设计中为了求得控制截面的最不利内力，一般是先分别求出各种荷载作用下的内力，然后将所有可能同时出现的荷载所产生的内力进行组合，按最不利内力进行结构截面配筋设计。

刚架的内力计算，可按结构力学的方法，借助计算机程序进行。对于比较规则的多层刚架，也可以采用实用上足够准确的近似计算方法。

3. 截面设计

根据内力计算所得结果（M、N、V 等），按最不利情况加以组合后，即可进行承载力计算，以确定截面配筋。

刚架中横梁的轴向力 N，一般都很小，可以忽略不计，按受弯构件进行配筋计算。

当轴向力 N 不能忽略时，则应按偏心受拉或偏心受压构件进行计算。

刚架柱中的内力主要是弯矩 M 和轴向力 N，可按偏心受压构件进行计算。在不同的荷载组合下，同一截面可能出现不同的内力，应按可能出现的最不利荷载组合进行计算。由偏心受压构件正截面承载力 $N-M$ 关系曲线可知，一般应组合的内力为：

（1）M_{max} 及相应的 N、V；

（2）M_{min} 及相应的 N、V；

（3）N_{max} 及相应的 M、V；

（4）N_{min} 及相应的 M、V。

二、刚架结构的构造

刚架横梁和立柱的构造，与一般梁、柱相同。下面仅简要介绍刚架节点的构造。

1. 节点构造

现浇刚架横梁和立柱的转角处会产生应力集中，所以，如何保证刚架节点具有足够的承载力，是设计刚架结构时应当注意的一个重要问题。这里简要介绍节点的构造要求，有关节点的详细构造要求可见现行《水工混凝土结构设计规范》（DL/T 5057—2009）、（SL 191—2008）和《混凝土结构设计规范》（GB 50010—2010）中的"梁、柱节点"一节。

横梁与立柱交接处的应力分布规律与其内折角的形状有关。内折角做得越平缓，交接处的应力集中也越小，如图 11-40 所示。

设计时，若转角处的弯矩不大，可将转角作成直角或加一不大的填角；若弯矩较大，则应将内折角做成斜坡状的支托 [图 11-40 (c)]。支托的高度约为 $0.5h\sim1.0h$（h 为柱截面高度），斜面与水平线成 45°或 30°角。

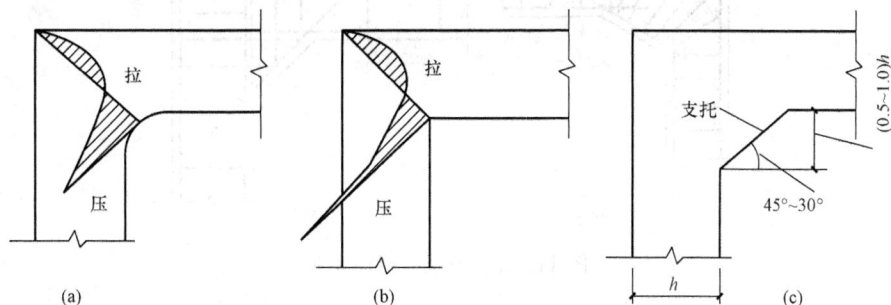

图 11-40　转角处的支托

转角处有支托时，横梁底面和立柱内侧的钢筋不应内折 [图 11-41 (a)]，而应沿斜面另加直钢筋 [图 11-41 (b)]。另加的直钢筋沿支托表面放置，其直径和根数不宜小于横梁伸入节点内的下部钢筋的直径和根数，且不宜少于 4 根。

刚架梁顶层端节点处，可将柱外侧纵向钢筋的相应部分弯入梁内作梁上部纵向钢筋使用，也可将梁上部纵向钢筋与柱外侧纵向钢筋在顶层端节点及其附近部位搭接。当搭接接头沿顶层端节点外侧及梁端顶部布置 [图 11-42 (a)]，搭接长度不应小于 $1.5l_a$；当搭接接头沿柱顶外侧布置 [图 11-42 (b)]，搭接长度竖直段不应小于 $1.7l_a$。GB 50010—2010 规范经试验证明，图 11-42 (b) 中，柱筋不必上弯，只要竖向搭接即可，这样非常便于钢筋较多时，保证节点混凝土浇灌密实。图 11-42 (a) 的优点是梁上部钢筋不伸入柱内，有利于在梁底标高处设置柱内混凝土的施工缝。

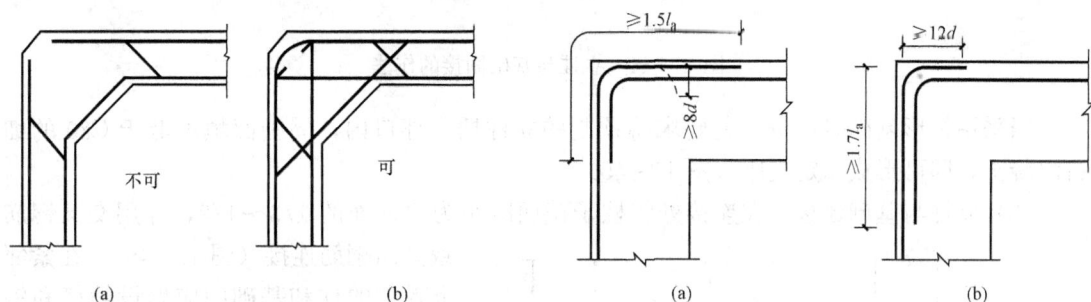

图 11-41　支托的钢筋布置图

图 11-42　梁上部纵向钢筋与柱外侧
纵向钢筋在顶层端节点的搭接
(a) 位于节点外侧和梁端顶部的弯折搭接接头；
(b) 位于柱顶部外侧的直线搭接接头

刚架柱的纵筋应贯穿中间节点，纵筋接头应设在节点区以外；顶部中间节点的柱纵筋及端节点的内侧纵筋的锚固长度不应小于 l_a，且应伸至柱顶。

在刚架节点内应设置水平箍筋，箍筋间距不宜大于 250mm。转角处有支托时，节点的箍筋可作扇形布置如图 11-43 (a) 所示，也可按图 11-43 (b) 布置。节点处的箍筋要适当加密，以便能牢固地扎结钢筋，同时提高刚架节点的延性。

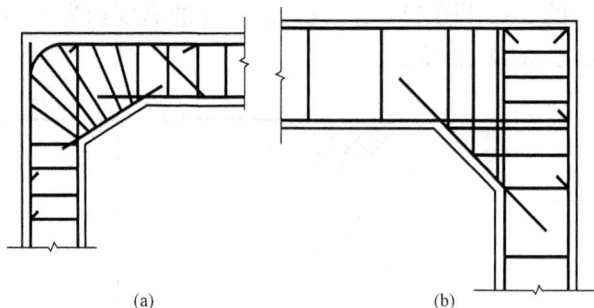

图 11-43 节点的箍筋布置

2. 立柱与基础的连接构造

刚架立柱与基础的连接一般有固接和铰接两种。

（1）立柱与基础固接。从基础内伸出插筋与柱内钢筋相连接，然后浇筑柱子的混凝土。插筋的直径、根数、间距应与柱内纵筋相同。插筋一般均应伸至基础底部［图 11-44（a）］。当基础高度较大时，也可仅将柱子四角处的插筋伸至基础底部，而其余插筋只伸至基础顶面以下，满足锚固长度的要求即可［图 11-44（b）］。

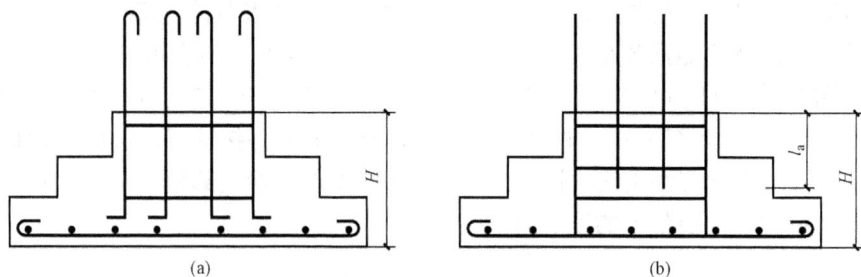

图 11-44 立柱与基础固接的作法

当采用杯形基础时，按一定要求将预制的立柱插入杯口内，周围回填不低于 C20 的细石混凝土，即可形成固定支座（图 11-45）。

（2）立柱与基础铰接。在连接处将柱子截面减小为原截面的 1/3～1/2，并用交叉钢筋或竖向钢筋连接（图 11-46）。在紧邻此铰链的柱和基础中应增设箍筋和钢筋网。这样的连接可将此处的弯矩削减到实际上可以忽略的程度。柱中的轴向力由钢筋和保留的混凝土来传递，按局部受压进行核算。

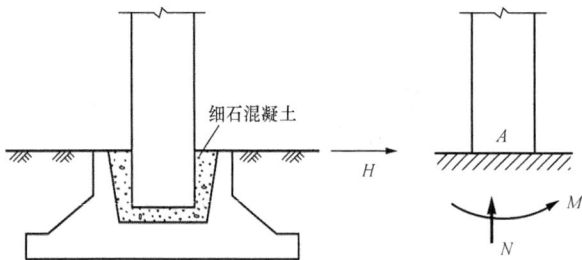

图 11-45 立柱与杯形基础的固接

当采用杯形基础时，先在杯底填以 50mm 不低于 C20 的细石混凝土，将柱子插入杯口内后，周围再用沥青麻丝填实（图 11-47）。在荷载作用下，柱脚的水平移动和竖向移动虽都被限制，但它仍可作微小的转动，故可看作为铰接支座。

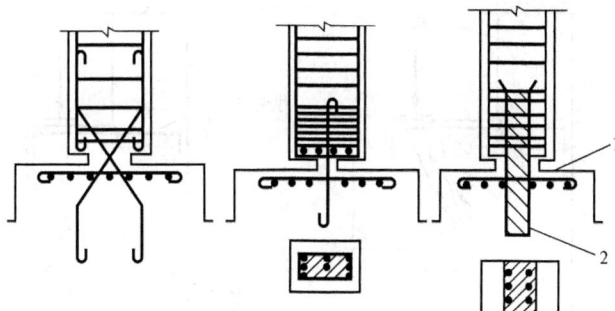

图 11-46 立柱与基础铰接的作法

1—油毛毡或其他垫料；2—带肋钢筋

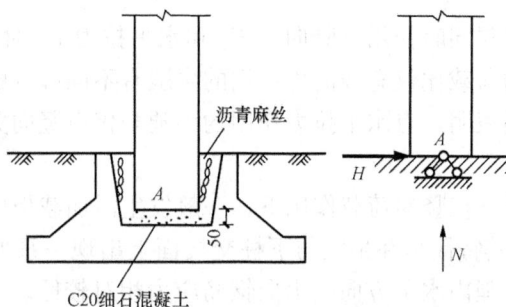

图 11-47 立柱与杯形基础的铰接

第九节 钢筋混凝土牛腿的设计

水电站或抽水站厂房中，为了支承吊车梁，从柱侧伸出的短悬臂构件俗称牛腿。牛腿是一个变截面深梁，与一般悬臂梁的工作性能完全不同。所以不能把它当作一个短悬臂梁来设计。

一、试验结果

取牛腿竖向力 F_v 的作用点至下柱边缘的水平距离为 a，牛腿与下柱交接处牛腿垂直截面的有效高度为 h_0 [图 11-48（a）]。试验表明，影响牛腿承载力的因素很多，当其他条件相同时，剪跨比 a/h_0 对牛腿的破坏影响最大。a/h_0 比值越大，牛腿承载力越低。随着 a/h_0 的不同，水电站厂房的牛腿大致发生以下两种破坏情况：

（1）当 $a/h_0 \geqslant 0.2$ 时，在竖向荷载作用下，裂缝最先出现在牛腿顶面与上柱相交的部位 [图 11-48（a）中的裂缝①]。随着荷载的增大，在加载板内侧出现第二条裂缝 [图 11-48（a）中的裂缝②]，当这条裂缝发展到与下柱相交时，就不再向柱内延伸。在裂缝②的外侧，形成明显的压力带。当在压力带上产生许多相互贯通的斜裂缝，或突然出现一条与斜裂缝②大致平行的斜裂缝③时，就预示着牛腿即将破坏。试验结果表明，在斜裂缝出现后，水平方向的纵向钢筋应力沿长度方向的分布比较均匀，近似于轴心受拉构件。因此，斜裂缝出现后，牛腿可看作是一个以纵向钢筋为拉杆，混凝土斜向压力为压杆的三角桁架，破坏时，纵向钢筋受拉屈服，混凝土斜压破坏。

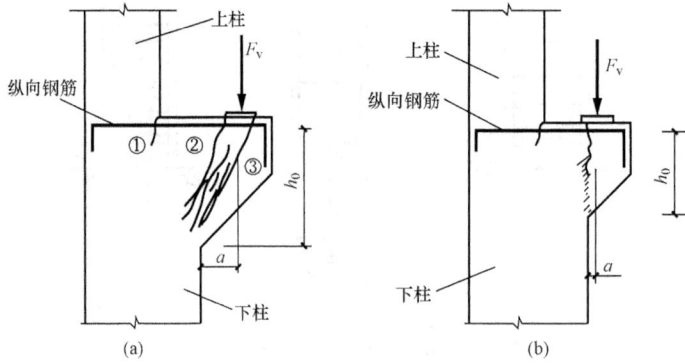

图 11 - 48 牛腿的破坏现象

(a) 混凝土斜压破坏；(b) 混凝土剪切破坏

试验结果表明，当牛腿同时作用有竖向力 F_v 和水平拉力 F_h 时，由于水平拉力的作用，牛腿截面出现斜裂缝时的荷载比仅有竖向力作用的牛腿有不同程度的降低，同时牛腿的极限承载能力也降低。试验还表明，有水平拉力作用的牛腿与仅有竖向力作用的牛腿的破坏规律相似。

(2) 当 $a/h_0 < 0.2$ 时，在竖向荷载作用下，一般发生沿加载板内侧接近垂直截面的剪切破坏 [图 11 - 48 (b)]，其特征是在牛腿与下柱交接面上出现一系列短斜裂缝，最后牛腿沿此截面剪切破坏。这时牛腿内水平方向的纵向钢筋应力相对较低。

二、牛腿截面尺寸的确定

通常牛腿的宽度与柱的宽度相同，牛腿的高度可根据裂缝控制要求确定。一般是先假定牛腿高度 h，然后按下式进行验算（$a \leqslant h_0$ 时）

$$F_{vk} \leqslant \beta \left(1 - 0.5 \frac{F_{hk}}{F_{vk}}\right) \frac{f_{tk} b h_0}{0.5 + \dfrac{a}{h_0}} \qquad (11 - 17)$$

式中　F_{vk}——按荷载标准值计算得出的作用于牛腿顶面的竖向力；

　　　F_{hk}——按荷载标准值计算得出的作用于牛腿顶面的水平拉力；

　　　β——裂缝控制系数，对水电站厂房立柱的牛腿，取 $\beta = 0.70$ [《水工混凝土结构设计规范》（SL 191—2008）和《混凝土结构设计规范》（GB 50010—2010）取 $\beta = 0.65$]，对承受静荷载作用的牛腿，取 $\beta = 0.80$；

　　　f_{tk}——混凝土轴心抗拉强度标准值；

　　　a——竖向力作用点至下柱边缘的水平距离，应考虑安装偏差 20mm，当考虑 20mm 安装偏差后的竖向力作用点仍位于下柱截面以内时，应取 $a = 0$；

　　　b——牛腿宽度；

　　　h_0——牛腿与下柱交接处的垂直截面有效高度，$h_0 = h_1 - a_s + c \, (\tan\alpha)$。此处，$h_1$、$a_s$、$c$ 及 α 的意义如图 11 - 49 所示，当 $\alpha > 45°$ 时，取 $\alpha = 45°$。

牛腿外形尺寸还应满足以下要求：

(1) 牛腿外边缘高度 $h_1 \geqslant h/3$，且不应小于 200mm。

(2) 吊车梁外边缘至牛腿外缘的距离不应小于 100mm。

(3) 牛腿顶面在竖向力设计值 F_v 作用下，其局部受压应力不应超过 $0.90 f_c$ [《水工混凝土结构设计规范》（SL 191—2008）和《混凝土结构设计规范》（GB 50010—2010）在竖向力标准值 F_{vk} 作用下不应超过 $0.75f_c$]，否则应采取加大受压面积，提高混凝土强度等级或配置钢筋网片等有效措施。

三、牛腿的配筋计算与配筋构造

如前所述，由于按剪跨比 a/h_0 的不同，牛腿的破坏形态也不同，因此牛腿也相应地有下列两种配筋计算方法。

1. $a/h_0 \geqslant 0.2$

这种破坏在斜裂缝出现后，牛腿可近似看作是以纵筋为水平拉杆，混凝土为斜压杆的三角形桁架。因而，当牛腿的剪跨比 $a/h_0 \geqslant 0.2$ 时，由承受竖向力 F_v 所需的受拉钢筋和承受水平拉力 F_h 所需的锚筋组成的纵向受力钢筋的总截面面积 A_s，按下式计算

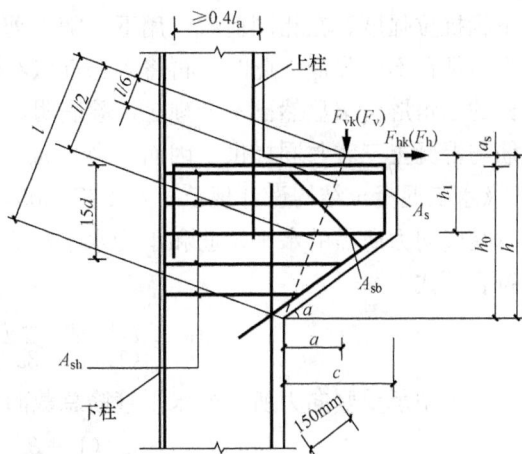

图 11-49　牛腿的外形及钢筋配置

$$A_s \geqslant \gamma_d \left(\frac{F_v a}{0.85 f_y h_0} + 1.2 \frac{F_h}{f_y} \right) \quad (11-18)$$

式中　γ_d——结构系数；

F_v——作用在牛腿顶面的竖向力设计值；

F_h——作用在牛腿顶面的水平拉力设计值。

当按《水工混凝土结构设计规范》（SL 191—2008）计算时，式（11-18）的 γ_d 应改为安全系数 K；当按《混凝土结构设计规范》（GB 50010—2010）计算时，式（11-18）的 γ_d 取为 1。

纵向受力钢筋宜采用 HRB335、HRB400 或 HRB500 钢筋。

承受竖向力所需的受拉钢筋的配筋率（以截面 bh_0 计）不应小于 0.2%，也不宜大于 0.6%，且根数不宜少于 4 根，直径不应小于 12mm。由于牛腿出现斜裂缝后，纵向受力钢筋的应力沿钢筋全长基本上是相同的，因而纵向受力钢筋不应下弯兼作弯起钢筋。

承受水平拉力的锚筋应焊在预埋件上，且不应少于 2 根，直径不应小于 12mm。

全部纵向受力钢筋及弯起钢筋宜沿牛腿外边缘向下伸入下柱内 150mm 后截断；纵向受力钢筋及弯起钢筋伸入上柱的锚固长度，不应小于受拉钢筋锚固长度 l_a，当钢筋在牛腿内水平锚固长度不足时，应伸至牛腿外侧后再向下弯折，且应满足水平投影长度不应小于 $0.4l_a$，垂直投影长度等于 $15d$（图 11-49）。

牛腿应设置水平箍筋，水平箍筋的直径不应小于 6mm，间距为 100~150mm，且在上部 $2h_0/3$ 范围内的水平箍筋总截面面积不应小于承受竖向力的受拉钢筋截面面积的 1/2。

当牛腿的剪跨比 $a/h_0 \geqslant 0.3$ 时，宜设置弯起钢筋 A_{sb}。弯起钢筋宜采用 HRB335、HRB400 或 HRB500 钢筋，并宜使其与集中荷载作用点到牛腿斜边下端点连线的交点位于牛腿上部 $l/6$ 至 $l/2$ 之间的范围内，l 为该连线的长度（图 11-49），其截面面积不应小于承受竖向力的受拉钢筋截面面积的 1/2，根数不应少于 2 根，直径不应小于 12mm。

2. $a/h_0 < 0.2$

$a/h_0 < 0.2$ 时，牛腿的破坏呈现出明显的混凝土剪切破坏的特征，顶部纵向受力钢筋已

达不到抗拉强度。在相同荷载作用下，随着剪跨比 a/h_0 的减小，顶部纵向受力钢筋及箍筋的应力都在不断降低。此时，再将牛腿近似看作是以纵向受力钢筋为水平拉杆，混凝土为斜压杆的三角形桁架显然已不合理。试验表明，这时的牛腿承载力由顶部纵向受力钢筋、水平箍筋与混凝土三者共同提供。因而，当 $a/h_0 < 0.2$ 时，牛腿应在全高范围内设置水平钢筋。

《水工混凝土结构设计规范》（DL/T 5057—2009）规定，当 $0 \leqslant a/h_0 < 0.2$ 时，牛腿顶面承受竖向力所需的水平钢筋和承受水平拉力所需的锚筋组成的受力钢筋的总截面面积 A_s 应符合下式

$$A_s \geqslant \frac{\beta_s(\gamma_d F_v - f_t bh_0)}{(1.65 - 3a/h_0)f_y} + 1.2\frac{\gamma_d F_h}{f_y} \tag{11-19}$$

牛腿中承受竖向力所需的水平箍筋总截面面积 A_{sh} 应满足下式规定

$$A_{sh} \geqslant \frac{(1-\beta_s)(\gamma_d F_v - f_t bh_0)}{(1.65 - 3a/h_0)f_{yh}} \tag{11-20}$$

式中　f_t——混凝土抗拉强度设计值；

　　　　f_y——水平受拉钢筋抗拉强度设计值；

　　　　f_{yh}——牛腿高度范围内的水平箍筋抗拉强度设计值；

　　　　β_s——受力钢筋配筋量调整系数，取 $\beta_s = 0.6 \sim 0.4$，剪跨比较大时取大值，较小时取小值。

当按《水工混凝土结构设计规范》（SL 191—2008）进行牛腿设计时，对 $a/h_0 < 0.2$ 的情况，应满足下式的规定

$$KF_v \leqslant f_t bh_0 + \left(1.65 - 3\frac{a}{h_0}\right)A_{sh}f_y \tag{11-21}$$

式中　A_{sh}——牛腿全高范围内，承受竖向力所需的水平钢筋总截面面积。

《混凝土结构设计规范》（GB 50010—2010）没有区分 $a/h_0 \geqslant 0.2$ 和 $a/h_0 < 0.2$ 的情况，均按修正后的式（11-18）计算。

配筋时，应将 A_{sh} 的 40%～60%（剪跨比较大时取大值，较小时取小值）作为牛腿顶部纵向受拉钢筋，集中配置在牛腿顶面；其余的则作为水平箍筋均匀配置在牛腿全高范围内。

当牛腿顶面作用有水平拉力 F_h 时，则顶部受力钢筋还应包括承受水平拉力所需的锚筋在内，锚筋的截面面积按 $1.2\gamma_d F_h/f_y$ 计算。

顶面承受竖向力所需的受拉钢筋的配筋率（以截面 bh_0 计）不应小于 0.15%。

顶部受拉钢筋的其他配筋构造要求和锚固要求与 $a/h_0 \geqslant 0.2$ 时相同。

试验研究表明，当牛腿的剪跨比 $a/h_0 < 0$ 时，只要满足了式（11-17）的牛腿截面尺寸限制条件，在竖向力作用下水平钢筋不会屈服，所起的作用很小。因此《水工混凝土结构设计规范》（DL/T 5057—2009）规定，当 $a/h_0 < 0$ 时可不进行牛腿的配筋计算，仅按构造要求配置水平箍筋。但当牛腿顶面作用有水平拉力 F_h 时，承受水平拉力所需的锚筋面积仍应按 $1.2\gamma_d F_h/f_y$ 计算配置。

当 $a/h_0 < 0.2$ 时，水平箍筋宜采用 HRB335 级钢筋，直径不应小于 8mm，间距 100～150mm，其配筋率 $\rho_{sh} = \frac{nA_{sh1}}{bs_v}$ 不应小于 0.15%，在此，A_{sh1} 为单肢箍筋的截面面积，n 为肢数，s_v 为水平箍筋的间距。

第十节　钢筋混凝土柱下基础的设计

基础是将柱承受的荷载传递给地基的结构。柱下基础的类型很多，在此仅介绍柱下独立基础和条形基础。

这类基础采用的混凝土强度等级不应低于 C20，基础下面通常要布置厚 100mm、强度等级为 C10 的素混凝土垫层。垫层面积要比基础面积稍大，通常每端伸出基础边 100mm。受力钢筋一般采用 HRB335、HPB300 或 HPB235 钢筋，直径不宜小于 10mm，间距不宜大于 200mm，也不宜小于 100mm。当有垫层时，受力钢筋的保护层厚度不宜小于 40mm，无垫层时不宜小于 70mm。

一、柱下独立基础的形式

按基础形状，常用的柱下独立基础可分为锥形基础和阶梯形基础两种，如图 11 - 50 所示。

基础的最小高度 H 应满足两个要求：一是柱与基础交接处混凝土受冲切承载力的要求；二是柱中纵向钢筋锚固长度的要求。基础的底面尺寸由地基承载力确定。锥形基础可采用一阶或两阶，可根据坡角的限值与基础的总高度 H 而定。锥形基础的边缘高度 H_1 不宜小于 200mm，也不宜大于 500mm，锥形基础顶面的坡度可根据浇筑混凝土时能保持基础外形的条件确定，一般情况下 $\alpha \leqslant 30°$。阶梯形基础每阶高度一般为 300～500mm，阶梯形的外边线应在压力分布线 [图 11 - 50 (b) 中的 45°虚线] 之外。各阶挑出的宽度可根据由柱边所引 45°线的轮廓来确定。

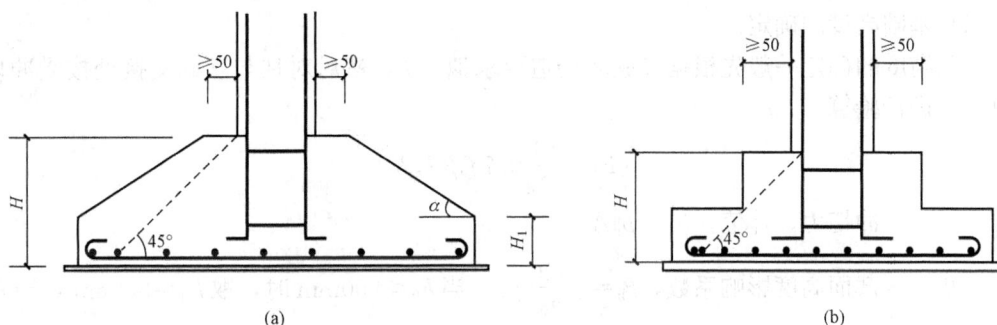

图 11 - 50　柱下独立基础的形式
(a) 锥形基础；(b) 阶梯形基础

按受力形式，柱下独立基础可分为轴心受压基础和偏心受压基础两种。轴心受压基础底面一般为正方形；偏心受压基础底面一般为矩形，其长宽比一般在 1.5～2.0 之间，最大不宜超过 3。

按施工方法，柱下独立基础可分为预制柱下基础和现浇柱下基础两种。预制柱下基础一般采用杯形基础（图 11 - 51）。采用杯形基础时，柱的插入深度 h_1、基础杯底厚度 a_1，和杯壁厚度 t 都有相应的尺寸要求。如，当柱的截面长边尺寸 h 小于 500mm 时，h_1 宜在 $1.2h$～h 之间取值（h 大时取小值），a_1 宜大于 150mm，t 宜在 150～200mm 之间。此外，h_1 还应满足柱中纵向钢筋锚固长度的要求，并应考虑吊装时柱的稳定性，即宜使 h_1 不小于

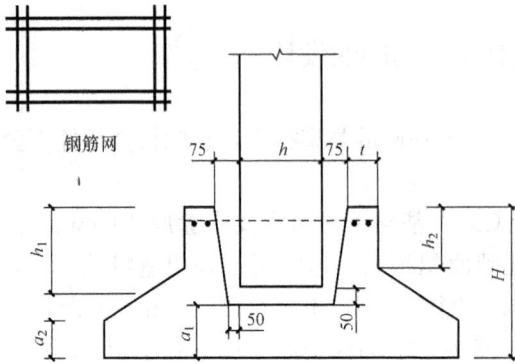

图 11-51 杯型基础的外形尺寸

0.05 倍柱长（指吊装时的柱长）。当 h 大于 500mm 时，h_1、α_1 和 t 的尺寸要求可参见有关规范。

二、柱下独立基础的计算

1. 轴心受压基础

（1）基础底面尺寸的确定。

基础底面尺寸是根据地基承载力条件和地基变形条件确定的。柱下独立基础的底面积不大，故可假定基础是绝对刚性且地基反力为线性分布。轴心受压时，假定基础底面的压力 p 为均匀分布，设计时应满足

$$p_k = \frac{N_k + G_k}{A} \leqslant f_a \tag{11-22}$$

式中　N_k——按荷载标准值计算由柱子传到基础顶面的轴向压力值；

　　　G_k——基础及基础上方的土重标准值；

　　　A——基础底面面积；

　　　f_a——修正后的地基承载力特征值，按地基基础设计规范取值。

设 d 为基础埋置深度，并设基础本身及基础上部回填土的平均重度为 γ_m（设计时可取 $\gamma_m = 20 kN/m^3$），则 $G_k = \gamma_m A d$，代入式（11-22），可得

$$A \geqslant \frac{N_k}{f_a - \gamma_m d} \tag{11-23}$$

（2）基础高度的确定。

基础高度的确定一般先根据经验和构造要求拟定 h，然后对柱与基础交接处按受冲切承载力条件进行验算

$$F_l \leqslant \frac{1}{\gamma_d} 0.7 f_t \beta_h b_m h_0 \tag{11-24}$$

式中　F_l——冲切力设计值，$F_l = p_n A_l$。

　　　β_h——截面高度影响系数，$\beta_h = \left(\dfrac{800}{h_0}\right)^{\frac{1}{4}}$，当 $h_0 < 800mm$ 时，取 $h_0 = 800mm$，当 $h_0 > 2000mm$ 时，取 $h_0 = 2000mm$。

　　　b_m——冲切破坏锥体斜截面上边长 b_t 与下边长 b_b 的平均值，$b_m = (b_t + b_b)/2$。

　　　b_t——冲切破坏锥体最不利一侧斜截面的上边长（当计算柱与基础交接处的受冲切承载力时，取柱宽；当计算基础变阶处的受冲切承载力时取上阶宽）。

　　　b_b——冲切破坏锥体最不利一侧斜截面的下边长（当计算柱与基础交接处的受冲切承载力时，取柱宽加两倍基础有效高度；当计算基础变阶处的受冲切承载力时，取上阶宽加两倍该处的基础有效高度）。

　　　h_0——柱与基础交接处或基础变阶处的截面有效高度，取两个配筋方向的截面有效高度平均值。

　　　A_l——计算冲切荷载时所取的基础底面积，即图 11-52 中的阴影面积 $ABCDEF$。

　　　p_n——基础底面地基净反力（扣除基础自重及其上的土重），$p_n = N/A$。

如不满足式（11-24）要求，则调整基础高度 h 值，直至满足要求为止。对于阶梯形基础，还需对变阶处按式（11-24）验算其高度是否满足要求。

（3）基础底板配筋计算。

采用式（11-22）计算基础底面反力时，应计入基础本身重量及基础上方的土重 G，但在计算基础底板钢筋时，由于这部分地基土反力的合力与 G 相抵消，因此这时地基土的反力中不应计入 G，即以地基净反力 p_n 来计算钢筋用量。

基础底板的受力钢筋，是将基础每个方向的突出部分当作倒置的"悬臂板"来计算的。"悬臂板"的固定端在柱边 I—I 截面处，"悬臂板"承受的荷载是基底净反力 p_n，可导出

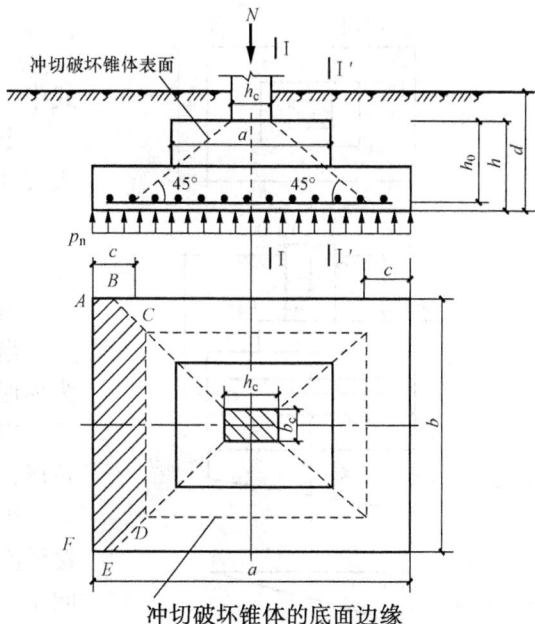

图 11-52 轴心受压基础计算图

$$M_1 = \frac{p_n}{24}(a-h_c)^2(2b+b_c) \tag{11-25}$$

基础底板该方向全宽内的受力钢筋截面面积，可按下式计算

$$A_{sI} = \frac{\gamma_d M_1}{0.9 h_0 f_y} \tag{11-26}$$

对变阶基础，还应计算变阶处所需的配筋数量，这时只需将基础的上阶视为固定端（图11-52 中的 I'—I'），相应的将 b_c、h_c、h_0 进行调整后再代入相应公式计算。

当基础底面为正方形时，基础底板另一方向的受力钢筋截面积为 A_{sII}，可近似取 $A_{sI}=A_{sII}$。

当基础底面为矩形时，则要分别计算两个方向的受力钢筋截面面积，此时

$$M_{II} = \frac{p_n}{24}(b-b_c)^2(2a+h_c) \tag{11-27}$$

$$A_{sII} = \frac{\gamma_d M_{II}}{0.9(h_0-d)f_y} \tag{11-28}$$

式中　d——钢筋直径。

2. 偏心受压基础

偏心受压基础除了有轴向压力作用外，还有弯矩及剪力作用，在求基底反力时，应先将作用在基础顶面的内力及基础和填土自重转化为作用在基础底面重心处的内力为

$$N_{bot} = N_k + \gamma_m dA \tag{11-29}$$

$$M_{bot} = M_k + V_k h \tag{11-30}$$

$$V_{bot} = V_k \tag{11-31}$$

式中　M_k，N_k，V_k——按荷载标准值计算由柱传给基础顶面的弯矩、轴向力和剪力值。

当在偏心荷载作用下基础底面全截面受压时，假定基础底面压力按线性非均匀分布（图11-53），这时基础底面边缘的最大压力 $p_{k,max}$ 和最小压力 $p_{k,min}$ 为

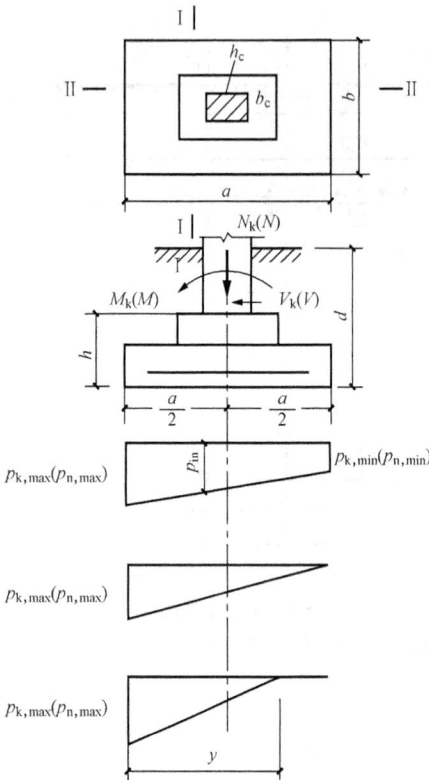

图 11-53　偏心受压基础计算图

$$p_{k,\max} \atop p_{k,\min} = \frac{N_{\text{bot}}}{A} \pm \frac{M_{\text{bot}}}{W} \qquad (11\text{-}32)$$

式中　W——基础底面面积的抵抗矩。

令 $e_0 = M_{\text{bot}}/N_{\text{bot}}$，并将 $A = ab$、$W = a^2 b/6$ 代入式（11-32），可得

$$p_{k,\max} \atop p_{k,\min} = \frac{N_{\text{bot}}}{ab}\left(1 \pm \frac{6e_0}{a}\right) \qquad (11\text{-}33)$$

由式（11-33）可知：

当 $e_0 < a/6$ 时，$p_{k,\min} > 0$，这时地基反力分布为梯形；

当 $e_0 = a/6$ 时，$p_{k,\min} = 0$，地基反力分布为三角形；

当 $e_0 > a/6$ 时，$p_{k,\min} < 0$，这说明基础与地基接触面之间出现了拉应力，但基础与地基接触面之间是不可能出现拉应力的，事实上这部分基础底面与地基已脱开，也就是这时承受地基反力的基础底面积不是 ab，而是 yb，$p_{k,\max}$ 应按下式计算

$$p_{k,\max} = \frac{N_{\text{bot}}}{(by/2)} = \frac{2N_{\text{bot}}}{3b(0.5a - e_0)} \qquad (11\text{-}34)$$

即 $e_0 \leqslant a/6$ 时，$p_{k,\max}$ 及 $p_{k,\min}$ 按式（11-33）计算；$e_0 > a/6$ 时，$p_{k,\max}$ 按式（11-34）计算，$p_{k,\min} = 0$。

偏心受压基础的基底反力应满足

$$p_{k,m} = \frac{p_{k,\max} + p_{k,\min}}{2} \leqslant f_a \qquad (11\text{-}35)$$

$$p_{k,\max} \leqslant 1.2 f_a \qquad (11\text{-}36)$$

式（11-36）将修正后的地基承载力特征值提高 20%，是因为 $p_{k,\max}$ 只出现在基础边缘的局部区域，而且 $p_{k,\max}$ 中的大部分由活载而不是恒载产生的。

确定偏压基础底面尺寸一般采用试算法。先按轴心受压基础公式 ［式（11-23）］计算所需的底面面积，然后再考虑弯矩的大小乘以 1.2~1.4 的扩大系数，即

$$A = ab = (1.2 \sim 1.4)\frac{N_k}{f_a - \gamma_m d} \qquad (11\text{-}37)$$

长边 a 与短边 b 之比 a/b 一般在 1.5~2.0 之间，由此可初步确定基础底面尺寸，然后验算该尺寸是否符合式（11-35）与式（11-36）的要求。如不符合，则另行假定尺寸重算，直至满足。

偏心受压基础高度的确定方法与轴心受压基础的相同，但式（11-24）中的 F_l 应按下式计算

$$F_l = p_{n,\max} A_l \qquad (11\text{-}38)$$

式中　$p_{n,\max}$——按荷载设计值计算的基底最大净反力值，仍可用式（11-32）计算，但将

M_{bot}、N_{bot}换为弯矩设计值M、轴力设计值N。

基础底板配筋的计算方法与轴心受压基础的相同，只是在计算M_I时，用（$p_{n,max}$＋$p_{n,min}$）/2代替式（11-25）中的p_n，在计算M_{II}时，用（$p_{n,max}$＋$p_{n,min}$）/2代替式（11-27）中的p_n。

三、条形基础

支承渡槽槽身的刚架，当两个立柱的间距不大而地基承载力又较低时，通常将两个柱基础连在一起，作成钢筋混凝土条形基础，如图11-54所示。

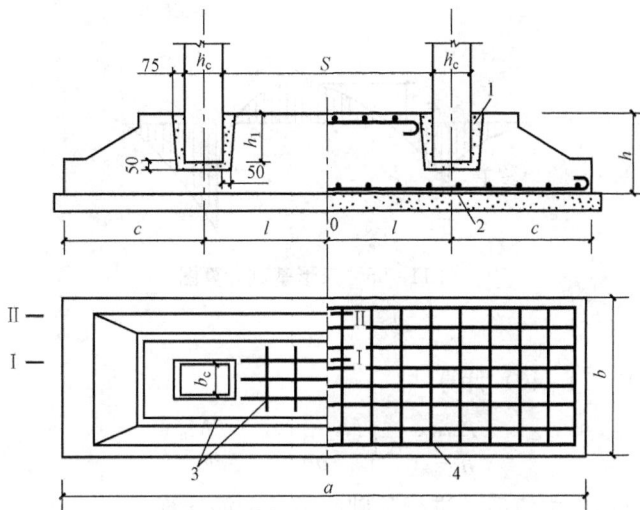

图11-54　条形基础与基础内钢筋

1—≥C20细石混凝土浇灌；2—混凝土垫层；3—顶部钢筋；4—底部钢筋

条形基础的设计，一般是先拟定各部分尺寸，进行地基反力验算，再作基础承载力计算。

基底反力可按下式计算（图11-54、图11-55）

$$\left.\begin{array}{c} p_{k,max} \\ p_{k,min} \end{array}\right\} = \left(\frac{N_{1k}+N_{2k}}{ba}+q_k\pm\frac{6M_{0k}}{ba^2}\right) \tag{11-39}$$

式中　N_{1k}、N_{2k}——按荷载标准值计算由立柱传至基础顶面的轴向力；

　　　　q_k——单位面积基础自重及回填土重（近似按均布荷载考虑），$q_k=\gamma_m d$，此处d为基础埋置深度；

　　　　M_{0k}——立柱传至基础顶面的N_{1k}、N_{2k}、V_{1k}、V_{2k}及M_{1k}、M_{2k}对基础底面中心0点的力矩，$M_0=M_{1k}+M_{2k}+（V_{1k}+V_{2k})h+（N_{1k}-N_{2k})l$；

　　　　b——基础底面的短边尺寸；

　　　　a——基础底面的长边尺寸。

基底反力应满足$p_{k,max}\leqslant 1.2f_a$及$\dfrac{p_{k,max}+p_{k,min}}{2}\leqslant f_a$的要求。

配筋计算时，在短边方向，可把基础的突出部分，看作固定在柱边I—I截面（图11-54）的"悬臂板"计算，"悬臂板"承受的荷载是地基净反力（$p_{n,max}+p_{n,min}$）/2。

在长边方向，可把基础当作以立柱为支座的"倒双悬臂梁"来计算，作用的荷载也是基

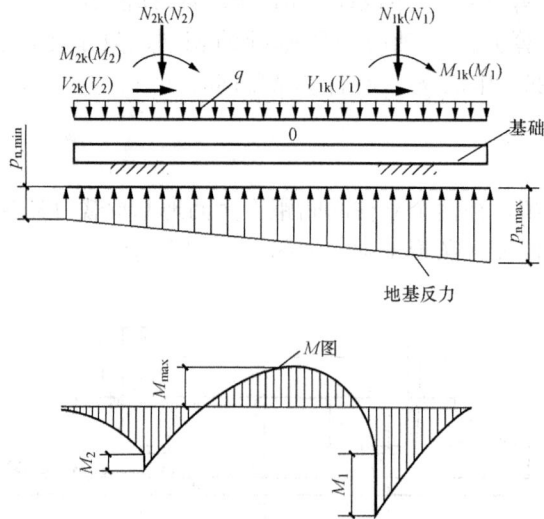

图 11-55 条形基础计算图

底净反力。

基底净反力按式 (11-40) 计算

$$\begin{matrix} p_{n,max} \\ p_{n,min} \end{matrix} = \left(\frac{N_1 + N_2}{ba} \pm \frac{6M_0}{ba^2} \right) \qquad (11-40)$$

根据上述方法求出内力值后，进行基础底板的配筋计算。

思 考 题

1. 何谓单向板和双向板？如何区分单向板和双向板？

2. 肋形结构的计算简图一般应包括哪几方面的内容？

3. 多跨连续梁的最不利活荷载布置方式有哪些？

4. 何谓塑性铰？它与理想铰有何不同？

5. 如何把双向板承受的荷载近似地分配给其支承梁？

第十二章 水工非杆件体系混凝土结构的配筋设计

第一节 概　　述

在水工建筑物中，有一些配筋结构，由于其形体复杂或尺寸比例特殊，无法将结构划分或简化为常规的梁、板、柱一类的基本构件，用结构力学方法计算出构件控制截面的内力（弯矩 M、轴力 N、剪力 V 或扭矩 T 等），而只能按弹性理论方法（弹性有限单元法或弹性模型试验等）或弹塑性理论方法求出结构各点的应力状态。因而，也就无法按截面极限承载力公式，即受弯、偏压、偏拉等构件的公式来计算钢筋用量。

这类结构大体可归纳为四类：

（1）形体复杂的结构。例如水电站厂房的尾水管与蜗壳结构等（图 12-1），它们的轮廓尺寸在空间有很大的变化，其计算简图很难准确取定或简化为杆件。

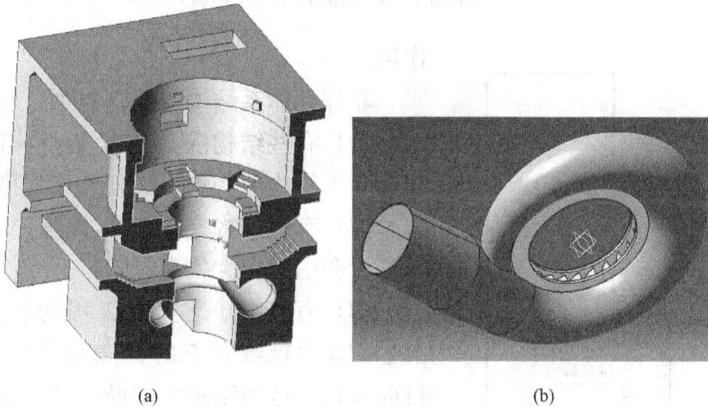

(a)　　　　　　　　　　　　(b)

图 12-1　蜗壳

(a) 水轮层与发电机层剖面；(b) 钢蜗壳

（2）尺寸比例超出杆件范围的结构。这类结构形状虽较规整，但其尺寸比例已超出一般杆件范畴。如深梁，当简支深梁的跨高比 $l/h<2.0$ 或连续深梁的跨高比 $l/h<2.5$ 时，截面应力图形不再为线性分布（图 12-2），因而不能作为一般受弯构件进行配筋计算。

（3）大体积混凝土结构的孔口。这类结构的外部混凝土范围较大，例如坝内引水管道、冲沙孔、泄水孔、引水道、坞式结构的底板等，如图 12-3 和图 12-4 所示，无法简化为杆件。

（4）与围岩连接的地下洞室。这类结构与外部围岩连接，如地下厂房、地下岔管、引水隧洞等（图 12-5），计算时必须考虑围岩的抗力

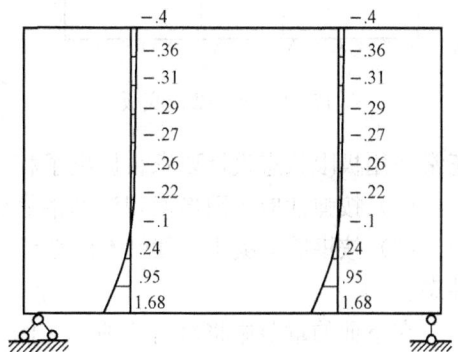

图 12-2　简支深梁的应力分布

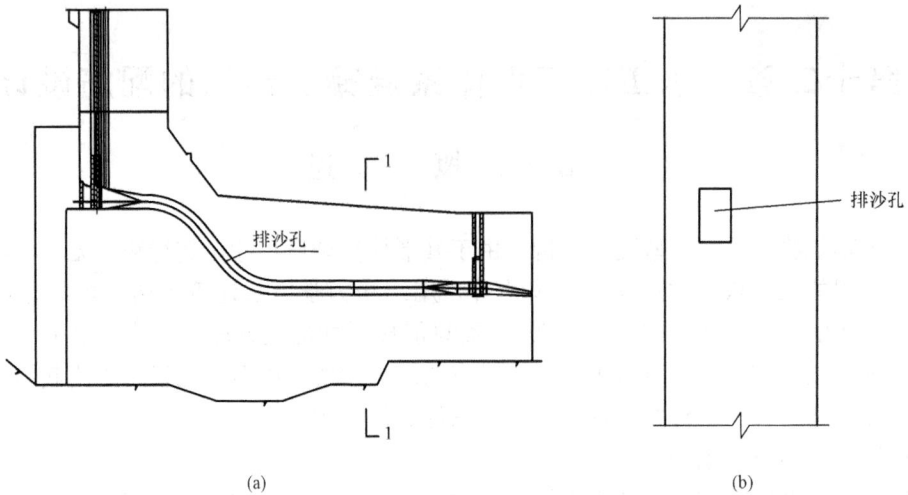

图 12 - 3　大坝排沙孔
（a）纵剖面；（b）横剖面（1—1 剖面）

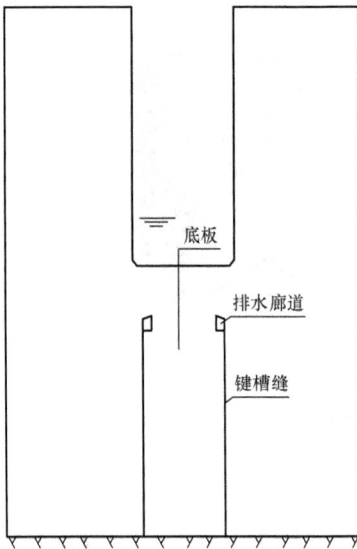

图 12 - 4　坞式结构底板

作用。

非杆件体系结构一般具有如下特点：

（1）有些结构除形体复杂外，同时还具有大体积混凝土结构的特点，必须考虑温度应力；

（2）有些结构空间整体性强，若简化为平面问题分析会引起较大失真；

（3）有些则缺乏实际工程的破损实例，很难提出承载能力极限状态的标志和计算模型。因此，到目前为止，这类结构的配筋计算理论尚不够完善。

对于这一类非杆件体系结构的配筋设计，目前有三种方法：

（1）对于一些常用的、尺寸不大且形状较规整的构件，如深梁、牛腿、弧门支座等，已积累了一定数量的试验资料。在此基础上，通过理论分析并结合工程实际经验，《水工混凝土结构设计规范》（DL/T 5057—2009）分别根据承载能力极限状态和正常使用极限状态设计要求，提出了相应的配筋计算公式；

（2）按弹性应力图形面积计算钢筋用量的方法，可通用于所有非杆件体系；

（3）按钢筋混凝土非线性有限单元法，用于复核配筋结构的承载力与裂缝的开展区域和性态。

在下面的章节中将对后两种方法作一概略性的阐述。

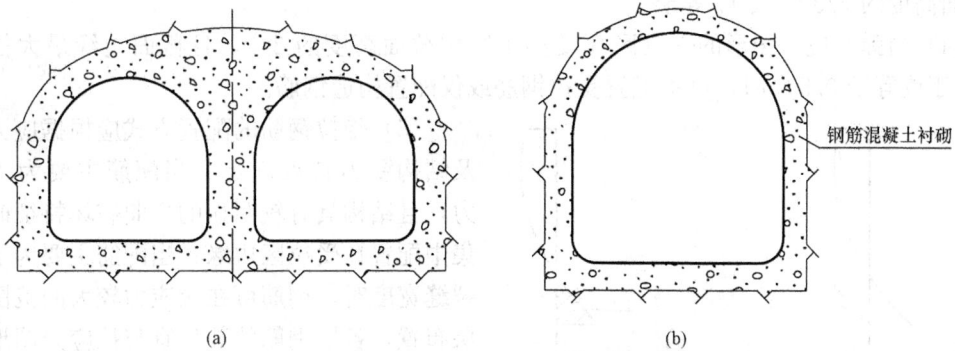

图 12-5　引水隧洞

（a）双孔；（b）单孔

第二节　按弹性应力图形面积配筋

一、按弹性应力图形面积配筋

按弹性应力图形面积配筋就是通常所谓的应力图形法，这是工程界常用的方法，比较方便易行，可适用于各种形体复杂的结构，但理论依据不够完善。它的计算思路是，通过按弹性理论方法（弹性有限单元法或弹性模型试验等）得出结构的线弹性应力，根据配筋截面的拉应力图形面积，计算出拉应力的合力，按拉力的全部或部分由钢筋承担的原则，计算钢筋用量。该方法在《水工钢筋混凝土结构设计规范》（SDJ 20—78）、《水工混凝土结构设计规范》（DL/T 5057—1996）就有采用，虽然其表达形式和现行《水工混凝土结构设计规范》（DL/T 5057—2009）有所不同，但实质是相同的。电力《水工混凝土结构设计规范》（DL/T 5057—2009）规范在附录 D、水利《水工混凝土结构设计规范》（SL 191—2008）在第 12 章给出了有关应力图形法的规定，具体内容为：

（1）无法按杆件结构力学方法求得截面内力的钢筋混凝土结构，可由弹性力学分析方法求得结构在弹性状态下的截面应力图形，再根据拉应力图形面积，确定承载力所要求的配筋数量。

（2）当应力图形接近线性分布时，可换算为内力，按杆件体系结构的配筋公式进行配筋及裂缝控制验算。

（3）当应力图形偏离线性较大时，受拉钢筋截面面积 A_s 应符合下列要求

$$T \leqslant \frac{1}{\gamma_d}(0.6T_c + f_y A_s) \tag{12-1}$$

式中　T——由荷载设计值（包含结构重要性系数 γ_0 及设计状态系数 ψ）确定的主拉应力在配筋方向上形成的总拉力，$T=Ab$，此处 A 为截面主拉应力在配筋方向投影图形的总面积，b 为结构截面宽度。

　　T_c——混凝土承担的拉力，$T_c=A_{ct}b$。此处 A_{ct} 为截面主拉应力在配筋方向投影图形中拉应力值小于混凝土轴心抗拉强度设计值 f_t 的图形面积，如图 12-6 所示。

　　f_y——钢筋抗拉强度设计值，按本教材附录二附表 2-6 查用。

混凝土承担的拉力 T_c 不宜超过总拉力 T 的 30%，当弹性应力图形的受拉区高度大于结

构截面高度的 2/3 时取 T_c 等于零。

（4）当弹性应力图形的受拉区高度小于结构截面高度的 2/3，且截面边缘最大拉应力 σ_{max} 小于或等于 $0.5f_t$ 时，可不配置受拉钢筋或仅配置构造钢筋。

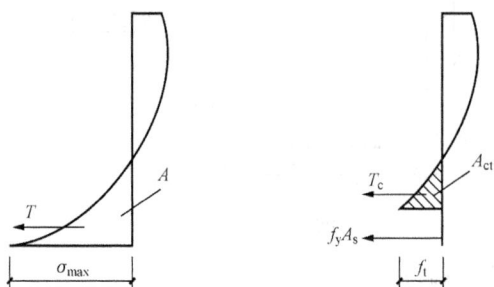

图 12-6　按弹性应力图形面积配筋

（5）受拉钢筋的配置方式应根据应力图形及结构受力特点确定。当配筋主要为了承载力，且结构具有较明显的弯曲破坏特征时，可集中配置在受拉区边缘；当配筋主要为了控制裂缝宽度时，钢筋可在拉应力较大的范围内分层布置，各层钢筋的数量宜与拉应力图形的分布相对应。

在《水工混凝土结构设计规范》（DL/T 5057—1996）中，T 是指主拉应力的合力。由于在结构截面上，各点的主拉应力方向不同，且也不可能与配筋方向一致，用主拉应力的合力来计算钢筋用量，是无法确定各方向的配筋量的。因而现行《水工混凝土结构设计规范》（DL/T 5057—2009）将 T 改成主拉应力在配筋方向投影的合力，即用主拉应力在配筋方向投影的合力来计算钢筋用量，解决了《水工混凝土结构设计规范》（DL/T 5057—1996）这一缺陷。

水利《水工混凝土结构设计规范》（SL 191—2008）采用的原则与上述相同，仅是认为式（12-1）中 $0.6T_c$ 的概念不够明确，将其修改为：主拉应力图形总面积中扣除拉应力值小于 $0.45f_t$ 后的图形面积所确定的拉力由钢筋承担，并应符合下式要求

$$A_s \geqslant \frac{KT}{f_y} \qquad (12-2)$$

式中　K——承载力安全系数；

　　　T——由钢筋承担的拉力设计值，$T=\omega b$；

　　　ω——截面主拉应力在配筋方向投影图形的总面积扣除其中拉应力值小于 $0.45f_t$ 后的图形面积。其他规定同式（12-1）。

二、主拉应力在配筋方向的投影

式（12-1）和式（12-2）都需求主拉应力在配筋方向的投影，这时首先要求配筋方向的方向向量（ζ_1，ζ_2，ζ_3）。

在整体坐标系中，从垂直于配筋方向的剖面 π 上任取三点 $M_1(x_1, y_1, z_1)$、$M_2(x_2, y_2, z_2)$、$M_3(x_3, y_3, z_3)$，则向量 $\overrightarrow{M_1M_2}$ 和 $\overrightarrow{M_1M_3}$ 可用下列公式表示

$$\overrightarrow{M_1M_2} = (x_2-x_1, y_2-y_1, z_2-z_1) \qquad (12-3)$$

$$\overrightarrow{M_1M_3} = (x_3-x_1, y_3-y_1, z_3-z_1) \qquad (12-4)$$

由 $\overrightarrow{M_1M_2}$ 和 $\overrightarrow{M_1M_3}$ 的向量积可求得剖面 π 的法向向量，即配筋方向的向量 ζ

$$\zeta = \overrightarrow{M_1M_2} \times \overrightarrow{M_1M_3} = \begin{vmatrix} i & j & k \\ x_2-x_1 & y_2-y_1 & z_2-z_1 \\ x_3-x_1 & y_3-y_1 & z_3-z_1 \end{vmatrix} = Ai + Bj + Ck \qquad (12-5)$$

式中　$A = (y_2-y_1)(z_3-z_1) - (z_2-z_1)(y_3-y_1)$

　　　$B = (z_2-z_1)(x_3-x_1) - (x_2-x_1)(z_3-z_1)$

$$C=(x_2-x_1)(y_3-y_1)-(y_2-y_1)(x_3-x_1)$$

向量 ζ 的方向余弦(ζ_1，ζ_2，ζ_3)为

$$\zeta_1 = \frac{A}{|\zeta|}、\quad \zeta_2 = \frac{B}{|\zeta|}、\quad \zeta_3 = \frac{C}{|\zeta|} \qquad (12-6)$$

$$|\zeta| = \sqrt{A^2+B^2+C^2}$$

记空间一点的三个主应力为 σ_1、σ_2 和 σ_3，σ_1、σ_2 和 σ_3 的方向向量为(l_1，m_1，n_1)、(l_2，m_2，n_2)和(l_3，m_3，n_3)，则 σ_1 和配筋方向夹角余弦为

$$\cos\theta_1 = \frac{|\zeta_1 l_1 + \zeta_2 m_1 + \zeta_3 n_1|}{\sqrt{\zeta_1^2+\zeta_2^2+\zeta_3^2}\sqrt{l_1^2+m_1^2+n_1^2}} \qquad (12-7)$$

由于配筋方向向量和主应力方向向量皆为单位向量，则

$$\sqrt{\zeta_1^2+\zeta_2^2+\zeta_3^2} = \sqrt{l_1^2+m_1^2+n_1^2} = 1 \qquad (12-8)$$

则式（12-7）简化为

$$\cos\theta_1 = |\zeta_1 l_1 + \zeta_2 m_1 + \zeta_3 n_1| \qquad (12-9a)$$

同理可以求得 $\cos\theta_2$、$\cos\theta_3$ 为

$$\cos\theta_2 = |\zeta_1 l_2 + \zeta_2 m_2 + \zeta_3 n_2| \qquad (12-9b)$$

$$\cos\theta_3 = |\zeta_1 l_3 + \zeta_2 m_3 + \zeta_3 n_3| \qquad (12-9c)$$

主拉应力在配筋方向投影的取值可分为以下 4 种情况（$\sigma_1 \geqslant \sigma_2 \geqslant \sigma_3$）：

(1) $\sigma_3 > 0$ 时，$\sigma = \cos\theta_1\sigma_1 + \cos\theta_2\sigma_2 + \cos\theta_3\sigma_3$；

(2) σ_1、$\sigma_2 > 0$ 且 $\sigma_3 < 0$ 时，$\sigma = \cos\theta_1\sigma_1 + \cos\theta_2\sigma_2$；

(3) $\sigma_1 > 0$ 且 σ_2、$\sigma_3 < 0$ 时，$\sigma = \cos\theta_1\sigma_1$；

(4) $\sigma_1 < 0$ 时，$\sigma = 0$。

求得主拉应力在配筋方向投影后，就可通过积分求得合力 T。

按应力图形面积配筋的方法，比较方便易行，应用得很广泛，但并不是一个合理的方法。因为它所依据的应力图形是未开裂前的弹性应力图形，当一旦混凝土开裂，钢筋发挥其受拉作用时，结构的应力图形可能完全改变。应力图形在开裂前后的变化规律随着结构形式的不同而异。在一般情况下，按应力图形法计算得到的配筋偏于保守，但对开裂前后应力状态有明显改变的结构有时也会偏于不安全。

第三节　按钢筋混凝土有限单元法配筋

按弹性应力图形面积配筋，简单方便，但不能了解结构在各阶段的工作状态，无法判断正常使用极限状态能否满足设计要求，对开裂前后应力状态有明显改变的结构有时也会偏于不安全。

按钢筋混凝土有限单元法分析设计，能了解结构从加载到破坏整个过程的工作状态，正确反映钢筋真实的受力情况，指出结构的薄弱部位，并可根据计算结果调整结构尺寸与钢筋布置，以达到最优的设计。特别是能考虑混凝土开裂引起的温度应力释放，了解结构的裂缝宽度和位移能否满足要求，弥补了按弹性应力图形面积配筋的不足，是目前非杆件体系结构的配筋设计最有效的方法。下面简单介绍钢筋混凝土有限单元法的基本概念、计算步骤与计算原则。

一、钢筋混凝土有限单元法的基本概念

有限单元法是将一连续结构离散化为有限个能满足一定连续性条件的单元，如图 12-7 就是将一简支深梁离散化为 160 个平面等参单元，然后采用虚功原理，将单元的结点荷载 $\{F_e\}$ 与单元的结点位移 $\{q_e\}$ 通过单元刚度矩阵 $[K_e]$ 联系起来。将结构的全部结点整体编号，归并所有单元的结点位移列阵 $\{q_e\}$ 和结点荷载列阵 $\{F_e\}$，分别组成整体位移列阵 $\{q\}$ 和整体荷载列阵 $\{F\}$，再将所有单元刚度矩阵 $[K_e]$ 集合成整体刚度矩阵 $[K]$，得到整个结构的平衡方程组

$$[K]\{q\} = [F] \tag{12-10}$$

由此线性代数方程组，结合边界条件，解出整体结点位移 $\{q\}$，由 $\{q\}$ 可得到单元结点位移 $\{q_e\}$，再由 $\{q_e\}$ 求出所需的单元应变 $\{\varepsilon_e\}$ 和单元应力 $\{\sigma_e\}$。

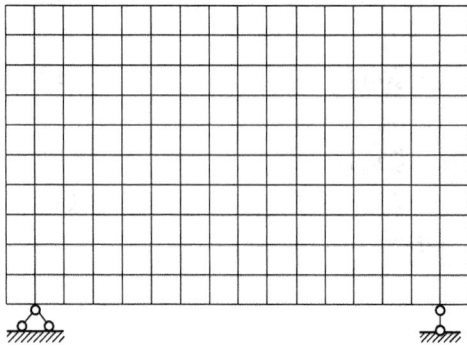

图 12-7　深梁有限元计算网格

钢筋混凝土有限元分析也基于同样的原理，但也有它独特的地方。这是因为：

（1）钢筋混凝土由钢筋和混凝土两种材料组成，其中混凝土很容易出现裂缝；

（2）混凝土和钢筋的应力—应变本构关系以及它们之间的粘结滑移关系都是非线性的；

（3）混凝土的徐变收缩以及温度等因素与时间有关，对结构的影响也是非线性的。

所以，钢筋混凝土有限单元法有它独特的内容，包括单元模型、混凝土多轴强度及强度准则、混凝土本构关系、裂缝模型、钢筋与混凝土之间粘结滑移关系等。

1. 单元模型

钢筋混凝土结构是由两种不同性质的材料组成的，对钢筋处理的不同就形成了不同的单元模型。在钢筋混凝土有限元中，单元模型可分为分离式、组合式和整体式三种。

分离式模型是把钢筋和混凝土各自划分为足够小的单元，两者之间可用粘结单元来模拟其实际存在的粘结滑移；也可假定粘结十分良好，无滑移，两者之间是连续的。对于平面问题，混凝土单元常取为四边形单元或 4～8 结点等参单元；对于空间问题，混凝土单元常取为四面体单元或 8～20 结点等参单元（图 12-8）。钢筋单元可以采用与混凝土相同的单元模型，但考虑到钢筋为细长杆件，其抗弯、抗剪能力可忽略不计，故一般将钢筋作为杆单元处理（图 12-9）。

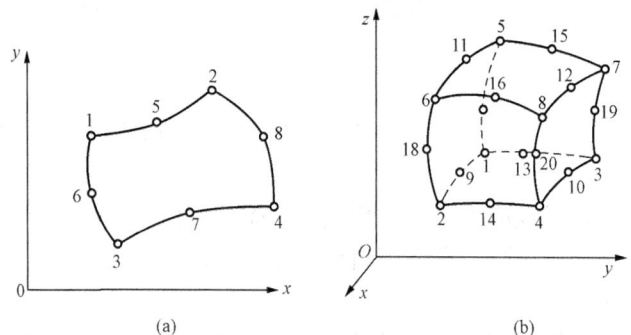

图 12-8　等参单元

（a）平面 8 结点等参单元；（b）空间 20 结点等参单元

常用的粘结单元有双弹簧单元和界面单元。当需计算裂缝时，应考虑钢筋与混凝土之间的粘结滑移。

双弹簧单元［图 12-10（a）］设置在混凝土和钢筋的结点之间，由垂直和平行于钢筋轴线方向的两个互相垂直的弹簧所组成。这组弹簧具有一定的刚度，但无实际几何尺寸而不影响单元的几何划分。双弹簧单元沿 H 和 V 方向的刚度分别为 K_h 和 K_v，K_h 用来模拟钢筋和混凝土之间的粘结滑移关系，粘结滑移关系（τ-s 公式）可由粘结试验得出。K_v 用来模拟钢筋对混凝土的挤压和暗销作用，其取值甚为困难，通常假定混凝土和钢筋在垂直钢筋方向是刚接的，即可将 K_v 取为一个很大的值。

界面单元［图 12-10（b）］是一种宽度为零的退化四边形单元，可以置于钢筋和混凝土之间而不影响单元的几何划分。它可采用与混凝土单元同样的位移插值函数，对钢筋和混凝土结合面的特性进行面的模拟，从而

图 12-9　空间等参杆单元

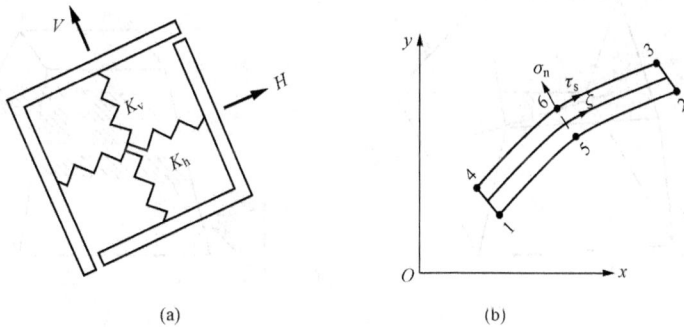

建立起比双弹簧单元更为协调合理的关系。同样，平行钢筋方向的刚度系数用来模拟钢筋和混凝土之间的粘结滑移关系，垂直于钢筋方向的刚度系数用来模拟钢筋对混凝土的挤压和暗销作用。刚度系数的取值方法与双弹簧单元相同。

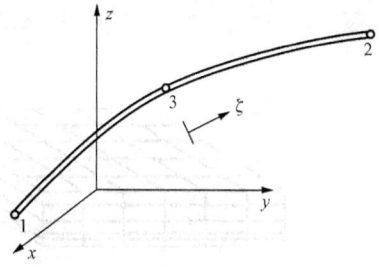

图 12-10　粘结单元
（a）平面双弹簧单元；（b）平面界面单元

组合式模型将混凝土和钢筋包含在一个单元之内，分别计算它们对单元刚度矩阵的贡献，再通过叠加得到单元的刚度矩阵。它可分为分层组合式、无滑移复合式与带滑移复合式三种。

分层组合式模型假定钢筋与混凝土之间粘结良好无滑移，将混凝土与钢筋沿截面高度或厚度分成若干层（图 12-11）。每一层按照平面应力状态（忽略垂直于层面应力的影响）及对截面的应变作出的假定（如平截面假定或克希霍夫假定），根据材料的应力—应变关系和平衡条件计算其刚度矩阵，这类模型广泛应用于混凝土杆件体系结构和板壳结构的分析。

无滑移复合式模型（图 12-12）也假定钢筋与混凝土之间粘结良好无滑移，将钢筋作为杆单元直接埋置入混凝土单元，或将钢筋等效为钢筋薄膜，埋置在混凝土单元内部，根据混凝土和钢筋的变形协调，分别计算每根钢筋或钢筋薄膜与混凝土对复合单元刚度矩阵的贡献，形成总的刚度矩阵。

上述组合式模型和分离式模型相比，自由度数少，混凝土单元的剖分不受钢筋位置的限制，可先划分混凝土网格，再考虑钢筋，网格剖分方便。但它不能考虑钢筋与混凝土之间的

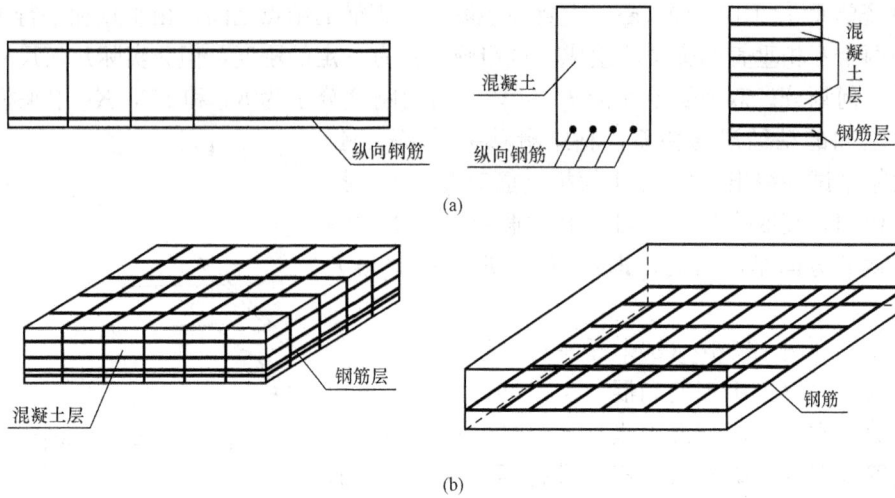

(a)

(b)

图 12-11　分层组合式

（a）梁分层组合式；（b）板分层组合式

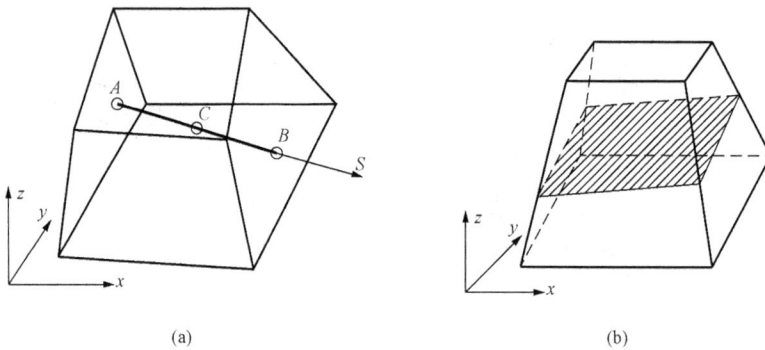

(a)　　　　　　　　　　　　　　　(b)

图 12-12　无滑移复合式模型

（a）埋置杆单元；（b）埋置薄膜组合单元

粘结滑移，计算裂缝宽度会引起相当的误差，一般只用于承载力校核计算。为了弥补这一缺陷，随后的研究给出了带滑移复合式模型，并已在多个工程中得到应用。该模型通过在单元中设置钢筋的虚结点来考虑钢筋与混凝土之间的粘结滑移，如此钢筋可放在混凝土单元内任意位置，混凝土网格划分不受钢筋位置的影响，同时又能考虑钢筋和混凝土之间的粘结滑移，综合了分离式模型与组合式模型的优点。

　　整体式模型仍忽略钢筋与混凝土之间的滑移，将钢筋均匀弥散于混凝土单元之中，从而把钢筋混凝土看成为一种匀质材料，用单一的本构关系来表示材料性能。如此，它可用匀质材料的常规方法寻求单元刚度矩阵。与组合式模型不同的是，整体式模型不是分别求出混凝土和钢筋对单元刚度的贡献，然后组合，而是先求出单元材料的折算弹性模量，然后一次求得综合的单元刚度矩阵。

　　这一模型计算简单，特别适用于分析区域较大，受计算机软件和硬件的限制，无法将钢筋和混凝土同时划分单元，同时人们所关心的结果只是结构在荷载作用下的宏观表现的情况。

2. 裂缝模型

裂缝是造成钢筋混凝土结构非线性的重要因素，对裂缝的正确模拟是钢筋混凝土有限单元法的关键技术之一。裂缝的模拟目前主要有分离裂缝模型和片状裂缝模型两种。

分离裂缝模型假定裂缝在混凝土单元的边界上形成，单元结点分置于裂缝的两侧（图12-13）。当新的裂缝产生或原有裂缝开展延伸时，必须增加新的结点，重新划分单元，使裂缝总是处于单元边界上。为模拟裂缝面上的骨料咬合力，可在裂缝面上设置弹簧单元。分离裂缝模型可以比较细致地模拟裂缝发生发展的全过程，得到每条裂缝的宽度、延伸深度以及裂缝间距等信息，在模拟骨料咬合力和钢筋销栓作用等局部特性方面也有其特殊的方便之处。但是，随着裂缝的出现和延伸，分离裂缝模型需要不断增加结点，重新划分单元，特别是网格要按裂缝的走向来重新划分，很有可能出现形态很差的单元，影响计算精度。目前，分离裂缝模型在大型结构分析中较少采用。

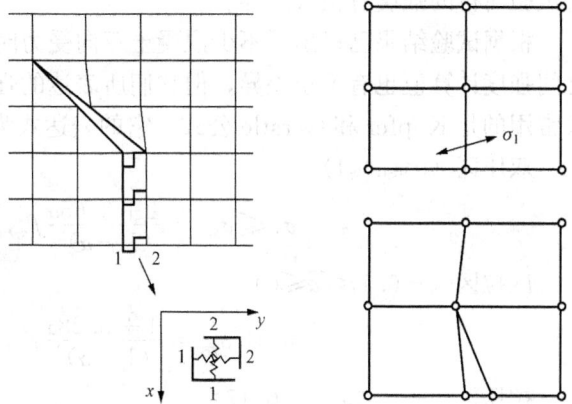

图 12-13　分离式裂缝模型

片状裂缝模型（图12-14）以在一个区域内均匀分布的一组相互平行的微细裂缝来代替单一裂缝。裂缝出现后，仍可将材料作为连续介质处理，只需对材料的本构矩阵加以修改即可。采用片状裂缝模型，在计算过程中裂缝能自动形成和发展，不必重新划分单元，计算可连续进行。以往认为片状模型不能较真实地模拟裂缝发生发展的全过程，无法得出裂缝开展宽度等信息。但随后的研究表明，若每次迭代只允许一个混凝土单元开裂，片状裂缝模型就可较真实地模拟结构的开裂过程和裂缝分布，从而得到裂缝宽度。

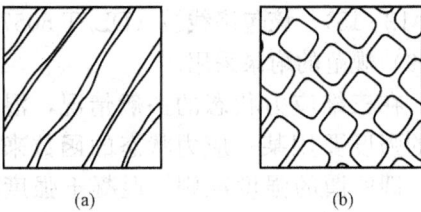

图 12-14　片状裂缝模型

(a) 单向开裂；(b) 双向开裂

3. 本构关系

这里混凝土的本构关系仅指混凝土的应力—应变关系，这是有限元计算中不可缺少的信息。当前，混凝土的本构关系主要有两类：

（1）以弹性模型为基础的非线性弹性模型；

（2）以经典塑性理论为基础的弹塑性模型。此外，还有将塑性理论和断裂理论组合建立的塑性断裂模型，由粘性本构关系发展起来的内时理论以及考虑损伤的内时损伤理论等。但工程应用最多的还是非线性弹性模型和弹塑性模型。

计算结果表明，同一软件采用不同的本构关系所得结果有较大的差别，不同软件采用相同的本构关系所得结果也有一定的差别。由于混凝土的本构关系种类多样、概念和形式迥异，简繁程度悬殊、计算结果差别较大，难以求得统一。因而现行《水工混凝土结构设计规范》对本构关系的选取只作原则上的规定，建议平面问题采用非线弹性的正交异性模型及其他经过验证的本构关系，空间问题可采用非线弹性的正交异性关系、弹塑性模型及其他经过验证的本构关系，并不明确具体采用哪种本构关系。

4. 混凝土的多轴强度

进行钢筋混凝土有限元计算时，另一个关键问题是正确确定材料的强度。国内外曾进行过大量的双向及三向受力下的混凝土强度试验。它所采用的试件有正方形板、实心圆柱体、空心圆柱体、立方体等形状，试件尺寸小的边长为 50mm，大的达到 450mm。由于试验的规格、方法均未统一，特别在加压时，减少试件表面与承压板之间摩擦约束的措施不同，使得试验所得的强度有很大差异。

根据试验结果已提出了不少混凝土双向受力时的强度计算公式，它们表达式不同，相互之间强度计算值也有不小差异，但它们所表达的强度变化规律是相同的。在这些公式中，比较常用的是 Kupfer 和 Gerstle 公式。它的表达式为：

双压区（$0 \leqslant \alpha \leqslant 1$）

$$\sigma_2 \leqslant \sigma_{2c} = \frac{1+3.65\alpha}{(1+\alpha)^2} f'_c, \quad \sigma_1 \leqslant \sigma_{1c} = \alpha \sigma_{2c} \tag{12-11}$$

压拉区（$-0.17 \leqslant \alpha \leqslant 0$）

$$\sigma_2 \leqslant \sigma_{2c} = \frac{1+3.28\alpha}{(1+\alpha)^2} f'_c, \quad \sigma_1 \geqslant \sigma_{1t} = \alpha \sigma_{2c} \tag{12-12}$$

拉压区（$-\infty \leqslant \alpha \leqslant -0.17$）

$$\sigma_1 \geqslant \sigma_{1t} = f_t, \sigma_2 \leqslant \sigma_{2c} = \frac{\sigma_{1t}}{\alpha} \tag{12-13}$$

双拉区

$$\sigma_1 \geqslant \sigma_{1t} = f_t, \quad \sigma_2 \geqslant \sigma_{2t} = f_t/\alpha \tag{12-14}$$

式中　　α——应力比，$\alpha = \sigma_1/\sigma_2$；

f'_c——混凝土单轴抗压强度；

f_t——混凝土单轴抗拉强度。

上述破坏准则为代数式。

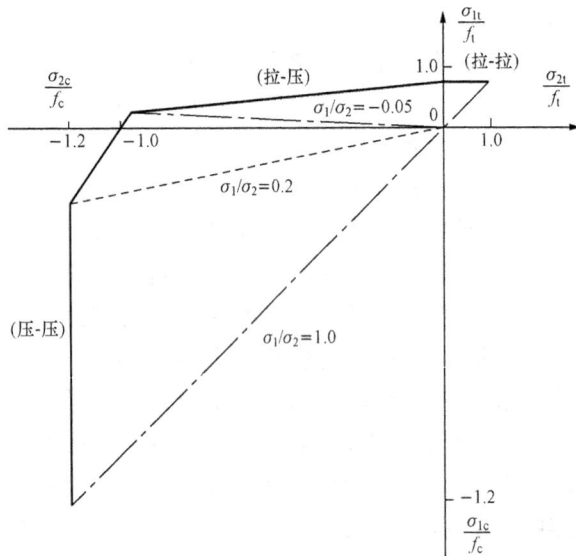

图 12-15　清华大学二轴强度包络线

清华大学提出的包络线以折线表示（图 12-15）。该包络线被（DL/T 5057—2009）规范的附录采用。

在三维应力状态的一般情况，混凝土的强度要用某一应力状态的函数来定义，即所谓的强度准则。混凝土强度准则一般用若干个参数（单轴抗拉强度、单轴抗压强度、双轴受压强度、多轴强度）来表达。用一个参数表达的强度准则称为单参数模型，用两个参数表达的强度准则称为双参数模型，至今参数最多的模型是五参数模型。目前工程中比较常用的模型有：Ottosen 四参数准则、W—W 五参数模型及清华大学提出的模型。其中，清华大学提出的模型被列入（DL/T 5057—2009）规范的附录。

清华大学提出的模型综合考虑了国内外众多研究者的试验结果。它的子午线为幂函数，破坏包络面连续、光滑、外凸，具有混凝土破坏包络面的主要几何特征。其具体的数学表达式如下

$$\tau_0 = a\left(\frac{b-\sigma_0}{c-\sigma_0}\right)^d \tag{12-15}$$

$$c = c_t(\cos 1.5\theta)^{1.5} + c_c(\sin 1.5\theta)^{2.0} \tag{12-16}$$

其中 　　　　　　　　　　　$$\tau_0 = \frac{\tau_{oct}}{f_c}, \qquad \sigma_0 = \frac{\sigma_{oct}}{f_c}$$

式中 　　　τ_{oct}——按混凝土多轴强度计算的八面体剪应力；

$$\tau_{oct} = \frac{1}{3}\sqrt{(\sigma_1-\sigma_2)^2 + (\sigma_2-\sigma_3)^2 + (\sigma_3-\sigma_1)^2}$$

σ_{oct}——按混凝土多轴强度计算的八面体正应力；

$$\sigma_{oct} = \frac{\sigma_1+\sigma_2+\sigma_3}{3}$$

θ——相似角，$\theta = \arccos\dfrac{2\sigma_1-\sigma_2-\sigma_3}{3\sqrt{2}\tau_{oct}}$；

a, b, d, c_t, c_c——参数值，可以用单轴抗压、单轴抗拉、二轴等压、三轴受压、三轴等拉 5 个特征强度值加以确定；无试验依据时可按下列数值取用：$a = 6.9638$；$b = 0.09$，$d = 0.9297$，$c_t = 12.2445$，$c_c = 7.3319$。

钢筋混凝土有限单元法涉及到许多理论及数值计算方法，详细内容请参阅有关专著。

二、按钢筋混凝土有限单元法进行承载力校核

工程实践与有限元分析都表明，对开裂前后结构应力状态有明显改变的结构，按应力图形法得到的钢筋用量有时会偏于不安全。因此，现行《水工混凝土结构设计规范》（DL/T 5057—2009）规定，对这类结构按应力图形法配置钢筋后还应采用钢筋混凝土有限单元法进行承载力校核。

在采用钢筋混凝土有限单元法校核承载力时，材料强度取为标准值。荷载取作用效应组合设计值与增大系数的乘积。当结构为钢筋受拉破坏时，增大系数取为 $1.1\gamma_0\gamma_d\psi$；当结构为混凝土受压破坏时，增大系数取为 $1.4\gamma_0\gamma_d\psi$，其中 γ_d 为结构系数，ψ 为设计状况系数。由于承载力计算理应采用强度设计值，而有限元计算时材料强度采用了标准值，因此上述增大系数包括了材料分项系数，即增大系数中的 1.1 或 1.4 为钢筋和混凝土的材料分项系数。

结构的破坏标志可定为：受拉钢筋屈服，混凝土裂缝开展过宽，变形过大，受压混凝土大范围压碎或重要部位局部压碎，结构刚度矩阵奇异，变形骤增等。

三、按钢筋混凝土有限单元法进行裂缝控制

对需控制内部裂缝或特别重要的非杆件体系结构，需采用钢筋混凝土非线性有限单元法进行裂缝控制，这时最好能直接计算裂缝宽度与裂缝延伸范围，进行直接的判断。但应用钢筋混凝土有限单元法计算裂缝分布与宽度，对有限元网格与迭代方式有很高的要求。就网格而言，一是要顺裂缝方向划分，二是小于一定值，一般在 100～200mm 左右。就迭代方式而言，每次迭代只能允许超过混凝土抗拉强度且应力最大的单元开裂。只有同时做到这两点，才能计算得到裂缝分布进而得到裂缝宽度，不然只能得到开裂区域。受硬件与软件的限

制，这对于空间问题目前是难以做到的。

对空间问题，曾有人应用非线性有限单元法计算出钢筋应力后，代入《水工混凝土结构设计规范》（DL/T 5057—2009）中的裂缝宽度公式来计算裂缝宽度，这显然是不合理的。一是由于规范中的裂缝宽度公式是根据杆系构件的试验结果得到，不适合非杆件体系结构的裂缝宽度计算；二是裂缝宽度公式中的钢筋应力指的是裂缝间的钢筋应力，而有限单元法计算得到的钢筋应力是单元尺寸内的平均应力，单元尺寸越大钢筋应力越小。

因而，至今只有平面问题可利用钢筋混凝土有限单元法直接求得裂缝宽度，对空间问题还不易做到。这就要求采用间接的方法进行裂缝控制验算，即采用钢筋应力进行裂缝控制验算。规范通过专题研究，给出了由有限单元法计算得的钢筋单元应力进行裂缝控制验算的方法。

对于未能直接由钢筋混凝土有限单元法计算得到裂缝宽度的结构，表面裂缝可通过限制表面第一层受拉钢筋的单元应力小于相应限值来控制裂缝宽度，即

$$\sigma_{sks} \leqslant \sigma_{sps} \qquad (12-17)$$

式中　σ_{sks}——在标准组合作用下，由非线性钢筋混凝土有限元计算得到的第一层受拉钢筋的钢筋单元应力；

　　　σ_{sps}——非杆件体系结构表面裂缝受拉钢筋单元应力限值，σ_{sps}宜根据裂缝宽度0.1~0.3mm及保护层厚度的大小选取：保护层厚度为50mm时，σ_{sps}不宜超过110~160N/mm^2；保护层厚度为100mm时，σ_{sps}不宜超过80~140N/mm^2；对四类环境取小值，对一类环境取大值，五类环境应作专门研究。

内部裂缝可通过钢筋网来控制裂缝宽度。在标准荷载组合下，钢筋网的受拉钢筋单元应力不宜超过120N/mm^2。钢筋间距不宜超过200mm，钢筋网间距不宜超过1000mm。

四、按钢筋混凝土有限单元法配筋的步骤与计算原则

虽然钢筋混凝土有限单元法是目前非杆件体系结构的配筋设计最有效的方法，但它需要专门的程序，计算量大，且本构关系、强度准则、迭代方式，特别是有限单元网格的大小与形态都会影响计算结果，这就要求计算者不但要熟悉有限单元法，而且要精通钢筋混凝土结构学，能对计算结果进行判断。因而目前，按钢筋混凝土有限单元法配筋还不够方便，也不便于大面积应用。但对于需控制内部裂缝宽度或特别重要的非杆件体系结构，还必须采用钢筋混凝土有限单元法进行正常使用期的验算。对开裂前后应力状态有明显改变的非杆件体系结构，承载力所需钢筋用量按弹性应力图形面积确定后，还宜用钢筋混凝土有限单元法进行分析与调整。

这类非杆件体系结构的设计步骤为：

（1）首先按应力图形法初步确定钢筋用量与钢筋布置。

（2）对需控制内部裂缝宽度或特别重要的非杆件体系结构，采用钢筋混凝土有限单元法计算使用荷载下的裂缝宽度和钢筋应力，若裂缝宽度或钢筋应力大于相应的限值，则调整钢筋布置，必要时增加钢筋用量，重新计算，直至裂缝宽度或钢筋应力满足设计要求。

（3）对开裂前后应力状态有明显改变或特别重要的非杆件体系结构，采用钢筋混凝土有限单元法计算至结构的承载能力极限状态，若承载力不能满足要求，调整钢筋用量与布置，重新计算，直至承载力满足设计要求。

由于钢筋混凝土有限单元法尚未达到十分完善的程度，因而目前要给出细致的计算规定

尚不现实，因此只能列出一些采用钢筋混凝土有限单元法分析配筋结构时应遵守的一般原则，以供参考。

（1）非线性分析时，结构形状、尺寸和边界条件，以及所用材料的强度等级和主要配筋量等应预先设定。

（2）材料、截面、构件的非线性本构关系宜通过试验测定，也可采用经过验证的数学模型，其参数值应经过标定或有可靠的依据。

（3）对非杆件体系结构，按钢筋混凝土有限单元法进行非线性分析时，宜采用分离式或组合式单元模型及相应的材料本构关系。

必要时还应考虑混凝土随时间变化的特性，如长期加载时的徐变等。

（4）裂缝控制验算时应考虑钢筋和混凝土之间的粘结滑移。裂缝形成之后，裂缝模型可取为分离模型或片状裂缝模型。如需模拟钢筋与混凝土之间的粘结滑移，可采用分离式单元，在钢筋与混凝土之间设置粘结单元；对不方便采用分离式单元的部位则采用带滑移的组合式单元。

（5）单元的破坏准则可根据具体的研究目的取为：钢筋应力达到屈服强度，混凝土受拉达到极限抗拉强度或极限拉伸变形，混凝土受压达到极限强度或极限压缩变形等。

（6）所采用的钢筋混凝土非线性有限元分析程序，必须经过试验的考证。考证时，材料及荷载的各项参数应取为实测值。

（7）单元网格的划分细度可根据弹性阶段的理论解或试验值与有限元数值解的对比确定。当需研究裂缝宽度等信息时，可采取局部加密网格，并使网格走向与裂缝开展方向一致。

（8）对特别重要的结构，宜配合进行专门的模型试验，与钢筋混凝土有限元分析计算相互验证。

第四节　按钢筋混凝土有限单元法配筋实例[❶]

一、设计资料

1. 工程概况

某重力坝结构安全级别为Ⅰ级，冲沙孔纵剖面如图 12 - 16 所示，孔口长期处于水下，属二类环境类别。已知进水口底板高程为 ▽ 298.00m，设计水位高程为 ▽ 380.0m，冲沙孔下平段中心高程为 ▽ 264.00m，冲沙孔承受最大水头为 116.00m。若最大裂缝宽度限值为 0.30mm，试对孔口进行限裂配筋。

2. 剖面尺寸与计算参数

原报告对该冲沙孔选取了 6 个剖面（图 12 - 16），按平面问题进行了配筋计算。为节省篇幅，只列出 F4 剖面的计算结果。

F4 剖面位于 0＋011.325 附近，截面尺寸与材料分区如图 12 - 17 所示。矩形孔口尺寸为 6.00m×8.60m。高程 254.00m 以下采用 C15 级混凝土，高程 254.00m 以上和孔口采用 C25 级混凝土。钢筋采用 HRB335 级。坝体混凝土重度取 24.0kN/m³，计算水位 ▽ 380.00m。

---

❶　该算例摘自河海大学土木与交通学院的科研报告。

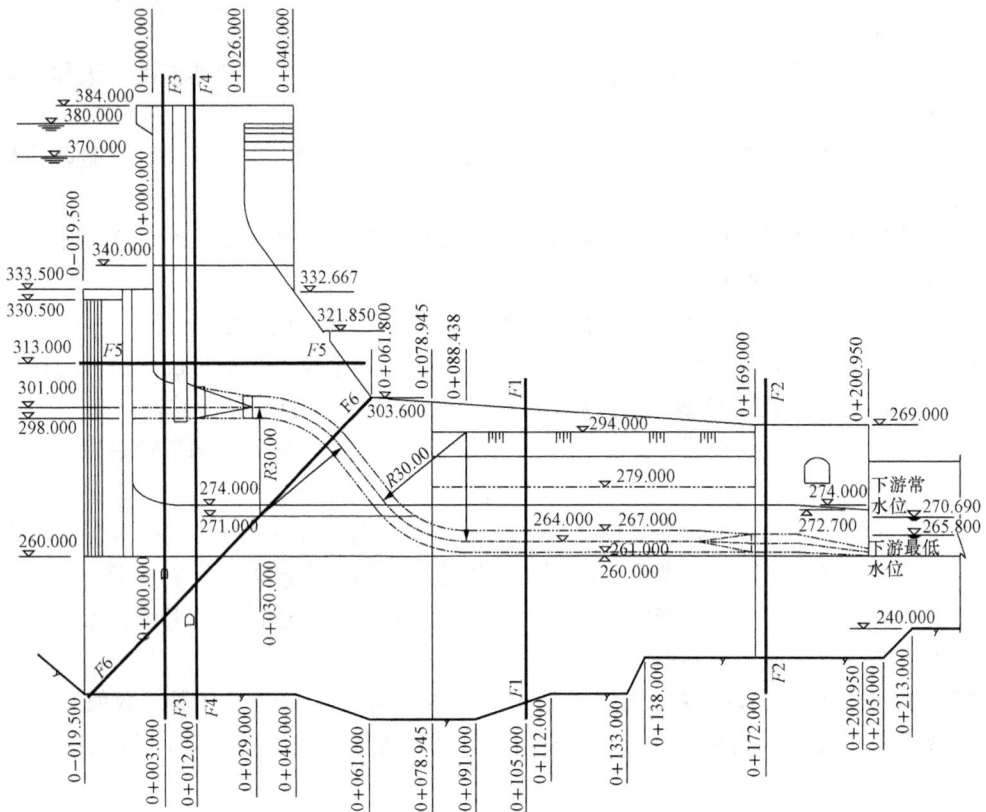

图 12-16　某重力坝冲沙孔纵剖面尺寸及计算剖面位置示意图

二、计算方法与计算模型

1. 计算方法

计算分两步进行，第一步先按弹性应力图形初步确定钢筋用量与钢筋布置；第二步，采用钢筋混凝土有限单元法计算设计水位下的裂缝宽度和裂缝深度，并根据计算结果，调整钢筋布置，必要时增加钢筋用量，重新计算，直至裂缝宽度满足要求。

计算程序选用河海大学土木与交通学院自行研制的钢筋混凝土有限元软件。该软件为基于 AutoCAD 平台的有限单元法分析程序，采用 FORNTAN 语言和 AutoCAD 内嵌的 VBA 语言编制。程序包含前处理、计算和后处理三个模块。程序以菜单命令和对话框相结合进行操作，前处理、计算和后处理等运行过程均在 AutoCAD 平台上完成。用户可根据 CAD 设计图，以可视图形方式进行有限元建模与后处理，使用方便。

2. 计算模型

混凝土采用 4～8 结点等参单元，应用 Darwin-Pecknold 等效单轴应变本构模型和片状裂缝模型，Kupfer 强度准则。钢筋采用杆单元及带粘结埋置杆单元，带硬化段的应力—应变关系。钢筋与混凝土之间的粘结采用双弹簧单元，Houde 粘结滑移公式。

为节省单元，模型底面取至 ▽254.0m 高程，此时模型底面与冲沙孔底面之间的距离尚有 44m。模型底面固结，其余边界自由。为能较正确地计算出孔口周围的裂缝分布，在孔口周围网格加密，单元边长为 125mm。

三、承载能力极限状态按应力图形面积配筋

承载能力极限状态按应力图形面积配筋时，应力按线性材料计算。从计算结果知：

（1）在自重作用下，孔口上下边缘受拉，两侧面受压。

（2）在▽380.00m 水位时，仍然是孔口上下边缘受拉、两侧面受压。但与仅有自重作用相比，孔口上下边缘拉应力增大，孔口底面中间截面应力最大值增大 10% 左右，且受拉区高度增大一倍左右；同时由于孔口高度较大，在水压作用下侧墙受弯，使得两侧边缘的压应力增大较多。

（3）孔口角部有应力集中。

（4）在▽380.00m 水位时，应力最大。主拉应力及主应力投影在孔口顶面、底面及左右侧形成的拉力最大值均出现在孔角附近，在孔口的顶面与底面，正应力形成的拉力最大值出现在顶面与底面中央。

表 12-1 给出了 F4 剖面的拉力及配筋，T_c^{ft} 为应力小于混凝土轴心抗拉强度设计值 f_t 的拉力，T 为由荷载设计值（包含结构重要性系数 γ_0 及设计状态系数 ψ）确定的主拉应力在配筋方向上形成的总拉力，T_c 为混凝土承担的拉力。配筋示意图如图 12-18 所示，水平钢筋伸入孔口左、右侧的锚固长度分别为 2.6m 与 2.1m。

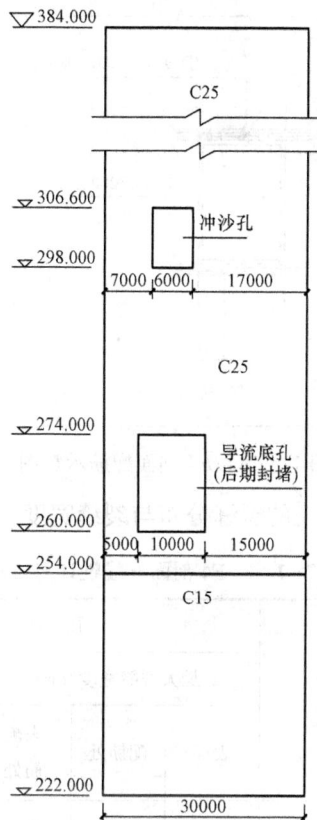

图 12-17　F4 剖面截面尺寸

表 12-1　　　　　　　　　　F4 剖面按应力图形面积配筋计算

部位	$T/(\text{kN/m})$	$T_c^{ft}/(\text{kN/m})$	$T_c/(\text{kN/m})$	$A_s/(\text{mm}^2/\text{m})$	实际配筋
孔口顶面	5448.5	4178.3	1634.6	17927	4 ⏀ 36@200 ($A_s = 20358\text{mm}^2/\text{m}$)
孔口底面	5565.3	4130.2	1669.6	18312	4 ⏀ 36@200 ($A_s = 20358\text{mm}^2/\text{m}$)
孔口左侧	294.6	267.8	88.4	969	1 ⏀ 28@200 ($A_s = 3079\text{mm}^2/\text{m}$)
孔口右侧	受压	—	—	—	1 ⏀ 28@200 ($A_s = 3079\text{mm}^2/\text{m}$)

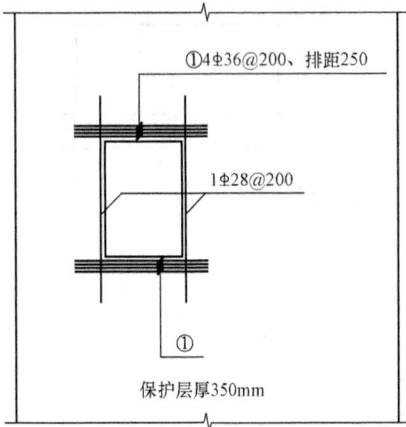

图 12 - 18　F4 剖面配筋示意图

四、正常使用极限状态裂缝控制验算

在正常使用极限状态验算时，电力系统的《水工混凝土结构设计规范》（DL/T 5057—2009）考虑结构重要性系数 γ_0，而水利系统《水工混凝土结构设计规范》（SL 191—2008）是不考虑的。该孔口结构安全级别为Ⅰ级，$\gamma_0 = 1.1$。为了讨论 γ_0 对裂缝的影响，计算了两种工况，两种计算工况的配筋相同，但第一种工况不考虑 γ_0（F4—非 1），第二种工况考虑 γ_0（F4—非 2）。计算时，荷载、材料强度取标准值。

表 12 - 2 给出了两种计算工况在 ▽ 380.00m 水位时的最大裂缝宽度与裂缝深度，图 12 - 19 列出了 F4—非 1 的裂缝分布与裂缝宽度。

表 12 - 2　　F4 剖面非线性计算工况与 ▽ 380.00m 水位时的最大裂缝宽度及裂缝深度

计算工况	孔口顶面裂缝					孔口底面裂缝				
	最大裂缝宽度/mm			最大裂缝深度/m	裂缝条数	最大裂缝宽度/mm			最大裂缝深度/m	裂缝条数
	表面	配筋处	未配筋处			表面	配筋处	未配筋处		
F4—非 1	0.26	0.16	0.47	7.1	5	0.25	0.15	0.49	7.1	5
F4—非 2	0.36	0.20	0.56	7.7	5	0.31	0.23	0.60	7.7	5

从计算结果知：

（1）在 ▽ 310.00m 水位时，孔口顶面与底面中间偏左侧各出现一条垂直裂缝。随水位升高，孔口顶面与底面的裂缝数量增多，裂缝深度与宽度加大，但孔口侧面未出现裂缝，且孔口顶面与底面的裂缝均为垂直裂缝。

（2）在 ▽ 380.00m 水位时，钢筋应力不大，水平钢筋应力最大值为 130N/mm² 左右，竖向钢筋受压。

（3）F4—非 1 的最大表面裂缝宽度为 0.26mm，配筋处最大裂缝宽度为 0.16mm，均小于最大裂缝宽度限值，虽然未配筋处的最大裂缝宽度有 0.47mm，但可认为现有的配筋已能满足设计要求。若需控制内部裂缝宽度，可适当在内部布置一些 Φ 28@200，排距 500mm 左右的钢筋。

（4）目前学术界与工程界有两种观点，一种认为在正常使用极限状态验算时应考虑结构重要性系数，另一种认为无需考虑。从表 12 - 2 知，在 ▽ 380.00m 水位时 F4—非 2（考虑 γ_0）的最大裂缝宽度及裂缝深度均明显大于 F4—非 1（不考虑 γ_0），其中表面、配筋处及未配筋处的最大裂缝宽度分别加大了 38%、53%、22%，裂缝深度增大 8%。从表 12 - 2 还可以知道，若考虑结构重要性系数，则现有配筋不能满足正常使用极限状态裂缝宽度的控制要求。

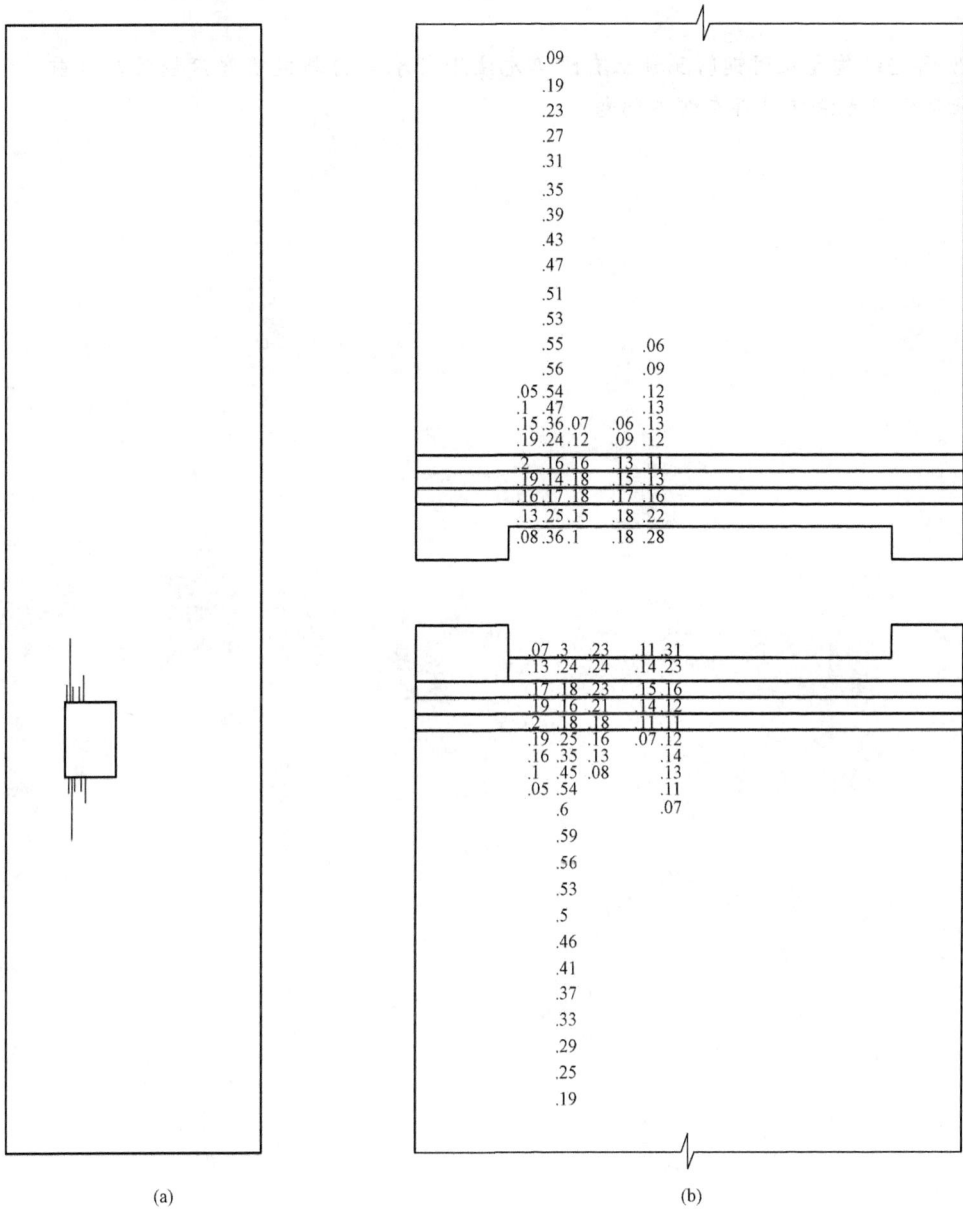

图 12-19　*F4*—非 1 在 ▽ 380.00m 水位作用下的裂缝分布与裂缝宽度显示

（a）裂缝分布；（b）裂缝宽度显示

思　考　题

1. 哪些结构采用弹性应力图形面积配筋法设计会偏于不安全？《水工混凝土结构设计规

范》(DL/T 5057—2009) 和《水工混凝土结构设计规范》(SL 191—2008) 对按弹性应力图形面积配筋法的规定有什么区别？对于一相同结构，采用哪本规范计算得到的钢筋用量大一些？

2. 哪些结构宜采用钢筋混凝土有限单元法进行承载力与裂缝宽度校核？目前，按钢筋混凝土有限单元法配筋存在哪些问题？

附录一 混凝土结构环境类别

混凝土结构所处的环境条件可按附录一附表 1-1〔《水工混凝土结构设计规范》（DL/T 5057—2009）〕、附录一附表 1-2〔《水工混凝土结构设计规范》（SL 191—2008）〕和附录一附表 1-3〔《混凝土结构设计规范》（GB 50010—2010）〕分为五个类别。

附表 1-1 **水工混凝土结构所处的环境条件类别**

〔《水工混凝土结构设计规范》（DL/T 5057—2009）〕

环境类别	环 境 条 件
一	室内正常环境
二	露天环境；室内潮湿环境；长期处于地下或淡水水下环境
三	淡水水位变动区；弱腐蚀环境；海水水下环境
四	海上大气区；海水水位变动区；轻度盐雾作用；中等腐蚀环境
五	海水浪溅区及重度盐雾作用区；使用除冰盐的环境；强腐蚀环境

注 1. 大气区与浪溅区的分界线为设计最高水位加 1.5m；浪溅区与水位变动区的分界线为设计最高水位减 1.0m；水位变动区与水下区的分界线为设计最低水位减 1.0m。

2. 重度盐雾作用区为离涨潮岸线 50m 内的陆上室外环境；轻度盐雾作用区为离涨潮岸线 50～500m 的陆上室外环境。

3. 冻融比较严重的三、四类环境条件的建筑物，可将其环境类别提高一类。

4. 环境水对混凝土腐蚀程度分级规定和腐蚀性判别标准分别见《水工混凝土结构设计规范》（DL/T 5057—2009）的 5.4.10 条和表 5.4.11。

附表 1-2 **水工混凝土结构所处的环境类别**

〔《水工混凝土结构设计规范》（SL 191—2008）〕

环境类别	环 境 条 件
一	室内正常环境
二	室内潮湿环境；露天环境；长期处于水下或地下的环境
三	淡水水位变化区；有轻度化学侵蚀性地下水的地下环境；海水水下区
四	海上大气区；轻度盐雾作用区；海水水位变化区；中度化学侵蚀性环境
五	使用除冰盐的环境；海水浪溅区；重度盐雾作用区；严重化学侵蚀性环境

注 1. 海上大气区与浪溅区的分界线为设计最高水位加 1.5m；浪溅区与水位变化区的分界线为设计最高水位减 1.0m；水位变化区与水下区的分界线为设计最低水位减 1.0m；重度盐雾作用区为离涨潮岸线 50m 内的陆上室外环境；轻度盐雾作用区为离涨潮岸线 50～500m 内的陆上室外环境。

2. 冻融比较严重的二、三类环境条件下的建筑物，可将其环境类别分别提高为三、四类。

3. 化学侵蚀性程度的分类见《水工混凝土结构设计规范》（SL 191—2008）的表 3.3.9。

附表 1-3 **混凝土结构所处的环境类别**〔《混凝土结构设计规范》（GB 50010—2010）〕

环境类别	条 件
一	室内干燥环境； 无侵蚀性静水浸没环境
二 a	室内潮湿环境； 非严寒和非寒冷地区的露天环境； 非严寒和非寒冷地区与无侵蚀性的水或土壤直接接触的环境； 严寒和寒冷地区的冰冻线以下与无侵蚀性的水或土壤直接接触的环境

环境类别	条　　件
二 b	干湿交替环境； 水位频繁变动环境； 严寒和寒冷地区的露天环境； 严寒和寒冷地区冰冻线以上与无侵蚀性的水或土壤直接接触的环境
三 a	严寒和寒冷地区冬季水位变动区环境； 受除冰盐影响环境； 海风环境
三 b	盐渍土环境； 受除冰盐作用环境； 海岸环境
四	海水环境
五	受人为或自然的侵蚀性物质影响的环境

注　1. 室内潮湿环境是指构件表面经常处于结露或湿润状态的环境。

　　2. 严寒和寒冷地区的划分应符合现行国家标准《民用建筑热工设计规范》（GB 50176）的有关规定。

　　3. 海岸环境和海风环境宜根据当地情况，考虑主导风向及结构所处迎风、背风部位等因素的影响，由调查研究和工程经验确定。

　　4. 受除冰盐影响环境是指受到除冰盐盐雾影响的环境；受除冰盐作用环境是指被除冰盐溶液溅射的环境以及使用除冰盐地区的洗车房、停车楼等建筑。

　　5. 暴露的环境是指混凝土结构表面所处的环境。

附录二 材料强度的标准值、设计值和弹性模量

附表 2-1   **混 凝 土 强 度 标 准 值**   N/mm²

强度种类	符号	混凝土强度等级										
		C10	C15	C20	C25	C30	C35	C40	C45	C50	C55	C60
轴心抗压	f_{ck}	6.7	10.0	13.4	16.7	20.1	23.4	26.8	29.6	32.4	35.5	38.5
轴心抗拉	f_{tk}	0.9	1.27	1.54	1.78	2.01	2.20	2.39	2.51	2.64	2.74	2.85

注 仅《水工混凝土结构设计规范》(DL/T 5057—2009) 列入了 C10 级混凝土。

附表 2-2   **混 凝 土 强 度 设 计 值**   N/mm²

强度种类	符号	混凝土强度等级										
		C10	C15	C20	C25	C30	C35	C40	C45	C50	C55	C60
轴心抗压	f_c	4.8	7.2	9.6	11.9	14.3	16.7	19.1	21.1	23.1	25.3	27.5
轴心抗拉	f_t	0.64	0.91	1.10	1.27	1.43	1.57	1.71	1.80	1.89	1.96	2.04

注 1. 计算现浇钢筋混凝土轴心受压和偏心受压构件时，如截面的长边或直径小于 300mm，则表中的混凝土强度设计值应乘以系数 0.8。
    2. 仅《水工混凝土结构设计规范》(DL/T 5057—2009) 列入了 C10 级混凝土。

附表 2-3   **混 凝 土 弹 性 模 量 E_c**   ×10⁴N/mm²

混凝土强度等级	C10	C15	C20	C25	C30	C35	C40	C45	C50	C55	C60
E_c	1.75	2.20	2.55	2.80	3.00	3.15	3.25	3.35	3.45	3.55	3.60

注 仅《水工混凝土结构设计规范》(DL/T 5057—2009) 列入了 C10 级混凝土。

附表 2-4   **普 通 钢 筋 强 度 标 准 值**

种类		符号	d/mm	f_{yk}/(N/mm²)
热轧钢筋	HPB235	ϕ	6~22	235
	HPB300	ϕ	6~22	300
	HRB335	Φ	6~50	335
	HRB400	Φ	6~50	400
	RRB400	Φ^R	8~40	400
	HRB500	Φ	6~50	500

注 1. 热轧钢筋直径 d 系指公称直径。
    2. 当采用直径大于 40mm 的钢筋时，应有可靠的工程经验。
    3. 本表仅为《水工混凝土结构设计规范》(DL/T 5057—2009) 中的表格，未列的钢筋强度标准值可参考其他两本规范。

附表 2 - 5　　　　　　　　　　　预应力钢筋强度标准值

种	类	符号	公称直径 d/mm	f_{ptk}/(N/mm^2)
钢绞线	1×2	ϕ^S	5，5.8	1570，1720，1860，1960
			8，10	1470，1570，1720，1860，1960
			12	1470，1570，1720，1860
	1×3		6.2，6.5	1570，1720，1860，1960
			8.6	1470，1570，1720，1860，1960
			8.74	1570，1670，1860
	1×3Ⅰ		10.8，12.9	1470，1570，1720，1860，1960
			8.74	1570，1670，1860
			9.5，11.1，12.7	1720，1860，1960
	1×7		15.2	1470，1570，1670，1720，1860，1960
			15.7	1770，1860
			17.8	1720，1860
	(1×7) C		12.7	1860
			15.2	1820
			18.0	1720
消除应力钢丝	光圆 螺旋肋	ϕ^P ϕ^H	4，4.8，5	1470，1570，1670，1770，1860
			6，6.25，7	1470，1570，1670，1770
			8，9	1470，1570
			10，12	1470
	刻痕	ϕ^I	≤5	1470，1570，1670，1770，1860
			>5	1470，1570，1670，1770
钢棒	光圆	ϕ^P	6，7，8，10，11，12，13，14，16	1080，1230，1420，1570
	螺旋槽	ϕ^{HG}	7.1，9，10.7，12.6	
	螺旋肋	ϕ^{HR}	6，7，8，10，12，14	
	带肋	ϕ^R	6，8，10，12，14，16	
螺纹钢筋	PSB 785	ϕ^{PS}	18，25，32，40，50	980
	PSB 830			1030
	PSB 930			1080
	PSB 1080			1230

注　1. 钢绞线直径 d 系指钢绞线外接圆直径，即现行国家标准《预应力混凝土用钢绞线》(GB/T 5224)中的公称直径 D_n；钢丝、钢棒和螺纹钢筋的直径 d 均指公称直径。

2. 1×3Ⅰ为三根刻痕钢丝捻制的钢绞线；(1×7) C 为七根钢丝捻制又经模拔的钢绞线。

3. 根据国家标准，同一规格的钢丝（钢绞线、钢棒）有不同的强度级别，因此表中对同一规格的钢丝（钢绞线、钢棒）列出了相应的 f_{ptk} 值，在设计中可自行选定。

4. 本表仅为《水工混凝土结构设计规范》(DL/T 5057—2009)的表格，未列的预应力钢筋强度标准值可参考其他两本规范。

附表 2-6		普通钢筋强度设计值			N/mm²
种 类			符号	f_y	f_y'
热轧钢筋	HPB235		φ	210	210
	HPB300		φ	270	270
	HRB335		Φ	300	300
	HRB400		Φ	360	360
	RRB400		Φ^R	360	360
	HRB500	纵筋	Φ	420	400
		箍筋		360	400

注 1. 在钢筋混凝土结构中，轴心受拉和小偏心受拉构件的钢筋抗拉强度设计值大于 300N/mm² 时，仍应按 300N/mm² 取用。

2. 本表仅为《水工混凝土结构设计规范》（DL/T 5057—2009）的表格，未列的钢筋强度设计值，可参考其他两本规范。

附表 2-7			预应力筋强度设计值			N/mm²
种类			符号	f_{ptk}	f_{py}	f_{py}'
钢绞线	1×2 1×3 1×3 I 1×7 (1×7) C		φ^S	1470	1040	390
				1570	1110	
				1670	1180	
				1720	1220	
				1770	1250	
				1820	1290	
				1860	1320	
				1960	1380	
消除应力钢丝	光圆 螺旋肋 刻痕		φ^P φ^H φ^I	1470	1040	410
				1570	1110	
				1670	1180	
				1770	1250	
				1860	1320	
钢棒	螺旋槽		φ^{HG}	1080	760	400
				1230	870	
	螺旋肋		φ^{HR}	1420	1005	
				1570	1110	
螺纹钢筋	PSB785		φ^{PS}	980	650	400
	PSB830			1030	685	
	PSB930			1080	720	
	PSB1080			1230	820	

注 1. 当预应力钢绞线、钢丝、钢棒的强度标准值不符合附表 2-5 的规定时，其强度设计值应进行换算。

2. 表中消除应力钢丝的抗拉强度设计值 f_{py} 仅适用于低松弛钢丝。

3. 本表仅为《水工混凝土结构设计规范》（DL/T 5057—2009）的表格，未列的预应力钢筋强度设计值，可参考其他两本规范。

附表 2 - 8 钢 筋 弹 性 模 量 E_s N/mm²

钢 筋 种 类	E_s
HPB 235、HPB 300 级钢筋	2.1×10^5
HRB 335、HRB 400、RRB 400、HRB 500 级钢筋	2.0×10^5
消除应力钢丝（光圆钢丝、螺旋肋钢丝、刻痕钢丝）	2.05×10^5
钢绞线	1.95×10^5
钢棒（螺旋槽钢棒、螺旋肋钢棒、带肋钢棒）、螺纹钢筋	2.0×10^5

注 1. 必要时钢绞线可采用实测的弹性模量。

2. 本表仅为《水工混凝土结构设计规范》(DL/T 5057—2009) 的表格，未列的钢筋种类的弹性模量，可参考其他两本规范。

附录三 钢筋的计算截面面积及理论质量

附表 3-1 　　　　　　　　**钢筋的公称直径、公称截面面积及理论质量**

公称直径 d/mm	不同根数钢筋的公称截面面积/mm²									单根钢筋理论质量/(kg/m)
	1	2	3	4	5	6	7	8	9	
6	28.3	57	85	113	142	170	198	226	255	0.222
6.5	33.2	66	100	133	166	199	232	265	299	0.260
8	50.3	101	151	201	252	302	352	402	453	0.395
10	78.5	157	236	314	393	471	550	628	707	0.617
12	113.1	226	339	452	565	678	791	904	1017	0.888
14	153.9	308	461	615	769	923	1077	1231	1385	1.21
16	201.1	402	603	804	1005	1206	1407	1608	1809	1.58
18	254.5	509	763	1017	1272	1527	1781	2036	2290	2.00
20	314.2	628	942	1256	1570	1884	2199	2513	2827	2.47
22	380.1	760	1140	1520	1900	2281	2661	3041	3421	2.98
25	490.9	982	1473	1964	2454	2945	3436	3927	4418	3.85
28	615.8	1232	1847	2463	3079	3695	4310	4926	5542	4.83
32	804.2	1609	2413	3217	4021	4826	5630	6434	7238	6.31
36	1017.9	2036	3054	4072	5089	6107	7125	8143	9161	7.99
40	1256.6	2513	3770	5027	6283	7540	8796	10053	11310	9.87
50	1963.5	3928	5892	7856	9820	11784	13748	15712	17676	15.42

附表 3-2 　　　　　　　　**各种钢筋间距时每米板宽中的钢筋截面面积**

钢筋间距 /mm	钢筋直径（单位为 mm）为下列数值时的钢筋截面面积/mm²															
	6	6/8	8	8/10	10	10/12	12	12/14	14	14/16	16	16/18	18	20	22	25
70	404	561	718	920	1122	1369	1616	1907	2199	2536	2872	3254	3635	4488	5430	7012
75	377	524	670	859	1047	1278	1508	1780	2053	2367	2681	3037	3393	4189	5068	6545
80	353	491	628	805	982	1198	1414	1669	1924	2218	2513	2847	3181	3927	4752	6136
85	333	462	591	758	924	1127	1331	1571	1811	2088	2365	2680	2994	3696	4472	5775
90	314	436	559	716	873	1065	1257	1484	1710	1972	2234	2531	2827	3491	4224	5454
95	298	413	529	678	827	1009	1190	1405	1620	1868	2116	2398	2679	3307	4001	5167
100	283	393	503	644	785	958	1131	1335	1539	1775	2011	2278	2545	3142	3801	4909
110	257	357	457	585	714	871	1028	1214	1399	1614	1828	2071	2313	2856	3456	4462
120	236	327	419	537	654	798	942	1113	1283	1480	1676	1899	2121	2618	3168	4091
125	226	314	402	515	628	767	905	1068	1232	1420	1608	1822	2036	2513	3041	3927
130	217	302	387	495	604	737	870	1027	1184	1366	1547	1752	1957	2417	2924	3776
140	202	280	359	460	561	684	808	954	1100	1268	1436	1627	1818	2244	2715	3506

续表

钢筋间距 /mm	钢筋直径（单位为 mm）为下列数值时的钢筋截面面积/mm²															
	6	6/8	8	8/10	10	10/12	12	12/14	14	14/16	16	16/18	18	20	22	25
150	188	262	335	429	524	639	754	890	1026	1183	1340	1518	1696	2094	2534	3272
160	177	245	314	403	491	599	707	834	962	1110	1257	1424	1590	1963	2376	3068
170	166	231	296	379	462	564	665	785	906	1044	1183	1340	1497	1848	2236	2887
180	157	218	279	358	436	532	628	742	855	985	1117	1266	1414	1745	2112	2727
190	149	207	265	339	413	504	595	703	810	934	1058	1199	1339	1653	2001	2584
200	141	196	251	322	393	479	565	668	770	887	1005	1139	1272	1571	1901	2454
220	129	178	228	293	357	436	514	607	700	807	914	1036	1157	1428	1728	2231
240	118	164	209	268	327	399	471	556	641	740	838	949	1060	1309	1584	2045
250	113	157	201	258	314	383	452	534	616	710	804	911	1018	1257	1521	1963
260	109	151	193	248	302	369	435	514	592	682	773	858	979	1208	1462	1888
280	101	140	180	230	280	342	404	477	550	634	718	814	909	1122	1358	1753
300	94	131	168	215	262	319	377	445	513	592	670	759	848	1047	1267	1636
320	88	123	157	201	245	299	353	417	481	554	628	713	795	982	1188	1534
330	86	119	152	195	238	290	343	405	466	538	609	690	771	952	1152	1487

注　表中钢筋直径有写成分式的情况，如 6/8，指 φ6、φ8 钢筋间隔布置。

附表 3 - 3　　预应力混凝土用钢丝公称直径、公称截面面积及理论质量

公称直径 /mm	公称截面面积 /mm²	理论质量 /(kg/m)	公称直径 /mm	公称截面面积 /mm²	理论质量 /(kg/m)
4.0	12.57	0.099	7.0	38.48	0.302
4.8	18.10	0.142	8.0	50.26	0.394
5.0	19.63	0.154	9.0	63.62	0.499
6.0	28.27	0.222	10.0	78.54	0.616
6.25	30.68	0.241	12.0	113.10	0.888

附表 3 - 4　　预应力混凝土用钢绞线公称直径、公称截面面积及理论质量

种类	公称直径 /mm	公称截面 面积/(mm²)	理论质量 /(kg/m)	种类	公称直径 /mm	公称截面 面积/(mm²)	理论质量 /(kg/m)
1×2	5.0	9.8	0.077	1×3 I	8.74	38.6	0.303
	5.8	13.2	0.104	1×7	9.5	54.8	0.430
	8.0	25.1	0.197		11.1	74.2	0.582
	10.0	39.3	0.309		12.7	98.7	0.775
	12.0	56.5	0.444		15.2	140	1.101
1×3	6.2	19.8	0.155		15.7	150	1.178
	6.5	21.2	0.166		17.8	191	1.500
	8.6	37.7	0.296	(1×7) C	12.7	112	0.890
	8.74	38.6	0.303		15.2	165	1.295
	10.8	58.9	0.462		18.0	223	1.750
	12.9	84.8	0.666				

附表 3 - 5　　　预应力混凝土用螺纹钢筋的公称直径、公称截面面积及理论质量

公称直径 /mm	公称截面面积 /mm²	理论质量 /(kg/m)	公称直径 /mm	公称截面面积 /mm²	理论质量 /(kg/m)
18	254.5	2.11	40	1256.6	10.34
25	490.9	4.10	50	1963.5	16.28
32	804.2	6.65			

附表 3 - 6　　　预应力混凝土用钢棒公称直径、计算截面面积及理论质量

公称直径 /mm	不同根数钢棒的计算截面面积/mm²									单根钢棒理论 质量/(kg/m)
	1	2	3	4	5	6	7	8	9	
6	28.3	57	85	113	142	170	198	226	255	0.222
7	38.5	77	116	154	193	231	270	308	347	0.302
7.1	40.0	80	120	160	200	240	280	320	360	0.314
8	50.3	101	151	201	252	302	352	402	453	0.394
9	64.0	128	192	256	320	384	448	512	576	0.502
10	78.5	157	236	314	393	471	550	628	707	0.616
10.7	90.0	180	270	360	450	540	630	720	810	0.707
11	95.0	190	285	380	475	570	665	760	855	0.746
12	113.0	226	339	452	565	678	791	904	1017	0.888
12.6	125.0	250	375	500	625	750	875	1000	1125	0.981
13	133.0	266	399	532	665	798	931	1064	1197	1.044
14	153.9	308	461	615	769	923	1077	1231	1385	1.209
16	201.1	402	603	804	1005	1206	1407	1608	1809	1.578

附录四 一般构造规定

1. 混凝土保护层

《水工混凝土结构设计规范》（DL/T 5057—2009）和《水工混凝土结构设计规范》（SL 191—2008）规定，纵向受力钢筋的混凝土保护层厚度不应小于钢筋直径及附表 4-1 所列的数值，同时也不应小于粗骨料最大粒径的 1.25 倍。

板、墙、壳中分布钢筋的保护层厚度不应小于附表 4-1 中相应数值减 10mm，且不应小于 10mm；梁、柱中箍筋和构造钢筋的保护层厚度不应小于 15mm。

附表 4-1　　　　　　纵向受力钢筋的混凝土保护层最小厚度　　　　　　mm

项次	构 件 类 别	环 境 类 别				
		一	二	三	四	五
1	板、墙	20（20）	25（25）	30（30）	40（45）	45（50）
2	梁、柱、墩	30（30）	35（35）	45（45）	50（55）	55（60）
3	截面厚度不小于 2.5m 的底板及墩墙	30（—）	40（40）	50（50）	55（60）	60（65）

注　1. 表中数值为设计使用年限 50 年的混凝土保护层厚度，对于设计使用年限为 100 年的混凝土结构，应将表中数值增大 5～10mm。
　　2. 钢筋端头保护层不应小于 15mm。
　　3. 直接与地基接触的结构底层钢筋或无检修条件的结构，保护层厚度宜适当增大。
　　4. 有抗冲耐磨要求的结构面层钢筋，保护层厚度应适当增大。
　　5. 钢筋表面涂塑或结构外表面敷设永久性涂料或面层时，保护层厚度可适当减小。
　　6. 严寒和寒冷地区受冰冻的部位，保护层厚度还应符合现行《水工建筑物抗冰冻设计规范》（DL/T 5082）的规定。
　　7. 表中括号内数据为《水工混凝土结构设计规范》（SL 191—2008）的规定值。
　　8. 工民建方向最外层钢筋保护层厚度的规定见《混凝土结构设计规范》（GB 50010—2010）表 8.2.1。

2. 钢筋混凝土构件的纵向受拉钢筋的最小锚固长度

《水工混凝土结构设计规范》（DL/T 5057—2009）和《水工混凝土结构设计规范》（SL 191—2008）钢筋混凝土构件普通受拉钢筋的最小锚固长度 l_a 不应小于附表 4-2 规定的数值。

附表 4-2　　　　　　普通受拉钢筋的最小锚固长度 l_a

项次	钢筋类型	混 凝 土 强 度 等 级				
		C15	C20	C25	C30、C35	≥C40
1	HPB235 级、HPB300 级	40d	35d	30d	25d	20d
2	HRB335 级	—	40d	35d	30d	25d

续表

项次	钢筋类型	混凝土强度等级				
		C15	C20	C25	C30、C35	≥C40
3	HRB400 级、RRB400 级	—	50d	40d	35d	30d
4	HRB500 级	—	55d	50d	40d	35d

注　1. 表中 d 为钢筋直径。

2. 表中光圆钢筋的锚固长度 l_a 值不包括弯钩长度。

3. 当 HRB335、HRB400 、RRB400 和 HRB500 级钢筋的直径大于 25mm 时，其锚固长度应乘以修正系数 1.1。

4. 当钢筋在混凝土施工过程中易受扰动（如滑模施工）时，其锚固长度应乘以修正系数 1.1。

5. 当 HRB335、HRB400、RRB400 和 HRB500 级钢筋在锚固区的间距大于 180mm，混凝土保护层厚度大于钢筋直径 3 倍或大于 80mm，且配有箍筋时，其锚固长度可乘以修正系数 0.8。

6. 除构造需要的锚固长度外，当纵向受力钢筋的实际配筋截面面积大于其设计计算截面面积时，如有充分依据和可靠措施，其锚固长度可乘以设计计算截面面面积与实际配筋截面面面积的比值。但对有抗震设防要求及直接承受动力荷载的结构构件，不得采用此项修正。

7. 构件顶层水平钢筋（其下浇筑的新混凝土厚度大于 1m 时）的 l_a 宜乘以修正系数 1.2。

8. 经上述修正后的锚固长度不应小于最小锚固长度的 0.7 倍，且不应小于 250mm。

9. 《水工混凝土结构设计规范》（SL 191—2008）未列入 HPB300 级和 HRB500 级钢筋。

10. 工民建方向的钢筋锚固由公式计算确定，见《混凝土结构设计规范》（GB 50010—2010）的 8.3 节。

3. 钢筋混凝土构件的纵向受力钢筋最小配筋率 ρ_{min}

《水工混凝土结构设计规范》（DL/T 5057—2009）和《水工混凝土结构设计规范》（SL 191—2008）规定，钢筋混凝土构件中纵向受力钢筋的配筋率应不小于附表 4‐3 规定的数值。

附表 4‐3　　　　　　**钢筋混凝土构件纵向受力钢筋的最小配筋率 ρ_{min}**　　　　　　％

项次	分　　类		钢　筋　等　级		
			HPB235 HPB300	HRB335	HRB400、RRB400、 HRB500
1	受弯构件、偏心受拉构件的受拉钢筋	梁	0.25（0.25）	0.20（0.20）	0.20（0.20）
		板	0.20（0.20）	0.15（0.15）	0.15（0.15）
2	轴心受压柱的全部纵向钢筋		0.60（0.60）	0.50（0.60）	0.50（0.55）
3	偏心受压构件的受拉或受压钢筋	柱、肋拱	0.25（0.25）	0.20（0.20）	0.20（0.20）
		墩墙、板拱	0.20（0.20）	0.15（0.15）	0.15（0.15）

注　1. 项次 1、3 中的配筋率是指钢筋截面面积与构件肋宽乘以有效高度的混凝土截面面积的比值，即 $\rho = \dfrac{A_s}{bh_0}$ 或 $\rho' = \dfrac{A_s'}{bh_0}$；

项次 2 中的配筋率是指全部纵向钢筋截面面积与柱截面面积之比值。

2. 温度、收缩等因素对结构产生的影响较大时，受拉纵筋的最小配筋率宜适当增大。

3. 当结构有抗震设防要求时，钢筋混凝土框架结构构件的最小配筋率应按有关规定取值。

4. 表中括号内数据为《水工混凝土结构设计规范》（SL 191—2008）的规定值，且《水工混凝土结构设计规范》（SL 191—2008）未列入 HPB300 级和 HRB500 级钢筋。

5. 工民建方向的 ρ_{min} 是按全截面面积计算，见《混凝土结构设计规范》（GB 50010—2010）表 8.5.1。

附录五 截面抵抗矩的塑性系数 γ_m 值

附表 5-1 截面抵抗矩的塑性系数 γ_m 值

项次	截 面 特 征		γ_m	截 面 图 形
1	矩形截面		1.55	
2	翼缘位于受压区的 T 形截面		1.50	
3	对称 I 形或箱形截面	$b_f/b \leqslant 2$，h_f/h 为任意值	1.45	
		$b_f/b > 2$，$h_f/h \geqslant 0.2$	1.40	
		$b_f/b > 2$，$h_f/h < 0.2$	1.35	
4	翼缘位于受拉区的倒 T 形截面	$b_f/b \leqslant 2$，h_f/h 为任意值	1.50	
		$b_f/b > 2$，$h_f/h \geqslant 0.2$	1.55	
		$b_f/b > 2$，$h_f/h < 0.2$	1.40	
5	圆形和环形截面		$1.6 - \dfrac{0.24d_1}{d}$	
6	U 形截面		1.35	

注 1. 对 $b_f' > b_f$ 的 I 形截面，可按项次 2 与项次 3 之间的数值采用；对 $b_f' < b_f$ 的 I 形截面，可按项次 3 与项次 4 之间的数值采用。

2. 根据 h 值的不同，表内数值尚应乘以修正系数 $(0.7 + 300/h)$，其值应不大于 1.1。式中 h 以 mm 计，当 $h > 3000$mm 时，取 $h = 3000$mm。对圆形和环形截面，h 即外径 d。

3. 对于箱形截面，表中 b 值系指各肋宽度的总和。

附录六　正常使用极限状态的限值

下面仅列出《水工混凝土结构设计规范》（DL/T 5057—2009）的限值，其值与另两本规范基本相同，个别差异处可查《水工混凝土结构设计规范》（SL 191—2008）和《混凝土结构设计规范》（GB 50010—2010）。

附表 6-1　　　　　　　　钢筋混凝土结构构件的最大裂缝宽度限值　　　　　　　　　　mm

环境类别	w_{lim}	环境类别	w_{lim}
一	0.40	四	0.20
二	0.30	五	0.15
三	0.25		

注　1. 当结构构件承受水压且水力梯度 $i>20$ 时，表列数值宜减小 0.05。

　　2. 结构构件的混凝土保护层厚度大于 50mm 时，表列数值可增加 0.05。

　　3. 结构构件表面设有专门的防渗面层等防护措施时，最大裂缝宽度限值可适当加大。

附表 6-2　　预应力混凝土构件裂缝控制等级、混凝土拉应力限制系数及最大裂缝宽度限值

环境类别	裂缝控制等级	w_{lim} 或 α_{ct}	环境类别	裂缝控制等级	w_{lim} 或 α_{ct}
一	三级	$w_{lim}=0.2mm$	三、四、五	一级	$\alpha_{ct}=0.0$
二	二级	$\alpha_{ct}=0.7$			

注　1. 表中规定适用于采用预应力钢丝、钢绞线、钢棒及螺纹钢筋的预应力混凝土构件，当采用其他类别的钢丝或钢筋时，其裂缝控制要求可按专门标准确定。

　　2. 表中规定的预应力混凝土构件的裂缝控制等级和最大裂缝宽度限值仅适用于正截面的裂缝控制验算；预应力混凝土构件的斜截面裂缝控制验算应符合《水工混凝土结构设计规范》（DL/T 5057—2009）第 11 章的要求。

　　3. 当有可靠的论证时，预应力混凝土构件的抗裂要求可适当放宽。

附表 6-3　　　　　　　　　　　　受弯构件的挠度限值

项次	构件类型	挠度限值（以计算跨度 l_0 计算）
1	吊车梁：手动吊车 电动吊车	$l_0/500$ $l_0/600$
2	渡槽槽身和架空管道：当 $l_0≤10m$ 时 当 $l_0>10m$ 时	$l_0/400$ $l_0/500$（$l_0/600$）
3	工作桥及启闭机下大梁	$l_0/400$
4	屋盖、楼盖：当 $l_0<7m$ 时 当 $7m≤l_0≤9m$ 时 当 $l_0>9m$ 时	$l_0/200$（$l_0/250$） $l_0/250$（$l_0/300$） $l_0/300$（$l_0/400$）

注　1. 如果构件制作时预先起拱，则在验算最大挠度值时，可将计算所得的挠度减去起拱值；预应力混凝土构件尚可减去预加应力所产生的反拱值。

　　2. 悬臂构件的挠度限值可按表中相应数值乘 2 取用。

　　3. 表中括号内的数值适用于使用上对挠度有较高要求的构件。

附录七 均布荷载作用下等跨连续板梁的跨中弯矩、支座弯矩及支座截面剪力的计算系数表

计算公式

$$M = \alpha g l_0^2 + \alpha_1 q l_0^2$$
$$V = \beta g l_n + \beta_1 q l_n$$

支座反力为左右二截面的剪力绝对值之和。

附表 7-1   双 跨 梁

编号	荷载简图	α 或 α_1			β 或 β_1			
		跨中弯矩		支座弯矩	剪力			
		M_1	M_2	M_B	V_A	V_B^l	V_B^r	V_C
1	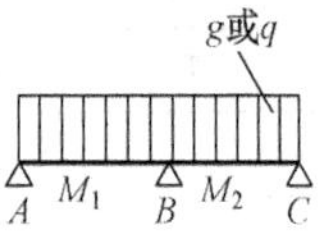	0.070	0.070	**−0.125**	0.375	**−0.625**	**0.625**	−0.375
2	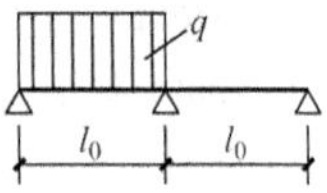	**0.096**	−0.025	−0.063	**0.437**	−0.563	0.063	0.063

附表 7-2   三 跨 梁

编号	荷载简图	α 或 α_1				β 或 β_1					
		跨中弯矩		支座弯矩		剪力					
		M_1	M_2	M_B	M_C	V_A	V_B^l	V_B^r	V_C^l	V_C^r	V_D
1	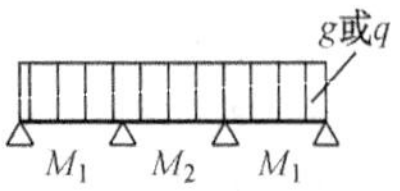	0.080	0.025	−0.100	−0.100	0.400	−0.600	0.500	−0.500	0.600	−0.400

续表

编号	荷载简图	α 或 α_1				β 或 β_1					
		跨中弯矩		支座弯矩		剪力					
		M_1	M_2	M_B	M_C	V_A	V_B^l	V_B^r	V_C^l	V_C^r	V_D
2		**0.101**	−0.050	−0.050	−0.050	**0.450**	−0.550	0.000	0.000	0.550	**−0.450**
3		−0.025	**0.075**	−0.050	−0.050	−0.050	−0.050	0.500	−0.500	0.050	0.050
4		0.073	0.054	**−0.117**	−0.033	0.383	**−0.617**	**0.583**	−0.417	0.033	0.033
5		0.094	—	−0.067	0.017	0.433	−0.567	0.083	0.083	−0.017	−0.017

附表 7 - 3　　四 跨 梁

编号	荷载简图	α 或 α₁ 跨中弯矩				α 或 α₁ 支座弯矩			β 或 β₁ 剪力							
		M_1	M_2	M_3	M_4	M_B	M_C	M_D	V_A	V_B^l	V_B^r	V_C^l	V_C^r	V_D^l	V_D^r	V_E
1		0.077	0.036	0.036	0.077	−0.107	−0.071	−0.107	0.393	−0.607	0.536	−0.464	0.464	−0.536	0.607	−0.393
2		**0.100**	−0.045	**0.081**	−0.023	−0.054	−0.036	−0.054	**0.446**	−0.554	0.018	0.018	0.482	−0.518	0.054	0.054
3		0.072	0.061	—	0.098	**−0.121**	−0.018	−0.058	0.380	**−0.620**	**0.603**	−0.397	−0.040	−0.040	0.558	−0.442
4		—	0.056	0.056	—	−0.036	**−0.107**	−0.036	−0.036	−0.036	0.429	**−0.571**	**0.517**	−0.429	0.036	0.036
5		0.094	—	0.056	—	−0.067	0.018	−0.004	0.433	−0.567	0.085	0.085	−0.022	−0.022	0.004	0.004
6		—	0.074	—	—	−0.049	−0.054	0.013	−0.049	−0.049	0.496	−0.504	0.067	0.067	−0.013	−0.013

附表 7 - 4

五 跨 梁

编号	荷载简图	α或α_1 跨中弯矩			α或α_1 支座弯矩				β或β_1 剪力									
		M_1	M_2	M_3	M_B	M_C	M_D	M_E	V_A	V_B^l	V_B^r	V_C^l	V_C^r	V_D^l	V_D^r	V_E^l	V_E^r	V_F
1		0.0781	0.0331	0.0462	−0.105	−0.079	−0.079	−0.105	0.394	−0.606	0.526	−0.474	0.500	−0.500	0.474	−0.526	0.606	−0.394
2		**0.100**	−0.0461	**0.0855**	−0.053	−0.040	−0.040	−0.053	**0.447**	−0.553	0.013	0.013	0.500	−0.500	−0.013	−0.013	0.553	**−0.447**
3		−0.0263	**0.0787**	−0.0395	−0.053	−0.040	−0.040	−0.053	−0.053	−0.053	0.0513	−0.487	0.000	0.000	0.487	−0.513	0.053	0.053
4		0.073	$\dfrac{0.059^{*}}{0.078}$	—	**−0.119**	0.022	0.044	−0.051	0.380	**−0.620**	**0.598**	−0.402	−0.023	−0.023	0.493	−0.507	0.052	0.052
5		$\dfrac{—^{**}}{0.098}$	0.055	0.064	−0.035	**−0.111**	−0.020	−0.057	−0.035	−0.035	0.424	**−0.576**	**0.591**	−0.409	−0.037	−0.037	0.557	−0.443
6		0.094	—	—	−0.067	0.018	−0.005	0.001	0.433	−0.567	0.085	0.085	−0.023	−0.023	0.006	0.006	−0.001	−0.001
7		—	0.074	—	−0.049	−0.054	0.014	−0.004	−0.049	−0.049	0.495	−0.505	0.068	0.068	−0.018	−0.018	0.004	0.004
8		—	—	0.072	0.013	−0.053	−0.053	0.013	0.013	0.013	−0.066	−0.066	0.500	−0.500	0.066	0.066	−0.013	−0.013

* 分子及分母分别为 M_2 及 M_4 的 α_1 值。

** 分子及分母分别为 M_1 及 M_5 的 α_1 值。

附录八　端弯矩作用下等跨连续板梁各截面的弯矩及剪力计算系数表

计算公式

$$M = \alpha' M_A$$
$$V = \beta' M_A / l_0$$

式中　M_A——端弯矩；

　　　l_0——梁的计算跨度。

附表 8 - 1　　　　　　　　　　　弯矩及剪力计算系数表

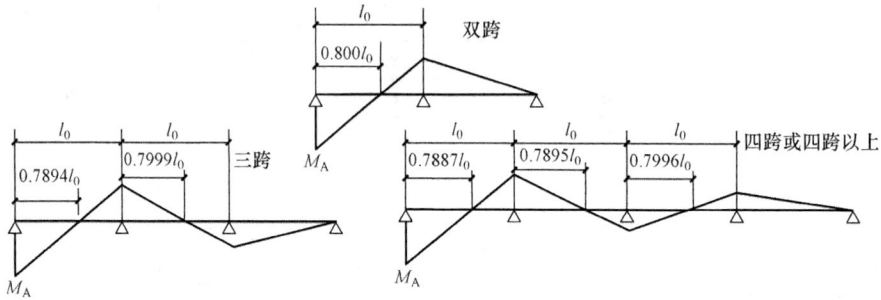

$\dfrac{x}{l_0}$	双　　跨		三　　跨		四跨或四跨以上	
	α'	β'	α'	β'	α'	β'
0.0	+1.0000	-1.2500	+1.0000	-1.2667	+1.0000	-1.2678
0.1	+0.8750	-1.2500	+0.8733	-1.2667	+0.8732	-1.2678
0.2	+0.7500	-1.2500	+0.7466	-1.2667	+0.7464	-1.2678
0.3	+0.6250	-1.2500	+0.6199	-1.2667	+0.6196	-1.2678
0.4	+0.5000	-1.2500	+0.4932	-1.2667	+0.4928	-1.2678
0.5	+0.3750	-1.2500	+0.3666	-1.2667	+0.3660	-1.2678
0.6	+0.2500	-1.2500	+0.2399	-1.2667	+0.2392	-1.2678
0.7	+0.1250	-1.2500	+0.1132	-1.2667	+0.1125	-1.2678
0.8	+0.0000	-1.2500	-0.0134	-1.2667	-0.0143	-1.2678
0.85	-0.0625	-1.2500	-0.0767	-1.2667	-0.0777	-1.2678
0.90	-0.1250	-1.2500	-0.1400	-1.2667	-0.1410	-1.2678
0.95	-0.1875	-1.2500	-0.2033	-1.2667	-0.2044	-1.2678
1.0	-0.2500	$\left\{\begin{array}{l}-1.2500\\+0.2500\end{array}\right.$	-0.2667	$\left\{\begin{array}{l}-1.2667\\+0.3334\end{array}\right.$	-0.2678	$\left\{\begin{array}{l}-1.2678\\+0.3392\end{array}\right.$
1.05	-0.2375	+0.2500	-0.2500	+0.3334	-0.2508	+0.3392
1.1	-0.2250	+0.2500	-0.2333	+0.3334	-0.2338	+0.3392
1.15	-0.2125	+0.2500	-0.2166	+0.3334	-0.2169	+0.3392

$\dfrac{x}{l_0}$	双　　　跨		三　　　跨		四跨或四跨以上	
	α'	β'	α'	β'	α'	β'
1.2	-0.2000	$+0.2500$	-0.2000	$+0.3334$	-0.1999	$+0.3392$
1.3	-0.1750	$+0.2500$	-0.1666	$+0.3334$	-0.1660	$+0.3392$
1.4	-0.1500	$+0.2500$	-0.1333	$+0.3334$	-0.1321	$+0.3392$
1.5	-0.1250	$+0.2500$	-0.0999	$+0.3334$	-0.0982	$+0.3392$
1.6	-0.1000	$+0.2500$	-0.0667	$+0.3334$	-0.0643	$+0.3392$
1.7	-0.0750	$+0.2500$	-0.0333	$+0.3334$	-0.0304	$+0.3392$
1.8	-0.0500	$+0.2500$	$+0.0000$	$+0.3334$	$+0.0036$	$+0.3392$
1.85	-0.0375	$+0.2500$	$+0.0167$	$+0.3334$	$+0.0205$	$+0.3392$
1.90	-0.0250	$+0.2500$	$+0.0334$	$+0.3334$	$+0.0375$	$+0.3392$
1.95	-0.0125	$+0.2500$	$+0.0500$	$+0.3334$	$+0.0544$	$+0.3392$
2.0	0.0000	$+0.2500$	$+0.0667$	$\begin{cases}+0.3334\\-0.0667\end{cases}$	$+0.0714$	$\begin{cases}+0.3392\\-0.0893\end{cases}$
2.05	—	—	$+0.0634$	-0.0667	$+0.0669$	-0.0893
2.1	—	—	$+0.0600$	-0.0667	$+0.0625$	-0.0893
2.2	—	—	$+0.0534$	-0.0667	$+0.0535$	-0.0893
2.3	—	—	$+0.0467$	-0.0667	$+0.0446$	-0.0893
2.4	—	—	-0.0400	-0.0667	$+0.0357$	-0.0893
2.5	—	—	-0.0334	-0.0667	$+0.0268$	-0.0893
3.0	—	—	0.000	-0.0667	-0.0179	$\begin{cases}-0.0893\\+0.0179\end{cases}$
3.5	—	—	—	—	-0.0090	$+0.0179$
4.0	—	—	—	—	0.0000	$+0.0179$

附录九　移动的集中荷载作用下等跨连续梁各截面的弯矩系数及支座截面剪力系数表

计算公式

$$M = \alpha Q l_0$$
$$V = \beta Q$$

双跨梁

附表 9-1

力所在的截面	系数 α 所要计算弯矩的截面										系数 β 支座截面的剪力		
	1	2	3	4	5	6	7	8	9	B	V_A	V_B^l	V_B^r
A	0	0	0	0	0	0	0	0	0	0	1.0000	0	0
1	0.0875	0.0751	0.0626	0.0501	0.0376	0.0252	0.0127	0.0002	-0.0123	-0.0248	0.8753	-0.1247	0.0248
2	0.0752	0.1504	0.1256	0.1008	0.0760	0.0512	0.0264	0.0016	-0.0232	-0.0480	0.7520	-0.2480	0.0480
3	0.0632	0.1264	0.1895	0.1527	0.1159	0.0791	0.0422	0.0054	-0.0314	-0.0683	0.6318	-0.3682	0.0683
4	0.0516	0.1032	0.1548	0.2064	0.1580	0.1096	0.0612	0.0128	-0.0356	-0.0840	0.5160	-0.4840	0.0840
5	0.0406	0.0812	0.1219	0.1625	0.2031	0.1438	0.0844	0.0250	-0.0344	-0.0938	0.4063	-0.5937	0.0938
6	0.0304	0.0608	0.0912	0.1216	0.1520	0.1824	0.1128	0.0432	-0.0264	-0.0960	0.3040	-0.6960	0.0960

续表

力所在的截面	系数 α 所要计算弯矩的截面										系数 β 支座截面的剪力		
	1	2	3	4	5	6	7	8	9	B	V_A	V_B^l	V_B^r
7	0.0211	0.0422	0.0632	0.0843	0.1054	0.1265	0.1475	0.0686	-0.0103	-0.0893	0.2108	-0.7892	0.0893
8	0.0128	0.0256	0.0384	0.0512	0.0640	0.0768	0.0896	0.1024	0.0152	-0.0720	0.1280	-0.8720	0.0720
9	0.0057	0.0115	0.0172	0.0229	0.0286	0.0344	0.0401	0.0458	0.0515	-0.0428	0.0573	-0.9427	0.0428
B	0	0	0	0	0	0	0	0	0	0	0	$\left\{\begin{array}{l}-1.0000\\0\end{array}\right.$	$\left\{\begin{array}{l}0\\+1.0000\end{array}\right.$
11	-0.0043	-0.0086	-0.0128	-0.0171	-0.0214	-0.0257	-0.0299	-0.0342	-0.0385	-0.0428	-0.0428	-0.0428	0.9428
12	-0.0072	-0.0144	-0.0216	-0.0288	-0.0360	-0.0432	-0.0504	-0.0576	-0.0648	-0.0720	-0.0720	-0.0720	-0.8720
13	-0.0089	-0.0179	-0.0268	-0.0357	-0.0446	-0.0536	-0.0625	-0.0714	-0.0803	-0.0893	-0.0893	-0.0893	0.7893
14	-0.0096	-0.0192	-0.0288	-0.0384	-0.0480	-0.0576	-0.0672	-0.0768	-0.0864	-0.0960	-0.0960	-0.0960	0.6960
15	-0.0094	-0.0188	-0.0281	-0.0375	-0.0469	-0.0563	-0.0656	-0.0750	-0.0844	-0.0938	-0.0938	-0.0938	0.5938
16	-0.0084	-0.0168	-0.0252	-0.0336	-0.0420	-0.0504	-0.0588	-0.0672	-0.0756	-0.0840	-0.0840	-0.0840	0.4840
17	-0.0068	-0.0137	-0.0205	-0.0273	-0.0341	-0.0410	-0.0478	-0.0546	-0.0614	-0.0683	-0.0683	-0.0683	0.3683
18	-0.0048	-0.0096	-0.0144	-0.0192	-0.0240	-0.0288	-0.0336	-0.0384	-0.0432	-0.0480	-0.0480	-0.0480	0.2480
19	-0.0025	-0.0050	-0.0074	-0.0099	-0.0124	-0.0149	-0.0173	-0.0198	-0.0223	-0.0248	-0.0248	-0.0248	0.1248
C	0	0	0	0	0	0	0	0	0	0	0	0	0

附表 9 - 2　　　　　　　　　　　　　　　　　　　　　　　　　　三　跨

力所在的截面	\	所要计算弯 系数							
	1	2	3	4	5	6	7	8	9
A	0	0	0	0	0	0	0	0	0
1	0.0874	0.0747	0.0621	0.0494	0.0368	0.0242	0.0115	−0.0011	−0.0138
2	0.0749	0.1498	0.1246	0.0995	0.0744	0.0493	0.0242	−0.0010	−0.0261
3	0.0627	0.1254	0.1882	0.1509	0.1136	0.0763	0.0390	0.0018	−0.0355
4	0.0510	0.1021	0.1531	0.2042	0.1552	0.1062	0.0573	0.0083	−0.0406
5	0.0400	0.0800	0.1200	0.1600	0.2000	0.1400	0.0800	0.0200	−0.0400
6	0.0298	0.0595	0.0893	0.1190	0.1488	0.1786	0.1083	0.0381	−0.0322
7	0.0205	0.0410	0.0614	0.0819	0.1024	0.1229	0.1434	0.0638	−0.0157
8	0.0123	0.0246	0.0370	0.0493	0.0616	0.0739	0.0862	0.0986	0.0109
9	0.0054	0.0109	0.0163	0.0218	0.0272	0.0326	0.0381	0.0435	0.0490
B	0	0	0	0	0	0	0	0	0
11	−0.0039	−0.0078	−0.0117	−0.0156	−0.0195	−0.0234	−0.0273	−0.0312	−0.0351
12	−0.0064	−0.0128	−0.0192	−0.0256	−0.0320	−0.0384	−0.0448	−0.0512	−0.0576
13	−0.0077	−0.0154	−0.0231	−0.0308	−0.0385	−0.0462	−0.0539	−0.0616	−0.0693
14	−0.0080	−0.0160	−0.0240	−0.0320	−0.0400	−0.0480	−0.0560	−0.0640	−0.0720
15	−0.0075	−0.0150	−0.0225	−0.0300	−0.0375	−0.0450	−0.0525	−0.0600	−0.0675
16	−0.0064	−0.0128	−0.0192	−0.0256	−0.0320	−0.0384	−0.0448	−0.0512	−0.0576
17	−0.0049	−0.0098	−0.0147	−0.0196	−0.0245	−0.0294	−0.0343	−0.0392	−0.0441
18	−0.0032	−0.0064	−0.0096	−0.0128	−0.0160	−0.0192	−0.0224	−0.0256	−0.0288
19	−0.0015	−0.0030	−0.0045	−0.0060	−0.0075	−0.0090	−0.0105	−0.0120	−0.0135
C	0	0	0	0	0	0	0	0	0
21	0.0011	0.0023	0.0034	0.0046	0.0057	0.0068	0.0080	0.0091	0.0103
22	0.0019	0.0038	0.0058	0.0077	0.0096	0.0115	0.0134	0.0154	0.0173
23	0.0024	0.0048	0.0071	0.0095	0.0119	0.0143	0.0167	0.0190	0.0214
24	0.0026	0.0051	0.0077	0.0102	0.0128	0.0154	0.0179	0.0205	0.0230
25	0.0025	0.0050	0.0075	0.0100	0.0125	0.0150	0.0175	0.0200	0.0225
26	0.0022	0.0045	0.0067	0.0090	0.0112	0.0134	0.0157	0.0179	0.0202
27	0.0018	0.0036	0.0055	0.0073	0.0091	0.0109	0.0127	0.0146	0.0164
28	0.0013	0.0026	0.0038	0.0051	0.0064	0.0077	0.0090	0.0102	0.0115
29	0.0007	0.0013	0.0020	0.0026	0.0033	0.0040	0.0046	0.0053	0.0059
D	0	0	0	0	0	0	0	0	0

梁

α						系　数　β		
矩的截面						支 座 截 面 的 剪 力		
B	11	12	13	14	15	V_A	V_B^l	V_B^r
0	0	0	0	0	0	1.0000	0	0
−0.0264	−0.0231	−0.0198	−0.0165	−0.0132	−0.0099	0.8736	−0.1264	0.0330
−0.0512	−0.0448	−0.0384	−0.0320	−0.0256	−0.0192	0.7488	−0.2512	0.0640
−0.0728	−0.0637	−0.0546	−0.0455	−0.0364	−0.0273	0.6272	−0.3728	0.0910
−0.0896	−0.0784	−0.0672	−0.0560	−0.0448	−0.0336	0.5104	−0.4896	0.1120
−0.1000	−0.0875	−0.0750	−0.0625	−0.0500	−0.0375	0.4000	−0.6000	0.1250
−0.1024	−0.0896	−0.0768	−0.0640	−0.0512	−0.0384	0.2976	−0.7024	0.1280
−0.0952	−0.0833	−0.0714	−0.0595	−0.0476	−0.0357	0.2048	−0.7952	0.1190
−0.0768	−0.0672	−0.0576	−0.0480	−0.0384	−0.0288	0.1232	−0.8768	0.0960
−0.0456	−0.0399	−0.0342	−0.0285	−0.0228	−0.0171	0.0544	−0.9456	0.0570
0	0	0	0	0	0	0	$\begin{cases}-1.0000\\0\end{cases}$	$\begin{cases}0\\+1.0000\end{cases}$
−0.0390	0.0534	0.0458	0.0382	0.0306	0.0230	−0.0390	−0.0390	0.9240
−0.0640	0.0192	0.1024	0.0856	0.0688	0.0520	−0.0640	−0.0640	0.8320
−0.0770	−0.0042	0.0686	0.1414	0.1142	0.0870	0.0770	−0.0770	0.7280
−0.0800	−0.0184	0.0432	0.1048	0.1664	0.1280	−0.0800	−0.0800	0.6160
−0.0750	−0.0250	0.0250	0.0750	0.1250	0.1750	−0.0750	−0.0750	0.5000
−0.0640	−0.0256	0.0128	0.0512	0.0896	0.1280	−0.0640	−0.0640	0.3840
−0.0490	−0.0218	0.0054	0.0326	0.0598	0.0870	−0.0490	−0.0490	0.2720
−0.0320	−0.0152	0.0016	0.0184	0.0352	0.0520	−0.0320	−0.0320	0.1680
−0.0150	−0.0074	0.0002	0.0078	0.0154	0.0230	−0.0150	−0.0150	0.0760
0	0	0	0	0	0	0	0	0
0.0114	0.0057	0.0000	−0.0057	−0.0114	−0.0171	0.0114	0.0114	−0.0570
0.0192	0.0096	0.0000	−0.0096	−0.0192	−0.0288	0.0192	0.0192	−0.0960
0.0238	0.0119	0.0000	−0.0119	−0.0238	−0.0357	0.0238	0.0238	−0.1190
0.0256	0.0128	0.0000	−0.0128	−0.0256	−0.0384	0.0256	0.0256	−0.1280
0.0250	0.0125	0.0000	−0.0125	−0.0250	−0.0375	0.0250	0.0250	−0.1250
0.0224	0.0112	0.0000	−0.0112	−0.0224	−0.0336	0.0224	0.0224	−0.1120
0.0182	0.0091	0.0000	−0.0091	−0.0182	−0.0273	0.0182	0.0182	−0.0910
0.0128	0.0064	0.0000	−0.0064	−0.0128	−0.0192	0.0128	0.0128	−0.0640
0.0066	0.0033	0.0000	−0.0033	−0.0066	−0.0099	0.0066	0.0066	−0.0330
0	0	0	0	0	0	0	0	0

附表 9 - 3　　　　　　　　　　　　　　　　　　　　　　　　　　**四　跨**

力所在的截面	系　数 所要计算弯							
	2	4	5	6	8	B	12	14
A	0	0	0	0	0	0	0	0
2	0.1497	0.0994	0.0743	0.0491	−0.0011	−0.0514	−0.0384	−0.0254
4	0.1020	0.2040	0.1550	0.1060	0.0080	−0.0900	−0.0672	−0.0444
5	0.0799	0.1598	0.1998	0.1397	0.0196	−0.1004	−0.0750	−0.0496
6	0.0594	0.1189	0.1486	0.1783	0.0377	−0.1029	−0.0768	−0.0507
8	0.0246	0.0491	0.0614	0.0737	0.0983	−0.0771	−0.0576	−0.0381
B	0	0	0	0	0	0	0	0
12	−0.0127	−0.0254	−0.0317	−0.0381	−0.0507	−0.0634	0.1024	0.0682
14	−0.0158	−0.0315	−0.0394	−0.0473	−0.0631	−0.0789	0.0432	0.1653
15	−0.0147	−0.0295	−0.0368	−0.0442	−0.0589	−0.0737	0.0250	0.1237
16	−0.0125	−0.0250	−0.0313	−0.0375	−0.0501	−0.0626	0.0128	0.0882
18	−0.0062	−0.0123	−0.0154	−0.0185	−0.0247	−0.0309	0.0016	0.0341
C	0	0	0	0	0	0	0	0
22	0.0034	0.0069	0.0086	0.0103	0.0137	0.0171	0	−0.0171
24	0.0043	0.0086	0.0107	0.0129	0.0171	0.0214	0	−0.0214
25	0.0040	0.0080	0.0101	0.0121	0.0161	0.0201	0	−0.0201
26	0.0034	0.0069	0.0086	0.0103	0.0137	0.0171	0	−0.0171
28	0.0017	0.0034	0.0043	0.0051	0.0069	0.0086	0	−0.0086
D	0	0	0	0	0	0	0	0
32	−0.0010	−0.0021	−0.0026	−0.0031	−0.0041	−0.0051	0	0.0051
34	−0.0014	−0.0027	−0.0034	−0.0041	−0.0055	−0.0069	0	0.0069
35	−0.0013	−0.0027	−0.0033	−0.0040	−0.0054	−0.0067	0	0.0067
36	−0.0012	−0.0024	−0.0030	−0.0036	−0.0048	−0.0060	0	0.0060
38	−0.0007	−0.0014	−0.0017	−0.0021	−0.0027	−0.0034	0	0.0034
E	0	0	0	0	0	0	0	0

梁

α				系　数　β				
矩的截面				支座截面的剪力				
15	16	18	C	V_A	V_B^l	V_B^r	V_C^l	V_C^r
0	0	0	0	1.0000	0	0		
−0.0189	−0.0123	0.0007	0.0137	0.7486	−0.2514	0.0652	0.0652	−0.0171
−0.0330	−0.0216	0.0012	0.0240	0.5100	−0.4900	0.1140	0.1140	−0.0300
−0.0368	−0.0241	0.0013	0.0268	0.3996	−0.6004	0.1273	0.1273	−0.0334
−0.0377	−0.0247	0.0014	0.0274	0.2971	−0.7029	0.1303	0.1303	−0.0343
−0.0283	−0.0185	0.0010	0.0206	0.1229	−0.8771	0.0977	0.0977	−0.0257
0	0	0	0	0	$\begin{cases}-1.0000\\0\end{cases}$	$\begin{cases}0\\+1.0000\end{cases}$	0	0
0.0511	0.0341	−0.0001	−0.0343	−0.0634	−0.0634	0.8291	−0.1709	0.0428
0.1263	0.0873	0.0094	−0.0686	−0.0789	−0.0789	0.6103	−0.3897	0.0863
0.1730	0.1223	0.0210	−0.0804	−0.0737	−0.0737	0.4933	−0.5067	0.1005
0.1259	0.1635	0.0389	−0.0857	−0.0626	−0.0626	0.3769	−0.6231	0.1072
0.0503	0.0665	0.0990	−0.0686	−0.0309	−0.0309	0.1623	−0.8377	0.0867
0	0	0	0	0	0	0	$\begin{cases}-1.0000\\0\end{cases}$	$\begin{cases}0\\+1.0000\end{cases}$
−0.0257	−0.0343	−0.0514	−0.0685	0.0171	0.0171	−0.0857	−0.0857	0.8377
−0.0321	−0.0429	−0.0643	−0.0857	0.0214	0.0214	−0.1072	−0.1072	0.6231
−0.0301	−0.0402	−0.0603	−0.0804	0.0201	0.0201	−0.1005	−0.1005	0.5067
−0.0257	−0.0343	−0.0514	−0.0686	0.0171	0.0171	−0.0857	−0.0857	0.3897
−0.0129	−0.0171	−0.0257	−0.0343	0.0086	0.0086	−0.0429	−0.0429	0.1708
0	0	0	0	0	0	0	0	0
0.0077	0.0103	0.0154	0.0206	−0.0051	−0.0051	0.0257	0.0257	−0.0977
0.0103	0.0137	0.0206	0.0274	−0.0069	−0.0069	0.0343	0.0343	−0.1303
0.0100	0.0134	0.0201	0.0268	−0.0067	−0.0067	0.0335	0.0335	−0.1272
0.0090	0.0120	0.0180	0.0240	−0.0060	−0.0060	0.0300	0.0300	−0.1140
0.0051	0.0069	0.0103	0.0137	−0.0034	−0.0034	0.0171	0.0171	−0.0652
0	0	0	0	0	0	0	0	0

附表 9-4　　　　　　　　　　　　　　　　　　　　　　　　　五　跨

力所在的截面	系数 所要计算弯									
	2	4	5	6	8	B	12	14	15	16
A	0	0	0	0	0	0	0	0	0	0
2	0.1497	0.0994	0.0743	0.0491	−0.0012	−0.0515	−0.0384	−0.0254	−0.0189	−0.123
4	0.1020	0.2040	0.1550	0.1059	0.0079	−0.0901	−0.0672	−0.0444	−0.0330	−0.0216
5	0.0800	0.1600	0.2000	0.1399	0.0197	−0.1005	−0.0749	−0.0495	−0.0368	−0.0241
6	0.0594	0.1188	0.1485	0.1782	0.0378	−0.1030	−0.0768	−0.0508	−0.0377	−0.0247
8	0.0246	0.0491	0.0614	0.0737	0.0962	−0.0772	−0.0576	−0.0381	−0.0282	−0.0185
B	0	0	0	0	0	0	0	0	0	0
12	−0.0127	−0.0254	−0.0316	−0.0381	−0.0508	−0.0635	0.1023	0.0681	0.0511	0.0340
14	−0.0158	−0.0315	−0.0394	−0.0473	−0.0630	−0.0788	0.0432	0.1652	0.1262	0.0672
15	−0.0147	−0.0295	−0.0389	−0.0442	−0.0590	−0.0737	0.0250	0.1236	0.1729	0.1222
16	−0.0125	−0.0250	−0.0313	−0.0375	−0.0500	−0.0625	0.0128	0.0881	0.1258	0.1634
18	−0.0052	−0.0123	−0.0154	−0.0105	−0.0246	−0.0308	0.0016	0.0340	0.0502	0.0664
C	0	0	0	0	0	0	0	0	0	0
22	0.0034	0.0069	0.0086	0.0103	0.0138	0.0172	0	−0.0172	−0.0258	−0.0344
24	0.0042	0.0084	0.0108	0.0127	0.0169	0.0211	0	−0.0211	−0.0317	−0.0422
25	0.0040	0.0079	0.0099	0.0119	0.0158	0.0198	0	−0.0198	−0.0297	−0.0395
26	0.0034	0.0067	0.0084	0.0101	0.0134	0.0168	0	−0.0168	−0.0252	−0.0336
28	0.0017	0.0033	0.0042	0.0050	0.0066	0.0083	0	−0.0083	−0.0124	−0.0166
D	0	0	0	0	0	0	0	0	0	0
32	−0.0009	−0.0018	−0.0023	−0.0028	−0.0037	−0.0046	0	0.0046	0.0069	0.0092
34	−0.0011	−0.0023	−0.0029	−0.0034	−0.0046	−0.0057	0	0.0057	0.0086	0.0114
35	−0.0011	−0.0021	−0.0027	−0.0032	−0.0042	−0.0053	0	0.0053	0.0080	0.0106
36	−0.0009	−0.0018	−0.0023	−0.0028	−0.0037	−0.0046	0	0.0046	0.0069	0.0092
38	−0.0005	−0.0009	−0.0012	−0.0014	−0.0018	−0.0023	0	0.0023	0.0035	0.0046
E	0	0	0	0	0	0	0	0	0	0
42	0.0003	0.0006	0.0007	0.0008	0.0011	0.0014	0	−0.0014	−0.0021	−0.0028
44	0.0004	0.0007	0.0009	0.0011	0.0014	0.0018	0	−0.0018	−0.0028	−0.0036
45	0.0004	0.0007	0.0009	0.0011	0.0014	0.0018	0	−0.0018	−0.0027	−0.0036
46	0.0003	0.0006	0.0008	0.0010	0.0013	0.0016	0	−0.0016	−0.0024	−0.0032
48	0.0002	0.0004	0.0005	0.0005	0.0007	0.0009	0	−0.0009	−0.0014	−0.0018
F	0	0	0	0	0	0	0	0	0	0

梁

α					系　数　β				
矩的截面					支座截面的剪力				
18	C	22	24	25	V_A	V_B^l	V_B^r	V_C^l	V_C^r
0	0	0	0	0	1.0000	0	0	0	0
0.0007	0.0138	0.0103	0.0068	0.0061	0.7485	−0.2515	0.0653	0.0653	−0.0175
0.0013	0.0247	0.0184	0.0122	0.0091	0.5099	−0.4901	0.1142	0.1142	−0.0311
0.0014	0.0269	0.0201	0.0133	0.0099	0.3995	−0.6005	0.1274	0.1274	−0.0341
0.0014	0.0276	0.0206	0.0136	0.0101	0.2570	−0.7030	0.1306	0.1306	−0.0350
0.0011	0.0206	0.0154	0.0102	0.0076	0.1228	−0.8772	0.0978	0.0978	−0.0261
0	0	0	0	0	0	$\begin{cases}-1.0000\\0\end{cases}$	$\begin{cases}0\\+1.0000\end{cases}$	0	0
−0.0002	−0.0344	−0.0256	−0.0170	−0.0127	−0.0635	−0.0635	0.8291	−0.1709	0.0436
0.0092	−0.0688	−0.0513	−0.0340	−0.0253	−0.0788	−0.0788	0.6100	−0.3900	0.0872
0.0208	−0.0805	−0.0600	−0.0398	−0.0296	−0.0737	−0.0737	0.4932	−0.5060	0.1018
0.0387	−0.0860	−0.0642	−0.0425	−0.0316	−0.0625	−0.0625	0.3765	−0.6235	0.1089
0.0988	−0.0688	−0.0513	−0.0340	−0.0253	−0.0308	−0.0360	0.1620	−0.8580	0.0872
0	0	0	0	0	0	0	0	$\begin{cases}-1.0000\\0\end{cases}$	$\begin{cases}0\\+1.0000\end{cases}$
−0.0516	−0.0688	+0.0983	0.0654	+0.0490	0.0172	0.0172	−0.0860	−0.0860	0.8356
−0.0634	−0.0845	+0.0389	0.1624	+0.1242	0.0211	0.0211	−0.1057	−0.1057	0.6175
−0.0594	−0.0792	+0.0208	0.1208	+0.1708	0.0198	0.0196	−0.0990	−0.0990	0.5000
−0.0504	−0.0671	+0.0094	0.0859	+0.1242	0.0168	0.0168	−0.0839	−0.0839	0.3625
−0.0249	−0.0332	−0.0003	0.0326	+0.0490	0.0083	0.0083	−0.0415	−0.0415	0.1640
0	0	0	0	0	0	0	0	0	0
0.0138	0.0134	0.0009	−0.0166	−0.0253	−0.0046	−0.0046	0.0230	0.0230	−0.0872
0.0172	0.0229	0.0011	−0.0207	−0.0316	−0.0057	−0.0057	0.0286	0.0286	−0.1089
0.0160	0.0213	0.0010	−0.0194	−0.0296	−0.0053	−0.0053	0.0265	0.0265	−0.1018
0.0138	0.0184	0.0009	−0.0166	−0.0253	−0.0046	−0.0048	0.0230	0.0230	−0.0872
0.0069	0.0092	0.0004	−0.0083	−0.0127	−0.0023	−0.0023	0.0115	0.0115	−0.0436
0	0	0	0	0	0	0	0	0	0
−0.0041	−0.0055	−0.0003	0.0050	0.0076	0.0014	0.0014	−0.0069	−0.0069	0.0261
−0.0058	−0.0074	−0.0004	0.0067	0.0101	0.0018	0.0018	−0.0093	−0.0093	0.0350
−0.0054	−0.0072	−0.0004	0.0065	0.0099	0.0018	0.0018	−0.0089	−0.0069	0.0341
−0.0048	−0.0064	−0.0003	0.0060	0.0091	0.0016	0.0016	−0.0081	−0.0061	0.0311
−0.0028	−0.0037	−0.0002	0.0033	0.0061	0.0009	0.0009	−0.0046	−0.0045	0.0175
0	0	0	0	0	0	0	0	0	0

附录十　承受均布荷载的等跨连续梁各截面最大及最小弯矩（弯矩包络图）的计算系数表

计算公式

$$M_{\max} = \alpha g l_0^2 + \alpha_1 q l_0^2$$
$$M_{\min} = \alpha g l_0^2 + \alpha_2 q l_0^2$$

式中　g，q——单位长度上的永久荷载及可变荷载；

　　　　l_0——梁的计算跨度。

附表 10 - 1　　　　　　　　　　　　**计 算 系 数 表**

双　　跨（三支座）
（荷载位置由影响线决定）　　　　　　　　**三　　跨**（四支座）

		弯　矩					弯　矩		
$\dfrac{x}{l_0}$	g 的影响	q 的影响			$\dfrac{x}{l_0}$		g 的影响	q 的影响	
	α	α_1	α_2				α	α_1	α_2
		(+)	(−)					(+)	(−)
						0.1	+0.035	0.040	0.005
0	0	0	0			0.2	+0.060	0.070	0.010
0.1	+0.0325	0.0387	0.0062			0.3	+0.075	0.090	0.015
0.2	+0.0550	0.0675	0.0125		第	0.4	+0.080	0.100	0.020
0.3	+0.0675	0.0862	0.0187		一	0.5	+0.075	0.100	0.025
0.4	+0.0700	0.0950	0.0250		跨	0.6	+0.060	0.090	0.030
0.5	+0.0625	0.0937	0.0312			0.7	+0.035	0.070	0.035
0.6	+0.0450	0.0825	0.0375			0.8	0	0.0402	0.0402
0.7	+0.0175	0.0612	0.0437			0.85	−0.0212	0.0277	0.0490
0.8	−0.0200	0.0300	0.0500			0.9	−0.0450	0.0204	0.0654
0.85	−0.0425	0.0152	0.0577			0.95	−0.0712	0.0171	0.0883
0.9	−0.0675	0.0061	0.0736			1.00	−0.1000	0.0167	0.1167
0.95	−0.0950	0.0014	0.0964			1.05	−0.0762	0.0141	0.0903
1.0	−0.1250	0	0.1250			1.1	−0.0550	0.0151	0.0701
					第	1.15	−0.0362	0.0205	0.0568
					二	1.2	−0.0200	0.030	0.050
					跨	1.3	+0.005	0.055	0.050
						1.4	+0.020	0.070	0.050
						1.5	+0.025	0.075	0.050
	$g l_0^2$	$q l_0^2$	$q l_0^2$				$g l_0^2$	$q l_0^2$	$q l_0^2$

续表

四　跨（五支座）

$\dfrac{x}{l_0}$		弯　矩		
		g 的影响	q 的影响	
		α	α_1	α_2
			+	−
第一跨	0.1	+0.0343	0.0396	0.0054
	0.2	+0.0586	0.0693	0.0107
	0.3	+0.0729	0.0889	0.0161
	0.4	+0.0771	0.0986	0.0214
	0.5	+0.0714	0.0982	0.0268
	0.6	+0.0557	0.0879	0.0321
	0.7	+0.0300	0.0675	0.0375
	0.786	0	0.0421	0.0421
	0.8	−0.0057	0.0374	0.0431
	0.85	−0.0273	0.0248	0.0522
	0.9	−0.0514	0.0163	0.0677
	0.95	−0.0780	0.0139	0.0920
	1.0	−0.1071	0.0134	0.1205
第二跨	1.05	−0.0816	0.0116	0.0932
	1.1	−0.0586	0.0145	0.0721
	1.15	−0.0380	0.0198	0.0578
	1.20	−0.0200	0.0300	0.0500
	1.266	0	0.0488	0.0488
	1.3	+0.0086	0.0568	0.0482
	1.4	+0.0271	0.0736	0.0464
	1.5	+0.0357	0.0804	0.0446
	1.6	+0.0343	0.0771	0.0429
	1.7	+0.0229	0.0639	0.0411
	1.8	+0.0014	0.0417	0.0403
	1.805	0	0.0409	0.0409
	1.85	−0.0130	0.0345	0.0475
	1.9	−0.0300	0.0310	0.0610
	1.95	−0.0495	0.0317	0.0812
	2.0	−0.0714	0.0357	0.1071
		gl_0^2	ql_0^2	ql_0^2

五　跨（六支座）

$\dfrac{x}{l_0}$		弯　矩		
		g 的影响	q 的影响	
		α	α_1	α_2
			+	−
第一跨	0.1	+0.0345	0.0397	0.0053
	0.2	+0.0589	0.0695	0.0105
	0.3	+0.0734	0.0892	0.0158
	0.4	+0.0779	0.0989	0.0211
	0.5	+0.0724	0.0987	0.0263
	0.6	+0.0568	0.0884	0.0316
	0.7	+0.0313	0.0682	0.0368
	0.8	−0.0042	0.0381	0.0423
	0.9	−0.0497	0.0183	0.0680
	0.95	−0.0775	—	0.0938
	1.0	−0.1053	0.0144	0.1196
第二跨	1.05	−0.0815	—	0.0957
	1.1	−0.0576	0.0140	0.0717
	1.2	−0.0200	0.0300	0.0500
	1.3	+0.0076	0.0563	0.0487
	1.4	+0.0253	0.0726	0.0474
	1.5	+0.0329	0.0789	0.0461
	1.6	+0.0305	0.0753	0.0447
	1.7	+0.0182	0.0616	0.0434
	1.8	−0.0042	0.0389	0.0432
	1.9	−0.0366	0.0280	0.0646
	1.95	−0.0578	—	0.0879
	2.0	−0.0790	0.0323	0.1112
第三跨	2.05	−0.0564	—	0.0873
	2.1	−0.0339	0.0293	0.0633
	2.2	+0.0011	0.0416	0.0405
	2.3	+0.0261	0.0655	0.0395
	2.4	+0.0411	0.0805	0.0395
	2.5	+0.0461	0.0855	0.0395
		gl_0^2	ql_0^2	ql_0^2

注　x 为自左边支座至计算截面处的距离。

附录十一　按弹性理论计算在均布荷载作用下矩形双向板的弯矩系数表

一、符号说明

M_x，M_{xmax}——平行于 l_x 方向板中心点弯矩和板跨内的最大弯矩；

M_y，M_{ymax}——平行于 l_y 方向板中心点弯矩和板跨内的最大弯矩；

M_x^0——固定边中点沿 l_x 方向的弯矩；

M_y^0——固定边中点沿 l_y 方向的弯矩；

M_{0x}——平行于 l_x 方向自由边的中点弯矩；

M_{0x}^0——平行于 l_x 方向自由边上固定端的支座弯矩。

代表固定边　　　代表简支边　　　代表自由边

二、计算公式

$$弯矩＝表中系数 \times p l_x^2$$

式中　p——作用在双向板上的均布荷载（kN/m²）；

l_x——板跨，见表中插图所示。

表内弯矩系数均为单位板宽的弯矩系数。

表中系数为泊松比 $\nu=1/6$ 时求得的，适用于钢筋混凝土板。

表中系数是根据 1975 年版《建筑结构静力计算手册》中 $\nu=0$ 的弯矩系数表，通过换算公式 $M_x^{(\nu)} = M_x^{(0)} + \nu M_y^{(0)}$ 及 $M_y^{(\nu)} = M_y^{(0)} + \nu M_x^{(0)}$ 得出的。表中 M_{xman} 及 M_{ymax} 也按上列换算公式求得，但由于板内两个方向的跨内最大弯矩一般并不在同一点，因此由上式求得的 M_{xmax} 及 M_{ymax} 仅为比实际弯矩偏大的近似值。

附表 11-1　弯矩系数表

边界条件	(1)四边简支		(2)三边简支、一边固定									
l_x/l_y	M_x	M_y	M_x	M_{xman}	M_y	M_{ymax}	M_y^0	M_x	M_{xmax}	M_y	M_{ymax}	M_x^0
0.50	0.0994	0.0335	0.0914	0.0930	0.0352	0.0397	−0.1215	0.0593	0.0657	0.0157	0.0171	−0.1212
0.55	0.0927	0.0359	0.0832	0.0846	0.0371	0.0405	−0.1193	0.0577	0.0633	0.0175	0.0190	−0.1187
0.60	0.0860	0.0379	0.0752	0.0765	0.0386	0.0409	−0.1166	0.0556	0.0608	0.0194	0.0209	−0.1158
0.65	0.0795	0.0396	0.0676	0.0688	0.0396	0.0412	−0.1133	0.0534	0.0581	0.0212	0.0226	−0.1124
0.70	0.0732	0.0410	0.0604	0.0616	0.0400	0.0417	−0.1096	0.0510	0.0555	0.0229	0.0242	−0.1087
0.75	0.0673	0.0420	0.0538	0.0549	0.0400	0.0417	−0.1056	0.0485	0.0525	0.0244	0.0257	−0.1048
0.80	0.0617	0.0428	0.0478	0.0490	0.0397	0.0415	−0.1014	0.0459	0.0495	0.0258	0.0270	−0.1007
0.85	0.0564	0.0432	0.0425	0.0436	0.0391	0.0410	−0.0970	0.0434	0.0466	0.0271	0.0283	−0.0965
0.90	0.0516	0.0434	0.0377	0.0388	0.0382	0.0402	−0.0926	0.0409	0.0438	0.0281	0.0293	−0.0922
0.95	0.0471	0.0432	0.0334	0.0345	0.0371	0.0393	−0.0882	0.0384	0.0409	0.0290	0.0301	−0.0880
1.00	0.0429	0.0429	0.0296	0.0306	0.0360	0.0388	−0.0839	0.0360	0.0388	0.0296	0.0306	−0.0839

边界条件	(3)两对边简支、两对边固定						(4)两邻边简支、两邻边固定					

l_x/l_y	M_x	M_y	M_y^0	M_x	M_y	M_x^0	M_x	M_{xmax}	M_y	M_{ymax}	M_x^0	M_y^0
0.50	0.0837	0.0367	−0.1191	0.0419	0.0086	−0.0843	0.0572	0.0584	0.0172	0.0229	−0.1179	−0.0786
0.55	0.0743	0.0383	−0.1156	0.0415	0.0096	−0.0840	0.0546	0.0556	0.0192	0.0241	−0.1140	−0.0785
0.60	0.0653	0.0393	−0.1114	0.0409	0.0109	−0.0834	0.0518	0.0526	0.0212	0.0252	−0.1095	−0.0782
0.65	0.0569	0.0394	−0.1066	0.0402	0.0122	−0.0826	0.0486	0.0496	0.0228	0.0261	−0.1045	−0.0777
0.70	0.0494	0.0392	−0.1013	0.0391	0.0135	−0.0814	0.0455	0.0465	0.0243	0.0267	−0.0992	−0.0770
0.75	0.0428	0.0383	−0.0959	0.0381	0.0149	−0.0799	0.0422	0.0430	0.0254	0.0272	−0.0938	−0.0760
0.80	0.0369	0.0372	−0.0904	0.0368	0.0162	−0.0782	0.0390	0.0397	0.0263	0.0278	−0.0883	−0.0748
0.85	0.0318	0.0358	−0.0850	0.0355	0.0174	−0.0763	0.0358	0.0366	0.0269	0.0284	−0.0829	−0.0733
0.90	0.0275	0.0343	−0.0767	0.0341	0.0186	−0.0743	0.0328	0.0337	0.0273	0.0288	−0.0776	−0.0716
0.95	0.0238	0.0328	−0.0746	0.0326	0.0196	−0.0721	0.0299	0.0308	0.0273	0.0289	−0.0726	−0.0698
1.00	0.0206	0.0311	−0.0698	0.0311	0.0206	−0.0698	0.0273	0.0281	0.0273	0.0289	−0.0677	−0.0677

边界条件	(5)一边简支、三边固定

l_x/l_y	M_x	M_{xmax}	M_y	M_{ymax}	M_x^0	M_y^0
0.50	0.0413	0.0424	0.0096	0.0157	−0.0836	−0.0569
0.55	0.0405	0.0415	0.0108	0.0160	−0.0827	−0.0570
0.60	0.0394	0.0404	0.0123	0.0169	−0.0814	−0.0571
0.65	0.0381	0.0390	0.0137	0.0178	−0.0796	−0.0572
0.70	0.0366	0.0375	0.0151	0.0186	−0.0774	−0.0572
0.75	0.0349	0.0358	0.0164	0.0193	−0.0750	−0.0572
0.80	0.0331	0.0339	0.0176	0.0199	−0.0722	−0.0570
0.85	0.0312	0.0319	0.0186	0.0204	−0.0693	−0.0567
0.90	0.0295	0.0300	0.0201	0.0209	−0.0663	−0.0563
0.95	0.0274	0.0281	0.0204	0.0214	−0.0631	−0.0558
1.00	0.0255	0.0261	0.0206	0.0219	−0.0600	−0.0500

续表

边界条件	(5)一边简支、三边固定						(6)四边固定			
l_x/l_y	M_x	M_{xmax}	M_y	M_{ymax}	M_x^0	M_y^0	M_x	M_y	M_x^0	M_y^0
0.50	0.0551	0.0605	0.0188	0.0201	−0.0784	−0.1146	0.0406	0.0105	−0.0829	−0.0570
0.55	0.0517	0.0563	0.0210	0.0223	−0.0780	−0.1093	0.0394	0.0120	−0.0814	−0.0571
0.60	0.0480	0.0520	0.0229	0.0242	−0.0773	−0.1033	0.0380	0.0137	−0.0793	−0.0571
0.65	0.0441	0.0476	0.0244	0.0256	−0.0762	−0.0970	0.0361	0.0152	−0.0766	−0.0571
0.70	0.0402	0.0433	0.0256	0.0267	−0.0748	−0.0903	0.0340	0.0167	−0.0735	−0.0569
0.75	0.0364	0.0390	0.0263	0.0273	−0.0729	−0.0837	0.0318	0.0179	−0.0701	−0.0565
0.80	0.0327	0.0348	0.0267	0.0276	−0.0707	−0.0772	0.0295	0.0189	−0.0664	−0.0559
0.85	0.0293	0.0312	0.0268	0.0277	−0.0683	−0.0711	0.0272	0.0197	−0.0626	−0.0551
0.90	0.0261	0.0277	0.0265	0.0273	−0.0656	−0.0653	0.0249	0.0202	−0.0588	−0.0541
0.95	0.0232	0.0246	0.0261	0.0269	−0.0629	−0.0599	0.0227	0.0205	−0.0550	−0.0528
1.00	0.0206	0.0219	0.0255	0.0261	−0.0600	−0.0550	0.0205	0.0205	−0.0513	−0.0513

边界条件	(7)三边固定、一边自由												
l_y/l_x	M_x	M_y	M_x^0	M_y^0	M_{0x}	M_{0x}^0	l_y/l_x	M_x	M_y	M_x^0	M_y^0	M_{0x}	M_{0x}^0
0.30	0.0018	−0.0039	−0.0135	−0.0344	0.0068	−0.0345	0.85	0.0262	0.0125	−0.0558	−0.0562	0.0409	−0.0651
0.35	0.0039	−0.0026	−0.0179	−0.0406	0.0112	−0.0432	0.90	0.0277	0.0129	−0.0615	−0.0563	0.0417	−0.0644
0.40	0.0063	−0.0008	−0.0227	−0.0454	0.0160	−0.0506	0.95	0.0291	0.0132	−0.0639	−0.0564	0.0422	−0.0638
0.45	0.0090	0.0014	−0.0275	−0.0489	0.0207	−0.0564	1.00	0.0304	0.0133	−0.0662	−0.0565	0.0427	−0.0632
0.50	0.0116	0.0034	−0.0322	−0.0513	0.0250	−0.0607	1.10	0.0327	0.0133	−0.0701	−0.0566	0.0431	−0.0623
0.55	0.0142	0.0054	−0.0368	−0.0530	0.0288	−0.0635	1.20	0.0345	0.0130	−0.0732	−0.0567	0.0433	−0.0617
0.60	0.0166	0.0072	−0.0412	−0.0541	0.0320	−0.0652	1.30	0.0368	0.0125	−0.0758	−0.0568	0.0434	−0.0614
0.65	0.0188	0.0087	−0.0453	−0.0548	0.0347	−0.0661	1.40	0.0380	0.0119	−0.0778	−0.0568	0.0433	−0.0614
0.70	0.0209	0.0100	−0.0490	−0.0553	0.0368	−0.0663	1.50	0.0390	0.0113	−0.0794	−0.0569	0.0433	−0.0616
0.75	0.0228	0.0111	−0.0526	−0.0557	0.0385	−0.0661	1.75	0.0405	0.0099	−0.0819	−0.0569	0.0431	−0.0625
0.80	0.0246	0.0119	−0.0558	−0.0560	0.0399	−0.0656	2.00	0.0413	0.0087	−0.0832	−0.0569	0.0431	−0.0637

附录十二　各种荷载化成具有相同支座弯矩的等效均布荷载表

附表 12 - 1　　　　　各种荷载化成具有相同支座弯矩的等效均布荷载表

编号	实际荷载简图	支座弯矩等效均布荷载 p_E	编号	实际荷载简图	支座弯矩等效均布荷载 p_E
1	$\frac{l_0}{2}$, P, $\frac{l_0}{2}$	$\dfrac{3}{2}\dfrac{P}{l_0}$	7	$\frac{a}{l_0}=\alpha$	$\dfrac{\alpha(3-\alpha^2)}{2}p$
2	$\frac{l_0}{3}$, P, $\frac{l_0}{3}$, P, $\frac{l_0}{3}$	$\dfrac{8}{3}\dfrac{P}{l_0}$	8	$\frac{l_0}{3}$, $\frac{l_0}{3}$, $\frac{l_0}{3}$	$\dfrac{14}{27}p$
3	a P a P a P a P a P a；$l_0=na$	$\dfrac{n^2-1}{n}\dfrac{P}{l_0}$	9	a, b, a；$\frac{b}{l_0}=\beta$	$\dfrac{2(2+\beta)\alpha^2}{l_0^2}p$
4	$\frac{l_0}{4}$, P, $\frac{l_0}{2}$, P, $\frac{l_0}{4}$	$\dfrac{9}{4}\dfrac{P}{l_0}$	10		$\dfrac{5}{8}p$
5	$\frac{a}{2}$ P a P a P a P $\frac{a}{2}$；$l_0=na$	$\dfrac{2n^2+1}{2n}\dfrac{P}{l_0}$	11	a, b, a；$\frac{a}{l_0}=\alpha$	$(1-2\alpha^2+\alpha^3)p$
6	$\frac{l_0}{4}$, $\frac{l_0}{2}$, $\frac{l_0}{4}$	$\dfrac{11}{16}p$	12	a；$\frac{a}{l_0}=\alpha$	$\dfrac{\alpha}{4}\left(3-\dfrac{\alpha^2}{2}\right)p$
			13		$\dfrac{17}{32}p$

注　对连续梁来说支座弯矩按下式决定：$M_C=\alpha p_E l_0^2$。
　　式中，p_E 为等效均布荷载值；α 相当于附录六表中均布荷载系数。

参 考 文 献

[1] 全国标准化技术委员会. GB 1499.2—2007 钢筋混凝土用钢 第2部分 热轧带肋钢筋 [S]. 北京：中国标准出版社，2007.

[2] 中国建筑科学研究院. GB 50010—2010 混凝土结构设计规范 [S]. 北京：中国建筑工业出版社，2011.

[3] 中国水电顾问集团西北勘测设计研究院. DL/T 5057—2009 水工混凝土结构设计规范 [S]. 北京：中国电力出版社，2009.

[4] 水利部长江水利委员会长江勘测规划设计研究院. SL 191—2008 水工混凝土结构设计规范 [S]. 北京：中国水利水电出版社，2009.

[5] 全国标准化技术委员会. GB 1499.1—2008 钢筋混凝土用钢 第1部分 热轧光圆钢筋 [S]. 北京：中国标准出版社，2008.

[6] 全国标准化技术委员会. GB 13014—1991 钢筋混凝土用余热处理钢筋 [S]. 北京：中国标准出版社，1992.

[7] 全国标准化技术委员会. GB/T 5223—2002 预应力混凝土用钢丝（含第1、2号修改单）[S]. 北京：中国标准出版社，2002.

[8] 全国标准化技术委员会. GB/T 5224—2003 预应力混凝土用钢绞线（含第1号修改单）[S]. 北京：中国标准出版社，2003.

[9] 全国标准化技术委员会. GB/T 20065—2006 预应力混凝土用螺纹钢筋 [S]. 北京：中国标准出版社，2006.

[10] 全国标准化技术委员会. GB/T 5223.3—2005 预应力混凝土用钢棒 [S]. 北京：中国标准出版社，2005.

[11] 全国标准化技术委员会. YB/T 156—1999 中强度预应力混凝土用钢丝 [S]. 北京：中国标准出版社，2000.

[12] 刘效尧，朱新实. 公路桥涵设计手册：预应力技术及材料设备 [M]. 北京：人民交通出版社，1998.

[13] 胡星凡. 小浪底地下厂房预应力锚杆岩壁吊车梁施工 [J]. 水利水电技术，1997，（4）：7—9.

[14] 全国标准化技术委员会. GB/T 228—2002 金属材料 室温拉伸试验方法 [S]. 北京：中国标准出版社，2002.

[15] 张学易. 水工混凝土的强度特性——水利水电工程结构可靠度设计统一标准专题文集 [C]. 成都：四川科学技术出版社，1994：63—76.

[16] American Concrete Institute. Building Code Requirements for Structural Concrete and Commentary（ACI 318M-05）[S]. American Concrete Institute, Farmington Hills, Mi. , 2005, 438pp.

[17] British Standards Institute. Eurocode 2：Design of concrete structures—Part 1-1：General rules and rules for buildings（BS EN 1992-1-1：2004）[S]. BSI, 2004.

[18] 混凝土基本力学性能研究组. 混凝土的几个基本力学指标 [A]. 中国建筑科学研究院. 钢筋混凝土结构研究报告选集 [C]. 北京：中国建筑工业出版社，1977，21—36.

[19] 钢筋混凝土结构可靠度研究小组. 钢筋混凝土结构的可靠性和极限状态设计方法 [A]. 中国建筑科学研究院. 钢筋混凝土结构研究报告选集：2 [C]. 北京：中国建筑工业出版社，1984，1—18.

[20] 侯建国，贺采旭.《水工混凝土结构设计规范》材料性能指标修订方案介绍 [J]. 水利水电技术，1994，（10）：11—16.

[21] 安旭文，侯建国，刘晓春，等. 水工混凝土材料性能设计指标的取值方案研究 [J]. 水利水电技术，2006，(2)：74—77.

[22] 电力工业部西北勘测设计研究院. DL/T 5057—1996 水工混凝土结构设计规范 [S]. 北京：中国电力出版社，1997.

[23] British Standards Institute. Structural Use of Concrete，Part 1，Code of Practice for Design and Construction (BS 8110：1997) [S]. BSI，1997.

[24] 过镇海等. 混凝土应力——应变全曲线的试验研究 [J]. 建筑结构学报，1982，(1)：1—11.

[25] Park R，Paulay T. Reinforced Concrete Structures [M]. New York：John & Wiley，1975.

[26] 中铁工程设计咨询集团有限公司. TB 10002.3—2005 铁路桥涵钢筋混凝土和预应力混凝土结构设计规范 [S]. 北京：中国铁道出版社，2005.

[27] 王传志，滕智明. 钢筋混凝土结构理论 [M]. 北京：中国建筑工业出版社，1985.

[28] 过镇海. 混凝土的强度和变形——试验基础和本构关系 [M]. 北京：清华大学出版社，1997.

[29] 韩菊红，石国柱，丁自强. 混凝土剪切强度指标研究 [R]. 郑州大学，2004.

[30] Mattock A H，and Hawkins N M. Shear Transfer in Reinforced Concrete—Recent Research [J]. Journal of the Prestressed Concrete Institute，Mar.-Apr. 1972，17 (2)：55—75.

[31] 南京水利科学研究院，中国水利水电科学研究院. DL/T 5150—2001 水工混凝土试验规程 [S]. 北京：中国电力出版社，2002.

[32] 铁道部专业设计院. TB 10002.3—1999 铁路桥涵钢筋混凝土和预应力混凝土结构设计规范 [S]. 北京：中国铁道出版社，1999.

[33] 河海大学，武汉大学，大连理工大学，郑州大学. 水工钢筋混凝土结构学 [M]. 北京：中国水利水电出版社，2009.

[34] 叶列平. 混凝土结构（上）[M]. 北京：清华大学出版社，2000.

[35] 赵国藩等. 高等钢筋混凝土结构学 [M]. 北京：机械工业出版社，2005.

[36] 中国建筑科学研究院. GB 50009—2001 建筑结构荷载规范 [S]. 北京：中国建筑工业出版社，2001.

[37] 江见鲸，李杰，金伟良. 高等混凝土结构理论 [M]. 北京：中国建筑工业出版社，2006.

[38] 沈浦生. 混凝土结构设计原理 [M]. 3 版. 北京：高等教育出版社，2007.

[39] 东南大学，天津大学，同济大学，清华大学. 混凝土结构设计原理 [M]. 2 版. 北京：中国建筑工业出版社，2002.

[40] 中国建筑科学研究院. GB 50153—2008. 工程结构可靠性设计统一标准 [S]. 北京：中国建筑工业出版社，2008.

[41] 钮新强，汪基伟，章定国. 新编水工混凝土结构设计手册 [M]. 北京：中国水利水电出版社，2010.

[42] 王命平，王新堂. 小剪跨比钢筋混凝土梁的抗剪强度计算 [J]. 建筑结构学报，1996，17 (50)：10.

[43] 中国工程建设标准化协会. CECS104—1999 高强混凝土结构技术规程 [S]. 北京：中国工程建设标准化协会，1999.

[44] 中国建筑科学研究院. GB 50011—2010 建筑抗震设计规范 [S]. 北京：中国建筑工业出版社，2010.

[45] 卢亦焱，李传才编著. 水工混凝土结构 [M]. 武汉：武汉大学出版社，2011.

[46] CEB 欧洲国际混凝土委员会，1990CEB-FIP 模式规范（混凝土结构）[M]. 胡德炘，陈定外，译，北京：中国建筑科学研究院，1991.

[47] 陶学康. 无粘结预应力混凝土设计与施工 [M]. 北京：地震出版社，1993.

[48] 宋玉普. 新型预应力混凝土结构 [M]. 北京：机械工业出版社，2006.

[49] 林太珍，等. 高效预应力混凝土工程实践 [M]. 北京：中国建筑工业出版社，1993.

[50] 中国水利水电科学研究院，等. DL 5073—2000 水工建筑物抗震设计规范 [S]. 北京：中国电力出版社，2001.

[51] 中国水利水电科学研究院，等. SL 203—1997 水工建筑物抗震设计规范 [S]. 北京：中国水利水电出版社，1997.

[52] 陈礼和. 水工钢筋混凝土结构学习辅导及习题 [M]. 北京：中国水利水电出版社，2009.

[53] 赵鲁光. 水工钢筋混凝土结构习题与课程设计 [M]. 北京：中国水利水电出版社，1998.